最新 Java 程式語言

Programming Language

修訂 第七版

感謝您購買旗標書,
記得到旗標網站
www.flag.com.tw
更多的加值內容等著您…

● FB 官方粉絲專頁:旗標知識講堂

● 旗標「線上購買」專區:您不用出門就可選購旗標書!

● 如您對本書內容有不明瞭或建議改進之處, 請連上旗標網站, 點選首頁的 聯絡我們 專區。

若需線上即時詢問問題,可點選旗標官方粉絲專頁留言詢問, 小編客服隨時待命, 盡速回覆。

若是寄信聯絡旗標客服email, 我們收到您的訊息後, 將由專業客服人員為您解答。

我們所提供的售後服務範圍僅限於書籍本身或內容表達不清楚的地方, 至於軟硬體的問題, 請直接連絡廠商。

學生團體　訂購專線:(02)2396-3257 轉 362
　　　　　傳真專線:(02)2321-2545

經銷商　服務專線:(02)2396-3257 轉 331
　　　　將派專人拜訪
　　　　傳真專線:(02)2321-2545

國家圖書館出版品預行編目資料

最新 Java 程式語言
/ 施威銘研究室作. -- 第七版. --
臺北市 : 旗標科技股份有限公司, 2022.02　面;　公分
ISBN 978-986-312-704-8(平裝)
1.CST: Java(電腦程式語言)
312.32J3　　111000632

作　　者/施威銘研究室
發 行 所/旗標科技股份有限公司
　　　　台北市杭州南路一段15-1號19樓
電　　話/(02)2396-3257(代表號)
傳　　真/(02)2321-2545
劃撥帳號/1332727-9
帳　　戶/旗標科技股份有限公司
監　　督/陳彥發
執行企劃/陳彥發
執行編輯/留學成、陳彥發
美術編輯/陳慧如
封面設計/陳慧如
校　　對/陳彥發

新台幣售價:680 元
西元 2023 年 9 月 初版 5 刷
行政院新聞局核准登記-局版台業字第 4512 號
ISBN 978-986-312-704-8

旗標程式設計學習地圖

徹底瞭解 Java 語法, 建立正確的物件導向觀念。

最新 Java 程式語言 第六版

快速上手最熱門的 Android App 程式設計。

Android App 程式設計教本之無痛起步 - 使用 Android Studio 2.X 開發環境

想跨足近年來成長最快速的新世代程式語言, 替自己的職涯超前部署。

完全自學！Go 語言 (Golang) 實戰聖經

想學習功能強、速度快、應用廣的C# 物件導向程式語言。

新觀念 Visual C# 程式設計範例教本 第五版

序 Preface

Java 發展至今已超過二十五年，至今仍是最被廣泛使用的程式語言之一，在各大程式語言排行中都名列前茅，若單就企業愛用的程式語言，則是獨佔鰲頭，事實上舉凡網路服務、Android App、桌面應用程式、遊戲、企業資訊系統等，都是 Java 活躍的應用場域。正因如此，對於有志進入資訊產業的學生或轉職族群，勢必都要具備撰寫、開發 Java 程式的能力。

本書是針對入門學習 Java 的讀者所設計，但我們並不僅讓讀者學會撰寫可以正確編譯與執行的 Java 程式，還希望讓讀者瞭解良好的程式設計方法。因此，在內文中，處處會提示、說明各種語言元素的變化用法，也在最抽象的物件導向觀念章節以眾多範例一步步引領出相關問題與解決問題的思考角度與方案，並且透過每章末的綜合演練單元，立即運用新學到的技巧進行實作，加強印象。

無論是首次使用的軟體下載與路徑設定，本書的附錄都有詳細且逐步地說明，而為了讓基礎學習與未來的實務工作接軌，本書在圖例說明的部分均採用業界標準的 UML 圖例，讓讀者能夠及早熟悉軟體開發的工具。

本書從第 1 版至今已經超過 15 年，感謝莘莘學子與老師們的支持，累積銷量超過 5 萬冊，未來我們仍會持續在程式設計的初學道路上，陪伴眾多讀者站穩腳步，也歡迎隨時跟我們分享您的讀後心得與建議。

施威銘研究室

https://www.facebook.com/flaglearningbydoing

檔案下載說明

本書全部的範例程式, 可連至以下網址下載：

http:\\www.flag.com.tw\bk\st\F9720A

下載並解壓縮後即可使用。各章的範例程式會存放在該章所屬的 \Example\Chxx 資料夾中, 例如第 2 章的範例程式就放在 \Example\Ch02 資料夾。

有關執行 Java 所需要的 JDK 套件, 請參考附錄 B 進行下載及安裝。若要使用 Eclipse 軟體 (Java 的整合開發環境), 則可參考附錄 A 進行下載及安裝。

Bonus

旗標為讀者特別準備了額外的 Bonus 章節, 例如「輕鬆使用 VS Code 撰寫 Java 程式」。請連到上面下載範例程式的網址 http:\\www.flag.com.tw\bk\st\F9720A, 依照網站中提示的步驟, 即可免費取得 Bonus 電子書。

TIP VS Code (Visual Studio Code) 是微軟推出的一套程式開發軟體，可支援 Java、Python、C/C++、Javascript、Go 等各種程式語言的開發，由於其免費、擴充性強、速度快而且好用，深獲許多程式開發者的喜愛。

目錄 Contents

第 1 章 Java 簡介

第 2 章 初探 Java

第 3 章 變數

第 4 章 運算式 (Expression)

第 5 章 流程控制 (一)：條件分支

第 6 章 流程控制 (二)：迴圈

第 10 章　字串（String）

第 11 章　繼承（Inheritance）

第 12 章 抽象類別 (Abstract Class)、介面 (Interface)、內部類別 (Inner Class)

第 13 章 套件（Packages）

第 14 章 例外處理

第 15 章　多執行緒 (Multithreading)

第 16 章　資料輸入與輸出

第 17 章 Java 標準類別庫

附錄 A　Eclipse 簡介、下載與安裝

附錄 B　建立學習 Java 的環境

附錄 C　使用 JDK 編譯及執行程式

附錄 D　UML 簡介 (Unified Modeling Language)

Java 簡介

1-1 Java 程式語言的特色

為什麼要學 Java 程式語言？因為 Java 是目前的程式語言主流, 為企業界廣為使用。Java 具有結構嚴謹卻精簡扼要的特性, 請看以下說明：

簡單

程式語言功能越來越強, 但是語言本身也越來越繁複, 對於軟體開發人員來說, 不但整個學習與熟練的時間變長, 程式的除錯也越來越困難。也正因為如此, Green 小組便捨棄了早期採用的 C++, 而自行發明了 Java, 將程式語言最精髓的部分萃取出來, 以降低軟體開發人員的負擔。

跨平台 (Cross-Platform)

什麼是跨平台呢？例如常見的 PC 和 Mac 電腦就是不同的平台, 開發軟體時往往需要為不同的平台開發專屬的版本。例如 Photoshop、Word、Excel、... 都分別有 Windows 版和 Mac 版, 兩者無法通用, 對寫程式的人和使用程式的人都很不方便。

為了解決跨平台的問題, Java 程式語言採取了一種特殊的作法。首先, Java 為每個平台設計了一個 **Java 虛擬機器 (JVM**, Java Virtual Machine), 編譯好的 Java 程式碼就放在 JVM 中執行。換言之, Java 先採取**編譯**的方式, 將程式轉譯成虛擬機器的**位元碼** (稱為 Byte Code) ；要執行程式時, 再由 Java 虛擬機器 (JVM) 以**直譯**的方式, 將 Byte Code 轉譯成機器碼讓電腦執行。

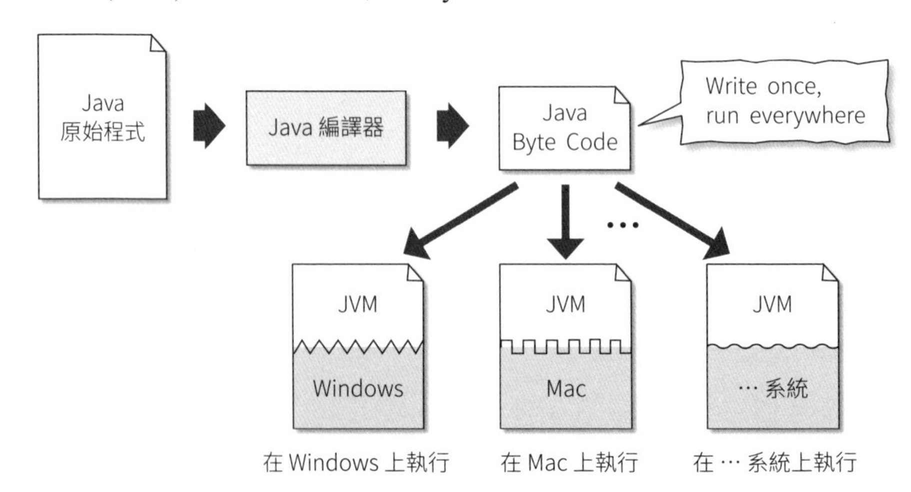

透過這樣的方式, 只要在不同的電腦上都先安裝好 Java 虛擬機器, 那麼同樣的 Java Byte Code 不需經過重新編譯, 就可在不同電腦上執行, 也因此 Java 程式語言在一開始就打出 『 Write once, run everywhere 』 的口號。

網路功能 (Networking)

由於 Java 程式語言一開始的設計就已經考慮到了網路, 因此隨著網際網路日益盛行, 對於開發網路應用軟體特別便利的 Java, 自然成為開發人員率先考量的選擇了。

物件導向

Java 在一開始的設計上就是以物件導向為核心, 達到程式碼可重用性, 例如：封裝、繼承、多形等類別與物件中的關係, 並可搭配相關軟體開發工具。

開發工具隨處可得

如同本書附錄所提, 只要連上網, 就可以下載最新版本的開發工具, 而不需要先耗費鉅資購買產品。

由於以上這些特性, 使得 Java 演化至今日, 可以說是已經開花結果, 在各種類型的應用、不同的硬體平台, 都能看到 Java 的應用。

1-2 Java 平台簡介

在 Java 中, 我們將可以執行 Java 程式的環境稱為 Java 平台 (Java Platform), 其中, 根據不同環境的特性, 又可以區分為三種 Java 平台, 分述如下：

- Java ME (Java Micro Edition)：泛指消費性裝置上的 Java 執行環境, 像是功能手機、機上盒等等, 就屬於這一類。由於此類裝置不像電腦擁有強大的 CPU 及記憶體空間, 因此 Java ME 提供的能力比較簡化, 也被稱為 Java 的微型版。

- Java SE (Java Standard Edition) ：這是一般應用的標準版執行環境，像是常見的個人電腦上所提供的 Java 執行環境就屬於這一種。如果沒有特別區分，那麼一般所提的 Java 平台也多是指此，而這個平台也是本書所介紹的主角。

- Java EE (Java Enterprise Edition) ：Java 企業版是為了商業運用所建構的平台，是以 Java SE 為基礎、但架構及開發規模都更加強大，故能提供大規模的運算能力。

每一種平台皆有對應的開發套件，例如 Java SE 的開發套件稱為 Java SE Development Kit (簡稱 JDK)，只要下載這個套件，就可以立即開發 Java 程式。

Java 改版策略

在 2018 年 3 月，Oracle 甲骨文公司宣布釋出 Java 10，而且未來每 6 個月會更新 Java 版本。而 Java 的更新版本又可區分為**大改版**和小改版（正式名稱應該是長期支援和短期支援版本），2018 年釋出的 Java 11 就屬於**大改版** (Long-Term Support 長期支援，LTS)，而其後的 Java 12、13... 等版本都是小改版，一直到了 2021 年 9 月釋出的 Java 17 才又是大改版，後續的 Java 18、19 等也都會是小改版。

屬於**大改版**的版本，甲骨文公司至少會提供 5 年以上的更新支援，小改版則只支援到下一個版本釋出為止，例如 Java 10 在 Java 11 釋出當日即不再支援了。

大部分 Java 版本的更新，都會相容舊有的語法，特別是 Java 基礎語法幾乎不會有異動，因此儘管您未來使用比本書更新的 Java 版本，書上的範例程式應該都可編譯執行，毋須擔心。

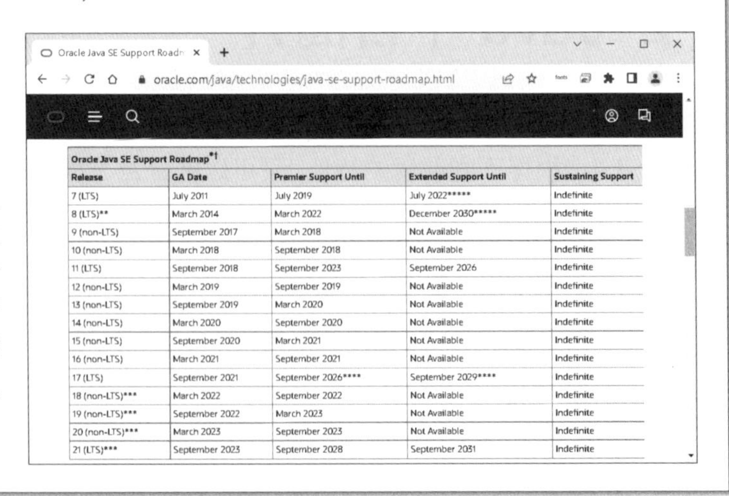

Oracle Java SE Support Roadmap*†

Release	GA Date	Premier Support Until	Extended Support Until	Sustaining Support
7 (LTS)	July 2011	July 2019	July 2022*****	Indefinite
8 (LTS)**	March 2014	March 2022	December 2030*****	Indefinite
9 (non-LTS)	September 2017	March 2018	Not Available	Indefinite
10 (non-LTS)	March 2018	September 2018	Not Available	Indefinite
11 (LTS)	September 2018	September 2023	September 2026	Indefinite
12 (non-LTS)	March 2019	September 2019	Not Available	Indefinite
13 (non-LTS)	September 2019	March 2020	Not Available	Indefinite
14 (non-LTS)	March 2020	September 2020	Not Available	Indefinite
15 (non-LTS)	September 2020	March 2021	Not Available	Indefinite
16 (non-LTS)	March 2021	September 2021	Not Available	Indefinite
17 (LTS)	September 2021	September 2026****	September 2029****	Indefinite
18 (non-LTS)***	March 2022	September 2022	Not Available	Indefinite
19 (non-LTS)***	September 2022	March 2023	Not Available	Indefinite
20 (non-LTS)***	March 2023	September 2023	Not Available	Indefinite
21 (LTS)***	September 2023	September 2028	September 2031	Indefinite

1-3 Android 與 Java

近年當紅的 Android 智慧手機, 其應用程式 (Android App, 或簡稱 App) 可使用 Java 程式語言來開發, 也由於 Android 手機、裝置 (例如機上盒) 的風行, 又帶動新的一波 Java 學習熱潮。

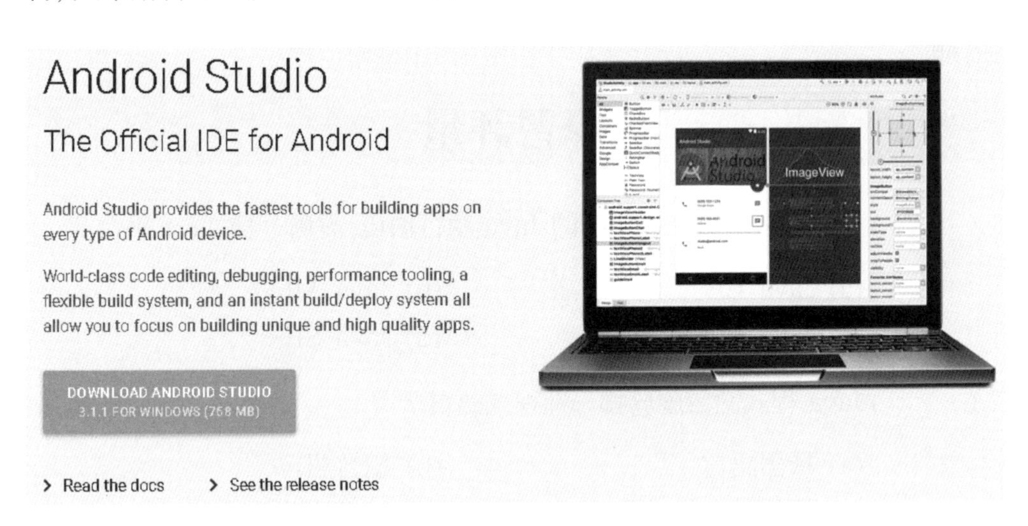

目前 Android 是採用 Google 自行實作的 Dalvik 虛擬機器, 做為 Android App 的執行平台。因此開發 Android App 時, 還要使用 Android SDK (Software Developement Kit), 其中有許多 Android 平台特有的類別庫、API 等等 (關於什麼是類別庫、API 請參見 17-2 頁)。

開發 Android App 一般會使用 Android Studio 作為程式開發的環境, 其具有以下特點：

- 即時執行：程式碼可以藉由行動裝置或是模擬器立即進行測試。
- 智慧程式碼編輯：可供快速且便利的程式撰寫, 而且提供許多智慧的輔助輸入、修正程式功能。
- 模擬器快速且功能豐富：可在虛擬的裝置上安裝並執行程式, 支援的模擬器有手機、平板、穿戴裝置、電視等等。

- 靈活的建構系統：輕易地彙整專案，包括：引用類別庫、從單一程式生成多個建構配置檔案等。
- 為所有 Android 裝置開發：不同裝置的程式可以簡單地分享程式碼，其開發環境有手機、平板、穿戴裝置、電視與 Android Auto。
- 性能分析：內建的分析系統提供即時的程式 CPU、記憶體與網路活動偵測。

學習評量

1.(　　　) 一般個人電腦上所使用的 Java 執行環境，是哪一種 Java 平台？

(a) Java EE　　(b) Java ME
(c) Java PE　　(d) Java SE

2.(　　　) Java 程式語言屬於哪一種程式語言？

(a) 機器語言　　(b) 組合語言
(c) 物件導向程式語言　　(d) 以上皆非

3.(　　　) Java 語言是哪一家公司所開發的？

(a) Google　　(b) 微軟 (Microsoft)
(c) 昇陽 (Sun Microsystems)　　(d) 蘋果電腦 (Apple)

4.(　　　) 以下何者不是 Java 程式語言的特性？

(a) 多執行緒　　(b) 跨平台
(c) 鬆散資料型別　　(d) 以上皆是

5.(　　　) Java 程式是在何處執行？

(a) Java 真實機器　　(b) Java 空間
(c) Java 虛擬機器　　(d) 以上皆非

6.(　　　) 因為以下何項設計，使得 Java 程式可以跨平台執行？

(a) 資源回收系統　　(b) 多執行緒
(c) Unicode　　(d) Java 虛擬機器

初探 Java

學習目標

- 撰寫 Java 程式
- 編譯、執行、與檢查程式
- 使用 Eclipse 建立、編輯、與執行程式
- 認識 Java 程式的結構

本章將開始撰寫 Java 程式, 請先依附錄 B 的說明安裝 Java 開發環境。如果你是在學校的電腦教室操作, 電腦中可能已安裝好了 Java 環境, 則以上步驟可以略過。

2-1 撰寫第一個 Java 程式

要使用 Java 程式語言, 您必須先將依照 Java 語法撰寫的程式儲存在一個**純文字檔案**中 (副檔名一般都是用 .java), 然後再利用 Java 程式語言的編譯器轉譯程式, 將您所撰寫的 Java 程式轉譯成 Java 虛擬機器的位元碼, 稱為 **Byte Code**。然後再使用 Java 虛擬機器 (JVM) 來執行 Byte Code:

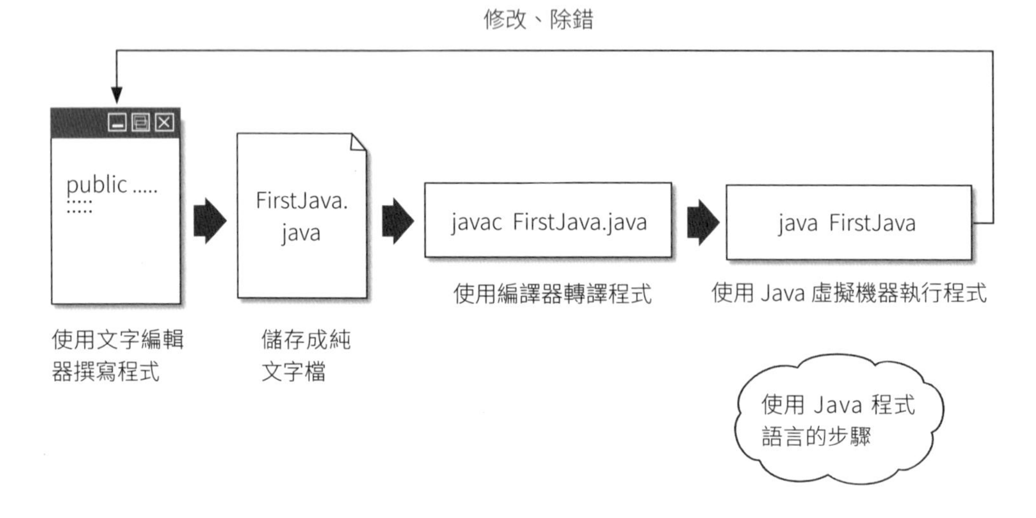

以下就帶領大家依據上述的步驟, 完成第 1 個 Java 程式。

2-1-1 使用文字編輯器撰寫程式

要撰寫 Java 程式, 必須使用**純文字編輯器 (Text Editor)**, 像是 Windows 內的**記事本**, 而不能使用 Word 這一類的文書處理軟體。

為什麼不能使用文書處理軟體撰寫 Java 程式

像是 Word 之類的文書處理軟體，由於必須記錄段落文字的樣式 (大小、顏色、字體)，因此除了您鍵入的文字以外，還會附加許多關於文字樣式的資訊，而且預設會以其自訂的格式儲存。

Java 編譯器既不認得這些文書處理軟體的檔案格式，也無法認得其中所附加的相關資訊，因此無法正確編譯程式，所以**請不要使用文書處理軟體來撰寫程式**。

現在，就請您使用文字編輯器，撰寫如下的程式：

檔案名稱要和 class 名稱一樣

程式 FirstJava.java 第一個 Java 程式

```
01 public class FirstJava {
02   public static void main (String [] argv) {
03     System.out.println ("我的第一個 Java 程式。");
04   }
05 }
```

並請儲存為 **FirstJava.java** 這樣的檔名，請注意！副檔名為 **.java**；若使用**記事本**，**存檔類型**要先切換為**所有檔案**。

TIP 請特別注意，上列程式並不包含每一行開頭的『行號』，例如：01、02、03、…等等，行號是為了本書中解說程式時的方便，並不是程式的一部份。

2-1-2 編譯寫好的程式

撰寫好並儲存 FirstJava.java 這個程式檔後，必須先安裝好 Java 編譯器，才可以利用 Java 編譯器來編譯 FirstJava.java 這個程式檔。如何在 Windows 平台下安裝 Java 編譯器及相關工具，請參考附錄 B 與附錄 C，以下是以 Windows 10 為例，示範編譯及執行 Java 程式的過程。

請依先依照以下方法開啟**命令提示字元**視窗 (或簡稱**命令**視窗)：

開啟視窗後, 先利用 『**cd**』 指令切換到您儲存程式檔案的資料夾, 例如若 FirstJava.java 是儲存在 C 磁碟的 Example\Ch02 資料夾下, 就必須先執行以下的指令, 切換到該資料夾：

```
cd \Example\Ch02
```

TIP 如果資料夾是在不同的磁碟，例如 D 磁碟，則要先執行「d:」命命切換到 D 磁碟。

直接將命令視窗開在指定資料夾

你也可用**檔案總管**來將**命令**視窗開在指定資料夾：

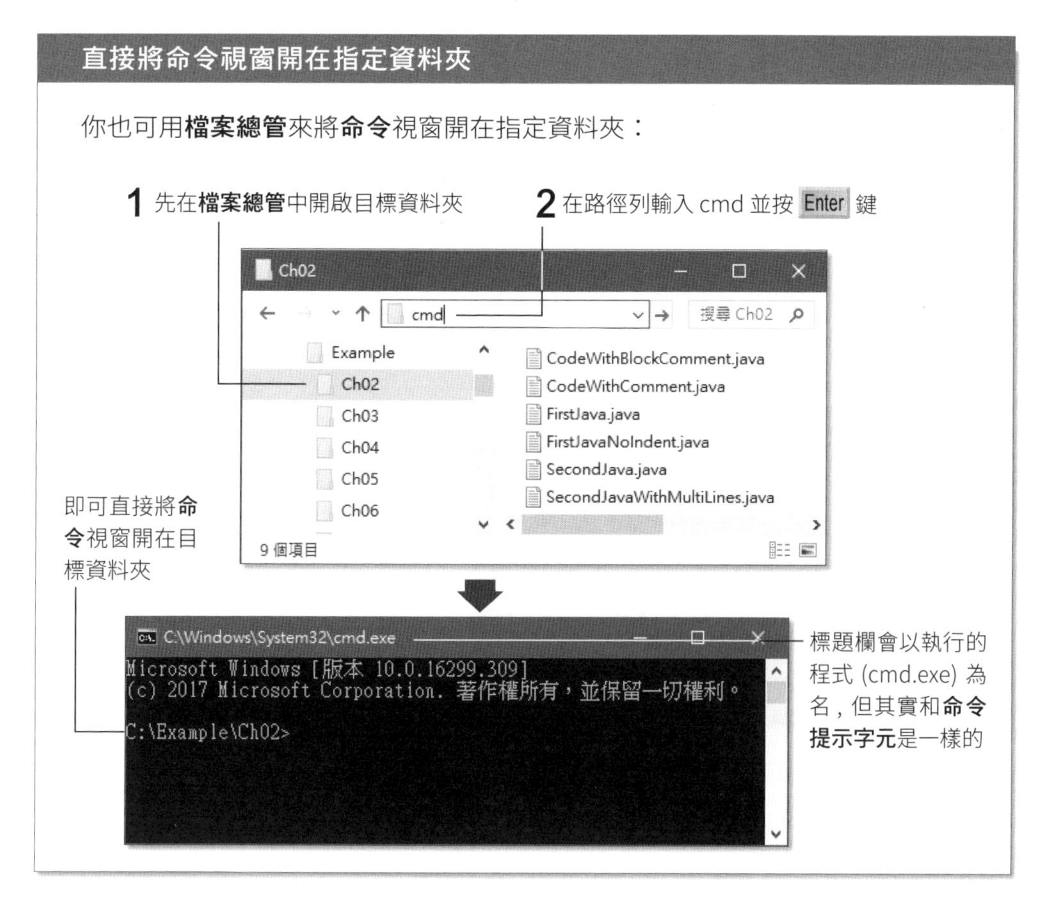

然後鍵入以下指令進行編譯：

```
javac FirstJava.java
```

TIP 執行時如果顯示「'javac' 不是內部或外部命令、可執行的程式或批次檔。」，可能是忘記設定環境變數 path 的值，請參考附錄 B 進行設定。

如果編譯之後發現有錯誤，請回過頭去檢查您所鍵入的程式，看看是不是有甚麼地方打錯了？如果還是有問題，請參考『2-1-4 撰寫 Java 程式的注意事項』一節，仔細檢查您的程式。

若是編譯成功，資料夾中會多出一個 FirstJava **.class** 檔案，此即為前述所說的 Java 編譯器所產生的 Byte Code。

2-1-3 執行程式

一旦編譯完成，沒有任何錯誤，您就可以執行剛剛所撰寫的程式了。請在您所開啟的**命令提示字元**視窗中，鍵入以下指令執行剛剛編譯好的程式：

```
java FirstJava
```

以下就是從編譯到執行的實際結果：

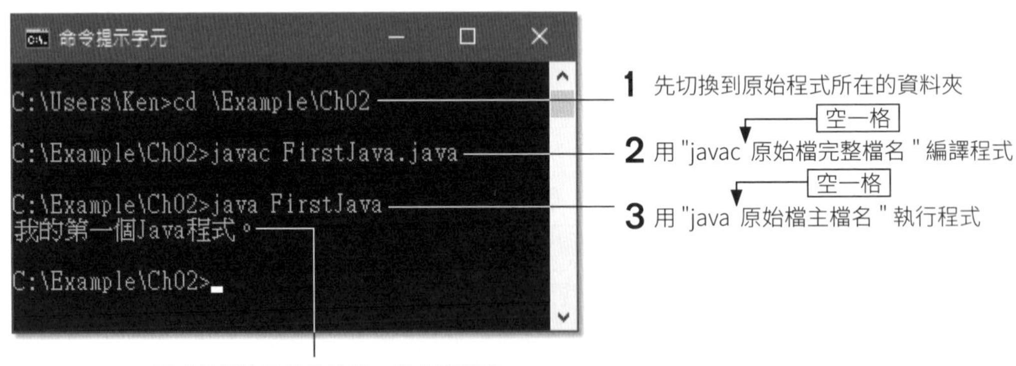

這裡的 javac (全名是 javac.exe) 是 Java 的編譯器 (Compiler)，而下一行的 java (全名是 java.exe) 則是 Java 的虛擬機器 (JVM)。"javac FirstJava.java" 就是用 Java 編譯器把我們所寫的 FirstJava.java 這個純文字檔編譯成 Byte Code；而 "Java FirstJava" 則是呼叫 JVM 來執行 FirstJava 這個 Byte Code 檔。

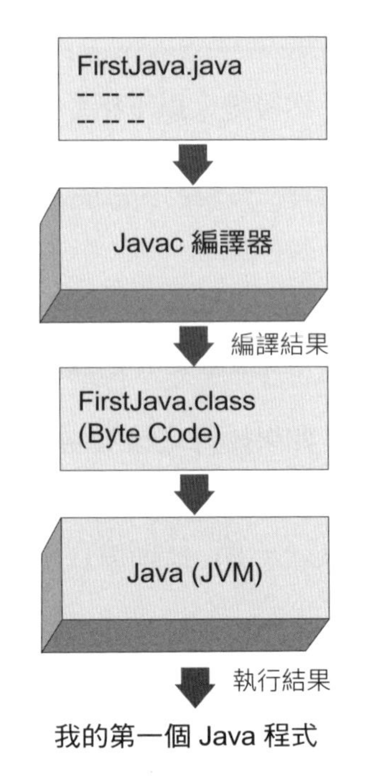

2-1-4 執行 Java 程式的注意事項

如果編譯或是執行的過程中有問題，請依照以下所提的注意事項，仔細檢查您的程式。

檔案名稱

檔案名稱必須和第 1 行 public class 之後的 FirstJava 相符，並且加上 .java 作為副檔名，以標示這是一個 Java 原始程式檔。因此，儲存的檔案必須取名為 FirstJava.java，如果取錯名字，編譯的時候就會出現錯誤訊息。例如，剛剛的程式如果儲存成 Erst.java，則編譯的結果如下：

```
命令提示字元

C:\Example\Ch02>javac Erst.java
Erst.java:1: error: class FirstJava is public, should be declared
in a file named FirstJava.java
public class FirstJava {
       ^
1 error
```

這個錯誤訊息告訴您『程式的檔名一定要叫 FirstJava.java 啦！』。

英文字大小寫不同

Java 編譯器會將英文字母的大小寫視為不同的字母。舉例來說，程式第 3 行一開頭的 System 就不能寫為 system，也不能寫為 SYSTEM，否則編譯的時候都會出現錯誤訊息。同樣的，FirstJava 和 firstjava 也是不同的。

另外，執行時所指定的主檔名部分大小寫必須相符。以本例來說，主檔名必須和第 1 行 public class 之後的名稱一樣，也就是一定要叫做 FirstJava，如果大小寫不對，執行就會發生錯誤，例如：

f 用小寫就發生錯誤了

```
命令提示字元

C:\Example\Ch02>java firstJava
Error: Could not find or load main class firstJava
Caused by: java.lang.NoClassDefFoundError: FirstJava (wrong name: firstJava)

C:\Example\Ch02>
```

中文和英文的符號是不同的

如果您很習慣使用中文的標點符號或是括號，那麼就必須特別注意，在程式中必須使用英文的標點符號以及括號。舉例來說，程式中的大括號 {}、中括號 []、小括號 () 和分號 ; … 等都要使用英文符號，不可以用中文的符號。

執行時不需指定副檔名

執行編譯好的程式時，只需要指定主檔名，也就是檔案名稱中 .java 之前的部分。如果連帶列出副檔名的話，若是使用 Java 10 或更早的版本，那麼就會出現執行錯誤的狀況，像是這樣：

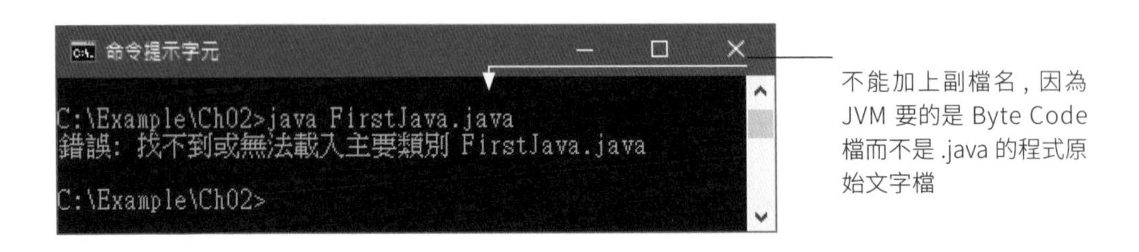

Java11/17 可直接用 java 命令「編譯並執行」程式

從 Java 11 開始，使用 java 命令 (即執行 java.exe) 就可以直接「編譯並執行」單一原始檔的程式，例如下面的例子：

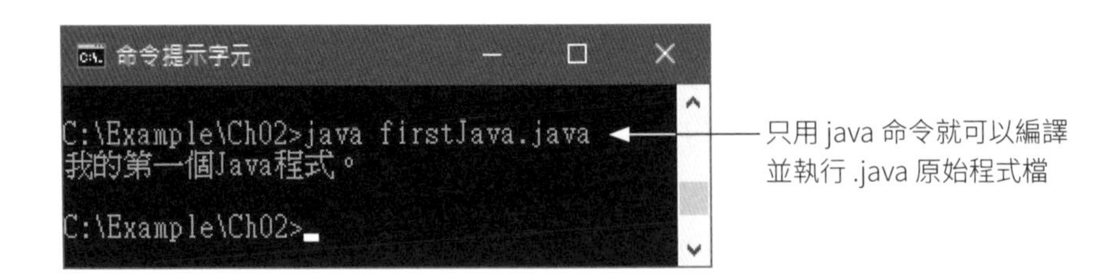

此時 Java 會直接**在記憶體中**編譯並執行，而不會儲存 Byte Code 檔，速度會比先產生 Byte Code 檔再執行要快一點。不過此功能有 2 個限制：

1. 程式必須是獨立的單一原始檔，也就是可以獨立執行，而不需搭配其他的 Java 原始程式。
2. 程式檔中可以有多個類別 (class)，但包含 main() 的類別要放在最前面。例如底下是包含 2 個類別的程式：

```
public class FirstJava {
    public static void main(String[] argv) {
        System.out.println("我的第一個Java程式。");
    }
}

public class Second {
    //空的類別 (示範用)
}
```

第一個類別，因包含 main() 必須放在最前面

第二個類別

以本書來說，前 7 章的範例都只有一個類別，可以直接用 java.exe 編譯並執行，第 8 章開始介紹物件導向程式，就會有多個類別或同一個程式會使用多個 .java 檔案，需要先用 javac.exe 編譯之後，再用 java.exe 執行。最後兩種執行方式我們也列出比較一下，請特別留意什麼時候加副檔名、什麼時候不加：

方法一：

```
javac FirstJava.java
java FirstJava
```

方法二：

```
java FirstJava.java
```

2-2 使用 Eclipse 建立、編輯、與執行 Java 程式

上一節是使用使用文字編輯器及**命令**視窗來撰寫、編譯、與執行 Java 程式，而本節則要介紹 Java 程式常用的整合開發環境 Eclipse，它提供了強大的的輔助程式開發及專案管理功能，不過對於初學 Java 的一些簡單程式你可能還用不到它強大的功能，所以也可以選擇暫時略過本節，待有需要時再回來參考。

2-2-1 啟動 Eclipse

請先依照附錄 A 的說明安裝好 Eclipse，然後如下操作來啟動 Eclipse：

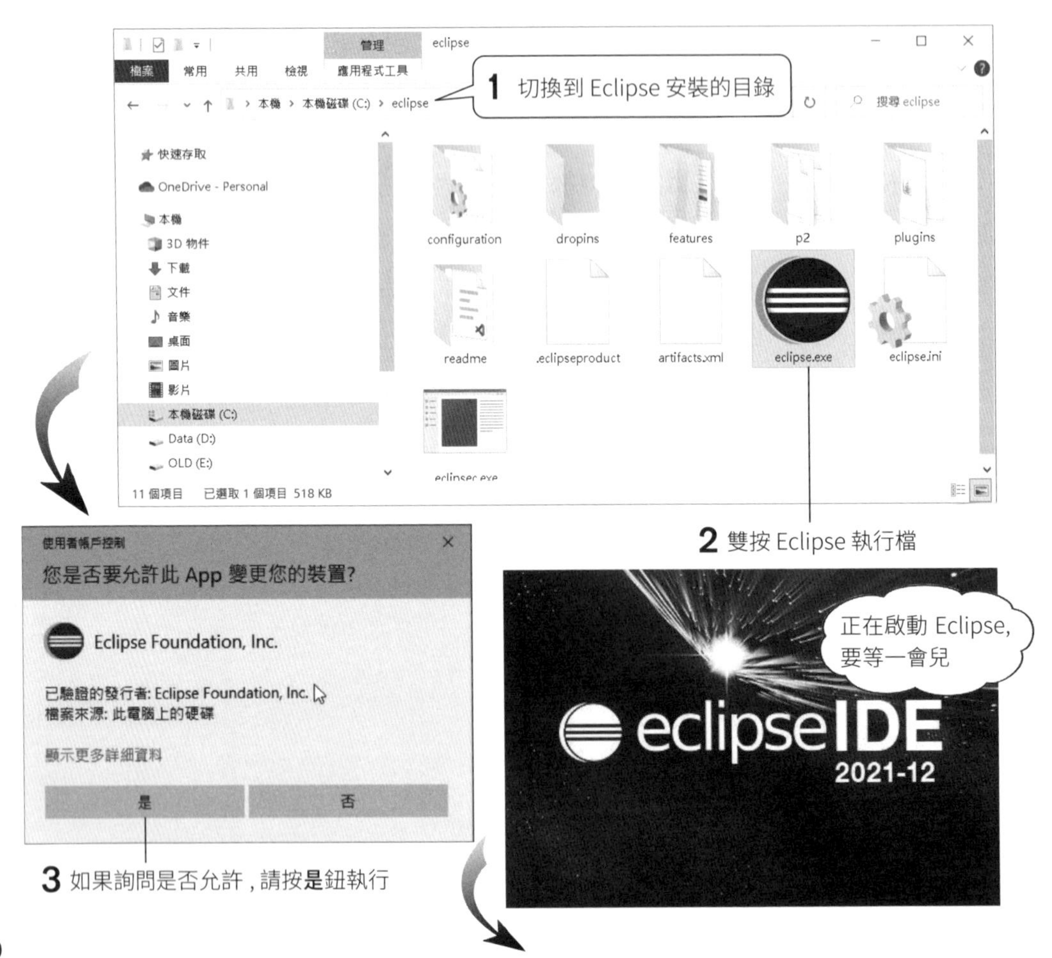

TIP 如果之前已有使用過 Eclipse, 則在啟動後會自動將環境回復到前次結束時的狀態。

2-2-2 建立新專案與新檔案

由於 Eclipse 被設計為以專案 (Project) 的方式來開發 Java 程式, 但對初學者而言, 通常原始程式檔只有 1 個, 因此剛開始學習時, 並不需要複雜的專案管理功能。所以為方便初學者學習, 我們將盡量避開 Eclipse 的專案管理功能, 以順利進行單一原始檔的開發方式。

TIP 當您對 Java 程式的開發較熟悉後，再來研究如何利用 Eclipse 提供的專案管理及自動產生程式等各種功能，來開發中、大型的程式，將可讓您的開發工作更輕鬆。

要開始撰寫一個新的程式檔時, 請如下操作, 先建立一個新專案：

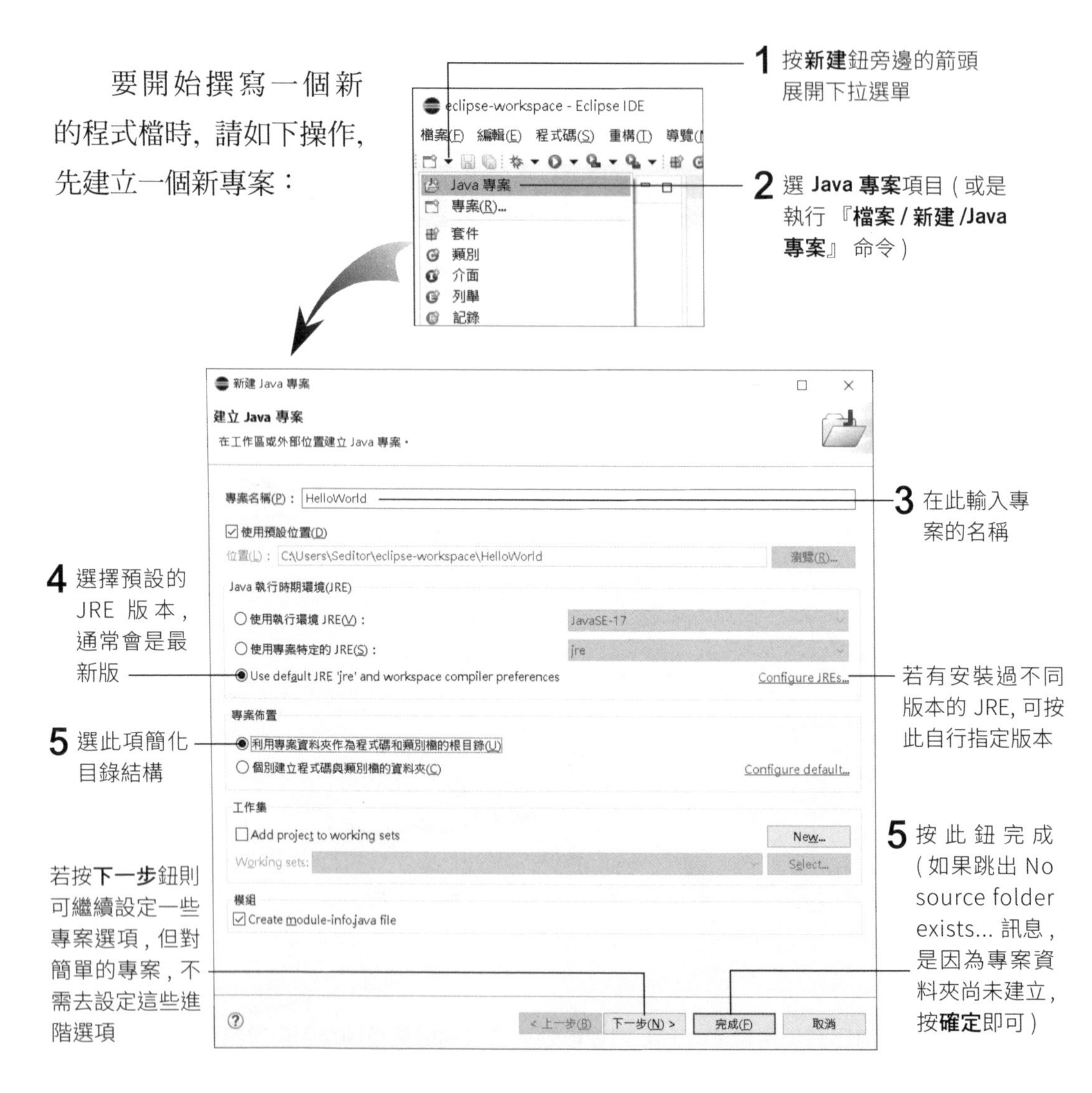

建立專案後, 即可在此專案內建立新的 Java 原始程式檔：

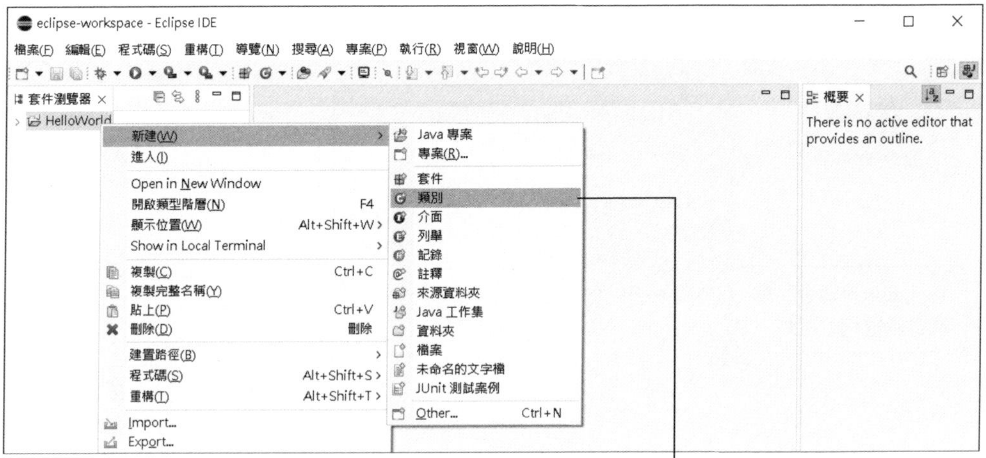

eclipse-workspace - Eclipse IDE

檔案(F) 編輯(E) 程式碼(S) 重構(T) 導覽(N) 搜尋(A) 專案(P) 執行(R) 視窗(W) 說明(H)

套件瀏覽器

HelloWorld

新建(W)
進入(I)
Open in New Window
開啟類型階層(N) F4
顯示位置(W) Alt+Shift+W
Show in Local Terminal
複製(C) Ctrl+C
複製完整名稱(Y)
貼上(P) Ctrl+V
刪除(D) 刪除
建置路徑(B)
程式碼(S) Alt+Shift+S
重構(T) Alt+Shift+T
Import...
Export...

Java 專案
專案(R)...
套件
類別
介面
列舉
記錄
註釋
來源資料夾
Java 工作集
資料夾
檔案
未命名的文字檔
JUnit 測試案例
Other... Ctrl+N

概要

There is no active editor that provides an outline.

1 在專案上按右鈕, 執行『**新建 / 類別**』命令

新建 Java 類別

Java 類別

不建議您使用預設套件。

來源資料夾(D)： HelloWorld 瀏覽(O)...

套件(K)： (預設) 瀏覽(W)...

含括類型(Y)： 瀏覽(W)...

名稱(M)： HelloWorld

修飾元： public(P) package private(V) protected(T)

抽象(T) final(L) static(C)

none sealed non-sealed final(L)

Super 類別(S)： java.lang.Object 瀏覽(E)...

介面(I)： 新增(A)... 移除(R)

您要建立哪些方法 Stub？

public static void main(String[] args)

Super 類別的建構子(C)

繼承的 abstract 方法

要新增註解嗎？（您可以在此處配置範本及預設值）

產生註解

完成(F) 取消

輸入套件名稱（可省略）

2 輸入類別名稱

3 勾選此項表示類別中要有 main() 方法

4 勾選此項表示要自動產生一些註解（註解範例參見下圖）

5 按**完成**鈕產生類別原始程式

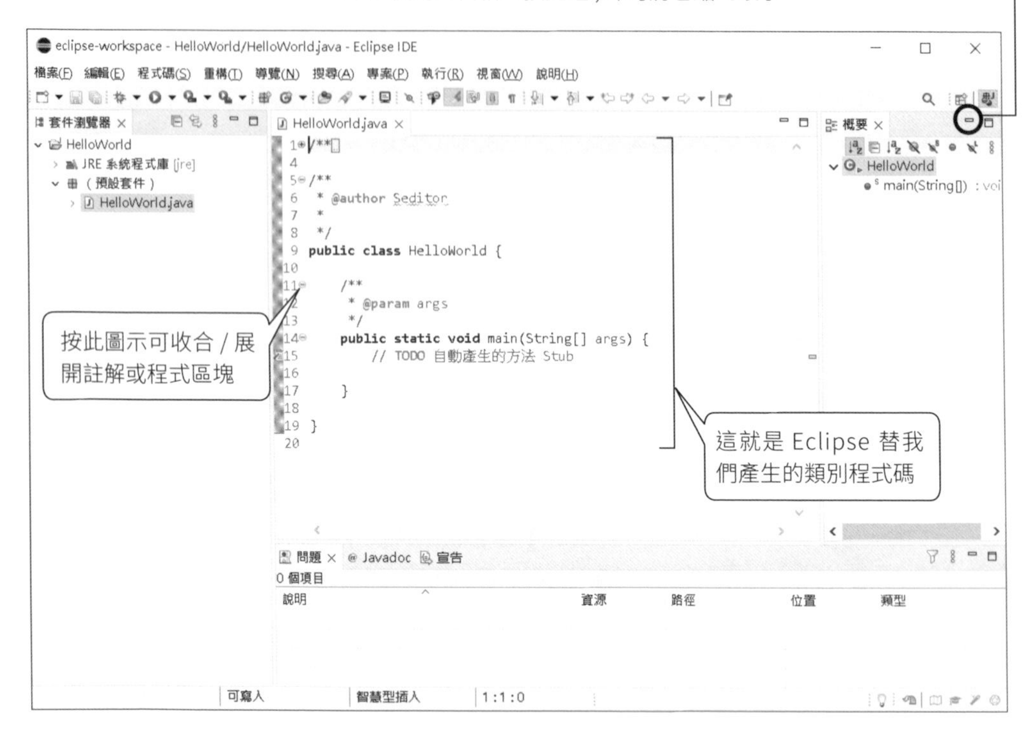

使用 Eclipse 的類別建立功能時, Eclipse 會依我們在交談窗中指定的選項, 建立陽春型的類別程式架構, 讓我們可少打一些字。例如在前述第 3 步驟我們勾選了 **public static viod main** 選項, 所以產生的類別中, 就會有一個空的 main() 方法, 接下來就可在這個方法中加入我們所要的程式碼。

2-2-3 使用 Eclipse 的編輯器

Eclipse 不僅能自動產生程式碼架構, 在其內建的編輯器中, 也提供實用的輔助功能, 大幅提升程式的撰寫效率, 及減少錯誤發生率, 以下我們就以編寫一個簡單的 "Hello World" 程式來示範 Eclipse 編輯器的用法。

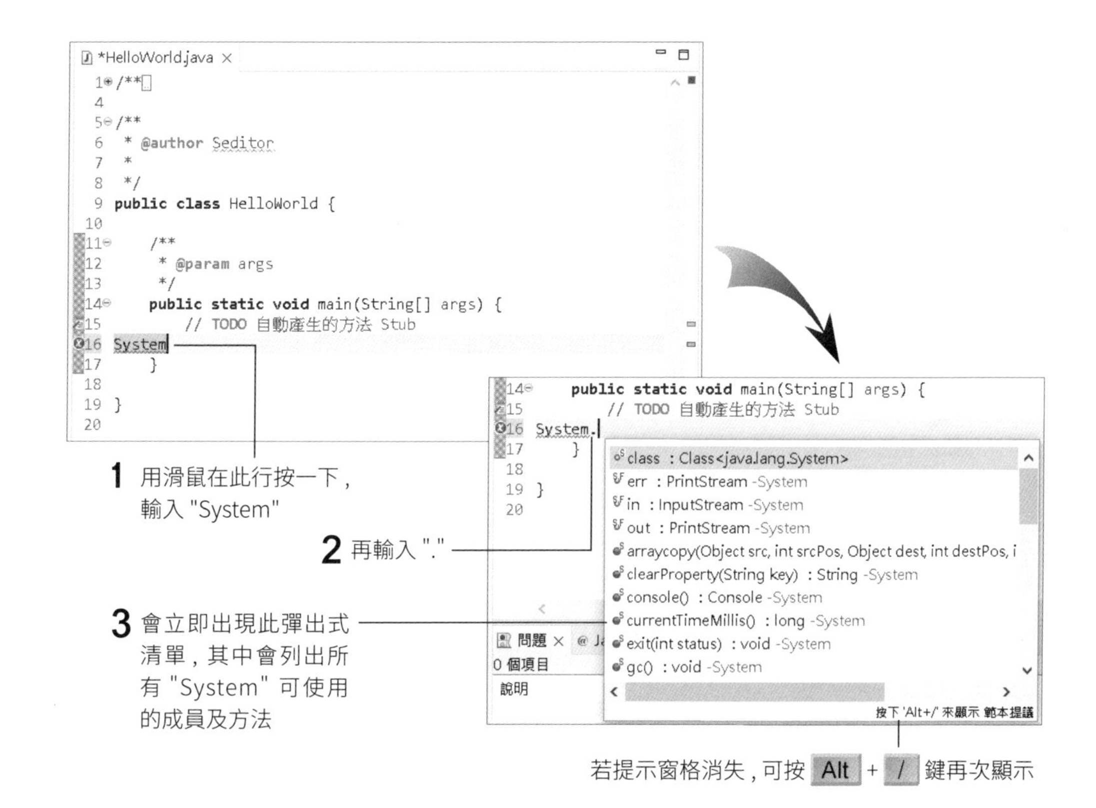

TIP 如果只記得類別名稱的前幾個字，例如輸入 "Sys" 後不確定後面的字，只要按 Alt + / ，Eclipse 就會以彈出式清單列出以 "Sys" 開頭的項目。

請繼續如下操作，若沒有彈出清單，可刪除 "." 再重新輸入一次，或是按下 Alt + / 鍵：

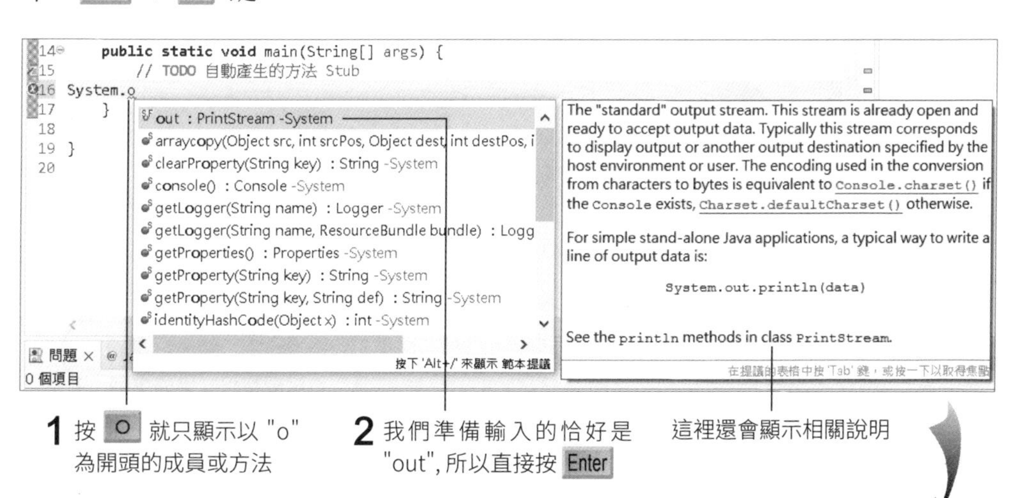

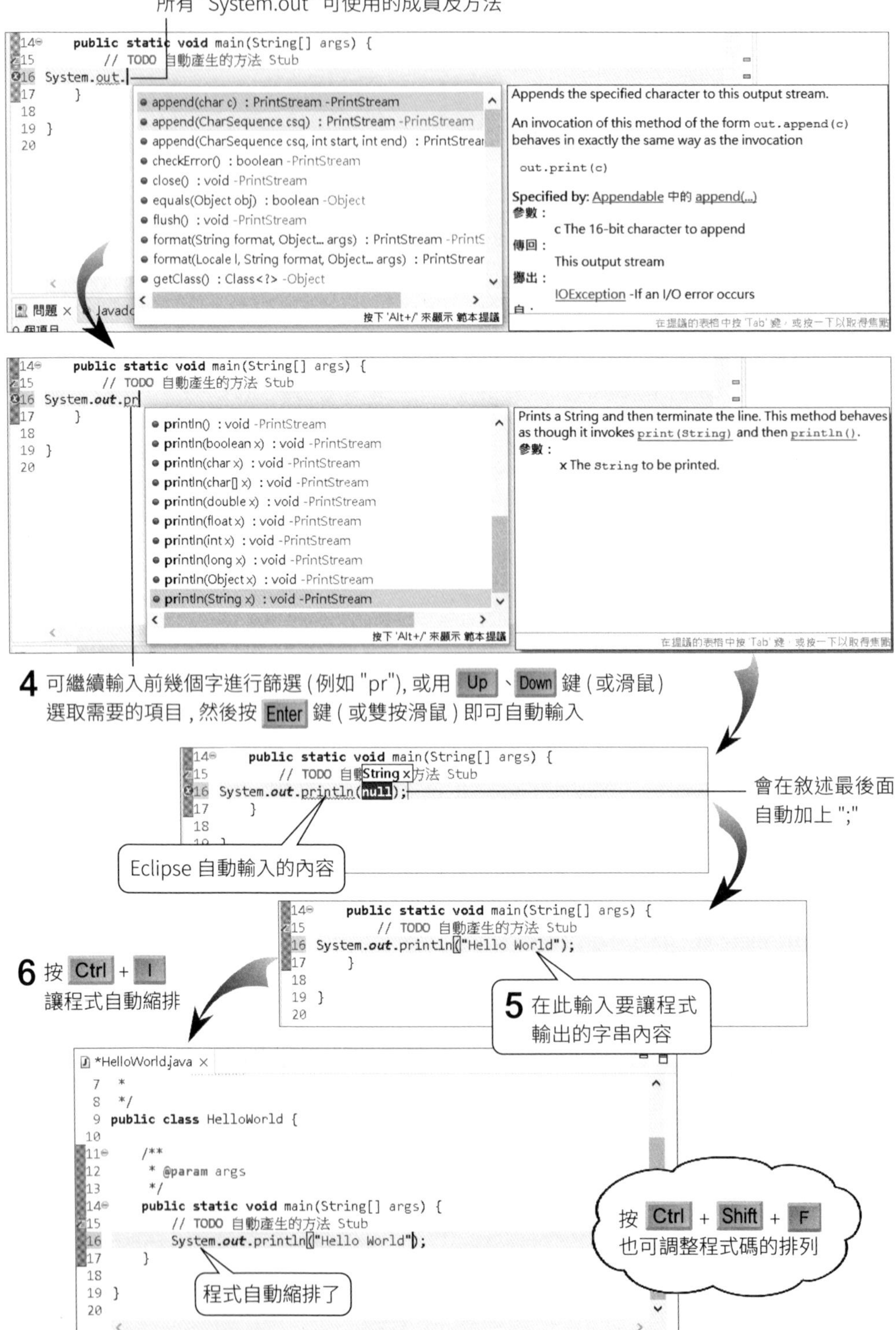

3 繼續輸入 "." 時又會出現彈出式清單，列出所有 "System.out" 可使用的成員及方法
public static void main(String[] args) {
// TODO 自動產生的方法 Stub
System.out.
append(char c) : PrintStream - PrintStream
append(CharSequence csq) : PrintStream - PrintStream
checkError() : boolean - PrintStream
close() : void - PrintStream
equals(Object obj) : boolean - Object
flush() : void - PrintStream
getClass() : Class<?> - Object
按下 'Alt+/' 來顯示 範本提議
Appends the specified character to this output stream.
An invocation of this method of the form out.append(c) behaves in exactly the same way as the invocation
out.print(c)
Specified by: Appendable 中的 append(...)
參數：
c The 16-bit character to append
傳回：
This output stream
擲出：
IOException - If an I/O error occurs
System.out.pr
println() : void - PrintStream
println(boolean x) : void - PrintStream
println(char x) : void - PrintStream
println(char[] x) : void - PrintStream
println(double x) : void - PrintStream
println(float x) : void - PrintStream
println(int x) : void - PrintStream
println(long x) : void - PrintStream
println(Object x) : void - PrintStream
println(String x) : void - PrintStream
Prints a String and then terminate the line. This method behaves as though it invokes print(String) and then println().
參數：
x The String to be printed.
4 可繼續輸入前幾個字進行篩選 (例如 "pr"), 或用 Up 、Down 鍵 (或滑鼠) 選取需要的項目，然後按 Enter 鍵 (或雙按滑鼠) 即可自動輸入
System.out.println(null);
會在敘述最後面自動加上 ";"
Eclipse 自動輸入的內容
System.out.println("Hello World");
5 在此輸入要讓程式輸出的字串內容
6 按 Ctrl + I 讓程式自動縮排
*HelloWorld.java
public class HelloWorld {
/**
* @param args
*/
程式自動縮排了
按 Ctrl + Shift + F 也可調整程式碼的排列

以上就是利用 Eclipse 的自動檢查及輸入功能, 並完成一行 println() 敘述的操作過程。初次使用 Eclipse 編輯器, 或許會有點不習慣, 但只要多練習幾次, 您就能利用 Eclipse 的功能, 加快輸入程式的速度, 而且可避免自己輸入時打錯字的問題。

在編輯程式的過程中, 最好不忘隨時存檔, 以免辛苦寫的程式因為意外而喪失。要儲存檔案只需按工具列上的 鈕, 或執行『**檔案/儲存**』命令, 或者按 Ctrl + S 鍵。如果要以另外的檔名存檔, 則可執行『**檔案/另存新檔**』命令。

2-2-4 編譯 / 執行程式

Eclipse 預設會自動編譯專案中的程式 (『**專案**』功能表中的『**自動建置**』項目預設打勾), 亦即在編輯程式的過程中, Eclipse 會一直嘗試編譯程式 (所以在程式輸入一半、或是敘述未完成時, 因語法錯誤, 會出現紅色的錯誤圖示)。完成編輯後, 只要專案沒有出現紅色的錯誤圖示, 就可立即執行之。

TIP 若出現黃色圖示, 則為警告, 可在 Eclipse 視窗下方的**問題窗格** (見下頁圖) 檢視警告的內容, 再決定是否修改程式。

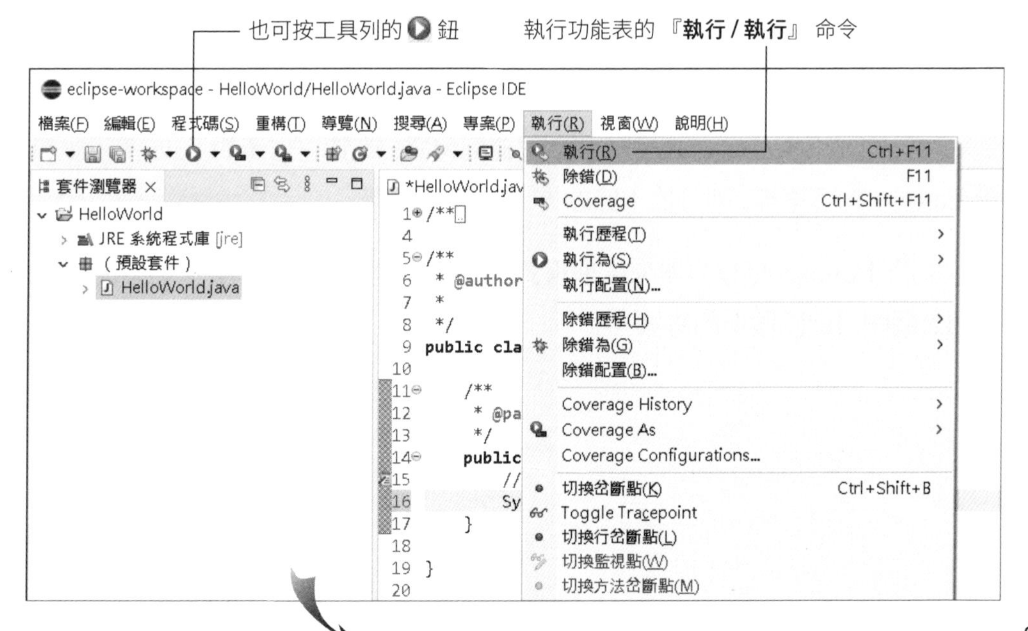

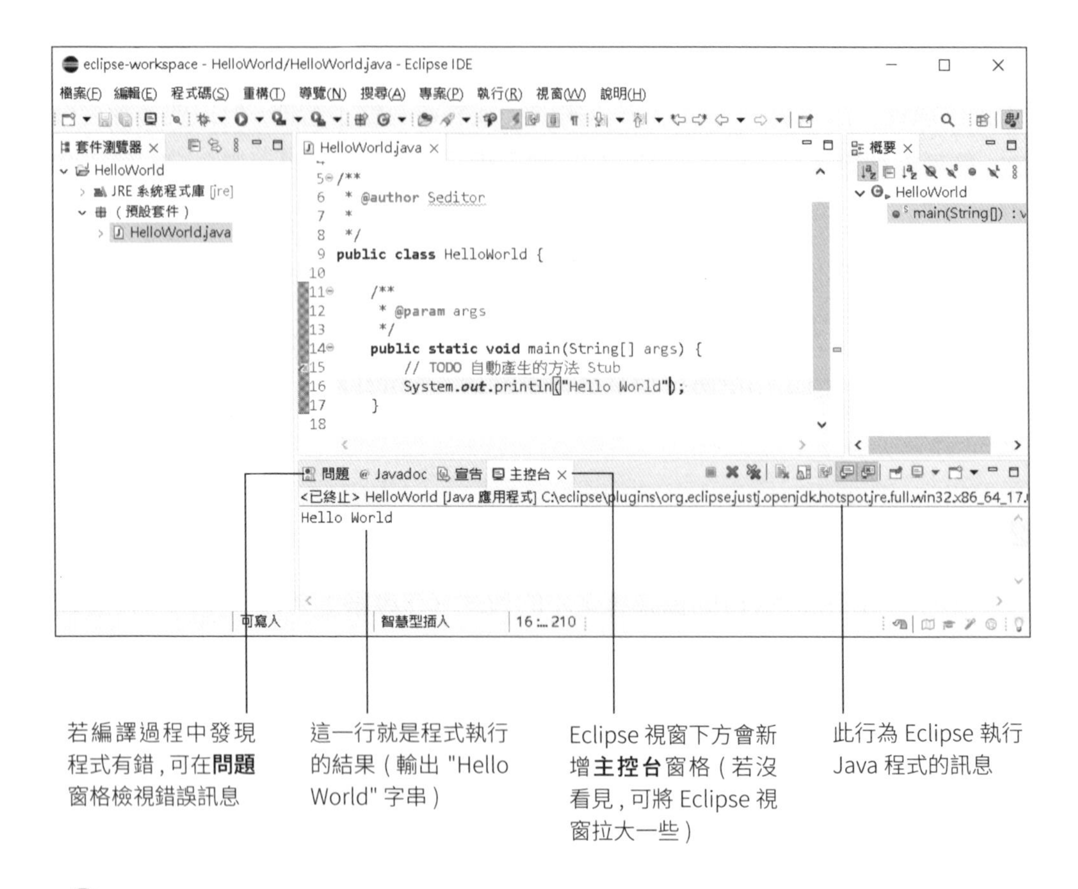

TIP 使用『**執行 / 執行為 /Java 應用程式**』命令亦可執行程式。

2-2-5 編譯書中範例程式檔

如果您要用 Eclipse 來編譯書中的範例程式, 或其它來源的 Java 程式, 且無 Eclipse 的專案檔, 則可依本節的方式來進行編譯。

由於 Eclipse 是以專案來處理程式, 所以我們要先建立專案。為方便起見, 我們先關閉目前開啟中的專案：

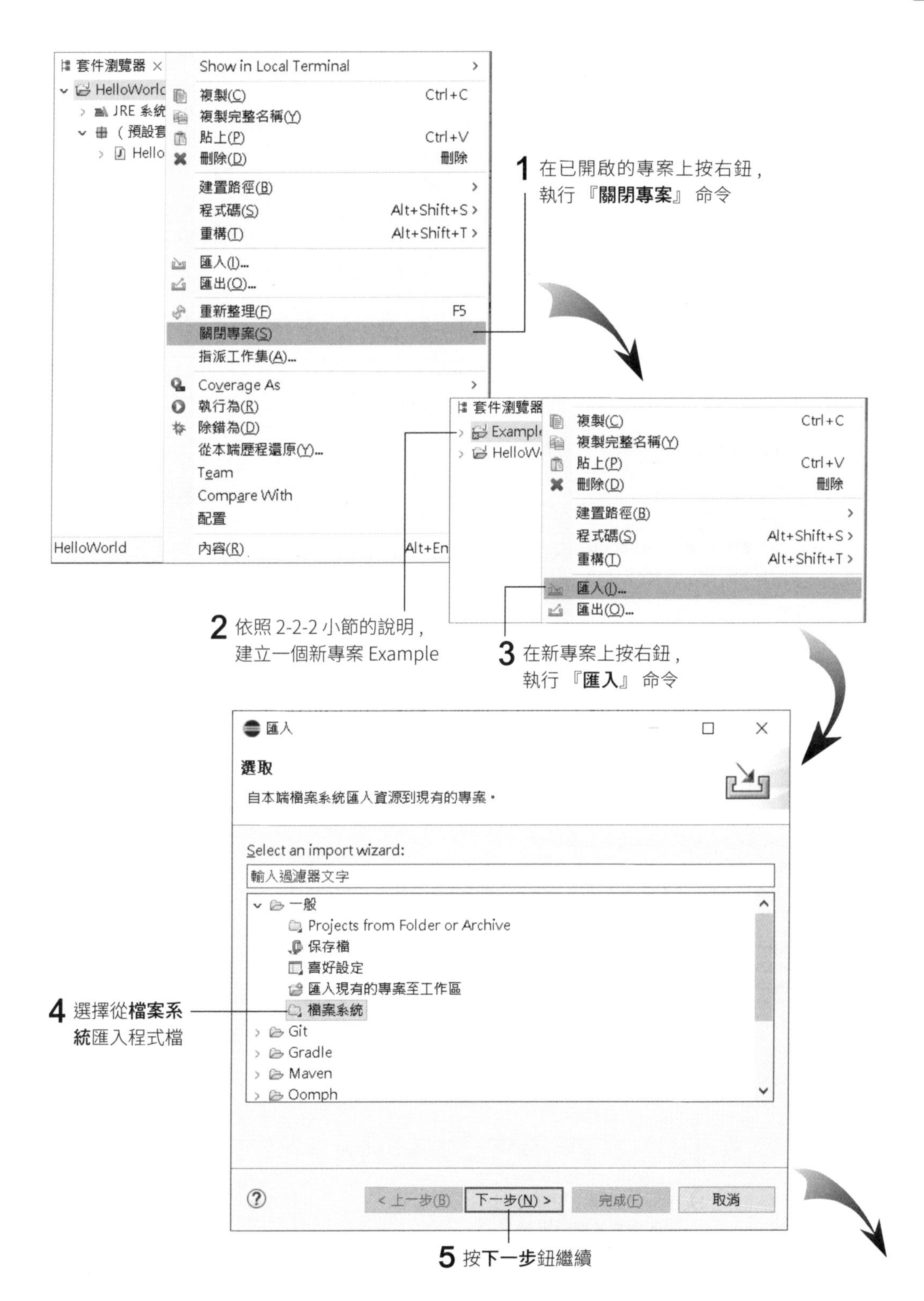

套件瀏覽器
HelloWorld
JRE 系統
（預設套
Hello
Show in Local Terminal
複製(C) Ctrl+C
複製完整名稱(Y)
貼上(P) Ctrl+V
刪除(D) 刪除
建置路徑(B)
程式碼(S) Alt+Shift+S
重構(T) Alt+Shift+T
匯入(I)...
匯出(O)...
重新整理(F) F5
關閉專案(S)
指派工作集(A)...
Coverage As
執行為(R)
除錯為(D)
從本端歷程還原(Y)...
Team
Compare With
配置
內容(R) Alt+En
1 在已開啟的專案上按右鈕，執行『關閉專案』命令
Example
2 依照 2-2-2 小節的說明，建立一個新專案 Example
3 在新專案上按右鈕，執行『匯入』命令
匯入
選取
自本端檔案系統匯入資源到現有的專案。
Select an import wizard:
輸入過濾器文字
一般
Projects from Folder or Archive
保存檔
喜好設定
匯入現有的專案至工作區
檔案系統
Git
Gradle
Maven
Oomph
4 選擇從檔案系統匯入程式檔
< 上一步(B)
下一步(N) >
完成(F)
取消
5 按下一步鈕繼續

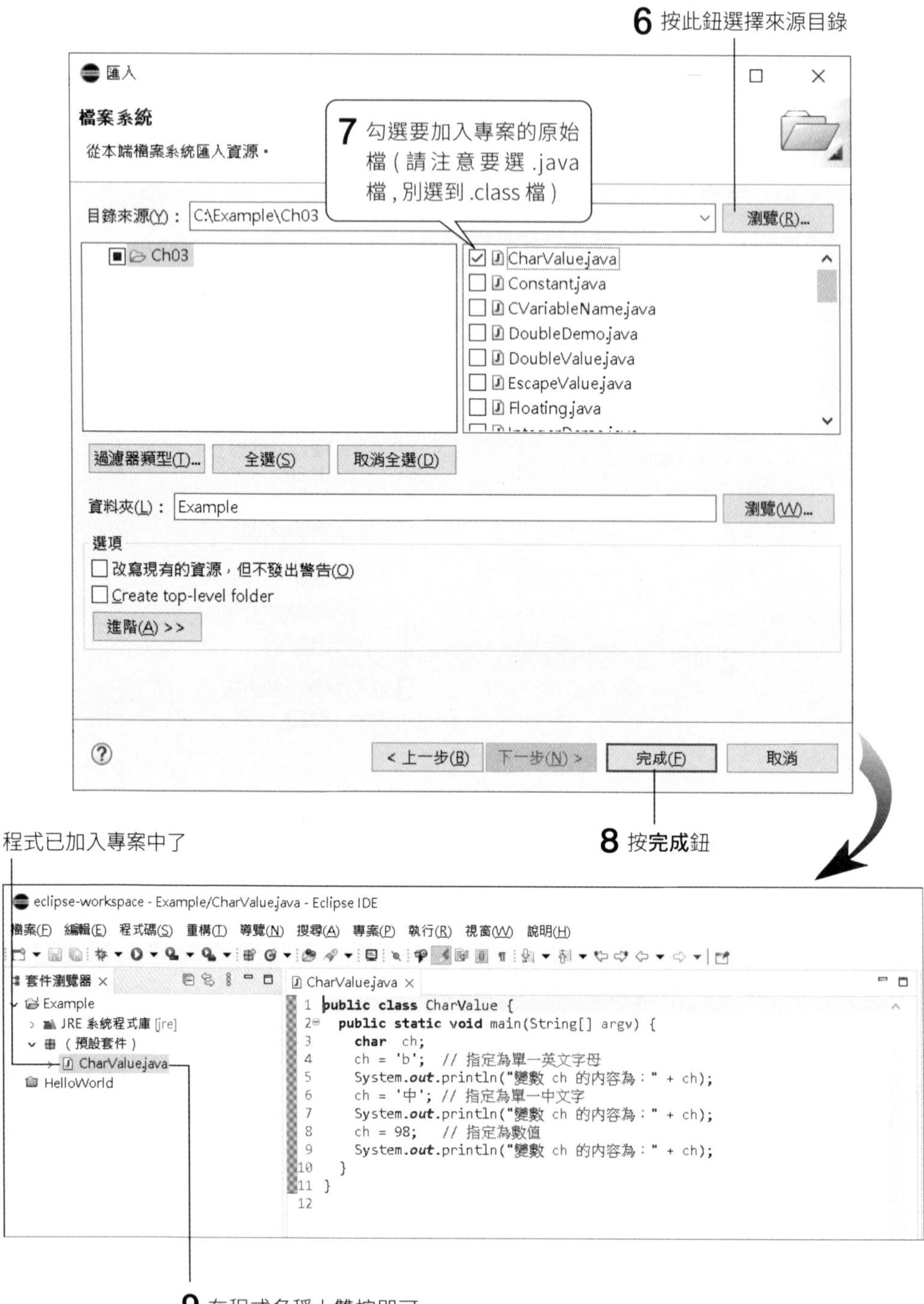
6 按此鈕選擇來源目錄
匯入
檔案系統
從本端檔案系統匯入資源。
7 勾選要加入專案的原始檔（請注意要選 .java 檔，別選到 .class 檔）
目錄來源(Y)： C:\Example\Ch03
瀏覽(R)...
Ch03
CharValue.java
Constant.java
CVariableName.java
DoubleDemo.java
DoubleValue.java
EscapeValue.java
Floating.java
過濾器類型(T)...
全選(S)
取消全選(D)
資料夾(L)： Example
瀏覽(W)...
選項
改寫現有的資源，但不發出警告(O)
Create top-level folder
進階(A) >>
< 上一步(B)
下一步(N) >
完成(F)
取消
8 按完成鈕
程式已加入專案中了
eclipse-workspace - Example/CharValue.java - Eclipse IDE
檔案(F) 編輯(E) 程式碼(S) 重構(T) 導覽(N) 搜尋(A) 專案(P) 執行(R) 視窗(W) 說明(H)
套件瀏覽器
Example
JRE 系統程式庫 [jre]
（預設套件）
CharValue.java
HelloWorld
CharValue.java
1 public class CharValue {
2 public static void main(String[] argv) {
3 char ch;
4 ch = 'b'; // 指定為單一英文字母
5 System.out.println("變數 ch 的內容為：" + ch);
6 ch = '中'; // 指定為單一中文字
7 System.out.println("變數 ch 的內容為：" + ch);
8 ch = 98; // 指定為數值
9 System.out.println("變數 ch 的內容為：" + ch);
10 }
11 }
9 在程式名稱上雙按即可開啟檔案並進行編輯

如果從其他唯讀裝置匯入程式檔, 匯入後檔案可能會留有唯讀屬性, 所以編輯時 Eclipse 會顯示以下交談窗：

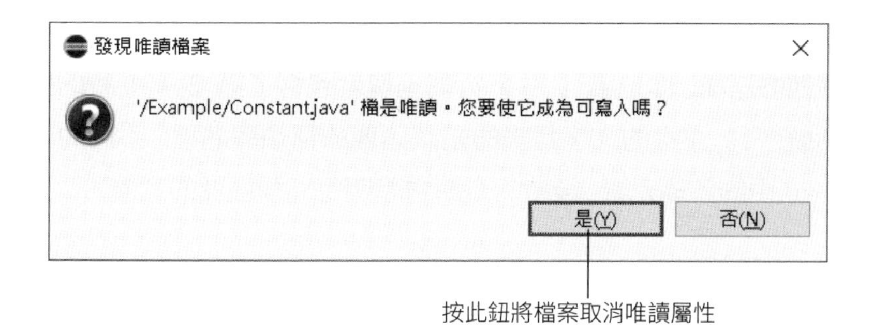

接下來您可依前一小節介紹的方式, 執行功能表的『**執行/執行**』命令, 即可執行程式。

2-3 Java 程式的組成要素

在上一節中, 已經帶領大家實際撰寫了第一個 Java 程式, 接下來就要針對這個簡單的程式, 一一解析構成 Java 程式的基本要素。

2-3-1 區塊 (Block)

讓我們再來看看剛剛所撰寫的 FirstJava 程式：

程式檔的名稱要和 class 之後的名稱 (此處為 FirstJava) 完全一樣 (包含大小寫)

程式 FirstJava.java 第一個 java 程式

```
01 public class FirstJava {
02   public static void main(String[] argv) {
03     System.out.println ("我的第一個 Java 程式。");
04   }
05 }
```

簡簡單單的 5 行, 就構成了 Java 程式最基本的架構, 其中, 您可以注意到幾件事情：

- 程式中以一對大括號 { 與 } 括起來的部分稱為**區塊 (Block)**, 區塊中可以再包含其他的區塊, 像是第 1 ~ 5 行的區塊就包含了第 2 ~ 4 行的區塊。在左大括號 "{" 左邊的文字代表的是該區塊的種類與名稱, 不同的區塊構成 Java 程式中的各種元素, 後續的章節會說明每一種區塊的意義。

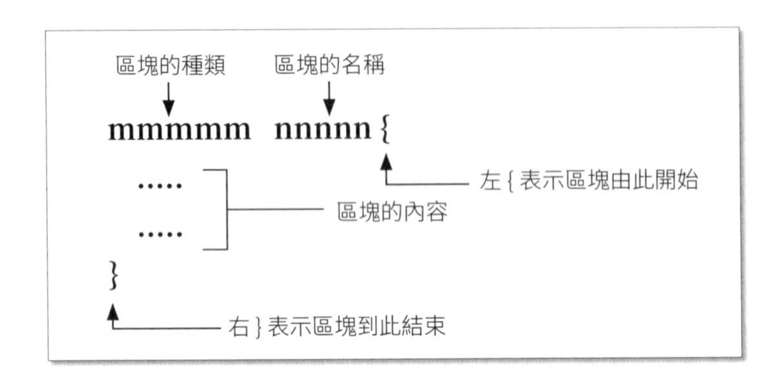

- 為了突顯出區塊, 並且方便辨識區塊的包含關係, 在撰寫程式時會把區塊的內容往右邊**縮排 (Indent)**。舉例來說, 第 2 ~ 4 行的區塊因為是內含在第 1 ~ 5 行的區塊內, 所以將整個區塊往右縮, 這樣在視覺上就可以清楚的區分出區塊間的關係。不過, 將程式縮排只是為方便閱讀, 對 Java 編譯器不會有什麼影響, 所以您也可以把程式改成這樣：

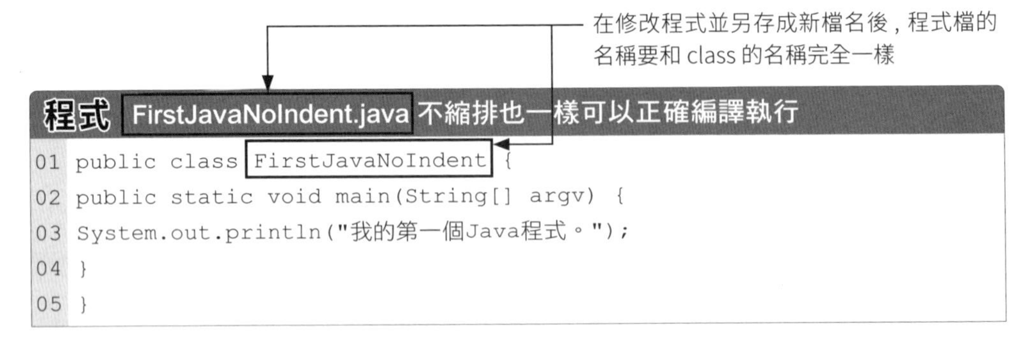

一樣可以正常編譯執行。至於縮排時要往右移多少空格, 則是憑個人喜好而定, 一般以 2 ~ 4 個空格最恰當。

2-3-2 Java 程式的起點 --main()

在範例程式的區塊中, 有一個區塊是每一個 Java 程式都必須要有的, 就是第 2 ~ 4 行的區塊, 這個區塊的名稱叫做 main(), 小括號內部的 string[] argv 是 main() 的參數。

main() 是 Java 程式真正執行時的起點, 當 Java 程式執行時, 會從 main() 所包含的這個區塊內的程式開始, 循序執行, 一直到這個區塊結束為止。以 FirstJava.java 來說, main() 的區塊當中只有一行程式, 這行程式的作用就是用 System.out.println() 在螢幕上輸出訊息。其中, 以一對雙引號 ("") 所括起來的內容就是要輸出的訊息, 在本例中, 就是輸出『我的第一個 Java 程式。』, 只要改變用雙引號括起來的內容, 就可以輸出不同的訊息。

因此, 只要更改 main() 的內容, 程式的執行結果就會不同。舉例來說, 我們可以修改 FirstJava.java 程式, 讓 main() 的內容更加豐富, 例如:

這裡要完全一樣

程式 SecondJava.java 更改 main() 方法的內容

```
01 public class SecondJava {
02   public static void main(String[] argv) {
03           System.out.println("這是我所寫的第二個Java程式,");
04           System.out.println("顯示更豐富的資訊囉!");
05   }
06 }
```

執行結果

```
這是我所寫的第二個Java程式,
顯示更豐富的資訊囉!
```

在 SecondJava.java 這個程式中, main() 區塊內有 2 行程式, 分別輸出兩段訊息。因此, 編譯、執行程式就會看到這 2 行訊息了。

從本章開始到第 7 章為止, 我們的範例程式都會依循和 FirstJava.java 類似的架構, 僅會更動 main() 區塊的內容來學習 Java 的基本程式撰寫:

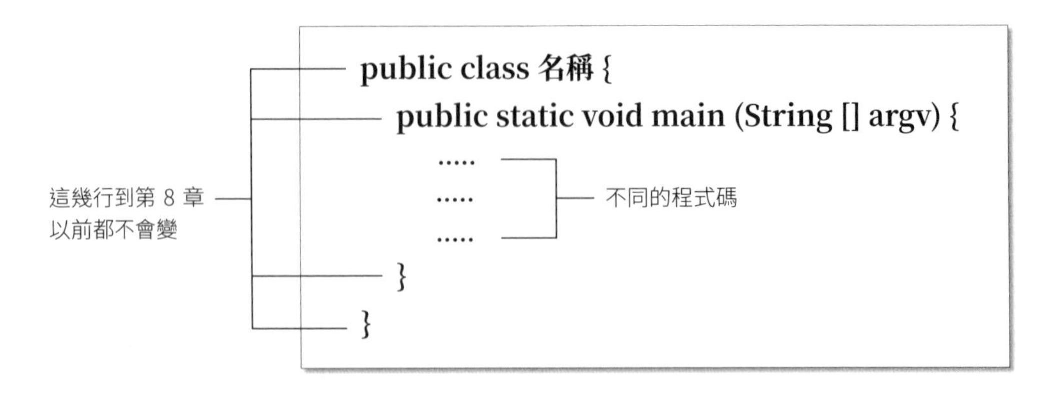

除此之外, 第一行 public class 之後的名稱也會依程式來命名, 以適度說明程式的內容, 但記得要和程式檔的檔名完全一樣 (包含大小寫), 這樣編譯才不會出錯。

2-3-3 敘述 (Statement)

每個程式區塊是由一或多個**敘述 (Statement)** 所構成。簡單的敘述是以**分號 (;)** 結尾, 有些較複雜的敘述則是以一個區塊作為結尾 (例如第 5、6 章介紹的流程控制敘述)。以 SecondJava.java 為例, 在 main() 這個區塊中就有兩個敘述, 分別是:

```
03      System.out.println("這是我所寫的第二個Java程式，");
04      System.out.println("顯示更豐富的資訊囉！");
```

Java 程式基本上就是由敘述組合而成, 而程式在執行時就是以敘述為單元, 由上往下循序進行。

敘述以分號為結尾

簡單的敘述都是以分號為結尾, 同一個敘述可以分成多行撰寫, 和寫在同一行是一樣的效果。多個簡單敘述也可以寫在同一行, 只要用分號做分隔, 結果和每一個敘述單獨撰寫成一行是相同的。舉例來說, 以下這個程式就和 SecondJava.java 意義完全相同, 只是斷行的方式不同而已:

程式 SecondJavaWithMultiLines.java 單一敘述可以分行撰寫

```
01 public class SecondJavaWithMultiLines {
02   public static void main(String[] argv) {
03     System.out.println
04     ("這是我所寫的第二個Java程式，");
05     System.out.println(
06     "顯示更豐富的資訊囉！");
07   }
08 }
```

原本一行可以斷成兩行結果不變

其中 3 、4 兩行就是原本的第 3 行；而 5 、6 兩行則是原本的第 4 行。

字符 (Token) 與空白符號 (Whitespace)

如果再把敘述剖開, 那麼敘述可以再細分為由一或多個**字符 (Token)** 所組成。例如 SecondJava.java 的第 3 行『System.out.println ("這是我所寫的第二個 Java 程式，");』就是由『**System**』、『**.**』、『**out**』、『**.**』、『**println**』、『**(**』、『**"這是我所寫的第二個 Java 程式，"**』、『**)**』、『**;**』這些字符所組成。字符與字符之間可以加上適當數量的**空白符號 (Whitespace)**, 以方便識別。舉例來說, 以下的程式雖然在 "println" 與 "(" 間加上了額外的空白, 但和 SecondJava.java 的意義是相同的：

程式 SecondJavaWithSpace.java 字符間可以加上額外的空白

```
01 public class SecondJavaWithSpace {
02   public static void main(String[] argv) {
03     System.out.println    ("這是我所寫的第二個Java程式，");
04     System.out.println    ("顯示更豐富的資訊囉！");
05   }
06 }
```

但是如果字符間不隔開會造成混淆, 就一定得加上空白符號。舉例來說, 第 2 行的 public、static、void 與 main 這 4 個字符中間若不以分隔字元隔開, 就變成 publicstaticvoidmain, Java 編譯器就會以為這是單一個字符而造成錯誤了。

在 Java 中, **空白字元、換行字元 (也就是按 Enter) 以及定位字元 (也就是按 Tab)** 都可以作為空白符號, 您可以依據實際的需求採用不同的方式。之前曾經提過, 同一個敘述可以分成多行撰寫, 其實就是利用換行字元當作空白符號。但是在斷行時, 必須以字符為界線, 像是以下這個程式編譯時就會有錯誤, 因為它把 println 這個字符斷開成兩行了：

程式 WrongBreakLine.java 錯誤的斷行

```
01 public class WrongBreakLine {
02   public static void main(String[] argv) {
03     System.out.prin
04     tln("這是我所寫的第二個Java程式，");
05     System.out.println("顯示更豐富的資訊囉！");
06   }
07 }
```

println 是一個字符,不可斷掉(也就是不可加入空白符號)

分隔符號 (Separator)

要特別注意的是, "("、")"、"{"、"}"、"["、"]"、";"、","、"." 這些字符在 Java 中稱為**分隔符號 (Separator 或 punctuator)**, 它們除了可以將其之前與之後的字符隔開以外, 如果是成對的分隔符號, 像是 "{" 與 "}", 則由這對分隔符號所包含的內容, 會是其前面字符的附屬部分。舉例來說, 在 SecondJava.java 中, main() 後面由 "{"、"}" 括起來的區塊就是附屬於 main() , 稱為 main() 的主體 (body)：

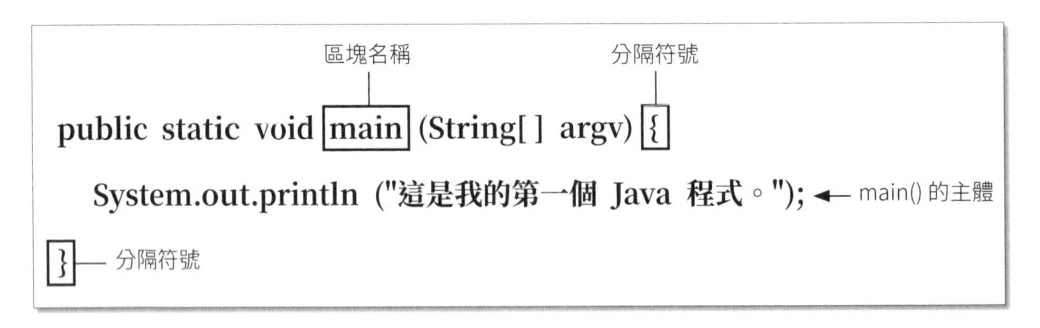

除了 ";" 在前面已經說明過, 是用來分隔敘述以外, 其餘的分隔符號會在後面章節中適當的地方說明。

2-3-4 為程式加上註解 (Comment)

在程式中我們經常要加上**註解 (Comment)**來說明程式的用途。舉例來說, 以下的程式就加上了許多註解, 讓您可以更輕易的看懂程式的內容:

程式 CodeWithComment.java 加上註解的程式

```
01 // 以下就是我們所要撰寫的第一個有註解的程式
02 public class CodeWithComment {
03   public static void main(String[] argv) {
04     // 到上面這兩行為止都是固定的程式骨架
05 
06     // 在 main()區塊中就是我們要執行的程式
07     System.out.println("我的第一個Java程式。");
08 
09     // 以下也都是固定的程式骨架
10   } // main() 區塊的結束括號
11 }   // CodeWithComment 區塊的結束括號
```

其中, // 字符開始往後一直到該行文字結束之前的內容都是註解, 當 Java 解譯器看到 "//" 字符後, 就會忽略其後的文字, 一直到下一行開始, 才會繼續轉譯程式的內容。這種註解稱為**單行註解 (End-Of-Line Comment)**, 另外還有一種可以跨越多行的註解方式, 稱為**傳統式註解 (Traditional Comment)** 或是**區塊式註解 (Block Comment)**, 以成對的 /* 與 */ 來包含所要加入的註解說明, 例如:

程式 CodeWithBlockComment 區塊式註解

```
01 /* 第二章範例Java程式
02    作者:施威銘研究室
03    版本:1.0
04    */
05 public class CodeWithBlockComment {
06   public static void main(String[] argv) {
07     /* 到上面這兩行為止都是固定的程式骨架*/
08 
09     // 在 main()方法中就是我們要執行的程式
10     System.out.println("我的第一個Java程式。");
```

```
11
12        // 以下也都是固定的程式骨架
13    }
14 }
```

其中第 1 ~ 4 行就是一個跨越 4 行的區塊式註解, 而第 7 行則是一個僅在單一行內的區塊式註解。第 9 和 12 行則是單行註解。

TIP 支援 Java 的 IDE (整合開發環境 , 例如前面介紹的 Eclipse) 或編輯器 (例如免費的 Notepad++), 其編輯介面都會支援以不同顏色來標示程式和註解 (例如黑色文字是程式、綠色文字是註解等), 因此在編寫程式時 , 就很容易分辨哪些文字是註解。

註解是一項非必要、但強烈建議使用的工具。尤其當程式很長或是邏輯比較複雜的時候, 加上適當的註解不但可以讓自己在一段時間過後還能夠記得撰寫程式當時的想法, 如果程式往後要交給別人維護, 那麼註解也是後繼者理解程式的最佳幫助。

總結來說, **Java 程式是由字符 (token) 組成敘述, 再由敘述組成區塊, 然後再由區塊組成整個程式**。到這裡, 我們已經把 Java 程式最基本的架構說明完畢了。

學習評量

1. (　　) Java 程式中由一對大括號 "{" 與 "}" 所括起來的部分稱為

    (a) 區塊　(b) 字符　(c) 敘述　(d) 以上皆非

2. (　　) 每一個 Java 程式都必須要有的區塊是

    (a) Main 區塊　(b) main 區塊　(c) 註解區塊　(d) start 區塊

3. (　　) 以下何者是 Java 程式中可以加上的註解形式？

    (a) 單行註解　(b) 區塊式註解　(c) 傳統式註解　(d) 以上皆是

4. (　　) 在 Java 程式中每一個敘述都要以哪一個符號結尾？

   (a) 逗號　(b) 冒號 (:)　(c) 分號 (;)　(d) 以上皆非

5. (　　) 在 Java 程式中, 以下何者錯誤？

   (a) 一個敘述一定要寫在同一行
   (b) 大小寫英文字母不同
   (c) 只要用分號分隔, 多個敘述可以寫在同一行
   (d) main() 是程式的起點

6. (　　) 以下何者不能作為 Java 程式中的空白符號？

   (a) 斷行字元　(b) 井字號 #　(c) 空白字元　(d) 以上皆是

7. (　　) { 與 } 字符在 Java 中稱為

   (a) 空白符號　(b) 區塊符號　(c) 結尾符號　(d) 分隔符號

8. (　　) 以下何者正確？

   (a) Java 程式中一定要加上註解, 否則無法正確編譯
   (b) 區塊的內容一定要向右縮排, 否則無法正確編譯
   (c) 單一敘述一定要寫在同一行
   (d) 以上皆非

9. 撰寫好的 Java 程式存檔時, 一定要加上 __________ 作為副檔名。

10. Java 程式的起點是 ______________。

程式練習

1. 請撰寫一個 Java 程式, 執行後可以在螢幕上顯示以下這首唐詩：

```
春眠不覺曉， 處處聞啼鳥
夜來風雨聲， 花落知多少
```

2. 以下程式有錯誤, 請將之修改後編譯執行：

```
01 public class EX2_2 {
02   public static void main(String[] argv) {
03     System.out.println(//我要列印的訊息"我的Java程式");
04   }
05 }
```

3. 請撰寫一個 Java 程式, 執行後可以在螢幕上顯示以下圖形：

```
*
* *
* * *
* * * *
* * * * *
```

4. 以下程式有錯誤, 請將之修改後編譯執行：

```
01 public class EX2_4 {
02   public static void Main(String[] argv) {
03     System.out.println("我的Java程式");
04   }
05 }
```

5. 以下程式有錯誤, 請將之修改後編譯執行：

```
01 public class EX2_5 {
02   public static void main(String[] argv) {
03     System.out.println("我的Java程式")
04     system.out.println("怎麼會有錯？");
05   }
06 }
```

變數

學習目標

- 認識變數
- 認識各種型別的資料
- 熟悉變數的命名規則

在上一章中, 已經認識了 Java 程式的基本要素, 有了這樣的基礎, 就可以進一步使用 Java 撰寫程式來解決問題了。在這一章中, 就要介紹程式設計中最基本、但也最重要的一個元素 -- 變數。

3-1 甚麼是變數？

如果您看過一些心算才藝表演的節目, 必定會對於這些神童們精湛的記憶與心算能力佩服不已。不過如果您自己想試看看能不能做得到時, 可能就會發現腦容量並不夠大, 不但連要計算的題目都記不住, 更不要說想要在腦中計算出答案了。因此, 對於一般人來說, 最簡單的方法, 就是找個地方, 比如說一張紙把題目給好好記下來, 然後再一步一步的慢慢計算, 才有可能算出正確的答案。事實上, 我們所使用的電腦也沒有高明多少, 當程式執行時, 也必須使用類似的方法將所需的資料存到特定的地方, 才能夠進行運算, 這個**地方**就是**變數 (Variable)**。換言之, 變數是用來存放暫時的資料, 以便後續的處理。

3-1-1 變數的宣告

讓我們先來看看以下這個程式：

程式 Variable.java 宣告變數並指派內容給變數

```
01 public class Variable {
02   public static void main(String[] argv) {
03     int i;
04     i = 20;
05     System.out.println(i);
06   }
07 }
```

執行結果

```
20
```

在這個程式中, 第 3 行的意思就是**宣告 (Declare)**一個變數, 它的名字叫做 i, 而最前面的 int 則表示：這個 i 的變數是要用來存放**整數 (Integer) 類型的資料**。當 Java 編譯器看到這一行時, 就會幫您在程式執行時預留一塊空間, 讓您可以存放整數資料。

嚴格型別的程式語言

Java 是一種嚴格型別 (Strong-Typed, 或是 Strict-Typed) 的程式語言 , 變數在使用前一定要先宣告 , 並且明確標示所要儲存資料的類型。

3-1-2 設定變數的內容

宣告了變數之後, 接著要設定變數的初值。像是程式中的第 4 行, 就是將 20 這個數值放入名字為 i 的變數中。在這一行中的 "=", 稱為**指定算符 (Assignment Operator)**, 它的功用就是將資料放到變數中。

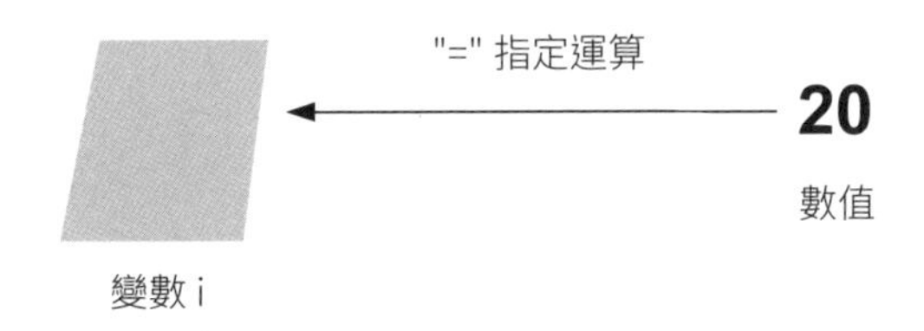

前面程式中的第 5 行, 則是用 System.out.println() 把變數 i 存放的值顯示到螢幕上, 所以我們就會在螢幕上看到 20。

System.out.println() 是 Java 編譯器提供的一個 Method (方法), 所謂的 Method 基本上是一種功能, 是物件導向 (Object Oriented) 語言的一個特色, 我們在第 8 章之後會再詳述, 現在只要會使用它一些簡單的功能即可。現在再看下面的例子：

程式 Variable2.java

```
01 public class Variable2 {
02   public static void main(String[] argv) {
03     int i=20;
04     System.out.println("變數 i 的內容為：" + i);
05   }
06 }
```

執行結果

```
變數 i 的內容為：20
```

在程式第 4 行 System.out.println() 的小括號 () 中, 雙引號 "…" 之內的文字會原封不動的被顯示在螢幕上, 所以 " " 中的 i 是英文字母 i 而不是變數 i。而 " " 之外的 i 則是變數 i , 所以顯示出來的是變數 i 的值, 也就是 20。所以第 4 行就相當於是：

```
System.out.println("變數 i 的內容為：" + 20);
```

至於 "…" 和變數 i 之間的 + , 則是**連接算符 (Concantenation operator)**, 它會把兩段文字連接起來, 因此上一行也就相當於是：

```
System.out.println("變數 i 的內容為：20");
```

因此, 最後程式的執行結果就是將 『變數 i 的內容為：20』 這段文字顯示出來了。

宣告同時設定初值

我們也可以在宣告變數的同時, 就設定該變數的初值。在前面程式第 3 行中, 我們就是在宣告變數 i 為整數的同時, 也把 i 的值設為 20, 這樣兩行程式就變成一行了。

3-1-3 變數的名稱

在前面的範例中, 變數的名字只是很簡單的 **i**, 就字面來說, 看不出有任何的意義。為了方便閱讀, 最好可以為變數取個具有說明意義的名字。舉例來說, 如果某個變數代表的是學生的年齡, 那麼就可以將這個變數命名為 **studentAge**, 底下就是實際的範例：

程式 VariableName.java 為變數取適當的名字

```
01 public class VariableName {
02   public static void main(String[] argv) {
03     int studentAge = 19; //變數名稱代表變數的意義
04     System.out.println("你的年齡是：" + studentAge);
05   }
06 }
```

執行結果

```
你的年齡是：19
```

這樣一來, 在閱讀程式的時候, 就更容易瞭解每個變數的意義與用途, 而且如果變數被用在其它用途上時, 也很容易就會發現, 而這很可能就是造成程式執行有問題的原因呢。

變數的命名規則

本書的變數名稱均採用**駝峯寫法 (Camel Case)** 也就是變數如果是由一個以上的英文字組成, 則英文字之間沒有空格, 第一個英文字由小寫開頭, 之後的英文字則為大寫開頭。例如 iPhone、eBay、以及前面程式中的 studentAge。此外, 變數的名稱必須符合下列的**識別符號 (Identifier)** 規範：

1. 必須以英文字母開頭, 大小寫均可 (但我們的駝峯寫法是由小寫開頭)。另外, 也可以用 "_" 或是 "$" 這兩個字元開頭。像是 "3am" 或是 "!age" 就不能作為變數的名字。

2. 之後的字元除了英文字母和 "_"、"$" 之外還可以加上 0 ~ 9 的數字。像是 "apple1" 或是 "apple2" 都可以作為變數的名字, 但 "apple!" 就不行。

3. 變數名稱的長度沒有限制, 您可以使用任意個字元來為變數命名。

4. 變數名稱不能和 Java 程式語言中的**保留字 (Reserved Word)** 重複。所謂的**保留字**, 是指在 Java 中代表特定意義的字, 這主要分為兩類, 第一類是代表程式執行動作的**關鍵字 (Keywords)**, 這些關鍵字會在後續的章節一一出現, 這裡先列表如下：

abstract	continue	for	new	switch
assert	default	goto	package	synchronized
boolean	do	if	private	this
break	double	implements	protected	throw
byte	else	import	public	throws
case	enum	instanceof	return	transient
catch	extends	int	short	try
char	final	interface	static	void
class	finally	long	strictfp	volatile
const	float	native	super	while

另外一類, 則是 Java 內建的特定**字面常數 (Literal)**, 包含 **true**、**false** 以及 **null**。這些內建的字面常數, 已被 Java 保留使用權, 因此都不能拿來作為變數名稱。

5. 字母相同, 但大小寫不同時, 會被視為不同的名稱。所以程式中 age 和 Age 指的是不同的變數。

根據以上的規則, 底下的程式示範了幾個可以做為變數名稱的識別符號：

程式 LegalVariableName.java 合法的變數名稱

```
01 public class LegalVariableName {
02   public static void main(String[] argv) {
03     int age; //合法變數名稱
04     int AGE; //合法變數名稱
05     int Age; //合法變數名稱
06     int No1; //合法變數名稱
07     int No11111111; //合法變數名稱
08     int _Total; //合法變數名稱
09     age = 19; //合法變數名稱
10     System.out.println("你的年齡是：" + age);
11   }
12 }
```

請注意第 3~5 行因為字母大小寫不同, 所以這 3 個變數名稱是不同的。

以下程式中的變數名稱就不符合規定, 在編譯的時候會出現錯誤訊息：

程式 InvalidVariableName.java 不合法的變數名稱

```
01 public class InvalidVariableName {
02   public static void main(String[] argv) {
03     int 3age; // 不能以數字開頭
04     int #AGE; // 不能使用 "#"  字元
05     int A#GE; // 不能使用 "#"  字元
06     int while;   // 不能使用關鍵字
07     int true; // 不能使用內建保留的字面常數
08     3age = 19;
09     System.out.println("你的年齡是：" + 3age);
10   }
11 }
```

其中第 3 行的變數是以數字開頭, 而第 4、5 兩行的變數名稱使用了 "#" 字元, 第 6 、7 兩行的變數名稱則分別用到了保留的關鍵字與字面常數, 這些都不符合 Java 對於識別符號的規定, 在編譯時就會看到錯誤的訊息：

執行結果

```
InvalidVariableName.java:3: error: not a statement
    int 3age;    // 不能以數字開頭
    ^
InvalidVariableName.java:3: error: ';' expected
    int 3age;    // 不能以數字開頭
         ^
InvalidVariableName.java:3: error: not a statement
    int 3age;    // 不能以數字開頭
          ^
InvalidVariableName.java:4: error: illegal character: \35
    int #AGE;     // 不能使用 "#"  字元
        ^
InvalidVariableName.java:4: error: not a statement
    int #AGE;     // 不能使用 "#"  字元
    ^
InvalidVariableName.java:4: error: not a statement
    int #AGE;     // 不能使用 "#"  字元
         ^
InvalidVariableName.java:5: error: illegal character: \35
    int A#GE;    // 不能使用 "#"  字元
         ^
InvalidVariableName.java:5: error: not a statement
    int A#GE;    // 不能使用 "#"  字元
          ^
InvalidVariableName.java:6: error: not a statement
    int while;  // 不能使用關鍵字
    ^
InvalidVariableName.java:6: error: ';' expected
    int while;  // 不能使用關鍵字
       ^
InvalidVariableName.java:6: error: '(' expected
    int while;  // 不能使用關鍵字
             ^
```

```
InvalidVariableName.java:7: error: not a statement
    int true;    // 不能使用內建保留的字面常數
    ^
InvalidVariableName.java:7: error: ';' expected
    int true;    // 不能使用內建保留的字面常數
        ^
InvalidVariableName.java:8: error: not a statement
    3age = 19;
    ^
InvalidVariableName.java:8: error: ';' expected
    3age = 19;
     ^
InvalidVariableName.java:9: error: ')' expected
    System.out.println("你的年齡是：" + 3age);
                                       ^
InvalidVariableName.java:9: error: ';' expected
    System.out.println("你的年齡是：" + 3age);
                                         ^
17 errors
error: compilation failed
```

請不要使用 " $ " 為變數命名

雖然在識別符號的命名規則中，允許您使用 "$" 字元，不過建議最好不要這樣做。因為 Java 編譯器在編譯程式的過程中，可能會有需要替我們建立額外的變數，而這些變數的名稱都是以 "$" 開頭。因此，對於 Java 軟體開發人員來說，"$" 開頭的變數代表的是由 Java 編譯器自動建立的變數。如果您自行宣告的變數也取了以 "$" 開頭的名字，就會讓閱讀程式的人產生混淆，建議您最好不要這樣做。

使用標準萬國碼 (Unicode) 字元為變數命名

由於 Java 支援使用**標準萬國碼 (Unicode)**, 因此前面命名規則中也可以使用許多 Unicode 字元, 包含中文等亞洲國家語言的文字在內。舉例來說, 底下這個程式就使用了中文來為變數命名：

程式 CVariableName.java 使用中文為變數命名

```
01 public class CVariableName {
02   public static void main(String[] argv) {
03     int 年齡 = 19; // 使用中文的變數名稱
04     System.out.println("你的年齡是：" + 年齡);
05   }
06 }
```

執行結果

```
你的年齡是：19
```

除了變數名稱是中文以外, 這個程式就和 **VariableName.java** 一模一樣。不過由於 Java 程式語言是以近似英文的語法構成, 如果在程式中夾雜中、英文, 不但會造成閱讀上的困擾, 軟體開發人員自己在撰寫程式時, 也得在中、英文輸入方式間切換, 並不方便。因此, 以中文來為變數命名雖然合乎 Java 程式語言的語法, 但建議您不要這樣做。

3-2 資料型別 (Data Types)

一般而言, 程式所需要處理的資料並不會只有一種, 像是之前範例中僅有整數資料的情況其實是很少見的。在這一節中, 就要跟大家介紹 Java 程式語言中所能夠處理的資料種類, 以及這些資料的表達方式。

Java 把資料區分成多種**資料型別 (Data Types)**。舉例來說, 除了整數以外, Java 也可以處理帶有小數的數值：

程式 DoubleDemo.java 處理具有小數的數值

```
01 public class DoubleDemo {
02   public static void main(String[] argv) {
03     int i = 3;
04     double d = 0.14159;  // 宣告 d 為 double 型別的變數
05 
06     d = d + i; // 加法運算
07     System.out.println("圓周率：" + d);
08   }
09 }
```

執行結果

```
圓周率：3.14159
```

在這個程式中, 第 4 行就宣告了一個**double 型別**的變數 d, 並設定了這個變數的內容為 0.14159。另外, 在第 6 行中, 使用 " **+**" 這個算符將變數 d 的內容與變數 i 的內容相加, 再將相加的結果放回變數 d 中, 所以最後變數 d 的內容就會變成 3.14159。

您可能會覺得疑惑, 之前不是說明過, "+" 是連接算符, 會將文字連接在一起, 怎麼又變成加法了呢？其實 " +" 算符會根據前後的資料型別, 自行判斷後, 進行不同的運算動作, 如果前後的資料其中有文字, 它就會做**連接**的運算；如果前後都是數值, 進行的就是**加法**。

" = " 的意義

如果您沒有學習過其他程式語言 , 那麼很可能會對這裡的 "=" 與數學中的等號感到混淆。Java 中的 "=" 稱為**指定算符 (Assignment Operator)**, 與數學的等號一點關係都沒有。事實上 , 它是**指定**的意思 , 您可以**把它讀成把右邊的算式計算出結果後 , 放到左邊的變數中**。因此 , DoubleDemo.java 中的第 6 行：

```
d = d + i ; // 加法運算
```

就應該解讀為 " 將 d+i 計算後的結果 (0.14159 + 3) 放入變數 d 中 ", 所以最後顯示出來 d 的內容就是 3.14159 了。

那麼 Java 到底可以處理那些資料型別呢？我們可以先粗略的將 Java 中的資料分成兩種, 第一種是**基本型別 (Primitive Data Types)**, 第二種則是**參照型別 (Reference Data Types)**, 這兩種資料型別最簡單的區分方式如下：

- **基本型別**：這種型別的資料是直接放在變數中, 像是之前使用過的整數以及浮點數, 都屬於這種資料。

  基本型別通常用來存放少量的資料, 就像我們把物品直接放到抽屜一樣。

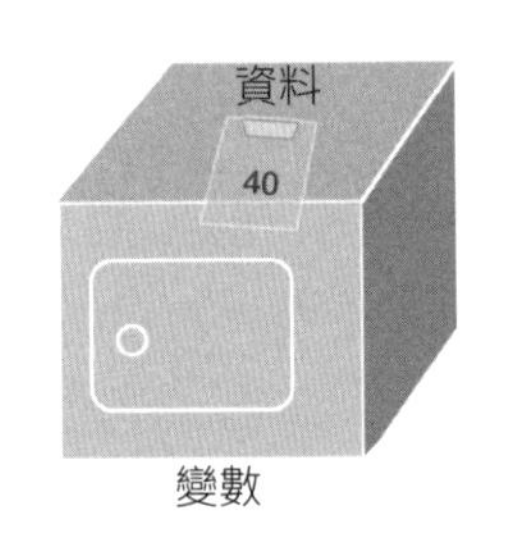

- **參照型別**：這種型別的資料並不是放置在變數中，而是另外配置一塊空間來放置資料，變數中儲存的則是這塊空間的位址，真正要使用資料時，必須**參照**變數中所記錄的位址，以找到儲存資料的空間。

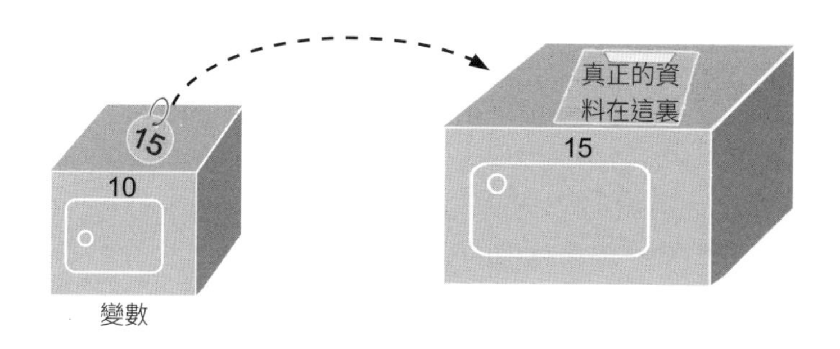

參照型別通常用來存放較大量的資料，就像我們把大量資料放到倉庫，然後把地址給搬運公司，請他到倉庫存取貨。所以參照型變數只記載資料存放處的地址，並不直接存放資料。

不論是基本型別或是參照型別，都還可以再細分成多種型別，接下來，就分別來看看這些資料型別。

3-3 基本型別 (Primitive Data Types)

Java 的基本型別分為兩大類：**布林型別 (Boolean Data Type)** 與**數值型別 (Numeric Data Type)**。

3-3-1 布林型別 (Boolean Data Type)

布林型別的資料只能有兩種可能值，分別是 **true** 與 **false**，通常用來表示某種情況成立或是不成立 (**真或假**)，我們會在第 5、6 章討論流程控制的時候看到布林值的用途。以下先來認識其表達方式：

程式 UsingBoolean.java 使用布林型別的變數

```
01 public class UsingBoolean {
02   public static void main(String[] argv) {
03     boolean test = false;  // false 是 Java 內建的字面常數
04     System.out.println("布林變數 test 的值：" + test );
05
06     test = true;  // true 也是 Java 內建的字面常數
07     System.out.println("布林變數 test 的值：" + test );
08   }
09 }
```

執行結果

```
布林變數 test 的值：false
布林變數 test 的值：true
```

在第 3 行中宣告了一個布林值的變數 test, 並設定其值為 **false** (此為 Java 內建的字面常數), 並顯示出來。在第 6 行則是再將同一變數的值設定為 **true**, 所以第 2 次顯示的變數值就變成 **true** 了。

3-3-2 數值型別 (Numeric Data Type)

數值型別又可區分為 2 大類, 分別是**整數型別 (Integral Data Type)** 與**浮點數型別 (Floating Point Data Type)**, 如果您所處理的資料完全沒有小數, 那麼只要使用整數型別即可, 否則應該使用浮點數型別。

在這兩大類的數值型別中, 又分別依據所能表示的數值範圍, 再細分為幾種資料型別, 以下分別介紹這兩大類的數值型別。

整數型別 (Integral Data Type)

整數型別可以細分為 **byte**、**short**、**int**、**long**、以及 **char** 這 5 種資料型別, 下表列出這些資料型別所能表示的整數範圍：

資料型別	最小值	最大值	佔用空間
byte	-128	127	1 個位元組
short	-32768	32767	2 個位元組
int	-2147483648	2147483647	4 個位元組
long	-9223372036854775808	9223372036854775807	8 個位元組
char	0	65535	2 個位元組

要表示整數值的時候, 可以使用 10 進位、2 進位、16 進位、或是 8 進位的方式, 以下分別說明之：

- **10 進位**：以**非 0** 的數字開頭的數值就是 10 進位的數值, 例如 123 、10 、19999。
- **2 進位**：以 **0b** 或 **0B** 開頭的數字就是 2 進位數值, 由於 2 進位中只能使用 0、1, 所以可寫 0b101 (10 進位的 5) 或 0B1001 (10 進位的 9) 都是合法的數字, 但 0b123 就會被視為語法錯誤。
- **16 進位**：以 **0x** 或是 **0X** 開頭的數值就是 16 進位的數值, 您可以任意採用大寫或是小寫的 "a" ~ "f" 字母來表示 10 進位的 10~15。例如 0x11 就是 10 進位的 17, 而 0xff 或是 0XFF 、0xfF 都是 10 進位的 255。
- **8 進位**：以 **0 開頭**的數值就是 8 進位的數值, 例如 077 就是 10 進位的 63。

我們來看看以下這個範例程式：

程式 IntegerValue.java 使用整數值

```
01 public class IntegerValue {
02   public static void main(String[] argv) {
03     System.out.println("10進位 1357        = " + 1357);
04 
05     int i = 0b10011001 ; // int 型別, 2進位
06     System.out.println("2進位  0b10011001 = " + i);
07 
08     long l = 0XADEF; // long 型別, 16進位
09     System.out.println("16進位 0XADEF      = " + l);
10 
11     short s = 01357; // short 型別, 8進位
12     System.out.println("8進位  01357       = " + s);
13   }
14 }
```

程式在第 5、8、11 行分別宣告了 int、long、short 型別的變數, 並用 2、16、8 進位等表示法來設定其值, 再輸出其值。println() 輸出數值時預設都採用 10 進位表示, 如執行結果所示。

執行結果

```
10進位 1357        = 1357
2進位  0b10011001 = 153
16進位 0XADEF      = 44527
8進位  01357       = 751
```

TIP 讀者若不熟悉不同數字系統的計算方式，可參考一般計算機概論的書籍。此外，Windows 10 內附的小算盤程式，按下左上方的 ☰ 鈕，可選擇切換到**程式設計人員模式**，即可快速做 2、8、10、16 進位的換算。

除此之外, 有關於整數數值的表示, 還有以下需要注意的事項：

- 您可以在數值前面加上 "-" 符號, 表示這是一個負數, 例如 -123、-0x1A。也可以加上 "+" 符號, 表示為一個正數。若沒有加上任何正負號, 則預設為正數。
- Java 預設會把整數數值當成是 int 型別, 如果要表示一個 long 型別的數值, 必須在數值後加上 **L** 或是 **l**, 例如 123L 、2147483649l。
- 若數值很長 (位數較多), 可在適當位置插入底線字元以方便閱讀, 例如 1_000_000 或 100_0000 都表示 100 萬 (此為 Java 7 之後新增語法, 不適用於較舊版本)。

上述這些表示法可視需要同時使用, 也可應用於前述的不同數字系統：

程式 UsingNumber.java 善用不同數字標示法

```
01 public class UsingNumber {
02   public static void main(String[] argv) {
03     short s = -13666;      // 負數
04     System.out.println("變數 s = " + s);
05
06     long  l = 2_135_482_789L;  // 用 L 標示 long 整數
07     System.out.println("變數 l = " + l);
08
```

```
09      int  i = 0b1100_0110_0011_1010;  // 底線字元
10      System.out.println("變數 i = " + i);
11    }
12  }
```

執行結果

```
變數 s = -13666
變數 l = 2135482789
變數 i = 50746
```

正負號因為在日常生活也會用到, 底線字元僅是為方便閱讀, 一般都不會忘記用法。初學者比較可能忽略的就是加 **L** 標示 long 整數, 因為 Java 編譯器預設將數值當成 int 型別, 只要超過 3-16 頁表列的範圍, 所會出現編譯錯誤。例如:

程式 LongValueError.java 超過 int 範圍的整數

```
01 public class LongValueError {
02   public static void main(String[] argv) {
03     long l = 2_147_483_649; // 未指定為long數值, 編譯會出現錯誤
04     System.out.println("變數  l = " + l);
05   }
06 }
```

執行結果

```
LongValueError.java:3: error: integer number too large
    long  l = 2_147_483_649; // 未指定為long數值, 編譯會出現錯誤
              ^
1 error
error: compilation failed
```

程式第 3 行設定變數值所使用的 2_147_483_649 已超過 int 型別的最大值, 因此在編譯時會出現如上 "**integer number too large**" 的訊息。

請使用大寫的 L

雖然小寫 "l" 或是大寫 "L" 字尾都可標示 long 型別的數值, 不過因為小寫的 "l" 容易和阿拉伯數字 "1" 混淆, 因此建議您使用大寫的 "L"。

另外, 在整數資料型別中, char 是比較特別的一種, 它主要是用來表示單一個 Unicode 字元 (以英文來說, 這就是一個英文字母, 以中文來說, 就是一個中

文字)。正因為 char 型別的特性, 所以在設定資料值時可以使用數值、也可以用字元的方式, 例如:

程式 CharValue.java 處理 char 資料

```
01 public class CharValue {
02   public static void main(String[] argv) {
03     char  ch;
04     ch = 'b';  // 指定為英文字母
05     System.out.println("變數 ch 的內容為:" + ch);
06     ch = '中'; // 指定為中文字
07     System.out.println("變數 ch 的內容為:" + ch);
08     ch = 98;    // 指定為數值
09     System.out.println("變數 ch 的內容為:" + ch);
10   }
11 }
```

執行結果

```
變數 ch 的內容為:b
變數 ch 的內容為:中
變數 ch 的內容為:b
```

其中第 4 、6 行就是以字元的方式設定資料值, 您必須使用一對**單引號 (')** 將字元括起來。第 8 行的設定就是使用數值, 此時這個數值代表的是標準萬國碼的編碼, 實際顯示變數內容時, 就會顯示出該字碼對應的字元。

雖然如此, 但我們並不建議您以數值來設定 char 型別的資料, 因為這樣的程式無法彰顯原來 ch 是 char 型別的資料。如果您需要直接以字碼的方式設定資料值, 那麼可以使用**跳脫序列 (Escape Sequence)** 的方式:**'\uXXXX'**, 其中 XXXX 是字元以 16 進位表示的字碼。**請注意, 一定要用 4 位數和小寫的 u。**這樣不但可以直接指定字碼, 而且因為有一對單引號, 可以明顯看出這是一個字元。

> **TIP** 雖然目前一般使用的 Unicode 字元字碼都在 65536 範圍內, 但 Unicode 編碼範圍已超過 65536 (延伸的部分稱為增補字集, Supplementary Character), 要表達此部份的字元, 就需用 2 個 char 來表示其編碼, 詳見 Java 線上說明文件。

另外, 跳脫序列也可以用來指定一些會引起編譯器混淆的特殊字元, 比如說要設定某個 char 變數的內容為單引號時, 如果直接寫 ''', 那麼編譯器看到第

2 個單引號時，便以為字元結束，不但變成前面兩個單引號沒有包含任何字元，而且第 3 個單引號也變成多餘。右表是跳脫序列可以表示的特殊字元，裡頭包含了一些無法顯示的字元：

跳脫序列	字碼	字元
\b	\u0008	BS (← 鍵)
\t	\u0009	HT (Tab 鍵)
\n	\u000a	LF (換行)
\f	\u000c	FF (換頁)
\r	\u000d	CR (歸位)
\"	\u0022	" (雙引號)
\'	\u0027	' (單引號)
\\	\u005c	\ (反斜線)

實際使用跳脫序列的範例如下：

程式 EscapeValue.java 使用跳脫序列

```
01 public class EscapeValue {
02   public static void main(String[] argv) {
03     char  ch = '\u5b57'; // 16 進位 5b57 是 '字' 的 Unicode 編碼
04     System.out.println("變數 ch 的內容為：" + ch);
05 
06     ch = '\\';       // 反斜線 \
07     System.out.println("變數 ch 的內容為：" + ch);
08 
09     ch = '\'';       // 單引號 '
10     System.out.println("變數 ch 的內容為：" + ch);
11   }
12 }
```

第 3 行指定給變數的 '\u5b57' 是『字』的 Unicode 編碼，所以顯示時就會出現該字元。另外在第 6、9 行則示範了設定特殊字元的方式。

執行結果

```
變數 ch 的內容為：字
變數 ch 的內容為：\
變數 ch 的內容為：'
```

特殊字元

在跳脫序列所能表示的特殊符號中，有一些是沿用自過去打字機時代的符號，表示打字機要做的動作，而不是要列印的字元。舉例來說，\r 是讓打字機的印字頭回到同一行的最前面，而 \f 則是送出目前所用的紙 (換頁)。這些字元有部分對於在螢幕顯示文字，或是使用印表機列印 (尤其是早期的點矩陣印表機) 時也都還有效用。

浮點數型別 (Floating Point Data Type)

浮點數資料依據所能表示的數值範圍，還可區分為 float 與 double 兩種，下表列出可表示的浮點數數值範圍：

資料型別	可表示範圍	佔用空間
float	± 3.40282347E+38 ~ ± 1.40239846E-45	4 個位元組
double	± 1.79769313486231570E+308 ~ ± 4.94065645841246544E-324	8 個位元組

您可以用以下的方式表示浮點數：

- **帶小數點的數值：**例如 3.4、3.0、0.1234。如果整數部分是 0 的話，也可以省略整數部分，像是 .1234。同樣的，如果沒有小數，也可以省略小數，例如 3。
- **使用科學記號：**例如 1.3E2、2.0E-3、0.4E2，指數部分也可以用小寫的 e。同樣的，如果有效數字中整數部分是 0 的話，也可以省略，像是.4E2。如果有效數字中沒有小數，也可以省略小數，例如 2E-3。

實際使用的範例如下：

程式 DoubleValue.java 使用浮點數

```
01 public class DoubleValue {
02   public static void main(String[] argv) {
03     double  d;
04     d = 3.4;
05     System.out.println("變數 d 的內容為：" + d);
06
07     d = 3.0;
08     System.out.println("變數 d 的內容為：" + d);
09
10     d = 0.1234;
11     System.out.println("變數 d 的內容為：" + d);
12
13     d = 3;
14     System.out.println("變數 d 的內容為：" + d);
15
16     d = .1234;
17     System.out.println("變數 d 的內容為：" + d);
```

```
18
19      d = 2.0E-3;
20      System.out.println("變數 d 的內容為：" + d);
21
22      d = 6.022_140_78E23
23      System.out.println("變數 d 的內容為：" + d);
24    }
25  }
```

執行結果

```
變數 d 的內容為：3.4
變數 d 的內容為：3.0
變數 d 的內容為：0.1234
變數 d 的內容為：3.0
變數 d 的內容為：0.1234
變數 d 的內容為：0.002
變數 d 的內容為：6.02214078E23
```

要注意的是, Java 會將任何帶有小數點的數值視為是 double 型別, 如果您希望將之用在 float 型別, 就必須在數值後面加上一個 "**f**" 或是 "**F**", 例如：

程式 Floating.java 使用 f 標示為 float 型別

```
01 public class Floating {
02   public static void main(String[] argv) {
03     float f1 = 0.01f;
04     float f2 = 0.99f;
05
06     f1 = f1 + f2; // 加法運算
07     System.out.println("計算的結果是：" + f1);
08   }
09 }
```

數值必須加 f, 否則會被視為 double 而造成編譯錯誤 (因 Java 不允許直接將 double 資料存入 float 變數中, 以免因數值太大放不下而導致錯誤)。

執行結果

```
計算的結果是：1.0
```

如有必要, 也可使用 "d" 或 "D" 來強調某個浮點數值為 double 型別。

var 區域變數型別推斷

在 Java 10 中, 新增了**區域變數型別推斷**功能, 您可以使用 **var** 這個保留字來宣告變數, 由編譯器自行判斷合適的資料型別。例如：

```
var i=1357;      \\ 變數 i 會被指定為 int 型別
var ch='b';      \\ 變數 ch 會被指定為 char 型別
```

此功能必須同步設定變數初值才能判斷型別, 而且還有其他不少使用限制, 實務上只有第 8 章宣告物件變數時比較有用, 可以簡化程式碼、提高程式易讀性。

為了讓讀者能確實掌握變數的資料型別, 本書將沿用一般宣告變數的方法。

3-4 參照型別 (Reference Data Types)

參照型別比較特別，我們還是以保管箱來比擬。假設賣場提供的服務夠好，可以依據物品大小即時訂做保管箱。首先，當你需要保管箱放置物品時，因為不知道物品有多大，所以會先配給你一個固定大小的保管箱，不過這個保管箱並不是用來放置你的物品。

等到服務人員看到實際的物品後，就會依據物品的大小，立刻訂做剛好可以放這個物品的保管箱，然後把這個保管箱的號碼牌放到之前配置的固定大小的保管箱內，最後將這個固定大小的保管箱的號碼牌給你。往後當你要取出物品時，就把號碼牌給服務人員，服務人員就從保管箱中取出真正放置物品的保管箱的號碼牌，然後再依據這一個號碼牌到真正放置物品的保管箱取出物品。

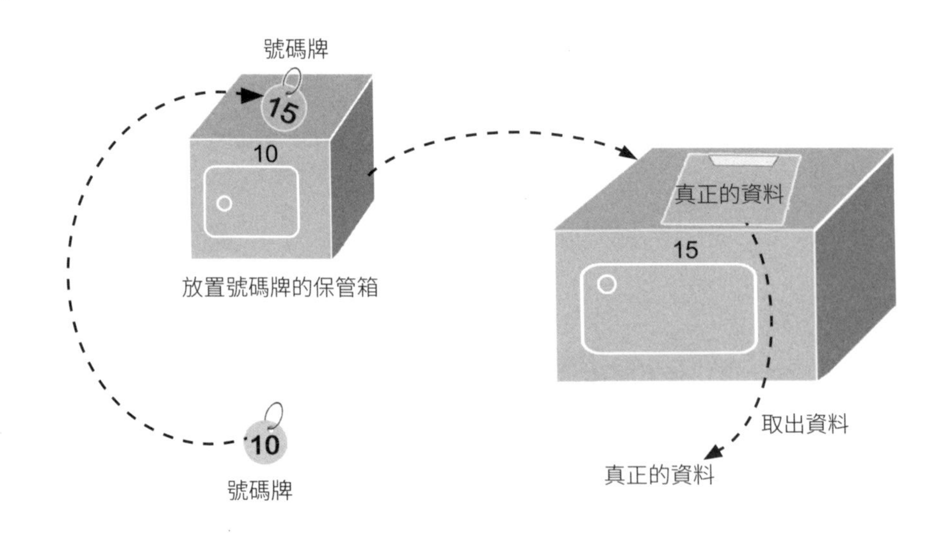

由於物品大小不一，因此，一開始只要準備好可以放置號碼牌的小保管箱即可，真正需要放置物品時才把適合物品大小的保管箱做好。如此不但可以應付不同大小的物品，而且也可以有效利用空間，不用事先浪費空間準備很大的保管箱。

因此，參照型別的變數本身並不放置資料，而是將真正的資料存放到另外一塊地方，而參照型別的變數本身所存放的就是這塊地方的位址。當需要取得資料時，就從參照型別的變數取得存放資料的位址，然後再到該位址所指的地方取出資料。也正因為這樣的處理方式，所以才會稱為**參照 (Reference)** 型別。

Java 共有 3 類參照型別，分別是**字串 (String)**、**陣列 (Array)**、以及**物件 (Object)**。事實上，字串與陣列也是物件，只是 Java 對於這兩種物件有特殊的支援，所以把它們當成是兩種單獨的資料型別。我們會在第 7 章介紹陣列，第 8 章介紹物件。至於字串，則會在第 10 章詳細介紹，不過由於字串在後續的範例中使用頻繁，因此這裡先做個簡單的認識。

字串 (String) 型別

如果您需要可以用來儲存字串的變數，那麼就必須使用 **String 型別**，例如：

程式 StringVariable.java 使用字串

```
01 public class StringVariable  {
02   public static void main(String[] argv) {
03     String s1= "第一個字串";
04     String s2= "第二個\t字串"; // 字串中可使用跳脫序列
05
06     System.out.println(s1);
07     System.out.println(s2);
08     System.out.println(s1 + '\n' + s2); // 字串也可與字元相加
09   }
10 }
```

執行結果

```
第一個字串
第二個    字串    ←  '\t' 為定位字元 Tab，所以輸出字串中會有空白
第一個字串       ┐  '\n' 代表換行字元，所以輸出字串 s1 的內容後，
第二個 字串      ┘     會換行再輸出字串 s2 的內容
```

String 型別在變數的宣告以及使用上和其他型別的變數並沒有甚麼不同，要注意的只有以下幾件事：

- 字串型別的資料值必須以雙引號括 " 起來, 就像是第 3、4 行所示範。
- 字串可以使用 "+" 來連接, 這在之前的範例中已經看過許多次。而此處範例程式第 8 行『s1 + '\n' + s2』的則是將字串 s1、換行字元 '\n'、s2 串接在一起。記得 \n 是跳脫序列。

特殊的 String 型別

您可能已經發現到，基本資料型別的型別名稱都是小寫的字母，但是 String 型別卻是字首字母大寫，這可以給您一個暗示，表示 String 必定和基本資料型別有所差異，目前您至少知道 String 是參照型別，在後續的章節還會揭露其他特殊的地方。

除了可以使用連接字串以外, String 型別還有一個特別的功能, 就是可以使用 **length()** 這個 Method (方法) 來取得所儲存字串的**長度** (也就是字串中總共包含幾個字元)。有關於甚麼是 Method (方法), 會在第 8 章介紹, 在這裡您只要知道如果 s 是一個 String 變數, 那麼 **s.length()** 就會取得 s 所指字串的長度即可。例如：

程式 StringLength.java 使用 length 方法取得字串長度

```
01 public class StringLength  {
02   public static void main(String[] argv) {
03     String s1 = "第一個\t字串";
04     String s2 = "Second 字串";
05
06     System.out.println("變數 s1 的長度：" + s1.length());
07     System.out.println("變數 s2 的長度：" + s2.length());
08   }
09 }
```

執行結果

```
變數 s1 的長度：6
變數 s2 的長度：9
```

再次提醒, Java 是用 Unicode 表示字元, 所以中、英文字都算 1 個字。此外, 上例 s1 字串中間有一個跳脫序列 '\t', 雖然用了 2 個字元來表示, 但它其實代表的是字碼 '\u0009' 的定位字元。編譯器解讀後只將它當成『一個』字元, 所以變數 s1 的長度會是 6 而不是 7。

3-5 宣告變數的技巧

瞭解了變數的各種型別之後，就可以回頭來看看與變數宣告相關的技巧與注意事項。

一次宣告多個變數

如果您有多個**相同型別**的變數，可以使用**逗號 ","** 分隔，在單一敘述中同時宣告，而不需要為每一個變數都使用單獨的敘述進行宣告。請看以下的程式：

程式 MultipleVariable.java 同時宣告多個同型別的變數

```
01 public class MultipleVariable {
02   public static void main(String[] argv) {
03     int i ,j ,k, sum;
04     i = 10;
05     j = 20;
06     k = 30;
07     sum = i + j + k;
08     System.out.println("總和等於：" + sum);
09   }
10 }
```

執行結果

```
總和等於：60
```

在第 3 行中就同時宣告了 4 個變數，同樣的程式也可以寫成這樣：

程式 MultipleLineVariable.java 單獨宣告個別變數

```
01 public class MultipleLineVariable {
02  public static void main (String[] argv) {
03     int i;
04     int j;
05     int k;
06     int sum;
07     i = 10;
08     j = 20;
09     k = 30;
10     sum = i + j + k;
11     System.out.println("總和等於：" + sum);
12   }
13 }
```

原本只要單一個敘述變成 4 個敘述, 寫起來就比較累贅。

TIP 只有同一種資料型別的變數才可以在同一個敘述中一起宣告，不同型別的變數必須使用不同的敘述宣告。

變數的初值

在宣告多個變數的同時也可以設定變數值：

程式 MultiVarInit.java 同時宣告多個變數並設定初值

```
01 public class MultiVarInit {
02   public static void main(String[] argv) {
03     int i = 10,j = 20, k = 30, sum;
04     sum = i + j + k;
05     System.out.println("總和等於：" + sum);
06   }
07 }
```

執行結果

```
總和等於：60
```

甚至於也可以直接用運算式來設定變數的初值：

程式 MultiVarInitAll.java 使用運算式設定變數值

```
01 public class MultiVarInitAll {
02   public static void main(String[] argv) {
03     int i = 10,j =20, k = 30, sum = i + j + k;
04     System.out.println("總和等於：" + sum);
05   }
06 }
```

執行結果

```
總和等於：60
```

3-6 常數

除了變數之外, 另外有一種資料稱為**常數 (Constant)**。顧名思義, 變數所存放的資料隨時可以改變, 因此稱為變數, 那麼常數所儲存的資料則是**恆常不變**, 因此稱之為常數。

在 Java 中, 有兩種形式的常數, 一種稱為**字面常數 (Literal)**, 另一種稱為**具名常數 (Named Constant)**。

3-6-1 字面常數 (Literal)

所謂的**字面常數**, 就是直接以文字表達其數值的意思, 在之前的範例程式中其實已經用過許多次了。以上一節的 MultiVarInitAll.java 程式為例：

程式 MultipleVariableInitAll.java 使用字面常數

```
01 public class MultipleVariableInitAll {
02   public static void main (String [] argv) {
03     int i = 10,j = 20, k = 30, sum = i + j + k ;
04     System.out.println (" 總和等於： " + sum);
05   }
06 }
```

其中第 3 行設定變數初值的敘述中, **10**、**20**、**30** 就是字面常數, 直接看其文字, 就可以瞭解其所代表的數值。又例如："Good morning"、"你好嗎？"這些字串也是字面常數。

使用字面常數就是這麼簡單, 不過有幾點需要注意：

- 有些資料型別必須在字面常數的數值之後加上代表該型別的字尾, 例如用 "f" 或 "F" 代表 float 型別、"d" 或 "D" 代表 double, 請參考前面講述各資料型別的內容。
- char 型別的字面常數以字元來表達時, 必須以單引號括起來, 例如 'a'。
- 如果要表示一串文字, 則必須用一對雙引號 (") 括起來, 例如 "這是一串文字"。您也可以在雙引號之間使用跳脫序列來表示特殊字元, 例如"這裡換行\n", 就表示在字串後面, 會加上一個換行字元。

3-6-2 具名常數 (Named Constant)

有時候我們會需要使用一個具有名字的常數, 以代表某個具有特定意義的數值。舉例來說, 您可能會希望在程式中以 PI 這樣的名稱來表示圓週率, 這時就可以使用**具名常數 (Named Constant)**。例如：

程式 NamedConstant.java 計算圓面積與圓週

```
01 public class NamedConstant {
02   public static void main(String[] argv) {
03     double r = 3.0;          //半徑
04     final double PI = 3.14; // 圓周率
05     System.out.println("圓周：" + 2 * PI * r);
06     System.out.println("面積：" + PI * r * r);
07   }
08 }
```

執行結果

```
圓周：18.84
面積：28.259999999999998
```

只要在宣告變數時的資料型別之前加上 **final** 字符, 就會限制該變數在設定初值之後無法再做任何更改。也就是說, 往後只能取得該變數的值, 但無法變更其內容, 我們稱這樣的變數為**具名常數**。在 NamedConstant.java 中, 第 4 行就透過這種方式宣告了一個代表圓周率的變數 PI, 並且在第 5、6 行使用 PI 與代表半徑的變數 r 計算圓周及圓的面積, 其中 "*" 稱為**乘法算符 (Multiplier)**, 可以進行乘法運算。

和一般變數一樣, 具名常數並不一定要在宣告時就設定初值, 所以同樣的程式也可以寫成這樣：

程式 NamedConstantNoInit.java 先宣告再設定值的具名常數

```
01 public class NamedConstantNoInit {
02   public static void main(String[] argv) {
03     double r = 3.0;  //半徑
04     final double PI;  //圓周率
05     PI = 3.14;        //設定初值
06     System.out.println("圓周：" + 2 * PI * r);
07     System.out.println("面積：" + PI * r * r);
08   }
09 }
```

而不管是宣告時就設定初始值, 或宣告後另外設定初始值, 只要設定後, 就不能再修改。例如下面範例程式就會在編譯時出現錯誤：

程式 NamedConstErr.java 重新設定 final 變數的值

```
01 public class NamedConstErr {
02   public static void main(String[] argv) {
03     double r = 3.0;           // 半徑
04     final double PI = 3.14;   // 圓周率
05     PI = 3.1416;              // 重新設定 final 變數的值
06     System.out.println("圓周：" + 2 * PI * r);
07     System.out.println("面積：" + PI * r * r);
08   }
09 }
```

執行結果

```
NamedConstErr.java:5: error: cannot assign a value to final variable PI
    PI = 3.1416;              // 重新設定 final 變數的值
    ^
1 error
error: compilation failed
```

當然, 您也可以不使用具名常數, 而改用字面常數：

程式 Constant.java 改用字面常數

```
01 public class Constant {
02   public static void main(String[] argv) {
03     double r = 3.0; //半徑
04     System.out.println("圓周：" + 2 * 3.14 * r);
05     System.out.println("面積：" + 3.14 * r * r);
06   }
07 }
```

執行的結果一模一樣, 但是使用具名常數有以下幾個好處：

- **具說明意義**：具名常數的名稱可以說明其所代表的意義, 在閱讀程式時容易理解。像是前面程式中的PI, 就可以知道代表圓周率。

- **避免手誤**：舉例來說, 如果在 Constant.java 的第 5 行把 3.14 打成 4.14, 那程式就錯了。如果常數用到很多次, 就很容易出現這樣的錯誤。如果改用具名常數, 那麼當您手誤打錯名稱時, 編譯程式就會幫您找出來, 避免這樣的意外。

- **方便修改程式**。舉例來說，假設我們希望圓周率的精確度高一些，而將原本使用的 3.14 改成 3.1416，如果使用具名常數，就只要修改 NamedConstant.java 的第 4 行；否則就必須在 Constant.java 中，找出每一個出現 3.14 的地方，改成 3.1416。

3-7 良好的命名方式

我們可以善用 Java 程式語言的命名規則，來為變數賦予一個具有意義的名稱。以下是我們的建議：

1. 變數的名稱通常都以小寫字母開頭，並且應該能說明變數的用途，如有必要，請組合多個單字來為變數命名。例如，一個代表學生年齡的變數，可以取名為 **age**，或是更清楚一點的 **ageOfStudent**。

2. 為了方便閱讀，同時也避免撰寫程式時手誤，在組合多個單字來為變數命名時，可以採取**字首字母大寫**的方式，像是 **ageOfStudent**。

3. 當組合的單字過長時，可以採用適當的首字母縮寫，或是套用慣用的簡寫方式，像是把 **outdoorTemperature** 改成 **outTemp**，或是把 **redGreenBlue** 改成 **rgb**，都是不錯的作法。

4. 對於名稱相近但是型別不同的變數，建議可以為變數名稱加上一個字頭，以彰顯其為某種型別的變數。例如，用 **i** 代表 int 型別，那麼代表學生年齡的整數變數就可以取名為 **iAgeOfStudent**。

5. 對於具名常數，一般慣例都是採**全部大寫字母**的命名方式，以彰顯其為常數，不應該出現在設定變數內容的敘述中。像是上一節範例中的具名常數 PI，就是明顯的例子。這種命名方式一方面可在撰寫程式時減少錯誤，一方面也讓閱讀程式的人很清楚的看到這些具名常數。您也可以使用 "_" 來連接多個單字，幫具名常數取個好名字。

學習評量

※ 選擇題可能單選或複選

1. (　　) 以下何者為真？

   (a) 變數使用前不需要宣告
   (b) double 型別的字面常數一定要加上 d 或 D 做為字尾
   (c) char 型別的變數可以直接以整數值設定內容
   (d) 以上皆非

2. (　　) 有關於 byte 型別, 以下何者錯誤？

   (a) 可以表示介於-128 到 127 之間的整數
   (b) 佔用 1 個位元組的空間
   (c) 不能直接以整數值設定變數
   (d) 可以用來表示一個 Unicode 字元

3. (　　) 有關浮點數, 以下何者為真？

   (a) Java 會將帶小數的數值當成 double 型別
   (b) float 型別可表示的範圍比 double 大
   (c) double 型別不能存放整數值
   (d) 以上皆非

4. (　　) 以下何者是合法的變數名稱？

   (a) ?age
   (b) AG&
   (c) _age
   (d) iAge

5. (　　) 下列何者設定值給 char 型別的變數會出現錯誤？

   (a) 0x33
   (b) '3'
   (c) 3_3
   (d) '\U0033'

6. (　　) 以下哪一個敘述有錯？

(a) byte b = 257；
(b) int i = 21_4748_3648；
(c) float f = 3.2；
(d) char c = 128；

7. (　　) 以下哪一個敘述有錯？

(a) int i,j,k = 10；
(b) int i,j, byte b；
(c) int i = 1,j = 2,k；
(d) int thisisalongname = 1；

8. (　　) 有關於 char 型別, 以下何者錯誤？

(a) 不能存放中文字
(b) 佔用 2 個位元組
(c) 可以使用跳脫序列
(d) 可以表示 Unicde 字元

9. (　　) 以下何者是有效的浮點數值？

(a) 3.2
(b) 0.33E-4
(c) 3F
(d) 以上皆是

10.(　　) 請問 0.23E2 與下列何者相等？

(a) 2.3E3
(b) 2.3E-2
(c) 2.3E1
(d) 0.0023E3

程式學習

1. 請撰寫一個程式, 其中包含一個代表正方形邊長的變數, 設定邊長值後, 程式會計算並顯示出正方形的面積。

2. 請撰寫一個程式, 宣告兩個浮點數的變數並設定變數值, 接著計算並顯示出這兩個變數的和與積。

3. 請撰寫一個程式, 宣告一個變數, 設定其變數值, 計算並顯示這個變數值的平方值與立方值。

4. 請撰寫一個程式, 將 Unicde 中字碼為 97 到 99 之間的字元顯示在螢幕上。

5. 請撰寫一個程式, 在螢幕上顯示如下的訊息：

```
\這是第 3 章的習題\
```

6. 請寫一個程式, 將 x 這個字元的對應 Unicde 顯示出來。

7. 請撰寫一個程式, 宣告兩個變數, 設定變數值後, 計算並顯示這兩個變數的和的平方值。

8. 請撰寫一個程式, 在螢幕上顯示以下訊息：

```
我正在學習 "Java 程式語言"
```

9. 請撰寫一個程式, 顯示單引號 (') 的標準萬國碼。

10. 請練習用具名常數設定存款年息 (例如 0.0084, 即 0.84%), 然後用程式計算和顯示存款 24 萬元和 150 萬元時, 一個月的本利和。

記事欄 MEMO

運算式

(Expression)

學習目標

- 認識運算式
- 熟悉各種算符
- 瞭解算符的優先順序
- 資料的轉型

在上一章, 我們已經看過 Java 的各種資料型別, 接下來我們就要對資料進行處理。在 Java 程式中, 大部分的資料處理工作就是運算, 像是大家都很熟悉的四則運算、邏輯比較、以及低階的位元運算等等。

4-1 甚麼是運算式？

在 Java 程式語言中, 大部分的敘述都是由**運算式 (Expression)** 所構成。所謂的運算式, 則是由**算符 (Operator)** 與**運算元 (Operand)** 所構成。其中, 算符代表的是運算的**動作**, 而運算元則是要運算的**資料**。舉例來說：

```
5 + 3
```

就是一個運算式, 其中 **+** 是**算符**, 代表要進行**加法**運算, 而要相加的則是 5 與 3 這兩個資料, 所以 **5** 與 **3** 就是**運算元**。

TIP 算符也有人稱為**運算子**, 但意義較不明確, 又容易和運算元弄混, 所以本書採用算符, 代表運算符號之意 (而運算元則代表運算元素)。

要注意的是, 不同的算符所需的運算元數量不同, 像是剛剛所提的加法, 就需要二個運算元, 這種算符稱為**二元算符 (Binary Operator)**；如果算符只需單一個運算元, 就稱為**一元算符 (Unary Operator)**。

運算元除了可以是**字面常數 (一般的文、數字)** 外, 也可以是**變數**, 例如：

```
5 + i
```

甚至於運算元也可以是另外一個**運算式**, 例如：

```
5 + 3 * 4
```

實際在執行時, 由於乘法會比加法優先運算 (詳情參見 4-6 節), 所以 Java 會將 **5** 與 **3 * 4** 視為是加法的兩個運算元, 其中 **3 * 4** 本身就是一個運算式 (會優先運算)。

每一個運算式都有一個**運算結果**，以加法運算來說，運算結果就是兩個運算元相加的結果。當某個運算元為一個運算式時，該運算元的值就是這個運算式的運算結果。以剛剛的例子來說，12 就是 3 * 4 這個運算式的運算結果，它就會作為前面加法運算的第二個運算元的值，相當於將原本的運算式改寫為 **5 + 12** 了。

另外，在運算式當中，也可以如同數學課程中所學的一樣，任意使用配對的**小括號 "( )"**，明確表示計算的方式，舉例來說：

程式 Parens.java 用括號改變運算順序

```
01 public class Parens {
02   public static void main(String[] argv) {
03     int i = 1 + 3 * 5 + 7; // 先算 3*5
04     System.out.println("1 + 3 * 5 + 7   = " + i);
05
06     i = (1 + 3) * 5 + 7; // 先算 1+3
07     System.out.println("(1 + 3) * 5 + 7 = " + i);
08
09     i = 1 + 3 * (5 + 7); // 先算 5+7
10     System.out.println("1 + 3 * (5 + 7) = " + i);
11   }
12 }
```

執行結果

```
1 + 3 * 5 + 7   = 23
(1 + 3) * 5 + 7 = 27
1 + 3 * (5 + 7) = 37
```

有了以上的基本認識後，就可以進一步瞭解各種運算了。以下就分門別類，介紹 Java 程式語言中的算符。

算符的語法

在以下的章節中，我們會在說明每一個算符之前，列出該算符的語法，舉例來說，指定算符的語法如右：

var = opr

接下頁▶

這個意思就表示要使用指定算符 (=) 的話，必須有 2 個運算元，左邊的運算元一定要是一個變數 (以 var 表示，var 是變數 variable 的簡寫)，右邊的運算元則沒有限制。注意到如果某個算符的運算元必須受限於某種型別的話，會以右表的單字來表示：

單字	意義
var	變數
num	數值資料
int	整數資料

否則僅以 opr 來表示該位置需要 1 個運算元，opr 是運算元 operand 的簡寫。

另外，我們也會以數字字尾區別同類型的不同運算元，比如說在乘法算符中，語法就是：

```
num1 * num2
```

就表示需要 2 個數值型別的運算元。

4-2 指定算符 (Assignment Operator)

指定算符 = 是用來設定變數的內容，它需要 2 個運算元，左邊的運算元必須是一個變數，而右邊的運算元可以是變數、字面常數或是運算式。這個算符的作用如下：

- 如果右邊的運算元是一個**運算式**，那麼指定算符的作用就是把右邊運算式的運算結果放入左邊的變數。
- 如果右邊的運算元是一個**變數**，那麼指定算符就會把右邊變數的內容取出，放入左邊的變數。
- 如果右邊的運算元是一個**字面常數**，就直接將常數值放入左邊的變數。

請看以下的範例：

程式 Assignment.java 使用指定算符

```
01 public class Assignment {
02   public static void main(String[] argv) {
03     int i = 3,j =  4;
04     i = 3 + j + 5 + 6;
05     j = i;
06     System.out.println("變數 i 的內容是：" + i);
07     System.out.println("變數 j 的內容是：" + j);
08   }
09 }
```

執行結果

```
變數 i 的內容是：18
變數 j 的內容是：18
```

其中, 第 3 行是直接使用字面常數設定變數 i 和 j 的值；第 4 行則是將右邊運算式的運算結果放入左邊的變數 i 中；而第 5 行就是將右邊變數 i 的內容放到左邊的變數 j 中, 因此, 最後的結果就使得 i 與 j 這兩個變數的內容一模一樣了。

4-2-1 把指定運算式當成運算元

前面提過, 每一個運算式都有一個運算結果, 而指定運算式的運算結果就是放入指定算符左邊變數的內容。因此, Java 的指定運算有一個特殊的用法, 我們以實際的例子來說明：

程式 AssignmentExpr.java 將指定運算式當成運算元

```
01 public class AssignmentExpr {
02   public static void main(String[] argv) {
03     int i,j;
04     i = (j = 6) + 4;
05     System.out.println("變數 i 的內容是：" + i);
06     System.out.println("變數 j 的內容是：" + j);
07   }
08 }
```

執行結果

```
變數 i 的內容是：10
變數 j 的內容是：6
```

在第 4 行中, 就使用了(**j = 6**) 這個指定運算式當作加法的其中一個運算元, 因此, 這一行的執行過程就像是這樣：

1. 先將 6 放到變數 j 中, 所以 j 的內容變成 6, 而 j = 6 這個運算式的運算結果就是 6。

2. 將 j = 6 這個運算式的結果 (也就是 6) 與 4 相加, 得到 10。

3. 將 (j = 6) + 4 這個運算式的結果 (也就是 10) 放入變數 i 中, 所以 i 的內容就變成 10 了。

以上這種用法很容易腦筋打結, 所以非不得已不要故意用來製造困擾吧！

4-2-2 同時指定給多個變數

由於指定運算式可以做為運算元, 因此我們也可以將同樣的內容連續設定給 2 個以上的變數：

程式 AssignmentToAll.java 同時指定多個變數值

```
01 public class AssignmentToAll {
02   public static void main(String[] argv) {
03     int i,j,k,l;
04     i = j = k = l = 3 + 5;
05     System.out.println("變數 i 的內容是：" + i);
06     System.out.println("變數 j 的內容是：" + j);
07     System.out.println("變數 k 的內容是：" + k);
08     System.out.println("變數 l 的內容是：" + l);
09   }
10 }
```

執行結果

```
變數 i 的內容是：8
變數 j 的內容是：8
變數 k 的內容是：8
變數 l 的內容是：8
```

第 4 行的指定運算會將 3 + 5 這個運算式的運算結果 (8) 放入變數 l 中, 而 l = 3 + 5 這個運算式的運算結果 (一樣是 8) 放入 k 中, 因此 l 與 k 的內容就都是 8。依此類推, 最後 i 、j 、k 、l 這 4 個變數的內容就全部都是 8 了。

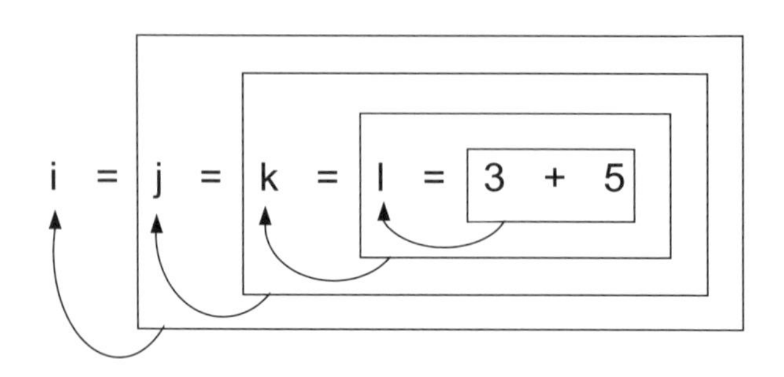

4-3 數值運算

4-3-1 四則運算

```
num1 + num2        // 加
num1 - num2        // 減
num1 * num2        // 乘
num1 / num2        // 除
num1 % num2        // 求餘數
```

在數值運算中, 最直覺的就是四則運算, 不過在 Java 中的四則運算中乘法是以 * 表示, 而除法則是以 / 表示, 例如:

程式 Arithmetic.java 四則運算

```
01 public class Arithmetic {
02   public static void main(String[] argv) {
03     int i=13, j=7, result;
04     System.out.println(" i= " + i + "  j=" + j);
05 
06     result = i + j;  // 加
07     System.out.println(" i + j :" + result);
08     result = i - j;  // 減
09     System.out.println(" i - j :" + result);
10     result = i * j;  // 乘
11     System.out.println(" i * j :" + result);
12     result = i / j;  // 除
13     System.out.println(" i / j :" + result);
14   }
15 }
```

執行結果

```
i= 13  j=7
i + j :20
i - j :6
i * j :91
i / j :1
```

要特別注意的是, 由於 i 與 j 都是 int 型別, 因此在進行除法時, 計算的結果也會是整數, 而不會出現小數, 因此當無法整除時 (第 12 行程式), 所得到的就只剩整數而沒有小數。

TIP 瞭解這一點, 就可以知道在 Java 程式中, (5 / 3) * 2 與 (5 * 2) / 3 的結果是不同的。

您可以透過 **% 算符 (Remainder Operator)**, 來取得餘數：

程式 Mod.java 計算餘數

```
01 public class Mod {
02   public static void main(String[] argv) {
03     int apple = 100, people = 7, q, r;
04     q = apple / people;   // 取商數
05     r = apple % people;   // 取餘數
06 
07     System.out.println(people+"人分"+apple+"個蘋果,");
08     System.out.println("每人分" + q + "個, 還剩" + r + "個");
09   }
10 }
```

執行結果

```
7人分100個蘋果,
每人分14個, 還剩2個
```

如果有任何一個運算元是浮點數, 那麼除法的結果就會是浮點數：

程式 Division.java 浮點數的除法

```
01 public class Division {
02   public static void main(String[] argv) {
03     int i = 5; double d = 1.5;
04     System.out.println(" i= " + i + "  d=" + d);
05     // 運算元中有浮點數
06     System.out.println(" i / d:" + (i / d)); // 商數
07     System.out.println(" i % d:" + (i % d)); // 餘數
08   }
09 }
```

執行結果

```
 i= 5  d=1.5
 i / d:3.3333333333333335
 i % d:0.5
```

4-3-2 遞增與遞減運算

```
var++
++var
var--
--var
```

由於在設計程式的時候，經常會需要將變數的內容遞增或是遞減，因此 Java 也設計了簡單的算符，可以用來幫變數加 1 或是減 1。如果您需要幫變數加 1，可以使用 **++** 這個**遞增算符** (Increment Operator) ；如果需要幫變數減 1，則可以使用 **--** 這個**遞減算符** (Decrement Operator) ：

程式 Increment.java 使用遞增與遞減算符

```
01 public class Increment {
02   public static void main(String[] argv) {
03     int i = 5;
04     i++; // 遞增，相當於 i=i+1
05     System.out.println("變數 i 的內容是：" + i);
06     i--; // 遞減，檔當於 i=i-1
07     System.out.println("變數 i 的內容是：" + i);
08   }
09 }
```

執行結果

```
變數 i 的內容是：6
變數 i 的內容是：5
```

在第 4 行使用了遞增算符，因此變數 i 的內容會變成 5 + 1，也就是 6。而在第 6 行中，使用了遞減算符，因此變數 i 就又變回 5 了。

要注意的是，遞增或是遞減算符可以寫在變數的後面，也可以寫在變數的前面，但其所代表的意義並不相同，請看這個範例：

程式 PostInc.java 前置與後置遞增算符

```
01 public class PostInc {
02   public static void main(String[] argv) {
03     int i = 0,j;
04     j = (i++) * 10; // 後置遞增
05     System.out.println("變數 i 的內容是：" + i);
06     System.out.println("變數 j 的內容是：" + j);
```

```
07
08      i = 0;
09      j = (++i) * 10; // 前置遞增
10      System.out.println("變數 i 的內容是：" + i);
11      System.out.println("變數 j 的內容是：" + j);
12    }
13  }
```

執行結果

```
變數 i 的內容是：1
變數 j 的內容是：0
變數 i 的內容是：1
變數 j 的內容是：10
```

我們分別在第 3 、8 行將 i 的內容設定為 0, 然後在第 4、9 行中使用遞增算符設定變數 j 的內容。這 2 行程式唯一的差別就是遞增算符的位置一個在變數後面、一個在變數前面, 結果卻不相同。主要的原因就是當遞增算符放在變數後面時, 雖然會遞增變數的值, 但遞增運算式的運算結果卻是變數**遞增前**的原始值。因此, 第 4 行的運算式就相當於以下程式：

```
j = 0 * 10;   //  0 是變數 i 遞增前的值
```

這種方式稱為**後置遞增算符 (Postfix Increment Operator)**。如果把遞增算符擺在變數之前, 那麼遞增運算式的運算結果就會是變數**遞增後**的內容。因此, 第 9 行的敘述就相當於以下這行程式：

```
j = 1 * 10; // 變數 i 遞增後是 1
```

由於遞增運算式的運算結果是變數遞增後的值, 所以 ++i 讓 i 先變成 1 之後才和 10 相乘, 再設定給 j, 因此 j 就變成 10 了。這種方式稱為**前置遞增算符 (Prefix Increment Operator)**。

請再看以下的範例, 會更清楚遞增運算的方式：

程式 PreInc.java 後置與前置遞增運算

```
01 public class PreInc {
02   public static void main(String[] argv) {
03     int i = 2,j;
04     j = (i++) + i + 5; // 後置遞增
05     System.out.println("變數 i 的內容是：" + i);
06     System.out.println("變數 j 的內容是：" + j);
```

```
07
08        i = 2;
09        j = (++i) + i + 5; // 前置遞增
10        System.out.println("變數 i 的內容是：" + i);
11        System.out.println("變數 j 的內容是：" + j);
12    }
13 }
```

執行結果

```
變數 i 的內容是：3
變數 j 的內容是：10
變數 i 的內容是：3
變數 j 的內容是：11
```

其中第 4 行的動作可以拆解成以下步驟：

1. 由於是後置遞增運算, 因此其中 i++ 的運算結果是變數 i 未遞增前的值 2, 變成

```
j = 2 + i + 5;
```

2. 變數 i 的值已經遞增, 所以 i 是 3。

3. 把 i 的值代入運算式, 變成

```
j = 2 + 3 + 5;
```

4. 所以最後 j 變成 10。

而第 9 行則是前置遞增運算, 所以遞增運算式的運算結果就等於遞增後變數 i 的值 3, 因此這行程式就等於是：

```
j = 3 + 3 + 5; // 前置遞增
```

所以最後 j 就變成 11 了。

要特別提醒的是, 遞增與遞減算符只能用在**變數**上, 也就是說, 您不能撰寫這樣的程式：

```
5++;
```

另外, 遞增或是遞減運算也**可以用在浮點數值型別**的變數上, 而非只能用在整數變數上。

4-3-3 單運算元的正、負號算符

```
+num
-num
```

+ 與 - 除了可以作為加法與減法的算符外, 也可以當成只需要單一運算元的正、負號算符, 例如：

程式 Minus.java 負號運算

```
01 public class Minus {
02   public static void main(String[] argv) {
03     int i = -7;
04     i = -(i + 3) + 6;
05     System.out.println("變數 i 的內容是：" + i);
06   }
07 }
```

執行結果

```
變數 i 的內容是：10
```

在第 3、4 行就利用了負號算符設定負值及改變運算結果的正負值。

4-4 布林運算 (Logical Operation)

在這一小節中要介紹的是**布林運算**, 這類運算對於下一章的流程控制以及用來表示某種狀態是否成立時特別有用。

4-4-1 單運算元的反向算符 (Logical Complement Operator)

```
!opr
```

反向算符只需要單一個**布林型別**的運算元, 其運算結果就是運算元的反向值。也就是說, 如果運算元的值是 true, 那麼反向運算的結果就是 false；反之, 如果運算元的值是 false, 那麼反向運算的結果就是 true。例如：

程式 Complement.java 利用反向算符改變布林值

```
01 public class Complement {
02   public static void main(String[] argv) {
03     boolean lightIsOn = false; // 用 lightIsOn 代表是否有開燈？
04     System.out.println("現在有開燈？ "+lightIsOn);
05
06     lightIsOn = !lightIsOn; // 做反向運算
07     System.out.println("現在有開燈？ "+lightIsOn);
08   }
09 }
```

執行結果

```
現在有開燈？ false
現在有開燈？ true
```

在這個例子中, 我們用 lightIsOn 這個布林型別的變數代表房間的燈是否有開, 例如 lightIsOn 的值為 true 表示有開燈、false 表示沒開燈。第 3 行設定變數初始值為 false (沒開燈), 第 6 行則用反向算符 **!** 改變布林變數的值, 所以在執行結果就會看到不同的內容。

TIP 在學習過第 5 章的流程控制後，將會發現反向運算經常用來判斷某種狀況（條件）是否成立。

4-4-2 比較算符 (Comparison Operator)

num1 == num2	// 比較左邊的運算元是否**等於**右邊的運算元
num1 != num2	// 比較左邊的運算元是否**不等於**右邊的運算元
num1 > num2	// 比較左邊的運算元是否**大於**右邊的運算元
num1 < num2	// 比較左邊的運算元是否**小於**右邊的運算元
num1 >= num2	// 比較左邊的運算元是否**大於或等於**右邊的運算元
num1 <= num2	// 比較左邊的運算元是否**小於或等於**右邊的運算元

比較算符需要兩個數值型別的運算元, 並依據算符的比較方式, 比較兩個運算元是否滿足指定的關係。

比較算符的運算結果是一個布林值，代表所要比較的關係是否成立。舉例來說：

程式 Comparison.java 比較運算

```
01 public class Comparison {
02   public static void main(String[] argv) {
03     int i = 4, j = 5;
04     System.out.println("當 i = " + i + ", j = " + j);
05     System.out.println("i < j  : " + (i < j));
06     System.out.println("i <= j  : " + (i <= j));
07     System.out.println("i > j  : " + (i > j));
08     System.out.println("i >= j  : " + (i >= j));
09     System.out.println("i == j  : " + (i == j));
10     System.out.println("i != j  : " + (i != j));
11   }
12 }
```

執行結果

```
當 i = 4, j = 5
i < j   :true
i <= j  :true
i > j   :false
i >= j  :false
i == j  :false
i != j  :true
```

==與 **!=**算符除了可以用在數值資料上，也可以用在**布林型別**的資料，其餘的比較算符則只能用在數值資料上。例如：

程式 CompareBoolean.java 比較布林型別的資料

```
01 public class CompareBoolean {
02   public static void main(String[] argv) {
03     boolean a = true,b = false;
04     System.out.println("a == b  : " + (a == b));
05     System.out.println("a != b  : " + (a != b));
06   }
07 }
```

執行結果

```
a == b  :false
a != b  :true
```

避免使用浮點數做比較運算

另外要提醒讀者，**要避免做浮點數的比較運算**。因為浮點數是以 2 進位來表示小數 (例如 1/2、1/4、1/8...), 有時不能『精確』表示 10 進位小數值，請參考以下的例子：

程式 CompFloat.java 對浮點數做比較運算

```
01 public class CompFloat {
02   public static void main(String[] argv) {
03     double a = 1.1 * 3;   // 1.1 * 3 = 3.3
04     double b = 3.3 * 1;   // 3.3 * 1 = 3.3
05     System.out.println("a == b  : " + (a == b)); // 『相等』比較
06     System.out.println("a != b  : " + (a != b)); // 『不等』比較
07     System.out.println("a =" + a);  // 輸出 a 的值
08     System.out.println("b =" + b);  // 輸出 b 的值
09   }
10 }
```

執行結果

```
a == b  :false
a != b  :true
a =3.3000000000000003   ←— 1.1 * 3 的結果不是 3.3
b =3.3
```

小學生都能理解『1.1 * 3 和 3.3 * 1 是一樣的』，但上述範例做 == 比較的結果竟然是 false, 而輸出 2 個變數的值時才發現 a 的值出現了微小的誤差。

一般若需做精確的 10 進位小數計算，都會採用其它的技巧或使用 Java 提供的 BigDecimal 類別來處理，讀者可待熟悉 Java 之後再來瞭解。目前只需記得**使用浮點運算可能會產生一些意想不到的誤差**即可。

4-4-3 邏輯算符 (Logical Operator)

```
opr1 ^ opr2
opr1 & opr2
opr1 | opr2
opr1 && opr2
opr1 || opr2
```

邏輯算符就相當於是布林資料的比較運算，它們都需要兩個布林型別的運算元。各個算符的意義如下：

- **& 與 &&** 算符是**邏輯且 (AND)** 的意思，當兩個運算元的值都是 true 的時候，運算結果就是 true，否則就是 false。
- **| 與 ||** 算符是**邏輯或 (OR)** 的意思，兩個運算元中只要有一個是 true，運算結果就是 true，只有在兩個運算元的值都是 false 的情況下，運算結果才會是 false。
- **^** 則是**邏輯互斥 (XOR, eXclusive OR)** 的運算，當兩個運算元的值不同時，運算結果為 true，否則為 false。

舉例來說：

程式 Logical.java 邏輯運算

```
01 public class Logical {
02   public static void main(String[] argv) {
03     boolean a = true, b = false;
04     System.out.println("a= " + a + ", b= " + b);
05     System.out.println("a &  b：" + (a & b) );
06     System.out.println("a && b：" + (a && b));
07     System.out.println("a |  b：" + (a | b) );
08     System.out.println("a || b：" + (a || b));
09     System.out.println("a ^  b：" + (a ^ b) );
10   }
11 }
```

執行結果

```
a= true, b=false
a &  b：false
a && b：false
a |  b：true
a || b：true
a ^  b：true
```

第 5、6 行由於 b 是 false，所以 AND 運算結果為 false。第 7、8 行因為 a 是 true，所以 OR 運算結果是 true。第 9 行因為 a 與 b 的值不同，所以互斥運算的結果是 true。讀者可試著修改程式第 3 行的初始值 (例如都改成 false)，並在執行前預測會有什麼結果。

您可能覺得奇怪, &、| 這一組算符和 &&、|| 這一組算符的作用好像一模一樣, 為什麼要有兩組功用相同的算符呢？其實這兩組算符進行的運算雖然相同, 但是 &&、|| 會在左邊的運算元就可以決定運算結果的情況下, **忽略右邊的運算元** (因此它們又稱為條件算符：Conditional Operator)。請看以下這個範例：

程式 ShortCircuit.java 短路式的邏輯運算

```
01 public class ShortCircuit {
02   public static void main(String[] argv) {
03     int i = 3, j = 4;
04     System.out.println("使用 | 的運算結果：" +
05       (true | (i++ == j))); // i++會執行
06     System.out.println("運算後i的內容：" + i);
07
08     i = 3;
09     j = 4;
10     System.out.println("使用 || 的運算結果：" +
11       (true || (i++ == j))); // i++不會執行
12     System.out.println("運算後i的內容：" + i);
13   }
14 }
```

執行結果

```
使用 | 的運算結果：true
運算後i的內容：4
使用 || 的運算結果：true
運算後i的內容：3
```

您可以發現, 雖然第 5 與 11 行的運算結果都一樣, 但是它們造成的效應卻不同。在第 11 行中, 由於 || 算符左邊的運算元是 true, 因此不需要看右邊的運算元就可以知道運算結果為 true。所以 i++ == j 這個運算式根本就不會執行, i 的值也就不會遞增, 最後看到 i 的值原封不動。但反觀第 5 行, 由於是使用 | 算符, 所以會把兩個運算元的值都求出, 因此就會遞增變數 i 的內容了。

依此類推, & 算符與 && 的算符也是如此。像這樣只靠左邊的運算元便可推算運算結果, 而忽略右邊運算元的方式, 稱為**短路模式 (Short Circuit)**, 表示其取捷徑, 而不會浪費時間繼續計算右邊運算元的意思。在使用這一類的算符時, 便必須考量到短路模式的效應, 以避免有些我們以為會執行的動作其實並沒有執行的意外。

4-5 位元運算 (Bitwise Operation)

在 Java 中, 整數型別的資料是以 2 進位系統來表示的, 例如, 以 Byte 型別的整數來說, 就是用一個 Byte 來表示數值, 像是 2 拆解成 8 個位元就是：

```
00000010
```

而負數是以 **2 的補數法 (2's Complement)** , 也就是其**絕對值 - 1** 的**補數 (Complement)** 表示, 亦即其絕對值減 1 後以 2 進位表示, 然後將每一個位元的值反向 (相關原理可參考計算機概論的書籍) 。例如：

```
-2 → 2 - 1 後的補數
        ↓
     1 的補數
        ↓
     00000001 的反向值
        ↓
     11111110
```

位元運算就是以位元為基本單位的運算。

4-5-1 位元邏輯算符 (Bitwise Logical Operator)

> **int1 | int2**
> **int1 & int2**
> **int1 ^ int2**

|、& 與 ^ 會進行**位元邏輯運算**, 也就是將兩個整數運算元的對應位元兩兩進行邏輯運算。請看範例：

程式 BitwiseLogical.java 位元運算

```
01 public class BitwiseLogical {
02   public static void main(String[] argv) {
03     byte i = 2;  // 0000_0010
04     byte j = -2; // 1111_1110
05
```

```
06      System.out.println("i | j:" + (i | j));
07      System.out.println("i & j:" + (i & j));
08      System.out.println("i ^ j:" + (i ^ j));
09    }
10  }
```

執行結果

```
i | j:-2
i & j:2
i ^ j:-4
```

由於 2 的 2 進位表示法為 00000010, 而 -2 的 2 進位表示法為 11111110, 所以 2 | -2 就是針對對應位元兩兩進行邏輯或的運算, 對應位元中有一個值為 1 則結果即為 1, 否則就是 0：

```
 00000010
|11111110
 --------
 11111110
```

結果就是 11111110, 即 -2。2 & -2 則是針對對應位元兩兩進行邏輯 AND 的運算, 只有對應位元的值都是 1 時結果才為 1, 否則即為 0：

```
 00000010
&11111110
 --------
 00000010
```

結果就是 00000010, 亦即 2。2 ^ -2 就是針對對應位元兩兩進行邏輯 XOR (互斥) 的運算, 當對應位元的值不同時為 1, 否則為 0：

```
 00000010
^11111110
 --------
 11111100
```

結果就是 11111100, 亦即 -4。

TIP 位元邏輯算符 (|、&、^) 一律會將二邊運算元的值都求出來, 其二邊的運算元必須都是布林型別 (此時會做邏輯運算, 參見 4-4-3 小節) 或者都是整數型別 (此時會做位元邏輯運算)。

4-5-2 單運算元的位元補數算符 (Bitwise Complement Operator)

```
~opr
```

位元補數算符只需要一個整數型別的運算元，運算的結果就是『取運算元的 2 進位補數』，例如：

程式 BitwiseComplement.java 取補數

```
01 public class BitwiseComplement {
02   public static void main(String[] argv) {
03     byte i = 127; // =>01111111
04                   // ~011111111 => 10000000 => -128
05     System.out.println("~127 : " + (~i));
06
07     i = -1;  // => 11111111
08              //  ~11111111 => 00000000 => 0
09     System.out.println("~(-1) : " + (~(-1)));
10   }
11 }
```

執行結果

```
~127 : -128
~(-1) : 0
```

由於 127 的 2 進位表示為 (01111111)，取補數即為將各個位元值反相，得到 10000000，也就是 -128；而 -1 的 2 進位表示為 (11111111)，取補數為 00000000，也就是 0。另外還有一個快速的算法，即『(~x) = (-x) - 1』，讀者可自行驗證一下。

4-5-3 位元移位算符 (Shift Operator)

```
int1 << int2     //左移運算：左移後右邊位元補 0
int1 >> int2     //右移運算：右移後左邊位元補原最左位元值
int1 >>> int2    //右移運算：右移後左邊位元補 0
```

位元移位算符需要 2 個整數型別的運算元，運算的結果就是將左邊的運算元以 2 進位表示後，依據指定的方向移動右邊運算元所指定的位數。移動之後空出來的位元則依據算符的不同會補上不同的值：

- 如果是 >> 算符, 左邊空出來的所有位元都補上原來最左邊的位元值。
- 如果是 >> 以外的移位算符 (<< 或 >>>), 那麼空出來的位元都補 0。

請注意！>>> 和 >> 的差別在於 >>> 是最左補 0, 而 >> 是補最左邊的原位元。舉例來說, 如果左邊的運算元是 int 型別的 2, 並且只移動一個位元, 那麼各種移位的運算如下所示：

- 2 >> 1

```
00000000...00000010
↓ 右移一個位元
_0000000...00000001
↓ 最左補原值最左邊位元， 本例為 0
00000000...00000001
↓
1
```

- 2 >>> 1

```
00000000...00000010
↓ 右移一個位元
_0000000...00000001
↓ 最左邊補 0
00000000...00000001
↓
1
```

- 2 << 1

```
00000000...00000010
↓ 左移一個位元
00000000...0000010_
↓ 最右邊補 0
00000000...00000100
↓
4
```

但如果左邊的運算元是-2, 那麼移動 1 個位元的狀況就會變成這樣：

- -2 >> 1

```
11111111...11111110
↓ 右移一個位元
_1111111...11111111
↓ 最左補原值最左邊位元， 本例為 1
11111111...11111111
↓
-1
```

- -2 >>> 1

```
11111111...11111110
↓ 右移一個位元
_1111111...11111111
↓ 最左邊補 0
01111111...11111111
↓
2147483647
```

- -2 << 1

```
11111111...11111110
↓ 左移一個位元
11111111...1111110_
↓ 最右邊補 0
11111111...11111100
↓
-4
```

移位運算與乘除法

由於移位運算是以位元為單位，如果是向左移 1 位，就等於是原本代表 1 的位數移往左成為代表 2 的位數、而原本代表 2 的位數則往左移 1 位變成代表 4 的位數，..., 依此類推，最後就相當於把原數乘以 2；如果移 2 位，就變成乘以 4 了。相同的道理，當使用 >> 時，右移 1 位的運算就等於是除以 2 、右移 2 位就變成除以 4。對於整數來說，使用位移運算因為不牽涉到數值的計算，會比使用除法來的有效率，如果你的程式需要提高運算效率的話，可以善加利用。

實際的範例如下：

程式 Shift.java 使用移位運算

```
01 public class Shift {
02   public static void main(String[] argv) {
03     int i = 2; // 00000000000000000000000000000010
04     System.out.println("2 >> 1  :" + (i >> 1));
05     System.out.println("2 << 1  :" + (i << 1));
06     System.out.println("2 >>> 1 :" + (i >>> 1));
07
08     i = -2;    // 11111111111111111111111111111110
09     System.out.println("-2 >> 1  :" + (i >> 1));
10     System.out.println("-2 << 1  :" + (i << 1));
11     System.out.println("-2 >>> 1 :" + (i >>> 1));
12   }
13 }
```

執行結果

```
2 >> 1  :1
2 << 1  :4
2 >>> 1  :1
-2 >> 1  :-1
-2 << 1  :-4
-2 >>> 1  :2147483647
```

型別自動轉換

在使用移位運算時，請特別注意，除非左邊的運算元是 long 型別，否則 Java 會先把左邊運算元的值轉換成 **int 型別**，然後才進行移位的運算。這對於負數的 >>> 運算會有很大的影響。舉例來說，如果 Shift.java 的第 3 行將 i、j 宣告為 byte, 並且以一個位元組來進行移位運算的話，-2 >>> 1 的結果應該是：

```
11111110
↓ 右移一個位元
_1111111
↓ 左邊位元補 0
01111111
↓
127
```

不過實際上因為 -2 會先被轉換成 int 型別，因此移位運算的結果和 Shift.java 一樣，還是 2147483647。

有關 Java 在進行運算時，對於運算元進行的這類轉換，會在 4-7 節說明。

4-6 運算式的運算順序

到上一節為止，雖然已經瞭解了 Java 中大部分算符的功用，不過如果不小心，可能會寫出令您自己意外的程式。舉例來說，以下這個運算式：

```
i = 3 + 5 >> 1 / 2 ;
```

您能夠猜出來變數 i 最後的內容是甚麼嗎？為了確認 i 的內容，必須先瞭解當一個運算式中有多個算符時，Java 究竟是如何解譯這個運算式？

4-6-1 算符間的優先順序 (Operator Precedence)

影響運算式解譯的第一個因素，就是算符之間的**優先順序**，這個順序決定了運算式中不同種類算符之間計算的先後次序。請看以下這個運算式：

```
i = 1 + 3 * 5 >> 1 ;
```

在這個運算式中，您也許可以依據數學課程中對於四則運算的基本認識，猜測左邊的加法要比中間的乘法優先順序低，所以 3 會與乘法算符結合。可是中間的乘法和右邊的移位運算哪一個比較優先呢？如果乘法算符比移位算符優先，5 就會選取乘法算符，整個運算式就可以解譯成這樣：

```
i = 1 + (3 * 5) >> 1 ;
```

也就是

```
i = 1 + 15 >> 1
```

那麼接下來的問題就是加法算符和移位算符哪一個優先，以便能夠決定中間的 15 要和加法算符還是移位算符結合。以此例來說，如果加法算符優先，也就是 16 >> 1，變成 8 ；如果是移位算符優先，就是 1 + 7，也是 8。

但是如果移位算符比乘法算符優先的話，就會解譯成這樣：

```
i = 1 + 3 * (5 >> 1);
```

那麼 i 的值就會變成是 1 + 3 * 2，也就是 1 + 6，變成 7 了。從這裡就可以看到，算符間的優先順序不同，會導致運算式的運算結果不同。

Java 制訂了一套算符之間的優先順序，來決定運算式的計算順序。以剛剛的範例來說，乘法算符最優先，其次是加法算符，最後才是移位算符，因此，i 的值實際上會是 8，就如同第一種解譯的方式一樣。以下是實際的程式：

程式 Priority.java 算符的優先順序

```
01 public class Priority {
02   public static void main(String[] argv) {
03     int i;
04     i = 1 + 3 * 5 >> 1; // 計算順序 *, +, >>
05     System.out.println("1 + 3 * 5 >> 1 結果為：" + i);
06     i = 8 - 8 >> 1;      // 計算順序 -, >>
07     System.out.println("8 - 8 >> 1 結果為：" + i);
08   }
09 }
```

從執行結果可以看出來, 第 6 行的算式的確是先選了減法算符, 否則 i 的值應該是 4；同樣的道理, 第 4 行中, 則先選了乘法算符, 否則 i 的值應該是 7。

執行結果

```
1 + 3 * 5 >> 1 結果為：8
8 - 8 >> 1 結果為：0
```

4-6-2 算符的結合性 (Associativity)

所謂的**結合性**, 是指對於優先順序相同的算符, 彼此之間的計算順序。二元算符 (需 2 個運算元) 的結合性大多為**左邊優先**。也就是說, 當多個二元算符串在一起時, 會先從左邊的算符開始。現在來看看實際的程式：

程式 Associativity.java 算符的結合性

```
01 public class Associativity {
02   public static void main(String[] argv) {
03     int i = 8 / 2 / 2; // -> (8 / 2) / 2
04     System.out.println("變數 i 現在的內容：" + i);
05
06     i = 99 % 13 % 5;    // -> (99 % 13) % 5
07     System.out.println("變數 i 現在的內容：" + i);
08   }
09 }
```

執行結果

```
變數 i 現在的內容：2
變數 i 現在的內容：3
```

但是指定算符 '=' 的結合律則是**右邊優先**, 舉例來說：

程式 AssignmentAssoc.java 指定算符的結合性

```
01 public class AssignmentAssoc {
02   public static void main(String[] argv) {
03     int i,j,k,l;
04     i = j = k = l = 3;
05     System.out.println("變數 i 的內容是：" + i);
06     System.out.println("變數 j 的內容是：" + j);
07     System.out.println("變數 k 的內容是：" + k);
08     System.out.println("變數 l 的內容是：" + l);
09   }
10 }
```

執行結果

```
變數 i 的內容是：3
變數 j 的內容是：3
變數 k 的內容是：3
變數 l 的內容是：3
```

其中第 4 行就是採用右邊優先的結合性, 否則如果採用左邊優先結合的話, 就變成：

```
(((i = j) = k) = l) = 3 ;
```

如此將無法正常執行, 因為第 2 個指定算符左邊需要變數作為運算元, 但左邊這個運算式 i = j 的運算結果並不是變數, 而是數值。另外, 一元算符也是**右邊優先**, 例如 -++i 就相當於 -(++i), 當 i 為 1 時, 其運算結果為 -2, 而 i 會變成 2。

4-6-3 以括號強制運算順序

瞭解了算符的結合性與優先順序之後, 就可以綜合這 2 項特性, 深入瞭解運算式的解譯方法了。底下先列出所有算符的優先順序與結合性, 方便您判斷運算式的計算過程 (優先等級數目越小越優先)：

算符	說明	優先等級	結合性
++、--	遞增、遞減算符	1 (最優先)	右
+、-	單運算元的正、負號算符	1	右
~	位元補數算符	1	右
!	邏輯反向算符	1	右

算符	說明	優先等級	結合性
(型別)	轉型算符 (請參考 4-7 節)	1	右
*、/、%	數學運算	2	左
+、-	數學運算	3	左
+	字串連接算符 (請參考第 10 章)	3	左
>>、>>>、<<	移位算符	4	左
<、<=、>、>=	比較算符	5	左
instanceof	型別算符 (請參考第 11 章)	5	左
==、!=	比較算符	6	左
&	AND 算符	7	左
^	XOR 算符	8	左
|	OR 算符	9	左
&&	邏輯且算符	10	左
||	邏輯或算符	11	左
?:	條件算符 (請參考第 4-8-2 節)	12	右
=、*=、/=、%=、+=、-=、<<=、>>=、>>>=、&=、|=、^=	指定算符及複合指定算符 (請參考 4-8-1 節)	13 (最不優先)	右

TIP 為了方便記憶，可先記住以下優先順序 (注意：只有第 2 項的結合性是左邊優先)：

一元算符 (右) > 二元算符 (左) > 三元算符 (右) > 指定算符 (右)
(例如 ++、~..)　(例如 *、>>..)　(?:)　(例如 =、+=、&=..)

解譯運算式

有了結合性與優先順序的規則，任何複雜的運算式都可以找出計算的順序，以如右的運算式來說：

```
j = 10 ;
i = ++j + 20 * 8 >> 1 % 6 ;
```

要得到正確的計算結果，先在各個算符下標示優先等級，如右：

```
i = ++j + 20 * 8 >> 1 % 6 ;
  ⓭ ❶  ❸    ❷   ❹    ❷
```

從優先等級最高的算符開始, 找出它的運算元, 然後用括號將這個算符所構成的運算式標示起來, 視為一個整體, 以做為其他算符的運算元。如果遇到相鄰的運算元優先等級相同, 就套用結合性, 找出計算順序。依此類推, 一直標示到優先等級最低的算符為止：

```
優先順序最高的是 1
i = (++j) + 20 * 8 >> 1 % 6 ;
      ❶
↓
i = (++j) + (20 * 8) >> (1 % 6);
               ❷          ❷
↓
i = ((++j) + (20 * 8)) >> (1 % 6);
           ❸
↓
i = (((++j) + (20 * 8)) >> (1 % 6));
                         ❹
```

所以, 最後變數 i 的值應該是：

```
(((+ +j) + (20 * 8)) >> (1 % 6))
↓
(((11) + (160)) >> (1))
↓
((171) >> (1))
↓
(85)
↓
85
```

實際程式執行結果如下：

程式 Expression.java 套用優先順序與結合性進行運算

```
01 public class Expression {
02   public static void main(String[] argv) {
03     int i,j;
04     j  = 10;
```

```
05     i = ++j + 20 * 8 >> 1 % 6;
06     System.out.println("變數 i 現在的內容：" + i);
07   }
08 }
```

執行結果

```
變數 i 現在的內容：85
```

明確標示運算順序

可想而知, 如果每次看到這樣的運算式, 都要耗費時間才能確定其運算的順序, 不但難以閱讀, 而且撰寫的時候也可能出錯。因此, 建議用括號明確的標示出運算式的意圖, 以便讓自己以及其他閱讀程式的人都能夠一目了然, 清清楚楚計算的順序。像是剛剛所舉的例子來說, 至少要改寫成這樣, 才不會對於計算的順序有所誤會：

```
i = ((+ +j) + 20 * 8) >> (1 % 6);
```

辨識算符

Java 在解譯一個運算式時, 還有一個重要的特性, 就是會從左往右讀取, 一一辨識出個別的算符, 舉例來說：

程式 LeftToRight.java 找出正確的算符

```
01 public class LeftToRight  {
02   public static void main(String[] argv) {
03     int i = 3,j = 3,k ;
04     k = i+++j; // -> k = (i++) + j
05     System.out.println("變數 i 現在的內容：" + i);
06     System.out.println("變數 j 現在的內容：" + j);
07     System.out.println("變數 k 現在的內容：" + k);
08   }
09 }
```

執行結果

```
變數 i 現在的內容：4
變數 j 現在的內容：3
變數 k 現在的內容：6
```

其中第 4 行指定算符右邊的運算元如果對於算符的歸屬解譯不同, 結果就會不同。如果解譯為

```
(i++) + j
```

那麼運算結果就是 6, 而且 i 變為 4、j 的值不變。但如果解譯成這樣：

```
i + (++j)
```

那麼運算結果就會是 7, 而且 i 不變, 但 j 會變成 4。如果解譯成這樣：

```
i + (+(+j))
```

那麼運算結果就是 6, 而且 i 、j 的值均不變。

事實上, Java 會由左往右, 以**最多字元**能識別出的算符為準, 因此真正的結果是第一種解譯方式。

為了避免混淆, 一樣建議您在撰寫這樣的運算式時, 加上適當的括號來明確分隔算符。

4-7 資料的轉型 (Type Conversion)

到目前為止, 已經把各種算符的功用以及運算式的運算順序都說明清楚, 不過即便如此, 您還是有可能寫出令自己意外的運算式。因為 Java 在計算運算式時, 除了套用之前所提到的結合性與優先順序以外, 還使用了幾條處理資料型別的規則, 如果不瞭解這些, 撰寫程式時就會遇到許多奇怪不解的狀況。

4-7-1 數值運算的自動提升 (Promotion)

請先看看以下這個程式：

程式 Promotion.java 數值會自動提升型別

```
01 public class Promotion {
02   public static void main(String[] argv) {
03     byte i = -2;
04     i  = i >> 1;
05     System.out.println("變數 i 現在的內容：" + i);
06   }
07 }
```

看起來這個程式似乎沒有甚麼問題, 我們把 1 個 byte 型別的變數值右移 1 個位元, 然後再放回變數中, 但是如果您編譯這個程式, 就會看到以下的訊息：

```
Promotion.java:4: error: incompatible types: possible lossy conver-
sion from int to byte
        i  = i >> 1;
               ^
1 error
```

Java 編譯器居然說可能會漏失資料？這是因為 Java 在計算運算式時, 所進行的額外動作所造成的。以下就針對不同的算符, 詳細說明 Java 內部的處理方式。

一元算符

對於一元算符來說, 如果其運算元的型別是 char、byte、或是 short, 那麼在運算之前就會先將運算元的值提升為 int 型別。

二元算符

如果是二元算符, 規則如下：

1. 如果有任一個運算元是 double 型別, 那麼就將另一個運算元提升為 double 型別。

2. 否則, 如果有任一個運算元是 float, 那麼就將另一個運算元提升為 float 型別。

3. 否則, 就再看是否有任一個運算元是 long 型別, 如果有, 就將另外一個運算元提升為 long 型別。

4. 如果以上規則都不符合, 就將 2 個運算元都提升為 int 型別。

簡單來說, 就是將兩個運算元的型別提升到同一種型別。根據這樣的規則, 就可以知道剛剛的 Promotion.java 為什麼會有問題了。

由於 Java 在計算時會把 >> 算符兩邊的運算元都提升為 int 型別, 因此 i >> 1 的運算結果也是 int 型別。接著想把 int 型別的資料放到 byte 型別的變數 i 中, Java 就會擔心數值過大, 無法符合 byte 型別可以容納的數值範圍。這就好比如果您想把一個看起來體積比保管箱大的物品放進保管箱中, 服務人員自然不會准許。

智慧的整數數值設定

如果是使用字面常數設定型別為 char、byte、或是 short 的變數，那麼即使 Java 預設會將整數的字面常數視為 int 型別，但只要該常數的值落於該變數所屬型別可表示的範圍內，就可以放入該變數中。也就是說，以下這行程式是可以的：

```
byte b = 123; // 123 落於 byte 型別的範圍內
```

但此項規則並不適用於 long 型別的字面常數，像是以下這行程式：

```
int i = 123L; // long 型別不適用此規則
```

編譯時就會錯誤：

```
TestConstant.java:4: incompatible types: possible lossy
conversion from long to int
        int i = 123L; // long 型別不適用此規則
                 ^
1 error
```

請務必特別注意。

4-7-2 強制轉型 (Type Casting)

那麼到底要如何解決這個問題呢？如果以保管箱的例子來說, 除非先把物品擠壓成能夠放入保管箱的大小, 否則很難保證它能放的進去。在 Java 中也是一樣, 除非您可以自行改變要放進去的數值符合 byte 的可接受範圍, 否則就無法讓您將 int 型別的資料放入 byte 型別的變數中。這個改變的方法就稱為**強制轉型 (Cast)**, 請看以下的程式：

程式 Casting.java 強制轉型

```
01 public class Casting {
02   public static void main(String[] argv) {
03     byte i = -2;
04     i  = (byte) (i >> 1);
05     System.out.println("變數 i 現在的內容：" + i);
06   }
07 }
```

執行結果

```
變數 i 現在的內容：-1
```

這個程式和剛剛的 Promotion.java 幾乎一模一樣，差別只在於將第 4 行中原本的移位運算整個括起來，並且使用 **(byte)** 這個**轉型算符 (Casting Operator)** 將運算結果轉成 byte 型別。這等於是告訴 Java 說，我要求把運算結果變成 byte 型別，後果我自行負責。

透過這樣的方式，您就可以將運算結果放回 byte 型別的變數中了。

強制轉型的風險

強制轉型雖然好用，但因為是把數值範圍比較大的資料強制轉換為數值範圍比較小的型別，因此有可能在轉型後造成資料值不正確，例如：

程式 CastingError.java 強制轉型造成錯誤

```
01 public class CastingError  {
02   public static void main(String[] argv) {
03     int i = 32768;
04     System.out.println("i=" + i);
05     short s = (short) i;       // int 強制轉型為 short
06     System.out.println("s=" + s);
07     byte b = (byte) s;  // short 強制轉型為 byte
08     System.out.println("b=" + b);
09   }
10 }
```

執行結果

```
i=32768
s=-32768
b=0
```

第 3 行變數 i 的值為 32768 (2 進位為 1000 0000 0000 0000)，在第 5 行強制轉型為 short 時，已超出其可表達的範圍，結果被解讀為 -32768。第 7 行進一步轉型為 byte，此時只會留下最低的 8 個位元，使得轉型後 b 的值變成 0 了。

4-7-3 自動轉型

除了算符所帶來的轉型效應以外, 還有一些規則也會影響到資料的型別, 進而影響到運算式的運算結果, 分別在這一小節中探討。

字面常數的型別

除非特別以字尾字元標示, 否則 Java 會將**整數**的字面常數視為是**int 型別**, 而將帶有**小數點**的字面常數視為是**double 型別**。撰寫程式時, 常常會忽略這一點, 導致得到意外的運算結果, 甚至於無法正確編譯程式。

指定算符的轉型

在使用指定算符時, 會依據下列規則將右邊的運算元自動轉型:

1. 如果左邊運算元型別比右邊運算元型別的數值範圍要廣, 就直接將右邊運算元轉型成左邊運算元的型別。
2. 如果左邊的運算元是 byte、short、或 char 型別的變數,而右邊的運算元是僅由 byte、short、int、或 char 型別的**字面常數**所構成的運算式, 並且運算結果落於左邊變數型別的數值範圍內, 那麼就會將右邊運算元自動轉型為左邊運算元的型別。

這些規則正是我們能夠撰寫以下程式的原因:

程式 AutoConversion.java 整數的轉型

```
01 public class AutoConversion {
02   public static void main(String[] argv) {
03     byte b = -2 * 3 + 1;    // 右邊是 int
04     int  i = b;             // 右邊是 byte
05     System.out.println("變數 b 現在的內容:" + b);
06     System.out.println("變數 i 現在的內容:" + i);
07   }
08 }
```

執行結果

```
變數 b 現在的內容:-5
變數 i 現在的內容:-5
```

像是第 3 行指定算符的右邊就是 int 型別, 但左邊是 byte 型別的變數, 可是因為右邊的運算式僅由字面常數構成, 且計算結果符合 byte 的範圍, 一樣可以放進去。第 4 行則很簡單, 右邊 byte 型別的資料可以直接放入左邊 int 型別的變數中。如果把第 3 行改成：

```
byte b = -2 * 300 + 1; // 右邊是 int
```

那麼由於右邊運算式的運算結果超出了 byte 的範圍, 連編譯的動作都無法通過。

轉型的種類

在 Java 中，由 byte 到 int 這種由數值範圍較小的基本型別轉換為範圍較大的基本型別，稱之為**寬化轉型 (Widening Primitive Conversion)**；反過來的方向，則稱之為**窄化轉型 (Narrowing Primitive Conversion)**。

4-8 其他算符

在本章的最後, 還要再介紹 2 種算符, 來簡化您撰寫程式時的工作。

4-8-1 複合指定算符 (Compound Assignment Operator)

如果您在進行數值或是位元運算時, 左邊的運算元是個變數, 而且會將運算結果放回這個變數, 那麼可以採用簡潔的方式來撰寫。舉例來說：

```
i = i + 5;
```

就可以改寫為

```
i += 5;
```

這種作法看起來好像只有節省了一點點打字的時間，但實際上它還做了其他的事情，請先看以下的程式：

程式 CompoundAssignment.java 複合指定算符的效用

```
01 public class CompoundAssignment {
02   public static void main(String[] argv) {
03     int i = 2;
04     i += 2;
05     System.out.println("變數 i 現在的內容：", i);
06     i += 4.6;
07     System.out.println("變數 i 現在的內容：", i);
08   }
09 }
```

執行結果

```
變數 i 現在的內容：4
變數 i 現在的內容：8
```

其中第 6 行的程式如果不使用複合指定算符，並不能改成這樣：

```
i = i + 4.6 ;
```

因為 Java 會將 4.6 當成 double 型別，而依據上一節的說明，為了讓 i 可以和 4.6 相加，i 的值會先被轉換成 double 型別。因此 i + 4.6 的結果也會是 double 型別，但 i 卻是 int 型別，因此指定運算在編譯時會發生錯誤。正確的寫法應該是：

```
i = (int)(i + 4.6);
```

而這正是**複合指定算符**會幫您處理的細節，它會將左邊運算元的值取出，和右邊運算元運算之後，強制將運算結果轉回左邊運算元的型別，然後再放回左邊的運算元。這樣一來，您就不需要自己撰寫轉換型別的動作了。

除了 **+=** 以外，***=**、**/=**、**%=**、**-=**、**<<=**、**>>=**、**>>>=**、**&=**、**^=**、以及 **|=** 也是可用的複合指定算符。

4-8-2 條件算符 (Conditional Operator)

```
opr1 ? opr2 : opr2
```

條件算符是比較特別的算符，它需要**3 個**運算元，分別以 **?** 與 **:** 隔開。第 1 個運算元必須是布林值，如果這個布林值為 true，就選取第 2 個運算元進行運算，否則選取第 3 個運算元進行運算，並作為整個運算式的結果。例如：

程式 Conditional.java 條件算符的計算

```
01 public class Conditional  {
02   public static void main(String[] argv) {
03     boolean lightIsOn = false; // 用 lightIsOn 代表是否有開燈？
04     System.out.println(lightIsOn ? "燈亮了":"燈熄了");
05
06     lightIsOn = !lightIsOn; // 做反向運算
07     System.out.println(lightIsOn ? "燈亮了":"燈熄了");
08   }
09 }
```

執行結果

```
燈熄了
燈亮了
```

本例將 4-4-1 小節的範例 Complement.java 略做修改，將輸出的部份改用條件算符：『lightIsOn ? "燈亮了" : "燈熄了"』。當 lightIsOn 為 true 會傳回 "燈亮了"；若為 false 則傳回 "燈熄了"。由執行結果即可驗證之。

條件算符的邊際效應

要特別留意的是，如果第 2 或第 3 個運算元為一個運算式而且並不是被選取的運算元時，該運算元並不會進行運算，例如：

程式 ConditionalExpression.java 條件算符的短路效應

```
01 public class ConditionalExpression  {
02   public static void main(String[] argv) {
03     int i,j = 17;
04     i = (j % 2 == 1) ? 2 : j++;
05     System.out.println("變數 i 現在的內容：" + i);
06     System.out.println("變數 j 現在的內容：" + j);
07   }
08 }
```

執行結果

```
變數 i 現在的內容：2
變數 j 現在的內容：17
```

程式第 4 行執行時, 由於第 3 個運算元 j++ 並非被選取的運算元, 所以 j++ 並不會執行, 因此變數 j 的內容還是 17。

條件算符運算結果的型別

使用條件算符時, 有一個陷阱很容易被忽略, 那就是條件算符運算結果的型別判定。條件算符依據的規則如下：

1. 如果後 2 個運算元的型別相同, 那麼運算結果的型別也就一樣。
2. 如果有一個運算元是 byte 型別, 而另一個運算元是 short 型別, 運算結果就是 short 型別。
3. 如果有一個運算元是 byte、short、或 char 型別, 而另一個運算元是個由字面常數構成的運算式, 並且運算結果為 int, 而且落於前一個運算元型別的數值範圍內, 那麼條件算符的運算結果就和前一個運算元型別相同。
4. 如果以上條件均不符合, 那麼運算結果的型別就依據二元算符的運算元自動提升規則。

程式 ConditionPromotion.java 條件運算時的轉型

```
01 public class ConditionPromotion  {
02   public static void main(String[] argv) {
03     byte b = 1;
04     int i = 2;
05     b = (i == 2) ? b : i;
06     System.out.println("變數 i 現在的內容：" + i);
07     System.out.println("變數 b 現在的內容：" + b);
08   }
09 }
```

第 5 行看起來並沒有甚麼不對, 但是實際上連編譯都無法通過。這是因為依據剛剛的規則, 這一行中的條件算符會因為第 3 個運算元 i 是 int 型別, 使得運算結果變成 int 型別, 當然就無法放入 byte 型別的 b 中了。此時, 只要把 i 強制轉型為 byte 型別, 就可以正常執行了。

4-9 取得輸入

認識各種算符後, 我們可試著讓程式在執行時才取得要處理的資料 (數值), 而非像先前的範例程式, 都是在程式中已設定好要計算的變數值。

我們在輸出時, 用的是 System.out 物件, 而要取得輸入, 則要改用 **System.in** 物件。不過因為輸入的處理比較複雜, 所以要用另外一個物件來幫助我們, 減少處理的工作, 用法如下：

程式 ModInput.java 取得使用者輸入

```
01 import java.util.*;
02
03 public class ModInput {
04   public static void main(String[] argv) {
05     int apple, people=7, q, r;
06
07     System.out.print(people+"人分蘋果, 要分幾個蘋果？");
08     Scanner sc = new Scanner(System.in);    // 由 System.in 取得輸入
09     apple = sc.nextInt();    // 由輸入端取得一個整數,並指定給 apple
10
11     q = apple / people;   // 取商數
12     r = apple % people;   // 取餘數
13
14     System.out.println(people+"人分"+apple+"個蘋果,");
15     System.out.println("每人分" + q + "個, 還剩" + r + "個");
16   }
17 }
```

執行結果

```
7人分蘋果, 要分幾個蘋果？90  ←— 用鍵盤輸入 "90" 再按 Enter 鍵
7人分90個蘋果,
每人分12個, 還剩6個  ←— 程式會用 90 來做計算
```

- 這個程式修改自 4-8 頁的 Mod.java, 新加入的程式包括第 1、7~9 這 4 行。第 1 行的 import 敘述會在第 13 章說明, 目前只要先記得要使用一些 Java 語言內建的類別時, 通常都會加上 import 敘述。

- 第 7 行用來顯示提示訊息，讓使用者知道現在要輸入資料。此處用了不同於 println() 的 print() 方法，兩者都可用來輸出文字訊息，差別是 println() 會在輸出訊息後換行；而 print() 輸出後**不會**換行。
- 第 8、9 行就是取得輸入的程式碼。第 8 行宣告了一個名為 **sc** 的 Scanner 物件，用來幫助我們由 System.in 取得輸入。此行敘述的語法，待學過第 8 章物件導向語法後就能瞭解其意思。
- 第 9 行的 sc.nextInt() 就是取得使用者輸入的整數值並傳回，程式執行到此會暫停，要等使用者輸入資料並按 Enter 鍵才會繼續。

雖然有一些語法和原理暫無法說明，但請讀者記得：利用如上的程式片段就能由鍵盤取得輸入。若想取得其它型別的資料，可改用下列方法：

```
next();       /* 取字串 */        nextBoolean(); /* 取布林值 */
nextByte();   /* 取 byte 值 */    nextDouble();  /* 取 double 值 */
nextLong();   /* 取 long  值 */   nextFloat();   /* 取 float 值 */
nextShort();  /* 取 short 值 */
```

如果使用者未依指示，輸入非預期的資料，則程式會發生例外 (Exception) 而中止執行。例如在執行 ModInput.java 時輸入如下的文字：

```
7人分蘋果，要分幾個蘋果？十  ←— 輸入文字 "十"
Exception in thread "main" java.util.InputMismatchException
        at java.util.Scanner.throwFor(Unknown Source)        ↑
        at java.util.Scanner.next(Unknown Source)          輸入的資料
        at java.util.Scanner.nextInt(Unknown Source)       型別與預期
        at java.util.Scanner.nextInt(Unknown Source)       的 int 不符
        at ModInput.main(ModInput.java:9)
```

學習評量

※ 選擇題可能單選或複選

1. (　　) 以下何者錯誤？

   (a) 運算式是由算符與運算元組成
   (b) 指定算符沒有運算結果
   (c) 運算元可以是一個運算式
   (d) 只需要一個運算元的算符稱為一元算符

2. (　　) 請問以下程式執行後, i 與 j 的值各為何？

```
int i,j;
i = (j = 3) >> 1;
```

   (a) i 為 3, j 為 3　　(b) i 為 1, j 為 1
   (c) i 為 1, j 為 3　　(d) 此程式無法執行

3. (　　) 請問以下程式執行後, i 與 j 的值各為何？

```
int i = 3,j = 5;
i += j-= 2 - 2;
```

   (a) i 為 1, j 為 3　　(b) i 為 8, j 為 5
   (c) i 為 3, j 為 2　　(d) 此程式無法執行

4. (　　) 請問 -5 % 2 的運算結果為：

   (a) -1　(b) -2　(c) 1　(d) 2

5. (　　) 請問以下程式執行後, i 與 j 的值各為何？

```
int i = 3,j = 3;
i = --i+i+j--+j;
```

   (a) i 為 9, j 為 2　　(b) i 為 8, j 為 5
   (c) i 為 3, j 為 2　　(d) 以上皆非

6. (　　) 請問以下程式執行後, 變數 i 的值為何？

```
int i = 23 ^ 33;
```

(a) 54　(b) 55　(c) 1　(d) 64

7. (　　) 請問以下程式執行後, 變數 i 的值為何？

```
int i = 3;
i = (i == 3 | (++i == 4)) ? i * 2 : 0;
```

(a) 0　(b) 6　(c) 8　(d) 此程式語法錯誤

8. (　　) 請問-7 >> 2 的值為何？

(a) -1　(b) -3　(c) 2　(d) -2

9. (　　) 請問 20 >> 1 + 1 << 1 * 3 的運算結果為何？

(a) 40　(b) 60　(c) 30　(d) 18

10.(　　) 請問以下程式執行後, 變數 i 的內容為何？

```
int i = 10;
i + = 1.34;
```

(a) 1.34　(b) 11　(c) 11.34　(d) 此程式語法錯誤

程式練習

1. 請撰寫程式, 宣告一個變數 i, 如果 i 的值小於 31, 就顯示 2^i 的值。

2. 假設火車站的自動售票機只能接受 10 元、5 元、以及 1 元的硬幣, 請撰寫一個程式, 算出購買票價 137 元的車票時, 所需投入各種幣值硬幣最少的數量?

3. 請撰寫程式, 計算出 277 除以 13 的商數以及餘數。

4. 請撰寫程式, 計算出變數 i 與變數 j 的和的平方。

5. 假設您步行的速度為每秒 1 公尺, 而您的朋友小華步行的速度則為每秒 30 英吋, 如果你們兩人在距離 200 公尺的操場面對面前進, 請撰寫程式計算出多久會相遇? (1 英吋等於 2.54 公分)

6. 請撰寫程式, 計算 1 + 2 + 3 + 4 +....+ 97 + 98 + 100 的結果。

7. 假設某個籠子裡有雞、兔若干隻, 共有 26 隻腳、8 個頭, 請撰寫程式分別算出雞與兔各有幾隻?

8. 假設某個停車場的費率是停車 2 小時以內, 每半小時 30 元, 超過 2 小時, 但未滿 4 小時的部分, 每半小時 40 元, 超過 4 小時以上的部分, 每半小時 60 元, 未滿半小時部分不計費。如果您從早上 10 點 23 分停到下午 3 點 20 分, 請撰寫程式計算共需繳交的停車費。

9. 請撰寫程式, 讓使用者輸入任意整數, 程式則檢查其為奇數或偶數, 並顯示判斷結果。

10. 請撰寫程式, 讓使用者輸入代表攝氏溫度的值, 程式則換算成華氏溫度並顯示結果 (提示:攝氏溫度等於華氏溫度減 32 度再乘上 5/9)。

記事欄 MEMO

05

CHAPTER

流程控制(一)：條件分支

學習目標

- 以條件判斷執行不同的流程
- 將口語的狀況轉譯成條件判斷式
- 熟悉 if/else 及 switch 敘述

經過第 3 章變數宣告及第 4 章運算式的練習後, 相信讀者對 Java 程式已有了一定的概念。但是在現實生活中, 並非每件事都只要一個動作就能解決, 而 Java 程式也是相同的情況。因此, 本章將重點放在如何安排程式中各個步驟的執行順序, 也就是『流程控制』。

5-1 甚麼是流程控制?

所謂『流程』, 以一天的生活為例, 『早上起床後, 會先刷牙洗臉, 接著吃完早餐出門上課, 上完早上的課, 在餐廳吃午餐, 午休後繼續上下午的課, 下課後跟同學吃晚餐, 再回宿舍唸書, 最後上床睡覺』, 結束一天的流程。程式的執行也是相同的, 如同第 2 章時曾提及, 程式在執行時是以敘述為單位, 由上往下循序進行。如右圖:

由右圖不難發現, 程式的執行就如同平常的生活一樣, 是有**順序性**地在執行, 整個執行的順序與過程, 就是**流程**。

但是流程並非僅僅依序進行, 它可能會因為一些狀況而變化。以一天的生活為例, 如果下午老師請假沒來上課, 下午的課就會取消, 因而更改流程, 變成『...上完了早上的課, 由於下午老師請假, 因此決定去學校外面吃午餐, 並在市區逛街...』。程式的流程也是一樣, 可能會因為狀況不同, 而執行不同的敘述, 如右圖:

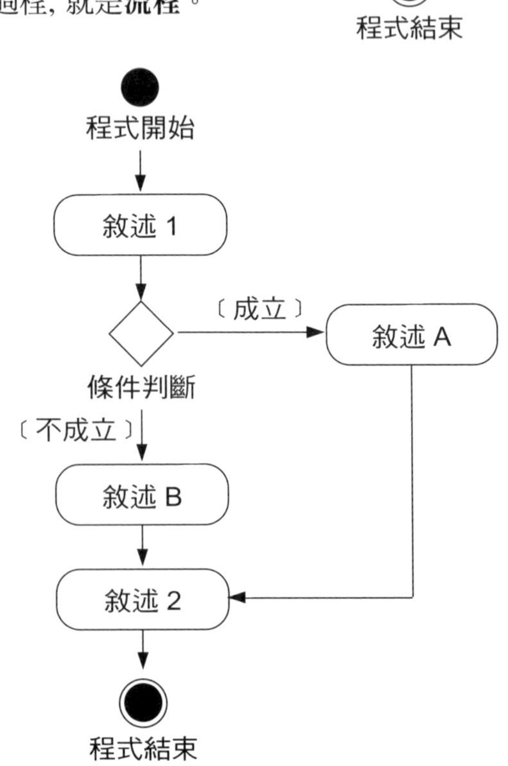

因應不同狀況而選取不同的流程，即為**流程控制**。在 Java 中，流程控制的敘述可以分為兩大類，一為**條件判斷**敘述 (或稱為選擇敘述)，包含有 **if** 以及 **switch** 兩種，會在這一章詳細說明；另一類為**迴圈**敘述 (或稱重複敘述)，將留待下一章介紹。

5-2 if 條件分支

在條件判斷敘述中，最常用到的就是 **if** 敘述了，它就等同日常生活中的『如果..就..』。比方說下述的情況：

以圖形來表示就是：

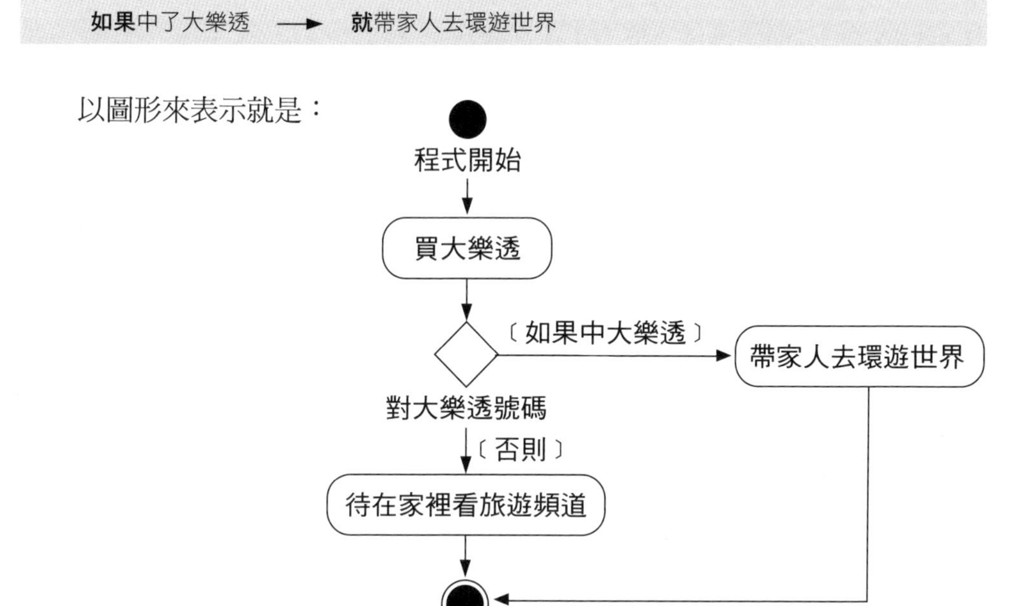

在 Java 程式中的狀況判斷就是用 if 敘述，其語法如右：

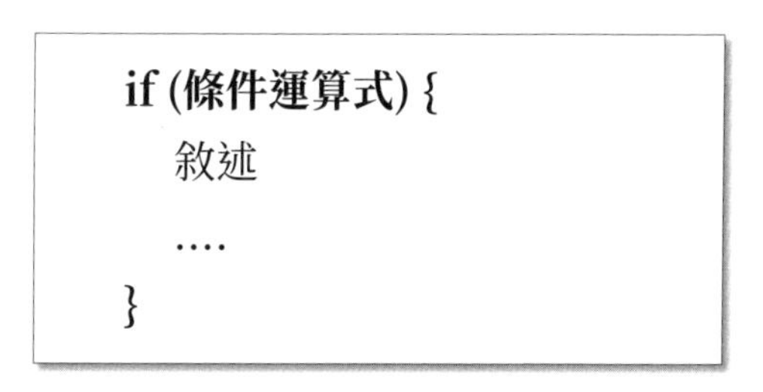

- **if**：『如果』 的意思。會根據條件運算式的結果, 來判斷是否執行區塊中的程式。如果條件運算式的結果為 true, 則執行區塊內的敘述；如果結果為 false, 則跳過區塊。

- **條件運算式**：運算結果為布林型別的運算式, 通常由比較運算或邏輯運算所組成。

- **敘述**：條件運算式結果為 true 時所要執行的動作。如果只有單一敘述, 則可以省略大括號。

底下程式使用 if 來判斷汽車是否該加油了：

程式 CheckOil.java 檢查油量的程式

```
01 import java.util.*; // 為了輸入資料而加上的程式
02
03 public class CheckOil {
04
05   public static void main(String[] argv) {
06
07     System.out.print("請輸入目前所剩油量 (單位：公升)：");
08
09     Scanner sc = new Scanner(System.in); // 為了輸入資料而加上的程式
10     int liter = sc.nextInt();  // 輸入整數資料
11
12     if (liter < 2)    // 當 liter 小於 2, 條件成立
13       System.out.println("油量已經不足, 該加油了！");
14
15     System.out.println("祝您行車愉快。");
16   }
17 }
```

執行結果 1

```
請輸入目前所剩油量 (單位：公升)：2
祝您行車愉快。
```

執行結果 2

```
請輸入目前所剩油量 (單位：公升)：1
油量已經不足, 該加油了！
祝您行車愉快。
```

- 第 1、9、10 行是為了讓使用者可以輸入油量數值而加上的程式。

- 第 10 行用 nextInt() 取得輸入的整數值, 並指定給 liter 變數。
- 第 12 行就是 if 敘述, 它會判斷 liter 變數是否小於 2, 以決定是否執行第 13 行敘述。

在『執行結果 1』中, 輸入的剩餘汽油量為 2, 條件運算式『(liter < 2)』 的運算結果為 false, 因此 Java 會忽略第 13 行敘述, 直接執行之後的程式。

在『執行結果 2』中, 輸入的剩餘汽油量小於 2 公升, 此時條件運算式結果為 true, 將會執行第 13 行的敘述。

程式流程如右：

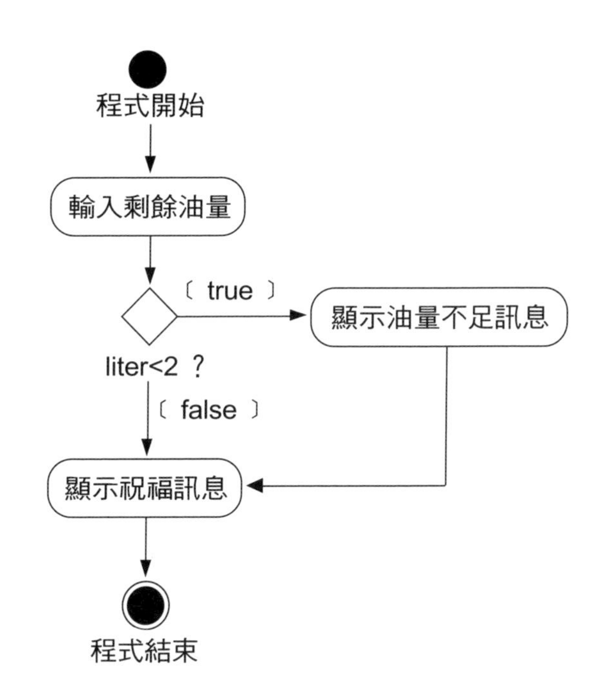

TIP 請切記 if 的條件運算式的運算結果一定要是布林型別。

如果符合條件時所要執行的敘述不只一個, 就必須使用一對大括號將這些敘述括起來成為一個區塊, 例如：

程式 CheckOilTwo.java 符合條件時執行多個敘述

```
...
12      if (liter < 2) {   // 加大括號
13        System.out.println("油量已經不足");
14        System.out.println("該加油囉！");
15      }                       // 結尾的大括號
16
17      System.out.println("祝您行車愉快。");
18    }
19  }
```

執行結果

```
請輸入目前所剩油量 (單位：公升)：1
油量已經不足
該加油囉！
祝您行車愉快。
```

如果忘記加上大括號, 而將 if 敘述寫成這樣：

程式 CheckOilWrong.java 未加上大括號會影響執行結果

```
12      if (liter < 2)
13        System.out.println("油量已經不足");
14        System.out.println("該加油囉！");
```

那麼不管輸入甚麼資料, 都會執行第 14 行：

執行結果

```
請輸入目前所剩油量 (單位：公升)：4
該加油囉！
祝您行車愉快。
```

因為對應於 if 條件的敘述只有第 13 行, 因此第 14 行並不受 if 條件的影響, 一定都會執行。

TIP 對初學者來說，建議不論 if 區塊中有幾個敘述，都一律加上大括號，不但可以避免往後修改程式添加敘述而忘記加大括號的錯誤，也可以讓 if 敘述的結構更清楚。

5-2-1 多條件運算式與巢狀 if

我們也可以用多個比較算符或邏輯算符來組成條件運算式, 例如將前面程式修改如下：

程式 CheckOilThree.java 利用兩個條件判斷來檢查油量

```
...
12      if ((liter >= 2) & (liter < 5)) {
13        System.out.println("油量尚足, 提醒您注意油表。");
14      }
15
16      System.out.println("祝您行車愉快。");
17    }
18  }
```

執行結果

```
請輸入目前所剩油量 (單位：公升)：2
油量尚足, 提醒您注意油表。
祝您行車愉快。
```

其中第 12 行的『if ((liter >= 2) & (liter < 5))』就是使用邏輯算符 & 將兩個條件運算式結合, 只有在 liter 的值大於等於 2 **而且**小於 5 的時候才是 true。

TIP 提醒您，程式中的 & 也可改用 &&, 執行結果相同。& 與 && 的差異在於 && 會以短路模式執行，只要左邊的運算元可以決定運算結果，就不再去執行右邊的運算元。請參考第 4-4-3 節。

同樣的程式也可以改寫這樣：

程式 CheckOilNestedIf.java 巢狀 if

```
...
12      if (liter >= 2) {   // 第 1 層 if 敘述
13        if (liter < 5) {  // 第 2 層 if 敘述
14          System.out.println("油量尚足, 提醒您注意油表。");
15        }
16      }
17
18      System.out.println("祝您行車愉快。");
19    }
20  }
...
```

執行結果

```
請輸入目前所剩油量 (單位：公升)：2
油量尚足, 提醒您注意油表。
祝您行車愉快。
```

在上述的例子中, 執行的結果雖與 CheckOilThree.java 相同, 不過卻是利用了巢狀 if 敘述。剩餘油量必須先在 12 行第 1 個 if 的條件運算式 (liter >= 2) 成立時, 才會繼續執行第 13 行的 if 敘述, 並在滿足其條件 (liter < 5) 時, 才會執行第 14 行敘述。

由流程圖可以看出其差異性：

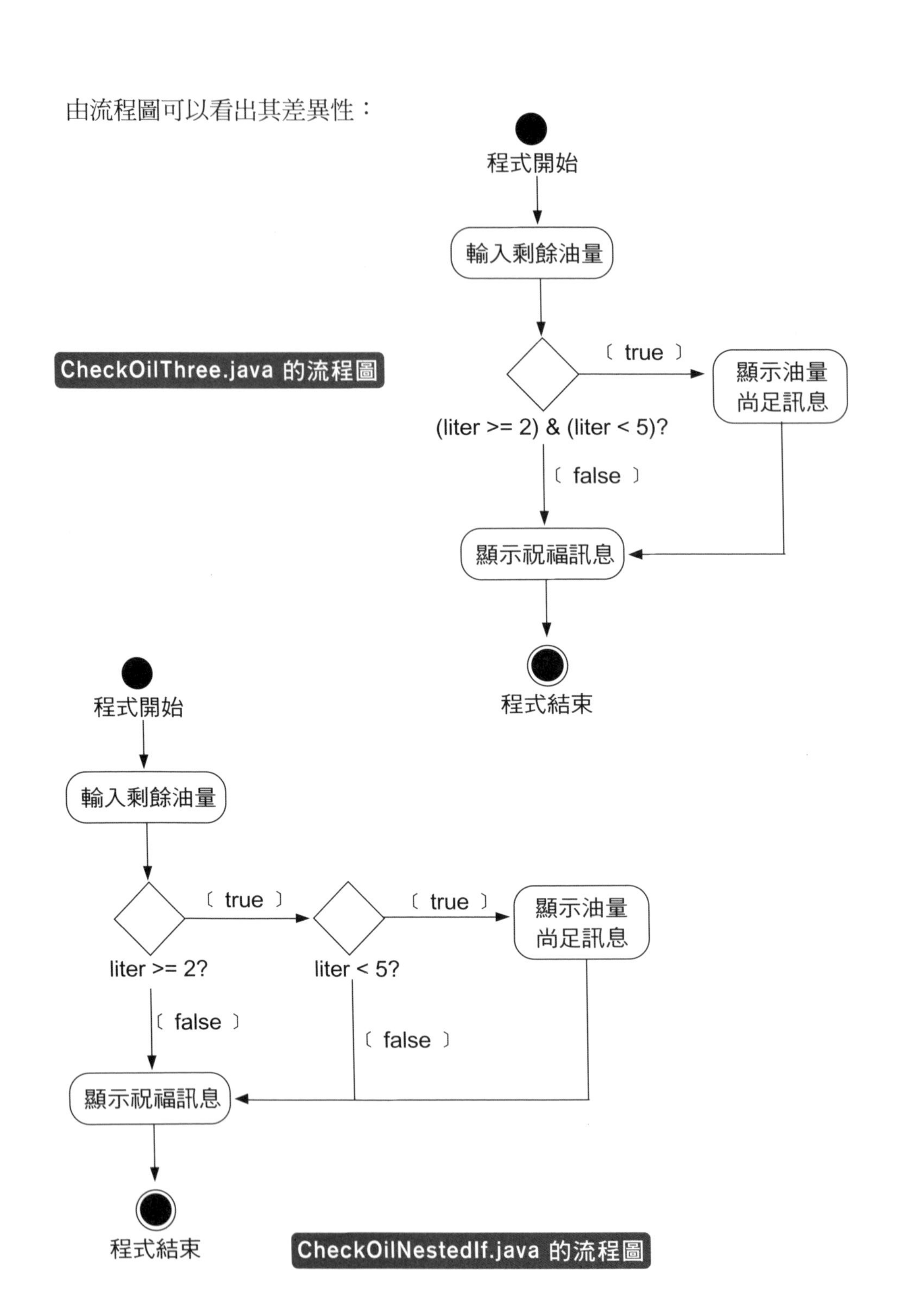

CheckOilThree.java 的流程圖

CheckOilNestedIf.java 的流程圖

5-2-2　加上 else if 的多條件敘述

除了巢狀 if 外, 也可以加上多個 **else if** 來判斷多種狀況。語法如右：

```
if (條件運算式 1) {
    .... 敘述
}
else if (條件運算式 2) {
    .... 敘述
}
else if (條件運算式 n) {
    .... 敘述
}
```

當條件運算式 1 為 true 時, 就執行 if 區塊內的敘述；否則就檢查條件運算式 2, 如果是 true, 就執行第 2 個 if 區塊；依此類推, 如果前面 if 的條件運算式都是 false, 就檢查條件運算式 n, 如果是 true, 就執行第 n 個 if 區塊。同樣的, 個別 if 區塊中如果僅有單一敘述, 就可以省略成對的大括號。

以前述檢查油量的程式為例, 就可以新增更多的條件來控制流程, 例如：

程式　CheckOilElseIf.java　if 多條件分支

```
...  //前段程式與前面範例相同, 此處省略
12       if (liter < 2) { // 條件 1
13         // 敘述 1
14         System.out.println("油量已經不足, 該去加油了！");
15       }
16       else if (liter < 10) { // 條件 2
17         // 敘述 2
18         System.out.println("油量尚足, 提醒您注意油表。");
19       }
20       else if (liter >= 10) { // 條件 3
21         // 敘述 3
22         System.out.println("油量充足, 請安心上路");
23       }
...
```

執行結果 1

```
請輸入目前所剩油量 (單位：公升)：1
油量已經不足, 該去加油了！
祝您行車愉快。
```

執行結果 2

```
請輸入目前所剩油量 (單位:公升):4
油量尚足, 提醒您注意油表。
祝您行車愉快。
```

執行結果 3

```
請輸入目前所剩油量 (單位:公升):10
油量充足, 請安心上路
祝您行車愉快。
```

這裡每一個 **else if** 都是額外的條件, 程式執行時, 會從 **if** 及後續的 **else if** 中由上往下找出第一個條件運算式為 true 的敘述來執行, 以口語來說就是:

如果**條件1**成立, 就
　　執行**敘述1**
否則如果**條件2**成立, 就
　　執行**敘述2**
否則如果**條件3**成立, 就
　　執行**敘述3**

以流程圖表示如下:

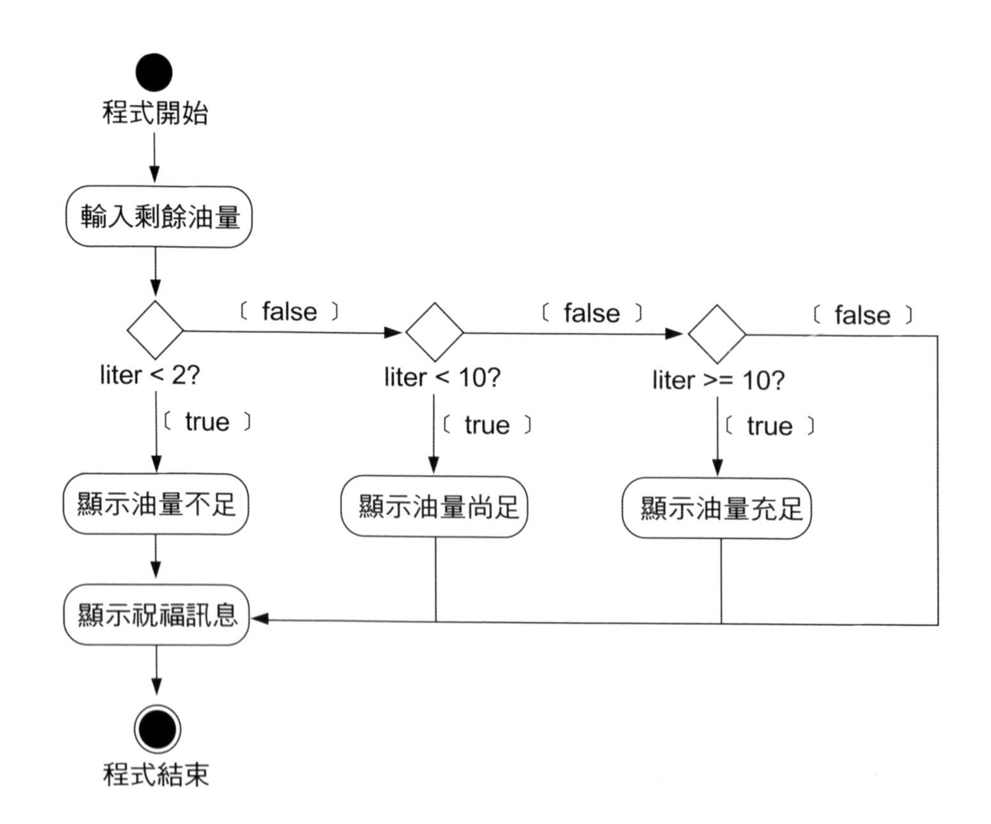

因此, 當輸入 1 時, 第 1 個符合的就是條件 1 ；輸入 4 時第 1 個符合的就是條件 2 ；輸入 10 時第 1 個符合的就是條件 3, 執行的就是個別條件對應的敘述。

注意個別條件的順序

在使用多條件的 if 敘述時，請特別留意個別條件的順序。舉例來說，如果將 CheckOilElseIf.java 中的條件順序顛倒，變成這樣：

程式 BadElseif.java 條件順序會影響正確性

```
12      if (liter >= 10) { // 條件 1
13        // 敘述 1
14        System.out.println("油量充足, 請安心上路");
15      }
16      else if (liter < 10) { // 條件 2
17        // 敘述 2
18        System.out.println("油量尚足, 提醒您注意油表。");
19      }
20      else if (liter < 2) { // 條件 3
21        // 敘述 3
22        System.out.println("油量已經不足, 該去加油了！");
23      }
```

當輸入 1 時，執行結果就不符我們的需求：

執行結果

```
請輸入目前所剩油量 (單位：公升)：1
油量尚足, 提醒您注意油表。
祝您行車愉快。
```

這是因為輸入 1 時，第 16 行的條件就成立了，根本不會檢查到第 20 行的條件，所以就會顯示錯誤的結果。請記得在使用多條件的 if 時，要先列最嚴苛的條件，條件越寬鬆的越往後移。

5-2-3 捕捉其餘狀況的 else

在使用 if 敘述時, 還可以加上 else 區塊在所有條件都不成立的狀況下, 執行指定的動作。語法如右：

```
if (條件運算式 1) {
    .... 敘述
}
else if (條件運算式 2) {
    .... 敘述
}
....
else if (條件運算式 n) {
    .... 敘述
}
else {
    .... 敘述
}
```

當 else 之前的所有 if 都是 false 時, 就會執行最後的 else 區塊。如果 else 區塊內僅有單一敘述, 也同樣可以省略成對的大括號。請注意, 每一個 if 的後面最多只能有一個 else (或沒有), 而 else if 其實就是 else 加 if 的組合, 因此底下二邊的程式具有相同意義：

```
if(a) {
  ...
}
else if(b) {  ← else 後面省略 { }
  ...
}
else {
  ...
}
```

⇔

```
if(a) {
  ...
}
else {  ← else 後面有加 { }
  if(b) {
    ...
  }
  else {
    ...
  }
}
```

再以前面的 CheckOilElseIf.java 為例, 就可以改寫成這樣：

程式 CheckOilElse.java 利用 else 捕捉其餘狀況

```
...  //前段程式與前面範例相同, 此處省略
12     if (liter < 2) { // 條件 1
13       // 敘述 1
14       System.out.println("油量已經不足, 該去加油了！");
15     }
```

```
16      else if (liter < 10) { // 條件 2
17        // 敘述 2
18        System.out.println("油量尚足, 提醒您注意油表。");
19      }
20      else {  // 前面所有條件都不成立時
21        // 敘述 3
22        System.out.println("油量充足, 請安心上路");
23      }
...
```

第 20 行的 else 會在前面所有的 if 都為 false 時成立, 並執行其對應的區塊。因此, 程式的執行結果會和原來的 CheckOilElseIf.java 一模一樣, 因為前 2 個條件都不成立的話, 就表示 liter 一定會大於等於 10。但請注意, 用 else 會比用 else if(liter >= 10) 要好, 因為 else 比較容易看出其意義, 而且也不用擔心會寫錯條件運算式 (liter >= 10) 的比較範圍。

5-3 switch 多條件分支

除了使用 if 加上多個 else if 來針對不同的條件控制流程外, Java 還提供另一種多條件分支的敘述 — **switch**。

switch 是一種多選一的敘述。舉個例子來說, 在本年度初, 我們對自己訂了幾個目標, 如果年度考績拿到優, 就出國去玩；如果拿到甲, 就買支新手機犒賞自己；拿到乙, 就去逛個街放鬆一下；如果考績是丙, 就要準備上求職網站找工作了：

如果年度考績為
- 優 ⟶ 出國去玩
- 甲 ⟶ 買手機犒賞自己
- 乙 ⟶ 去逛街放鬆心情
- 丙 ⟶ 準備上求職網站找工作

switch 多條件分支的用法與上述的情況十分類似, 它是用一個運算式的值來決定應執行的對應敘述, 語法如下：

```
switch (運算式) {
  case 值 1：
    敘述 1
    其他敘述 ...
    break;
  case 值 2：
    敘述 2
    其他敘述 ...
    break;
    .
    .
    .
  case 值 N：
    敘述 N
    其他敘述 ...
    break;
}
```

- **switch**：『選擇..』的意思, 表示要根據運算式的結果, 選擇接下來要執行哪一個 case 內的動作。運算式的運算結果必須是 **char**、**byte**、**short**、**int** 型別的數值或是字串, 否則編譯時會出現錯誤。
- **case**：列出個別的值, case 之後的值必須是**常數**或是**由常數所構成的運算式**, 且不同 case 的值不能相同。switch 會根據運算式的運算結果, 由上往下尋找相同值的 case 然後執行對應的敘述。
- **break**：結束所屬的 case。

雖然 switch 表面上看起來跟 if 完全不同, 但是 switch 私底下仍是用『switch 運算式與 case 值的比較』來作為其控制流程的機制。如下圖：

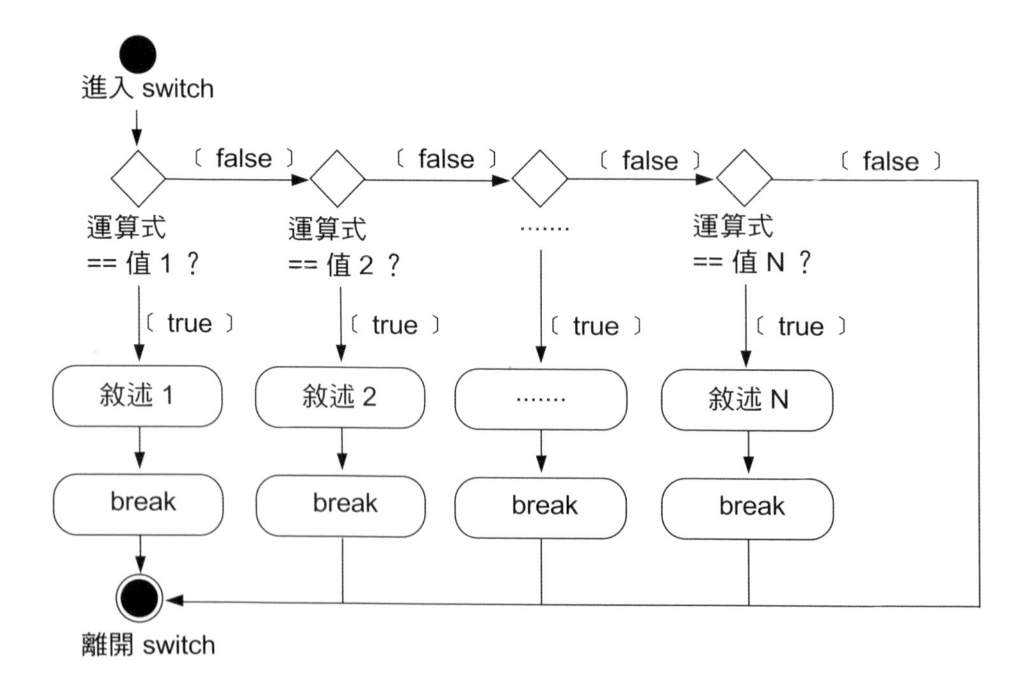

底下用 switch 語法來撰寫年度考績的範例：

程式 Evaluate.java 依考績決定動作

```
01 import java.util.*; // 為輸入資料加上的程式
02
03 public class Evaluate {
04
05   public static void main(String[] argv) {
06
07     System.out.print("請輸入年度考績 (優、甲、乙、丙)：");
08
09     Scanner sc = new Scanner(System.in); // 為輸入資料加上的程式
10     String grade = sc.next();   // 取得字串
11
12     switch (grade) {
13       case "優":  // 當年度考績為優
14         System.out.println("出國去玩");
15         break; // 結束此 case
16       case "甲":  // 當年度考績為甲
17         System.out.println("買支手機犒賞自己");
18         break; // 結束此 case
19       case "乙":  // 當年度考績為乙
20         System.out.println("去逛街放鬆心情");
21         break; // 結束此 case
22       case "丙":  // 當年度考績為丙
23         System.out.println("準備上求職網站找工作");
24         break; // 結束此 case
25     }
26   }
27 }
```

執行結果 1

```
請輸入年度考績 (優、甲、乙、丙)：甲
買支手機犒賞自己
```

執行結果 2

```
請輸入年度考績 (優、甲、乙、丙)：優
出國去玩
```

執行結果 3

```
請輸入年度考績 (優、甲、乙、丙)：甲上 ◀── 輸入 2 個字元，
                                           沒有符合的條件
```

程式一開始先顯示訊息請使用者輸入考績, 因為要接受字串輸入, 所以第 10 行改用 next() 取得使用者輸入的字串, 並存到變數 grade 中。最後使用 switch 敘述判斷 grade 的值, 並顯示對應的訊息。

另外在『執行結果 3』可看到, 若輸入多個字元的字串, 因為在程式中的 case 沒有對應的值, 所以不會有任何輸出。

TIP 每一個 case 段落內也可以包含多個敘述，最後再接 break；而且不必像前面介紹的 if/else 要用大括號來包含多個敘述。

5-3-1 break 敘述的重要性

前面提過 break 是用來結束單一個 case, 如果不加上 break, 程式也能執行, 但是會發生程式繼續往下一個 case 的敘述執行的情況。例如：

程式 SeasonWear.java 遺漏 break 會影響執行結果

```
01 import java.util.*;
02
03 public class SeasonWear {
04
05   public static void main(String[] argv) {
06
07     System.out.print("請輸入季節 (1.春 2.夏 3.秋 4.冬)：");
08
09     Scanner sc = new Scanner(System.in); // 為輸入資料加上的程式
10     int season = sc.nextInt();    // 取得整數
11
12     switch (season) {
13       case 1:  // 當 season 的數值為 1
14         System.out.println("請穿著長袖出門");
15         // 少了 break
16       case 2:  // 當 season 的數值為 2
17         System.out.println("請穿著短袖出門");
18         break; // 結束此 case
19       case 3:  // 當 season 的數值為 3
20         System.out.println("請加件長袖輕薄外套出門");
21         break; // 結束此 case
```

```
22        case 4:  // 當 season 的數值為 4
23          System.out.println("請穿著毛衣或大衣出門");
24          break; // 結束此 case
25      }
26    }
27 }
```

由於 case 1 的敘述中沒有 break, 因此, 程式就會繼續執行第 17 行的程式, 直到第 18 行的 break 才中斷。

執行結果

```
請選擇季節：1.春 2.夏 3.秋 4.冬：1
請穿著長袖出門
請穿著短袖出門
```

雖然遺漏 break 可能會讓程式執行的結果錯誤, 但有些情況下不使用 break 卻可以避免撰寫重複的程式, 請看以下這個範例：

程式 Food2Money.java 移除 break 縮短程式長度

```
01 import java.util.*;
02
03 public class Food2Money {
04
05   public static void main(String[] argv) {
06
07     System.out.print(
08       "點幾號餐 (1.炸雞餐 2.漢堡餐 3.起司堡餐 4.兒童餐)？");
09
10     Scanner sc = new Scanner(System.in);
11     int food = sc.nextInt();
12
13     switch(food){
14       case 1: // 炸雞餐價錢 109 元
15         System.out.println("您點的餐點價錢為 109 元");
16         break;
17       case 2: // 漢堡餐和起司堡餐
18       case 3: // 都是 99 元
19         System.out.println("您點的餐點價錢為 99 元");
20         break;
```

```
21          case 4: // 兒童餐價錢為 69 元
22              System.out.println("您點的餐點價錢為 69 元");
23              break;
24      }
25    }
26 }
```

執行結果 1

```
點幾號餐 (1.炸雞餐 2.漢堡餐 3.起司堡餐 4.薯條餐)?2
您點的餐點價錢為 99 元
```

執行結果 2

```
點幾號餐 (1.炸雞餐 2.漢堡餐 3.起司堡餐 4.薯條餐)?3
您點的餐點價錢為 99 元
```

由於漢堡餐及起司堡餐的價錢一樣, 因此故意拿掉 case 2 的敘述以及 break, 當使用者輸入 2 號餐時, switch 便會選擇第 17 行的 case 2 來執行, 由於 case 2 並無 break, 故程式繼續往下執行第 19 行的程式, 直到第 20 行的 break 才中斷。如果不這樣寫, 就得在第 17 行之後重複一段和第 19 ~ 20 一樣的程式。

5-3-2 捕捉其餘狀況的 default

在 switch 內還可以加上一個 default 敘述, 用來捕捉所有 case 值都不相符的狀況, 就像是 else 用來捕捉所有的 if 條件都不成立的狀況一樣。語法如右:

```
switch (條件運算式){
    case 條件值 1:
        ...
        break;
    case 條件值 2:
        ...
        break;
    .
    .
    .
    default:
        ...   // 處理其它狀況的敘述
}
```

例如我們可以用 default 來處理使用者輸入不正確的狀況：

程式 BuyTicket.java 用 default 處理非預期的選項

```
01 import java.util.*;
02
03 public class BuyTicket {
04
05   public static void main(String[] argv) {
06
07     System.out.print("要買什麼票 (1.全票 2.優待票 3.星光票)？");
08
09     Scanner sc = new Scanner(System.in);
10     int choice = sc.nextInt();
11
12     switch(choice) {
13       case 1:  // 全票
14         System.out.println("全票 399 元");
15         break;
16       case 2:  // 優待票
17         System.out.println("優待票 199 元");
18         break;
19       case 3:  // 星光票
20         System.out.println("星光票 249 元");
21         break;
22       default: // 其它狀況
23         System.out.println("輸入錯誤");
24     }
25   }
26 }
```

執行結果

```
要買什麼票 (1.全票 2.優待票 3.星光票)？4 ←— 輸入非 case 包含的數字
輸入錯誤
```

如上所示, 當使用者輸入的數值不符合所有 case 的值時, 就會執行 default 的敘述。

TIP 通常我們會把 default 寫在 switch 的最後面 , 但 default 也可以寫在任何 case 的前面 , 效果都一樣。此時請記得在 default 敘述的最後加上 break, 以終止 default。

5-4 綜合演練

if 及 switch 的用處很多, 在撰寫程式時經常都會使用到。在這一節中, 就來看幾個應用範例。

5-4-1 判斷是否可為三角形的三邊長

在學數學時曾學過, 三角形的兩邊長加起來一定大於第三邊, 我們可以應用這個定理寫一個測試三角形三邊長的程式, 如下：

程式 Deltaic.java 判斷是否可為三角形三邊長

```
01 import java.io.*;
02 
03 public class Deltaic {
04 
05   public static void main(String[] argv)
06     throws IOException {
07 
08     BufferedReader br = new
09       BufferedReader(new InputStreamReader(System.in));
10 
11     int i,j,k;
12 
13     // 輸入第 1 邊邊長
14     System.out.println("請輸入三角形的三邊長：");
15     System.out.print("邊長 1 →");
16     String str = br.readLine();
17     i = Integer.parseInt(str);
18 
19     // 輸入第 2 邊邊長
20     System.out.print("邊長 2 →");
21     str = br.readLine();
22     j = Integer.parseInt(str);
23 
24     // 輸入第 3 邊邊長
25     System.out.print("邊長 3 →");
26     str = br.readLine();
27     k = Integer.parseInt(str);
```

```
28
29      if ((i+j) > k)       // 判斷第 1, 2 邊的和是否大於第 3 邊
30        if ((i+k) > j)     // 判斷第 1, 3 邊的和是否大於第 2 邊
31          if ((j+k) > i)   // 判斷第 2, 3 邊的和是否大於第 1 邊
32            System.out.println("可以為三角形的三邊長。");
33          else
34            System.out.println("第 2、3邊的和應大於第 1 邊");
35        else
36          System.out.println("第 1、3邊的和應大於第 2 邊");
37      else
38        System.out.println("第 1、2邊的和應大於第 3 邊");
39    }
40  }
```

執行結果 1

```
請輸入三角形的三邊長：
邊長 1→3
邊長 2→4
邊長 3→5
可以為三角形的三邊長。
```

執行結果 2

```
請輸入三角形的三邊長：
邊長 1→3
邊長 2→2
邊長 3→1
第 2、3邊的和應大於第 1 邊
```

本例也介紹了另一種取得輸入的方式：

- 第 1、6、8、9、16、17 行是為了取得使用者輸入而加上的程式, 這些敘述會在第 16 章詳細說明。
- 第 16、21、26 行的『br.readLine()』就是在讀取使用者輸入, 執行到這一行時, 會等待使用者輸入資料並按下 Enter 鍵之後才會繼續執行, 並且將輸入的資料放入 str 字串變數中。
- 第 17、22、27 行的『Integer.parseInt(str)』則是將 str 字串所表示的數字轉換成 int 型別的數值, 然後放入 i、j、k 變數中。
- 第 29～38 行就利用了巢狀的三層 if 敘述判斷是否任兩邊的和都大於第三邊, 並且顯示適當的訊息。

上一章所學的 Scanner 算是包裝過的工具性類別, 利用它雖然可較方便取得輸入, 但在第 16 章還是會回歸到基礎, 認識 Java 輸出入的原理。為讓讀者能逐步熟悉 Java 輸出入類別的運用, 所以在此介紹另一種取得輸入的方式。在往後章節的範例, 會穿插使用這兩種不同方式來取得使用者輸入。

5-4-2 電影票票價計算

電影院的售票, 通常會分為全票、早場票或優待票等, 我們試著來開發一個自動售票機使用的售票程式, 讓顧客在買票時可以挑選票種與張數, 並計算總金額：

程式 MoviePrice.java 電影票票價計算

```
01 import java.io.*;
02
03 public class MoviePrice {
04   public static void main(String[] argv) throws IOException {
05
06     BufferedReader br = new
07       BufferedReader(new InputStreamReader(System.in));
08
09     System.out.println("請輸入欲選購的電影票種類");
10     System.out.print(
11       "1.全票(300) 2.優待票(270) 3.早場票(240)：");
12     String str = br.readLine();          // 輸入票種
13     int option = Integer.parseInt(str); // 票種
14
15     System.out.print("請輸入欲購張數：");
16     str = br.readLine();                 // 輸入張數
17     int num = Integer.parseInt(str);    // 張數
18
19     int price;          // 電影票單價
20     switch(option){   // 依據票種取得單價
21       default:
22       case 1: // 全票(300)
23         price = 300;
24         break;
25       case 2: // 優待票(270)
26         price = 270;
27         break;
```

```
28        case 3: // 早場票(240)
29          price = 240;
30          break;
31      }
32
33      System.out.println("總價：" + (price * num));
34    }
35  }
```

執行結果

```
請輸入欲選購的電影票種類
1.全票(300) 2.優待票(270) 3.早場票(240)：2
請輸入欲購張數：5
總價：1350
```

程式一開始讓使用者輸入票種, 然後利用一個 switch 敘述找出該票種對應的單價, 再讓使用者輸入購買張數, 最後在第 33 行計算出購買張數乘上票種單價的總價, 並顯示在螢幕上。請注意, 程式故意在第 21 行加入 default: 的項目, 所以若是在輸入票種時輸入 1~3 以外的數字, 就會被當成是全票。

5-4-3　利用手機序號判斷製造年份

隨著科技的進步, 我們更換智慧型手機的頻率越來越高, 有沒有曾經好奇, 手機是在甚麼地方、甚麼時候製造的？iPhone 手機的序號第四碼為製造時間, 其對應如右下表：(序號第四碼是以 26 個英文字母去掉 A、B、E、I、O、U 來依序編號, 讀者可自行往前或往後擴充年份)

序號第四碼	對應年份	序號第四碼	對應年份
M	2014 上半年	N	2014 下半年
P	2015 上半年	Q	2015 下半年
R	2016 上半年	S	2016 下半年
T	2017 上半年	V	2017 下半年
W	2018 上半年	X	2018 下半年
Y	2019 上半年	Z	2019 下半年
C	2020 上半年	D	2020 下半年
F	2021 上半年	G	2021 下半年
H	2022 上半年	J	2022 下半年
K	2023 上半年	L	2023 下半年

我們點選 iPhone 手機中的『設定/一般/關於本機』, 就可以看到序號為一串大寫的英文字母與數字的組合, 例如序號為 FYQVJ2MCHFYD, 第四碼字母為 V, 可得知是 2017 年出廠。本節我們就利用 iPhone 在產品序號上的規則, 透過第四碼判斷手機製造的年份：

程式 iphoneInfo.java 從 iPhone 序號第四碼判斷製造年份

```
01 import java.io.*;
02 import java.util.Scanner;
03
04 public class iphoneInfo {
05   public static void main(String[] args) throws IOException {
06
07     System.out.print("請輸入序號中的第四碼 ->");
08     Scanner sc = new Scanner(System.in);
09     String year = sc.next();
10     year = year.toUpperCase();  // 先將字串轉為大寫
11
12     System.out.print("您的 iPhone 製造年份是在 ");
13
14     if (year.equals("M") || year.equals("N"))
15       System.out.println("2014 年");
16     else if (year.equals("P") || year.equals("Q"))
17       System.out.println("2015 年");
18     else if (year.equals("R") || year.equals("S"))
19       System.out.println("2016 年");
20     else if (year.equals("T") || year.equals("V"))
21       System.out.println("2017 年");
22     else if (year.equals("W") || year.equals("X"))
23       System.out.println("2018 年");
24     else if (year.equals("Y") || year.equals("Z"))
25       System.out.println("2019 年");
26     else if (year.equals("C") || year.equals("D"))
27       System.out.println("2020 年");
28     else if (year.equals("F") || year.equals("G"))
29       System.out.println("2021 年");
30     else if (year.equals("H") || year.equals("J"))
31       System.out.println("2022 年");
32     else if (year.equals("K") || year.equals("L"))
33       System.out.println("2023 年");
34     else
35       System.out.println("您輸入的序號有誤");
36   }
37 }
```

執行結果

```
請輸入序號中的第四碼 ->g
您的 iPhone 製造年份是在 2021 年
```

程式一開始先讓使用者輸入手機序號的第四碼字母, 因為英文字母有大小寫的差別, 所以在第 10 行先用字串的 toUpperCase() 方法將字串轉為大寫, 然後在 if 條件中利用 .equals() 進行字串內容的判斷, 當符合對應的條件時則印出相對的訊息。

TIP 程式中的 .equals() 方法可比較字串內容是否相等，第 10-1-1 節有更詳細的介紹。

同樣的條件判斷我們也可以用 switch 改寫：

程式 iphoneInfoSwitch.java 以 Switch 改寫

```
...
14      switch (year){
15        case "M": case "N":
16          System.out.println("2014 年"); break;
17        case "P": case "Q":
18          System.out.println("2015 年"); break;
19        case "R": case "S":
20          System.out.println("2016 年"); break;
21        case "T": case "V":
22          System.out.println("2017 年"); break;
23        case "W": case "X":
24          System.out.println("2018 年"); break;
25        case "Y": case "Z":
26          System.out.println("2019 年"); break;
27        case "C": case "D":
28          System.out.println("2020 年"); break;
29        case "F": case "G":
30          System.out.println("2021 年"); break;
31        case "H": case "J":
32          System.out.println("2022 年"); break;
33        case "K": case "L":
34          System.out.println("2023 年"); break;
35        default:
36          System.out.println("您輸入的序號有誤");
37      }
38    }
39  }
```

程式利用不加上 break 時會連帶執行下一個 case 的特性, 將同年份的 2 個 case 項目集中, 執行同一個敘述顯示對應的製造年份。

學習評量

※ 選擇題可能單選或複選

1. (　　) 根據以下程式片段，則下列何者可以做為 if 敘述中的條件運算式？

```
int x = 4, y = 10;
boolean z = true;
```

(a) (x+y)
(b) (z)
(c) ('x')
(d) 以上皆是

2. (　　) 下列敘述何者錯誤？

(a) if 後面一定要有 else
(b) if 後面只能有一個 else
(c) else 前面一定要有 if
(d) if 跟 else 是互補的關係

3. (　　) 下列何者敘述正確？

(a) switch 內不可出現 if 敘述
(b) case 一定要使用 break 作為結束。
(c) case 'A': 可以接受 'a' 和 'A' 的條件值
(d) default 是可有可無的

4. 請將下面的程式完成。

```
01 import java.io.*;
02
03 public class Ex_05_04 {
04
05   public static void main(String[] argv)
06     throws IOException {
07     System.out.println("請輸入任意整數：");
08     System.out.print("→");
```

```
09
10      BufferedReader br = new
11        BufferedReader(new InputStreamReader(System.in));
12
13      String str = br.readLine();
14      int num1 = Integer.parseInt(str);
15
16      int num2 = 1000;
17      if (____________)
18        System.out.println("輸入的數值大於1000");
19      _________
20        System.out.println("輸入的數值小於或等於1000");
21    }
22  }
```

5. (   ) 請用Java 程式語言將以下的文字敘述,寫成完整的 if 條件判斷式。

   (a) 如果 a 大於 b, 就將 a 設定為 b 的值, 否則就將 b 設定為 a 的值。

   (b) 如果 a 大於 b 且小於 c, 就將 a 設定為 b 加上 c 的值, 否則就將 c 設定為 a 減去 b 的值。

6. 判斷下列程式是否正確, 若有錯誤該如何改正?

```
01  public class Ex_05_06 {
02    public static void main(String[] argv) {
03      String str = "100";
04
05      switch(str) {
06        case 100:
07          System.out.println("終於考到 100 分了");
08          break;
09        default:
10          System.out.println("可惜沒考到 100 分。");
11      }
12    }
13  }
```

7. 請將以下程式的錯誤修正

```
01 public class Ex_05_07 {
02   public static void main(String[] argv) {
03     char grade = 'B';
04     switch(grade) {
05       case A:
06         System.out.println("等級A");
07         break;
08       case B
09         System.out.println("等級B");
10         break;
11       case C:
12         System.out.println("等級C");
13       default:
14         System.out.println("等級D");
15     }
16   }
17 }
```

8. (　　) 下面的程式, 會輸出何種結果？

```
01 public class Ex_05_08 {
02 
03   public static void main(String[] argv) {
04 
05     int num = 22;
06 
07     if ((num > 10) || (num < 20))
08       System.out.print("數字介於 10 與 20 間");
09     if (num > 20)
10       System.out.print("數字大於 20");
11     else
12       System.out.print("數字小於 20");
13   }
14 }
```

(a) 數字介於 10 與 20 間
(b) 數字大於 20
(c) 數字小於 20
(d) 數字介於 10 與 20 間數字大於 20

9. (　　) 下面的程式, 會輸出何種結果？

```
01 public class Ex_05_09 {
02
03   public static void main(String[] argv) {
04
05     int num = 4;
06
07     switch(num){
08     default:
09       System.out.print("?");
10     case 1:
11       System.out.print("1");
12       break;
13     case 2:
14       System.out.print("2");
15     case 3:
16       System.out.print("3");
17       break;
18     }
19   }
20 }
```

(a) ? (b) ?1 (c) ?123 (d) 1

10.(　　) 請選出以下語法正確的項目, 並更正語法不正確的項目。

(a)

```
01 public class Ex_05_10a {
02   public static void main(String[] argv) {
03     int a = 5,b = 10;
04     if (a = b)
05       System.out.println("A 數值等於 B");
06     else
07       System.out.println("A 數值不等於 B");
08   }
09 }
```

(b)

```
01 public class Ex_05_10b {
02   public static void main(String[] argv) {
03     int level = 5;
04     switch(level) {
05       default:
06         System.out.println("您非法升級，是不是用外掛啊？");
07       case 1:
08         System.out.println("恭喜您升 1 級了");
09         break;
10       case 2:
11         System.out.println("恭喜您升 2 級了");
12         break;
13     }
14   }
15 }
```

(c)

```
01 public class Ex_05_10c {
02   public static void main(String[] argv) {
03     int money = 52000;
04     if (money > 50000) {
05       switch (money) {
06         case 51000:
07           System.out.println("本月取得基本工資 51000 元");
08           break;
09         case 52000:
10           System.out.println("本月工時過多，辛苦了。");
11           break;
12           default:
13         System.out.println("多休息，小心過勞死。");
14       }
15     else
16       System.out.println("您請假過多，以致薪資過少。");
17   }
18 }
```

程式練習

1. 試寫一個程式, 使用 if 比較算符, 判斷使用者輸入的數值為奇數或是偶數。

2. 試寫一個程式, 輸入學生的成績, 成績在 90~100 分之間為 A；成績在 80~89 分為 B；範圍在 70~79 分為 C；而範圍落在 60~69 為 D；未滿 60 為 E (使用 if 條件運算式)。

3. 承上題, 改用 switch 多條件分支設計之。

4. 試寫一個程式, 比較使用者輸入的兩個數字的大小, 並依使用者選擇的四則運算計算其結果。

5. 試寫一個程式, 用來計算三角型面積、矩形面積及梯形面積。選擇三角形時, 會要求輸入底及高, 選擇矩形時會要求輸入長與寬, 選擇梯形時, 則要求輸入上底、下底、高。

6. 試寫一個程式, 讓使用者可以輸入密碼, 密碼錯誤時, 系統會輸出錯誤訊息, 密碼正確時輸出正確訊息。密碼為數字所組成, 範圍介於 1000~9999之間, 由程式設計者自行決定。

7. 有一家電信公司的計費方式：每個月打 800 分鐘以下, 每分鐘 0.9 元；撥打時間介於 800 分鐘 ~ 1500 分鐘時, 所有電話費以 9 折計算；若是打 1500 分鐘以上；則通話費將以 79 折計算。試寫一個程式, 依使用者輸入的通話時間計算通話費。

8. 已知男生標準體重 = (身高 - 80)*0.7；女生標準體重 = (身高 - 70)*0.6, 試寫一程式可以計算男生女生的標準體重 (提示：先選擇性別, 再決定應套用哪一個公式)。

9. 試寫一個程式, 讓使用者可以輸入籃球員的平均得分, 籃板, 助攻及抄截, 失誤等數值。並依 (得分*1 + 助攻 *2 + 籃板*2 + 抄截*2) - (失誤*2) 的公式取得此籃球員 MVP 數值。大於 45 分以上為 A 級球員, 35~44 分為 B 級球員, 25~34 之間為板凳級球員, 低於 25 分為萬年板凳球員。

10. 試寫一個程式, 讓使用者可輸入整月的工時數及每月的固定時薪, 並將其所應獲得的工資顯示在螢幕上。工資計算方法如下：

(1) 60 小時 (含) 以下的薪水部分, 以固定時薪計算。

(2) 61~120 小時之間的薪水部分, 以固定時薪的 1.33 倍計算。

(3) 第 121 小時以上的薪水部分, 以固定時薪的 1.66 倍計算。

06

CHAPTER

流程控制(二):迴圈

學習目標

- 學習讓程式能夠重複執行的方法
- 學習控制程式執行次數的方法
- 了解何謂迴圈及認識各種迴圈的語法
- 學習跳出迴圈的方法

在第 5 章已學會如何使用條件判斷來控制流程, 本章則要介紹流程控制的另一把利器 — **迴圈** (loop)。

迴圈是用來執行重複性的工作 (重複的執行動作)。在日常生活中, 往往我們都會做一些重複性的工作, 例如：辦公人員每天重複的收發表格、操作員重複地把原料放到機器上等。這種重複性的工作即使在寫程式時也很容易發生。

比如說我們要計算 1 ~ 10 的平方和, 並將每次累加的結果都輸出到螢幕上, 如果不使用迴圈, 程式可能會像下面的樣子：

程式 SquareSum.java 累加 1-10 的平方和

```
01 public class SquareSum {
02   public static void main(String args[]) {
03
04     int sum = 0; //儲存 1-10 的平方和累計值
05
06     sum  = 1*1;
07     System.out.println("1-1  的平方和為："+ sum);
08     sum += 2*2;
09     System.out.println("1-2  的平方和為："+ sum);
10     sum += 3*3;
11     System.out.println("1-3  的平方和為："+ sum);
.        .
.        .
.        .
24     sum += 10*10;
25     System.out.println("1-10 的平方和為："+ sum);
26   }
27 }
```

上列程式中, 我們不斷在撰寫重複的程式碼。如果要計算更大的範圍, 或是想讓使用者自訂計算的範圍, 都將造成程式撰寫上的困難。為了改進重複性程式的撰寫和執行時的效率與彈性, Java 提供了數種『迴圈』敘述, 讓我們可大幅簡化重複性程式的撰寫。

迴圈主要是利用條件運算式的 true/false 來判斷是否要重複執行迴圈內的動作, 當條件運算式為 true, 程式就會執行迴圈內的動作；條件運算式為 false 時, 就會結束迴圈 (跳出迴圈), 然後繼續往下執行。如右圖：

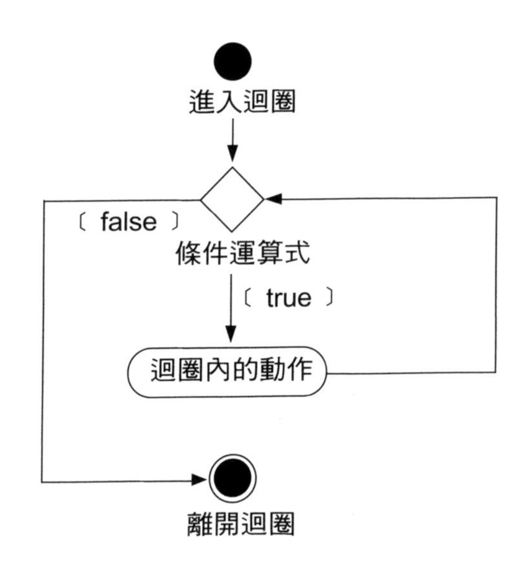

因此使用迴圈來解決上述計算平方和的問題時, 程式便會精簡許多：

程式 SquareSumLoop.java 以迴圈累加 1-10 的平方和

```
01 public class SquareSumLoop {
02   public static void main(String args[]) {
03
04     int sum = 0; //儲存 1-10 平方和累計值
05
06     for (int i=1;i<=10;i++) {   // 會重複執行區塊的內容 10 次
07       sum  += i*i;
08       System.out.println("1-" + i +" 的平方和為："+ sum);
09     }
10   }
11 }
```

程式碼從 27 行減為 11 行, 是不是精簡很多了呢？那是因為重複的程式碼被我們用迴圈取代了, 只需寫一次即可, 不必重複寫很多次；而且只要再略修改一下程式, 就能讓程式變成可彈性計算不同範圍的平方和, 這就是迴圈的妙用。其中 for 迴圈的用法我們會在下一節中詳細的說明。

執行結果

```
1-1 的平方和為：1
1-2 的平方和為：5
.
.
.
1-10 的平方和為：385
```

在 Java 語言中, 共有 **for**、**while** 及 **do** 三種迴圈敘述。以下將分別解說並實際演練。

6-1 for 迴圈

for 迴圈適用在需要精確控制迴圈次數的場合, 像上述計算 1 ~ 10 平方和的例子, 就是控制迴圈算到 10 就不要再執行了, 此時程式便跳出迴圈。

6-1-1 語法

for 迴圈的語法如下：

```
for (初始運算式; 條件運算式; 控制運算式) {
  迴圈內的敘述;
}
```

- **初始運算式**：在第一次進入迴圈時, 會先執行此處的運算式。我們通常是在此設定迴圈變數 (例如**條件運算式**中會用到的變數) 的初始值。

- **條件運算式**：用來判斷是否應執行迴圈中的敘述, 傳回值需為布林值。此條件運算式會在每次迴圈開始時執行, 以**重新檢查條件是否仍成立**。比方說, 條件運算式為 i < 10, 那麼只有在 i 小於 10 的情形下, 才會執行迴圈內的敘述；一旦 i 大於或等於 10, 迴圈便結束。

- **控制運算式**：每次執行完 for 迴圈中的敘述後, 就會執行此運算式。此運算式通常都是用於**調整條件運算式中會用到的變數值**。以上例來說, 條件運算式為 i < 10 , 要想讓迴圈執行十次, 就可在『初始運算式』設定 i=0, 再利用控制運算式來改變 i 值, 例如每次加 1 (i++), 等 i 加到 10 的時候, 條件運算式 i < 10 即為 false, 此時迴圈結束, 也完成我們想要迴圈執行 10 次的目標。

- 迴圈內的敘述：將您希望利用迴圈重複執行的敘述放在此處, 如果要執行的敘述只有一個, 也可省略前後的大括弧 "{}"。

整個 for 迴圈的執行流程圖如右：

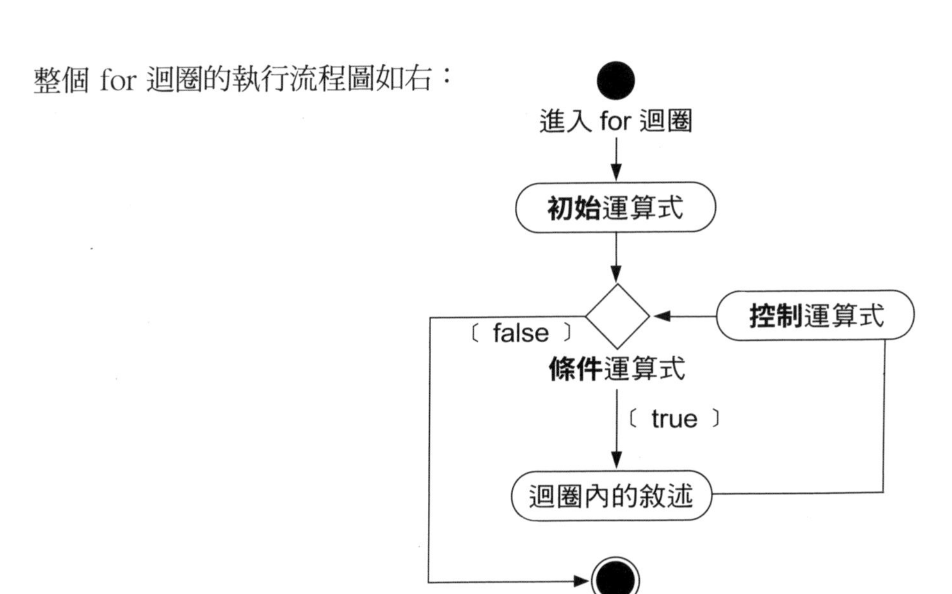

瞭解完語法後, 以下進一步來看 for 迴圈是怎麼執行的。

6-1-2 執行流程

for 迴圈一般都是用變數來決定執行的次數, 我們就以 for (i=0 ; i<3 ; i++) 為例, 來看看 for 迴圈的執行步驟：

```
第 1 次：i 值為 0 → i<3 成立  → 執行迴圈內動作 → i++ (i 變成 1)
        (i = 0)

第 2 次：i 值為 1 → i<3 成立  → 執行迴圈內動作 → i++ (i 變成 2)

第 3 次：i 值為 2 → i<3 成立  → 執行迴圈內動作 → i++ (i 變成 3)

第 4 次：i 值為 3 → i<3 不成立 → 跳出迴圈
```

由上述例子可知, 只要善用迴圈的**條件運算式**及**控制運算式**, 就可以控制迴圈的執行次數。由此亦可得知, 如果我們需要控制程式執行的次數, for 迴圈將是最好的選擇。

我們實際以一個例子來作說明，假設要逐步計算某個範圍內 (例如 1 ～ 1000) 所有奇數的總和，此時使用 for 迴圈來處理是最恰當的。程式碼如下：

程式 CountOdd.java 計算在某範圍內的所有奇數和

```
01 import java.util.*;
02
03 public class CountOdd {
04
05   public static void main(String args[]) {
06
07     // 宣告累加值 sum 及計算範圍 range
08     int sum = 0, range, i;
09
10     System.out.print("請輸入欲計算的奇數和範圍 (結尾數值)：");
11     Scanner sc = new Scanner(System.in);
12     range = sc.nextInt();
13
14     // 由 1 開始，每次加 2 直到 i 大於 range 的 for 迴圈
15     for (i=1; i<=range; i+=2) {  // 每跑一次迴圈就將 i 值加 2
16       sum += i;
17     }
18     System.out.println("1 到 "+range+" 的所有奇數和為 "+sum);
19   }
20 }
```

執行結果 1

```
請輸入欲計算的奇數和範圍(結尾數值)：15
1 到 15 的所有奇數和為 64
```

執行結果 2

```
請輸入欲計算的奇數和範圍(結尾數值)：1000
1 到 1000 的所有奇數和為 250000
```

本例要重複執行的敘述只有第 16 行，不過我們仍用大括號將之括起來。此外，若想讓程式能計算較大的範圍，可將變數 sum 宣告為 long 或 double 型別。也因為起始是由 1 開始，並且每次都遞增 2，若是使用者輸入偶數值，也是以奇數和進行計算到輸入的範圍內。

6-1-3 for 迴圈的進階用法

在 for 迴圈的**初始運算式**中, 也可以直接宣告新的變數來使用, 例如前面程式中用來控制迴圈次數的變數 i, 由於在迴圈之外並不會用到, 因此可將變數直接宣告在 for 的初始運算式中, 例如：

```
int sum = 0, range; // 不用宣告迴圈的變數
...
for (int i=1; i<=range; i+=2) {  // 宣告及初始化迴圈變數 i
```

請注意, 此種作法建立的變數 i, 只能在 for 迴圈中存取；若想在迴圈外存取變數 i, 就必須在迴圈外預先宣告變數。例如底下程式會在離開迴圈之後發生錯誤：

```
for(int i=1; i<5; i++) {
   System.out.println(i); // 正確, i 在迴圈中可以存取
}
System.out.println(i);     // 錯誤, 離開迴圈後 i 就消失了, 因此不可存取！
```

另外, 在**初始運算式**及**控制運算式**中也可以包含多個以逗號分隔的運算式, 例如以下二種寫法都是允許的：

```
   在初始運算式中宣告 i 和 j 並指定初值
for(int i=1, j=2; i<5 && j>0; i++, j--)
  ...

int i, j, k;
for(i=1, j=2; i<5 && j>0; i++, j--, k=i+j)
  ...
```

不過, 在**條件運算式**中就只能有一個運算式, 而且運算結果必須為 true 或 false 才行。因此我們不可將『 i<5 && j>0』寫成『i<5 , j>0』, 當然也不可寫出像『i=5』這類運算結果不是布林值的式子 (若要比較 i 是否等於 5, 應該用 == 而非 =)。

最後, for 迴圈的**初始**、**控制**、及**條件**運算式都不是必要的, 若不需要可以留白 (雖然我們並不建議這樣做)。例如底下 3 個 for 敘述都是合法的：

```
for(int i; i>1; )  // 省略控制運算式
  ...

for( ;x<10; )        // 只剩條件運算式
  ...

for( ; ; )  // 全部省略, 但因沒有要檢查的條件, 會變成無窮迴圈,
  ...       // 必須用其他方式中斷迴圈 (中斷方式參見 6-5 節)
```

6-1-4 for-each 迴圈

for 另外還有一種用法, 稱為 for-each 迴圈, 就是針對**陣列** (詳見第 7 章) 或**集合** (詳見第 17 章) 中的每一個元素, 每次取出一個來進行迴圈處理。例如：(此程式只需大概了解即可, 後面章節會再說明)

```
int a[] = { 1,2,3,4,5 };   // 宣告內含 5 個元素的 a 陣列

for (int e: a)  // 每次由 a 中取出一個元素存入 e, 然後執行迴圈
   System.out.print(e);
```

執行結果：

```
12345  ← 每迴圈印出一個元素, 共印了 5 次
```

此節我們只簡單介紹 for-each 的用途, 在第 7、17 章還會有更詳細的說明。

6-2 while 迴圈

6-2-1 語法

while 迴圈有別於 for 迴圈, 它不需要初始運算式及控制運算式, 只要條件運算式即可。語法如右：

```
while (條件運算式) {
   迴圈內的敘述
}
```

- **while**：『當..』 的意思。會根據條件運算式的真假，來決定是否執行迴圈內的敘述。也就是 『當條件為真』 ，就執行迴圈內的敘述。若為假，則不予執行 (跳出迴圈)。
- **條件運算式**：可以是任何結果為布林值的運算式或布林變數。

while 迴圈每次在執行完大括號中的敘述後，會跳回條件運算式再次檢查，如此反覆執行，直到條件運算式為 false 時才跳出迴圈。

6-2-2 執行流程

觀察右述的流程圖，應該不難發現，其實 while 迴圈與 for 迴圈十分類似。底下就將上述計算奇數和的例子，用 while 迴圈來改寫，並將奇數和改為偶數和：

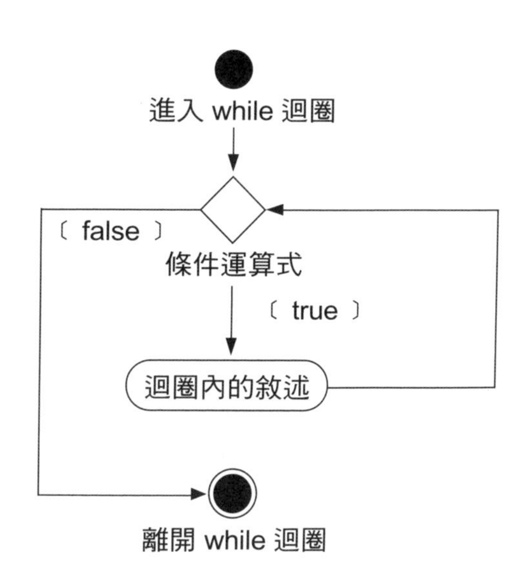

程式 CountEven.java 利用 while 迴圈計算某範圍內的偶數和

```
01 import java.io.*;
02
03 public class CountEven {
04
05   public static void main(String args[]) throws IOException {
06
07     // 宣告累加值 sum 及計算範圍 range
08     int sum = 0, range;
09
10     System.out.print("請輸入欲計算的偶數和範圍(結尾數值)：");
11
```

```
12      BufferedReader br =
13        new BufferedReader(new InputStreamReader(System.in));
14      String str = br.readLine();
15      range = Integer.parseInt(str);
16
17      int i=0;               // 宣告迴圈變數 i
18      while (i<=range) {  // 當 i 值大於 range 即停止執行的 while 迴圈
19        sum += i;          // 每次進入迴圈時, 將 sum 的值加上 i
20        i+=2;              // 每次都將 i 值加 2
21      }
22      System.out.println("1 到 "+range+" 的所有偶數和為 "+sum);
23    }
24  }
```

執行結果

```
請輸入欲計算的偶數和範圍(結尾數值)：2020
1 到 2020 的所有偶數和為 1021110
```

其中第 20 行的 i+=2; 有點類似 for 迴圈的控制運算式, 讓 while 迴圈的條件運算式有可能產生 false 的結果。如果把這行敘述拿掉, while 迴圈內的條件運算式狀況將不會改變 (永遠是 true), 此時就會一直重複執行迴圈, 而不會停下來, 這種情況就稱為**無窮迴圈**。

TIP 若您撰寫的程式不慎出現無窮迴圈，使得程式在命令提示字元視窗中持續執行而不會結束，此時可按 Ctrl + C 終止程式執行。

6-3 do/while 迴圈

do/while 迴圈是 while 的一種變型, 前面介紹的 while 迴圈通常被稱為『預先條件運算式』 迴圈, 也就是在執行迴圈之前, 會預先檢查條件是否為真。而 do/while 迴圈則反之, 它是先執行完迴圈內的敘述後, 再檢查條件是否成立, 所以 do/while 迴圈的特點就是：不論條件為何, **迴圈至少都會執行一次**。

6-3-1 語法

do/while 迴圈的結構像是個倒過來的 while 迴圈, 也就是把 "while (條件運算式)" 這一段內容移到迴圈的最後面：

```
do {
    迴圈內的敘述
} while (條件運算式);    // 結尾要加分號
```

6-3-2 執行流程

do/while 會先執行迴圈內的敘述再進行條件判斷, 其執行流程如右：

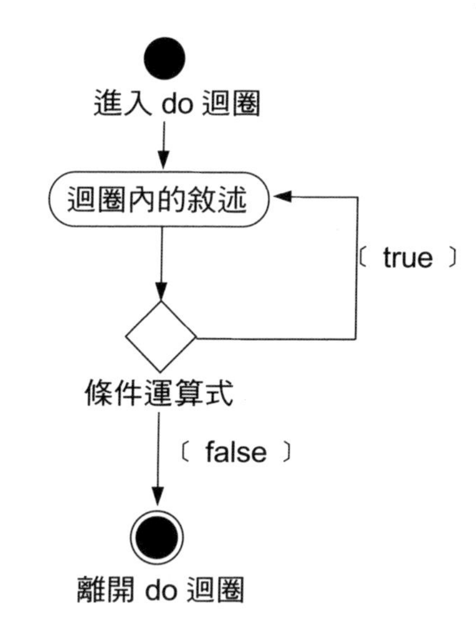

我們以一個實際的例子來示範 while 和 do/while 迴圈的差異, 底下先用 while 迴圈來設計：

程式 CountWhile.java 用 while 測試迴圈執行的次數

```
01 public class CountWhile {
02
03   public static void main(String args[]) {
04
05     int i=0;             // 宣告用來記錄迴圈執行次數的變數 i
06     while (i++<3)
07       System.out.println("這是第" + i + "次執行迴圈");
08   }
09 }
```

執行結果

```
這是第1次執行迴圈
這是第2次執行迴圈
這是第3次執行迴圈
```

此範例程式的 while 迴圈會在每次做完條件檢查時, 將 i 的值加 1, 結果迴圈會執行 3 次。接著用 do/while 來改寫同一個程式, 如下:

程式 CountDowhile.java 用 do/while 測試迴圈執行的次數

```
01 public class CountDowhile {
02
03   public static void main(String args[]) {
04
05     int i=0;              // 宣告用來記錄迴圈執行次數的變數 i
06     do {
07       System.out.println("這是第" + i + "次執行迴圈");
08     } while (i++<3); // 在 while() 的結尾要記得加分號!
09   }
10 }
```

執行結果

```
這是第0次執行迴圈
這是第1次執行迴圈
這是第2次執行迴圈
這是第3次執行迴圈
```

由於 i 是從 0 開始, 且 do/while 會先執行完一次迴圈後, 才進行檢查, 使得迴圈比前一個範例多執行 1 次。讀者在設計程式時, 可依需要選用適當的迴圈敘述。

6-4 巢狀迴圈

截至目前的迴圈範例中, 都是處理一維的問題, 比如說 1 加到 100 之類用一個累加變數就能解決的問題。但是如果想要解決像九九乘法表這種二維的問題 (x,y 兩累加變數相乘的情況), 就必須將迴圈做一些變化, 也就是使用**巢狀迴圈** (nested loops)。

簡單的說. 巢狀迴圈就是迴圈的大括號之中, 還有其它迴圈。例如 for 迴圈中還有 for 迴圈或 while 迴圈。以下就用實例來說明巢狀迴圈的應用：

程式 Count9x9.java 利用巢狀迴圈輸出九九乘法表

```
01 public class Count9x9 {
02 
03   public static void main(String args[]) {
04 
05     for (int x=1; x<=9; x++) {   // 外層迴圈從 x=1 開始
06       for (int y=1; y<=9; y++) {   // 內層迴圈從 y=1 開始
07         System.out.print( x + "*" + y + "=" + x*y + "\t");
08       }
09       System.out.println();   // 換行
10     }
11   }
12 }
```

執行結果

```
1*1=1  1*2=2   1*3=3   1*4=4   1*5=5   1*6=6   1*7=7   1*8=8   1*9=9
2*1=2  2*2=4   2*3=6   2*4=8   2*5=10  2*6=12  2*7=14  2*8=16  2*9=18
3*1=3  3*2=6   3*3=9   3*4=12  3*5=15  3*6=18  3*7=21  3*8=24  3*9=27
4*1=4  4*2=8   4*3=12  4*4=16  4*5=20  4*6=24  4*7=28  4*8=32  4*9=36
5*1=5  5*2=10  5*3=15  5*4=20  5*5=25  5*6=30  5*7=35  5*8=40  5*9=45
6*1=6  6*2=12  6*3=18  6*4=24  6*5=30  6*6=36  6*7=42  6*8=48  6*9=54
7*1=7  7*2=14  7*3=21  7*4=28  7*5=35  7*6=42  7*7=49  7*8=56  7*9=63
8*1=8  8*2=16  8*3=24  8*4=32  8*5=40  8*6=48  8*7=56  8*8=64  8*9=72
9*1=9  9*2=18  9*3=27  9*4=36  9*5=45  9*6=54  9*7=63  9*8=72  9*9=81
```

TIP 使用 \t (即 Tab 符號) 可以讓輸出文字對齊到下一個定位點，如上述程式，看起來更整齊更好閱讀。

在上述的例子中, 利用兩個迴圈分別來處理九九乘法表的 (x, y) 變數的累加相乘動作。當 x 等於 1 時, 必須分別乘以 1 到 9 的 y；當 x 等於 2 時, 又是分別乘上 1 到 9 的 y..., 也就是在外部迴圈每執行一輪時, 內部迴圈就會執行 9 次, 以此類推。執行流程如下圖：

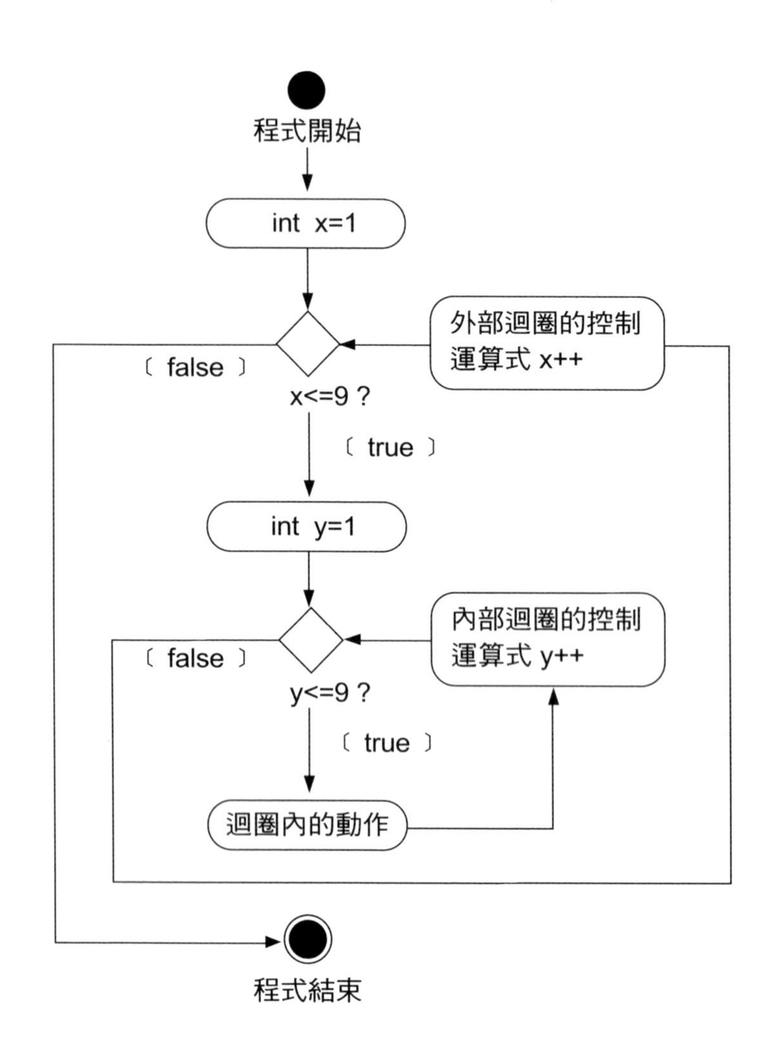

內迴圈控制橫向的數字增加 →

外迴圈控制縱向的數字增加 ↓

1*1=1	1*2=2	1*3=3	1*4=4	1*5=5	1*6=6	1*7=7	1*8=8	1*9=9
2*1=2	2*2=4	2*3=6	2*4=8	2*5=10	2*6=12	2*7=14	2*8=16	2*9=18
3*1=3	3*2=6	3*3=9	3*4=12	3*5=15	3*6=18	3*7=21	3*8=24	3*9=27
4*1=4	4*2=8	4*3=12	4*4=16	4*5=20	4*6=24	4*7=28	4*8=32	4*9=36
5*1=5	5*2=10	5*3=15	5*4=20	5*5=25	5*6=30	5*7=35	5*8=40	5*9=45
6*1=6	6*2=12	6*3=18	6*4=24	6*5=30	6*6=36	6*7=42	6*8=48	6*9=54
7*1=7	7*2=14	7*3=21	7*4=28	7*5=35	7*6=42	7*7=49	7*8=56	7*9=63
8*1=8	8*2=16	8*3=24	8*4=32	8*5=40	8*6=48	8*7=56	8*8=64	8*9=72
9*1=9	9*2=18	9*3=27	9*4=36	9*5=45	9*6=54	9*7=63	9*8=72	9*9=81

6-5 變更迴圈流程的 break 與 continue

有兩個敘述：break 及 continue, 都可以變更迴圈的執行流程, 而跳出執行迴圈或跳到下一輪迴圈。

6-5-1 跳出迴圈的 break

如同 switch 可以利用 break 來結束 case 跳出 switch, 迴圈一樣可以用 break 來跳出迴圈。

當程式中遇到某種狀況而不要繼續執行迴圈時, 即可用 break 來跳出迴圈。例如：

程式 UseBreak.java 使用 break 跳出無窮迴圈

```
01 public class UseBreak {
02
03   public static void main(String args[]) {
04
05     int i=1;
06
07     while (i>0) { // 無窮迴圈
08       System.out.println("無窮迴圈執行中..");
09       if (i == 5) // 當 i 為 5 時, 條件運算式成立
10         break;     // 跳出迴圈
11       i++;
12     }
13     System.out.println("成功的跳出迴圈了！！");
14   }
15 }
```

執行結果

```
無窮迴圈執行中..
無窮迴圈執行中..
無窮迴圈執行中..
無窮迴圈執行中..
無窮迴圈執行中..      ← 這行訊息僅出現 5 次, 表示迴圈只執行了 5 次
成功的跳出迴圈了！！
```

由於在第 7 行的條件運算式 "i > 0" 恆為真, 所以會變成無窮迴圈。不過由於程式在執行時, i 變數會持續累加, 等累加到 i 等於 5 時, 第 9 行的 if 條件運算式其值為真, 所以會執行 break 來跳出此層迴圈。

TIP 如果有多層的巢狀迴圈，則 break 只會跳出其所在的那一層迴圈。

6-5-2 跳到下一輪迴圈的 continue

除了 break 外, 迴圈還有一個 continue 敘述, 其功能與 break 相似, 不同之處在於 break 會跳出『整個』迴圈, 而 continue 僅跳出『這一輪』迴圈, 然後繼續下一輪迴圈。例如前面計算奇數和的例子, 可改用 continue 設計：

程式 UseContinue.java 使用 continue 來跳到下一輪迴圈

```
13      // 由 1 開始, 每次加 1
14      for (i=1; i<=range; i++)  {
15        if(i%2==0) continue;     // 若是偶數就跳到下一輪迴圈
16        sum += i;                // 奇數才會被累加
17      }
```

執行結果

```
請輸入欲計算的奇數和範圍 (結尾數值)：199
1 到 199 的所有奇數和為 10000
```

這次我們將 for 迴圈的控制運算式由 i=i+2 改成 i++, 但在迴圈內第 15 行加上檢查 i 是否為偶數的 if 敘述, 若為偶數, 就會執行 continue 跳到下一輪迴圈, 所以偶數就不會累加到 sum。

6-5-3 標籤與 break/continue 敘述

如果程式中有巢狀迴圈, 而您需要在某種狀況下, 由**內層**迴圈直接跳出、或跳到下一輪的**外層**迴圈時, 用單純的 break/continue 敘述就顯得不方便了, 因為必須在每一層的迴圈中, 都加上 break/continue 才行。為解決這個問題, Java 提供了另一種 break/continue 的寫法, 就是在 break/continue 之後加上**標籤** (Label)。

首先要在迴圈敘述之前, 加上『標籤』來識別迴圈, 其格式如下：

```
runloop: while (...)
```


替迴圈加上標籤後, 在其內層的任何迴圈中都可用 break/continue 加上該標籤名稱, 表示要中斷的是指定標籤的迴圈, 例如：

```
runloop: while (...) {
  for (...) {
    do (...) {
      ...
      break runloop;
      ...
```


此時 break 敘述不止會跳出最內層的 do 迴圈, 也會跳出外層的 for、while 迴圈。

我們沿用前面的九九乘法表程式來說明, 假設要讓乘法表只列出乘積小於等於 25 的項目, 則可在內圈中檢查乘積大於 25 時, 就跳到下一輪的外圈繼續執行, 因此程式改成如下：

程式 PartOf9x9.java 只輸出部分九九乘法表內容

```
01 public class PartOf9x9 {
02
03   public static void main(String args[]) {
04
05     outloop: for (int x=1; x<=9; x++) {    // 加上標籤名稱
06       for (int y=1; y<=9; y++) {
07         if (x*y > 25) {             // 若乘積大於 25
08           System.out.println();    // 換行
09           continue outloop;        // 跳到下一輪的 outloop 迴圈
10         }
11         System.out.print( x + "*" + y + "=" + x*y + "\t");
12       }
```

```
13        System.out.println();
14      }
15    }
16 }
```

執行結果

```
1*1=1  1*2=2  1*3=3  1*4=4  1*5=5  1*6=6  1*7=7  1*8=8  1*9=9
2*1=2  2*2=4  2*3=6  2*4=8  2*5=10 2*6=12 2*7=14 2*8=16 2*9=18
3*1=3  3*2=6  3*3=9  3*4=12 3*5=15 3*6=18 3*7=21 3*8=24
4*1=4  4*2=8  4*3=12 4*4=16 4*5=20 4*6=24
5*1=5  5*2=10 5*3=15 5*4=20 5*5=25
6*1=6  6*2=12 6*3=18 6*4=24
7*1=7  7*2=14 7*3=21
8*1=8  8*2=16 8*3=24
9*1=9  9*2=18
```

第 7 行的 if 敘述判斷乘機是否大於 25, 是就輸出換行字元, 並於第 9 行用 continue outloop; 跳到下一輪的 outloop 迴圈 (第 5 行)。所以最後輸出的乘法表中, 沒有乘積超過 25 的項目。

6-6 綜合演練

6-6-1 迴圈與 if 條件式混合應用：判斷質數

質數就是除了 1 及其本身之外, 無法被其他整數整除的數, 所以, 如果用手算, 數字越大往往就越難辨別。但是現在我們可以利用巢狀迴圈來解決這類的問題。原理很簡單, 將數字除以每一個比其二分之一小的整數 (從 2 開始)：只要能被整除, 就不是質數；反之則為質數。

假設 num 是大於等於 2 的正整數, 則可用如下流程來判斷 num 是不是質數：

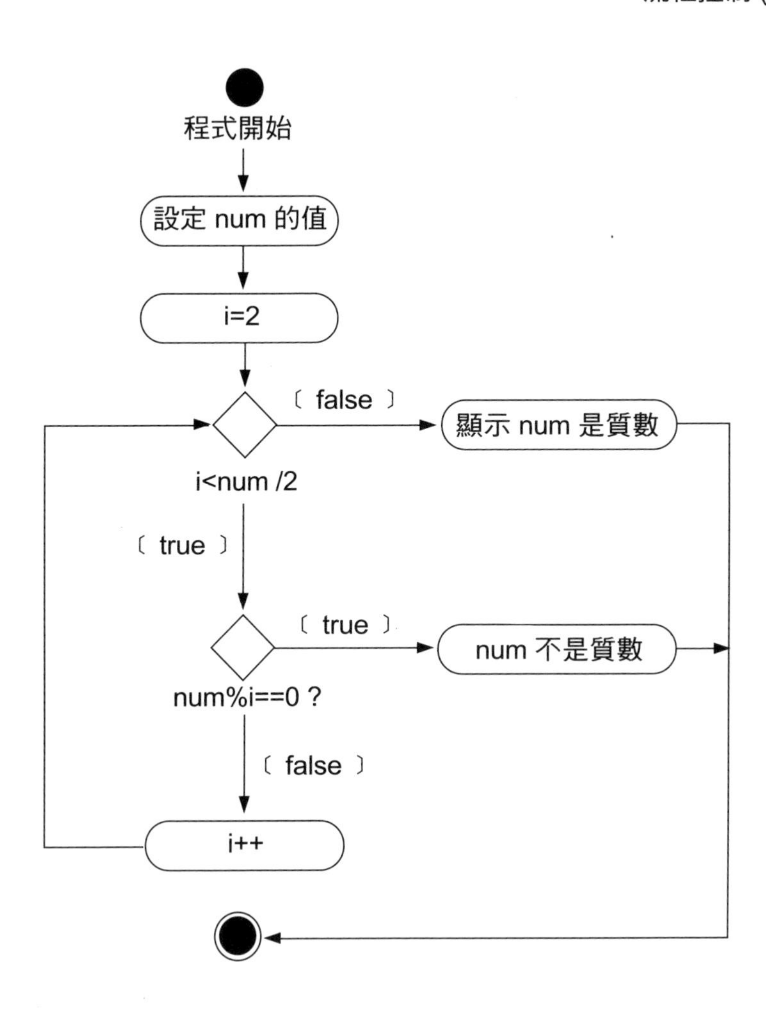

以上述的流程為基礎, 我們設計一個可判斷指定數值是否為質數的程式：

程式 IsPrime.java 判斷某數是否為質數

```
01 import java.io.*;
02 
03 public class IsPrime {
04   public static void main(String args[]) throws IOException {
05 
06     BufferedReader br =
07      new BufferedReader(new InputStreamReader(System.in));
08 
09     while(true){                        // 讓使用者可反覆輸入新數值的迴圈
10       System.out.print("請輸入要檢查的數 (輸入 0 結束)：");
```

```
11
12        String str = br.readLine();
13        int num = Integer.parseInt(str);
14        if(num == 0) break;      // 若輸入 0 即跳出迴圈, 結束程式
15
16        boolean isPrime = true;  // 表示數值是否為質數的布林值
17        double range = num/2.0;  // 限定除數的範圍
18
19        for (int i=2; i<=range; i++) {   // 做除法運算的迴圈
20          if ((num%i) == 0) {        // 餘數為 0 表示可以整除
21            if (isPrime == true) {
22              isPrime = false;       // 非質數, 並輸出目前的除數
23              System.out.print(num +" 不是質數, 可被 "+i);
24            }
25            else {                   // 輸出目前的除數
26              System.out.print(" "+i);
27            }
28          }
29        }
30        // 檢查完畢, 依檢查結果輸出不同的訊息
31        if (isPrime) {              // 若是質數, 即輸出該數值
32          System.out.println(num +" 是質數");
33        }
34        else {
35          System.out.println(" 整除");
36        }
37      }
38    }
39 }
```

執行結果

```
請輸入要檢查的數 (輸入 0 結束):399        ←— 輸入非質數
399 不是質數, 可被 3 7 19 21 57 133 整除
請輸入要檢查的數 (輸入 0 結束):199        ←— 輸入質數
199 是質數
請輸入要檢查的數 (輸入 0 結束):0          ←— 輸入 0 可結束程式
```

- 第 9～37 行的 while 迴圈是讓程式可重複進行『接受輸入→判斷→輸出結果』的動作。在第 14 行則檢查輸入的數值是否為 0, 是就用 break 跳出迴圈、結束程式。

- 第 16、17 行建立 2 個在判斷過程中要用到的變數。布林值 isPrime 儲存數值是否為質數； range 則是做除法運算的範圍, 即前面提過的某數除以比其二分之一小的數。
- 第 19～29 行就是一一進行除法 (求餘數) 運算的迴圈。
- 第 20 行做求餘數運算, 若沒有餘數 (可整除), 表示非質數。在第 21～27 會輸出可整除的被除數 (因數)。
- 第 31～35 行根據迴圈檢查結果 (isPrime 是否為 true) 來決定顯示的訊息。

6-6-2 Scanner 類別的輸入檢查

第 4 章介紹 Scanner 類別時提到, 若使用者輸入非預期的資料, 程式會發生例外 (Exception) 並中止執行。例如程式用 nextInt() 要讀整數, 結果使用者輸入中文的 "十", 就會讓程式發生例外。

若想防止此種情況, 可利用 Scanner 類別提供的下列 hasNextXxx() 方法先檢查資料是否為指定的資料型別, 若方法傳回 true, 才繼續讀取；傳回 false 則取消讀取。

```
hasNextByte();                  hasNextInt();
hasNextBoolean();               hasNextLong();
hasNextDouble();                hasNextShort();
hasNextFloat();                 hasNext();    // 判斷是否有字串
```

例如將 6-6 頁的 CountOdd.java 略做修改, 可如下利用迴圈和 hasNextInt() 檢查輸入是否為整數：

程式 HasNext.java 檢查輸入的內容

```
01 import java.util.*;
02 
03 public class HasNext {
04   public static void main(String args[]) {
```

```
05     // 宣告累加值 sum, 計算範圍 range, 迴圈變數 i
06     int sum = 0, range, i;
07     Scanner sc = new Scanner(System.in);
08     System.out.print("請輸入欲計算的奇數和範圍 (結尾數值):");
09
10     while(!sc.hasNextInt()) {          // 輸入非整數, 就執行迴圈
11       System.out.print("請輸入整數:");
12       sc.next();                       // 清除剛剛輸入的內容
13     }
14
15     range = sc.nextInt();              // 讀取整數值
16
17     // 由 1 開始, 每次加 2 直到 i 值大於 range 的 for 迴圈
18     for (i=1; i<=range; i+=2) { // 每跑一次迴圈就將 i 值加 2
19       sum += i;
20     }
21
22     System.out.println("1 到 "+range+" 的所有奇數和為 "+sum);
23   }
24 }
```

執行結果

```
請輸入欲計算的奇數和範圍 (結尾數值):十 ─┐ 輸入非整數時,
請輸入整數:ten                          ├ 程式都會要求
請輸入整數:10.0                        ─┘ 再次輸入
請輸入整數:10
1 到 10 的所有奇數和為 25
```

第 10 行 hasNextInt() 檢查輸入的是否為整數, 若使用者輸入字串、浮點數等, 方法會傳回 false, 但因為我們加上了 ! 算符, 所以條件運算式結果會變成 true, 使得 while() 迴圈會被執行。

接著在迴圈內會顯示訊息並呼叫 Scanner 的 next() 清除使用者剛才輸入的內容, 因為 hasNextInt() 只會檢查輸入的內容, 不會將它清掉。所以一定要用 next() (讀字串的方法) 讀入這筆『不正確的』輸入; 否則下一輪迴圈仍會讀到該筆資料, 造成無窮迴圈的情況。

6-6-3 各種迴圈的混合應用：計算階乘

接著我們要設計一個可以計算階乘的程式, 讓使用者輸入任意整數, 程式會計算該數字的階乘並詢問是否要繼續輸入數字做計算。階乘的算法就是將數字從 1 開始依序相乘：

```
N! = 1*2*3*...*(N-2)*(N-1)*N
```

換言之, 我們只要用迴圈持續將 1 到 N 的數字相乘, 或反過來從 N 乘到 1。以從 N 乘到 1 為例, 流程如下：

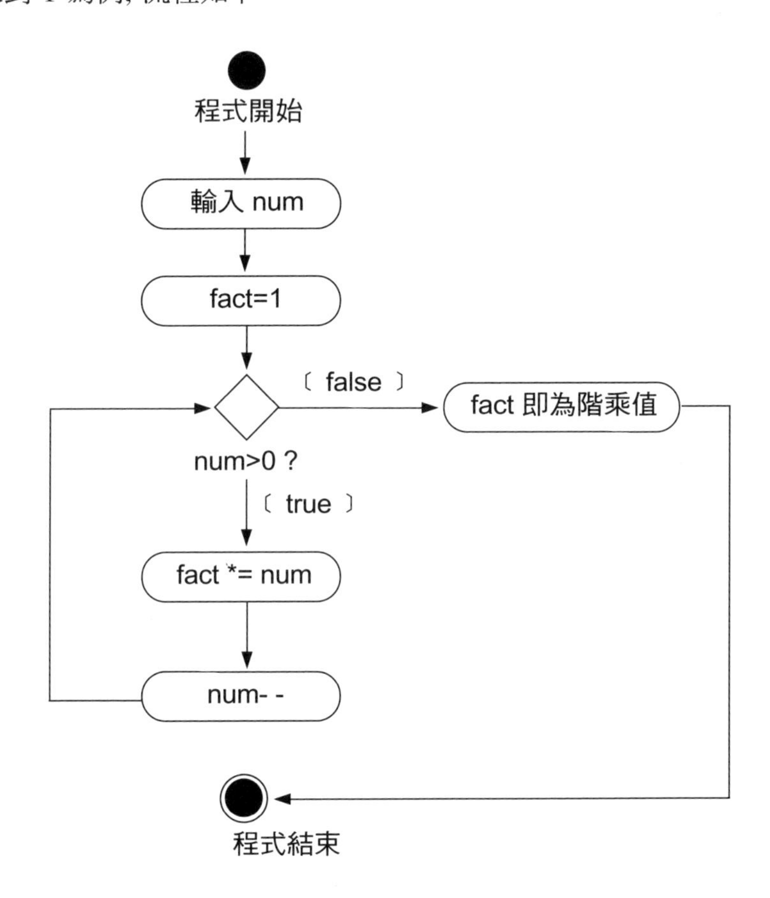

依上述流程設計的程式如下：

程式 Factorial.java 計算使用者輸入數字的階乘值

```
01 import java.io.*;
02
03 public class Factorial {
04   public static void main(String args[]) throws IOException {
05
06     BufferedReader br =
07       new BufferedReader(new InputStreamReader(System.in));
08
09     while(true) {
10       System.out.println("請輸入 1-170 間的整數來計算階乘");
11       System.out.print("(輸入 0 即結束程式):");
12       String str = br.readLine();
13       int num = Integer.parseInt(str);
14       if (num == 0)
15         break;                    // 若使用者輸入 0, 就跳出迴圈
16       else if (num>170)
17         continue;                 // 若輸入大於 170, 則重新輸入
18
19       System.out.print(num + "! 等於 ");
20
21       double fact;                 // 用來儲存、計算階乘值的變數
22       for(fact=1;num>0;num--)  // 計算階乘的迴圈
23         fact *= num;              // 每輪皆將 fact 乘上目前的 num
24
25       System.out.print(fact + "\n\n"); // 輸出計算所得的階乘值
26     }
27   }
28 }
```

執行結果

```
請輸入 1-170 間的整數來計算階乘
(輸入 0 即結束程式):199      ◄── 輸入數字大於 170 時會要求重新輸入
請輸入 1-170 間的整數來計算階乘
(輸入 0 即結束程式):99
99! 等於 9.332621544394415E155

請輸入 1-170 間的整數來計算階乘
(輸入 0 即結束程式):0
```

- 第 9 到 26 行用 while 迴圈包住整個計算階乘的程式, 使程式可重複請使用者輸入新的值來計算。
- 第 14 行用 if 判斷使用者是否輸入 0, 若是即跳出迴圈, 結束程式。
- 第 21 行特別用 double 型別來宣告存放階乘值的 fact, 以便程式能計算較大的階乘值。但即使使用了 double 型別, 也只能計算到 170! 的值。
- 第 22、23 行是計算階乘值的內迴圈, 計算方式如前面的流程圖所示。

學習評量

※ 選擇題可能單選或複選

1. (　　) 需精確的控制迴圈執行次數時, 用下列何種迴圈最適當：

   (a) for　　(b) while
   (c) do/while　　(d) break

2. (　　) 需先執行再做判斷的迴圈, 用下列何者比較適當：

   (a) for　　(b) while
   (c) do/while　　(d) continue

3. (　　) 需先判斷再決定是否執行的迴圈, 用下列何者較為適當：

   (a) for　　(b) while
   (c) do/while　　(d) continue

4. (　　) 下列何者為真

   (a) 不同類型的迴圈可以互相混用
   (b) while 迴圈不用條件運算式
   (c) while 迴圈要用控制運算式
   (d) continue 可用來跳出一層迴圈

5. (　　　) 下面各程式片段是否有語法或邏輯錯誤？若有錯請寫出其問題為何, 沒有錯誤的請打勾：

(a) while (a>0) do {...} ________

(b) for (x<10) {...} ________

(c) while (a>0 || a<5) {...} ________

(d) for (;;) {...} ________

(e) do {...} While (1>0) ________

6. 已知 sum 的初始值為 0, 試寫出下列迴圈運算後, sum 的最後值：

(a)
```
for (sum=0;sum<10;sum++)
    sum = sum + 1;
```

(b)
```
for (sum=0;sum<10;sum++) {
  sum= sum + 1;
  break;
}
```

(c)
```
for (i=0;i<10;i++)
  sum = sum + i;
  break;
```

(d)
```
for (i=0;i<10;i++) {
  continue;
  sum = sum + i;
}
```

(a) sum= ________________

(b) sum= ________________

(c) sum= ________________

(d) sum= ________________

7. (　　　) 已知 X = 10、Y = 20, 以下何者會造成無窮迴圈？

(a)
```
while (X < Y) {
  X = X - Y;
  Y = Y - X;
}
```

(b)
```
for (X=0;X<Y;X+=2)
  Y++;
```

(c)
```
do {
    Y = Y - X;
} while (X == Y)
```

8. (　　　) 以下的程式執行後會有何輸出結果？

```
public class Ex8 {
  public static void main(String args[]) {
    int i, sum=0;
    for (i=2;i<9;i++) {
      if ((i%2) == 0) {
        sum = sum + i;
        System.out.print(sum);
      }
      else continue;
    }
  }
}
```

(a) 2468 (b) 468 (c) 2345678 (d) 以上皆非

9. ( ) 以下的程式會輸出幾個 * 號?

```
public class Ex9 {
  public static void main(String args[]) {
    int i=0;
    do {
      i++;
      System.out.println("*");
    } while (i < 10);
  }
}
```

(a) 0 個 (b) 10 個 (c) 9 個 (d) 以上皆非

10.( ) 請問下述的程式, 其執行結果會輸出幾個 * 號?

```
public class Ex10 {
  public static void main(String args[]) {
    int i=0;
    do {
       for (i=0;i<10;i++)
         while (i < 4)
           System.out.println("*");
    } while (i < 10);
  }
}
```

(a) 10 個 (b) 6 個 (c) 無限個 (d) 以上皆非

程式練習

1. 試寫一程式, 可計算出 1 到 100 間所有 3 的倍數之總和。

2. 試寫一程式, 讓使用者輸入任意正整數 N, 並利用 for 迴圈在螢幕上輸出 1 * 1、2 * 2、...、N * N 之結果。

3. 試寫一程式, 讓使用者輸入兩個整數, 並計算兩整數間所有整數的和。

4. 承上題, 請將程式加上是否繼續運算的選項 (例如只要輸入 '0' 即結束), 並將總和不斷累加。

5. 試寫一程式, 可輸出 1 到 100 之間屬於 5 或 7 的倍數的數值。

6. 試寫一程式, 可讓使用者輸入矩形的長寬, 並於螢幕上輸出星號 * 所組成的矩形, 例如輸入 5 和 3 時會輸出：

```
*****
*****
*****
```

7. 試寫一程式, 可以繪製出如右的菱形：

```
   *
  ***
 *****
*******
 *****
  ***
   *
```

8. 試寫一程式, 讓使用者輸入兩次密碼 (四位整數), 並驗證使用者兩次輸入的密碼是否相同, 輸入三次不正確即顯示錯誤的訊息。

9. 試寫一程式, 讓使用者可輸入六個整數 (介於 1 到 49 之間), 並依序檢查此六個號碼是否符合我們在程式中設定的六個號碼, 正確則顯示中獎的訊息。

10. 試寫一程式, 可讓使用者計算右方數學方程式, 其中 x 及 n 的值皆由使用者自行輸入：

$$\frac{x+1}{n} + \frac{x+2}{n-1} + \ldots + \frac{x+n}{1}$$

07

CHAPTER

陣列(Array)

學習目標

- 認識陣列
- 學習陣列的宣告與配置
- 瞭解多維陣列的結構與使用方法
- 瞭解參照型別的特性
- 活用陣列

假設您要撰寫一個程式，計算 5 個學生的國文成績平均值，那麼這個程式可能會是這樣：

程式 Average.java 計算平均值

```
01 public class Average {
02   public static void main(String[] argv) {
03     // 學生成績
04     double student1 = 70 ,student2 = 65 ,student3 = 90 ,
05        student4 = 85, student5 = 95;
06
07     // 加總
08     double sum = student1 + student2 + student3 +
09                  student4 + student5;
10
11     // 平均
12     double average =  sum / 5;
13
14     System.out.println("平均成績：" + average);
15   }
16 }
```

執行結果

```
平均成績：81.0
```

程式雖然很簡單，但是卻有幾個問題存在：

1. 因為有 5 個學生，所以在第 4 、5 行宣告了 5 個變數來記錄個別學生的成績。如果學生人數改變，變數數量也要跟著變動，比如說 100 個學生，那麼就得宣告 100 個變數。不但程式寫起來很長，光是要寫上 100 個變數的名稱，就很容易寫錯。

2. 相同的問題也會出現在第 8 、9 行加總學生成績的地方。

3. 最後，在第 12 行計算平均成績的時候，也會因為學生人數的變動，而必須自行修改除數。

以上這些問題都會影響撰寫程式時的效率，也可能會因為疏忽，造成執行結果的錯誤。舉例來說，很可能在 4 、5 行的地方宣告了正確的變數數目與名稱，但是在 8、9 行加總時漏了某個變數；或者是在第 12 行計算平均時除錯了人數。

如果能夠有一種比較好的資料紀錄與處理方式，幫助我們解決以上的問題，就可以避免許多不必要的錯誤發生了。在這一章中，就要介紹可以解決上述問題的資料型別 -- 陣列。

7-1 甚麼是陣列？

要瞭解甚麼是陣列，可以先回頭看看保管箱的概念。在之前的章節中，變數的使用都是只索取單一個保管箱來存放一項資料，而這也正是前面提到計算平均成績時招致各種問題的根本原因。我們所需要的是一種可以**儲存多項資料**的變數，而且可以隨時知道所儲存資料的**數量**，同時還能依據數量，一一取出各項資料進行處理。

陣列 (Array) 就是上述問題的解決方案。它就好像是一個由多個保管箱所組成的**組合櫃**一樣。實際使用時，可以將組合櫃中個別的保管箱當成獨立的變數，我們稱個別的保管箱為該陣列的一個**元素 (Element)**。

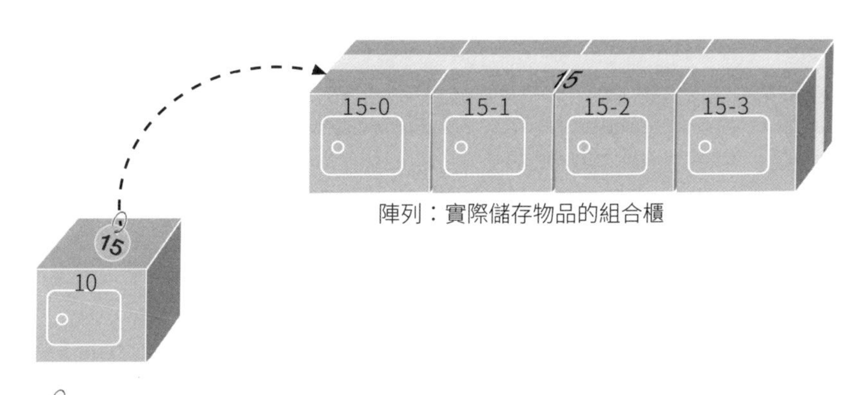

更棒的是，我們隨時可以知道這個組合櫃中包含有幾個保管箱，而且每個獨立的保管箱都會依照順序編上序號，只要出示某個保管箱序號的號碼牌，就可以單獨使用指定的保管箱，這個序號稱為是該保管箱的**索引碼 (Index Number)**。有了這樣的組合櫃之後，原本計算平均成績的程式，就可以用以下的演算法來撰寫了：

程式 使用組合櫃計算平均成績的演算法

```
01 依據學生人數,配置一個組合櫃
02 將學生分數依序填入組合櫃中的各個保管箱
03 sum = 0;
04 從組合櫃中一一取出各個保管箱的值 {
05    sum += 保管箱的值 // 加總
06 }
07 average = sum / 組合櫃中保管箱的數目
08 顯示平均成績
```

接著就來實際撰寫使用陣列的程式。

7-1-1 陣列的宣告與配置

要使用陣列，必須分成 2 個步驟，第 1 個步驟是**宣告陣列變數**，第 2 個步驟是**配置陣列**。宣告陣列變數的目的就是索取一個保管箱，用來存放指向組合櫃的號碼牌，而配置陣列的作用則是實際索取組合櫃，並且把組合櫃的號碼牌放入陣列變數中。我們來看看實際的程式：

程式 ArrayAverage.java 使用陣列計算平均值

```
01 public class ArrayAverage {
02   public static void main(String[] argv) {
03     double[] students; // 宣告陣列
04     students = new double[5]; // 配置陣列
05
06     students[0] = 70; // 指派第1個保管箱的內容
07     students[1] = 65; // 指派第2個保管箱的內容
08     students[2] = 90; // 指派第3個保管箱的內容
09     students[3] = 85; // 指派第4個保管箱的內容
10     students[4] = 95; // 指派第5個保管箱的內容
```

```
11
12        double sum = 0;
13        for(int i = 0;i < students.length;i++) {
14          sum += students[i]; // 加總
15        }
16
17        double average =  sum / students.length; // 計算平均
18
19        System.out.println("平均成績：" + average);
20      }
21  }
```

執行結果

```
平均成績：81.0
```

陣列變數的宣告

在 ArrayAverage.java 的第 3 行就宣告了一個陣列變數：

```
double[] students; // 宣告陣列
```

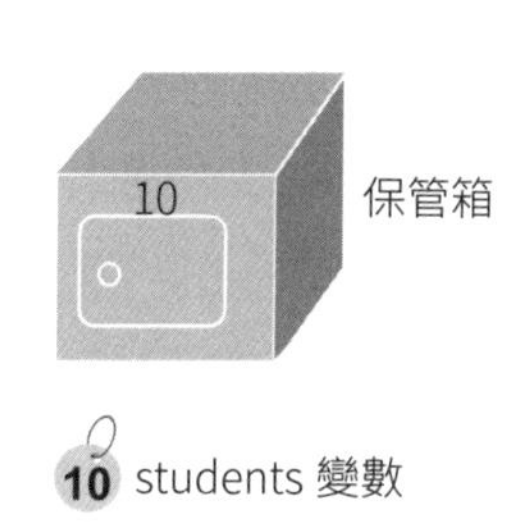

只要在型別名稱的後面加上一對**中括號 []**, 就表示要宣告一個指向可以放置該**型別資料陣列的變數**, 也就是說, students 這個變數會指到一個儲存 double 資料的陣列。到這裡為止, 只宣告了陣列變數本身, 並沒有實際配置儲存資料的空間, 也沒有說明元素的個數。以保管箱來比喻, 等於只索取了用來放置組合櫃號碼牌的保管箱, 還沒有取得組合櫃。因此, 也還不能放入資料。

另外, 從陣列的宣告方式也可以看出來, 我們已經指定了**資料型別** double, 所以, 接下來索取到的組合櫃中, 包含的都是一樣大小的保管箱, 只能放置相同型別的資料。也就是說, 您不能在同一個組合櫃的某個保管箱中放 int 型別的資料, 而在另一個保管箱中放 double 型別的資料。

另一種陣列變數的宣告方式

宣告陣列的時候，也可以將放在型別後面的那對中括號放在變數的後面，變成這樣：

```
double students[]; // 宣告陣列
```

不過並不建議您這樣做，因為寫成 double[ ] 時，可以直接讀成 **double 陣列**，清楚明白的表示出該變數會指向一個 double 型別的陣列，同時也可以將 **double [ ]** 當成是一種**資料型別**。在本書的程式中，都會使用此種方式宣告陣列。

陣列的配置

宣告了陣列變數之後，接下來就可以配置陣列了。在 ArrayAverage.java 的第 4 行中，就是配置陣列的動作：

```
students = new double[5]; // 配置陣列
```

要配置陣列，必須使用 **new 算符**。new 算符的運算元就表示了所需要的空間大小。以本例來說，中括號裡頭的數字 5 就表示需要 5 個保管箱，而中括號前面的 double 就表示了這 5 個保管箱都要用來放置 double 型別的資料。換言之，執行過這一行後，就會配置一個組合櫃給 students，其中擁有 5 個可以放置 double 型別資料的保管箱。

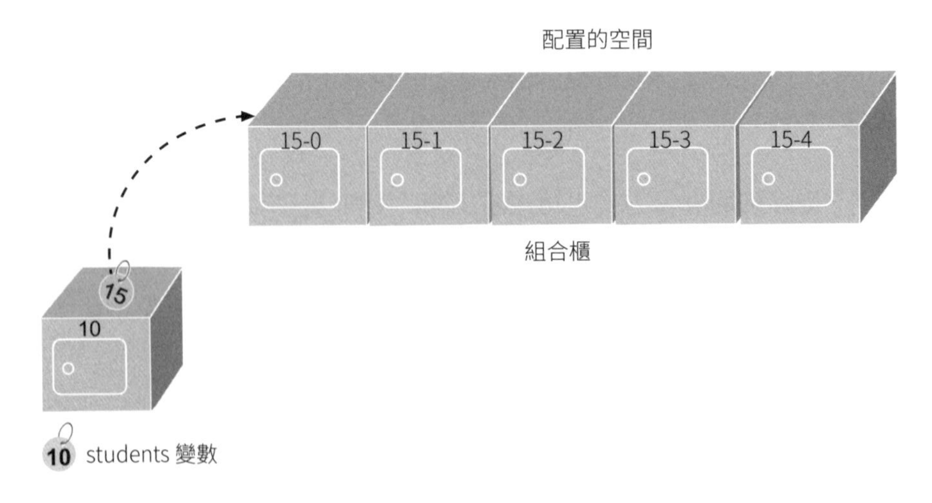

配置空間時並不一定要使用字面常數來指定陣列的元素數量, 如果在撰寫程式的當下還無法決定陣列的大小, 那麼也可以用**變數**或**運算式**來指定要配置的元素個數。

使用陣列元素

配置好空間之後, 程式在 6 ~ 10 行就將各個學生的成績放入個別的元素中。指派的方式是在陣列變數的後面加上一對中括號, 並且在中括號內以數字來標示索引碼, 指定要放入哪一個元素中。要特別注意的是, 第 1 個保管箱的索引碼是 0 、第 2 個保管箱是 1 、...、第 5 個保管箱是 4。

```
06      students[0] = 70; // 指派第1個保管箱的內容
07      students[1] = 65; // 指派第2個保管箱的內容
08      students[2] = 90; // 指派第3個保管箱的內容
09      students[3] = 85; // 指派第4個保管箱的內容
10      students[4] = 95; // 指派第5個保管箱的內容
```

這樣一來, 就記錄好各個學生的成績了。

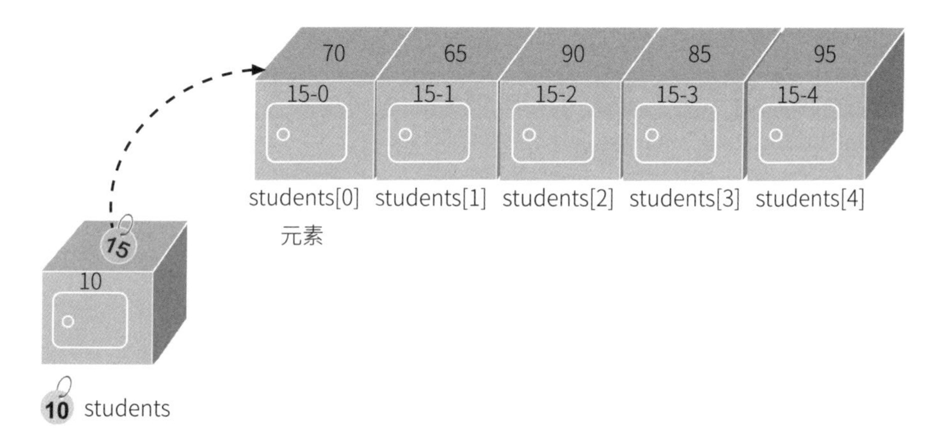

有了上面的內容之後, 就可以用非常簡單的方式來計算總和。陣列本身除了可以放置資料外, 還提供許多關於該陣列的資訊, 稱為**屬性 (Attributes)**。其中有一項 length 屬性, 代表該陣列中元素的數量。要取得這個屬性的內容, 只要在陣列變數的名稱之後, 加上 **.length** 即可。有了這項資訊, 再搭配迴圈, 就可以依序取出陣列中的資料, 進行加總了。這也就是 12 ~ 15 行所進行的工作:

```
12      double sum = 0;
13      for(int i = 0;i < students.length;i++) {
14        sum += students[i]; // 加總
15      }
```

其中, 第 13 行的 students.length 就是取得 students 所指陣列的元素個數。在第 14 行中, 就將每次迴圈所取出的元素加入 sum 變數中, 以計算加總值。

最後, 再利用陣列的 length 屬性值當除數, 以算出平均值, 如第 17 行：

```
double average =  sum / students.length; // 計算平均
```

如此, 就完成用陣列計算成績平均的程式。

超過陣列個數的存取

在使用陣列時，必須小心不要使用超過陣列最後一個元素的索引碼，舉例來說，以下這個程式就會發生錯誤：

程式 OutOfBound.java 索引碼大過陣列的邊界

```
01 public class OutOfBound {
02   public static void main(String[] argv) {
03     int[] a; // 宣告陣列變數
04     a = new int[4]; // 配置陣列
05 
06     a[1] = 10; // 放入內容
07     a[2] = 10;
08     a[3] = 10;
09     a[4] = 10;
10 
11     // 取出內容並顯示
12     for(int i = 1;i <= a.length;i++) {
13       System.out.println("a[" + i + "] : " + a[i]);
14     }
15   }
16 }
```

接下頁▶

由於陣列元素的索引碼由 0 起算，所以 int [4] 最後一個元素的索引碼為 3, 因此在第 9 行想要設定 a[4] 的內容時就會出錯；相同的道理，第 12 行中，迴圈結束的條件是 i <= a.length, 所以當 i 為 4 的時候，迴圈仍然會執行，引發存取 a [4] 的例外：

```
Exception in thread "main" java.lang.ArrayIndexOutOfBoundsEx-
ception: Index 4 out of bounds for length 4
      at OutOfBound.main(OutOfBound.java:9)
```

對於還沒有習慣陣列的第 1 個元素索引碼為 0 的讀者來說，這是很容易犯的錯，請特別留意。

7-1-2 使用陣列的好處

瞭解陣列的使用方法後, 就可以回過頭來比較 ArrayAverage.java 與 Average.java 這 2 個程式, 從中發現 ArrayAverage.java 因為使用陣列而具有的優點。

- **只需宣告一個陣列變數**, 而不需要宣告和學生人數相同數量的變數。當然, 在配置陣列空間的時候, 還是得依據學生人數指定大小、但至少程式的行數仍然維持不變。更重要的是, 假設學生的成績是從檔案中讀取, 學生人數在讀取資料後才能確定的話, 不使用陣列的方式根本就無法處理, 因為不但不知道該宣告多少個變數, 而且也無法透過索引碼的方式使用這些變數。

- 指定陣列元素的內容時雖然看起來和使用變數時一樣的累贅, 不過如果資料是從檔案中循序讀入的話, 就**可以使用迴圈依序放入陣列的元素中**。若是使用多個變數的方式, 就沒有辦法做到了。

- **可以使用索引碼存取陣列元素**, 這使得在進行陣列元素加總或平均之類的循序處理時非常方便, 只要透過同樣的程式, 不論陣列多大, 都一樣適用, 而不需要去修改程式。

從上述的說明應該可以瞭解, 使用陣列已不單單是好壞的問題, 有些情況下, 不使用陣列也就等於無法完成任務, 陣列反而是不可或缺的要素了。

7-2 陣列的配置與初值設定

在上一節中, 已經對於陣列的使用與優點有了基本的認識。接下來, 就要詳細解說陣列在宣告、配置、以及設定陣列元素的內容時, 各種可能的作法。

7-2-1 宣告同時配置

雖然陣列在實際運作時會區分為宣告變數以及配置陣列兩段工作, 不過在撰寫程式時卻可以簡化, 將宣告及配置的動作合在同一個**指定運算式**中。像是剛剛的 ArrayAverage.java 就可以改寫成這樣：

程式 DeclareAndNew.java 宣告並同時配置陣列空間

```
01 public class DeclareAndNew {
02   public static void main(String[] argv) {
03     double[] students = new double[5]; // 宣告並配置陣列
04
05     students[0] = 70; // 指派第1個保管箱的內容
06     students[1] = 65; // 指派第2個保管箱的內容
       .......
```

程式的執行結果完全和之前的程式一樣。

TIP 若未指定陣列元素的初值 (方法見下一小節), 則數值型別陣列的元素預設值為 0, boolean 型別陣列的元素預設值為 false。

前面曾經提過, 配置陣列時, 並不是只能用字面常數來指定元素的個數, 也可以使用變數或是運算式, 例如：

程式 ArrayWithExpr.java 使用變數與運算式配置陣列空間

```
01 public class ArrayWithExpr {
02   public static void main(String[] argv) {
03     int i = 4,j = 8;
04     int[] a = new int[i];       // 使用變數
05     int[] b = new int[j - i];  // 使用運算式
06   }
07 }
```

由於元素個數必須為整數, 因此只有**運算結果為整數值的運算式**才能用來指定陣列的元素個數。

7-2-2 設定陣列的初值

如果在撰寫程式的當時就已經知道個別陣列元素的初值, 那麼在宣告陣列時, 就可直接列出個別元素的初值, 替代配置元素以及設定個別元素的動作。例如：

程式 DeclareAndInit.java 宣告同時配置與設定陣列初值

```
01 public class DeclareAndInit {
02   public static void main(String[] argv) {
03     // 宣告並指派陣列內容
04     double[] students = {70, 65, 90, 85, 95};
05     double sum = 0;
06 
07     for(int i = 0;i < students.length;i++) {
08       sum += students[i]; // 加總
09     }
10 
11     double average =  sum / students.length; // 計算平均
12 
13     System.out.println("平均成績：" + average);
14   }
15 }
```

1. 要直接設定陣列的初值, 必須使用一對**大括號**, 列出陣列中**每一個**元素的初值。
2. 記得要在右大括號後面加上分號 (;), 表示整個宣告敘述的結束。

實際上這段程式在執行的時候, 和前面的程式是一模一樣, 只是在撰寫程式時可以比較便利而已。由於這樣的特性, 因此在宣告時直接設定陣列內容時, 也可以使用**運算式**, 而不單單僅能使用字面常數。舉例來說：

程式 ArrayInitWithExpr.java 使用運算式設定陣列初值

```
01 public class ArrayInitWithExpr {
02   public static void main(String[] argv) {
03     int i = 4,j = 8;
04     int[] a = {4, i, i + j};  // 使用運算式
05
06     for(int k = 0;k < a.length;k++) {
07       System.out.println("a[" + k + "] : " + a[k]);
08     }
09   }
10 }
```

執行結果

```
a[0] : 4
a[1] : 4
a[2] : 12
```

7-2-3 配合陣列使用迴圈

從本章一開始的範例到目前為止, 經常使用迴圈來依序處理陣列中的個別元素, 因此 Java 還提供了 **for-each 迴圈**的語法, 方便存取陣列所有元素。請看以下範例：

程式 ArrayLoop.java 使用特殊的 for 迴圈

```
01 public class ArrayLoop {
02   public static void main(String[] argv) {
03     double[] students = {70, 65, 90, 85, 95};
04     double sum = 0;
05
06     for(double score : students) { // 使用特殊的for迴圈
07       sum += score; // 加總
08     }
09
10     double average =  sum / students.length; // 計算平均
11     System.out.println("平均成績：" + average);
12   }
13 }
```

- **for(:)** 的作用, 就是迴圈進行時, 每一輪就從 ":" 後面所列的陣列取出下一個元素, 放到冒號前面所指定的變數中, 然後執行迴圈本體的敘述。
- **":" 前面的變數**必須和陣列的**型別一致**, 否則編譯時就會發生錯誤。

如果拆解開來, 這個程式的第 5 ~ 7 行就相當於以下這樣：

程式 ArrayLoop2.java 將 for(:) 拆解開來

```
06      for(int i = 0;i < students.length;i++) {
07        double score = students[i];
08        sum += score; // 加總
09      }
```

for(:) 迴圈就稱為 **for-each** 迴圈, 可以幫助我們撰寫出簡潔的迴圈敘述, 在第 17 章介紹集合物件的時候, 還會看到它的用處。

7-3 多維陣列 (Multi-Dimensional Array)

由於陣列的每一個元素都可以看做是單獨的變數, 如果每一個元素自己本身也指向一個陣列, 就會形成一個指向陣列的陣列。這種陣列, 稱為**2 維陣列 (2 - Dimensional Array)**, 而前面所介紹儲存一般資料的陣列, 就稱為**1 維陣列 (1 - Dimensional Array)**。依此類推, 您也可以建立一個指向 2 維陣列的陣列, 其中每一個元素都指向一個 2 維陣列, 這時就稱這個陣列為 3 維陣列。相同的道理, 您還可以建立 4 維陣列、5 維陣列、....等。這些大於 1 維的陣列, 統稱為**多維陣列**, 每多一層陣列, 就稱是多一個**維度 (Dimension)**。

7-3-1 多維陣列的宣告

要宣告多維陣列, 其實和宣告 1 維陣列沒有太大的差別, 只要將 1 維陣列的觀念延伸即可。舉例來說, 要宣告一個個別元素都是指向 int 陣列的陣列時, 由於陣列中每一個元素都指向一個 int 陣列, 因此可以這樣宣告：

```
int[][] a;    //宣告 2 維陣列
```

如果依循前面對於 1 維陣列宣告時的瞭解, 可以把 int[] 當成是一種新的資料型別, 表示一個用來儲存 int 型別資料的陣列。這樣一來, 上述的宣告就可以解讀為：

```
(int[])[]  a;
```

表示 a **是一個陣列, 它的每一個元素都指向一個儲存 int 型別資料的陣列**。相同的道理, 如果要宣告一個 3 維陣列，可以這樣宣告：

```
int[][][]  b;
```

我們可以解讀成 **b 是一個陣列, 它的每一個元素都指向 int[][] 型別的資料**, 也就是一個 2 維的 int 陣列。如果套用組合櫃的觀念, 這等於是一個立方體的組合櫃了。

依此類推, 您可以自行衍生宣告 4 維、5 維陣列的方式, 不過在實務上很少會使用到這麼多維的陣列。

7-3-2 多維陣列的配置

多維陣列的配置和 1 維陣列相似, 只要使用 new 算符, 再指定各層的元素數量即可。例如：

程式 TwoDimArray.java 2 維陣列的使用

```
01 public class TwoDimArray {
02   public static void main(String[] argv) {
03     int[][] a= new int[3][4]; // 宣告2維陣列並配置空間
04 
05     System.out.println("a共有 " + a.length + "個元素。");
06 
07     for(int i = 0;i< a.length;i++) {
08       System.out.println("a[" + i + "] 共有 " +
09         a[i].length + "個元素。");
10     }
11   }
12 }
```

執行結果

```
a共有 3個元素。
a[0] 共有 4個元素。
a[1] 共有 4個元素。
a[2] 共有 4個元素。
```

1. 第 3 行宣告並配置 2 維陣列的空間, 這就等於是先配置一個擁有 3 個元素的陣列, 其中每一個元素各指向一個擁有 4 個 int 型別資料的陣列。

2. 由於 a 是指向一個擁有 3 個元素的陣列, 所以 a.length 的值是 3；而個別元素 a[0]、a[1]、與 a[2] 也各自是指向一個擁有 4 個元素的陣列, 因此 a[0].legnth、a[1].legnth 以及 a[2].legnth 的值都是 4。

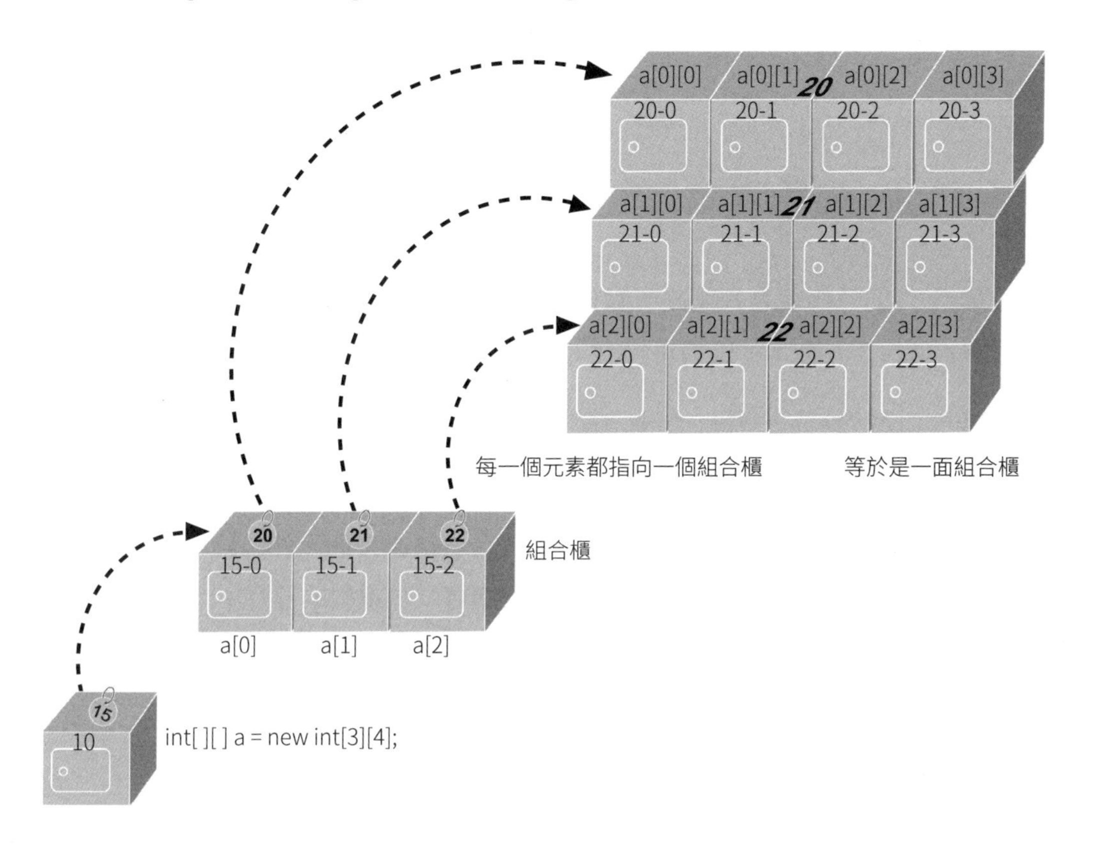

分層配置

由於 a 是指向一個有 3 個元素的陣列, 而每個元素各自指向一個陣列, 因此上述的程式也可以改寫成這樣：

程式 TwoDimArrayAlloc.java 個別配置第 2 維的陣列

```
01 public class TwoDimArrayAlloc {
02   public static void main(String[] argv) {
03     int[][] a = new int[3][];
04 
```

```
05     for(int i = 0;i < a.length;i++)
06       a[i] = new int[4]; // 個別配置第 2 維的陣列
07
08     System.out.println("a共有 " + a.length + "個元素。");
09
10     for(int i = 0;i< a.length;i++) {
11       System.out.println("a[" + i + "] 共有 " +
12         a[i].length + "個元素。");
13     }
14   }
15 }
```

- 第 3 行的意思就是先配置一個有 3 個元素的陣列, 其中每一個元素都是指向一個可以存放 int 型別資料的陣列, 這時尚未配置第2維的陣列。
- 第 5、6 行就透過迴圈, 幫剛剛配置的陣列中的每一個元素配置 int 型別資料的陣列。事實上, Java 在配置多維陣列的時候, 就是透過這樣的方式。

如果使用這種配置方式, 請特別注意**只有右邊維度的元素數目可以留空,** 最左邊的維度一定要指明。也就是說, 您不能撰寫以下這樣的程式：

程式 錯誤的多維陣列配置方式

```
01 public class TwoDimArrayAllocErr {
02   public static void main(String[] argv) {
03     int[][] a;
04     int[][][]b;
05     a = new int[][4];
06     b = new int[][3][];
07   }
08 }
```

但這樣就是可以的：

程式 高維度的元素個數可以先空著

```
03     int[][] a;
04     int[][][]b;
05     a = new int[3][];
06     b = new int[4][][];
```

非矩形的多維陣列

由於 Java 是以剛剛所說明的方式配置多維陣列, 因此我們也可以如下建立一個不規則的多維陣列：

程式 NonRectangular.java 非矩形的多維陣列

```
01 public class NonRectangular {
02   public static void main(String[] argv) {
03     int[][] a = new int[3][];
04
05     a[0] = new int[2]; // 有2個元素
06     a[1] = new int[4]; // 有4個元素
07     a[2] = new int[3]; // 有3個元素
08
09     System.out.println("a共有 " + a.length + "個元素。");
10
11     for(int i = 0;i< a.length;i++) {
12       System.out.println("a[" + i + "] 共有 " +
13         a[i].length + "個元素。");
14     }
15   }
16 }
```

執行結果

```
a共有 3個元素。
a[0] 共有 2個元素。
a[1] 共有 4個元素。
a[2] 共有 3個元素。
```

- 第 3 行宣告 a 指向一個擁有 3 個元素的陣列, 每個元素都指向 1 個可以放置 int 型別資料的陣列。
- 第 5 ~ 7 行, 分別為 a[0]、a[1]、與 a[2] 配置了不同大小的陣列。

Java 允許建立這樣的多維陣列。如果以組合櫃的方式來描繪這種陣列, 就會發現這樣組合起來的組合櫃並不是矩形, 因此稱為**非矩形陣列 (Non-Rectangular Array)**。

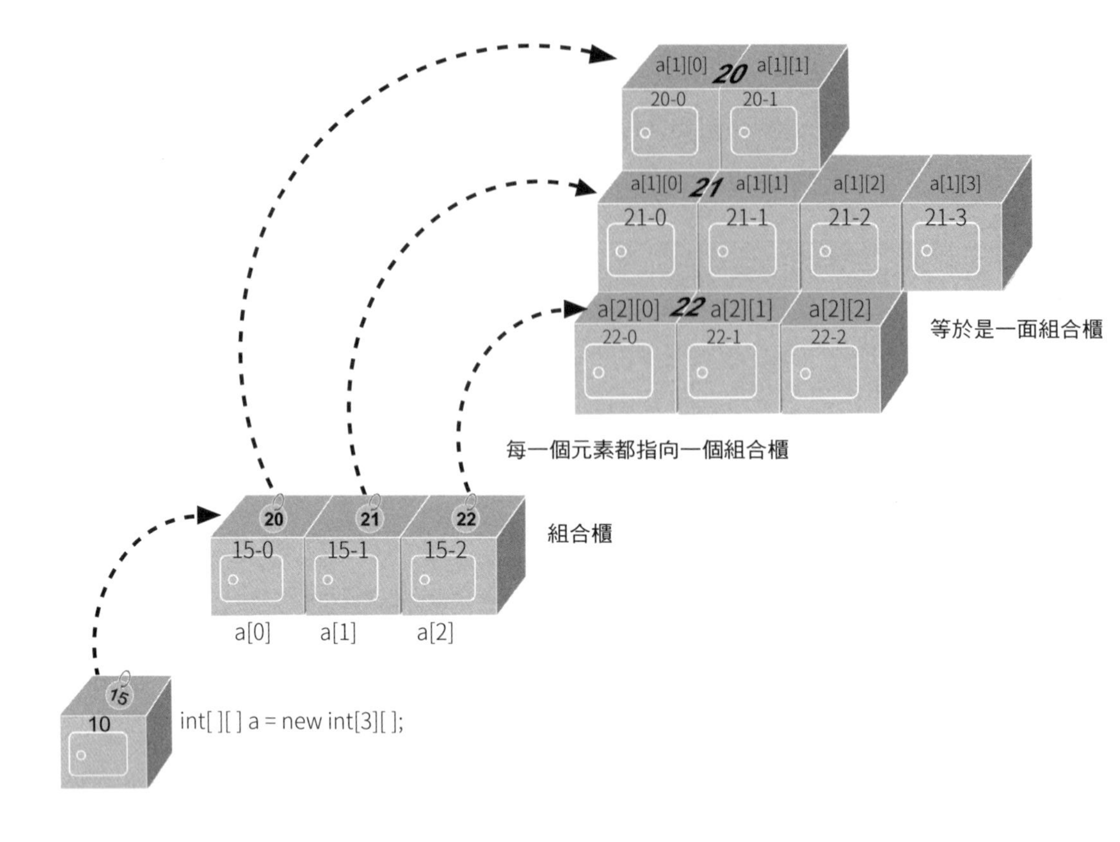

直接配置與設定多維陣列

多維陣列也和 1 維陣列一樣, 可以同時配置並且設定個別元素的內容。只要使用**多層的大括號**, 就可以對應到多維陣列的各個維度, 直接指定要配置的元素個數與元素內容。例如：

程式 MultiArrayInit.java 宣告同時設定多維陣列的內容

```
01 public class MultiArrayInit {
02   public static void main(String[] argv) {
03     // 直接配置與設定元素值
04     int[][] a = {{1,2,3,4},     // 可排列成 2x4
05                  {5,6,7,8}};    // 的型式以方便閱讀
06 
07     System.out.println("a共有 " + a.length + "個元素。");
08 
```

```
09     for(int i = 0;i< a.length;i++) {
10       System.out.println("a[" + i + "] 共有 " +
11               a[i].length + "個元素。");
12
13       for(int j = 0;j < a[i].length;j++)
14         System.out.println(
15                 "a[" + i + "][" + j +  "] : " + a[i][j]);
16     }
17   }
18 }
```

執行結果

```
a共有 2個元素。
a[0] 共有 4個元素。
a[0][0] : 1
a[0][1] : 2
a[0][2] : 3
a[0][3] : 4
a[1] 共有 4個元素。
a[1][0] : 5
a[1][1] : 6
a[1][2] : 7
a[1][3] : 8
```

在第 4、5 行中, 就等於是宣告了陣列變數 a, 指向一個 2 維陣列, 其中每個元素都指向一個擁有 4 個整數的陣列, 同時還設定了個別元素的內容。

存取多維陣列元素的方式也和 1 維陣列一樣, 只要在各維度指定索引碼, 就可以取得指定的元素。舉例來說, a[1][2] 就是多維陣列中第 1 排的組合櫃中的第 2 個保管箱的內容取出來。

另外, 多維陣列也一樣可以和 for-each 迴圈搭配, 例如：

程式 MultiArrayForeach.java 在多維陣列上使用 for-each 迴圈

```
01 public class MultiArrayForeach {
02   public static void main(String[] argv) {
03     int[][] a = {{1,2,3,4},{5,6,7,8}};
04
05     for(int[] i : a) { // 使用for-each
06       for(int j : i) { // 使用for-each
07         System.out.print(j + "\t");
08       }
09        System.out.println("");
10     }
11   }
12 }
```

執行結果

```
1    2    3    4
5    6    7    8
```

- 第 5 行, 由於 a 指向一個 2 維陣列, 因此這個 for-each 迴圈取出的元素是 int[] 型別。
- 第 6 行, 第 2 層的 for-each 迴圈取出來的才是真正的資料。

7-4 參照型別 (Reference Data Type)

在第 3 章曾經提過, 陣列是屬於參照型別的資料, 不過在當時因為還沒有實際介紹參照型別, 因此對於參照型別, 並沒有著墨太多。在這一小節中, 就要詳細探討參照型別的特色, 以及相關的注意事項。

7-4-1 參照型別的特色

我們以底下這個陣列為例來說明參照型別的特性：

```
int[] a = {20,30,40};
```

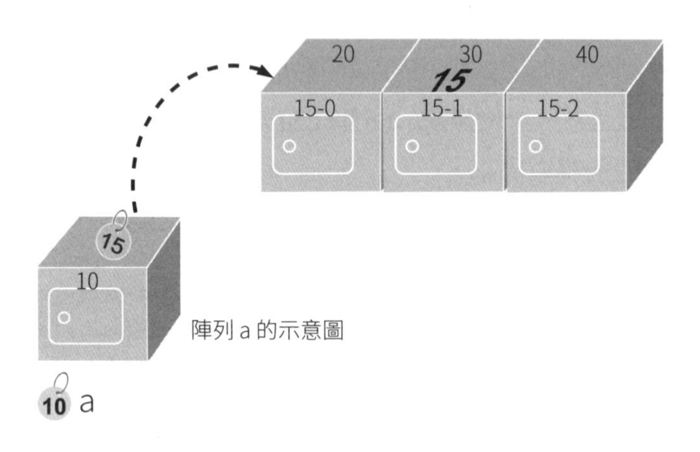

陣列 a 的示意圖

間接存取資料

參照型別的第一個特性是**間接存取資料**, 而不是直接使用變數的內容。舉例來說, 當執行以下這行程式時：

```
a[2] = 50;
```

實際上進行的動作如下：

1. 先把變數 a 的內容取出來, 得到號碼牌 15。
2. 到編號 15 的組合櫃中, 依據索引碼 2 打開組合櫃中第 3 個保管箱, 也就是號碼牌為 15-2 的保管箱。
3. 最後, 才進行指定運算, 將 50 這個整數資料放入保管箱中。

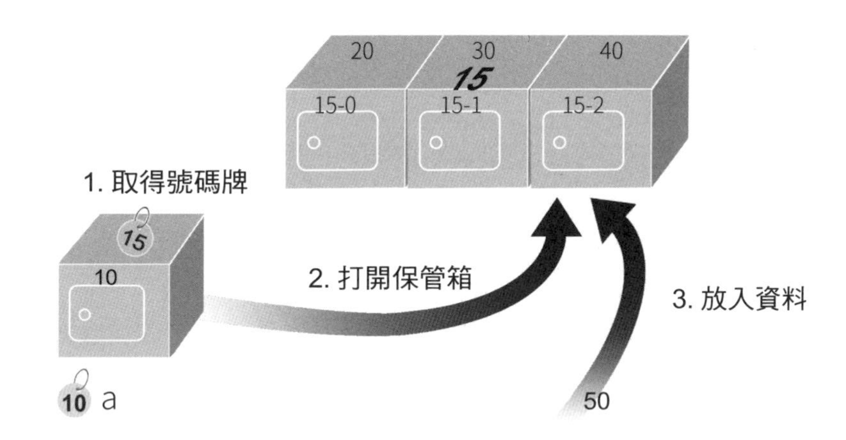

也就是因為在存取資料時, 實際上是**參照**變數所記錄的位址 (號碼牌) 去存取真正的資料, 因此才稱之為是參照型別。

指定運算不會複製資料

先來看看以下這個程式：

程式 ArrayAssignment.java 測試陣列變數的指派運算

```
01 public class ArrayAssignment  {
02   public static void main(String[] argv) {
03     int[] a = {20,30,40};
04     int[] b = a; // 將a的內容放到b中
05
06     b[2] = 100; // 更改陣列b的內容
07
```

```
08      System.out.print("陣列a的元素：");
09      for(int i : a)   // 顯示陣列a的所有元素
10           System.out.print("\t" + i);
11
12      System.out.print("\n陣列b的元素：");
13      for(int i : b)   // 顯示陣列b的所有元素
14           System.out.print("\t" + i);
15   }
16 }
```

執行結果

```
陣列a的元素：    20    30    100
陣列b的元素：    20    30    100
```

如果依照之前對於基本型別資料的觀念，那麼對於執行的結果可能就會覺得奇怪。陣列 a 不是應該是 20 、30 、40，而陣列 b 應該是 20 、30 、100 嗎？怎麼變成一樣的內容了呢？

其實這正是參照型別最特別但也最需要注意的地方。由於參照型別的變數所儲存的是存放真正資料的組合櫃的號碼牌，因此在第 4 行的指定運算中，等於是把變數 a 所儲存的號碼牌複製一個放到變數 b 中，而不是把整個陣列的元素複製一份給變數 b。這也就是說，現在 b 和 a 都擁有同樣號碼的號碼牌，也就等於是 b 和 a 都指向同一個組合櫃：

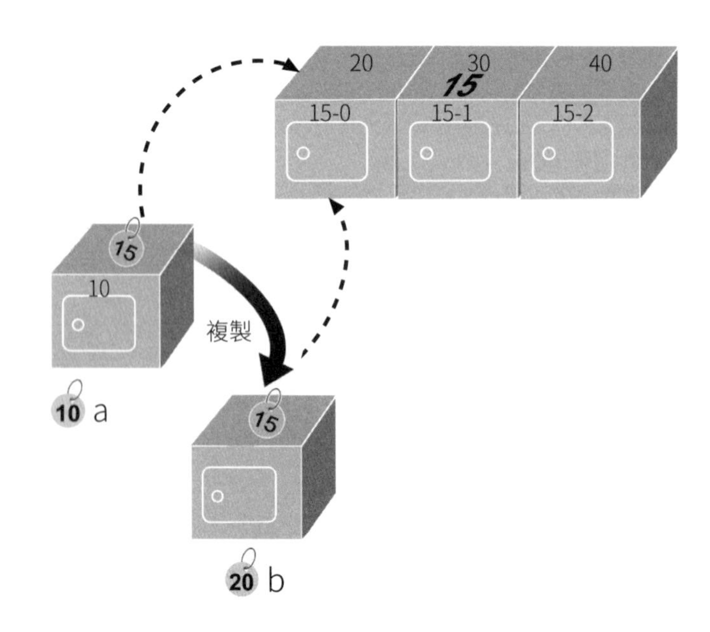

因此, 接下來透過 b 對陣列的操作, 就等於是操作 a 所指陣列, 而現在 a 和 b 根本就是指向同一個陣列, 所以更改的是同一個陣列。

事實上, 對於陣列變數來說, 我們可以隨時變換它所指的陣列, 例如：

程式 NewArray.java 重新配置陣列

```
01 public class NewArray  {
02   public static void main(String[] argv) {
03     int[] a = {20,30,40};   // 原本是 3 個元素的陣列
04
05     System.out.print("陣列a：");
06     for(int i : a)    // 顯示陣列a的所有元素
07       System.out.print("\t" + i);
08
09     a = new int[5]; // 重新配置陣列
10     a[0] = 100;
11     a[1] = 200;
12
13     System.out.print("\n重新配置陣列a：");
14     for(int i : a)    // 顯示陣列a的所有元素
15       System.out.print("\t" + i);
16   }
17 }
```

執行結果

```
陣列a： 20        30        40
重新配置陣列a： 100       200       0        0        0
```

其中第 9 行就重新幫 a 配置陣列, 新的陣列大小也和一開始所配置的陣列大不同, 也就是捨棄了原本的陣列, 再配置一個新的陣列給 a。

重新配置陣列的注意事項

在重新配置陣列時要注意：**不能直接用 {} 來設定元素的值**, 因為這種方式只能用在宣告陣列變數、或搭配 new 使用, 因此若將前面程式第 9 ~ 11 行改成：

```
a = {100,200,0,0,0};  ←— 錯誤！ 不能直接以 { } 指定元素值
a = new int[]{100,200,0,0,0};  ←— 正確！ new 可搭配 { } 使用,
                                    此時 [] 內必須留白
```

7-4-2 資源回收系統（Garbage Collection System）

瞭解了上述的參照型別之後，您可能已經想到了一個問題，如果不斷重新配置陣列，也就是不斷的索取組合櫃，會不會發生組合櫃全部被用光了的情況？為了避免這樣的狀況，Java 設計了一個特別的機制，可以將不再需要使用的組合櫃回收，以供後續需要時使用。這個機制就稱為**資源回收系統**。

參照計數 （Reference Count）

Java 的作法很簡單，它會監控對應於每一個組合櫃的號碼牌個數，以先前的 ArrayAssignment.java 程式為例：

程式 ArrayAssignment.java

```
01 public class ArrayAssignment  {
02   public static void main(String[] argv) {
03     int[] a = {20,30,40};
04     int[] b;
05     b = a; // 將a的內容放到b中
       ..........
```

當程式執行完第 5 行後，變數 a 和 b 都擁有對應同一個陣列的號碼牌，也就是該陣列目前已經發出了 2 個號碼牌。這個數目稱為**參照計數 (Reference Count)**，因為它記錄了目前有多少變數還握有同一個組合櫃的號碼牌，也就是還有多少變數會用到這個組合櫃。

有了參照計數後，資源回收系統就可以在組合櫃的參照計數變為 0 時，認定不再需要使用該組合櫃，因而回收該組合櫃。那麼參照計數在甚麼狀況下才會減少呢？這可以分成 3 種狀況：

- 參照型別的變數**自行歸還**號碼牌：只要將參照型別的變數指定為**字面常數 null**，亦即：

```
int[] a = {10,20,30};
.....
a = null;//表示 a 不再需要使用 {10,20,30} 這個陣列
```

就等於是告訴資源回收系統該變數不再需要使用所握有的號碼牌對應的組合櫃, 這時該組合櫃的參照計數就會減 1。

- 給予參照型別變數其他組合櫃的號碼牌：參照型別變數只能握有一個號碼牌, 如果指派給它另一個組合櫃的號碼牌, 像是重新配置陣列, 它就必須歸還原本的號碼牌, 因此對應組合櫃的參照計數也會減 1。例如：

```
int[] a = {10,20,30};
int[] b = {100,200};
......
a = b; // 取得新的號碼牌, 必須歸還原來的號碼牌
......
```

  當執行了 **a = b** 之後, {10,20,30} 這個陣列的參照計數就減 1 了。

- 參照型別的變數離開有效範圍, 自動失效時。有關這一點, 會在下一章說明。

有了這樣的規則, 資源回收系統就可以知道哪些組合櫃還可能會再用到, 而哪一些組合櫃不可能會再用到了。

回收的時機

一旦發現有閒置的組合櫃之後, **資源回收系統並不會立即進行回收的動作**。這是因為回收組合櫃的工作並不單單只是將其收回, 可能還必須將組合櫃拆開, 或是與其他的組合櫃集中放置等動作, 這些動作都會耗費時間。如果資源回收系統在發現閒置的組合櫃的同時便立即回收, 就可能會影響到程式正在執行的重要工作。

因此, 資源回收系統會先將要回收的組合櫃記錄下來, 等到發現程式似乎沒有在執行繁重的工作, 像是正在等待網路連線的對方回應時, 才進行回收的工作, 因此不會影響到程式的執行效率。

有關參照型別, 在第 8 章介紹物件時還會提到, 這一節主要針對參照型別一般的特性以及與陣列相關的部分做初步的瞭解。

7-5 命令列參數：argv 陣列

雖然到了這一章才介紹陣列, 但事實上之前所展示過的每一個程式, 都已經使用過陣列了。如果您眼尖的話, 一定會注意到每個程式 main( ) 方法的小括號中, 都有 **String[ ] argv** 字樣：

```
public static void main(String[] argv) {
```

根據這一章所學, 這個 argv 無疑是指向陣列的變數, 而且其元素是用來儲存 String 型別的資料, 也就是字串。但是這個 argv 有甚麼作用？又是從何而來呢？在這一節中就要為您詳細的說明。

7-5-1 argv 與 main() 方法

在第 2 章曾經說過, main( ) 方法是 Java 程式的起點, 當我們在命令提示符號下鍵入指令要求執行 Java 程式時, 例如：

```
java ShowArgv.java
```

提醒！也可以先用 javac 編輯再執行, 見第 2 章

Java 虛擬機器就會載入 ShowArgv 程式, 並且從這個程式的 main( ) 方法開始執行。假設程式是用來顯示某個文字檔案的內容, 那麼可能就要將所要顯示檔案的檔名傳入, 此時就可以在命令提示符號下鍵入的指令後面加上額外的資訊, 例如：

```
java ShowArgv.java test.html readme.txt
```

這樣一來, Java 虛擬機器就會配置一個字串陣列, 然後將程式名稱 (以此例來說就是 ShowArgv) 之後的字串, 以空白字元分隔切開成多個單字 (以此例來說, 就有 2 個單字, 一個是 **test.html**、另一個是 **readme.txt**) , 依序放入陣列中。然後, 將這個陣列傳遞給 main() 方法, 而 argv 就會指向這個陣列。因此, 在程式中就可以透過 argv 取出使用者執行您的程式時附加在程式名稱之後的資訊。請看底下這個程式：

程式 ShowArgv.java 顯示命令列傳入的參數

```
01 public class ShowArgv {
02   public static void main(String[] argv) {
03     for(int i = 0;i < argv.length;i++) {
04       System.out.println("第 " + i +" 個參數：" + argv[i]);
05     }
06   }
07 }
```

程式中第 3、4 行就使用了一個 for 迴圈, 將 argv 所指向的字串陣列的元素依序顯示出來。如果您使用以下指令執行這個程式：

```
java ShowArgv.java test.html readme.txt
```

執行的結果就會顯示：

執行結果

```
第 0 個參數：test.html
第 1 個參數：readme.txt
```

如果您要傳遞的資訊本身包含有空白, 可以使用一對**雙引號 (")** 將整串字括起來, 例如：

```
java ShowArgv.java this is a text 測試檔名
```

其中的 this is a text 會被拆解為 4 個單字，如右：

執行結果

```
第 0 個參數：this
第 1 個參數：is
第 2 個參數：a
第 3 個參數：text
第 4 個參數：測試檔名
```

如果 "this is a text" 是單一項資訊, 就得使用一對雙引號括起來：

```
java ShowArgv.java "this is a text" 測試檔名
```

執行結果如右：

執行結果

```
第 0 個參數：this is a text
第 1 個參數：測試檔名
```

其中 "this is a text" 就被當作是一項資訊, 而不會被拆成 this、is、a、text 分開的 4 項資訊了。

7-5-2 argv 陣列內容的處理

由於 argv 指向的是字串陣列, 因此不論在指令行中輸入甚麼資訊, 實際上在 argv 中都只是一串文字。如果您希望傳遞的是數值資料, 那麼就必須自行將由數字構成的字串轉換成為數值, 這可以透過第 5 章介紹過的 **Integer.parseInt( )** 來達成。舉例來說, 如果要撰寫一個程式, 將使用者傳遞給 main( ) 方法的整數數值算出階乘值後顯示出來, 像是這樣：

```
java Factory.java 5
```

要得到 5! 的值, 就必須將傳入的字串 "5" 轉換成整數才行：

程式 Factory.java 計算階乘值

```
01 public class Factory {
02   public static void main(String[] argv) {
03     double fact = 1;
04     int i = 5;                   // 設定預設值 5
05     if(argv.length > 0) // 如果有設定命令列參數
06       i = Integer.parseInt(argv[0]); // 將參數轉換為 int
07
08     System.out.print(i + "!=");   // 輸出訊息開頭
09     for(;i > 0;i--)   // 計算 i!
10       fact *= i;
11     System.out.println(fact);     // 輸出計算結果
12   }
13 }
```

執行結果 1

```
...>java Factory.java   ← 未加參數
5!=120.0
```

執行結果 2

```
...>java Factory.java 55
55!=1.2696403353658264E73
```

程式第 5 行檢查 argv 陣列長度是否大於 0, 若大於 0 (表示有命令列參數), 才讀取該參數字串並轉換成整數再設定給 i。第 9、10 行就是用 i 來計算階乘值。

若要將命令列參數字串轉換成浮點數, 則可改用：

```
double d = Double.parseDouble(argv[0]);
```

TIP 有關將字串轉換成各種基本資料型別的方法, 請參見第 17 章。

7-6 綜合演練

在這一節中, 會把陣列運用在實際的範例中, 讓大家瞭解陣列的用途。

7-6-1 將陣列運用在查表上

陣列最常使用的場合就是在**查表 (Table Lookup)** 上, 以避免在程式中撰寫複雜的條件判斷敘述, 並且在條件數量有所變動時, 只需修改陣列的內容, 而不需修改程式的結構。舉例來說, 假如某個停車場的費用是採計時制, 而且停的越久, 每一時段的停車費率就越高, 若停車費率如右表：

表 7-1

停車時數	費率（元 / 時）
超過 6 小時	100
4~6（含）小時	80
2~4 （含）小時	50
2（含）小時以下	30

那麼如果停車 5 小時, 停車費就是：

```
(5 - 4) * 80 + (4 - 2) * 50 + 2 * 30 = 240
```

如果要撰寫程式來計算的話, 可以採用兩個方法, 一種是使用**多層的條件敘述**, 另一種則是使用**陣列**。以下分別說明, 並比較其中的優劣。

使用多層的條件敘述

您可以使用多層的 if 或是 switch 敘述來撰寫這個程式, 以下是使用 if 的版本 (停車的時數是透過指令行傳入)：

程式 ParkFeeIf.java 以多條件 if 撰寫停車費程式

```
01 public class ParkFeeIf {
02   public static void main(String[] argv) {
03     int hours = 0;
04     int fee = 0;
05
06     // 轉換為 int
07     hours = Integer.parseInt(argv[0]);
08
09     if(hours > 6) { // 先計算超過6小時的部分
10       fee += (hours - 6) * 100;
11       hours = 6;
12     }
13
14     if(hours > 4) { // 計算4~6小時的時段
15       fee += (hours - 4) * 80;
16       hours = 4;
17     }
18
19     if(hours > 2) { // 計算2~4小時的時段
20       fee += (hours - 2) * 50;
21       hours = 2;
22     }
23
24     if(hours > 0) { // 計算2小時內的時段
25       fee += (hours - 0) * 30;
26       hours = 0;
27     }
28
29     System.out.println("停車時數：" + argv[0] + "小時");
30     System.out.println("應繳費用：" + fee + "元整");
31   }
32 }
```

執行結果 1

```
> java ParkFeeIf.java 5
停車時數：5小時
應繳費用：240元整
```

執行結果 2

```
> java ParkFeeIf.java 4
停車時數：4小時
應繳費用：160元整
```

- 第 7 行先將傳入的字串轉為整數, 代表停車的時數。
- 第 8 ~ 26 行利用了 4 個 if 敘述分別對應停車費率的 4 個時段, 依次累加停車費用。

這個程式完全正確, 但如果業者要改停車費率, 比如說改成右表這樣：

表 7-2

停車時數	費率 (元 / 時)
超過 7 小時	100
3 ~ 7 (含) 小時	60
3 (含) 小時以下	30

那就得更改程式, 甚至需要移除或是新增 if 敘述, 平白增加寫錯程式的機會。如果善用陣列, 就可以避免這個缺點。

使用陣列

接著就示範如何使用陣列解決同樣的問題：

程式 ParkFeeArray.java 使用陣列撰寫多條件的程式

```
01 public class ParkFeeArray {
02   public static void main(String[] argv) {
03     int[] hourTable = {0,2,4,6}; // 時段
04     int[] feeTable = {30,50,80,100}; // 時段費率
05     int hours = Integer.parseInt(argv[0]); //停車時數
06     int fee = 0; //停車費用
07
08     int i = hourTable.length - 1;
09     while(i > 0) {// 先找出最高費率區段
10       if(hourTable[i] < hours)
11         break;
12       i--;
13     }
```

```
14
15     while(i >= 0) { // 由最高費率區段往下累加
16       fee += (hours - hourTable[i]) * feeTable[i];
17       hours = hourTable[i];
18       i--;
19     }
20
21     System.out.println("停車時數：" + argv[0] + "小時");
22     System.out.println("應繳費用：" + fee + "元整");
23   }
24 }
```

- 在第 3、4 行為儲存停車費率的陣列。其中, hourTable 記錄了各個時段的分隔點, 而 feeTable 則記錄了各個時段的收費標準。
- 在第 8 ~ 13中, 就依據停車時數在 hourTable 陣列中先找出所到達的最高費率時段。
- 第 15 ~ 19 行就是從找到的最高費率時段開始, 往下依次累加停車費用。

雖然這個程式看起來似乎沒有使用 if 的版本簡單, 可是因為採用了查表的方式, 即便停車費率的時段或是價格異動, 也只需修改陣列中的資料, 程式的邏輯部分完全不需要更改。舉例來說, 如果費率更改為如表 7-2, 那麼只要將第 3、4 兩行的陣列初始資料改成如下, 就可以計算新的費率了：

```
03     int[] hourTable = {0,3,7}; // 時段
04     int[] feeTable = {30,60,100}; // 時段費率
```

7-6-2 找出最大與最小值

陣列經常用來存放大量供程式處理的資料, 所以常見的操作就是搜尋與排序。**搜尋**就是在陣列中找出符合特定條件的資料；**排序**則是將陣列元素依由大到小或由小到大的順序重新排列。

例如前面停車費率計算的例子, 就要在時數陣列中**搜尋**到符合停車時數的時段。另一種常見的**搜尋**應用, 則是找出最大、最小值。舉例來說, 氣象局在各

地都裝置有蒐集氣象資料, 像是氣溫、濕度等的儀器, 這些設備會每隔一段時間自動記錄數值。如果要從這些全台目前溫度資料中找出最高與最低的數值, 就必須一一檢查每個元素的內容了。

程式 FindMinMax.java 找出最低與最高溫度

```
01 public class FindMinMax {
02
03   public static void main(String[] argv) {
04     int[] temp = {21,18,21,23,25,25,24,22,22,16}; // 溫度
05     int min = temp[0]; // 先將最低溫度設為任一個元素
06     int max = temp[0]; // 先將最高溫度設為任一個元素
07
08     for(int i : temp) { // 一一比較每個元素值
09       if(i < min){
10         min = i; // 更新最低溫度
11       }
12       if(i > max) {
13         max = i; // 更新最高溫度
14       }
15     }
16
17     System.out.println("全台目前最低的溫度是：" + min + "度");
18     System.out.println("全台目前最高的溫度是：" + max + "度");
19   }
20 }
```

執行結果

```
全台目前最低的溫度是：16度
全台目前最高的溫度是：25度
```

- 第 5 、6 行先將記錄最小值與最大值的變數設為陣列元素 0 的值, 之後就可以一一比對陣列中的元素值, 找出最小與最大的值。
- 第 8 ~ 15 行就利用 for-each 迴圈, 一一比對陣列中的各個元素。

7-6-3 搜尋二維陣列

如果資料是存成像二維陣列的表格格式，這時候也常會做『縱向』的搜尋。例如用陣列存放不同地區的每月平均降雨量，如果要『比較不同地點，同一月份』的降雨量，此時就要調整搜尋迴圈的操作方式。

程式 RainArray.java 在二維陣列中搜尋

```
01 public class RainArray {
02   public static void main(String[] argv) {
03     String[] city= {"臺北", "基隆", "宜蘭"};
04     double[][] rain= // 月平均雨量
05            // 一月     二      三      四      五      六
06             {{83.2 , 170.3, 180.4, 177.8, 234.5, 325.9},  // 臺北
07              {331.6, 397.0, 321.0, 242.0, 285.1, 301.6},  // 基隆
08              {147.0, 182.3, 127.5, 138.4, 211.7, 214.2}}; // 宜蘭
09     int indexMin=0, indexMax=0;  // 最低、高的城市索引先設為 0
10
11     // 找各月份雨量最低、最高者
12     for(int month=0; month<6; month++){
13       for(int i=0; i<rain.length; i++) { // 找最低、最高平均雨量
14         if(rain[i][month] < rain[indexMin][month])
15           indexMin = i; // 更新平均雨量最低的城市索引
16
17         if(rain[i][month] > rain[indexMax][month])
18           indexMax = i; // 更新平均雨量最高的城市索引
19       }
20
21       System.out.println((month+1)+"月平均雨量最低："
22                  + city[indexMin] + "\t最高：" + city[indexMax]);
23     }
24   }
25 }
```

執行結果

```
1月平均雨量最低：臺北	最高：基隆
2月平均雨量最低：臺北	最高：基隆
3月平均雨量最低：宜蘭	最高：基隆
4月平均雨量最低：宜蘭	最高：基隆
5月平均雨量最低：宜蘭	最高：基隆
6月平均雨量最低：宜蘭	最高：臺北
```

- 第 4～8 行就是將臺北、基隆、宜蘭 3 個地方的 1～6 月平均雨量存成二維陣列的情形。

- 第 12～23 行就是搜尋各月份平均雨量最低及最高者的迴圈, 此部份的處理方式和前一個範例相似。只不過這次是對 3 個 1 維陣列同一索引元素來比較大小。

  此外程式中記錄的不是最低、最高的值, 而是最低、最高值所在陣列的索引, 也就是城市名稱的索引, 所以在第 21、22 行就能用此索引找出城市名稱字串。

7-6-4 排序 (Sorting)

排序也是常見的資料處理。在這一節中, 我們要介紹一種最簡單的排序方法, 稱為**氣泡排序法 (Bubble Sort)**。假設陣列中有 n 個元素, 氣泡排序法就依據以下步驟進行排序：

1. 第 1 輪先從索引碼為 0 的元素開始, 往後兩兩相鄰元素相比, 如果前面的元素比後面的元素大, 就把兩個元素對調。這樣數值較大的元素會漸漸往後移, 一直比對到陣列最後, 索引碼為 n-1 的這個元素 (也就是陣列的最後一個元素) 必定是最大的元素。

2. 重複上述的步驟, 依序將第 2 大、第 3 大、....、第 i 大的元素移到正確的位置。第 i 輪僅需比對到第 n-i 個元素即可, 因為後面的元素已經依序排好了。

以底下的資料為例：

```
23 33  5  7 46 54 35 99
```

排序的過程如下：

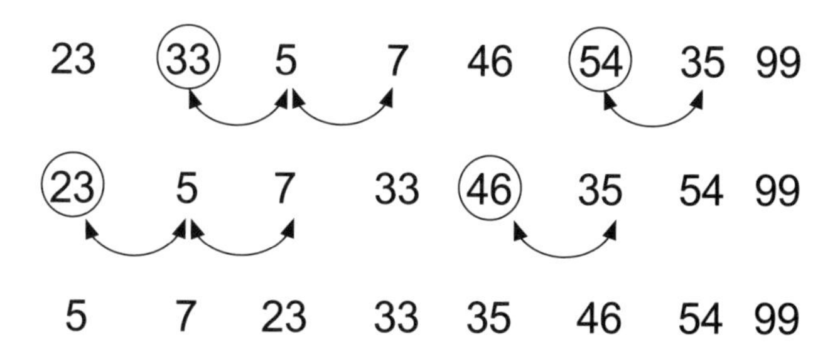

您可以從排序的過程中看到，數值大的元素會漸漸地往右移動，就好像氣泡不斷地往上浮一樣，這也正是氣泡排序法的名稱由來。

以程式來表達就如下所示：

程式 BubbleSort.java 氣泡排序法

```
01 public class BubbleSort {
02 
03   public static void main(String[] argv) {
04     int[] data = {23,54,33,5,7,46,99,35}; // 未排序的資料
05     int temp; // 用來交換元素的暫存變數
06 
07     for(int i = 0;i < data.length - 1;i++) {
08       // 共需進行元素個數-1輪
09       for(int j = 0;j < data.length - 1 - i;j++ ) {
10         // 第i輪比對到倒數第i+1個元素
11         if(data[j] > data[j + 1]) {
12           temp = data[j];
13           data[j] = data[j + 1];
14           data[j + 1] = temp;
15         }
16       }
17 
18       for(int k:data) {
19         System.out.print(" " + k);
20       }
21       System.out.println("");
22     }
23   }
24 }
```

執行結果

```
23 33 5 7 46 54 35 99
23 5 7 33 46 35 54 99
5 7 23 33 35 46 54 99
5 7 23 33 35 46 54 99
5 7 23 33 35 46 54 99
5 7 23 33 35 46 54 99
5 7 23 33 35 46 54 99
```

- 第 7 行的第 1 層迴圈控制了進行第幾輪，而第 9 行的第 2 層迴圈進行相鄰元素兩兩比對的工作。

- 第 12 ~ 14 行進行元素交換的動作。

從執行結果也可以看到, 後面幾輪的迴圈其實並不需要進行, 因為資料已經完全排好順序。因為氣泡排序法只是一種簡單的方法, 就效率來看, 還有其他更好的作法, 有興趣的讀者可以參考其他相關書籍。

7-6-5 利用陣列儲存計算結果

陣列也常用於儲存程式的計算結果, 以供後續進一步利用, 或做資料統計等。例如我們想知道擲多顆骰子時, 各種點數的出現機率, 就可利用陣列來計算。以 2 顆骰子為例, 就用程式算出 6x6=36 種點數組合, 並將各種點數和 (可能是 2～12 點) 的出現次數存到陣列中：

程式 PlayDice.java 統計擲骰的點數出現機率

```
01 public class PlayDice {
02   public static void main(String[] argv) {
03     int[] data = new int[13]; // 儲存擲骰點數出現次數
04     int base=0;
05     for(int i=1;i<=6;i++)      // 2 個迴圈分別代表 2 個骰子
06       for(int j=1;j<=6;j++) { // i+j 就是擲出的點數
07         data[i+j]++;           // 將代表次數的元素加 1
08         base++;                // 加總擲骰組合次數
09       }
10
11     for(int point=0;point<data.length;point++)
12       if(data[point]>0)
13         System.out.println("擲出"+ point + "點的機率為" +
14                              base+ "分之" + data[point]);
15   }
16 }
```

執行結果

```
擲出2點的機率為36分之1
擲出3點的機率為36分之2
擲出4點的機率為36分之3
擲出5點的機率為36分之4
擲出6點的機率為36分之5
擲出7點的機率為36分之6
擲出8點的機率為36分之5
擲出9點的機率為36分之4
擲出10點的機率為36分之3
擲出11點的機率為36分之2
擲出12點的機率為36分之1
```

- 第 3 行的 data 陣列是用來儲存各種點數和出現次數, 雖然 2 個骰子只可能出現 2～12 點, 但此處故意宣告大小為 13 的陣列。讓 2～12 的點數可直接用來當元素索引值, 如此可簡化程式的處理工作。
- 第 5～9 行用巢狀迴圈計算所有骰子點數的出現次數, 第 7 行算出的 i+j 就是點數和, 所以直接用它當索引, 將 data[i+j] 的值加 1 (初始值 0), 表示 i+j 點的出現次數加 1。
- 第 11～14 行用迴圈輸出所有點數出現機率。由於第 3 行宣告較大的陣列, 其中索引 0、1 的元素 (代表 0 點、1 點) 根本沒用到, 所以第 12 行用 if 判斷元素值大於 0 的才會被輸出。

學習評量

1. (　　) 有關陣列的敘述, 下列何者錯誤？
   (a) 陣列是參照型別
   (b) 陣列必須使用 new 配置空間
   (c) 陣列的元素可以存放不同型別的資料
   (d) 陣列的 length 屬性可以取得元素的個數

2. (　　) 以下程式片段何者有錯？
   (a) int[] i;
   (b) int i[];
   (c) int[] i = {10,20,30}
   (d) int [] i;

3. (　　) 以下程式片段何者有錯？
   (a) int[] a= {1,2,3,4};
   (b) int[3] a = {1,2,3};
   (c) int[] a = new int[];
   (d) int[][] a = {{1,2},{3,4}};

4. (　　) 以下何者正確？

(a) int[] a = New int[2];　(b) int[][] a = new int[][2];
(c) int[] a = {2.0,3};　(d) int[][][] a = new [2][][];

5. (　　) 請問以下程式執行後，會顯示何者：

```
01 public class Ex07_05 {
02   public static void main(String[] argv) {
03     int[] a = {5,6,7,8};
04     int[] b = {1,2,3,4};
05
06     System.out.println(b[(a=b)[2]]);
07   }
08 }
```

(a) 3 (b) 4 (c) 8 (d) 6

6. 請說明以下程式何處錯誤？

```
01  public class Ex07_06 {
02    public static void main(String[] argv) {
03      int[] a = {5,6,7,8};
04
05      for(int i : a)
06        System.out.println(i);
07
08      a = {1,2,3,4};
09
10      for(int i : a)
11        System.out.println(i);
12    }
13  }
```

7. (　　) 關於以下程式，何者錯誤？

```
int[][] a = new int[3][2];
```

(a) a 指向一個 2 維陣列　(b) a 指向一個擁有 3 個元素的陣列
(c) a[1] 指向一個陣列　(d) a[3] 所指的陣列擁有 2 個元素

8. (　　) 以下程式執行後，何者錯誤？

```
01 public class Ex07_08 {
02   public static void main(String[] argv) {
03     int[] a = {5,6,7,8};
04     int[] b = {1,2,3,4};
05     int[] c;
06 
07     c = a;
08     a = b;
09     b = c;
10   }
11 }
```

(a) a[3] 為 8
(b) a[3] 為 4
(c) c[3] 為 8
(d) c[3] 為 4

9. 請將以下程式改正：

```
01 public class Ex07_09 {
02   public static void main(String[] argv) {
03     int[] a = {5,6,7,8};
04 
05     int i;
06     for(i : a) {
07       System.out.println(a[i]);
08     }
09   }
10 }
```

10.(　　) 以下何者為真？

(a) Java 利用參照計數來計算陣列的元素個數
(b) Java 會在程式不再需要使用陣列時立即回收陣列
(c) 陣列之間不能使用指定運算
(d) 以上皆非

程式練習

1. 請依據表 7-2 的費率, 修改 ParkFeeIf.java 以及 ParkFeeArray.java 程式, 計算修改後的停車費。

2. 修改本章 7-6-5 節範例 PlayDice.java, 將程式改成計算擲 3 個骰子時, 各種點數出現的機率。

3. 請嘗試修改 BubbleSort.java, 將陣列內的資料排成由大到小的順序。

4. 請撰寫程式, 將陣列的內容反轉, 舉例來說, 如果陣列的內容如下：

```
30,20,10,5,34
```

   您的程式必須將陣列內容改為：

```
34,5,10,20,30
```

5. 請撰寫一個程式, 宣告一個 1 維的整數陣列, 並計算元素中所有元素的立方和。

6. 請撰寫一個程式, 宣告 2 個陣列變數 a 與 b, 分別指向擁有同樣個數元素的陣列, 並且將 a 中元素依據 b 中對應位置的元素值來調換位置。舉例來說, 如果 a 與 b 的內容如下：

```
陣列 a： 20,30,40,50
陣列 b： 1,3,0,2 ← 就是要將 a 改成:a[1]=20, a[3]=30, a[0]=40, a[2]=50
```

   您的程式必須將陣列 a 的內容更改為：

```
40,20,50,30
```

7. 請撰寫程式, 利用篩選法找出 1 ~ 100 之間的質數。所謂的篩選法是這樣的, 如果要找出 1 ~ n 之間的質數, 步驟如下：

   (1) 宣告一個有 n + 1 個元素的 Boolean 陣列。

   (2) 將每個元素的值都設為 true。

   (3) 以 2 的倍數為索引碼，將索引碼所指的元素設為 false；再以 3 的倍數為索引碼，重複同樣的動作，依此類推，一直到 n 為止。

   (4) 陣列中元素值為 true 的索引碼就是質數。

8. 請撰寫一個程式, 透過命令列參數傳入任意個數的數值, 將這些數值排序後顯示出來。

9. 請修改 ParkFeeArray.java, 改用一個 2 維陣列來計算停車費。

10. 請撰寫一個程式, 找出陣列中是否有某個元素的索引碼與元素值相等。

物件導向程式設計 (Object-Oriented Programming)

學習目標

- 瞭解甚麼是物件？
- 學習用物件導向的方式思考問題
- 定義類別
- 產生物件
- 利用物件的互動來構築程式

到這一章為止, 所有的範例都很簡單, 大部分的程式都是利用 main() 方法中循序執行的敘述, 完成所需的工作。但在比較複雜或是中、大型的程式中, 這樣的寫法就很難應付所需了, 其實 Java 提供有一種比較好的程式設計模式, 也就是**物件導向程式設計**。物件導向是 Java 的核心觀念。

在這一章中, 會先針對物件導向的基本觀念做一個入門的介紹, 然後在後續各章中, 再針對進階的主題深入探討。

8-1 認識類別與物件

我們可以將 Java 程式比擬為一齣舞台劇, 來說明物件導向程式設計的概念。要上演一齣舞台劇, 首先必須將自己想要表達的理念構思好, 然後將劇裡所需要的角色、道具描繪出來, 並且將這些元素搭配劇情撰寫出劇本；最後, 再由演員及道具在舞台上依照劇本實際的演出。以下就分別說明 Java 程式中相對於一齣舞台劇的各個元素。

8-1-1 類別 (Class) 與物件 -- Java 舞台劇的角色與演員

一齣舞台劇有了基本的構思之後, 接下來就要想像應該有哪些角色來展現這齣劇, 每一種角色都會有它的特性以及要做的動作。

舉例來說, 如果演出『西遊記』, 不可缺少的當然是美猴王這位主角, 它有多種表情、還能夠 72 變。除了美猴王以外, 當猴子猴孫的小猴子也少不了, 這些小猴子可能有 3 種表情, 而且可以東奔西跑等等。

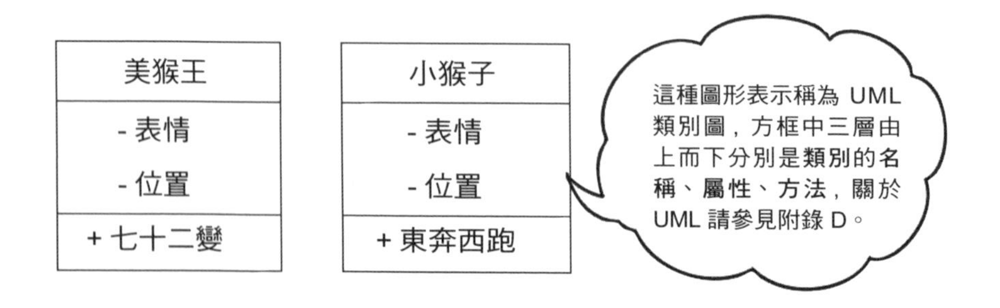
美猴王
- 表情
- 位置
+ 七十二變
小猴子
- 表情
- 位置
+ 東奔西跑
這種圖形表示稱為 UML 類別圖, 方框中三層由上而下分別是類別的名稱、屬性、方法, 關於 UML 請參見附錄 D。

舞台上除了演員外，可能還需要一些佈景或道具，例如『西遊記』中美猴王騰雲駕霧，舞台上可少不了雲。雲可能有不同顏色，也可以飄來飄去，而且同時間舞台上可能還需要很多朵雲。

雲
- 顏色 - 位置
+ 飄動

不論是要演員演的、還是由道具來表現的，以下我們通稱為**角色**。在劇本中就描述這些角色的特性與行為，及全劇的進行，然後再找演員或是製作道具來實際演出。有些角色，像是小猴子，可能就會有好幾個，就得找多個演員來演出同一個角色，只是每一個猴子站的位置、表情不一樣。

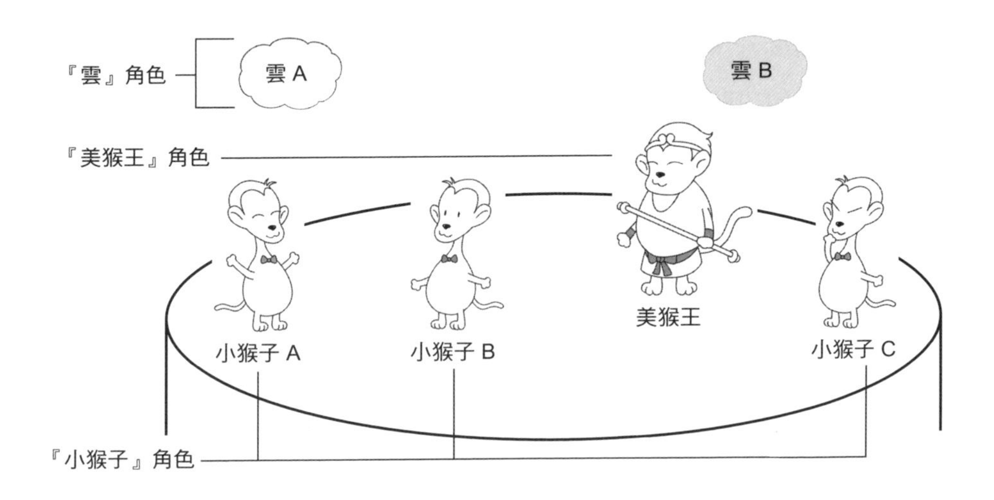

在 Java 中，每一種角色就稱為一種**類別 (Class)**， 類別可以用來描述某種角色的**屬性**與**行為**；實際在程式執行時演出這種角色的演員或道具就稱為此類別的**物件 (Object)**，物件就依循類別所賦予的屬性與行為，按照程式流程所描繪的劇本演出。以上圖為例，『小猴子』角色就是一種**類別**，而『小猴子 A、小猴子 B、小猴子 C』則分別是由不同演員扮演，表情、位置各有不同的小猴子**物件**。

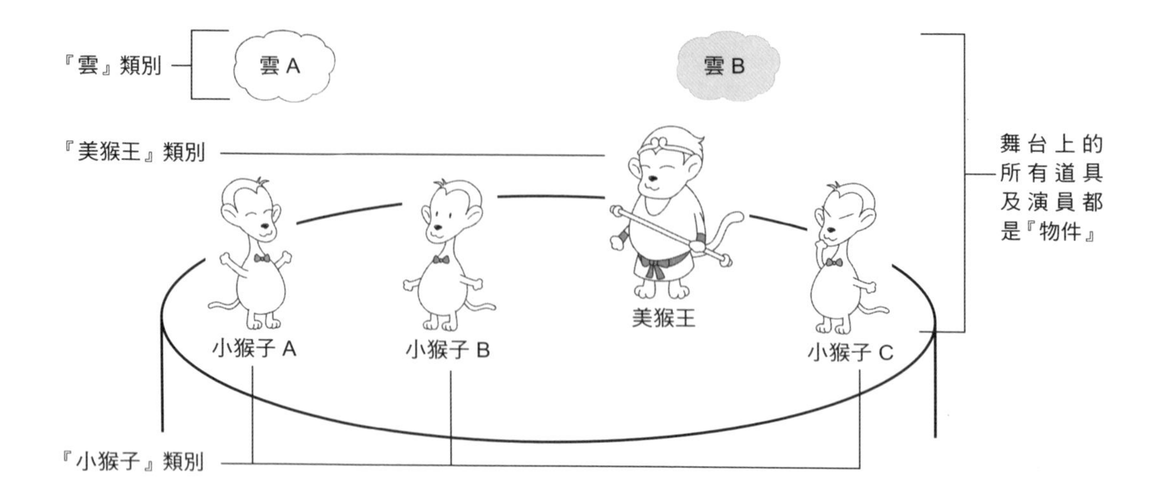

8-1-2 程式流程 -- Java 舞台劇的劇本

構思好了各個角色後，接著就是劇本了。哪個演員應該在甚麼時候上場、做甚麼動作、站在哪個位置、講甚麼話，這些就是劇本應該描述清楚的內容。其實劇本也就是整個舞台劇的流程，描繪了每個演員的上場順序、對話內容先後、位置移動等等。

對於 Java 程式也是一樣，第 5、6 章所討論的**流程控制**正是用來安排程式執行時的順序，也就是程式的劇本。哪個物件應該在甚麼時候登場、各個物件在某個時候應該做甚麼動作？這些就是流程控制所要掌控的事情。有了流程控制，所有的物件就照著劇本演出 (執行) 程式了。

8-1-3 main () 方法 -- Java 舞台劇的舞台

舞台劇顧名思義，當然要有個舞台，讓各個演員能夠在上面演出。對 Java 來說，它的主要舞台就是 **main() 方法**。在第 2 章中曾經提到過，每個 Java 程式都必須要有一個 main() 方法，它也是 Java 程式執行的起點。因此 main() 方法裡頭所撰寫的敘述，就相當於 Java 程式的劇本，而實際執行時，main() 方法就像是 Java 程式的舞台，讓所有的物件依據流程一一登場。

8-2 定義類別與建立物件

使用物件導向的方式設計 Java 程式時, 最重要的一件事就是擬定程式中需要哪些角色, 透過這些角色來執行所要達成的工作。以 Java 的角度來說, 也就是規劃出程式中要有哪些**類別**, 並且實際描述這些類別的**特性**與**行為**。

8-2-1 定義類別

在 Java 中, 要描繪類別, 需使用 class 敘述, 其語法如右：

```
class 類別名稱 {
    敘述1
    ....
    敘述n
}
```

class 保留字後面就是所要定義的**類別名稱**, 接著是一個區塊, 稱為**類別本體** (Class Body) , 其內容就是描述此類別的屬性與行為。舉例來說, 我們要設計一個代表 IC 卡 (例如悠遊卡) 的類別, 基本的結構如下：

```
class IcCard {  // 代表 IC 卡的類別
  // 卡片的屬性
  // 卡片的行為
}
```

宣告類別之後, 就可以用它來建立物件。回顧第 2 章用基本型別建立變數時, 我們會先宣告變數名稱, 再設定一個初始值給它。而使用類別建立物件, 就好比是用一個新的資料型別 (類別) 來建立一個類別變數 (物件) , 比較特別的是, 我們必須用 **new 算符**來建立物件：

程式 Card1.java 使用 new 算符建立物件

```
01 class IcCard {  // 代表 IC 卡的類別
02   // 卡片的屬性
03   // 卡片的行為
04 }
05
```

```
06 public class Card1 {
07   public static void main(String[] argv) {
08     IcCard myCard, hisCard;   // 宣告物件變數
09
10     myCard = new IcCard();    // 建立物件
11     hisCard = new IcCard();   // 建立物件
12   }
13 }IcCard myCard, hisCard;  // 宣告物件
```

第 6 行 Card1 類別中包含了 main() 方法, 也就是要讓 IC 卡角色登場的舞台。程式中第 8 行先宣告了 2 個 IcCard 物件變數, 此部份和用基本型別宣告變數沒什麼不同。不過當程式宣告基本型別的變數, Java 就會配置變數的記憶體空間；但是宣告物件變數時, Java 僅是建立了指向 (參照) 物件的變數 (程式中第 8 行的 myCard、hisCard) , 並不會實際配置物件的記憶體空間, 必須再如第 10、11 行使用 new 算符, 才會建立實際的物件。

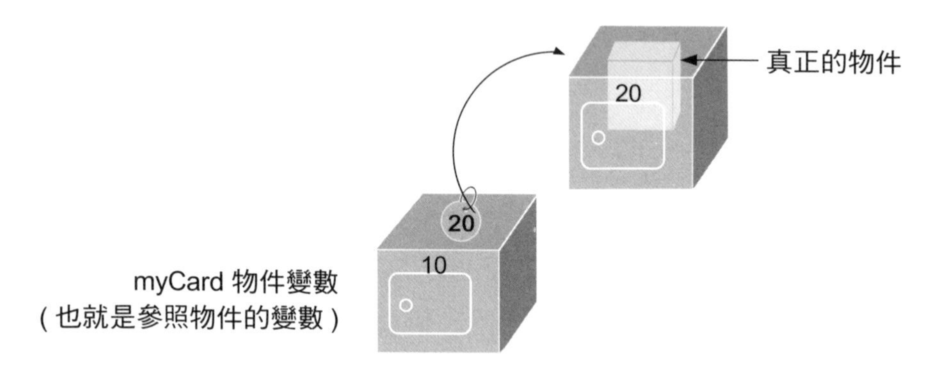

在 new 算符後面, 呼叫了與類別同名的方法, 此方法稱為**建構方法** (Constructor) , 在此先不探究其內容, 留待下一章再介紹。我們目前只要知道呼叫建構方法時, Java 即會配置物件的記憶體空間, 並傳回該配置空間的位址。我們也可以將宣告變數和建立物件的敘述放在一起：

```
IcCard myCard = new IcCard();
```

現在的 IcCard 類別還只宣告了類別的名稱, 在類別中並未定義任何內容, 從下一小節開始, 我們就要一步步的勾勒出類別的輪廓。

8-2-2 成員變數 -- 類別的屬性

在類別中, 需使用**成員變數** (Member Variable) 來描述類別的屬性, 在 Java 中又稱其為類別的**欄位** (Field)。成員變數的宣告方式, 和前幾章所用的一般變數差不多, 例如卡片類別要記錄卡號和卡片餘額, 可設計成：

```
class IcCard {  // 代表 IC 卡的類別
  long id;      // 卡號
  int money;    // 卡片餘額
}
```

有了成員變數時, 即可在程式中存取物件的成員變數, 存取成員變數的語法為：

物件.成員變數

小數點符號 (.) 就是用來取得物件成員變數的算符, 透過這個方式, 就能像存取一般變數一樣, 使用物件中的成員變數。

程式 Card2.java 類別屬性：成員變數

```
01 class IcCard {  // 代表 IC 卡的類別
02   long id;       // 卡號
03   int money;     // 卡片餘額
04 }
05
06 public class Card2 {
07   public static void main(String[] argv) {
08     IcCard myCard = new IcCard();    // 建立物件
09
10     myCard.id = 0x336789AB;   // 設定成員變數值
11     myCard.money = 300;
12
13     System.out.print("卡片卡號 "+ myCard.id);
14     System.out.println(", 餘額 " + myCard.money + " 元 ");
15   }
16 }
```

提醒！這裡的 main() 在第二個類別, 要先用 javac 命令編譯, 才能用 java 命令執行, 請參見第 2 章說明, 後面的範例亦同。

執行結果

```
卡片卡號 862423467, 餘額 300 元
```

第 8 行建立物件後, 在第 10、11 行透過 **. 算符**, 將數值指定給該物件的成員變數。舉例來說, 第 11 行的 myCard.money , 就是取得 myCard 物件的成員變數 money , 您可以將 myCard.money 讀做『物件 myCard **的**成員變數 money』。在第 13、14 行, 則以相同的方式取出數值並輸出。

TIP 在定義成員變數時, 也可以直接指定初始值, 例如上例第 3 行可改為「int money = 100;」來指定初始值為 100。若未指定初始值, 則數值型別 (如 int、long) 的變數預設為 0, boolean 變數預設為 false, 而參照型別 (如 String) 的變數則預設為 null。

8-2-3 方法 (Method) -- 類別的行為

要想登台演出, 光是為各個角色描繪特性還不夠, 因為還沒有提供這些角色可以做的動作, 就算站上舞台也只是不會動的木偶, 無法演出。要讓物件可以做動作, 就必須在類別中, 用**方法** (Method) 來描述物件的行為, 定義方法的語法如下:

```
傳回值型別 方法名稱(參數型別 參數名稱 ...) {
    敘述 1
    .....
    敘述 n
}
```

方法名稱就代表類別可進行的動作, 而小括弧的部份稱為參數列, 列出此方法所需的**參數**。參數的用途是讓我們可將必要的資訊傳入方法之中, 若不需傳入任何資訊, 小括弧內可留空。大括號 { } 的部份即為方法的**本體**, 就是用敘述組合成所要執行的動作, 當然也可以再呼叫其它的方法。

TIP 由於方法代表類別的動作, 因此一般建議用英文動詞當成方法名稱的首字。例如: getData()、setData()。

方法和運算式類似, 可以有一個**運算結果**, 這個運算結果稱為方法的**傳回值 (Return Value)** 。在方法名稱前面的**傳回值型別 (Return Type)** 就標示了運算結果的型別, 例如 int 即表示方法會傳回一個整數型別的結果, 此時就必須在方法本體中用 **return** 敘述將整數資料傳回:

```
int getSomething() {
  .....
  return X;      // 假設 X 為某個整數
}
```

如果方法不會傳回任何結果, 可將方法的型別設為 void , 方法中也不必有 return 敘述。但如果方法中有使用 return , 則 return 之後必須保持空白 (即 return;) , 而不可加上任何資料。

要在 main() 中呼叫類別的方法, 與存取成員變數一樣, 都是用小數點, 例如:『物件 . 方法名稱 ()』。呼叫方法時, 程式執行流程會跳到此方法本體中的第一個敘述開始執行, 一直到**整個本體結束**或是**遇到 return 敘述**為止, 然後再跳回原處繼續執行。

我們就用卡片類別為例, 示範如何為類別設計方法, 及如何使用方法:

程式 Card3.java 定義及呼叫類別的方法

```
01 class IcCard {   // 代表 IC 卡的類別
02   long id;        // 卡號
03   int money;      // 卡片餘額
04
05   void showInfo() {   // 顯示卡片資訊的方法
06     System.out.print("卡片卡號 "+ id);
07     System.out.println(", 餘額 " + money + " 元 ");
08   }
09 }
10
11 public class Card3 {
12   public static void main(String[] argv) {
13     IcCard myCard = new IcCard();    // 建立物件
14
15     myCard.id = 0x336789AB;   // 設定成員變數值
16     myCard.money = 300;
17
18     myCard.showInfo();         // 呼叫方法
19   }
20 }
```

執行結果

```
卡片卡號 862423467, 餘額 300 元
```

這個程式的執行結果和前一個範例 Card2.java 相同, 但我們將輸出卡片資訊的相關敘述, 重新設計成類別方法 showInfo()。

- 第 5 ~ 8 行就是顯示物件資訊的 showInfo() 方法, 其傳回值型別為 void, 表示這個方法不會傳回運算結果。另外, 方法名稱後面的小括號是空的, 也表示使用這個方法時並不需要傳入任何參數。

- 第 6、7 行存取類別的成員變數時, 並未加上物件名稱。這是因為用物件呼叫方法時 (第 18 行), 方法中存取的就是該物件的成員, 所以直接指定成員變數的名稱即可。

- 第 18 行即以『物件 . 方法名稱 ()』的語法呼叫方法, 由於方法會取得目前呼叫物件 (此處為 myCard) 的屬性, 所以 showInfo() 方法所輸出的, 就是在第 15、16 行所設定的值。

8-2-4 使用物件

各自獨立的物件

前面說過類別就像是角色, 我們可以找多位演員來演出, 但他們彼此都是獨立的, 擁有各自的屬性。前面的範例都只建立一個物件, 所以體會不出類別與物件的差異, 如果我們建立多個物件, 並分別設定不同的屬性, 就能看出物件是獨立的, 每個物件都會有各自的屬性 (成員變數) , 互不相干：

程式 Card4.java 建立兩個同型物件

```
01 class IcCard {   // 代表 IC 卡的類別
02   long id;       // 卡號
03   int money;     // 卡片餘額
04
05   void showInfo() {   // 顯示卡片資訊的方法
06     System.out.print("卡片卡號 "+ id);
07     System.out.println(", 餘額 " + money + " 元 ");
08   }
09 }
10
```

```
11 public class Card4 {
12   public static void main(String[] argv) {
13     IcCard myCard = new IcCard();    // 建立物件
14     myCard.id = 0x336789AB;   // 設定成員變數值
15     myCard.money = 300;
16
17     IcCard hisCard = new IcCard();  // 建立另一個物件
18     hisCard.id = 0x3389ABCD; // 設定成員變數值
19     hisCard.money = 999;
20
21     myCard.showInfo();          // 呼叫方法
22     System.out.println();
23     hisCard.showInfo();         // 呼叫方法
24   }
25 }
```

執行結果

```
卡片卡號 862423467, 餘額 300 元

卡片卡號 864660429, 餘額 999 元
```

在第 13、17 行時分別建立了 2 個物件, 接著設定其成員變數的值, 最後在第 21、23 行呼叫 showInfo() 方法。由執行結果可看出, 兩個物件各自擁有一份 id、money 成員變數, 互不相干。

物件變數都是參照

由於物件是參照型別, 因此也和陣列一樣, 做指定運算及變更成員變數值時, 要特別清楚參照與實際物件的差異。例如：

程式 Unique.java 物件變數儲存的是參照

```
01 class Test { // 測試類別
02   int x = 3; // 設定初始值
03
04   void show() {
05     System.out.println("x = " + x);
06   }
07 }
08
```

```
09 public class Unique {
10
11   public static void main(String[] argv){
12     Test a,b,c;
13
14     a = new Test();   // 建立 2 個物件並做比較
15     b = new Test();
16     System.out.println("a == b ? " + (a == b));
17
18     c = b;            // 讓 c 和 b 參照到同一物件
19     c.x = 10;
20     System.out.println("c == b ? " + (c == b));
21     System.out.print("a.");
22     a.show();
23     System.out.print("b.");
24     b.show();
25     System.out.print("c.");
26     c.show();
27   }
28 }
```

執行結果

```
a == b ? false
c == b ? true
a.x = 3
b.x = 10
c.x = 10
```

範例中的 Test 類別是個陽春的類別, 其中只有一個變數 x , 以及一個顯示 x 值的 show() 方法。在 main() 中則宣告了 3 個 Test 類別的變數, 以下有幾點需要說明：

1. 由於 a 與 b 是分別使用 new 產生的物件, 因此 a 與 b 是指到不同的物件；在第 16 行用 == 比較 a 與 b 時, 比較的是參照值 (是否參照到同一個物件), 所以結果是 false。

2. 相同的道理, 第 18 行將 b 指定給 c 時, 是將 b 的參照值指定給 c , 所以變成 c 與 b 的參照都指向同一個物件, 因此第 20 行 c == b 的比較結果自然就是 true。

3. 因為 c 和 b 指向同樣的物件, 所以第 19 行修改 c.x 後, 再透過 b 存取成員 x 時, 存取到的就是同一個物件的成員 x , 也就是修改後的值。

TIP 程式第 18 行的 c = b 中，因為類別屬於參照型別，是屬於**指向的關係**，因此 c、b 會指向同一個物件。

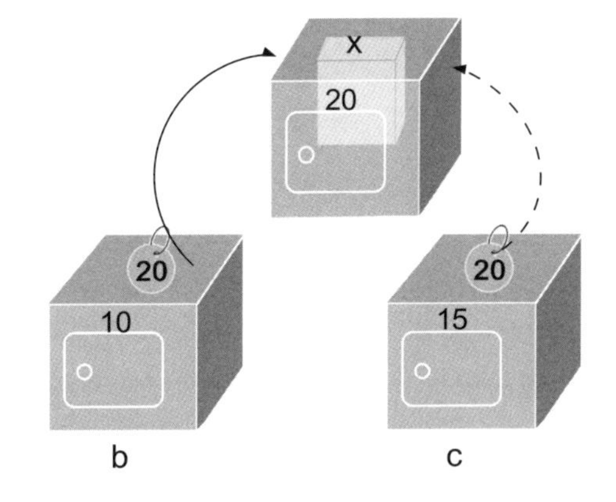

建立物件陣列

建立多個物件時，也可使用陣列的方式來建立，每個陣列元素就是一個物件，例如：

程式 CardArray.java 建立物件陣列

```
   ... // IcCard 類別定義與先前範例相同
11 public class CardArray {
12   public static void main(String[] argv) {
13     IcCard[] manyCards = new IcCard[3];      // 建立物件陣列
14 
15     for(int i=0;i<manyCards.length;i++) {
16       manyCards[i] = new IcCard();          // 建立物件
17       manyCards[i].id = 0x336789AB + i;
18       manyCards[i].money = 100 + i * 123;
19     }
20 
21     for(IcCard c : manyCards)  // 也可以用 For-each 迴圈
22       c.showInfo();        // 呼叫方法
23   }
24 }
```

執行結果

```
卡片卡號 862423467, 餘額 100 元
卡片卡號 862423468, 餘額 223 元
卡片卡號 862423469, 餘額 346 元
```

程式在第 13 行以 IcCard 為資料型別，宣告了一個陣列 manyCards，但這行敘述也只是配置陣列的空間，並未配置物件空間。所以在第 15 行的 for 迴圈中，仍需用 new 依序為陣列中每個元素，配置物件空間，同時設定其成員變數的值。第 21 行的 for 迴圈則只是依序輸出物件的資訊。

8-2-5 物件的銷毀與回收

物件也和陣列一樣, 受到 Java 的監控, 可以在不再需要時自動回收。這個監控的方式一樣是使用**參照計數**, 每個物件都有一個參照計數, 只要有任何一個變數儲存了指向某物件的參照, 這個物件的參照計數就會增加 1。物件的參照計數會在以下 3 種狀況下減 1：

- **強迫釋放參照**：就是把參照的變數指定為 null 值時。
- **將參照的變數指向別的物件**：如果您將變數指向別的物件, 那麼也就表示往後不再參照到原來的物件, 因此原本的物件的參照計數也會減 1。
- 當參照的變數**離開有效範圍**時：這會在下一節說明。

一旦物件的參照計數變為 0 時, Java 就會在適當的時機將之回收, 避免這種不會再使用到的物件佔用記憶體空間。

8-3 方法的進階應用

上一節已經學習了定義類別、建立物件的基本技巧, 本節則要繼續介紹更多的方法設計方式, 以及應注意的地方。

8-3-1 方法的參數

類別的方法也可以有參數, 例如要為 IC 卡類別設計一個代表加值的 add() 方法時, 即可用要加值的『金額』為參數, 讓物件增加儲值的金額：

程式 AddMoney1.java 卡片加值方法

```
01 class IcCard {    // 代表 IC 卡的類別
02   long id;        // 卡號
03   int money;      // 卡片餘額
04
05   void showInfo() {   // 顯示卡片資訊的方法
06     System.out.print("卡片卡號 "+ id);
```

```
07      System.out.println(", 餘額 " + money + " 元 ");
08    }
09
10    void add(int value) { // 加值方法：參數為要加值的金額
11      money += value;
12      System.out.println("加值成功, 本次加值 " + value + " 元 ");
13    }
14  }
15
16  public class AddMoney {
17    public static void main(String[] argv) {
18      IcCard myCard = new IcCard();    // 建立物件
19
20      myCard.id = 0x336789AB;     // 設定成員變數值
21      myCard.money = 300;
22
23      myCard.add(1000);           // 加值 1000
24      myCard.showInfo();          // 呼叫方法
25    }
26  }
```

執行結果

```
加值成功, 本次加值 1000 元
卡片卡號 862423467, 餘額 1300 元
```

第 10 行定義的 add() 方法有一個 int 型別的參數 value，在方法中會將原本的卡片餘額加上參數金額, 完成加值動作, 並顯示加值成功訊息。在第 23 行即以字面常數 1000 為參數 (也可使用任何型別相符的變數或運算式)，呼叫 add() 方法。

TIP 有些人會將定義方法時所宣告的參數 (上例中的 value) 稱為形式參數 (Formal Parameter), 而呼叫方法時所傳入的，則為實際參數 (Actual Parameter) 或引數 (Argument)。不過為方便稱呼，本書中一律稱之為參數。

使用方法時要特別注意以下兩點：

- 呼叫時的參數型別必須與方法定義中的『型別一致』。如果呼叫時的參數型別與定義的型別不符, 除非該參數可依第 4 章的描述, 自動轉型為方法定義的型別, 否則就必須自行做強制轉型。

- 呼叫時的參數數量必須和方法定義的參數『數量一致』。例如剛才示範的 add() 方法定義了一個參數, 若呼叫時未加參數或使用 2 個參數, 編譯時都會出現錯誤。

8-3-2 方法的傳回值

除了將資料傳入方法外, 我們可以更進一步讓方法傳回處理的結果。回顧一下前面介紹過的方法定義語法, 要有傳回值時, 除需定義方法的型別外, 也要在方法本體中用 return 敘述, 將處理結果傳回:

```
int SampleMethod() {    // 定義會傳回 int 的方法
  ...
  return x; // x 需為整數型別
}
```

return 敘述的傳回值, 可以是任何符合方法型別的變數或運算式, 當然在必要時, Java 會自動做型別轉換。例如上例中的 int , 則傳回值需為 int、short、或 byte 型別, 但如果程式中傳回的是 long、float、或 double 型別, 編譯時會發生錯誤, 必須自行將之強制轉為 int 型別。

以下範例就將前面的 add() 方法加上傳回值, 讓它會傳回加值成功或失敗的結果。

程式 AddMoney2.java 會傳回結果的方法

```
01 class IcCard {   // 代表 IC 卡的類別
   ...
10   Boolean add(int value) {   // 加值方法:參數為要加值的金額
11     if (value>0 && value+money <= 10000) { // 儲值上限一萬
12       money += value;
13       return true;    // 加值成功
14     }
15     return false;      // 加值失敗
16   }
17 }
18
19 public class AddMoney2 {
```

```
20   public static void main(String[] argv) {
21     IcCard myCard = new IcCard();    // 建立物件
22     myCard.id = 0x336789AB;  // 設定成員變數值
23     myCard.money = 300;
24
25     System.out.println("加值 900 元" +
26                (myCard.add(900) ? "成功":"失敗") );
27     myCard.showInfo();        // 呼叫方法
28
29     System.out.println("加值 9000 元" +
30                (myCard.add(9000) ? "成功":"失敗") );
31     myCard.showInfo();        // 呼叫方法
32   }
33 }
```

執行結果

```
加值 900 元成功
卡片卡號 862423467, 餘額 1200 元
加值 9000 元失敗
卡片卡號 862423467, 餘額 1200 元
```

第 10 行的 add() 方法宣告為會傳回 Boolean 型別, 方法內容也做了些修改：首先是加上判斷加值金額是否大於 0 且加值後不會超過 1 萬元, 符合條件才會進行加值並傳回 true；否則會傳回 false。

第 26、30 行分別以不同金額呼叫 add() 方法, 並利用條件算符控制顯示成功或失敗的訊息。其中第 2 次呼叫時因為會使卡片餘額超過 1 萬元, 所以加值失敗。

8-3-3 參數的傳遞方式

參數是傳值方式（Call By Value）傳遞

參數在傳遞時, 是將值**複製**給參數, 請看以下範例：

程式 Argument.java 在方法中更改參數值

```
01 public class Argument {
02   public static void main(String[] argv){
03     Argument a = new Argument(); // 建立測試物件
04     int i = 20;
```

```
05
06     System.out.println("呼叫方法前  i = " + i);
07     a.changePara(i);    // 傳入 i
08     System.out.println("呼叫方法後  i = " + i);
09   }
10
11   void changePara(int x) {        // 會修改參數值的方法
12     System.out.println("...方法參數 x = " + x);
13     System.out.println("...修改中");
14     x ++;    // 更改接收到的參數值
15     System.out.println("...現在參數 x = " + x);
16   }
17 }
```

執行結果

```
呼叫方法前  i = 20
...方法參數 x = 20
...修改中
...現在參數 x = 21
呼叫方法後  i = 20
```

第 7 行呼叫 changePara() 方法時以 i 為參數，實際上是將 i 的值 20 指定給 changePara() 中的 x，因此 x 與 main() 中的 i 是兩個獨立的變數。所以 changePara() 修改 x 的值，對 i 完全沒有影響。

傳遞參照型別的資料 (Call By Reference)

如果傳遞的是參照型別的資料，雖然傳遞的規則不變，卻會因為參照型別的值為記憶體位址，使執行的效果完全不同，請看以下範例：

程式 PassReference.java 傳遞參照

```
01 class TestA { // 測試類別
02   int x = 3;  // 設定初始值
03
04   void show() {
05     System.out.println("x = " + x);
06   }
07 }
08
09 class TestB {
10   void changeTestA(TestA t,int newX) {
```

```
11      t.x = newX; // 透過參照修改物件內容
12    }
13  }
14
15  public class PassReference {
16    public static void main(String[] argv){
17      TestA a = new TestA();
18      TestB b = new TestB();
19
20      a.show();
21      b.changeTestA(a,20); // 傳入物件參照
22      a.show();
23    }
24  }
```

執行結果

```
x = 3
x = 20
```

在第 21 行呼叫 changeTestA() 方法時所用的參數是物件 a，但我們前面已提過，物件變數都是指向物件的參照，所以傳入方法時所『複製』到的值，仍是同一物件的參照值。也就是說，第 10 行的參數 t 和 main() 方法中的變數 a 現在**都指向同一個物件**，所以透過 t 更改物件的內容後，再透過 a 存取時就已經是修改過後的內容了。

8-3-4 變數的有效範圍（Scope）

您可能已經發現到，在 Java 程式中，可以在任何需要的地方宣告變數。每一個變數從宣告之後，並非就永遠可用，Java 有一套規則，規範了變數能夠被使用的區間，這個區間稱為變數的**有效範圍**。以下將分別說明宣告在方法內的變數、方法的參數、宣告在類別中的成員變數、以及迴圈中所宣告的變數之有效範圍。

方法內的區域變數（Local Variables）

宣告在方法內的變數，稱之為**區域變數**。這是因為區域變數只在流程進入其宣告所在的程式區塊後，才會存在，並且要指定初始值後才生效可以使用。此後區域變數便依附在包含它的區塊中，一旦流程離開該區塊，區域變數便失效了。正因為此種變數僅依附於所屬區塊的特性，所以稱為『區域』變數。

要注意的是，區域變數生效之後，如果流程進入更內層的區塊，那麼該區域變數仍然有效，也就是在任一區塊中的程式可以使用外圍區塊中已經生效的變數。也因為如此，所以在內層區塊中不能再以外層區塊的變數名稱宣告變數。舉例來說：

程式 Scope.java 區域變數的有效範圍

```
01 public class LocalScope {
02   public static void main(String[] argv){
03     int x = 1;
04     {
05       int y = 20;
06       {
07         int z = 300;
08
09         System.out.print("x = " + x); // 最外層的x
10         System.out.print("\ty = " + y); // 上一層的y
11         System.out.println("\tz = " + z);
12         System.out.println("");
13       }
14       int z = 40;
15
16       System.out.print("x = " + x); // 最外層的x
17       System.out.print("\ty = " + y);
18       System.out.println("\tz = " + z);
19       System.out.println("");
20     }
21
22     int y = 2;
23     int z = 3;
24     System.out.print("x = " + x);
25     System.out.print("\ty = " + y);
26     System.out.println("\tz = " + z);
27   }
28 }
```

執行結果

```
x = 1    y = 20    z = 300

x = 1    y = 20    z = 40

x = 1    y = 2     z = 3
```

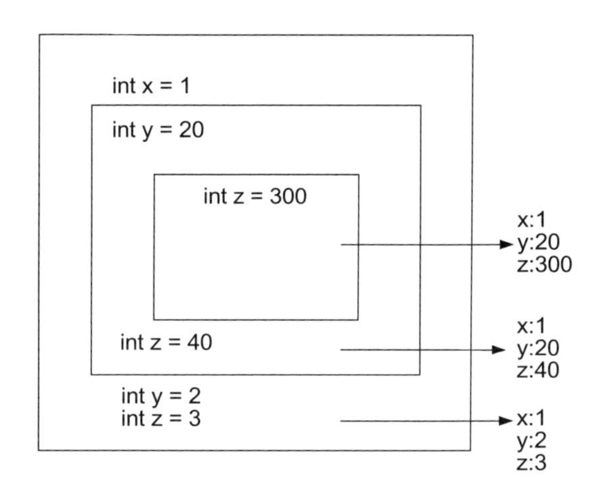

從執行結果可看到, 內層的區塊可以使用到外層區塊中已經生效的變數。

但要特別注意, 雖然外層區塊宣告了和內層區塊同名的變數 (例如第 7 行和第 14 行的 z) , 但是在流程執行到第 14 行時, 第 7 行的變數 z 所在的區塊已經結束,因此變數 z 已經失效,所以可以在第 14 行使用相同的名稱宣告變數了。

但是如果把第 14 行移到原本的第 7 行之前：

程式 ScopeError.java 同名的變數

```
01 public class ScopeError {
02   public static void main(String[] argv){
03     int x = 1;
04     {
05       int y = 20; int z = 40;
06       {
07         int z = 300;
08         ...
```

編譯時就會發生錯誤, 告訴我們變數 z 已經定義了, 不能重複宣告：

```
ScopeError.java:7: error: variable z is already defined in method main(String[])
        int z = 300;
            ^
1 error
```

宣告方法中的參數

宣告在方法中的參數, 在整個方法的主體中都有效, 因此我們不能在方法主體中宣告和參數同名的區域變數。

```
void testMethod(int param) {
  int param;        ← 錯誤, 不可與方法參數同名
  ...
```

宣告在類別中的成員變數

類別中的成員變數是存在於實體的物件中, 一旦依據類別產生物件後, 這個物件就擁有一份成員變數。只要該物件未被銷毀, 這一份成員變數就依然有效, 例如:

程式 Member.java 在方法中存取成員變數

```
01 class Test {
02   int x = 10;
03
04   void show(){
05     System.out.println("x = " + x);
06     System.out.println("y = " + y);
07   }
08
09   int y = 20;          // 宣告在方法之後的成員變數
10 }
11
12 public class Member {
13   public static void main(String[] argv){
14     Test a = new Test();
15     a.show();
16   }
17 }
```

執行結果

```
x = 10
y = 20
```

在第 5、6 行中, show() 方法可以使用到 Test 類別的成員變數 x、y , 即便 y 是在 show() 方法之後才宣告, 也一樣可以使用。

TIP 成員變數無論是宣告在類別的最前面、最後面、或其他位置，其效果都一樣，因為這與『執行順序』無關 (只有方法中的敘述，才會與『執行順序』有關)。同理，當程式中有多個類別時，定義類別的順序也無關緊要，此時應以『可讀性』為主要考量。

但要注意, 如果方法中宣告了和類別成員變數同名的變數或是參數, 此時**方法中的變數或參數優先於類別中的成員**, 也就是說, 使用到的會是方法中的變數或參數, 這個效應稱為**名稱遮蔽 (Shadowing of Name)**。例如：

程式 Shadowing.java 區域變數與參數的遮蔽效果

```
01 class IcCard {   // 代表 IC 卡的類別
02   long id;       // 卡號
03   int money;     // 卡片餘額
04
05   void showInfo() {  // 顯示卡片資訊的方法
06     System.out.print("卡片卡號 "+ id);
07     System.out.println(", 餘額 " + money + " 元 ");
08   }
09
10   void add(int money) { // 參數與成員變數同名
11     money += money;
12     System.out.println("加值成功, 本次加值 " + money + " 元 ");
13   }
14 }
15
16 public class Shadowing {
17   public static void main(String[] argv) {
18     IcCard myCard = new IcCard();    // 建立物件
19
20     myCard.id = 0x336789AB;  // 設定成員變數值
21     myCard.money = 300;
22
23     myCard.add(1000);          // 加值 1000
24     myCard.showInfo();         // 呼叫方法
25   }
26 }
```

執行結果

```
加值成功, 本次加值 1000 元
卡片卡號 862423467, 餘額 300 元
```

這個程式修改先前 AddMoney1.java 中的 add() 方法, 第 10 行將參數由 value 改名為 money, 結果遮蔽掉成員變數 money。所以第 11、12 行存取到的都是區域變數 money, 而非成員變數。所以執行結果顯示加值 1000 元, 但實際讀取卡片餘額仍是原來的 300 元。

在這種情況下, 如果需要存取成員變數, 就必須使用 **this** 保留字, 其語法為『this. 成員變數』。this 代表的是『目前物件』的參照, 所以『this. 成員變數』可存取到目前物件的成員變數。

程式 UsingThis.java 透過 this 存取成員變數

```
...
10   void add(int money) {   // 參數與成員變數同名
11     this.money += money; // 使用 this.money 表示要存取成員變數 money
12     System.out.println("加值成功, 本次加值 " + money + " 元 ");
13   }
...
```

執行結果

```
加值成功, 本次加值 1000 元
卡片卡號 862423467, 餘額 1300 元
```

由於 this 保留字是『目前物件』的參照, 所以在第 23 行用物件 myCard 呼叫 add() 方法, 讓程式流程進入第 10 行的 add() 方法時, this 就是物件 myCard 的參照, 所以執行第 11 行的『this.money+=money』, 就變成是將成員變數 money 的值, 再加上區域變數 (參數) money 的值, 所以加值結果就正確完成。

宣告在 for 迴圈中的變數

在使用 for 迴圈的時候, 通常都是在 for 的初始運算式中宣告迴圈變數, 此時這個迴圈變數就只在整個 for 區塊中有效, 一旦離開 for 迴圈時, 該變數也就無法使用了 (相同的規則也適用於 for-each 迴圈)。如果需在迴圈結束後取得迴圈變數的值, 就必須在 for 迴圈之前先行宣告變數, 例如：

程式 FindFirstMultiple.java 在迴圈結束後使用迴圈變數

```
01 public class FindFirstMultiple {
02
03   public static void main(String[] argv){
04     int i;         // 迴圈變數
05     for(i = 417;i % 17 != 0;i++) {
06     }
07     System.out.println("大於417的第一個17的倍數是：" + i);
08   }               //輸出: 大於417的第一個17的倍數是：425
09 }
```

如果您把 i 宣告在 for 迴圈中, 像是這樣：

程式 ForError.java 不當使用迴圈變數

```
01 public class ForError {
02
03   public static void main(String[] argv){
04     for(int i = 417;i % 17 != 0;i++) {
05     }
06     System.out.println("大於417的第一個17的倍數是：" + i);
07   }
08 }
```

編譯時就會發生錯誤：

編譯錯誤

```
ForError.java:6: cannot find symbol
    System.out.println("大於417的第一個17的倍數是：" + i);
                                                   ^
  symbol   : variable i
  location: class ForError
1 error
```

告訴您無法找到變數 i。這是因為在第 6 行時, for 迴圈區塊已經結束, 因此在 for 中宣告的變數 i 也已經失效了。

8-3-5 匿名陣列 (Anonymous Array)

在呼叫方法時, 如果所需的參數是陣列, 那麼往往就必須要先宣告一個陣列變數, 然後才能傳遞給方法。如果在呼叫方法之後就不再需要使用該陣列, 就表示這個陣列除了作為參數傳遞以外, 並沒有其他的用途, 這時要為陣列變數額外取個名字就有點多此一舉。請先看看以下的程式：

程式 ShowMultiStr.java 只用作參數的陣列

```
01 class Test {
02   void showMultipleString(String[] strs) {
03     for(String s : strs) {
04       System.out.println(s);
05     }
06   }
07 }
08
09 public class ShowMultiStr {
10
11   public static void main(String[] argv){
12     Test a = new Test();
13     String[] strs = { "第一行訊息",
14       "第二行訊息",
15       "第三行訊息"}; // 宣告陣列以便作為參數
16
17     a.showMultipleString(strs);
18   }
19 }
```

在第 13~15 行就是為了要呼叫 showMultipleString() 方法, 而特別宣告的 strs 陣列, 這樣的作法顯然有點多餘。此時我們就可以使用**匿名陣列**的方式, 以 new 來建立並傳遞陣列。我們可以將剛剛的程式改寫如下：

程式 AnonymousArray.java 使用匿名陣列傳遞參數

```
09 public class AnonymousArray {
10
11   public static void main(String[] argv){
12     Test a = new Test();
13
```

```
14      a.showMultipleString(new String[] { "第一行訊息",
15        "第二行訊息",
16        "第三行訊息"});
17    }
18  }
```

執行結果

```
第一行訊息
第二行訊息
第三行訊息
```

第 14 行就是建立匿名陣列, 只要使用 new 算符, 接著陣列元素的型別及一對中括號,再跟著指定陣列的初值即可。這樣就不需要陣列變數了。

8-3-6 遞迴 (Recursive)

在使用方法時, 有一種特別的用法稱為**遞迴**。簡單來說, 遞迴的意思就是在方法中**呼叫自己**。例如, 如果要計算乘方 x^y 可以定義如下：

如果 y 為 0, x^y 就為 1
否則 x^y 就等於 x * x^{y-1}

所以我們可以設計如下的計算乘方的遞迴方法：

程式 Power.java 用遞迴計算乘方

```
01 import java.util.*;
02 
03 class Recursive {
04   long power(int x,int y) {
05     if(y <= 0)   // 0 次方即傳回 1
06       return 1;
07     return x * power(x, y-1);   // 呼叫自己計算 x 的 y-1 次方
08   }
09 }
10 
11 public class Power {
12   public static void main(String[] argv) {
13     Recursive r = new Recursive();
14 
15     Scanner sc = new Scanner(System.in);
16     System.out.print("請輸入整數 x y (用空白分隔)：");
17     int x = sc.nextInt(); // 可連續讀入用空白分隔的數字
```

```
18      int y = sc.nextInt();
19
20      System.out.println(r.power(x,y));
21    }
22 }
```

執行結果

```
請輸入整數 x y (用空白分隔)：9 19
1350851717672992089
```

Recursive 類別提供了 power() 方法計算階乘, 其計算方法就是依循前面的定義：

1. 第 5 行檢查 y 是否小於或等於 0，如果是, 就直接傳回 1。檢查小於 0 是為了防範使用者輸入負數。
2. 當 y 大於 0，就呼叫自己計算 x 的 (y-1) 次方, 並傳回 x*power(x，y-1)。

使用遞迴最重要的是**結束遞迴的條件**, 也就是不再呼叫自己的條件。以 Power.java 為例, 這個條件就是 y 是否等於 0，此條件成立時直接傳回 1，而不再呼叫自己。如果缺少了這個條件, 程式就會不斷地呼叫自己, 無法結束程式了。這就像是使用迴圈時忘了加上結束迴圈的條件, 使得迴圈沒完沒了一樣。

附帶說明, 程式在第 17、18 行連續呼叫 Scanner 的 nextInt() 方法, 所以使用者必須輸入兩個數字, 程式才會繼續執行。程式的提示是請使用者『用空白分隔』2 個數字, 實際上改為分兩次輸入 (用 Enter 當分隔字元) 也可以：

```
請輸入整數 x y (用空白分隔)：9 Enter ←— 1. 輸入第 1 個數字就按 Enter 鍵
19 Enter        ←— 2. 程式仍在等待輸入, 必須再輸入第 2 個數字
1350851717672992089
```

分而治之 (Divide and Conquer)

遞迴非常適合用來處理可以分解成小部分個別處理、再統合結果的問題。

像是剛剛的乘方計算, 就是把原來的問題每次縮小 1 , 直到可以直接取得結果之後, 再回頭一步步計算出整體的結果。這種解決問題的方式, 稱為**分而治之 (Divide and Conquer)**。

以剛剛介紹的乘方計算範例, 還有一種思考方式, 就是將要計算的次方數『切成兩半』 , 也就是讓計算的方式變成:

$$x^y = x^{(y/2)} * x^{(y/2)}$$

程式 Power2.java 以每次減半的方式計算乘方

```
03 class Recursive {
04    long power(int x, int y) {
05     if(y <= 0)    return 1;
06     if(y%2==0)  // 次方是偶數
07       return power(x, y/2)*power(x, y/2);      // 呼叫自己
08     // 次方是奇數
09     return x * power(x, y/2) * power(x, y/2); // 呼叫自己
10   }
11 }
```

由於整數除法會略去小數, 因此奇數的 y 除以 2 時, 次方數會少 1(例如 5/2+5/2=4) ,所以第 9 行會在 y 為奇數時, 多乘上一次 x 來補足那消失的 1 次方。

這種將計算 / 處理內容減半處理的方式, 有時可以大幅減少程式計算的複雜度, 因此對於需做複雜計算的場合, 就可考慮使用類似的技巧來處理。

8-4 方法的多重定義 (Overloading)

在 8-3-1 節中『方法的參數』這一小節曾經提到, 呼叫方法時, 傳入的參數**個數**與**型別**必須和方法的**宣告**一致。可是在前面各章的範例中, 不論變數是哪一種型別, 都可以傳入 System.out.println() 來列印出變數的內容, 例如:

程式 MagicPrint.java 萬能的 System.out.println()

```
01 public class MagicPrint {
02
03   public static void main(String[] argv){
04     int i = 10;
05     double d = 0.334;
06     String s = "字串";
07     boolean b = true;
08
09     System.out.println(i); // 可傳入 int
10     System.out.println(d); // 可傳入 double
11     System.out.println(s); // 可傳入 String
12     System.out.println(b); // boolean 也可以
13   }
14 }
```

在第 9~12 行中, 分別傳入 int、double、String、boolean 型別的參數呼叫 System.out.println() , 都可以正常編譯。這個方法的參數怎麼會這麼神奇, 可以同時是多種型別呢？在這一節中就要討論讓 System.out.println() 方法具有此項能力的機制 -- **多重定義**。

8-4-1 定義同名方法

由於實際在撰寫程式時, 常常會遇到類似意義的動作, 但因為處理對象不同而參數有差異的狀況。因此, Java 允許您在同一個類別中, 定義參數**個數**或是**型別**不同的同名方法, 稱為**多重定義** (Overloading)。

```
method(int x) {...}
method(double x) {...}        // 參數型別不同
method(int x, int y) {...}    // 參數數量不同
method(int a, int b) {...}    // 錯誤：參數名稱不同不算 Overloading
```

其實 Java 並不僅只是以『名稱』來辨識方法, 當 Java 編譯程式時, 也會將參數型別、參數數量等資訊, 都一併加到**方法的簽名 (Method Signature)**。當我們呼叫方法時, Java 就會依據傳入參數的型別及數量, 再比對方法的簽名來找出正確的方法。

請看看下面這個例子。為了要撰寫一個計算矩形的方法, 我們常常會苦惱於要以長、寬來表示矩形, 還是要以左上角及右下角的座標來表示。若是採用多重定義的方式, 就可分別為不同的矩形表示法撰寫其適用的版本, 這樣不論是使用長寬還是座標都可以計算出面積。

程式 Overloading.java 以多種方式表示矩形

```
01 class Test {
02
03   // 1號版本：使用寬與高
04   int rectangleArea(int width,int height) {
05     return width * height;
06   }
07
08   // 2號版本：使用座標
09   int rectangleArea(int bottom,int left,int top,int right) {
10     return (right - left) * (top - bottom);
11   }
12 }
13
14 public class Overloading {
15
16   public static void main(String[] argv){
17     Test a = new Test();
18     int area;
19
20     area = a.rectangleArea(10,20);
21     System.out.println("矩形面積：" + area);
22
23     area = a.rectangleArea(5,5,15,25);
24     System.out.println("矩形面積：" + area);
25   }
26 }
```

執行結果

```
矩形面積：200
矩形面積：200
```

這個程式在 Test 類別中定義了兩個同名的方法, 分別使用長、寬以及座標的方式來描述矩形, 而兩個方法都傳回計算所得的面積。在 main() 方法中, 就利用不同的參數分別呼叫了這兩個版本的同名方法。

8-4-2 多重定義方法時的注意事項

在使用多重定義時，有幾點是必須要注意的：

- 要讓同名方法有不同的簽名，一定要讓參數型別或數量不同。不管是參數數量不同；或是參數數量相同，但至少有一個參數型別不同，都可讓編譯器為方法產生不同的簽名。而在呼叫方法時，Java 也能依簽名找出正確的版本。

- 參數的名稱及傳回值型別，都不會是簽名的一部份。所以當類別中兩個方法的參數型別及數量完全相同時，就算參數名稱或傳回值型別不同，也會因簽名相同，而產生編譯錯誤。

- 在呼叫方法時，若傳入的參數型別找不到符合簽名的方法，則會自動依底下步驟尋找：

1. 尋找可往上提升型別的對應，例如 fun(5) 的參數為 int 型別，則會依序尋找 fun(long x)、fun(float x)、fun(double x)，若有符合的則自動將參數提升為該型別並呼叫之。

TIP 提升型別的順序為 byte → char、short → int → long → float → double。要注意 char 和 short 都佔二個位元組，因此都會優先提升為 int。

2. 在步驟 1 找不到時，就將參數轉換為對應的包裝類別 (見下表，詳細說明參見第 17-2 節)， 然後尋找符合簽名的方法並呼叫之。但請注意，轉為包裝類別後就不能再提升型別了，例如 fun(5) 可呼叫 fun(Integer x) 方法，但不會呼叫 fun(Long x)。

基本型別	包裝類別	基本型別	包裝類別
boolean	Boolean	int	Integer
byte	Byte	long	Long
char	Char	float	Float
short	Short	double	Double

8-5 綜合演練

在這一章中，我們將綜合演練的焦點集中在遞迴的技巧上，以加強對於方法呼叫的熟悉與遞迴觀念的認識。

8-5-1 用遞迴求階乘

許多數學問題都可以使用遞迴來定義，除了之前已經看過的乘方以外，求算階乘也一樣適用。階乘 (Factorial) 的定義如下：

```
x! = x * (x-1) * (x-2) * .... * 1
```

換個角度來思考，也可以把階乘定義如下：

```
如果 x 為 0，則 0! 為 1
否則 x! = x * (x-1)!
```

程式 Factorial.java 計算階乘

```
01 import java.util.*;
02 
03 class Compute {
04   long factorial(int x) { // 以遞迴計算階乘
05     if(x == 0) return 1;
06 
07     // 呼叫自己計算 (x-1)!
08     return x * factorial(x - 1);
09   }
10 }
11 
12 public class Factorial {
13 
14   public static void main(String[] argv)  {
15     Compute c = new Compute();
16 
17     System.out.print("計算 x!, 請輸入 x->");
18     Scanner sc = new Scanner(System.in);
19     int x = sc.nextInt();
```

```
20
21     System.out.println(x + "! = " + c.factorial(x));
22   }
23 }
```

執行結果

```
計算 x!, 請輸入 x->5
5! = 120
```

8-5-2 Fibonacci 數列

數學上還有一個有趣的數列, 稱為 **Fibonacci 數列**, 這個數列的定義是這樣的：

Fibonacci數列 $f_1, f_2, f_3, ..., f_n$，其中

$f_1=1$

$f_2=1$

n>2時，$f_n = f_{n-1} + f_{n-2}$

所以 Fibonacci 數列就是 1，1，2，3，5，8，13，21，.....。

看到了嗎？這又是一個遞迴的定義。要依據這樣的定義寫出程式是很簡單的, 請看：

程式 Fibonacci.java 計算 Fibonacci 數列

```
01 import java.io.*;
02
03 class Mathematics {
04   long fibonacci(int n) {
05     if(n <= 2) {
06       return 1;
07     }
08     return fibonacci(n - 1) + fibonacci(n - 2);
09   }
10 }
11
12 public class Fibonacci {
13
```

```
14    public static void main(String[] argv) throws IOException{
15      Mathematics m = new Mathematics();
16
17      BufferedReader br =         // BufferedReader 在 5-4-1 節的範例中
                                       已經使用過了,更多說明參見第 16 章
18        new BufferedReader(new InputStreamReader(System.in));
19
20      System.out.print("請輸入 n：");
21      int n = Integer.parseInt(br.readLine());
22
23      System.out.println(Fibonacci 數列第 "+n+"項:"+
24        m.fibonacci(n));
25    }
26  }
```

執行結果

```
請輸入 n：8
Fibonacci 數列第 8 項:21
```

8-5-3 快速排序法 (Quick Sort)

在第 7 章曾經介紹過使用氣泡排序法來為陣列元素排序, 在這一節中我們要介紹以遞迴技巧來排序的**快速排序法**。

快速排序法的想法是這樣的, 如果能夠把陣列安排成兩段, 前段的元素都比後段的元素小, 那麼接下來就可以把兩段元素看成是兩個單獨的陣列, 只要將前後兩段分別排好序, 就等於整個陣列排好序了。前後兩段的排序自然可以再遞迴套用快速排序法, 分解下去到每一段只有 1 個元素時, 自然就不需要排序。

現在的問題就在於如何才能把陣列安排為 2 段, 而且前一段的元素會比後一段的元素都小？這裡採用一個很簡單的作法：

1. 首先找出陣列中間的元素, 記住它的值。

2. 從陣列的頭往尾端搜尋, 當遇到一個比中間元素還大的元素就先停住。

3. 從陣列的尾端往頭搜尋，當遇到一個比中間元素還小的元素時就先停住。

4. 將第 2 與第 3 步驟找到的元素互換。

5. 反覆進行 2 ～ 4 的步驟，一直到兩端的搜尋相遇為止。這時，相遇的地方就可以將陣列切成兩段，前段的值都比後段的值要小。

寫成程式如下：

程式 QuickSort.java 快速排序法

```
01 class Sorter {
02   int[] data;
03 
04   void quickSort(int start,int end) {
05     // 如果只有一個元素，直接返回
06     if(start >= end) {
07       return;
08     }
09 
10     // 取得中間元素的值
11     int mid = data[(start + end) / 2];
12 
13     int left = start;
14     int right = end;
15     while(left < right) { // 還未相遇
16       // 往尾端搜尋
17       while((left < end) && (data[left] < mid)) {
18         left++;
19       }
20 
21       // 往前端搜尋
22       while((right > start) && (data[right] > mid)) {
23         right--;
24       }
25 
26       // 還未交錯
27       if(left <= right) {
28         int temp = data[left]; // 交換元素
29         data[left] = data[right];
```

```
30          data[right] = temp;
31          left++; // 往尾端移動
32          right--; // 往前端移動
33          show();
34        }
35      }
36
37      // 遞迴排序前後兩段
38      quickSort(start,right);
39      quickSort(left,end);
40    }
41
42    void show() {
43      for(int i:data) {
44        System.out.print(i +" ");
45      }
46      System.out.println("");
47    }
48
49    void sort(int[] data) {
50      this.data = data;
51      show();
52      quickSort(0,data.length - 1); // 排序整個陣列
53    }
54  }
55
56  public class QuickSort {
57
58    public static void main(String[] argv) {
59
60      // argv傳入要排序的資料
61      int[] data = new int[argv.length];
62
63      // 將傳入的資料轉為整數
64      for(int i = 0;i < data.length;i++) {
65        data[i] = java.lang.Integer.parseInt(argv[i]);
66      }
67
68      // 排序
69      Sorter s = new Sorter();
```

```
70      s.sort(data);
71    }
72  }
```

執行結果

```
>java QuickSort 45 69 33 23 56 43 67
45 69 33 23 56 43 67
23 69 33 45 56 43 67
23 43 33 45 56 69 67
23 43 33 45 56 69 67
23 33 43 45 56 69 67
23 33 43 45 56 67 69
23 33 43 45 56 67 69
```

- 第 6~8 行就是遞迴結束的條件, 如果只有一個元素, 當然不需要排序, 直接返回。
- 第 17~19 以及 21~24 行分別就是想法中的第 2 及第 3 步驟。
- 第 27~34 行就是交換元素的步驟。
- 第 38、39 行則分別遞迴呼叫自己來為前後兩段元素排序。

8-5-4 河內之塔遊戲 (Hanoi Tower)

河內之塔遊戲是在 1883 年由法國的數學家 EdouardLucas 教授所提出。話說在古印度神廟中有 3 根柱子, 分別稱之為 A、B、C，在 A 這根柱子上有 64 片由大至小往上相疊的碟子, 如果有人能夠謹守較大的碟子不能疊到較小的碟子上的規定, 將這些碟子藉由柱子 B 的幫助, 由柱子 A 全部移到柱子 C 的話, 世界末日就會降臨。

我們準備撰寫一個程式來看看如何完成搬運碟子的工作。要解決這個問題, 基本的想法是如果能夠將最大的碟子留在 A，而遵守規則將其餘的碟子透過 C 搬到 B 的話, 就可以將最大的碟子搬到 C，接著只要再想辦法遵守規則將 B 中的碟子搬到 C 就完成了。

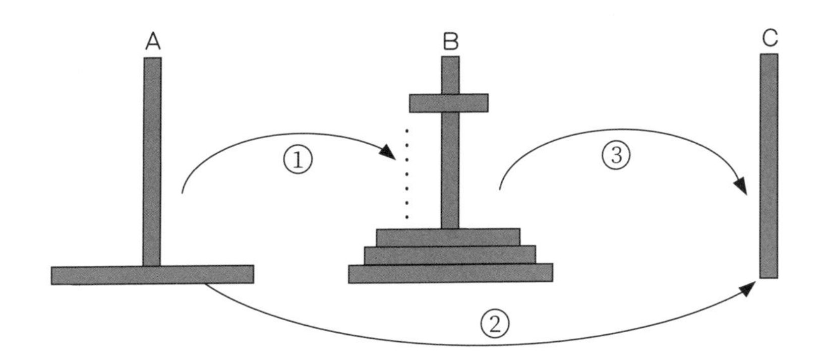

這樣問題就被分解為：

① 先將除了最大的碟子以外的 63 個碟子透過 C 搬到 B。

② 將最大的碟子由 A 搬到 C。

③ 將 B 中的 63 個碟子透過 A 搬到 C。

有沒有看出來這裡面的遞迴味道？第 1 與第 3 項的工作其實就是少了一個碟子的河內之塔遊戲，如果有一個解決河內之塔的方法，那麼第 1 和第 3 項工作就是遞迴呼叫同一個方法，只是碟子少一個而已。

接下來的關鍵就在於這個遞迴方法的結束條件。很簡單，如果只有 1 個碟子，那麼就直接將碟子搬到目的地的柱子去，而不需要遞迴呼叫方法。瞭解了這些觀念後，就可以寫出描述搬移碟子的程式了：

程式 HanoiTower.java 以遞迴解決河內之塔

```
01 import java.io.*;
02
03 class HanoiTowerGame {
04
05   void go(int discs) {
06     hanoiTower('A','C','B',discs);
07   }
08
```

```
09   // 實際搬動碟子
10   void moveDisc(char source,char target,int disc){
11     System.out.println("將" + disc + "號碟子從柱子" +
12       source + " 搬到 " + target);
13   }
14
15   // a：來源柱子
16   // c：目的地
17   // b：空的柱子
18   // discs：碟子數量
19   void hanoiTower(char a,char c,char b,int discs) {
20     if(discs == 1) { // 直接搬動，遞迴結束
21       moveDisc(a,c,discs);
22       return;
23     }
24
25     // 先將最大碟子以外的碟子搬到B
26     hanoiTower(a,b,c,discs - 1);
27
28     // 把最大的碟子搬到C
29     moveDisc(a,c,discs);
30
31     // 把搬到B的碟子搬到C
32     hanoiTower(b,c,a,discs - 1);
33   }
34 }
35
36 public class HanoiTower {
37
38   public static void main(String[] argv) throws IOException{
39     HanoiTowerGame game = new HanoiTowerGame();
40
41     BufferedReader br =
42       new BufferedReader(new InputStreamReader(System.in));
43
44     System.out.print("請輸入碟子數量：");
45     int discs = java.lang.Integer.parseInt(br.readLine());
46
47     game.go(discs);
48   }
49 }
```

執行結果

```
請輸入碟子數量：3
將1號碟子從柱子 A 搬到 C
將2號碟子從柱子 A 搬到 B
將1號碟子從柱子 C 搬到 B
將3號碟子從柱子 A 搬到 C
將1號碟子從柱子 B 搬到 A
將2號碟子從柱子 B 搬到 C
將1號碟子從柱子 A 搬到 C
```

- 第 5~7 行 HanoiTowerGame 類別的 go() 方法會呼叫 hanoiTower() 方法來解決河內之塔問題，為了簡化說明起見，這裡顯示的是僅有 3 個碟子的執行結果。
- 第 19 行開始 hanoiTower() 方法就依循了之前所提出的解題概念，先看看是否僅有 1 個碟子，如果是就直接搬動；否則，就遞迴先將最大的碟子之上的碟子都先搬走，再將最大的碟子搬到目的地，然後再將先前搬走的碟子搬到目的地。
- 其中 moveDisc() 方法就是實際搬碟子的動作，此範例是以顯示訊息來表示。

透過遞迴的技巧，寫起程式來不但簡單，而且也和我們解題的思考方式一致，迅速的解決了問題。

學習評量

※ 選擇題可能單選或複選

1. (　　) 以下敘述何者正確？

   (a) 類別是物件的藍圖
   (b) 物件是基本型別
   (c) 陣列中不能存放物件
   (d) 定義類別後，必須使用 new 算符產生物件

2. (　　) 多重定義的方法必須符合以下哪一項條件？

(a) 不同版本的方法之間傳回值必須不同
(b) 不同版本的方法之間參數個數必須相同
(c) 不同版本的方法之間傳回值必須相同
(d) 不同版本的方法之間必須至少有一個參數不同

3. (　　) 有關區域變數, 以下敘述何者錯誤？

(a) 內層區塊可以使用外層區塊的區域變數
(b) 內層區塊可以宣告和外層區塊同名的變數
(c) 區域變數不能和類別的成員變數同名
(d) 區域變數不能和參數同名

4. (　　) 有關遞迴, 以下何者正確？

(a) 遞迴是使用迴圈解決問題
(b) 遞迴的方法一定要有結束條件
(c) 遞迴的方法不能使用成員變數
(d) 遞迴的方法不能呼叫類別中的其他方法

5. 類別的特性是由 ________ 描述, 而類別的行為是由 ________ 描述。

6. (　　) 請問以下程式執行結果：

```
01 class Test {
02   double callme(double d) {
03     return d * d * d;
04   }
05   int callme(int i) {
06     return i * i;
07   }
08 }
09
10 public class Ex8_06 {
11   public static void main(String[] argv) {
12     Test t = new Test();
13     System.out.println(t.callme(10));
14   }
15 }
```

(a) 1000
(b) 100
(c) 無法編譯
(d) 1000.0

7. (　　) 以下何者錯誤？

(a) 呼叫方法時, 傳入的參數個數必須和宣告時一致
(b) 呼叫方法時, 傳入的參數名稱要和宣告時一致
(c) 呼叫方法時, 可以使用字面常數當作參數
(d) 呼叫方法時, 參數是以傳值的方式傳入

8. (　　) 對於兩個同樣型別的參照變數 b 與 c, 以下何者正確？

(a) 如果執行 b = c, 那麼 b == c 的運算結果為 true
(b) b 與 c 不能進行比較運算
(c) 如果執行 b = c, 會將 c 所指的物件複製一份給 b
(d) 如果執行 b = c, 再使用 c 修改所指物件的內容時, 不會影響 b 所指的物件

9. 在方法中執行 ＿＿＿＿＿ 敘述可以直接返回呼叫處。

10.(　　) 請問以下程式的顯示結果？

```
01 public class Ex8_10 {
02
03   public static void main(String[] argv) {
04     for(int i = 999;i < 1999;i++) {
05       if(i % 39 == 0) {
06         break;
07       }
08     }
09     System.out.println("大於999的39的倍數是：" + i);
10   }
11 }
```

(a) 1999
(b) 1014
(c) 1989
(d) 此程式無法編譯

程式練習

1. 請為 AddMoney2.java 範例中的 IcCard 類別設計 1 個扣款方法, 方法會在卡片餘額足夠時扣款, 並傳回 true;餘額不足時停止扣款, 並傳回 false。

2. 本章介紹的一些遞迴範例, 雖然寫法很簡潔, 但執行效率未必良好。例如 8-5-2 節求 Fibonacci 數列的例子, 遞迴方法會重複計算許多已算過的項目。請修改程式, 讓程式會記住已算過的項目 (例如使用陣列儲存), 重複計算時, 會直接傳回之前已算過的值, 減少重複呼叫遞迴方法, 以提升程式執行效率。

3. 請修改河內之塔的程式, 讓程式可以顯示總搬動的次數。

4. 請撰寫一個方法, 可以傳入一個整數陣列, 並將陣列內各元素的加總值傳回。

5. 請使用多重定義的技巧, 撰寫不論是傳入整數陣列或是浮點數陣列, 都可以傳回陣列內所有元素平均值的方法。

6. 請撰寫一個程式, 由鍵盤輸入一個數值 n, 然後計算 1/1 + 1/2 + 1/3 + ... + 1/n 的值。

7. 請撰寫一個類別, 提供 sum(int n) 方法, 此方法會計算並傳回 1 + 2 + 3 + ... + n 的值。

8. 請撰寫一個程式, 由鍵盤輸入一個數值 n, 傳入一個方法, 並由該方法顯示出 1 ~ n 中可以被 13 除的數值。

9. 請修改本章的 QuickSort.java, 將陣列內容由大到小排序。

10. 請使用遞迴的方式, 撰寫一個可以將陣列元素順序完全顛倒的程式。例如陣列原本為 10,20,30,40, 那麼執行後顯示 40,30,20,10。

物件的建構

學習目標

- 撰寫建構物件的方法
- 成員變數的存取控制
- 在相同類別的不同物件間共享資料

前一章學習了定義類別、使用物件的基本方式, 但在前一章範例中所用的 IC 卡類別, 每次建立物件後都還要另行設定物件的成員變數：

```
class IcCard {      // 代表 IC 卡的類別
  long id;          // 卡號
  int money;        // 卡片餘額
}

public class Card2 {
  public static void main(String[] argv) {
    IcCard myCard = new IcCard();    // 建立物件

    myCard.id = 0x336789AB;  // 設定 myCard 物件 id 成員變數值
    myCard.money = 300;      // 設定 myCard 物件 money 成員變數值
...
```

如果可以將建立物件與設定初始狀態的動作結合在一起, 會有以下優點：

- 避免忘記設定物件初始狀態。
- 更接近自然界的物件。舉例來說, 小嬰孩必定在出生前就決定了膚色與髮色, 而不會是先出生, 然後才顯現膚色或是髮色；相同的道理, 程式中的各個物件也應該在建立的同時, 就設定好初始狀態, 然後即可直接參與程式的執行。

9-1 建構方法 (Constructor)

建構方法就是物件導向程式語言對於物件初始化的解決方案, 它也是一個方法 (method), 但比較特別的是：它是在建立物件時由系統**自動**呼叫, 以**建構物件初始的狀態**, 因此名之為建構方法。也因此在使用 new 算符時, 才必須在類別的名稱之後加上一對**小括號**, 這對小括號的意義就是呼叫建構方法。

9-1-1 預設建構方法 (Default Constructor)

建構方法的名稱必須與類別名稱**相同**, 如果類別並未定義任何建構方法,則 Java 編譯器會自動幫類別定義一個**預設建構方法**, 例如：

程式 NoConstructor.java　未定義建構方法

```
01 class Test {
02   int x,y;
03 }
04
05 public class NoConstructor {
06
07   public static void main(String[] argv){
08     Test a = new Test();
09   }
10 }
```

在上面這個例子中, Test 類別就沒有定義任何的建構方法, 因此 Java 編譯器便會自動定義一個預設的建構方法, 此時就如同以下的程式：

程式 DefaultConstructor.java 沒有內容的建構方法

```
01 class Test {
02   int x,y;
03
04   // 預設的建構方法
05   Test() {
06   }
07 }
08
09 public class DefaultConstructor {
10
11   public static void main(String[] argv){
12     Test a = new Test();
13   }
14 }
```

第 5 ～ 6 行就是一個什麼事都沒做的建構方法。如果在建立物件的時候並不需要進行初始化, 就可以省略定義建構方法, 讓 Java 編譯器自動替我們產生。

9-1-2 自行定義建構方法

如果需要對新建立的物件進行初始化設定, 那麼就可以自行定義建構方法。定義建構方法時有以下幾點需要注意:

- 建構方法不能傳回任何值, 因此**不需也不能註明傳回值型別**, 連 void 也不可加上, 否則會造成編譯錯誤。
- 建構方法一定**要和類別同名**, 不能使用其他名稱來命名。

無參數的建構方法

最簡單的建構方法就是直接在方法中進行初始化設定, 例如:

程式 NoArgument.java 定義無參數的建構方法

```
01 class Test {
02   int x,y;
03
04   // 不具參數的建構方法
05   Test() {
06     x = 10;
07     y = 20;
08   }
09 }
10
11 public class NoArgument {
12
13   public static void main(String[] argv){
14     Test a = new Test();
15     System.out.println("成員變數x:" + a.x);
16     System.out.println("成員變數y:" + a.y);
17   }
18 }
```

執行結果

```
成員變數x:10
成員變數y:20
```

在程式第 14 行一樣是用 new 算符建立物件, 由於 Java 會自動呼叫第 5 ~ 8 行的建構方法, 所以成員變數 x 與 y 都被設為指定的值, 並不需要在產生物件之後另外指定。

具有參數的建構方法

建構方法也可以**接受參數**, 那麼在建立物件時, 就可以透過跟隨在 new 算符及類別名稱之後的小括號傳入參數。例如：

程式 WithArgument.java 撰寫具有參數的建構方法

```
01 class Test {
02   int x,y;
03 
04   // 具有參數的建構方法
05   Test(int initX,int initY) {
06     x = initX;
07     y = initY;
08   }
09 }
10 
11 public class WithArgument {
12 
13   public static void main(String[] argv){
14     Test a = new Test(30,40);
15     System.out.println("成員變數x：" + a.x);
16     System.out.println("成員變數y：" + a.y);
17   }
18 }
```

執行結果

```
成員變數x：30
成員變數y：40
```

請注意, 一旦定義了建構方法之後, 使用 new 算符建立物件時就必須依據建構方法的定義, 傳入相同數量以及型別的參數, 就像是呼叫一般的方法一樣, 否則編譯時就會產生錯誤, 例如：

程式 WrongArgument.java 呼叫建構方法時傳遞錯誤的參數

```
01 class Test {
02   int x,y;
03 
04   // 具有參數的建構方法
05   Test(int initX,int initY) { // 需要 2 個參數
06     x = initX;
07     y = initY;
08   }
09 }
```

```
10
11 public class WrongArgument {
12
13   public static void main(String[] argv){
14     Test a = new Test(30); // 少 1 個參數
15     System.out.println("成員變數x：" + a.x);
16     System.out.println("成員變數y：" + a.y);
17   }
18 }
```

執行結果

```
WrongArgument.java:14: error: constructor Test in class Test cannot
be
applied to given types;
                Test a = new Test(30); // 少1個參數
                         ^
  required: int,int
  found: int
  reason: actual and formal argument lists differ in length
1 error
```

編譯的錯誤訊息表示：編譯器找不到僅需要單一個整數的建構方法。

9-1-3 建構方法的多重定義 (Overloading)

建構方法也可以使用**多重定義**的方式，來定義多種版本的建構方法，以便能夠依據不同的場合進行最適當的初始設定。編譯器會依據所傳入參數的**個數**以及**資料型別**，選擇符合的建構方法，就像是編譯器選擇多重定義的一般方法時一樣。

舉例來說，底下的類別就同時定義有多個版本的建構方法：

程式 Overloading.java 使用多重定義的建構方法

```
01 class Test {
02   int x = 10, y = 20;   // 宣告成員變數時直接指定初值
03
```

```
04    // 兩個參數的建構方法
05    Test(int initX,int initY) {
06      x = initX;
07      y = initY;
08    }
09
10    // 一個參數的建構方法
11    Test(int initX) {
12      x = initX;
13    }
14
15    // 不具參數的建構方法
16    Test() {
17    }
18
19    void show() { // 顯示成員變數的方法
20      System.out.println("成員變數x：" + x);
21      System.out.println("成員變數y：" + y);
22    }
23  }
24
25  public class Overloading {
26
27    public static void main(String[] argv){
28      Test a = new Test(30,50);
29      Test b = new Test(60);
30      Test c = new Test();
31
32      a.show();
33      b.show();
34      c.show();
35    }
36  }
```

執行結果

```
成員變數x：30
成員變數y：50
成員變數x：60
成員變數y：20
成員變數x：10
成員變數y：20
```

在此範例中, Test 類別擁有 3 種版本的建構方法, 如此就可以依據需要, 使用適當的建構方法。

有一點要特別注意：當我們為類別定義建構方法時, Java 編譯器就不會自動建立無參數的**預設建構方法**, 因此若有需要, 必須自行為類別加上一個**不需參數的建構方法**。

9-1-4 this 保留字

由於建構方法主要是用來設定物件的初始狀態，傳入的參數大多與類別的成員變數相關，因此參數名稱有時會和成員變數相同，這時就和一般的方法一樣，參數的名稱會**遮蔽掉 (Shadowing)** 成員變數。此時就可以使用上一章介紹過的 **this** 保留字，以表示目前執行此方法的物件。例如：

程式 Shadowing.java 使用 this 存取成員變數

```
01 class Test {
02   int x = 10,y = 20;
03 
04   // 建構方法參數與成員變數同名
05   Test(int x,int y) {
06     this.x = x;
07     this.y = y;
08   }
09 }
10 
11 public class Shadowing {
12 
13   public static void main(String[] argv){
14     Test a = new Test(30,50);
15     System.out.println("成員變數x：" + a.x);
16     System.out.println("成員變數y：" + a.y);
17   }
18 }
```

執行結果

```
成員變數x：30
成員變數y：50
```

除了在參數名稱與成員名稱相同的情況派上用場外，this 保留字還有一個很大的妙用。如果在建構方法中所需要進行的設定，有一部份在另外一個版本的建構方法中完全重複，而想要在直接呼叫該版本的建構方法時，並不能直接使用類別名稱呼叫該建構方法：

程式 CallConstructor.java 不正確的呼叫建構方法

```
01 class Test {
02   int x = 10,y = 20;
03 
```

```
04   // 在建構方法中呼叫另一個建構方法
05   Test(int x,int y) {
06     Test(x); // 錯誤！
07     this.y = y;
08   }
09 
10   Test(int x) {
11     this.x = x;
12   }
13 }
14 
15 public class CallConstructor {
16 
17   public static void main(String[] argv){
18     Test a = new Test(30,50);
19     System.out.println("成員變數x：" + a.x);
20     System.out.println("成員變數y：" + a.y);
21   }
22 }
```

執行結果

```
CallConstructor.java:6: cannot find symbol
                Test(x); // 錯誤！
                ^
  symbol   : method Test(int)
  location: class Test
1 error
```

在第 6 行中，本來想要利用另一個只需單一參數的建構方法設定成員變數 x 的值，但是從編譯後的錯誤訊息說明了編譯器找不到一個叫做 Test() 的方法。這是因為在類別中，不能以類別名稱來呼叫建構方法。而必須使用 **this 保留字**，例如：

程式 CallByThis.java 透過 this 呼叫建構方法

```
01 class Test {
02   int x = 10,y = 20;
03 
```

```
04   // 在建構方法中呼叫另一個建構方法
05   Test(int x,int y) {
06     this(x);              // 呼叫另一個建構方法
07     this.y = y;
08   }
09
10   Test(int x) {
11     this.x = x;
12   }
13 }
14
15 public class CallByThis {
16
17   public static void main(String[] argv){
18     Test a = new Test(30,50);
19     System.out.println("成員變數x：" + a.x);
20     System.out.println("成員變數y：" + a.y);
21   }
22 }
```

第 6 行的敘述, 就是使用 this 呼叫其他版本的建構方法。在 this 之後的小括號可以放入要傳遞給其他版本建構方法的參數, 編譯器就是透過這裡的參數個數與型別來找尋適當的其他版本。但請注意, 在建構方法中, **只能在第一個敘述使用 this 呼叫其他版本的建構方法**, 若不在第一個敘述則會產生錯誤。

為了類別特性的一致性, 建議您可以多利用 this 保留字, 將重複的設定動作集中在適當的建構方法中, 並且在其他需要同樣功能的建構方法中呼叫該建構方法, 避免因為在不同建構方法中的疏忽, 而使得產生的物件行為或是特性不一致。

9-2 封裝與資訊隱藏

學會建構方法的用法後, 即可在建立物件時, 一併完成物件的初始化, 不必再直接修改物件的成員變數。但我們現在僅只是『不必』直接存取成員變數, 對物件導向程式設計方法, 則經常會要求『不能』直接修改物件的成員變數。

以術語來說就是**資訊隱藏** (Information Hiding), 亦即類別外部 (例如 main() 方法) 不能看到、接觸到物件內部不想公開的資訊 (屬性)。

那外部要如何得知或改變物件不公開的屬性呢？那就必須透過類別公開給外部的方法, 對應到生活中實際的物件也是如此, 例如要讓車子前進, 必須透過車子提供給外部的油門；要轉彎, 可使用方向盤；而要讓行進中的車子停止, 則要使用剎車。油門、方向盤、剎車就是車子提供給我們操作車子的方法, 使用這些方法, 就會改變車子的狀態與屬性 (速度、方向、位置、油量等等)。

透過這種程式設計方式, 只要我們的類別有公開能操作物件的方法, 其他人就算完全不知道類別內部是如何設計、運作, 也可透過這些公開的方法來使用我們所設計好的類別, 達到程式碼重複使用、提高軟體開發效率的目的。

就好比大部份的駕駛人不會瞭解車子內部是如何設計與運作, 但只要會使用車子公開的油門、方向盤、剎車...等介面, 就能開車。而將類別的屬性、操作屬性的方法包裝在一起, 只對外公開必要的介面, 即稱為**封裝**(Encapsulation)。

9-2-1 類別成員的存取控制

為了讓外部不能任意存取封裝在類別內的屬性或方法, 我們必須在類別之中, 使用**存取控制字符 (Access Modifier)** 來限制外部對類別成員變數或方法的存取。以下是可以使用的存取控制字符：

字符	說明
private	只有在成員所屬的類別之中才能存取此成員
protected	除了類別本身 , 在子類別 (Subclass, 參見 11 章) 或同一套件 (Package, 參見 13 章) 中的類別 , 也能存取此成員
public	任何類別都可以存取此成員
都不加	只有類別本身 , 及同一套件 (參見 13 章) 中的類別才能存取此成員

其中 protected 存取控制字符會在第 11、13 章做進一步的說明, 本章先說明其他 3 種。**private** 存取控制字符, 就如其英文字面含意一樣, 是指該成員變數 (或方法) 是類別所**私有**, 除了類別中的方法以外, 對於其他的類別來說, 這個成員都好像看不到一樣, 無法使用。例如:

程式 PrivateMember.java 私有成員變數

```
01 class Test {
02   private int i = 1; // 私有成員變數
03
04   void modifyMember(int i) {
05     this.i = i; // 類別中可以存取 i
06   }
07
08   void show() { // 類別中可以存取 i
09     System.out.println("成員變數i:" + i);
10   }
11 }
12
13 public class PrivateMember {
14
15   public static void main(String argv[]) {
16     Test a = new Test();
17
18     a.show();
19     a.modifyMember(20);
20     a.show();
21     a.i = 40; // 喔喔, i 是私有成員變數
22   }
23 }
```

執行結果

```
PrivateMember.java:21: i has private access in Test
                a.i = 40; // 喔喔, i 是私有成員變數
                 ^
1 error
```

編譯時就會有錯誤訊息, 表示 i 是 Test 類別中的 private 成員, 所以不能在 Test 類別以外的地方存取。

也就是說, 凡是被標示為 private 的成員變數, 除非是透過類別所定義的方法, 否則就無法存取該成員。這正好就是這一節一開始所提到的資訊隱藏特性, 在上述的例子中, main() 方法不能直接存取物件的成員變數值, 只能透過類別所提供的 show()、modifyMember() 方法來顯示或修改成員變數, 至於在前述方法內是怎麼顯示或修改, main() 則不需去瞭解。

如果沒有特別標示存取控制字符, Java 就會採用**預設控制** (Default Access), 也就是只有同一個套件 (Package) 的類別可以存取此成員變數。我們會在第 13 章正式介紹套件, 目前只需先記得, 如果編譯好的 .class 檔案都位於同一個資料夾, 那麼這些類別就會被視為是在同一個套件中。這也正是為什麼先前的範例程式全都沒有標示存取控制字符, 但在 main() 方法中可任意存取成員變數的原因, 因為同一個檔案中的類別在編譯後都會在同一個資料夾下。

另外, 存取控制字符也可以應用在方法上, 用來限制哪些方法可以被外界呼叫, 而哪些方法只是提供給類別中的其他方法呼叫。在第 11 章還會針對存取控制字符做進一步的討論。

9-2-2 為成員變數撰寫存取方法

為了實作**資訊隱藏**這個物件導向程式設計的基本觀念, 在設計類別時, 就要注意應盡量避免暴露類別內部的實作細節, 讓類別的使用者不用知道內部實作細節亦可撰寫程式。這樣的好處之一, 是若日後類別需變更內部的實作方式, 只要它仍提供相同的操作方法, 則所有使用到該類別的程式都不必修改。

因此為了隱藏成員變數, 我們就需適時地為成員變數加上存取限制。一般而言, 可使用下列的原則：

- 除非有公開的必要, 否則最好所有成員變數都加上 private。

- 如果使用此類別的程式需要透過成員來完成某件事, 就由類別提供方法來完成。
- 如果需要修改或是取得成員的值, 就提供專門存取成員的方法。通常用來**取得**成員值的方法會命名為 **getXxx**, 其中 Xxx 就是成員變數的名稱, 例如 getSize();相對的, 用來**設定**成員值的方法就命名為 **setXxx** 例如 setSize()。這樣一來, 可以將更改成員的動作侷限在此方法中, 往後對於除錯或是要更改對成員的處理方式時就會比較方便。

相同的道理, 對於類別中所定義的方法, 加上存取限制的通則如下:

- 如果是要提供給外界呼叫的方法, 請明確的標示為 public。像是剛剛所提到的 getXxx、setXxx 方法, 就是最好的例子。
- 如果只是供類別中其他的方法呼叫, 請明確的標示為 private, 以避免被類別外部的程式呼叫。
- 對於建構方法, 除非有特別的用途, 否則應該都標示為 public, 因為若是標示為 private, 則 new 算符就無法呼叫建構方法, 而不能設定物件的初始狀態了。

以下面的程式為例:

程式 AccessMethod.java 存取控制字符的使用

```
01 class Test {
02   private int x,y; // 成員都是private
03
04   public Test(int x,int y) {
05     this.x = x;
06     this.y = y;
07   }
08
09   // 成員x與y的存取方法
10   public int getX() {return x;}
11   public void setX(int x) {this.x = x;}
```

```
12   public int getY() {return y;}
13   public void setY(int y) {this.y = y;}
14 }
15
16 public class AccessMethod {
17
18   public static void main(String[] argv){
19     Test a = new Test(30,40);
20
21     // 透過方法更改成員值
22     a.setX(80);
23     a.setY(80);
24
25     // 透過方法取得成員值
26     System.out.println("成員x：" + a.getX());
27     System.out.println("成員y：" + a.getX());
28   }
29 }
```

在程式中第 10～13 行就為 Test 類別的 private 的成員 x、y 提供了一組存取的方法, 並分別取名為 getX、setX 與 getY、setY, 同時也特別將這 2 組存取方法都標示為 public 存取限制。

回頭看前一章的 IC 卡類別範例, 只要加上合適的建構方法, 並將成員變數設為 private, 就可將資訊隱藏起來, 我們只能透過它所公開的方法來控制物件：

程式 TestCard.java 符合資訊隱藏的 IC 卡類別

```
01 class IcCard {   // 代表 IC 卡的類別
02   private long id;        // 卡號
03   private int money;      // 卡片餘額
04
05   public void showInfo() {   // 顯示卡片資訊的方法
06     System.out.print("卡片卡號 "+ id);
07     System.out.println(", 餘額 " + money + " 元 ");
08   }
09
```

```
10   public Boolean add(int value) {   // 加值方法：參數為要加值的金額
11     if (value>0 && value+money <= 10000) { // 儲值上限一萬
12       money += value;
13       return true;    // 加值成功
14     }
15     return false;     // 加值失敗
16   }
17
18   public IcCard(long id, int money) {
19     this.id = id;
20     this.money =money;
21   }
22
23   public IcCard(long id) {
24     this(id, 0);  // 呼叫 2 個參數的版本
25   }
26 }
27
28
29 public class TestCard {
30   public static void main(String[] argv) {
31     IcCard myCard = new IcCard(0x336789AB, 500); // 建立物件
32     IcCard hisCard = new IcCard(0x13572468);     // 建立物件
33
34     System.out.println("我的卡片加值 500 元" +
35                (myCard.add(500) ? "成功":"失敗") );
36     myCard.showInfo();        // 呼叫方法
37
38     System.out.println("他的卡片加值 9000 元" +
39                (hisCard.add(9000) ? "成功":"失敗") );
40     hisCard.showInfo();       // 呼叫方法
41   }
42 }
```

以這種方式撰寫程式時，main() 方法的內容看起來會比較簡潔，因為其中大多是直接呼叫類別所提供的方法，我們也比較能看出 main() 方法是在做什麼事。

執行結果

```
我的卡片加值 500 元成功
卡片卡號 862423467, 餘額 1000 元
他的卡片加值 9000 元成功
卡片卡號 324478056, 餘額 9000 元
```

9-2-3 傳回成員物件的資訊

透過前面幾個例子，相信大家都已對資訊隱藏有初步的認識，原則就是將成員變數設為 private，並提供必要的公開方法。但如果類別的成員變數是另一個類別的物件，則在設計與此成員物件相關的公開方法時，要注意是否要將這個私有成員物件，也公開到外部。

舉例來說，在平面幾何中，一個圓可以由一個圓心座標和半徑來定義。因此我們可以先設計一個代表座標點的類別 Point，然後再於圓的類別中用 Point 的物件代表圓心座標，例如：

```
class Point {    // 點
  private double x,y;
  public void setX(double x) {
    this.x = x;
  }
  public void setY(double y) {
    this.y = y;
  }
  ...            // 建構方法、其它方法
}

class Circle {          // 圓
  private Point p;      // 圓心
  private double r;     // 半徑
  public Point getP() {
    ...
  }
  ...                   // 建構方法、其它方法
}
```

在 Circle 類別中的 getP() 方法，其用途是讓外界取得圓心座標，但如果直接傳回私有成員變數 p 的參照，那麼外界就可取得此物件的參照，並透過此參照呼叫 Point 類別的 setX()、setY() 方法，如此一來就變成外界可直接修改私有成員物件了，請參考以下的例子：

程式 SettingPrivateMember.java 修改私有成員物件

```
01 class Point {    // 點
02   private double x,y;
03
04   public void setX(double x) { this.x = x; }
05   public void setY(double y) { this.y = y; }
06
07   public String toString() {    // 將物件資訊轉成字串的方法
08     return "(" + x + "," + y + ")";
09   }
10
11   public Point(double x, double y) {    // 建構方法
12     this.x = x; this.y = y;
13   }
14 }
15
16 class Circle {         // 圓
17   private Point p;     // 圓心
18   private double r;    // 半徑
19
20   public Point getP() { return p; } // 直接傳回成員物件
21
22   public String toString() {    // 將物件資訊轉成字串的方法
23     return "圓心：" + p.toString() + " 半徑：" + r;
24   }
25
26   Circle(double x,double y,double r) {    // 建構方法
27     p = new Point(x,y);
28     this.r = r;
29   }
30 }
31
32 public class SettingPrivateMember {
33   public static void main(String[] argv) {
34     Circle c = new Circle(3,4,5);  // 圓心 (3,4), 半徑 5
35
36     Point p = c.getP();             // 取得圓心
37     p.setX(6);                      // 變更圓心座標
38     System.out.println(c.toString());
39   }
40 }
```

執行結果

```
圓心：(6.0,4.0) 半徑：5.0
```

在第 20 行為 Circle 類別定義了一個取得圓心座標的 getP() 方法, 此方法直接將成員變數 p 傳回, 也就是傳回圓心物件的參照。因此當 main() 方法在第 36 行用 getP() 方法取得圓心後, 可在第 37 行用它呼叫 Point 類別的 setX() 方法來變更 X 軸座標。由執行結果也可看到圓心的 X 軸座標的確被更改了。

雖然這樣改變圓心座標的方式看似合理, 但對 Circle 類別而言, 卻失去『資訊隱藏』的特性, 因為外界不需透過它, 即可任意變更其圓心座標。雖然成員變數 p 確實是 private, 但因為 getP() 方法是將其參照傳回, 所以外界即可透過此參照直接存取到私有的物件。

如果要保護 Circle 類別的內容, 則可修改 getP() 方法, 讓它變成傳回另一個座標值相同的 Point 物件, 而非傳回私有的 Point 物件參照, 如此一來外界仍能取得一個代表圓心座標的 Point 物件, 但該物件並非 Circle 類別的成員, 因而可達到『資訊隱藏』的目的。修改後的程式如下：

程式 HidePrivateMember.java 隱藏私有的成員

```
01 class Point {    // 點
 .
 .  //同前一程式
 .
15   public Point(Point p) {  // 新增一個建構方法
16     x = p.x;               // 以另一物件做為初值
17     y = p.y;
18   }
19 }
20
21 class Circle {          // 圓
22   private Point p;      // 圓心
23   private double r;     // 半徑
24
25   public Point getP() {      // 修改 getP() 方法
26     return new Point(p);     // 建立一個新的 Point 物件傳回
27   }
 .
 .   // 同前一程式
 .
```

執行結果

```
圓心：(3.0,4.0) 半徑：5.0
```

這個範例與前一個範例有 2 個主要不同之處：

- 第 15～18 行為 Point 類別定義了另一個建構方法, 此建構方法是用現有的點物件為參數, 並複製參數物件的座標值給新物件。
- 第 25～27 行的 getp() 方法, 改成傳回一個新建立的 Point 物件, 而非私有的成員變數 p, 但建立新物件時則是以 p 為參數, 所以傳回的物件之座標會與圓心相同。

經過上述的修改後, 在 main() 中取得並修改圓心的座標時, 即不會動到 Circle 物件實際的圓心。由執行結果可發現, 程式最後顯示圓的資訊時, 其圓心座標並未被修改。

這兩個範例程式中, 都為類別定義了一個**toString()**方法, 這個方法會將物件的資訊以字串的形式傳回, 這種設計方式在需要輸出物件資訊時, 可以有較彈性的用法, 因為我們可利用 "+" 算符將多個字串組合在一起。

TIP 在下一章即會進一步介紹 String 字串類別的用法。

9-3 static 共享成員變數

前面範例所建立的物件, 都能擁有各自的成員變數, 以表現物件屬性間的差異。但在某些情況下, 我們可能會想讓所有物件共用同一個屬性, 此時就可使用 static 共享成員變數來表現這個物件的共用屬性。

以我們示範過的 IC 卡類別為例, 如果希望它包含儲值金額上限的資訊。顯然它不太適合用一般成員變數存放, 因為同型的卡片儲值上限是固定的, 不應該發生不同卡片有不同上限的情況。若單只是在建構物件時, 將儲值上限設為相同的數值, 並不方便, 而且重複儲存相同的值也會浪費空間。因此 Java 就提供 static 的成員變數, 來解決這個問題。

9-3-1 static 存取控制

當我們將類別的成員變數加上 **static (靜態)** 存取控制字符, 就表示所有屬於此類別的物件, 都會**共享**這個成員, 而非每一個物件擁有自己的一份成員。舉例來說：

程式 StaticMember.java 共享成員

```
01 class Test {
02   public int x;              // 個別物件擁有一份
03   public static int y;       // 所有此類別物件共享
04
05   public Test(int x,int y) {   // 具有參數的建構方法
06     this.x = x;
07     this.y = y;
08   }
09
10   public String toString() {   // 轉成字串
11     return "(x,y):(" + x + "," + y + ")";
12   }
13 }
14
15 public class StaticMember {
16
17   public static void main(String[] argv){
18     Test a = new Test(100,40);
19     Test b = new Test(200,50);
20     Test c = new Test(300,60);
21     System.out.println("物件a" + a);
22     System.out.println("物件b" + b);
23     System.out.println("物件c" + c);
24   }
25 }
```

執行結果

```
物件a(x,y):(100,60)
物件b(x,y):(200,60)
物件c(x,y):(300,60)
```

在程式 18～20 行雖然分別為物件的成員變數 y 設定不同的值, 但由於該**成員變數為 static**, 所以其實這 **3 個物件的成員變數 y 是同一份**, 每次設定值時, 都是設定同一個 y, 因此最後一次呼叫建構方法時將之設為 60 之後, 不論是透過 a、b、c 參照來取得成員變數 y 的值, 都是60了。反之, 成員變數 x 則因為不是 static, 所以個別物件都擁有自己的一份。

9-3-2 使用類別名稱存取 static 成員變數

static 成員變數 (靜態成員變數) 除了可用一般成員變數的方式存取外, 也可以透過**類別名稱**存取。例如剛剛的 Test 類別, 我們可以用類別名稱來存取成員變數 y：

程式 AccessByClass.java 透過類別名稱存取 static 成員

```
15 public class AccessByClass {
16
17   public static void main(String[] argv){
18     Test a = new Test(100,40);
19     Test b = new Test(200,50);
20     Test c = new Test(300,60);
21     Test.y = 100;         // 透過類別名稱存取 static 成員
22     System.out.println("物件a" + a);
23     System.out.println("物件b" + b);
24     System.out.println("物件c" + c);
25   }
26 }
```

執行結果

```
物件a(x,y):(100,100)
物件b(x,y):(200,100)
物件c(x,y):(300,100)
```

在第 21 行以『類別名稱.成員變數名稱』的方式即存取到 y, 並將它設為 100, 所以之後顯示物件內容時, 其 y 值都是 100。

此外, 我們甚至可在未建立物件的情況下使用 static 成員變數：

程式 ClassVar.java 未建立物件也可使用 static 成員變數

```
01 class Test {
02   public int x;          // 個別物件擁有一份
03   public static int y; // 所有此類別物件共享
04
05   public Test(int x) { // 建構方法只設定 x 的值
06     this.x = x;
07   }
08
09   public String toString() {   // 轉成字串
10     return "(x,y):(" + x + "," + y + ")";
11   }
12 }
```

```
13
14 public class ClassVar {
15
16   public static void main(String[] argv){
17     Test.y = 100;       // 尚未建立物件即存取 static 成員變數
18     Test a = new Test(100);
19     Test b = new Test(200);
20     Test c = new Test(300);
21     System.out.println("物件a" + a);
22     System.out.println("物件b" + b);
23     System.out.println("物件c" + c);
24   }
25 }
```

執行結果

```
物件a(x,y):(100,100)
物件b(x,y):(200,100)
物件c(x,y):(300,100)
```

在這個範例中, Test 類別的建構方法只會設定成員變數 x 的值, 而第 17 行則在未產生任何物件之前即存取 static 成員變數 y, 並設妥其值, 所以之後的建構方法雖未設定 y 的值, 但由執行結果可看到各物件的 y 值都是 100。

9-3-3 static 初始區塊

由於 static 成員變數的共享特性, 通常不會在建構方法中設定其初值, 因此 static 成員變數要不就是在宣告此變數時直接設定初值, 要不就是另外單獨設定。此外, Java還提供了**static初始區塊 (Static Initializer)**, 可以在產生物件之前, 用程式來設定 static 成員。其用法就是在類別的定義中, 加入一個以 static 保留字為首的大括號區塊, 並在此區塊中加入初始化 static 成員變數相關的敘述。例如：

程式 StaticInit.java 在 static 初始區塊中設定初值

```
01 class Test {
02   public int x; // 個別物件擁有一份
03   public static int y; // 所有此類別物件共享
04
05   static { // static初始區塊
06     y = 100;
07   }
```

```
08
09   // 具有參數的建構方法
10   public Test(int x) {
11     this.x = x;
12   }
13
14   // 轉成字串
15   public String toString() {
16     return "(x,y):(" + x + "," + y + ")";
17   }
18 }
19
20 public class StaticInit {
21
22   public static void main(String[] argv){
23     System.out.println(Test.y);
24     Test a = new Test(100);
25     Test b = new Test(200);
26     Test c = new Test(300);
27     System.out.println("物件a" + a);
28     System.out.println("物件b" + b);
29     System.out.println("物件c" + c);
30   }
31 }
```

執行結果

```
100
物件a(x,y):(100,100)
物件b(x,y):(200,100)
物件c(x,y):(300,100)
```

在類別中的 static 區塊, 會在程式使用到該類別之前執行。以上列程式為例, 第 5~ 7 行就是 static 初始區塊, 它會在程式中第一次使用到 Test 類別 (即第 23 行) 之前執行, 因此第 23 行顯示的結果就是執行過 static 初始區塊後的成員 y 的值100。

由於 static 成員變數是由同一類別的所有物件所共享, 且不需先產生物件, 即可以透過類別名稱存取, 因此又稱為**類別變數 (Class Variable)**；相對的, 非 static 的成員變數因為是每個物件各自擁有一份, 需建立物件後才能使用, 因此稱為**實體變數 (Instance Variable)**。

TIP 建立物件又可稱為建立一個實體 (Instance)。

9-3-4 static 方法 (靜態方法)

static 除了可以使用在成員變數上以外, 也可以應用在方法上。一個標示有 static 存取控制的方法除了可以透過所屬類別的物件呼叫以外, 也和 static 成員變數一樣, 可以在沒有產生任何物件的情況下透過類別名稱呼叫。例如：

程式 StaticMethod.java 呼叫 static 方法

```
01 class Test {
02   public static void print() { // static 方法
03     System.out.println("呼叫static方法");
04   }
05 }
06
07 public class StaticMethod {
08
09   public static void main(String[] argv){
10     Test.print(); // 透過類別名稱呼叫 static 方法
11     Test a = new Test();
12     a.print(); // 透過物件呼叫 static 方法
13   }
14 }
```

執行結果

```
呼叫static方法
呼叫static方法
```

由於 static 成員變數及方法不需產生物件即可使用的特性, 因此可以用來提供一組特定功能的方法或是常數值, 像是 Java 類別庫中的 Math 類別, 就提供許多與數學相關的 static 運算方法 (像是算次方、取亂數、三角函數等等) 以及常數值 (例如圓周率)。

請特別注意, 在 static 區塊或方法之中, 不能用到任何非 static 的成員變數及方法, 也不能使用 this 保留字。這其實很容易理解, 因為非 static 的成員變數和方法是跟隨物件而生, 而 static 區塊或是方法可以在沒有產生任何物件之前使用, 此時因為沒有產生物件, 自然就不會配置有非 static 的成員變數, 而 this 也沒有物件可指。

解開 main() 方法之謎

從這裡的解說就可以將 main() 方法的神秘面紗揭開了 , 原來 main() 方法只是一個 public static 的方法 , 而且不會傳回任何值。

9-3-5 final 存取控制

static 成員變數常常用來提供一份固定的資料，供該類別所有的物件共用。為達成此目的，還需要有一種方法，可以在設定好 static 成員變數的初值後就不能更改，以確保是一份**固定**的資料。

為達到此目的，可以搭配第 3 章介紹過的 **final 字符**，限制特定的 static 成員變數在設定過初值之後就不允許更動，例如：

程式 StaticFinal.java 不可更動的共享常數

```
01 class Test {
02   static final int x = 10;
03 }
04
05 public class StaticFinal {
06
07   public static void main(String[] argv){
08     Test a = new Test();
09     a.x = 20; // x 是final，不能更改
10   }
11 }
```

執行結果

```
StaticFinal.java:9: cannot assign a value to final variable x
    a.x = 20; // x 是final，不能更改
     ^
1 error
```

第 2 行中宣告了 x 是 final，所以第 9 行的設定動作在編譯時就會被視為錯誤。

要特別注意的是，一旦宣告成員變數為 final 後，如果是 **static 成員變數**，那麼就必須要在**宣告同時**或是在 **static 初始區塊**中設定初值；如果是**非 static 成員變數**，則必須在**宣告同時**或是在**建構方法中**設定初值，否則都會被視為是錯誤。

TIP 如果是在方法內宣告 final 的區域變數，則可在宣告時就設定初值，或者在宣告後另外設定初值，不過一旦設定初值後，就不能再更改了。相關範例可參見 3-6-2 節 (具名常數)。

TIP 另外請注意，如果 final 的變數是參考型別，那麼在設定初值 (參考到某物件) 後就不能再改為參考其他物件了，而實際被參考的物件則不會受到 final 的影響。例如 final 的 p 變數參考到 a 物件，則 p 就不能再改為參考其他物件了，但仍可透過 p 去更改 a 物件的內容。

9-3-6 成員變數的預設值

凡是宣告在方法之外的成員變數 (包括 static 成員變數), 除非宣告為 final 變數 (例如前一個範例, 就必須設定初值), 否則都會有預設值, 如右表所示：

型別	預設值
數值類	0
char	'\u0000'
boolean	false
物件參照型別 (類別)	null

其中要特別注意物件參照型別 (類別) 的預設值為 null, 例如：

```
public class Test {
  static String z;                          // String 為物件類別
  public static void main(String[] argv){
    System.out.print(Test.z);               // 正確：輸出 null
    System.out.print(Test.z.length()); // Runtime 錯誤：
  }                    └─Null 參照(z)不可使用 . 來存取成員
}
```

以上程式的最後一行, 就是因為 Test.z 的值為 null, 因此後面不可再用句點來存取其內的成員了。此時我們也可加一個 if 判斷式來避免此問題：

```
  if (Test.z != null)    // 不是 null 才讀取長度
    System.out.print(Test.z.length());
```

從另一方面來看, 凡是宣告在方法之內的變數 (稱為區域變數), 則不會有預設值, 我們必須先設定變數的值, 然後才能讀取其內容, 否則編譯器會視為錯誤。例如：

```
public class Test {
  public static void main(String[] argv){
    int i;
    System.out.print(i);        // 編譯錯誤：i 未初始化

    int[] a, b = new int[2];
    System.out.print(a[0]);     // 編譯錯誤：a 未初始化
    System.out.print(b[0]);     // 正確：輸出 0
  }
}
```

在以上程式中, 請注意陣列變數 b 在用 new 初始化 (配置實體元素) 之後, 其內的元素也會自動指定初值, 這在第 7 章已介紹過了。

TIP 凡是以 new 配置記憶空間的物件或陣列，其內的成員變數或陣列元素都會具有預設值。

9-4 綜合演練

9-4-1 提供輔助工具的類別

在 Java 中, 通常會使用 static 方法提供輔助工具給其他類別使用。舉例來說, 我們可以提供一個負責找出最大值與最小值的類別, 以方便所有需要在陣列中尋找極值的場合。

程式 MinMax.java 提供極大極小值功能的類別

```
01 class Utility {
02   public static int min(int[] data) {
03     int min = data[0];
04
05     // 逐一檢查陣列元素, 有無比 min 更小的值
06     for(int i = 1;i < data.length;i++) {
07       min = (min <= data[i]) ? min : data[i];
08     }
09     return min;
10   }
```

```
11
12   public static int max(int[] data) {
13     int max = data[0];
14
15     // 逐一檢查陣列元素, 有無比 max 更大的值
16     for(int i = 1;i < data.length;i++) {
17           max = (max >= data[i]) ? max : data[i];
18     }
19     return max;
20   }
21
22 }
23
24 public class MinMax {
25
26   public static void main(String[] argv){
27     int[] data = {9,10,37,3,29,44,9};
28
29     System.out.println("最小值:" + Utility.min(data));
30     System.out.println("最大值:" + Utility.max(data));
31   }
32 }
```

執行結果

```
最小值:3
最大值:44
```

在這個程式中, Utility 類別的功能就是提供了 2 個方法, 分別可以在陣列中找出最小及最大值。只要遇到需要找尋極值的時機, 都可以直接使用這 2 個方法, 完全不需要產生物件。這其實也是 Java 提供許多公用程式的作法, 我們會在第 17 章介紹 Java 標準類別庫。

9-4-2 善用多重定義

在定義類別時, 建議您先為類別提供一個最完整的建構方法, 可以完全設定各個成員變數的值, 然後連同不需參數的建構方法在內, 都呼叫此建構方法來進行設定工作。舉例來說, 如果要撰寫一個代表矩形的類別, 就可以這樣做:

程式 OverloadConstructor.java 建立多重定義的建構方法

```
01 class Point {
02   public int x,y;
03   public Point(int x,int y) {
04     this.x = x;
05     this.y = y;
06   }
07 }
08
09 class Rectangle {
10   Point upperleft;
11   Point lowerright;
12
13   // 完整版建構方法
14   public Rectangle(Point upperleft,Point lowerright) {
15     this.upperleft = upperleft;
16     this.lowerright = lowerright;
17   }
18
19   // 不需參數的建構方法
20   public Rectangle() {
21     this(new Point(0,0),new Point(5,-5));
22   }
23
24   // 直接指定座標
25   public Rectangle(int x1,int y1,int x2,int y2) {
26     this(new Point(x1,y1),new Point(x2,y2));
27   }
28
29   // 正方形
30   public Rectangle(Point upperleft,int length) {
31     this(upperleft,new Point(upperleft.x + length,
32       upperleft.y - length));
33   }
34
35   // 計算面積
36   public int area() {
37     return (lowerright.x - upperleft.x) *
38       (upperleft.y - lowerright.y);
39   }
40 }
```

```
41
42 public class OverloadConstructor {
43
44   public static void main(String[] argv){
45     Rectangle a = new Rectangle(0,0,5,-5);
46     Rectangle b = new Rectangle(new Point(3,3),4);
47
48     System.out.println("a的面積：" + a.area());
49     System.out.println("b的面積：" + b.area());
50   }
51 }
```

執行結果

```
a的面積：25
b的面積：16
```

第 14 ~ 17 行就是最完整的建構方法, 其他的建構方法都呼叫它來完成建構的動作。透過這樣的設計方式, 在新增建構方法時, 就可以很方便的完成工作, 而不需要自行處理個別成員變數的設定動作。

學習評量

※ 選擇題可能單選或複選

1. (　　) 以下何者為真？

    (a) 定義類別時一定要定義建構方法, 否則無法產生物件
    (b) 建構方法一定要傳入參數
    (c) 同一類別中可以擁有多個建構方法
    (d) 以上皆為真

2. (　　) 有關建構方法, 以下何者為真？

    (a) 建構方法必須和類別同名
    (b) 使用 new 產生物件時只會呼叫不需參數的建構方法
    (c) 建構方法可以傳回物件本身
    (d) 以上皆為真

3. 請找出以下程式的錯誤, 並修正之。

```
01 class Test {
02   int x,y;
03
04   // 預設的建構方法
05   Test(int x,int y) {
06     this.x = x;
07     this.y =y;
08   }
09 }
10
11 public class Ex_09_03 {
12
13   public static void main(String[] argv){
14     Test a = new Test();
15     a.Test(3,4);
16   }
17 }
```

4. 請找出以下程式的錯誤, 並修正之。

```
01 class Test {
02   int x,y;
03
04   // 預設的建構方法
05   private Test(int x,int y) {
06     this.x = x;
07     this.y =y;
08   }
09 }
10
11 public class Ex_09_04 {
12
13   public static void main(String[] argv){
14     Test a = new Test(3,4);
15   }
16 }
```

5. 請找出以下程式的錯誤, 並修正之。

```
01 class Test {
02   int x,y;
03
04   public Test(int x,int y) {
05     this.x = x;
06     this.y =y;
07   }
08
09   public Test() {
10     Test(3,4)   ;
11   }
12 }
13
14 public class Ex_09_05 {
15
16   public static void main(String[] argv){
17     Test a = new Test();
18   }
19 }
```

6. (　　) 下列何者為真？

(a) private、public 這些存取控制字符只能使用在成員變數上
(b) private 存取控制會讓成員變數只能在所屬類別中使用
(c) 加上 public 存取控制字符就跟完全不加存取控制字符時具有一樣的效用
(d) 以上皆為真

7. (　　) 以下何者為真？

(a) static 成員變數必須在宣告時同時設定初值
(b) static 成員變數必須在 static 初始區塊中設定初值
(c) static 成員變數不能加上 public 存取控制字符
(d) 以上皆錯

8. (　　) 以下何者正確？

(a) static 方法中不能使用 final 成員
(b) static 方法中可以呼叫非 static 方法
(c) static 方法中只能使用 static 成員
(d) 以上皆對

9. (　　) 以下何者正確？

(a) 有 static 成員變數的類別一定要有 static 區塊
(b) final 成員變數可以在任意地方設定初值
(c) private 成員變數可以由同一個檔案中的類別所使用
(d) public 不能和 final 同時存在

10. 請找出以下程式的錯誤, 並修正之。

```
01 class Test {
02   public int x,y;
03   public static final int w;
04 
05   public Test(int x,int y) {
06     this.x = x;
07     this.y = y;
08   }
09 
10 }
11 
12 public class Ex_09_10 {
13 
14   public static void main(String[] argv){
15     Test.w = 10;
16     Test a = new Test(3,4);
17   }
18 }
```

程式練習

1. 請撰寫一個程式, 其中包含一個類別 Dates, 並在建構方法中初始化一個包含有 7 個元素的字串陣列, 各個元素對應到星期一到星期天的英文縮寫, 並提供一個方法 askDate(), 傳入 1 ~ 7 的數字, 傳回對應的英文縮寫。

2. 請撰寫一個類別 Searcher, 其中包含有一個 static 方法 binarySearch(), 傳入一個整數及一個整數陣列, 並使用二分搜尋法在第 2 個參數的陣列中找出第 1 個參數, 傳回索引。

3. 請撰寫一個程式, 可以讓 2 個使用者玩井字遊戲 (或稱為 OX 棋)。

4. 請撰寫一個類別 Complex, 代表複數, 並為其定義複數加減運算的方法。

5. 請撰寫一個類別 Circle, 代表一個圓, 並提供多種建構方法可以透過指定圓心座標及半徑或是一個包含此圓的最小正方形來建立 Circle 物件, 同時定義方法可以計算圓周及圓面積。

6. 請修改 9-4-2 節的程式, 新增 1 個方法 overlap(), 傳入一個 Rectangle 物件, 並傳回一個 Rectangle 物件, 代表兩個矩形重疊的區域。

7. 繼續上一題, 再新增 1 個方法 isSquare(), 傳回 boolean 值, 表示該矩形是否為正方形。

8. 請撰寫一個類別 Calculator, 利用 static 方法提供計算次方、階乘等方法。

9. 請延伸第 1 題的程式, 再加入一個方法 toChinese(), 可以傳入英文縮寫, 傳回對應的中文星期名稱。

10. 請撰寫一個類別 Time, 可以記錄時、分、秒, 並提供方法 seconds(), 傳入另一個 Time 物件, 傳回 2 個時間相隔的秒數。

記事欄 MEMO

10

CHAPTER

字串 (String)

學習目標

- 瞭解 String 類別
- 熟練 String 類別所提供的方法
- 認識 StringBuffer 與 StringBuilder 類別
- 使用規則表示法 (Regular Expression)

在第 3 章中，曾經簡短地介紹過字串型別，而且在後續的範例中也經常用到字串，大家應該對於字串都不陌生。在這一章中，我們就來詳細介紹字串 (String)，並介紹 String 類別用來處理字串的許多方法。最後，還會介紹比對字串的規則表示法 (Regular Expression)，讓大家可以善用字串。

在學會各種 String 類別的應用後，讀者會發現，不需瞭解 String 類別內部是如何設計/運作，也能善加利用它，相信此時讀者也更能體會**資訊隱藏**的妙用。

10-1 字串的產生

字串其實就是 String 物件，所以宣告一個字串變數，就等於是宣告一個指到 String 物件的參照，然後再產生 String 物件。為了要能正確的產生物件，首先來看看 String 類別常用的建構方法：

建構方法	說明
String()	建立一個空的字串
String(char[ ] value)	由 value 所指的字元陣列建構字串
String(char[ ] value, int offset, int count)	由 value 所指的字元陣列中第 offset 個元素開始，取出 count 個字元來建構字串
String(String original)	建立 original 所指 String 物件的副本
String(StringBuffer buffer)	由 StringBuffer 物件建構字串
String(StringBuilder builder)	由 StringBuilder 物件建構字串

其中 StringBuffer 與 StringBuilder 類別會在 10-3 節中介紹。底下就來看看如何透過前 4 個建構方法產生字串：

程式 ConstructString.java 利用建構方法建立字串

```
01 public class ConstructString {
02
03   public static void main(String[] argv) {
04
```

```
05      char[] test = {'這','是','個','測','試','字','串'};
06      String a = new String();          // ""
07      String b = new String(test);      // "這是個測試字串"
08      String c = new String(test,3,4); // "測試字串"
09      String d = new String(b);         // "這是個測試字串"
10
11      System.out.println("a：" + a);
12      System.out.println("b：" + b);
13      System.out.println("c：" + c);
14      System.out.println("d：" + d);
15
16      // d 是 b 的副本
17      System.out.println("b == d ?" + (b == d));
18    }
19 }
```

執行結果

```
a：
b：這是個測試字串
c：測試字串
d：這是個測試字串
b == d ?false
```

- 第 6 行使用不需參數的建構方法, 所建構出來的就是空字串, 也就是一個**內容為 0 個字元**的字串。
- 第 7 行由 test 所指的字元陣列來建構字串, 因此建構出的字串內容為 "這是個測試字串"。
- 第 8 行由 test 所指的字元陣列中, 索引碼為 3 的元素開始, 取出 4 個元素來建構字串。由於陣列元素索引碼是**從 0 起算**, 所以建構出來的字串為 "測試字串 "。
- 第 9 行由剛剛建立的字串 b 產生副本, 因此內容和 b 一樣。
- 第 17 行是特別展示, 讓大家瞭解雖然字串 d 和字串 b 的內容一樣, 但卻是**不同的物件個體**, 所以用 == 比較**參照值**的結果並不相等。如果要比對**字串內容**, 必須使用稍後會介紹的 equals() 方法。

10-1-1 Java 對於 String 類別的特別支援

從剛剛的描述可以想見, 對於像是字串這樣常用的資料型別, 如果要一一使用建構方法來建立物件其實並不方便, 因此, Java 語言對於 String 類別提供了幾個特別的輔助。

使用字面常數建立 String 物件

Java 對於 String 類別最重要的支援, 除了可以用 + 號來連接字串之外, 還可以像陣列一樣, 使用字面常數來產生 String 物件, 例如：

程式 StringConstant.java 使用字面常數建立字串

```
01 public class StringConstant {
02
03   public static void main(String[] argv) {
04     String a = "這是一個測試字串";
05     String b = "這是一個測試字串";
06     String c = new String("這是一個測試字串");
07
08     System.out.println("a == b ?" + (a == b));
09     System.out.println("b == c ?" + (b == c));
10     System.out.println("a == c ?" + (a == c));
11   }
12 }
```

其中第 4 行就是直接使用字面常數建立物件。當程式中有字面常數時, Java 編譯器其實會產生一個 String 物件來代表所有相同內容的字面常數字串, 也就是說, 第 5 行設定給 b 的參照值其實和給 a 的是一樣的, 都指向同一個 String 物件；而第 6 行傳給 String 類別建構方法的也是同一個物件。您可以把這 3 行看成是這樣：

```
String constant1 = "這是一個測試字串";
String a = constant1;
String b = constant1;
String c = new String(constant1);
```

因此, 第 8 行的 a == b 就會是 true, 因為 a 和 b 指向同一個物件, 參照值相等。但是 c 則是建立副本, 指向另一個物件, 所以不論 a == c 或 b == c 都是 false。

如果要比對字串的內容, 就必須使用 String 類別的**equals() 方法**：

程式 Equals.java 使用 equals 方法比對字串內容

```
01 public class Equals {
02
03   public static void main(String[] argv) {
04     String a = "這是一個測試字串";
05     String b = "這是一個測試字串";
06     String c = new String("這是一個測試字串");
07
08     System.out.println(a.equals(b));
09     System.out.println(b.equals(c));
10     System.out.println(a.equals(c));
11   }
12 }
```

執行結果

```
true  ←a 與 b 相同?
true  ←b 與 c 相同?
true  ←a 與 c 相同?
```

對於英文字串, 則有另一個 equalsIgnoreCase() 方法, 可在不分大小寫的情況下, 進行字串比對。亦即用 equals() 方法比對時, "ABC" 和 "abc" 會被視為不同；但用 equalsIgnoreCase() 方法, 則會將 "ABC" 和 "abc" 視為相同, 例如執行「"ABC".equalsIgnoreCase("Abc")」會傳回 true。

連接運算

當運算元中有字串資料時, "+" 算符就會進行連接字串的動作, 這在前幾章的範例之中已經使用過許多次, 相信大家都非常熟悉, 此處就不再舉例。

10-1-2 String 物件的特性

String 類別還有幾個特性, 是單單從表面無法發掘的, 瞭解這些特性對於正確使用字串有很大的幫助。

自動轉型 (Implicit Conversion)

搭配連接運算使用時, 如果連接的運算元中有非 String 物件, Java 會嘗試將該運算元轉換為 String 物件, 轉換的方式就是呼叫該運算元的 **toString ()方法**。例如：

程式 Conversion.java Java 將物件自動轉型為 String

```
01 class Student {
02   String name;
03   public Student(String s) { name = s; }
04   public String toString() { return name; }
05 }
06
07 public class Conversion {
08   public static void main(String[] argv) {
09     Student a = new Student("Joy");
10     System.out.println("I am " + a); // 將會呼叫 a.toString()
11   }
12 }
```

要注意的是, toString() 方法必須傳回 String 物件, 而且必須加上 public 存取控制。

執行結果

```
I am Joy
```

TIP 若是字串與基本資料型別的變數做連接運算，則該變數會被包裝成對應類別的物件，再呼叫該類別的 toString() 方法，詳見第 11-4-2 節。

String 物件的內容無法更改

String 物件一旦產生之後, 其內容就無法更改, 即便是連接運算, 都是產生新的 String 物件作為運算結果。除此之外, String 類別的各個方法也都是傳回一個新的字串, 而不是直接更改字串的內容。

如果需要能夠更改字串內容的物件, 必須使用 10-3 節會介紹的 String-Buffer 或是 StringBuilder 類別。

10-2 String 類別的方法

String 類別提供許多處理字串的方法, 可以幫助您有效的使用字串, 本節將介紹一些重要的方法, 更多資訊可以在 JDK 的說明文件中找到。

要特別再提醒讀者, 以下傳回值型別為 String 的方法都是『傳回新字串』, 而不會修改原本的字串內容。

char charAt(int index)

傳回 index 所指定索引碼的字元, 字串和陣列一樣, 索引碼是從 0 開始算起, 因此字串中的第 1 個字元的索引碼就是 0。

程式 CharAt.java 使用 charAt() 方法

```
01 public class CharAt {
02
03   public static void main(String[] argv) {
04     String a = "這是一個測試字串";
05
06     System.out.println("索引 0 的字元：" + a.charAt(0));
07     System.out.println("索引 5 的字元：" + a.charAt(5));
08   }
09 }
```

執行結果

```
索引0的字元：這
索引5的字元：試
```

int compareTo(String anotherString)

以**逐字元方式 (Lexically)** 與 anotherString 字串比較, 如果 anotherString 比較大, 就傳回一個負數值；如果字串內容完全相同, 就傳回 0；如果 another-String 比較小, 就傳回一個正數值。

至於兩個字串 a 與 b 之間的大小, 是依照以下的規則來決定：

1. 由索引 0 開始, 針對 a 與 b 相同索引碼的字元逐一比較其標準萬國碼 (Unicode), 一旦遇到相同位置但字元不同時, 就以此位置的字元決定 a 與 b 的大小。例如, a 為 "abcd"、b 為 "abed", 索引碼 0、1 這兩個位置的字元皆相同, 但索引碼 2 的地方 a 為 'c'、b 為 'e', 所以 b 比 a 大。

2. 如果 a 與 b 的長度相同, 且逐一字元比較後, 同位置的字元皆相同, 就傳回 0。此時, a.equals(b) 或是 b.equals(a) 皆為 true。

3. 如果 a 與 b 長度不同, 且逐一字元比較後, 較短的一方完全和較長的一方前面部分相同, 就以較長的為大。例如, 如果 a 為 "abc"、b 為 "abcd", 那麼 a 就小於 b。

TIP 在標準萬國碼中，英文字母的字碼順序和字母的順序相同。另外，大寫字母是排在小寫字母前面，所以相同字母時，小寫大於大寫。

程式 CompareTo.java 使用 compareTo() 方法

```
01 public class CompareTo {
02
03   public static void main(String[] argv) {
04     String a = "abcd";
05     System.out.println(a.compareTo("abcb"));
06     System.out.println(a.compareTo("abcd"));
07     System.out.println(a.compareTo("abce"));
08     System.out.println(a.compareTo("abcde"));
09     System.out.println(a.compareTo("Abcd"));
10   }
11 }
```

執行結果

```
2
0
-1
-1
32
```

與 equals()方法類似, compareTo() 方法也有一個雙胞胎 **compareToIgnoreCase()**, 在比較時會將同一字母大小寫視為相同。例如：

程式 CompareToIgnoreCase.java 將大小寫視為相同來比較字串

```
01 public class CompareToIgnoreCase {
02
03   public static void main(String[] argv) {
04     String a = "abcd";
05     System.out.println(a.compareToIgnoreCase("ABCB"));
06     System.out.println(a.compareToIgnoreCase("ABCD"));
07     System.out.println(a.compareToIgnoreCase("ABCE"));
08   }
09 }
```

執行結果

```
2
0
-1
```

boolean contains(CharSequence s)

傳回字串中是否包含有 s 所指字串的內容在裡頭。

程式 Contains.java 使用 contains() 方法

```
01 public class Contains {
02
03   public static void main(String[] argv) {
04     String a = "abcd";
05     System.out.println(a.contains("abcd"));
06     System.out.println(a.contains("abc"));
07     System.out.println(a.contains("abcde"));
08     System.out.println(a.contains("lkk"));
09   }
10 }
```

執行結果

```
true
true
false
false
```

甚麼是 CharSequence（上面方法的參數型別）

CharSequence 其實並不是類別，而是一個**介面 (Interface)**，我們會在第 12 章介紹介面，這裡您只要知道所有出現 CharSequence 型別參數的地方，都表示該參數可以是 String 或是 StringBuilder、StringBuffer 類別的物件即可。

boolean endsWith(String suffix)

傳回是否以指定的字串內容結尾。

程式 EndsWith.java 使用 endsWith() 方法

```
01 public class EndsWith {
02
03   public static void main(String[] argv) {
04     String a = "abcd";
05     System.out.println(a.endsWith("cd"));
06   }
07 }
```

執行結果

```
true
```

void getChars(int srcBegin, int srcEnd, char[ ] dst, int dstBegin)

將索引碼 srcBegin 到 **srcEnd - 1** 的字元，複製到 dst 所指字元陣列、由索引碼 dstBegin 開始的元素中。

程式 GetChars.java 使用 getChars() 方法

```
01 public class GetChars {
02
03   public static void main(String[] argv) {
04     String a = "這是一個測試字串";
05     char[] chars = new char[4];
06     a.getChars(1,5,chars,0);
07     System.out.println(new String(chars));
08   }
09 }
```

執行結果

```
是一個測
```

區段的表示法

在 Java 中，表示一個區段時，都是以開頭元素的索引碼以及結尾元素的下一個元素的索引碼來表示，請熟悉這種表示方法，避免弄錯包含的區段。

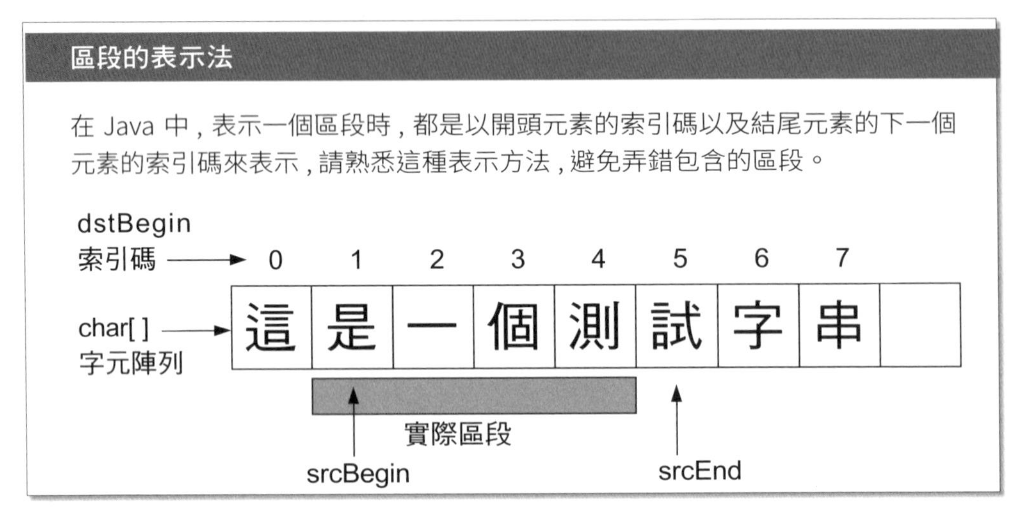

int indexOf(int ch)

傳回 ch 字元在字串中第一次出現的索引碼, 如果字串中未包含該字元, 就傳回 -1。

程式 IndexOf.java 使用 indexOf() 方法

```
01 public class IndexOf {
02
03   public static void main(String[] argv) {
04     String a = "這是一個測試字串";
05     System.out.println(a.indexOf('測'));
06     System.out.println(a.indexOf('空'));
07   }
08 }
```

執行結果

```
4
-1
```

這個方法有個對應的 **lastIndexOf(int ch)**, 可以從字串尾端往前尋找。

int indexOf(int ch, int fromIndex)

indexOf() 方法的多重定義版本, 可以用 fromIndex 來指定開始尋找的位置。只要結合這 2 種 indexOf() 方法, 就可以逐一找出所有出現指定字元的位置了。

這個方法也有個對應的 lastIndexOf (int ch, int fromIndex), 可以從 fromIndex 位置開始往前尋找。

int indexOf(String str)

indexOf() 的多重定義版本, 尋找的是指定字串出現的位置。

程式 IndexOfString.java 使用 indexOf() 方法

```
01 public class IndexOfString {
02
03   public static void main(String[] argv) {
04     String a = "這是一個測試字串";
05     System.out.println(a.indexOf("測試"));
06     System.out.println(a.indexOf("字符"));
07   }
08 }
```

執行結果

```
4
-1
```

這個方法也有個對應的 lastIndexOf(String str), 可以從字串尾端往前尋找。

int indexOf(String str, int fromIndex)

indexOf() 方法的多重定義版本, 可以用 fromIndex 來指定開始尋找的位置。只要結合這 2 種 indexOf() 方法, 就可以逐一找出所有出現指定字串的位置了。

當然也有個對應的 lastIndexOf(String str, int fromIndex) , 可以從 from Index 位置開始往前尋找。

boolean isEmpty()

判斷是否為空字串 (字串長度為 0), 是空字串就傳回 true, 否則傳回 false。

boolean isBlank()

這是從 Java 11 開始才有的方法, 可判斷是否為空字串或字串中只包含空白符號, 若是則傳回 true, 否則傳回 false。這裡的空白符號是指空白、定位、換行、換頁等字元, 以及 Unicode 空白字元 (例如中文的全型空白)。

int length()

傳回字串的長度。例如 isEmpty() 傳回 true 時, 呼叫 length() 就會傳回 0。

String replace(char oldChar, char newChar)

將字串中所有 oldChar 字元取代為 newChar 字元。要提醒您的是, 這並不會更改原始字串的內容, 而是將取代的結果以新字串傳回。

程式 Replace.java 使用 replace() 方法

```
01 public class Replace {
02
03   public static void main(String[] argv) {
04     String a = "這是一個測試字串";
05     System.out.println(a.replace('測','考'));
06     System.out.println(a);
07   }
08 }
```

執行結果

```
這是一個考試字串
這是一個測試字串
```

String replace(CharSequence target, CharSequence replacement)

和上一個方法功能類似, 但會將字串中所有 target 字串都取代為 replacement 字串。

程式 ReplaceStr.java 使用 replace() 方法

```
01 public class ReplaceStr {
02
03   public static void main(String[] argv) {
04     String a = "這是一個測試字串";
05     System.out.println(a.replace("測試","正式"));
06     System.out.println(a);
07   }
08 }
```

執行結果

```
這是一個正式字串
這是一個測試字串
```

boolean startsWith(String prefix)

boolean startsWith(String prefix, int toffset)

startsWith() 的用法和前面看過的 endsWith() 類似，但功能相反，startsWith() 是用來檢查目前字串是否是以參數字串 prefix 開頭。較特別的是 startsWith() 有兩個參數的版本，可指定從索引位置 toffset 開始，檢查是否以參數字串 prefix 為開頭。

程式 CheckStarts.java 檢查字串開頭

```
01 public class CheckStarts {
02 
03   public static void main(String[] argv) {
04     String a = "abcd";
05     System.out.println(a + " 的開頭是 cd：" +
06                        a.startsWith("cd"));
07     System.out.println(a + " 從第 3 個字開始算的開頭是 cd：" +
08                        a.startsWith("cd",2));
09   }
10 }
```

執行結果

```
abcd 的開頭是 cd：false
abcd 從第 3 個字開始算的開頭是 cd：true
```

String substring(int beginIndex)

傳回由 beginIndex 索引開始到結尾的部分字串。

String substring(int beginIndex, int endIndex)

傳回由 beginIndex 到 **endIndex - 1** 索引的部分字串。

程式 Substring.java 使用 substring() 方法

```
01 public class Substring {
02 
03   public static void main(String[] argv) {
04     String a = "這是一個測試字串";
05     System.out.println(a.substring(4));
06     System.out.println(a.substring(4,6));
07   }
08 }
```

執行結果

```
測試字串
測試
```

String toLowerCase()

傳回將字串中的字元全部轉成小寫後的副本。

String toUpperCase()

傳回將字串中的字元全部轉為大寫後的副本。

String trim()

將字串中頭、尾端的空白符號去除，包含空白、定位、換行、換頁等字元。

程式 Trim.java 使用 trim 方法

```
01 public class Trim {
02
03   public static void main(String[] argv) {
04     String a = " 這是一個測試字串\t";
05     System.out.print(a.trim());
06     System.out.println("...定位字元不見了");
07     System.out.print(a);
08     System.out.println("...定位字元還在");
09   }
10 }
```

執行結果

```
這是一個測試字串...定位字元不見了
 這是一個測試字串        ...定位字元還在
```

String strip()
String stripLeading()
String stripTrailing()

這是從 Java 11 開始才有的方法, 可分別去除字串中**頭尾、頭端、尾端**的空白符號。這裡的空白符號是指空白、定位、換行、換頁等字元, 以及 Unicode 空白字元 (例如中文的全型空白)。請注意, 前面介紹的 trim() 也可去除字串頭尾的空白符號, 但不包括 Unicode 空白字元。

String repeat(int count)

這也是從 Java 11 開始才有的方法, 可傳回將字串內容重複 count 次的字串。例如「"OK".repeat(3)」可傳回 "OKOKOK"。

10-3 StringBuffer 與 StringBuilder 類別

前 2 節我們一直強調, String 物件無法更改其字串內容, 這主要是因為如此一來, String 物件就不需要因為字串內容變長或是變短時, 必須進行重新配置儲存空間的動作。但如果您想使用可以隨時更改內容的字串, 那麼就必須改用 StringBuffer 或 StringBuilder 類別。

10-3-1 StringBuffer 類別

基本上, 我們可以把 StringBuffer 類別看成是『可改變內容的 String 類別』。因此 StringBuffer 類別提供了各種可改變字串內容的方法, 像是可新增內容到字串中的 append() 及 insert() 、可刪除字串內容的 delete()。以下先來看 StringBuffer 類別的建構方法：

建構方法	說明
StringBuffer()	建立一個不含任何字元的字串
StringBuffer(String str)	依據 str 的內容建立字串

程式 StrBuf.java 建立 StringBuffer 物件

```
01 public class StrBuf {
02
03   public static void main(String[] argv) {
04     String a = "這是一個測試字串";
05     StringBuffer b = new StringBuffer(a);
06     System.out.println(b);
07   }
08 }
```

執行結果

```
這是一個測試字串
```

在 10-4 頁提過, Java 會產生一個 String 物件來代替程式中的字面常數, 所以第 4、5 行也可直接寫成：

```
StringBuffer b = new StringBuffer("這是一個測試字串");
```

以下就來介紹 StringBuffer 類別的方法, 這些方法不但會直接修改 String-Buffer 物件的內容, 也會將修改後的結果傳回。

append() 方法

StringBuffer 物件並不能使用 "+" 算符來連接字串, 而必須使用 append() 或是 insert() 方法。**append() 方法會在字串尾端添加資料**, 並且擁有多重定義的版本, 可以傳入基本型別、String 物件以及其他有定義 toString() 方法的物件。它會將傳入的參數轉成字串, 添加到目前字串的尾端, 然後傳回自己。

程式 Append.java 使用 append() 方法

```
01 public class Append {
02 
03   public static void main(String[] argv) {
04     String a = "這是一個測試字串";
05     StringBuffer b = new StringBuffer(a);
06     System.out.println  (b.append(20)); // 會更改字串
07     System.out.println  (b.append("字串內容已經變了"));
08     System.out.println  (b.append(b));
09   }
10 }
```

執行結果

```
這是一個測試字串20
這是一個測試字串20字串內容已經變了
這是一個測試字串20字串內容已經變了這是一個測試字串20字串內容已經變了
```

insert() 方法

insert() 方法和 append() 方法一樣有多種版本, 但是它可以透過第 1 個參數 offset 將第 2 個參數插入到字串中的特定位置。offset 代表的是索引碼, insert() 方法**會把資料插入到 offset 所指的位置之前**。

程式 Insert.java 使用 insert() 方法

```
01 public class Insert {
02
03   public static void main(String[] argv) {
04     String a = "這是一個測試字串";
05     StringBuffer b = new StringBuffer(a);
06
07     System.out.println(b.insert(0,20)); // 插入到最開頭
08     System.out.println(b.insert(3,"字串內容已經變了"));
09
10     // 插入到尾端，等於append
11     System.out.println(b.insert(b.length(),b));
12   }
13     }
```

執行結果

```
20這是一個測試字串
20這字串內容已經變了是一個測試字串
20這字串內容已經變了是一個測試字串20這字串內容已經變了是一個測試字串
```

在第 11 行可以看到, 如果第 1 個參數傳入的是字串的長度, 就如同是 append() 的功能了。

StringBuffer delete(int start, int end)

delete() 方法可以刪除由 start 索引碼到 end - 1 索引碼之間的一段字元。

程式 Delete.java 使用 delete() 方法

```
01 public class Delete {
02
03   public static void main(String[] argv) {
04     String a = "這是一個測試字串";
05       StringBuffer b = new StringBuffer(a);
06
07       System.out.println(b.delete(1,2)); // 刪除1個字元

08       System.out.println(b.delete(0,3)); // 刪除3個字元

09   }
10 }
```

執行結果

```
這一個測試字串
測試字串
```

TIP 在 10-15 頁有提到，StringBuffer 與 StringBuilder 在使用時會改變內容，因此此處的總結果為刪除前 4 個字元，請讀者多加注意！

StringBuffer deleteCharAt(int index)

刪除由 index 所指定索引碼的字元。

StringBuffer replace(int start, int end, String str)

將 start 索引碼到 end - 1 索引碼之間的一段字元取代為 str 字串。

程式 ReplaceSubstring.java 使用 replace() 方法

```
01 public class ReplaceSubstring {
02
03   public static void main(String[] argv) {
04     String a = "這是一個測試字串";
05     StringBuffer b = new StringBuffer(a);
06
07     // 刪除1個字元
08     System.out.println(b.deleteCharAt(2));
09     // 取代2個字元
10     System.out.println(b.replace(1,3,"好像不是"));
11   }
12 }
```

執行結果

```
這是個測試字串
這好像不是測試字串
```

StringBuffer reverse()

將整個字串的內容頭尾反轉。

程式 Reverse.java 使用 reverse() 方法

```
01 public class Reverse {
02
03   public static void main(String[] argv) {
04     String a = "這是一個測試字串";
05     StringBuffer b = new StringBuffer(a);
06
07     System.out.println(b.reverse());
08     System.out.println(b.reverse());
09   }
10 }
```

執行結果

```
串字試測個一是這
這是一個測試字串
```

轉兩次就恢復原狀

void setCharAt(int index, char ch)

將 index 索引碼的字元取代成 ch 字元。請特別注意, 這是唯一一個更改了字串內容, 但卻**沒有傳回自己的方法**, 在使用時要小心。

程式 SetCharAt.java 使用 setCharAt() 方法

```
01 public class SetCharAt {
02
03   public static void main(String[] argv) {
04     String a = "這是一個測試字串";
05     StringBuffer b = new StringBuffer(a);
06
07     b.setCharAt(2,'二');
08     System.out.println(b); // 字串內容已經變了
09   }
10 }
```

執行結果

```
這是二個測試字串
```

其他方法

StringBuffer 也提供包括 charAt()、indexOf()、substring() 等和 String 類別相同的方法, 而且這些方法都不會更改到物件本身的內容, 也不會傳回 StringBuffer 物件。完整介紹請參見 Java 線上說明 (查閱方式可參考 17-4 頁)。

10-3-2 StringBuilder 類別

這個類別和 StringBuffer 的用途相同, 且提供的方法一模一樣, 唯一的差別就是此類別並不保證在**多執行緒的環境**下可以正常運作, 有關多執行緒, 請參考第 15 章。如果您使用字串的場合不會有多個執行緒共同存取同一字串的話, 建議可以改用 StringBuilder 類別, 以得到較高的效率。如果會有多個執行緒共同存取字串的內容, 就必須改用 StringBuffer 類別。

10-4 規則表示法 (Regular Expression)

在字串的使用上，有一種用途是接收使用者鍵入的資料，比如說身份證字號、電話號碼、或電子郵件帳號等等。這些資料通常都有特定的格式，因此程式一旦取得使用者輸入的資料，第一件事就是要檢查是否符合規定的格式，然後才進行後續的處理。

在 String 類別中，雖然已有多個方法可以比對字串的內容，可是要檢查字串是否符合**特定的格式**，例如 02-28833498 這種電話號或是 john@yahoo.com.tw 這樣的電子郵件信箱，使用起來並不方便。因此我們需要一種可以描述字串內容規則的方式，然後依據此一規則來驗證字串的內容是否相符。

String 類別的 **matches() 方法**，就可以搭配**規則表示法**來解決這樣的問題。

10-4-1 甚麼是規則表示法

讓我們先以簡單的範例來說明規則表示法。假設程式需要使用者輸入一個整數，那麼當取得輸入的資料後，就必須檢查是否為整數。要完成這件事，最簡單、直覺的方法就是使用一個迴圈，一一取出字串中的各個字元，檢查這個字元是否為數字：

程式 CheckInteger.java 檢查輸入資料是否為一整數

```
01 import java.io.*;
02
03 public class CheckInteger {
04
05   public static void main(String[] argv) throws IOException {
06     BufferedReader br =
07       new BufferedReader(new InputStreamReader(System.in));
08
09     String str; // 記錄使用者輸入資料
10     boolean isInteger; // 使用者輸入是否為整數
```

```
11      do {
12        isInteger = true;
13        System.out.print("請輸入整數：");
14        str = br.readLine(); // 讀取使用者輸入資料
15
16        for(int i = 0;i < str.length();i++) {
17          char ch = str.charAt(i); // 取出個別字元
18          if(ch < '0' || ch > '9') { // 不是數字
19            System.out.println("您輸入的不是整數！");
20            isInteger = false;
21            break; // 已檢查出非數字，不需繼續
22          }
23        }
24      } while (!isInteger);
25    }
26  }
```

執行結果

```
請輸入整數：123D
您輸入的不是整數！
請輸入整數：A12
您輸入的不是整數！
請輸入整數：1234
```

第 16 行的 for 迴圈就是從 str 所指字串中一一取出個別字元，並比對是否為數字，若有非數字時就顯示錯誤訊息。

比對數字

由於在標準萬國碼中，數字 '0'、'1'、'2'、.....、'9' 的字碼是連續的，因此只要比對字元是否位於 '0' 到 '9' 之間，即可確認該字元是否為數字。

如果把第 16 行的迴圈用簡單的一句話來說，就是要檢查使用者所輸入的資料是否都是數字。如果改用 String 類別的 matches() 方法搭配規則表示法，就可以更清楚的表達出比對的規則，底下就來修改前面程式的 do 迴圈：

程式 CheckIntegerByRegEx.java

```
11      do {
12        isInteger = true;
13        System.out.print("請輸入整數：");
14        str = br.readLine(); // 讀取使用者輸入資料
15
```

```
16      if(!str.matches("[0-9]+")) { // 如果不是整數
17        System.out.println("您輸入的不是整數！");
18        isInteger = false;
19      }
20    } while (!isInteger);
21  }
22 }
```

第 16 行使用 String 類別的 matches() 方法來檢查字串是否符合某種樣式, 而 "[0-9]+" 就是用來描述字串樣式的規則。其中的 "[0-9]" 是指包含數字 0 ~ 9 之間的任意一個字元, 而後面的 "+" 則是指前面規則所描述的樣式 (此例就是[0-9]) 要出現一次以上, 所以整個規則所描述的就是『由一或多個數字所構成的字串』。

當字串本身符合所描述的樣式時, matches() 方法就會傳回 true, 否則就傳回 false。因此, 這個程式就和剛剛使用 for 迴圈檢查的程式功用一模一樣。

使用 matches() 方法的好處是可以**專注於要比對的樣式**, 至於如何比對, 就交給 matches() 方法, 而不需要自己撰寫程式進行。因此, 如果您需要比對的是這類可以規則化的樣式, 建議多多利用 matches() 方法。

10-4-2 規則表示法入門

為方便讀者練習, 所以我們先撰寫一個『規則表示法』測試程式, 可以讓您直接輸入樣式以及要比對的字串, 並顯示出比對的結果：

程式 RegExTest.java 規則表示法的練習程式

```
01 import java.util.*;
02
03 public class RegExTest {
04
05   public static void main(String[] argv)  {
06     Scanner sc = new Scanner(System.in);
07
08     String pat; // 記錄使用者輸入樣式
09     String str; // 記錄使用者輸入測試字串
```

```
10
11      System.out.print("請輸入樣式：");
12      pat = sc.next(); // 讀取樣式
13
14      System.out.print("請輸入字串：");
15      str = sc.next(); // 讀取字串
16
17      if(str.matches(pat))     // 進行比對
18        System.out.println("相符");
19      else
20        System.out.println("不相符");
21    }
22  }
```

這個程式會要求使用者輸入比對的樣式以及字串，並顯示比對結果。後續的說明都會使用此程式進行測試，並顯示執行結果。

直接比對字串內容

最簡單的規則表示法就是直接表示出字串的明確內容，比如說要比對字串的內容是否為 "print"，那麼就可以使用 "print" 作為比對的樣式：

執行結果

```
請輸入樣式：print
請輸入字串：print
相符

請輸入樣式：print
請輸入字串：Print
不相符
```

限制出現次數

除了剛剛使用過的 "+" 以外，規則表示法中還可以使用如右表的次數限制規則：

限制規則	說明
?	0 或 1 次
*	0 次以上 (任意次數)
+	1 次以上
{n}	剛好 n 次
{n,}	n 次以上
{n,m}	n 到 m 次

執行結果

```
請輸入樣式：ab?a
請輸入字串：aa
相符

請輸入樣式：ab?a
請輸入字串：aba
相符

請輸入樣式：ab?a
請輸入字串：abba
不相符
```

由於樣式是 "ab?a", 也就是先出現一個 'a', 再出現 0 或 1 個 'b', 再接著一個 'a', 所以 "aa" 或是 "aba" 都相符, 但是 "abba" 中間出現了 2 個 'b', 所以不相符。

字元種類 (Character Classes)

您也可以用中括號來表示一個字元, 比如說：

執行結果

```
請輸入樣式：a[bjl]a
請輸入字串：aba
相符

請輸入樣式：a[bjl]a
請輸入字串：aka
不相符
```

其中樣式[bjl]表示此位置可以出現 'b' 或 'j' 或 'l', 因此 "a[bjl]a" 這個樣式的意思就是先出現一個 'a', 再出現一個 'b' 或 'j' 或 'l', 再接著一個 'a'。在第 2 個執行結果中, 因為輸入的第 2 個字元並非 'b' 或 'j' 或 'l', 所以不相符。

您也可以在中括號中使用 "-" 表示一段連續的字碼區間, 比如說上一小節使用過的 [0-9] 就包含了數字, 而 [a-z] 則包含了小寫的英文字母, [A-Z] 則包含了大寫的英文字母, [a-zA-Z] 就是所有的英文字母了：

執行結果

```
請輸入樣式：a[0-9a-zA-Z]a
請輸入字串：a1a
相符

請輸入樣式：a[0-9a-zA-Z]a
請輸入字串：a#a
不相符
```

這個範例的樣式表示先出現一個 'a', 然後接著數字或是英文字母, 再接著一個 'a', 所以第 2 個執行結果因為有 '#' 而不相符。

另外, 若在左中括號後面跟著一個 '^', 表示要**排除**中括號中的字元, 例如:

執行結果

```
請輸入樣式:a[^a-z]a
請輸入字串:ada
不相符

請輸入樣式:a[^a-z]a
請輸入字串:a2a
相符
```

這個樣式表示第 2 個字元**不能是**小寫英文字母, 所以第 1 個執行結果因為第 2 個字元是 'd' 而不相符。

預先定義的字元種類 (Character Class)

規則表示法中預先定義了一些字元種類, 如下表所示:

字元種類	說明
.	任意字元
\d	數字
\D	非數字
\s	空白字元
\S	非空白字元
\w	英文字母或數字
\W	非英文字母也非數字

執行結果

```
請輸入樣式:a\da
請輸入字串:a3a
相符

請輸入樣式:a\da
請輸入字串:aba
不相符
```

第 2 個執行結果因為第 2 個字元 'b' 不是數字而不相符。

TIP 由於句號代表任意字元, 原來的句號需以 \. 表示。

群組 (Grouping)

您也可以使用小括號將一段規則組合起來, 搭配限制次數使用, 例如:

執行結果

```
請輸入樣式:a(c\dc){2}a
請輸入字串:ac1cc2ca
相符

請輸入樣式:a(c\dc){2}a
請輸入字串:ac1ca
不相符
```

其中以小括號將 "c\dc" 組成群組, 因此規則就是先出現一個 'a', 再出現 2 次 "c\dc", 再出現一個 'a'。第 1 個執行結果中的 "c1c" 及 "c2c" 都符合 "c\dc" 樣式, 而第 2 個執行結果只有 "c1c" 符合 "c\dc" 樣式, 等於 "c\dc" 僅出現 1 次, 所以比對不相符。

以字面常數指定樣式

如果要在程式中以字面常數指定樣式, 由於 Java 的編譯器會將 '\' 視為跳脫序列的啟始字元 (例如 \t 表定位字元、\n 表換行字元、\\ 表 \ 字元), 因此要使用預先定義的字元種類時, 就必須在前面多加一個 '\', 以便讓 Java 編譯器將 '\' 視為一般的字元, 例如:

```
str.matches("\\d+");
```

如果寫成這樣:

```
str.matches("\d+");
```

編譯時就會認為 '\d' 是一個不合法的跳脫序列。

10-4-3 replaceAll() 方法

規則表示法除了可以用來比對字串以外, 也可以用來將字串中符合指定樣式的一段文字取代成另外一段文字, 讓您以極富彈性的方式進行字串的取代, 而不是僅能使用簡單的 replace() 方法。

為了方便測試, 我們將剛剛的 RegExTest.java 修改為 replaceAll() 的版本：

程式 ReplaceAll.java 測試 replaceAll() 方法

```
01 import java.io.*;
02 
03 public class ReplaceAll {
04 
05   public static void main(String[] argv) throws IOException {
06     BufferedReader br =
07       new BufferedReader(new InputStreamReader(System.in));
08 
09     String src; // 記錄使用者輸入資料
10     String pat; // 記錄樣式
11     String rep; // 記錄要取代的結果
12 
13     System.out.print("請輸入字串：");
14     src = br.readLine(); // 讀取使用者輸入字串
15 
16     System.out.print("請輸入樣式：");
17     pat = br.readLine(); // 讀取使用者輸入樣式
18 
19     System.out.print("請輸入要取代成：");
20     rep = br.readLine(); // 讀取使用者輸入字串
21 
22     System.out.println(src.replaceAll(pat,rep));
23   }
24 }
```

這個程式會要求使者輸入原始的字串、要搜尋的樣式、以及要取代成甚麼內容, 最後顯示取代後的結果。接下來的說明都會以這個程式來測試。

簡單取代

replaceAll() 最簡單的用法就是當成 replace() 方法使用, 以明確的字串內容當成樣式, 並進行取代：

執行結果

```
請輸入字串：a111bc34d
請輸入樣式：111
請輸入要取代成：三個一
a三個一bc34d
```

因為搜尋的樣式是 "111", 所以取代的結果就是將字串中的 "111" 取代掉。

使用樣式進行取代

replaceAll() 最大的用處是可以使用規則表示法, 例如：

執行結果

```
請輸入字串：a111bc34d
請輸入樣式：\d+
請輸入要取代成：數字
a數字bc數字d
```

這裡搜尋的樣式是 "\d+", 所以字串中的 "111" 以及 "34" 都符合這個樣式, 都會被取代為 "數字"。

使用群組

有時候我們會希望取代的結果要包含原來被取代的那段文字, 這時就可以使用群組的功能, 例如：

執行結果

```
請輸入字串：a111bc34d
請輸入樣式：(\d+)
請輸入要取代成：數字$1
a數字111bc數字34d
```

其中要取代成 "數字$1" 中的 "$1" 是指比對相符的那段文字中, 和樣式中第 1 個群組相符的部分。以本例來說, 當 "111" 與 "(\d+)" 比對相符時, 第一個群組就是 "(\d+)", 與這個群組相符的就是 "111" , 所以取代後的結果變成 "數字111"；同理, 後面比對出 "34" 時, 就取代為 "數字34" 了。

依此類推, $2、$3、...自然是指第 2、3、....個群組了, 至於 $0 則是指比對出的整段文字, 例如：

執行結果

```
請輸入字串：a111bc34d
請輸入樣式：([a-z])(\d+)([a-z]+)(\d+)([a-z])
請輸入要取代成：1:$1,2:$2,3:$3,4:$4,0:$0
1:a,2:111,3:bc,4:34,0:a111bc34d
```

規則表示法的功能非常強大, 詳細的說明可以參考 JDK 的說明文件。

10-5 綜合演練

在撰寫程式時, 幾乎都會用到字串, 許多要求使用者輸入資料的程式, 所輸入的資料也都是字串, 因此熟練字串的用法更是不可或缺的技能。

10-5-1 檢查身份證字號的格式

許多要求使用者認證的程式都會需要輸入身份證字號, 對於這類程式來說, 第一步就是確認使用者所輸入的身份證格式沒有錯誤, 然後才去驗證該身份證字號是否合法。在這一小節中, 就要實際檢查身份證字號的格式。

正確的身份證字號, 是由一個英文字母以及 9 個數字所組成, 因此檢查的程式可以這樣寫:

程式 CheckIDFormat.java 檢查身份證字號的格式

```
01 import java.io.*;
02 
03 public class CheckIDFormat {
04 
05   public static void main(String[] argv) throws IOException {
06     BufferedReader br =
07       new BufferedReader(new InputStreamReader(System.in));
08 
09    String str; // 記錄使用者輸入資料
10    boolean isID; // 使用者輸入的格式是否正確
11    do {
12      isID = true;
13      System.out.print("請輸入身份證字號：");
14      str = br.readLine(); // 讀取使用者輸入資料
15 
16      if(!str.matches("[a-zA-Z]\\d{9}")) { // 如果不正確
17        System.out.println(
18          "身份證字號應該是1個英文字母接著9個數字！");
19        isID = false;
20      }
21    } while (!isID);
22   }
23 }
```

執行結果

```
請輸入身份證字號：aa45366
身份證字號應該是1個英文字母接著9個數字！
請輸入身份證字號：a1234567890
身份證字號應該是1個英文字母接著9個數字！
請輸入身份證字號：a123456789
```

這個程式的關鍵就在於指定正確的樣式，第 16 行中的樣式就描述了先出現一個英文字母，然後接著 9 個數字。

10-5-2　檢核身份證字號

確認輸入的身份證字號符合格式之後，接著就是要檢核輸入的身份證字號是否合法。檢核的規則如下：

1. 首先將第一個字母依據下表取代成 2 個數字：

A	10	B	11	C	12	D	13	E	14
F	15	G	16	H	17	I	34	J	18
K	19	L	20	M	21	N	22	O	35
P	23	Q	24	R	25	S	26	T	27
U	28	V	29	W	32	X	30	Y	31
Z	33								

這樣身份證字號就成為一個內含 11 數字的字串。

TIP 上表為內政部制定的身份證字號編碼規則，和一般金融機構輸入客戶資料時 A 為 01、B 為 02、C 為 03... 的慣例無關，請勿搞混了。

2. 將第一個數字乘以 1，再從第 2 個數字開始，第 2 個數字乘以 9、第 3 個數字乘以 8、...、第 9 個數字乘以 2、第 10 個數字乘以 1，將這些乘法的結果相加總。
3. 以 10 減去加總值的個位數。
4. 如果上述減法的結果個位數和第 11 個數字相同，此身份證字號即為合法，否則即為不合法的身份證字號。

以下就是將上述規則轉換成程式的結果：

程式 CheckID.java 檢查身份證字號的合法性

```
01 import java.io.*;
02 
03 public class CheckID {
04 
05   public static void main(String[] argv) throws IOException {
06     BufferedReader br =
07       new BufferedReader(new InputStreamReader(System.in));
08 
09    String str; // 記錄使用者輸入資料
10    boolean isID; // 使用者輸入的格式是否正確
11    do {
12     isID = true;
13     System.out.print("請輸入身份證字號：");
14     str = br.readLine(); // 讀取使用者輸入資料
15 
16       if(!str.matches("[a-zA-Z]\\d{9}")) { // 不正確
17         System.out.println(
18           "身份證字號應該是1個英文字母接著9個數字！");
19         isID = false;
20       }
21     } while (!isID);
22 
23     int[] letterNums = {10,11,12,13,14,15,16,
24       17,34,18,19,20,21,22,
25       35,23,24,25,26,27,28,
26       29,32,30,31,33};
27 
28     str = str.toUpperCase(); // 先將第一個英文字母轉為大寫
29     char letter = str.charAt(0); // 取出第一個字母
30     // 將第一個字母查表後取代成數字
31     str = letterNums[letter - 'A'] + str.substring(1);
32 
33     int total = str.charAt(0) - '0'; // 開始加總
34     for(int i = 1;i < 10;i++) {
35       total += (str.charAt(i) - '0') * (10 - i); // 依序加總
36     }
37 
```

```
38      // 以10減去加總值之個位數後取個位數
39      int checkNum = (10 - total % 10) % 10;
40
41      //計算結果和最後一位數比較
42      if(checkNum == (str.charAt(10) - '0')) {
43        System.out.println("檢核通過");
44      } else {
45        System.out.println("檢核錯誤，請確實填寫");
46      }
47    }
48 }
```

執行結果

```
請輸入身份證字號：Z123456780
檢核通過

請輸入身份證字號：k223405678
檢核錯誤，請確實填寫
```

- 第 23 行宣告了一個對應於上述表格的陣列, 待會兒就會利用查表的方式找出字母對應的數值。
- 第 28 行先將輸入資料轉為大寫, 這樣就不需要去處理第一個字母大小寫的問題。
- 第 29 行取出第一個字母, 第 31 行將第一個字母減去 'A' 後, 就可以得到第一個字母在 26 個字母中的順序 (從 0 開始), 也就是其對應數字在陣列中的索引碼。同時利用字串的連接運算, 把字母換成數字後與原輸入資料後面的數字相連, 變成一個有 11 個數字的字串。
- 第 33 行先把第一個數字加到 total 變數中, 然後在第 34 ~ 36 行使用 for 迴圈依序取出 9 個數字進行乘法運算後加總。
- 第 39 行即為計算以 10 減去加總值個位數後再取個位數的值。
- 第 42 行就是比對最後一位數, 如果相符就是合法的身份證字號。

字元也是整數

char 型別的資料其實是以該字元在標準萬國碼中的字碼儲存，因此可以當成數值使用。由於 '0' ~ '9' 的字碼是相連續的數值，所以對數字來說，減去字元 '0' 就是對應的整數值。例如 '8' 的字碼是 56, 而 '0' 的字碼是 48, 所以 '8' - '0' 的結果就是 56 - 48, 也就是 8。

類似的應用方式含包括了小寫英文字母減去 'a' 或是大寫英文字母減去 'A ', 就可以得到該字母在 26 個英文字母中的序數 (由 0 起算)。這個技巧可以在以數字字元做算數或是利用英文字母到陣列中查表時使用。

學習評量

※ 選擇題可能單選或複選

1. (　　) 請問以下程式的執行結果為何？

```
public class Ex_10_01 {

  public static void main(String[] argv) {
    String a,b;
    a = new String("test");
    b = new String("test");
    System.out.println((a == b));
  }
}
```

(a) true
(b) false
(c) 無法編譯
(d) 執行錯誤

2. (　　) 請問以下程式的執行結果？

```
public class Ex_10_02 {

  public static void main(String[] argv) {
    String a = new String();
    System.out.println(a.length());
  }
}
```

(a) null
(b) 0
(c) 1
(d) 執行錯誤

3. (　　) 如果變數 a 現在是指向字串"這是變數 a 的內容", 請問 a.charAt(4) 會傳回

(a) '數'
(b) 'a'
(c) '的'
(d) "a的內容"

4. (　　) 接續上題, a.indexOf('內') 會傳回

(a) 5
(b) 6
(c) 4
(d) 7

5. (　　) 接續上題, a.indexOf("內",8) 會傳回

(a) 7
(b) 8
(c) 6
(d) -1

6. (　　) 接續上題, 呼叫 a.replace("變數","常數") 後, 以下何者正確？

   (a) a.length()會傳回 7
   (b) a 會指向字串"這是常數 a 的內容"
   (c) a 會指向字串"這是變數 a 的內容"
   (d) 以上皆非

7. (　　) 如果變數 a 指向字串 "abbc12a", 請問以下何者傳回 true？

   (a) a.matches("\\w*\\d*\\w*");
   (b) a.matches("\\w{4}\\d*\\w?");
   (c) a.matches("(\\w*\\d{2,3})\\w*");
   (d) 以上皆是

8. (　　) 接續上題, 請問 a.replaceAll("(\\w*\\d{2,3})(\\w*)","$2$1") 會傳回

   (a) "abbc12a"
   (b) 空字串
   (c) "aabbc12"
   (d) "12aabbc"

9. (　　) 接續上題, 請問 a.substring(2,3) 會傳回

   (a) "bc1"
   (b) "bc"
   (c) "b"
   (d) "c12"

10. 接續上題, a.matches("\\w+") 會傳回________。

程式練習

1. 請改寫 10-5-1 節的 CheckIDFormat.java 程式, 不使用規則表示法。

2. 請撰寫一個程式, 以不使用規則表示法的方式, 要求使用者以 '(' 、區域號碼 ')'、'-'、號碼的格式輸入電話號碼, 例如台北地區 23963345 這支電話就必須輸入 (02)-23963345。

3. 更改上一題的程式, 改成使用規則表示法來檢查。

4. 請撰寫一個程式, 以不使用規則表示法的方式, 要求使用者輸入正確格式的電子郵件信箱(假設使用者名稱及網域中都只有小寫英文字母)。

5. 更改上一題的程式, 改成使用規則表示法來檢查。

6. 請撰寫一個程式, 讓使用者可以 YYYY/MM/DD 或是 MM/DD/YYYY 的格式輸入日期, 並顯示使用者所輸入的年月日。

7. 請撰寫一個程式, 讓使用者輸入 10 個字串, 並將此 10 個字串排序。

8. 請撰寫一個程式, 提供一個 static 方法 myReplace(), 模擬 10-2 節中 String 類別的 replace() 方法。

9. 請撰寫一個程式, 提供一個 static 方法 myCompare(), 模擬 10-2 節中 String 類別的 compareTo() 方法。

10. 請撰寫一個程式, 讓使用者輸入一個僅包含加減運算的正整數算式, 並計算出結果。

11

CHAPTER

繼承 (Inheritance)

學習目標

- 認識繼承關係
- 學習建構類別的關係
- 認識多形 (Polymorphism)
- 認識 Object 類別與基本資料類別

第 8、9 章介紹了設計類別的基本方式, 但當我們要設計功能較複雜的類別時, 往往會發現每次都要從無到有地設計, 是一件很累人的事情。

如果已有人設計好功能類似的其它類別, 或者我們所要設計的多個類別中, 有一些彼此共通的地方 (例如共通的成員變數、建構方法等), 此時如果能有一種方式, 可以將這些共通的地方加以引用, 而不用在各個類別中重複定義, 那麼就可以讓各個類別只專注於其所特殊的地方, 同時也可以縮短程式開發時間, 並讓整個程式更加簡潔。

本章就是要介紹解決上述問題的機制--**繼承**。還記得在第 8 章時我們以舞台劇來比擬 Java 程式, 以物件導向的方式設計 Java 程式時, 第一件事情就是要分析出程式中所需的各種物件 (也就是舞台劇的角色) , 而本章的內容就是要提供一種技巧, 可以讓我們以系統化的方式描述相似但不相同的物件。

11-1 甚麼是繼承?

簡單的說, 繼承就是讓我們可沿用已經設計好的類別, 替它擴充功能以符合新的需求, 定義出一個與舊類別相似, 但增加新方法與新屬性的類別。透過這種方式, 將可大幅提高程式可重複使用的特性, 因為藉由繼承的方式, 可讓既有的類別能順利應用於新開發的程式中。此外藉由繼承的架構, 我們還可將不同的類別依據其**相似程度**, 整理成一個**體系**, 讓整個程式更加模組化。

11-1-1 不同物件的相似性

舉例來說, 如果圓形類別可以用圓心座標和半徑這兩個屬性來描述:

程式 Circle 圓形類別

```
01 class Circle {            // 圓
02   private double x,y;     // 圓心
03   private double r;       // 半徑
04
```

```
05    public Circle(double x,double y, double r) {      // 建構方法
06      this.x = x;
07      this.y = y;
08      this.r = r;
09    }
10
11    public void setCenter(double x,double y) {      // 變更圓心
12      this.x = x;
13      this.y = y;
14    }
15
16    public void setRadius(double r) {    // 變更半徑
17      this.r = r;
18    }
19  }
```

假如圓柱體的描述方式是用底部的圓，再加上圓柱的高度來描述，則圓柱體類別可定義成：

程式 Cylinder 圓柱體類別

```
01  class Cylinder {                    // 圓柱體
02    private double x,y;               // 底部的圓心座標
03    private double r;                 // 半徑
04    private double h;                 // 高度
05                                                          // 建構方法
06    public Cylinder(double x, double y, double r, double h)
07      this.x = x;
08      this.y = y;
09      this.r = r;
10      this.h = h;
11    }
12
13    public void setCenter(double x,double y) {      // 變更圓心
14      this.x = x;
15      this.y = y;
16    }
17
18   public void setRadius(double r) {       // 變更半徑
19      this.r = r;
20    }
```

```
21
22   public void setHeight(double h) {       // 變更高度的方法
23     this.h = h;
24   }
25 }
```

我們可以發現, 這兩個類別有很多相似之處, 而且 Circle 類別所包含的成員在 Cylinder 類別都會出現。如果將兩個類別分別撰寫, 相同的成員變數以及建構方法必須在這兩個類別中重複定義, 往後需要修改時, 還必須分別到兩個類別中修改, 不但費事, 也可能因為**修改的不一致**而導致錯誤。

很顯然的, Cylinder 類別算是 Circle 類別的延伸, 因此如果 Circle 類別都已設計好了, 那只要用**繼承**的方式, 就可以讓 Cylinder 類別把 Circle 類別的內容**繼承**過來, 我們僅需定義 Cylinder 類別中與 Circle 類別不同的部份, 而不需重複定義兩者相同的屬性及方法。

11-1-2 繼承的語法

要繼承現有的類別, 需使用 extends 關鍵字, 語法如下：

```
class 類別名稱 extends 父類別名稱 {
  // 類別的新變數
  // 類別的新方法
}
```

例如：

```
class Cylinder extends Circle {
  // Cylinder 的新變數
  // Cylinder 的新方法
}
```

其中 Circle 稱為**父類別 (Parent Class 或 Superclass)**, 而 Cylinder 則稱為**子類別 (Child Class 或 Subclass)** 或是**衍生類別 (Extended Class)** , 有時我們也稱這個動作為：『從 Circle 類別衍生 Cyclinder 類別』。

子類別將會繼承父類別的所有成員變數和方法, 所以子類別的物件可直接使用從父類別繼承而來的成員變數和方法, 以下我們將兩個類的內容先簡化一下, 並來看繼承的效果：

程式 EmptyCylinder.java 基本的繼承語法

```
01 class Circle {          // 圓
02   private double x,y; // 圓心
03   private double r;   // 半徑
04
05   public void setCenter(double x,double y) {
06     this.x = x;
07     this.y = y;
08   }
09
10   public void setRadius(double r) {
11     this.r = r;
12   }
13
14   public String toString() {
15     return "圓心：(" + x + ", " + y + "), 半徑：" + r;
16   }
17 }
18
19 class Cylinder extends Circle { // 繼承 Circle 類別
20   // 沒有自己的成員變數和方法
21 }
22
23 public class EmptyCyclinder {
24   public static void main(String[] argv) {
25     Cylinder cr = new Cylinder();
26
27     cr.setCenter(3,4);  // 呼叫繼承而來的方法
28     cr.setRadius(5);
29     System.out.println(cr.toString());
30   }
31 }
```

執行結果

```
圓心：(3.0, 4.0), 半徑：5.0
```

第 19 行定義 Cylinder 繼承自 Circle 類別, 且未定義任何成員變數及方法, 但因父類別的成員變數和方法都會繼承給子類別, 所以實際上 Cylinder 類別也具有成員變數 x、y、r, 不過它們在 Circle 中被宣告為 private, 所以 Cylinder 類別不能直接存取。但可呼叫 public 的 setCenter()、setRadius()、 toString() 等方法。

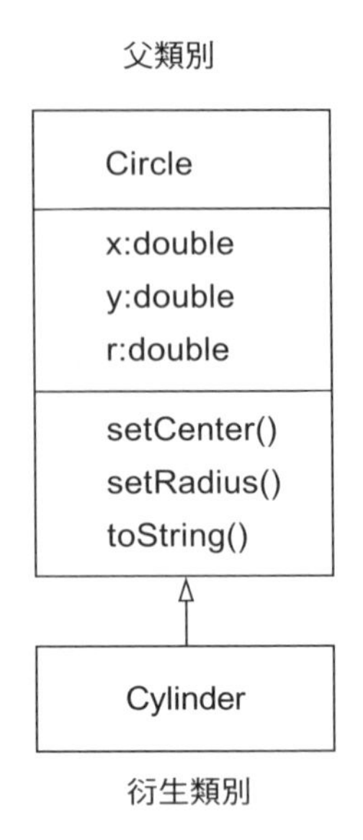

所以在第 25 行建立 Cylinder 類別的物件 cr 後, 即可透過此物件呼叫上述方法。而執行結果即是用 Circle 類別的 toString(), 將成員變數轉成字串的結果, 因此只輸出繼承自父類別的部分, 而沒有輸出圓柱的高度。

11-1-3 繼承關係中的物件建構

前面由 Circle 衍生的 Cylinder 類別中, 並未定義自己的成員變數與方法, 所有內容都是由父類別 Circle 繼承而來, 接下來我們就替它加入屬於自己的部份。加入自己的成員變數時, 當然要用建構方法來進行初始化, 這時候在子類別可以**只初始化自己的成員變數, 繼承來的成員變數則交由父類別的建構方法做初始化**, 這是因為建立子類別的物件時, Java 會自動呼叫父類別無參數的建構方法 (但也可改為用程式呼叫, 詳情後述)。我們可由以下的範例, 觀察父類別建構方法是如何被呼叫的:

程式 AutoCall.java 自動呼叫父類別建構方法

```
01 class Circle {          // 圓
02   private double x,y; // 圓心
03   private double r;    // 半徑
04
05   public void setCenter(double x,double y) {
06     this.x = x;
07     this.y = y;
```

```
08     }
09
10     public void setRadius(double r) {
11       this.r = r;
12     }
13
14     public String toString() {
15       return "圓心：(" + x + ", " + y + "), 半徑：" + r;
16     }
17
18     Circle() {      // 只顯示訊息的建構方法
19       System.out.println("...正在執行 Circle() 建構方法...");
20     }
21 }
22
23 class Cylinder extends Circle { // 繼承 Circle 類別
24     Cylinder() {  // 只顯示訊息的建構方法
25       System.out.println("...正在執行 Cylinder() 建構方法...");
26     }
27 }
28
29 public class AutoCall {
30     public static void main(String[] argv) {
31       Cylinder cr = new Cylinder();
32
33       cr.setCenter(3,4);   // 呼叫繼承而來的方法
34       cr.setRadius(5);
35       System.out.println(cr.toString());
36     }
37 }
```

執行結果

```
...正在執行 Circle() 建構方法...
...正在執行 Cylinder() 建構方法...
圓心：(3.0, 4.0), 半徑：5.0
```

由執行結果可以發現, 當程式建立 Cylinder 物件 cr, 在呼叫 Cylinder() 建構方法時, 會先自動呼叫 Circle() 建構方法, 也就是 Java 在建構子物件時會**先初始化繼承而來的部份**, 所以會先呼叫父類別的建構方法。

當然我們也可以在子類別的建構方法中, 初始化繼承而來的 public、protected 成員變數。舉例來說, 若上一個範例中 Circle 類別的成員變數未宣告成 private, 則 Cylinder 類別就可以有如下的建構方法：

```
public Cylinder(double x, double y, double r, double h) {
  this.x = x;   ┐
  this.y = y;   ├── 初始化父類別的成員
  this.r = r;   ┘
  this.h = h;
}
```

呼叫父類別的建構方法

但如果 Circle 類別已有建構方法可進行各成員變數的初始化, 那麼在子類別建構方法中又重新建構一次, 不是又出現程式碼重複的情況？

要避免此情形, 當然就是將繼承來的成員變數都交給父類別處理, 子類別只需初始化自己的成員變數。然而當建構子類別的物件時, new 後面接的是它自己的建構方法 (例如 Cylinder cr = new Cylinder()；), 換言之, 參數只能傳給子類別的建構方法, 因此我們必須在子類別建構方法中, 再用所接收的參數**呼叫父類別的建構方法**, 來初始化繼承自父類別的成員變數。

要呼叫父類別的建構方法, 不能直接用父類別的名稱來呼叫, 而是必須使用 **super 保留字**。super 代表的就是父類別, 當 Java 看到 super 保留字時, 即會依所傳遞的參數型別和數量, 呼叫父類別中對應的建構方法。因此當我們為前述的 Circle 類別加上建構方法後, 即可依如下的方式在 Cylinder 類別中呼叫它：

程式 UsingSuper.java 使用 super 保留字

```
01 class Circle {           // 圓
02   private double x,y; // 圓心
03   private double r;    // 半徑
04
```

```
05   public void setCenter(double x,double y) {
06     this.x = x;
07     this.y = y;
08   }
09
10   public void setRadius(double r) {
11     this.r = r;
12   }
13
14   Circle(double x,double y,double r) {   // Circle 的建構方法
15     this.x = x;
16     this.y = y;
17     this.r = r;
18   }
19
20   public String toString() {      // 顯示資訊
21     return "圓心：(" + x + ", " + y + "), 半徑：" + r;
22   }
23 }
24
25 class Cylinder extends Circle {
26   private double h;
27
28   Cylinder(double x,double y,double r,double h) {
29     super(x,y,r);                    // 呼叫父類別建構方法
30     this.h = h;
31   }
32 }
33
34 public class UsingSuper {
35   public static void main(String[] argv) {
36     Cylinder cr = new Cylinder(1,2,3,4);
37     System.out.println(cr.toString());
38   }
39 }
```

執行結果

```
圓心：(1.0, 2.0), 半徑：3.0
```

第 14 行的 Circle() 建構方法使用 3 個參數來初始化圓心及半徑, 在第 28～31 行的 Cylinder 建構方法則有 4 個參數, 並以前 3 個參數於第 29 行用 super() 的方式呼叫父類別的建構方法, 另一個參數則用於設定高度的初值。由執行結果也可看到圓心及半徑確實有成功初始化為指定的值。

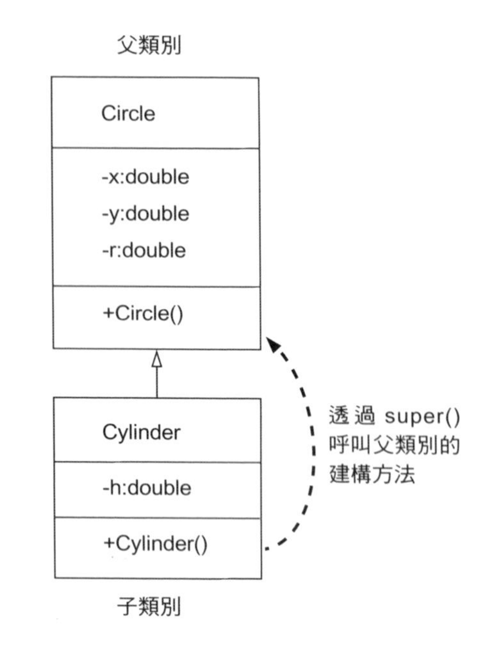

透過 super() 來呼叫父類別建構方法, 也有另一個好處：當修改父類別時, 我們並不需修改子類別的程式, 充份發揮物件導向程式設計的方便性。

請注意, **呼叫 super() 的敘述必須寫在建構方法的最前面**, 也就是必須先呼叫 super(), 然後才能執行其他敘述。此外, 如果建構方法最前面沒有 super(), 也沒有 this() (呼叫目前類別的其他建構方法), 那麼 Java 在編譯時會自動加入一個無參數的 super(), 因此會自動呼叫父類別無參數的建構方法。

11-1-4 再論資訊隱藏：使用 protected 的時機

如果想在子類別中存取繼承而來的成員, 就要注意父類別成員的存取控制設定。在前面的範例中, Circle 的成員變數都宣告為 private, 因此其子類別 Cylinder 根本無法存取它們。然而若將 Circle 的成員變數宣告為 public, 卻又讓 Circle 類別失去封裝與資訊隱藏的效果。

在第 9 章討論資訊隱藏時, 曾提到成員可以加上 public、protected、或 private 存取控制字符, 當時所略過的 protected 就可以解決上述的問題, 因為它是介於 private 和 public 之間的存取控制, protected 代表的是只有**子類別**或是同一套件 (Package, 詳見第 13 章) 的類別才能存取此成員。另外, 如果將這些控制字符都省略, 那麼就只限同一套件中的類別才能存取。

以 Circle 類別為例, 若我們希望將其成員變數設為子類別可存取, 即可將它們宣告為 protected。底下將前面程式修改為可在 Cylinder 類別中計算圓柱體的體積:

程式 UsingProtected.java 父類別使用 Protected 成員變數

```
01 class Circle {          // 圓形類別
02   private double x,y;
03     protected double r;   ← ❶使用 protected 宣告成員變數 (半徑)
04
…  ... 略 (同前一個程式)
24
25 class Cylinder extends Circle {  // 圓柱體類別
26   private double h;
27
…  ... 略 (同前一個程式)
32
33   public double volume() {        ← ❷新增一個計算體積的方法
34     return r * r * 3.14 * h;  // 半徑平方 × 3.14 × 柱高
35   }
36 }
37
38 public class UsingProtected {
39   public static void main(String[] argv) {
40     Cylinder cr = new Cylinder(1,2,3,4);
41     System.out.println("體積為:" + cr.volume());
42   }
43 }
```

執行結果

```
體積為:113.04
```

以上將 Circle 類別中第 3 行的成員變數改成 protected 存取控制, 然後在 Cylinder 子類別中新增一個計算體積的 volume() 方法 (第 33~35 行), 並在方法中使用父類別的 r 來計算體積。由於父類別的成員變數 r 是 protected, 所以可在子類別中直接存取之。

11-1-5　多層的繼承 (Hierarchical Inheritance)

子類別也可以再當成父類別以衍生出其它的子類別，形成多層的繼承關係，此時最下層的子類別，會繼承到所有上層父類別的成員變數及方法，這些特性其實和單層的繼承是相同的。

舉例來說，當我們要設計的圖形類別種類更多時，發現很多圖形都要記錄座標點。因此為了簡化設計，我們可將 Circle 類別的圓心座標再抽取出來，形成另一個新的父類別 Shape，然後讓 Circle 類別及其它圖形類別共同繼承這個新的類別，而 Cylinder 類別就變成此繼承關係中的最下層類別，它將繼承到 Shape 及 Circle 類別的內容。

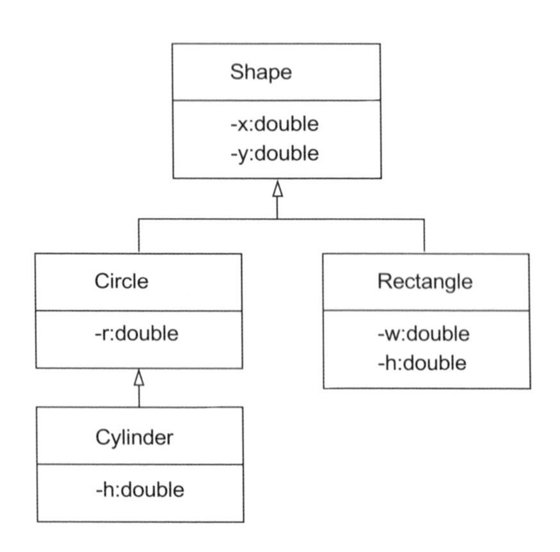

透過這樣的規劃，就能讓每個類別都只描述該類別特有的部份，共通的部份都是由父類別繼承而來。以下就是這個三層繼承架構的範例，其中 Circle 類別的內容較先前的範例略為簡化，以清楚示範繼承的關係：

程式　HieraInheri.java 多層的繼承關係

```
01 class Shape {              // 代表圖形的類別
02   protected double x,y; // 座標
03
04   public Shape(double x,double y) {
05     this.x = x;
06     this.y = y;
07   }
08
09   public String toString() {
10     return "圖形原點：(" + x + ", " + y + ")";
11   }
12 }
```

```
13
14 class Rectangle extends Shape {
15   private double w,h;    // 矩形的寬與高
16
17   public Rectangle(double x,double y,double w, double h) {
18     super(x,y);          // 呼叫父類別建構方法
19     this.w = w;
20     this.h = h;
21   }
22 }
23
24 class Circle extends Shape {
25   private double r;      // 圓形半徑
26
27   public Circle(double x,double y,double r) {
28     super(x,y);          // 呼叫父類別建構方法
29     this.r = r;
30   }
31 }
32
33 class Cylinder extends Circle {
34   private double h;      // 圓柱高度
35
36   public Cylinder(double x,double y,double r,double h) {
37     super(x,y,r);        // 呼叫父類別建構方法
38     this.h = h;
39   }
40 }
41
42 public class HieraInheri {
43   public static void main(String[] argv) {
44     Rectangle re = new Rectangle(3,6,7,9);
45     Circle    ci = new Circle(5,8,7);
46     Cylinder  cr = new Cylinder(4,2,6,3);
47
48     System.out.println(re.toString());
49     System.out.println(ci.toString());
50     System.out.println(cr.toString());
51   }
52 }
```

執行結果

```
圖形原點：(3.0, 6.0)
圖形原點：(5.0, 8.0)
圖形原點：(4.0, 2.0)
```

第 14、24 行的 Rectangle、Circle 類別定義都使用了 extends 語法繼承 Shape 類別, 而第 33 行的 Cylinder 類別則是繼承 Circle, 所以 Cylinder 除了會有 Circle 的成員變數 r, 也會間接繼承到 Shape 的成員變數 x、y。在第 18、28、37 行都用 super() 呼叫父類別的建構方法, 但要注意前 2 者是呼叫到 Shape() 建構方法, 第 37 行則是呼叫到 Circle 類別的建構方法。

11-2 方法的繼承、重新定義 (Overriding) 與多形 (Polymorphism)

在上一節中, 已經簡單的介紹了繼承的觀念, 在這一節中, 要介紹讓繼承發揮最大效用所必須仰賴的機制 -- **方法的繼承**, 以及伴隨而來的**多形**。

11-2-1 方法的繼承

如同父類別的變數一樣, 父類別的**方法**也會由子類別所**繼承**。換句話說, 父類別中所定義的方法, 都會繼承給子類別, 除非在父類別中有加上特定的存取控制字符, 否則在子類別中這些方法就像是由子類別所定義的一樣。例如:

程式 Method.java 方法的繼承

```
01 class Parent { // 父類別
02   void Show() {
03     System.out.println("我是父類別");
04   }
05 }
06
07 class Child extends Parent { // 子類別
08 }
09
10 public class Method {
11   public static void main(String[] argv) {
12     Child c = new Child(); // 產生子類別的物件
13     c.Show(); // 呼叫父類別中定義的方法
14   }
15 }
```

執行結果

```
我是父類別
```

在第 13 行中就呼叫了 Show() 方法, 可是在 Child 類別中並沒有定義 Show() 方法, 在編譯時 Java 編譯器會循著繼承的結構, 往父類別尋找 Show() 方法。如果有多層的繼承結構, 就會一路往上找, 直到找到第一個有定義該方法的父類別為止。如果父類別中都沒有定義此方法, 就會產生編譯錯誤。

11-2-2 方法的重新定義 (Overridding)

如果父類別所定義的方法不適用, 那麼也可以在子類別中**重新定義 (Overriding)** 該方法。例如:

程式 Overriding.java 重新定義父類別的方法

```
01 class Parent { // 父類別
02   void Show() {
03     System.out.println("我是父類別");
04   }
05 }
06
07 class Child extends Parent { // 子類別
08   void Show() {  // 重新定義
09     System.out.println("我是子類別");
10   }
11 }
12
13 public class Overriding {
14   public static void main(String[] argv) {
15     Child c = new Child(); // 產生子類別的物件
16     c.Show(); // 呼叫子類別中定義的方法
17   }
18 }
```

執行結果

```
我是子類別
```

由於 Child 類別中重新定義了父類別的 Show() 方法, 所以在第 16 行中呼叫 Show() 方法時, 執行的就是子類別中的 Show() 方法。這就相當於在 Child 類別中用新定義的 Show() 方法把父類別中定義的同名方法給蓋住了 (Overridding), 所以對於 Child 物件來說, 只看得到 Child 類別中的 Show() 方法, 因此呼叫的就是這個方法。

請注意，重新定義父類別的方法時，其**傳回值型別必須和原來的一樣**才行；但允許有一個例外，就是原傳回值型別如果是類別的話，則在重新定義時可改成傳回其子類別，例如父類別中有一個 Parent getMe() 方法 (傳回 Parent 物件)，那麼在子類別中就可重新定義為 Child getMe() (傳回 Child 物件)。像這種傳回子類別的方式就稱為 Covariant return (子代父還)。

11-2-3 多重定義父類別的方法

您也可以在子類別中使用**多重定義 (Overloading)** 的方式，定義和父類別中同名，但參數個數或是型別不同的方法：

程式 Overloading.java 多重定義與父類別同名的方法

```
01 class Parent { // 父類別
02   void Show() {
03     System.out.println("我是父類別");
04   }
05 }
06
07 class Child extends Parent { // 子類別
08   void Show(String str) {     // 與父類別的Show()參數不同
09     System.out.println(str);
10   }
11 }
12
13 public class Overloading {
14   public static void main(String[] argv) {
15     Child c = new Child(); // 產生子類別的物件
16     c.Show(); // 呼叫父類別中定義的方法
17     c.Show("這是子類別");
18   }
19 }
```

執行結果

```
我是父類別
這是子類別
```

當第 16 行呼叫的 Show() 是沒有參數的，但 Child 類別的 Show() 是有一個 String 參數，所以並不相同，因此 Java 編譯器會往父類別找，所以呼叫的就是 Parent 類別的 Show() 。但是在第 17 行呼叫的是有傳入 String 的 Show() 方法，由於 Child 類別本身就定義有相符的方法，所以呼叫的就是 Child 中的 Show() 。

簡單來說, 當呼叫方法時, Java 編譯器會先在類別本身找尋是否有名稱、參數個數與型別皆相符的方法。如果有, 就採用此方法；如果沒有, 就依循繼承結構, 往父類別尋找。

TIP 在多重定義 (Overloading) 父類別的方法時，其傳回值的型別可任意設定 (只要參數的數量或型別，和父類別的方法不同即可), 這點和重新定義 (Overridding) 不同。

11-2-4　多形 (Polymorphism)

方法的繼承要能真正發揮威力, 必須仰賴**多形**。前面曾經提過, 子類別是延伸父類別而來, 亦即子類別繼承了父類別所有的內容。因此, 以剛剛 Overriding.java 為例, 我們可以說 c 所指向的是一個 Child 物件, 也可以說 c 所指向的是一個 Parent 物件。這就好像我們可以說：『張三是「人」, 但也是「哺乳動物」』。

多形的意義

由於下層的類別一定包含了上層的成員, 因此, 在 Java 中, 您可以使用上層類別的參照去指向一個下層類別的物件, 例如：

程式 Polymorphism.java 以參照指向子類別的物件

```
01 class Parent { // 父類別
02   void Show() {
03     System.out.println("我是父類別");
04   }
05 }
06
07 class Child extends Parent { // 子類別
08   void Show() {                // 重新定義的版本
09     System.out.println("我是子類別");
10   }
11
12   void Show(String str) {     // 多重定義的版本
13     System.out.println(str);
14   }
15 }
```

```
16
17 public class Polymorphism {
18   public static void main(String[] argv) {
19     Parent p = new Parent(); // 產生父類別的物件
20     Child c = new Child();   // 產生子類別的物件
21     p.Show(); // 呼叫父類別定義的方法
22     c.Show(); // 呼叫子類別中定義的方法
23
24     p = c;      // 用父類別的參照指向子類別的物件
25     p.Show(); // 呼叫哪一個Show方法？
26   }
27 }
```

執行結果

```
我是父類別
我是子類別
我是子類別
```

在第 24 行中, p 原本是個指向 Parent 物件的參照, 但因為 Child 是 Parent 的子類別, 而 Child 物件一定也包含了 Parent 物件的所有內容, 因此任何需要 Parent 物件的場合, 都可用 Child 物件來替代。所以在這一行中, 就可以將 p 指向一個 Child 物件。

接著, 在第 25 行中, 就呼叫了 Show()。因為 p 實際指向的是一個 Child 物件, 所以呼叫的是 Child 類別中所定義的 Show(), 而不是 Parent 類別中所定義的 Show()。

這是因為 Java 會依據參照**所指物件的型別**來決定要呼叫的方法版本, 而不是依參照本身的型別來決定。以剛剛的例子來說, 雖然 p 是一個 Parent 型別的參照, 但是執行到第 25 行時, p 所指的物件是屬於 Child 類別, 因此真正呼叫的方法會是 Child 類別中所定義的 Show()。如果 Child 類別中沒有參數數量與型別相符的方法, 才會呼叫從父類別繼承而來的同名方法, 如下例所示：

程式 CallParent.java 呼叫繼承自父類別的方法

```
01 class Parent { // 父類別
02   void Show() {
03     System.out.println("我是父類別");
04   }
05 }
```

```
06
07 class Child extends Parent { // 子類別
08   void Show(String str) {     // 多重定義的版本
09     System.out.println(str);
10   }
11 }
12
13 public class CallParent {
14   public static void main(String[] argv) {
15     Parent p = new Parent(); // 產生父類別的物件
16     Child c = new Child();   // 產生子類別的物件
17     p.Show(); // 呼叫父類別定義的方法
18     c.Show(); // 呼叫子類別中定義的方法
19
20     p = c;    // 用父類別的參照指向子類別
21     p.Show(); // 呼叫哪一個Show方法？
22   }
23 }
```

執行結果

```
我是父類別
我是父類別
我是父類別
```

在第 21 行呼叫 Show() 時, 呼叫的是不需參數的版本, 此時雖然 p 是指向 Child 物件, 但是因為 Child 類別中**並沒有定義不需參數的版本**, 所以實際呼叫的就是繼承自 Parent 類別的 Show()。

像這樣透過父類別的參照, 依據實際指向物件決定呼叫方法的機制就稱為**多形** (Polymorphism), 表示雖然參照的型別是父類別, 但實際指向的物件卻可能是父物件或是其任何的子物件, 因此展現的行為具有多種形貌的意思。

編譯時期的檢查

請注意, 在編譯時會先依據**參照的型別**來檢查是否可以呼叫指定的方法, 而實際呼叫的動作則是等到程式執行時才依據參照**指向的物件**來決定。也就是說, **參照的型別決定了可以呼叫哪些方法, 而參照指向的物件決定了要呼叫哪一個版本的方法**。例如將前面程式第 21 行改為『p.show("這樣可以嗎？");』, 那麼就會編譯錯誤：

程式 CallError.java 不能呼叫參照所屬類別中沒有定義的方法

```
… ... 略 (同前一程式)
12
13 public class CallError {
14   public static void main(String[] argv) {
15     Parent p = new Parent(); // 產生父類別的物件
16     Child c = new Child(); // 產生子類別的物件
17     p.Show(); // 呼叫父類別定義的方法
18     c.Show(); // 呼叫子類別中定義的方法
19
20     p = c; // 用父類別的參照指向子類別
21     p.Show("這樣可以嗎？"); // 呼叫哪一個Show方法？
22   }
23 }
```

執行結果

```
CallError.java:21: error: method Show in class Parent cannot be
applied to given types;
    p.Show("這樣可以嗎？"); // 呼叫哪一個Show方法？
     ^
  required: no arguments
  found: String
  reason: actual and formal argument lists differ in length
1 error
```

由於 p 是 Parent 類別的參照, 而 Parent 類別中並沒有定義傳入一個 String 的 Show(), 所以在第 21 行嘗試透過 p 呼叫 Show("...") 時, Java 編譯器就會發現 Parent 類別中沒有相符的方法而發生錯誤。

強制轉型

如果您確信某個父類別的參照實際上所指向的是子類別的物件, 那麼也可以透過強制轉型的方式, 將參照值指定給一個子類別的參照, 例如：

程式 CallChild.java 強制轉型成子類別的參照

```
… ... 略 (同前一程式)
12
```

```
13 public class CallChild {
14   public static void main(String[] argv) {
15     Parent p = new Parent();       // 產生父類別的物件
16     Child c = new Child();         // 產生子類別的物件
17     p.Show(); // 呼叫父類別定義的方法
18     c.Show(); // 呼叫子類別中定義的方法
19
20     p = c;     // 用父類別的參照指向子類別
21     if(p instanceof Child) {       // 如果 p 指向是 Child 物件
22       Child aChild = (Child)p;     // 強制轉型
23       aChild.Show("這樣可以嗎？");
24     }
25   }
26 }
```

執行結果

```
我是父類別
我是父類別
這樣可以嗎？
```

- 第 21 行中使用了 Java 所提供的 instanceof 算符, 可以幫我們判定左邊運算元實際上所指向的物件是否屬於右邊運算元所標示的類別, 並得到布林值的運算結果。
- 第 22 行中就在 p 所指的確定是 Child 物件的情況下, 使用強制轉型的方式, 把 p 的參照值指定給 Child 類別的參照 aChild, 並且在第 23 行呼叫 Child 類別的 Show() 方法。

在此特別提醒讀者, 強制轉型是危險的動作, 如果參照所指的物件和強制轉型的類別不符, 就會在執行時期發生錯誤。

多形的規則

現在讓我們整理呼叫方法時的規則：

1. Java 編譯器先找出參照變數所屬的類別。
2. 檢查參照變數所屬類別中是否有名稱相同, 而且參數個數與型別皆相同的方法。如果沒有, 就會產生編譯錯誤。
3. 執行程式時, Java 虛擬機器會依循參照所指向的物件, 呼叫該物件的方法。

11-2-5 多形的效用

多形要真正發揮效用, 多半是與參數的傳遞有關。舉例來說, 假設要撰寫一個計算地價的程式, 那麼可能會使用不同的類別來代表各種形狀的土地 (當然, 實際的土地不會這麼規則) :

程式 Lands.java 代表不同形狀土地的類別

```
01 class Circle { // 圓形的土地
02   int r; // 半徑 (單位:公尺)
03
04   Circle(int  r) { // 建構方法
05     this.r = r;
06   }
07
08   double area() {
09     return 3.14 * r * r;
10   }
11 }
12
13 class Square{ // 正方形的土地
14   int side; // 邊長 (單位:公尺)
15
16   Square(int  side) { // 建構方法
17     this.side = side;
18   }
19
20   double area() {
21     return side * side;
22   }
23 }
```

接下來我們想要撰寫一個 Calculator 類別, 它擁有一個成員變數 price, 記錄了目前每平方公尺面積的地價, 並且提供一個 calculatePrice() 方法, 可以傳入代表土地的物件, 然後傳回該塊土地的地價。

使用多重定義處理不同類別的物件

由於 Circle 及 Square 是兩種不同的物件, 因此解決方案之一就是在 Calculator 類別中使用多重定義的 calculatePrice() 方法計算不同形狀土地的價值：

程式 (續) Lands.java 計算地價的類別

```
25 class Calculator {
26   double price; // 每平方公尺的價格 (元)
27 
28   Calculator(double price) { // 建構方法
29     this.price = price;
30   }
31 
32   double calculatePrice(Circle c) { // 多重定義
33     return c.area() * price;
34   }
35 
36   double calculatePrice(Square s) { // 多重定義
37     return s.area() * price;
38   }
39 }
```

在這個類別中, 就提供了 2 種版本的 calculatePrice() 方法, 分別計算圓形以及正方形土地的地價。有了這個類別後, 就可以實際計算地價了：

程式 (續) Lands.java 計算地價

```
41 public class Lands {
42   public static void main(String[] argv) {
43     Circle c = new Circle(5); // 一塊圓形的地
44     Square s = new Square(5); // 一塊正方形的地
45 
46     Calculator ca = new Calculator(3000.0); // 每平方公尺3000元
47 
48     System.out.println("c 這塊地值" + ca.calculatePrice(c));
49     System.out.println("s 這塊地值" + ca.calculatePrice(s));
50   }
51 }
```

執行結果

```
c 這塊地值235500.0
s 這塊地值75000.0
```

這個程式雖然可以正確執行，但卻有一個重大的問題。由於使用了多重定義的方法，代表著如果有另外一種土地形狀的新類別時，就必須修改 Calculator 類別，新增一個對應到新類別的 calculatePrice() 方法。往後只要有建立代表土地形狀的新類別，就得持續不斷地修改 Calculator 類別。

使用多形讓程式具有彈性

要解決這個問題，可以使用多形的技巧，讓代表不同形狀土地的類別都繼承自同一個父類別，然後在 calculatePrice() 方法中透過**多形**的方式呼叫不同類別的 area() 方法：

程式 Lands1.java 使用繼承與多形解決不斷修改程式的問題

```
01 class Land { // 代表任何形狀土地的父類別
02   double area() { // 計算面積
03     return 0;
04   }
05 }
06
07 class Circle extends Land { // 圓形的土地
08   int r; // 半徑（單位：公尺）
09
10   Circle(int  r) { // 建構方法
11     this.r = r;
12   }
13
14   double area() { // 重新定義的版本
15     return 3.14 * r * r;
16   }
17 }
18
19 class Square extends Land { // 正方形的土地
20   int side; // 邊長（單位：公尺）
21
22   Square(int  side) { // 建構方法
23     this.side = side;
24   }
25
```

```
26   double area() { // 重新定義的版本
27     return side * side;
28   }
29 }
30
31 class Calculator {
32   double price; // 每平方公尺的價格(元)
33
34   Calculator(double price) { // 建構方法
35     this.price = price;
36   }
37
38   double calculatePrice(Land l) {
39     return l.area() * price; // 透過多形呼叫正確的area()方法
40   }
41 }
42
43 public class Lands1 {
44   public static void main(String[] argv) {
45     Circle c = new Circle(5); // 一塊圓形的地
46     Square s = new Square(5); // 一塊正方形的地
47
48     Calculator ca = new Calculator(3000.0); // 每平方公尺3000元
49
50     System.out.println("c 這塊地值" + ca.calculatePrice(c));
51     System.out.println("s 這塊地值" + ca.calculatePrice(s));
52   }
53 }   // 執行結果同前一個程式
```

在這個程式中, 新增了 Land 類別, 作為 Circle 以及 Square 類別的父類別。這樣一來, calculatePrice() 就可以改成傳入一個 Land 物件, 並在執行時依據所指向的物件呼叫對應的 area() 了。以後即便有新土地形狀的類別, 也不需要修改 Calculator 類別。

11-3 繼承的注意事項

到目前為止, 已經將繼承的概念介紹完畢, 在這一節中, 要針對實際使用繼承時的注意事項, 一一提出來, 避免撰寫出錯誤的程式。

11-3-1 繼承與存取控制

在 11-1-4 節中已經提過，您可以使用存取控制字符來限制父類別的成員變數或方法，是否能夠在子類別中或是類別以外的地方使用。對於這樣的限制，您可以在重新定義方法時同時修改，但是要注意的是子類別中只能**放鬆限制**，而不能讓限制更加嚴格。例如：

程式 Access.java 修改存取控制

```
01 class Parent { // 父類別
02   public void Show() { // 最寬鬆，沒有限制
03     System.out.println("我是父類別");
04   }
05 }
06
07 class Child extends Parent { // 子類別
08   private void Show() { // 變嚴格了！
09     System.out.println("我是子類別");
10   }
11 }
12
13 public class Access {
14   public static void main(String[] argv) {
15     Child c = new Child(); // 產生子類別的物件
16     Parent p = c; // 透過父類別的參照指向Child物件
17     p.Show();       // 可以呼叫嗎？
18   }
19 }
```

執行結果

```
Access.java:8: Show() in Child cannot override Show() in Parent;
  private void Show() {     //變嚴格了！
                 ^
  attempting to assign weaker access privileges; was public
1 error
```

當嘗試將 Child 類別中的 Show() 方法限制為更嚴格的 private 時，就會發生編譯錯誤。原因很簡單的，如果將子類別中的方法重新定義為更嚴格，那麼

原本可以經由父類別參照來呼叫此方法的場合, 就會因為存取限制更加嚴格而無法呼叫, 導致本來可以執行的程式發生錯誤了。

舉例來說, 第 17 行的 p 是一個 Parent 類別的參照。依據 Parent 的定義, 是可以呼叫 public 存取控制的 Show() 方法, 如果允許將 Child 類別中的 Show() 方法改成更嚴的 private 存取控制, 那就會導致第 17 行不能執行, 因為 p 實際所指的是 Child 物件。因此, 在重新定義方法時, 並不允許您將存取控制更改為更嚴格。

以下是不同存取控制的說明及嚴格程度 (最下方的 public 是最鬆的存取控制)：

嚴格程度：高 → 低

字符	說明
private	只有在成員變數所屬的類別之中才能存取此成員
預設控制 (不加任何存取控制字符)	只有在同一套件 (Package) 中的類別才能存取此成員，會在下一章說明
protected	只有在子類別 (Subclass) 中或是同一套件 (Package) 中的類別才能存取此成員
public	任何類別都可以存取此成員

11-3-2　定義同名的成員變數

子類別中不僅可以重新定義父類別的方法, 而且還可以重新定義父類別的成員變數。例如：

程式 Member.java 重新定義成員

```
01 class Parent { // 父類別
02   int i = 10;
03 }
04
05 class Child extends Parent { // 子類別
06   int i = 20;
07 }
```

```
08
09 public class Member {
10   public static void main(String[] argv) {
11     Parent p = new Parent(); // 產生父類別的物件
12     Child c = new Child();   // 產生子類別的物件
13     System.out.println("p.i : " + p.i);
14     System.out.println("c.i : " + c.i);
15   }
16 }
```

執行結果

```
p.i : 10
c.i : 20
```

重新定義的成員變數和父類別中的同名成員變數是**獨立**的, 也就是說, 在子類別中其實是擁有 2 個同名的成員變數。不過由於同名所產生的**名稱遮蔽 (Shadowing)** 效應, 當在子類別中引用成員變數時, 使用到的就是子類別中所定義的成員變數, 因此第 14 行顯示成員變數 i 時, 顯示的就是 Child 類別中的成員變數。

透過 super 使用父類別的成員變數

如果需要使用的是父類別的成員變數, 那麼可以在子類別中使用**super 保留字**, 或者是透過父類別的參照。例如:

程式 Super.java 使用 super 存取父類別的同名成員

```
01 class Parent { // 父類別
02   int i = 10;
03 }
04
05 class Child extends Parent { // 子類別
06   int i = 20;
07
08   public void Show() {
09     System.out.println("super.i : " + super.i);
10     System.out.println("c.i : " + i);
11   }
12 }
13
```

```
14 public class Super {
15   public static void main(String[] argv) {
16     Child c = new Child(); // 產生子類別的物件
17     c.Show(); // 透過 super 保留字存取父類別同名成員
18     Parent p = c;
19     System.out.println("p.i : " + p.i);// 透過父類別的參照存取父類別的成員
20   }
21 }
```

執行結果

```
super.i : 10
c.i : 20
p.i : 10
```

第 9 行就是在子類別中透過 super 保留字存取父類別中的同名成員變數；而第 19 行則是因為 Java 編譯器看到 p 是 Parent 型別的參照, 因此存取的就是 Parent 類別中所定義的成員變數。

透過 super 呼叫父類別的方法

super 除了可以用來存取父類別中被遮蔽的同名成員變數外, 也可以用來呼叫父類別中被子類別重新定義或者是多重定義的同名方法, 例如：

程式 CallParentMethod.java 呼叫父類別的同名方法

```
01 class Parent { // 父類別
02   int i = 10;
03
04   void Show() {
05     System.out.println("i : " + i);
06   }
07 }
08
09 class Child extends Parent { // 子類別
10   int i = 20; // 同名成員
11
12   void Show() { // 重新定義Show
13     System.out.println("i : " + i);
14     super.Show(); // 呼叫父類別的方法
15   }
16 }
17
```

```
18 public class CallParentMethod {
19   public static void main(String[] argv) {
20     Child c = new Child(); // 產生子類別的物件
21     c.Show();
22   }
23 }
```

執行結果

```
i : 20
i : 10
```

相同的技巧也可以應用在 static 成員變數上, 例如：

程式 SuperStatic.java 同名的 static 成員

```
01 class Parent { // 父類別
02   static int i = 10; // Parent 及其子類別物件共享
03 
04   void Show() {
05     System.out.println("i : " + i);
06   }
07 }
08 
09 class Child extends Parent { // 子類別
10   static int i = 20; // Child 及其子類別物件共享
11 
12   void Show() {
13     System.out.println("i : " + i);
14     System.out.println("super.i : " + super.i);
15   }
16 }
17 
18 public class SuperStatic {
19   public static void main(String[] argv) {
20     Child c1 = new Child(); // 產生子類別的物件
21     Child c2 = new Child(); // 產生子類別的物件
22 
23     c1.Show();
24     c2.i = 80; // 更改的是 Child 類別內的 i
25     c1.Show();
26 
27     Parent p = c1;
28     System.out.println("p.i : " + p.i); // 取得父類別的成員
29   }
30 }
```

執行結果

```
i : 20
super.i : 10
i : 80
super.i : 10
p.i : 10
```

這個結果顯示, 凡是 Parent 以及其子類別的物件都共用了一份 static 的成員變數 i, 而凡是 Child 以及其子類別的物件都共用了另外一份 static 的成員變數 i, 這兩個同名的成員變數是**完全獨立**的。因此, 第 24 行透過 c2 更改成員變數 i 時, 更改的是 Child 物件所共享的 i。當透過 c1 所指物件呼叫 Show() 時, 可以看到 i 的值改變了, 但是 super.i 取得的是 Parent 物件共享的 i, 並沒有改變。

總結來說, 存取的成員變數是在**編譯時期**依據參照所屬的類別來確立的, 只有方法的呼叫才是在**執行時期**依據參照所指的實際物件來決定。

TIP 為了避免無謂的錯誤，並不建議使用與父類別同名的成員變數。但是重新定義父類別的方法卻是很好的用法，因為這可以搭配多形，撰寫出簡潔易懂的程式。

11-3-3 不能被修改的方法 -- final 存取限制

有的時候我們會希望某個方法可以讓子類別使用, 但是不能讓子類別重新定義, 這時便可以使用第 3 章介紹過的 **final 字符**, 將方法設定為不能再更改。例如：

程式 FinalAccess.java 使用 final 禁止子類別重新定義方法

```
01 class Parent { // 父類別
02   static int i = 10;
03
04   final void Show() {
05     System.out.println("i : " + i);
06   }
07 }
08
09 class Child extends Parent { // 子類別
10   static int i = 20;
11
12   void Show() { // 不能重新定義
13     System.out.println("i : " + i);
14   }
15 }
```

```
16
17 public class FinalAccess {
18   public static void main(String[] argv) {
19     Child c = new Child(); // 產生子類別的物件
20   }
21 }
```

執行結果

```
FinalAccess.java:12: Show() in Child cannot override Show() in
Parent;
    void Show() { // 不能重新定義
         ^
    overridden method is final
1 error
```

因為 Parent 中已經將 Show() 設定為 final, 所以第 12 行無法重新定義, 編譯時會發生錯誤。

TIP 之前已經提過, 如果為成員變數加上 final 存取控制, 則是限制該成員變數的內容無法在設定初值後更改, 而非限制不能在子類別中重新定義。

TIP 類別也可以加上 final, 表示不允許有子類別。例如 public **final** class A { }, 則 class B extends A { } 就會編譯錯誤。

11-3-4 建構方法不能被繼承

雖然子類別可以繼承父類別的方法, 但是卻**不能繼承父類別的建構方法**, 而只能呼叫父類別的建構方法。舉例來說:

程式 NotConstructor.java 父類別的建構方法不能繼承

```
01 class Parent { // 父類別
02   int i = 10;
03
04   Parent(int i) { // 建構方法
05     this.i = i;
06   }
07
```

```
08    void Show() {
09      System.out.println("i : " + i);
10    }
11  }
12
13  class Child extends Parent { // 子類別
14    Child() { // 建構方法
15      super(10); // 使用super呼叫父類別的建構方法
16    }
17  }
18
19  public class NotConstructor {
20    public static void main(String[] argv) {
21      Child c = new Child(10); // 產生子類別的物件
22    }
23  }
```

執行結果

```
NotConstructor.java:21: error: constructor Child in class Child
cannot be applied to given types;
    Child c = new Child(10); // 產生子類別的物件
              ^
  required: no arguments
  found: int
  reason: actual and formal argument lists differ in length
1 error
```

雖然第 4 行 Parent 類別定義了需要一個整數的建構方法, 但由於建構方法無法繼承, 因此第 21 行想要透過傳入整數的建構方法建立 Child 物件時, Java 編譯器會找不到 Child 類別中相符的建構方法。如果想要透過父類別的特定建構方法建立物件, 必須在子類別的建構方法中以 super 明確呼叫：

程式 CallParentConstructor.java 呼叫父類別的建構方法

```
01  class Parent { // 父類別
02    int i = 10;
03
04    Parent(int i) { // 建構方法
05      this.i = i;
06    }
```

```
07
08   void Show() {
09     System.out.println("i : " + i);
10   }
11 }
12
13 class Child extends Parent { // 子類別
14   Child() { // 建構方法
15     super(10); // 使用super呼叫父類別的建構方法
16   }
17 }
18
19 public class CallParentConstructor {
20   public static void main(String[] argv) {
21     Child c = new Child(); // 產生子類別的物件
22   }
23 }
```

第 21 行呼叫的是 Child 中不需參數的建構方法, 而在此建構方法中則透過 super 保留字呼叫父類別的建構方法。再次提醒讀者, 使用 super 呼叫父類別建構方法必須出現在建構方法中的**第一個敘述**, 否則編譯會發生錯誤。

自動呼叫父類別的建構方法

如果沒有明確使用 super() 呼叫父類別的建構方法, 也沒有用 this() 來呼叫目前類別的其他建構方法, 那麼 Java 編譯器會自動幫您在建構方法的**第一個敘述之前**呼叫父類別不需參數的建構方法。

由於 Java 預設呼叫的是不需任何參數的建構方法, 因此, 除非您一定會使用 super 呼叫父類別的建構方法, 或是在父類別中沒有定義任何建構方法 (此時編輯器會自動建一個空的建構方法), 否則請務必幫父類別定義一個不需參數的建構方法, 避免自動呼叫時發生錯誤。

11-3-5 類別間的 is-a 與 has-a 關係

is-a (是一種) 就是指類別之間的繼承關係, 例如 Circle 繼承 Shape, 那麼 Circle 物件就**是一種** (is-a) Shape。

而 has-a (有一種) 則是指類別間的包含關係, 例如我們可先定義一個 Point (點) 類別, 以做為 Circle 類別中的成員變數：

```
class Point {
   double x = 0, y = 0;
   Point(double x, double y) { this.x = x; this.y=y; }
}

class Circle {
   Point p;    // 圓心
   double r;  // 半徑
   Circle (double x, double y, double r) {
      p = new Point(x, y);
      this.r = r;
   }
}
```

由於在 Circle 類別中宣告了 Point 成員變數, 因此在 Circle 物件中**有一種** (has-a) Point 物件。換句話說, 就是在 Circle 中有一個 Point 類別的物件參考。

在設計類別時, is-a 和 has-a 的關係很容易被混淆, 例如本章一開頭所設計的『Cylinder extends Circle』範例其實不正確, 因為 Cylinder (圓柱體) 並不是一種 Circle (圓形), 而是包含 Circle！所以應該改為 has-a 的關係會比較好：

```
class Circle { ... }

class Cylinder {
   Circle c;  // 圓形
   double h;  // 高度
   ...
}
```

那麼要如何分辨 is-a 與 has-a 的關係呢？其實很簡單, 只要將之用口語來表達, 就可以很直覺地判斷出來。例如汽車雖然擁有引擎的所有屬性, 但我們絕對不會說汽車是一種 (is-a) 引擎, 而應該說汽車具備有 (has-a) 引擎。

11-4 Object 類別與基本資料類別

請您回想一下, 在之前的章節中, 曾經提過 "+" 這個算符會在運算元中有 String 資料時進行字串連接。此時, 如果另外一個運算元並不是 String 物件, 就會呼叫該物件的 **toString** (), 以便取得代表該物件的字串。這聽起來似乎很完美, 但是如果該物件沒有定義 toString() 時會有甚麼結果呢？要瞭解這一點, 請先看看以下的範例：

程式 NoToString.java 呼叫 toString 方法

```
01 class Child { // 沒有定義toString方法的物件
02 }
03
04 public class NoToString {
05   public static void main(String[] argv) {
06     Child c = new Child(); // 產生Child物件
07     System.out.println("c.toString：" + c);
08   }
09 }
```

在第 1 ~ 2 行的 Child 類別並沒有定義任何方法, 而且也沒有繼承自任何類別, 因此便不會有 toString(), 那麼第 7 行使用 "+" 算符進行字串連結時, 會出錯嗎？答案是不會, 這個程式可以正常編譯、執行結果如下：

執行結果

```
c.toString：Child@757aef  ←— @之後的文字不一定和此處相同
```

我們暫且不管顯示文字的意義, 單單從這個程式可以正常執行, 就可以知道 Child 類別其實是有 toString() 的, 那麼這個 toString() 從何而來呢？

11-4-1 類別的始祖 -- Object 類別

答案很簡單, 在 Java 中內建有一個 **Object** 類別, 這個類別是所有類別的父類別。亦即對於任何一個沒有標示父類別的類別來說, 就相當於是**繼承自 Object**, 而 Object 類別定義有 toString() 。所以在剛剛的範例中, 字串連接時執行的就是 Child 繼承自 Object 的 toString() 方法。

所以剛剛範例中的類別定義, 就完全等同於以下的程式：

程式 ExtendsObject.java 繼承 Object 類別

```
01 class Child extends Object { // 沒有定義toString方法的物件
02 }
03
04 public class ExtensObject {
05
06   public static void main(String[] argv) {
07     Child c = new Child(); // 產生Child物件
08
09     // 呼叫 Object.toString()
10     System.out.println("c.toString：" + c);
11   }
12 }
```

不管有沒有明確的標示繼承自 Object, 您所定義的類別都會是 Object 的子類別。Object 類別定義有幾個常用的方法, 是您在自行定義類別時有必要依據類別本身的特性重新定義的, 以下就分別討論之。

public String toString()

在之前範例可看到, Object 類別中的 toString() 方法傳回的字串如下：

```
Child@757aef
```

其中 "Child" 是類別的名稱 (範例中是 Child 類別), 接著是一個 "@", 然後跟著一串奇怪的 16 進位數字, 這串數字是物件的**識別號碼**, 代表了範例中變數 c 所指的物件。在執行時期, 每一個物件都對應到一個獨一無二的數字, 稱為是該物件的**雜湊碼 (Hash Code)**, 這個雜湊碼就像是物件的身份證號碼一樣, 可以用來識別不同的物件。

很顯然的, 這個實作對於多數的物件來說並不適合, 因此, 建議您為自己的類別重新定義 toString() 方法, 以顯示適當的資訊。

public boolean equals(Object obj)

在之前的章節中, 其實已經使用過 equals() 方法, 這個方法主要的目的是要和傳入的參照所指的物件相比較, 看看兩個物件是否相等。一般來說, 您所定義的類別必須重新定義這個方法, 以進行物件**內容的比較**, 並依據比較的結果傳回 true 或 false, 表示兩個物件內容是否相同。

由於 Object 類別無法得知子類別的定義, 因此 Object 類別所實作的 equals() 方法只是單純的比較參照所指的是否為同一個物件 (相當於用 == 比較 2 個物件), 而不是比較物件的內容。

在 Java 提供的一些有關物件排序或搜尋的類別中, 都會依靠類別的 equals() 方法來檢查兩個物件是否內容相等, 因此為您的類別重新定義 equals() 方法就變得相當重要了。例如本章最前面介紹的 Circle 類別, 就可以定義以下的 equals() 方法：

程式 CircleEquals.java 重新定義自訂類別的 equals() 方法

```
01 class Circle {
02   private double x,y; // 圓心
03   private double r;   // 半徑
04
05   public Circle(double x, double y, double r) {
06     this.x = x; this.y = y; this.r = r;
07   }
08
09   public boolean equals(Object o) {
10     if (o instanceof Circle)
11       return x == ((Circle)o).x && y == ((Circle)o).y
12                              && r == ((Circle)o).r;
13     else
14       return false;
15   }
16 }
17
```

```
18 public class CircleEquals {
19   public static void main(String[] argv) {
20     Circle c1 = new Circle(2,2,5);
21     Circle c2 = new Circle(2,2,5);
22     Circle c3 = new Circle(8,8,5);
23     System.out.println("c1 == c2      :" + (c1 == c2));
24     System.out.println("c1 equals c2 :" + c1.equals(c2));
25     System.out.println("c1 equals c3 :" + c1.equals(c3));
26   }
28 }
```

執行結果

```
c1 == c2      :false      ← c1 和 c2 是不同的圓
c1 equals c2 :true        ← c1 和 c2 的內容相同
c1 equals c3 :false       ← c1 和 c3 的內容不同
```

在重新定義 Object 的 equals() 方法時, 必須宣告為 public boolean, 而且參數必須是 Object 型別而非 Circle 型別, 也就是參數要和 Object 中的定義完全相同, 否則就變成是多重定義 (Overloading) 了。

另外在方法中最好能先用 instanceof 來檢查傳入的參數是否為 Circle 類別 (第 10 行), 否則執行到第 11 行強制轉型 ((Circle)o) 時可能會發生錯誤。

11-4-2 代表基本型別的類別

在之前的範例中, 即便字串連接的是基本型別的資料, 像是 int、byte 或 double 等等, 也都可以正確的轉成字串。可是基本型別的資料並不是物件, 根本不會有 toString() 方法可以呼叫, 那麼轉換成字串的動作究竟是如何做到的呢？

答案其實很簡單, 在 Java 中, 針對每一種基本資料型別都提供有對應的**基本資料類別** (Primitive wrapper class), 如右表：

基本型別	對應類別
boolean	Boolean
byte	Byte
char	Character
double	Double
float	Float
int	Integer
long	Long
short	Short

當基本型別的資料遇到需要使用物件的場合時, Java 編譯器會自動建立對應類別的物件來代表該項資料。這個動作稱為**封箱 (Boxing)**, 因為它就像是把一個基本型別資料裝到一個物件 (箱子) 中一樣。

因此, 當 int 型別的資料遇到字串的連接運算時, Java 就會先為這個 int 資料建立一個 Integer 類別的物件, 然後呼叫這個物件的 toString() 方法將整數值轉成字串。

相同的道理, 當 Integer 類別的物件遇到需要使用 int 的場合時, Java 編譯器會自動從物件中取出資料值, 這個動作稱為**拆箱 (Unboxing)**。例如:

程式 Boxing.java Java 的自動封箱與拆箱

```
01 class Child extends Object {
02   int addTwoInteger(Integer i1,Integer i2) { // 自動封箱
03     return i1 + i2; // 自動拆箱
04   }
05 }
06
07 public class Boxing {
08
09   public static void main(String[] argv) {
10     Child c = new Child(); // 產生Child物件
11
12     System.out.println(c.addTwoInteger(10,20));
13     System.out.println(c.addTwoInteger(
14       new Integer(10),new Integer(20))); // 建立兩個 Integer 物件
15   }
16 }
```

執行結果

```
30
30
```

在第 12 行中, 傳入了 2 個 int 型別的資料給 Child 類別的 addTwoInteger() 方法, 由於這個方法需要的是 2 個 Integer 物件, 因此 Java 會進行封箱的動作, 產生 2 個 Integer 物件, 再傳給 addTwoInteger() 方法。事實上, 第 12 行就等同於 13 行, 只是 Java 編譯器會幫您填上產生物件的動作而已。在第 3 行中, 就是 Integer 物件遇到需要使用 int 的場合, 這時 Java 編譯器會自動幫您填上呼叫 Integer 類別所定義的方法, 以取得物件的整數值, 然後才進行計算。

關於基本型別的對應類別, 會在第 17 章進一步介紹。此程式在編譯時會出現 Warning 警告訊息, Java 建議改用更有效率的 valueOf() 方法來包裝物件, 另外也會提醒常數可重複使用, 不需每次都建一個。

為什麼要有基本型別

從剛剛的說明看來 , int 和 Integer 好像功用重複 , 只需要保留 Integer 類別 , 讓所有的資料都是物件不就好了?其實之所以會有基本型別 , 是因為物件的使用比較耗費資源 , 必須牽涉到配置與管理記憶體。因此 , 對於資料大小固定、又很常使用到的資料型別 , 像是 int、double、byte 等等 , 就以最簡單的基本型別來處理 , 只在必要的時候才產生對應的物件 , 以提高程式的效率。

11-5 綜合演練

有了繼承之後, 在程式的撰寫可以比較靈活, 同時可以讓程式寫起來更為簡潔、易懂。在這一節中, 我們要將 11-2-5 節中的 Lands1.java 加以改良, 所要利用的就是 Java 的繼承機制。

11-5-1 傳遞不定數量參數 -- 使用陣列

在 11-2-5 節中, 撰寫了一個可以計算地價的程式, 其中 Calculator 類別的 calculatePrice() 可以依據傳入的 Land 物件, 計算其地價。可是如果有多塊地想要計算總價的話, 就得一一將物件傳入 calculatePrice(), 然後再將傳回值加總。針對這樣的問題, 其實可以撰寫一個 calculateAllPrices(), 傳入一個 Land 物件的陣列, 然後再從陣列中一一取出各別 Land 物件, 計算地價並加總。程式如下 (由於其他類別與 Lands1.java 中一樣, 這裡僅列出 Calculator 類別及 main() 方法):

程式 Lands2.java 使用陣列傳遞多個參數

```
...
31 class Calculator {
32   double price; // 每平方公尺的價格 (元)
33
```

```
34   Calculator(double price) { // 建構方法
35     this.price = price;
36   }
37
38   double calculatePrice(Land l) {
39     return l.area() * price; // 透過多形呼叫正確的 area() 方法
40   }
41
42   double calculateAllPrices(Land[] Lands) {
43     double total = 0; // 計算加總
44
45     for(Land l : Lands) { // 一一取出各個物件
46       total += calculatePrice(l); // 個別計算並累加
47     }
48
49     return total;
50   }
51 }
52
53 public class Lands2 {
54   public static void main(String[] argv) {
55     Circle c = new Circle(5); // 一塊圓形的地
56     Square s = new Square(5); // 一塊正方形的地
57
58     Calculator ca = new Calculator(3000.0); // 每平方公尺3000元
59
60     System.out.println("總價值：" + // 使用匿名陣列
61        ca.calculateAllPrices(new Land[] {c,s}));
62   }
63 }
```

執行結果

```
總價值：310500.0
```

第 42 ~ 50 行就是新增的 calculateAllPrices() 方法, 這個方法接受一個 Land 陣列, 並計算 Land 陣列中所有 Land 物件的地價總值。這個技巧可以用來撰寫需要傳入未知個數參數的方法, 呼叫時只要將需要傳遞的參數通通放入陣列中即可。如果這些參數的型別不一樣時, 可以採用 Object 作為陣列元素的型別, 由於所有的類別都是 Object 的子類別, 所以任何物件都可以放入此陣列中, 傳遞給方法了。

接著在第 61 行中, 使用了 8-3-5 節所介紹過的匿名陣列將 c 與 s 這 2 個 Land 物件放入陣列中, 傳遞給 calculateAllPrices()。這樣一來, 不管想要計算的 Land 物件有幾個, 都可以使用同樣的方式呼叫 calculateAllPrices() 來計算了。

11-5-2 傳遞不定數量參數 -- Varargs 機制

由於上一小節所使用的傳遞不定個數參數的技巧在許多場合都可以發揮用處, 因此 Java 提供了一種更簡便的方式, 稱為 **Varargs** (即 Variable Arguments, 可變參數的意思), 可以將類似的程式簡化。請看以下的範例 (一樣只顯示 Calculator 類別及 main() 方法) :

程式 Lands3.java 建立不定參數的方法

```
...
31 class Calculator {
...   ... 略 (同前一程式)
41
42   double calculateAllPrices(Land... Lands) {
43     double total = 0;        // 加總變數
44
45     for(Land l : Lands) { // 一一取出各個物件
46       total += calculatePrice(l); // 個別計算並累加
47     }
48
49     return total;
50   }
51 }
52
53 public class Lands3 {
54   public static void main(String[] argv) {
55     Circle c = new Circle(5); // 一塊圓形的地
56     Square s = new Square(5); // 一塊正方形的地
57
58     Calculator ca = new Calculator(3000.0); // 每平方公尺3000元
59
60     System.out.println("總價值：" + // 使用匿名陣列
61       ca.calculateAllPrices(c,s));
62   }
63 }
```

這個程式和剛剛的範例作用一模一樣，事實上，經過 Java 編譯器編譯後，兩個程式的內容根本就相同。

在第 42 行中，calculateAllPrices() 方法的參數型別變成 **Land...**，類別名稱後面的 **...** 就表示這個參數其實是一個陣列，其中每個元素都是 Land 物件。當 Java 編譯器看到 **...** 後，就會將這個參數的型別自動改成 **Land[]**。同理，當 Java 編譯器看到第 61 行時，發現呼叫方法所需的參數是 **Land...**，就會自動將後續的所有參數放進一個匿名陣列中傳遞過去。因此，這就和上一小節所撰寫的程式一模一樣了，只是撰寫起來更簡單。

不定參數的『**...**』語法，**只能用在方法的最後一個參數**，Java 編譯器會將呼叫時對應到此一參數及之後的所有參數通通放到一個匿名陣列中。舉例來說，如果希望在計價時能夠直接指定單位價格，就可以寫成這樣：

程式 Lands4.java 不定個數參數的對應

```
31 class Calculator {
32   static double calPrice(double price, Land... Lands) {
33     double total = 0;  // 加總變數
34 
35     for(Land l : Lands) {  // 一一取出各個物件
36       total += l.area() * price;    // 個別計算並累加
37     }
38     return total;
39   }
40 }
41 
42 public class Lands4 {
43   public static void main(String[] argv) {
44     Circle c = new Circle(5); // 一塊圓形的地
45     Square s = new Square(5); // 一塊正方形的地
46 
47     System.out.println("價值：" + Calculator.calPrice(4000, c));
48     System.out.println("總價值：" + Calculator.calPrice(4000, c, s));
49   }
50 }
```

執行結果

```
價值：314000.0
總價值：414000.0
```

- 在 Calculator 類別中, 只定義了一個 calPrice() 方法, 可依照傳入的單價及任意數目的土地來計算出總價。另外由於加上了 static, 因此可直接用類別名稱呼叫, 而不必先建立物件。

- 第 48 行的呼叫動作中, 4000 就對應到 price 參數, 而 c 與 s 就對應到 Lands... 參數, Java 編譯器會以匿名陣列來傳遞這 2 個參數。

如果把第 32 行寫成這樣 (不定參數放前面), 那編譯時就會發生錯誤：

```
static double calculateAllPrices(Land... Lands,double price)
```

11-5-3 傳遞任意型別的參數

由於 Object 類別是所有類別的父類別, 因此當方法中的參數是 Object 型別, 表示該參數可使用任意型別的物件。舉例來說, 如果希望剛剛的 calculate-Price() 方法可以在傳入參數時, 在每個 Land 物件之後選擇性的加上一個整數型別參數, 表示同樣大小的土地數量, 比如說, 傳入：

```
3000, s,2,c
```

表示要計算地價的土地中, 像 s 這樣大小的土地有 2 塊, 而 c 這樣大小的土地只有一塊。那麼就可以讓這個方法接受任意個數的 Object 物件：

程式 Land5.java 利用 Object 傳遞任意型別的參數

```
31 class Calculator {
32   static double calPrice(double price, Object... objs) {
33     double total = 0;  // 用來儲存總價
34     double tmp = 0;    // 暫存單一的地價
35
36     for(Object o : objs) {   // 一一取出各個物件
37
38       if(o instanceof Land) {                  // 如果是土地物件
39           tmp = ((Land)o).area() * price;  // 計算地價, 儲存於 tmp 中
40         total += tmp;                          // 累加起來
41       }
```

```
42
43       else if(o instanceof Integer) {       // 否則如果是數值
44           total += tmp * ((Integer)o - 1); // 因之前 tmp 已加過一次,
                                              所以減 1
45       }
46     }
47     return total;
48   }
49 }
50
61 public class Lands5 {
62   public static void main(String[] argv) {
63     Circle c = new Circle(5); // 一塊圓形的地
64     Square s = new Square(5); // 一塊正方形的地
65
66     System.out.println("價值：" + Calculator.calPrice(4000,c));
67     System.out.println("總價值：" + Calculator.calPrice(4000,c,s));
68     System.out.println("總價值：" + Calculator.calPrice(3000,s,2,c));
69   }
70 }
```

執行結果

```
價值：314000.0
總價值：414000.0
總價值：385500.0
```

檢查物件的類別 -- instanceof 算符

第 32 行所需的第 2 個參數是一個 Object 陣列, 而由於 Object 是所有類別的父類別, 所以不管是整數還是 Land 物件, 都可以傳進來。

從 36 行開始, 就一一檢視個別元素。不過如前面所說, Object 類別的參照可以指向任何物件, 為了防範使用者傳入錯誤的物件, 必須檢查元素的類別。這裡就使用了 instanceof 算符檢查參照所指的物件類別, 像是第 38 行就檢查目前的元素是否為 Land 物件, 如果是, 才進行地價計算的動作, 否則再檢查是否為 Integer 物件, 如果是, 則當成前一地價的倍數來計算。

強制轉型

在第 39 行會以**強制轉型**的方式, 將目前的 Object 元素轉型為 Land 物件, 然後呼叫其 area() 方法以計算地價, 並暫存於 tmp, 再加總到 total 中。在第 44 行則會將元素強制轉型為 Integer, 並透過 Java 編譯器自動拆箱的功能取出整數值, 然後以前一塊土地的地價乘以此數值減 1 (因為之前已累加過一次), 再累加到 total 中。

利用本章介紹的繼承, 程式的撰寫就更富有彈性, 只要能夠多多活用, 就可以發揮繼承的優點。

學習評量

※ 選擇題可能單選或複選

1. (　　) 要從既有的類別繼承而定義新的類別, 必須使用以下哪一個保留字?

   (a) extend
   (b) inheritance
   (c) extends
   (d) 以上皆非

2. 請看以下的程式, 找出其錯誤並更正之。

```
01 class Parent { // 父類別
02   int i;
03   Parent(int i) {
04     this.i = i;
05   }
06 }
07
08 class Child extends Parent { // 子類別
09   Child() {
10   }
11 }
12
```

```
13 public class Ex_11_2 {
14   public static void main(String[] argv) {
15     Child c = new Child(); // 產生子類別的物件
16   }
17 }
```

3. 請看以下程式, 找出其錯誤並更正之。

```
01 class Parent { // 父類別
02   int i;
03   Parent(int i) {
04     this.i = i;
05   }
06 }
07
08 class Child extends Parent { // 子類別
09   Child(int i) {
10     super.Parent(i); // 呼叫父類別的建構方法
11   }
12 }
13
14 public class Ex_11_3 {
15   public static void main(String[] argv) {
16     Child c = new Child(20); // 產生子類別的物件
17   }
18 }
```

4. 請問以下程式的執行結果？

```
01 class Parent { // 父類別
02   int i;
03   Parent(int i) {
04     this.i = i;
05   }
06 }
07
08 class Child extends Parent { // 子類別
09   int i = 10;
10   Child(int i) {
```

```
11      super(i + 10); // 呼叫父類別的建構方法
12    }
13 }
14
15 public class Ex_11_4 {
16   public static void main(String[] argv) {
17     Child c = new Child(20); // 產生子類別的物件
18     Parent p = c;
19     System.out.println(p.i);
20   }
21 }
```

5. 承上題, 如果第 19 行改成 System.out.println(c.i), 請問執行結果？

6. 請問以下程式的執行結果？

```
01 class Parent { // 父類別
02   int i = 30;
03   int sum(int j) {
04     return i + j;
05   }
06 }
07
08 class Child extends Parent { // 子類別
09   int i = 10;
10
11   int sum() {
12     return this.i + super.i;
13   }
14 }
15
16 public class Ex_11_6 {
17   public static void main(String[] argv) {
18     Child c = new Child(); // 產生子類別的物件
19     test(c);
20   }
21
22   static void test(Parent p) {
23     System.out.println(p.sum());
24   }
25 }
```

7. 如果將第 23 行的 p.sum() 改成 p.sum(20), 請問執行結果？

8. (　　) 下列哪一個存取控制字符會讓成員變數可以被子類別存取？

   (a) public
   (b) protected
   (c) private
   (d) 以上皆可

9. (　　) 如果成員變數沒有加上存取控制字符, 那麼以下何者為真？

   (a) 該成員變數就成為 public
   (b) 該成員變數不能被子類別存取
   (c) 該成員變數就成為 protected
   (d) 該成員變數就成為 private

10.(　　) 有關 Object 類別, 以下何者正確？

   (a) 類別可以不繼承 Object
   (b) Object 定義的 toString() 方法會傳回空的字串
   (c) Object 類別的參照可以指向任何一種物件
   (d) 以上皆非

程式練習

1. 請修改 11-5-2 節的 Lands4.java 程式, 新增一個 Rectangle 類別, 代表矩形的土地, 並在 main() 中測試新增的類別。

2. 延續上一題, 請再加入一個 Triangle 類別, 代表直角三角形的土地, 請測試之。

3. 請沿用上一題所撰寫的程式, 另外撰寫一個 Utility 類別, 提供有一個 max() 方法, 可以傳入任意個代表土地的物件, 並傳回其中面積最大的一塊土地的面積。

4. 請撰寫一個類別，提供有一個方法，可以傳入任意個數的整數，並傳回這些整數的總和。

5. 請撰寫一個類別，提供有一個方法，可以傳入任意個數的整數，並傳回一個陣列，內容是這些整數由小至大排序後的結果。

6. 請撰寫一個程式，擁有一個代表學生的類別以及一個代表老師的類別，其中學生與老師分別要有以下成員變數：

成員變數	學生	老師
姓名	v	v
出生年 (民國)	v	v
學號	v	X
年級	v	X
教授科目 (國文、英文或數學)	X	v

請適當安排繼承結構，並嘗試建立任意個數的學生與老師。

7. 延續上題，請為各類別重新定義 toString() 方法，以便能夠利用 System.out.println() 顯示學生或老師的個人資訊。

8. 延續上題，請撰寫一個類別，提供有一個 showInfoByName() 方法，可以傳入任意個學生以及老師物件，並依據姓名排序後，顯示每一個學生以及老師的資訊。

9. 延續上題，新增一個 showInfoByAge() 方法，顯示同樣的結果，但是根據年齡排序。

10. 延續上題，第 8 和第 9 題兩個方法的程式幾乎一樣，只是排序時使用的成員變數不同。請想想看有沒有方法可以簡化？提示：另外撰寫一個類別 Compararor，提供 compare() 方法進行比較，並由此衍生 CompareByName 以及 CompareByAge 兩個子類別，分別重新定義 compare() 方法，個別依據姓名與年齡作比較的動作。

記事欄 MEMO

12

CHAPTER

抽象類別 (Abstract Class) 介面 (Interface) 內部類別 (Inner Class)

學習目標

- 認識抽象類別與抽象方法
- 使用介面
- 介面的繼承關係
- 認識內部類別、匿名類別、與 Lambda 運算式

在前面的章節中，相信你對於物件導向的觀念已經有了相當的認識，本章將從繼承這個主題衍生，繼續探討兩個重要的主題--抽象類別與介面。

12-1 抽象類別 (Abstract Class)

回頭看看上一章所舉的圖形類別範例，在 Shape、Circle、Cylinder 、Rectangle 類別中，Shape 其實並未被主程式用到，而其存在的目的只是為了讓整個繼承結構更完善。

實際上 Shape 只是一個**抽象的概念**，程式中並不會有 Shape 的物件，而只會使用它的衍生類別如 Circle、Rectangle 等，來建立物件。因此，我們需要一種方法，可以讓類別的使用者知道，Shape 這個類別並不能用來產生物件。

12-1-1 甚麼是抽象類別？

為了解決上述的問題，Java 提供**抽象類別 (Abstract Class)** 的機制，其用途即是標註某個類別僅是抽象的概念，**不應該用以產生物件**。只要在類別的名稱之前加上 **abstract** 存取控制字符，該類別就會成為抽象類別，Java 編譯器將會禁止任何產生此物件的動作。舉例來說，在上述的範例中的 Shape 類別就可以改成這樣：

```
abstract class  Shape {
  protected double x,y;

  public Shape(double x, double y) {
    this.x = x;
    this.y = y;
  }
}
```

抽象類別不允許建立物件，否則在編譯時會出現錯誤，例如：

程式 Abstract.java 抽象類別無法建立物件

```
01 abstract class Parent { // 抽象類別
02 }
03
04 class Child extends Parent { // 子類別
05 }
06
07 public class Abstract {
08   static public void main(String argv[]){
09     Parent p = new Parent(); // 企圖建立抽象類別的物件
10   }
11 }
```

執行結果

```
Abstract.java:9: Parent is abstract; cannot be instantiated
    Parent p = new Parent(); // 企圖建立抽象類別的物件
               ^
1 error
```

如上所示，一旦在類別定義前加上 abstract 將其宣告為抽象類別後，在程式中要建立該類別的物件就會被視為錯誤。

12-1-2 抽象方法 (Abstract Method)

同理，在上一章計算地價的程式中，Land 類別也可視為是一個抽象的概念，表示某種形狀的土地，真正計算地價時，都是使用其子類別 Circle、Square 等所建立的物件。因此，Land 也是標註為抽象類別的好對象：

```
abstract class Land { // 父類別
  double area() {      // 計算面積
    return 0;
  }
}
```

不過 Land 這個抽象類別和前述圖形類別 Shape 有些微的不同。在 Shape 類別中所定義的建構方法，是其子類別所共同需要的且會呼叫使用的；可是在 Land 類別中定義的 area() 方法，本身並不執行任何動作，它的存在只是為了確保所有 Land 的衍生類別都會有 area() 方法而已, 至於各衍生類別的 area() 要進行什麼動作, 則是由各衍生類別自行定義之。但是因為 area() 的傳回值為 double, 所以在 Land 類別中的 area() 就定義成很無聊的傳回 0。

對於這種性質的方法, 也可以將之標註為**抽象方法 (Abstract Method)** , 如此一來, 就只需要定義方法的名稱以及所需要的參數及傳回值型別即可, 而不需要定義其主體區塊的內容。標註的方法就和抽象類別一樣, 只要在方法名稱之前加上 **abstract** 即可。以 Land 類別為例：

程式 AbstractLand.java 定義抽象方法及抽象方法

```
01 abstract class Land {       // 父類別
02   abstract double area(); // 計算面積的抽象方法
03 }
04
05 class Circle extends Land { // 圓形的土地
06   int r; // 半徑 (單位：公尺)
07
08   Circle(int  r) { // 建構方法
09     this.r = r;
10   }
11
12   double area() {  // 實作抽象方法 (也就是重新定義父類別中的方法)
13     return 2 * 3.14 * r * r;
14   }
15 }
16
17 class Square extends Land { // 正方形的土地
18   int side; // 邊長 (單位：公尺)
19
20   Square(int side) { // 建構方法
21     this.side = side;
22   }
23
24   double area() {      // 實作抽象方法 (也就是重新定義父類別中的方法)
25     return side * side;
26   }
27 }
```

第 2 行就是加上 abstract 標註的 area() 方法, 由於不需要定義其主體區塊, 所以要記得在右括號後補上一個**分號 (;)**, 表示這個**敘述的結束**。

請注意, **擁有抽象方法的類別一定要標註為抽象類別**。這道理很簡單, 抽象方法代表的意義是這個方法要到子類別才會真正實作, 既然如此, 就表示其所屬的類別並不完整, 自然就不應該拿來產生物件使用, 所以必須為抽象類別。

但是反過來說, 一個抽象類別卻未必要擁有抽象方法, 像是前面介紹的 Shape 類別就未定義抽象方法。

TIP 請注意 , final 和 abstract 不可同時使用 , 因為二者的意義相反 (final 的類別不允許被繼承 , 而 final 的方法不允許在子類別中被重新定義)。

12-1-3 抽象類別、抽象方法與繼承關係

對於一個擁有抽象方法的抽象類別來說, 如果其子類別並沒有實作其中的所有抽象方法, 那麼這個子類別也必須定義為抽象類別。例如:

程式 WrongAbstractChild.java 自動成為抽象類別的子類別

```
01 abstract class Parent { // 抽象類別
02   abstract void show(); // 抽象方法
03 }
04
05 class Child extends Parent { // Parent 的子類別
06   // 沒有實作show, 自動成為抽象類別
07 }
08
09 class Grandson extends Child { // Child 的子類別
10   void show({ // 實作了抽象方法
11     System.out.println("我有實作抽象方法");
12   }
13 }
14
15 public class WrongAbstractChild {
16   static public void main(String argv[]){
17     Parent p = new Child(); // 企圖建立抽象類別的物件
18   }
19 }
```

執行結果

```
WrongAbstractChild.java:5: Child is not abstract and does not
override abstract method show() in Parent
class Child extends Parent { // 子類別
^
1 error
```

由於 Child 並沒有實作繼承而來的 show() 抽象方法, 所以編譯的錯誤訊息就是說 Child 也必須是一個抽象類別。如果要正確編譯這個程式, 除了必須為 Child 類別加上 abstract 存取控制, 同時第 17 行也不能用它建立物件, 請參考以下的例子：

程式 AbstractChild.java 抽象子類別

```
01 abstract class Parent { // 抽象類別
02   abstract void show(); // 抽象方法
03 }
04
05 abstract class Child extends Parent { // Parent 的子類別
06   // 沒有實作show, 自動成為抽象類別
07 }
08
09 class Grandson extends Child { // Child 的子類別
10   void show() { // 實作了抽象方法
11     System.out.println("我有實作抽象方法");
12   }
13 }
14
15 public class AbstractChild {
16   static public void main(String argv[]){
17     Parent p = new Grandson(); // 建立子類別的物件
18     p.show();
19   }
20 }
```

執行結果

```
我有實作抽象方法
```

此範例在第 5 行將 Child 類別定義為 abstract (因為它沒有實作抽象方法 show()), 另外在 main() 方法中, 也改用有實作 show() 的 Grandson 類別來建立物件, 因此可正常編譯執行。

TIP 抽象類別的用途是在於該類別必須衍生子類別，才能產生物件的場合。如果只是要防止建立特定類別的物件，應該是為類別定義一個 **private** 存取控制且不需參數的建構方法，這在該類別僅是做為提供 static 方法給其他類別使用、或是需要限制「只能在類別本身的方法中建立該類別物件」時特別有用。

12-2 介面 (Interface)

前面提過，撰寫物件導向程式的第一步，就是分析出程式中需要哪些類別，以及類別之間的繼承關係。不過就像現實世界中所看到的，許多『不同類』的事物，其間又通常會具有一些相似的行為。舉例來說，飛機和小鳥很顯然不是同性質的類別，而其飛的方式也不同，但不可否認它們都具有會飛的行為。

類似這樣的情況，在設計程式時也會遇到：一些在繼承架構中明顯不同的類別，它們卻有具有一些相似的行為 (特性)，而造成設計類別時的困擾，例如為了可以用共同的方法來描述相似的行為 (例如會飛)，若將明顯不同性質的類別 (例如飛機和鳥)，湊成在同一繼承架構下，就會使得類別的繼承關係不合常理。

為了讓這樣的設計需求也能系統化，不會造成不同性質的類別，在實作它們應有的共通行為時造成困擾，Java 特別提供了**介面 (Interface)** 來描述這個共通的行為。

Java 的類別不支援多重繼承

有些物件導向程式語言會支援**多重繼承 (Multiple Inheritance)**，也就是讓單一類別同時繼承自多個父類別，如此一來可解決上述不同性質類別有共通行為的問題。

不過多重繼承也會使語言複雜化，而在第一章我們就提過，『簡單』是 Java 語言的主要特色之一，因此當初開發 Java 語言的小組就決定讓 Java 語言不支援多重繼承，以保持其簡單的特色。

雖然如此，Java 的實用性並不因此而減少，需要使用到多重繼承的場合，幾乎也都可透過 Java 的介面功能達成。

12-2-1 定義介面

介面代表的是一群共通的行為, 它和類別有些類似之處, 因此定義介面也和類別類似, 但開頭要改用 interface 來表示：

```
interface 介面名稱 {
  // 介面中的方法
}
```

由於類別是用以描述實際存在的物件, 而介面則僅是用以描述某種行為方式 (例如『會飛』這件事), 所以兩者本質上有許多差異, 以下是定義介面時要注意的重點：

- 在 Interface 之前也可加上 Public、Protected 等存取控制字符, 其功效和類別相同。因此若不加, 則介面只能在同一個套件中使用。
- 介面的命名也和類別一樣, 通常都是以首字母大寫的方式, 使得其在程式中容易被識別。有些人習慣在介面的名稱前加上一個大寫字母 'I', 以特別標示這個名稱是個介面。
- 在介面中只能定義方法的型別 (傳回值) 及參數型別, 不可定義方法本體 (和抽象方法相同), 這些方法預設都會自動成為 **public abstract 的公開抽象方法**, 請記得在右括號之後加上分號。
- 由於介面通常代表某種特性, 因此介面的名稱一般都是一個形容詞, 表示**可以如何**的意思, 例如可用 Flying 表示『會飛』的意思。

舉例來說, 前一章最後計算地價的範例, 要計算地價時, 當然要算出土地的面積, 而「計算面積」這件事, 可能是很多類別需要的功能, 所以我們可以定義一個計算面積的介面：

```
interface Surfacing {
  double area();          // 計算面積的方法
}
```

如前所述, 不可定義方法本體, 因為每種不同形狀, 其面積的計算方式也都不同, 因此此處 surfacing 介面只規定了計算面積的方法名稱為 area、沒有參數、且傳回值為 double 型別。

如前所述, 介面中的方法預設都是公開的抽象方法, 所以通常 public、abstract 也都省略不寫。

12-2-2 介面的實作

定義好介面之後, 需要使用該介面的類別, 就可以**實作**該介面, 也就是類別名稱之後, 使用 **implements** 保留字, 再加上要實作的介面名稱。此外, 前面提過, 介面中所定義的方法會自動成為抽象方法, 因此實作介面時就必須完全實作介面中的所有方法。

```
interface Surfacing {
  double area();          // 計算面積的方法
}

class Circle implements Surfacing {
  ...
  public double area() {
    // 計算圓面積並回傳
  }
}
```

我們沿用上一章 Shape 類別及 Circle 類別的繼承架構, 並讓 Circle 實作 Surfacing 介面：

程式 ShapeArea.java 實作 Surfacing 介面

```
01 interface Surfacing {
02   double area();          // 計算面積的方法
03 }
04 
05 class Shape {             // 代表圖形原點的類別
06   protected double x,y; // 座標
07 
```

```
08   public Shape(double x,double y) {
09     this.x = x;
10     this.y = y;
11   }
12
13   public String toString() {
14     return "圖形原點：(" + x + ", " + y + ")";
15   }
16 }
17
18 class Circle extends Shape implements Surfacing {
19   private double r;       // 圓形半徑
20   final static double PI = 3.14159;  // 圓周率常數
21
22   public Circle(double x,double y,double r) {
23     super(x,y);           // 呼叫父類別建構方法
24     this.r = r;
25   }
26
27   public double area() {// 計算圓面積
28     return PI*r*r;
29   }
30
31   public String toString() {
32     return "圓心：(" + x + ", " + y + ")、半徑：" + r +
33              "、面積：" + area();
34   }
35 }
36
37 public class ShapeArea {
38   public static void main(String[] argv) {
39     Circle c = new Circle(5,8,7);
40     System.out.println(c.toString());
41   }
42 }
```

執行結果

```
圓心：(5.0, 8.0)、半徑：7.0、面積：153.93791
```

第 18 行的 Circle 類別定義, 先繼承了 Shape 類別再以 implements 表示要實作 Surfacing 介面。因此 Circle 類別必須定義 Surfacing 介面中宣告的 area() 方法, 所以在第 27 行定義了計算圓面積的 area() 方法。如果宣告了要實作某個介面, 但類別中未定義該介面所宣告的方法, 編譯時將會出現錯誤。

另外, 要記住介面所提供的方法都是 public, 因此實作介面時也要將之宣告為 public, 不可將之設為其他的存取控制, 如此也會造成編譯錯誤。

12-2-3 介面中的成員變數

介面也可以擁有成員變數, 不過在介面中宣告的成員會自動擁有 **static public final** 的存取控制, 而且必須**在宣告時即指定初值**。換句話說, 在介面中僅能定義由所有實作該介面的類別所共享的常數。舉例來說, 在剛才的例子中, 若將圓周率常數定義在介面中, 那麼所有實作該介面的類別, 就可存取該常數:

程式 InterfaceMember.java 在介面中使用成員變數

```
01 interface Surfacing {
02   double area();          // 計算面積的方法
03   double PI = 3.14159;    // 定義常數
04 }
05
06 class Shape {             // 代表圖形原點的類別
07   protected double x,y;   // 座標
08
09   public Shape(double x,double y) {
10     this.x = x;
11     this.y = y;
12   }
13
14   public String toString() {
15     return "圖形原點:(" + x + ", " + y + ")";
16   }
17 }
18
19 class Circle extends Shape implements Surfacing {
20   private double r;       // 圓形半徑
21
22   public Circle(double x,double y,double r) {
23     super(x,y);           // 呼叫父類別建構方法
24     this.r = r;
25   }
26
```

```
27   public double area() {// 計算圓面積
28     return PI*r*r;
29   }
30
31   public String toString() {
32     return "圓心：(" + x + ", " + y + ")、半徑：" + r +
33            "、面積：" + area();
34   }
35 }
36
37 public class InterfaceMember {
38   public static void main(String[] argv) {
39     Circle c = new Circle(3,6,2);
40     System.out.println(c.toString());
41     System.out.println("圓周率：" + Surfacing.PI);
42     System.out.println("圓周率：" + c.PI);
43   }
44 }
```

執行結果

```
圓心：(3.0, 6.0)、半徑：2.0、面積：12.56636
圓周率：3.14159
圓周率：3.14159
```

在第 3 行於介面中定義了成員變數 PI, 並在第 28 行 Circle 類別的 area() 中用以計算圓面積。雖然定義 PI 時未加上任何存取控制字符, 但如前述, 介面中的成員變數會自動成為 public static final, 所以在程式第 41 行也能如同存取類別 static 成員變數一般, 用介面名稱存取其值。

12-3 介面的繼承

介面之間也可以依據其相關性, 以**繼承**的方式來建立多層的架構, 就像是在上一章中對於類別的分類一樣。不過介面可以繼承**多個父介面**, 而類別無法繼承多個父類別, 由於這樣的差異, 因而衍生出幾個必須注意的主題, 這些都要在這一小節中討論。

12-3-1 簡單的繼承

介面最簡單的繼承方式就是使用 **extends** 從指定的介面延伸, 例如：

程式 SimpleInheritance.java 簡單的介面繼承關係

```
01 interface P { // 父介面
02   int i = 20;
03
04   void show();
05 }
06
07 interface C extends P { // 子介面
08   int getI();
09 }
10
11 public class SimpleInheritance implements C { // 實作介面
12   public void show() { // 實作由C繼承P而來的方法
13     System.out.println("變數 i 的內容：" + i);
14   }
15
16   public int getI() { // 實作C所定義的方法
17     return i;
18   }
19
20   public static void main(String[] argv) {
21     SimpleInheritance s = new SimpleInheritance();
22     s.show();
23   }
24 }
```

執行結果

```
變數 i 的內容：20
```

- 第 7 行中就宣告了一個繼承自介面 P 的介面 C。由於有繼承關係, 所以介面 C 的內容除了自己所定義的 getI() 方法之外, 也繼承了由 P 而來的成員變數 i 以及 show() 方法。因此, 在第 11 行實作介面 C 時, 就必須實作 getI() 以及 show() 方法。
- 第 12 行就是實作介面 P 中的 show() 方法。再次提醒：介面中的方法會自動成為 public abstract 存取控制, 因此要記得為實作的方法加上 public

的存取控制。在這個方法中, 只是簡單的把變數 i 顯示出來, 這裡的 i 就是經由介面 C 從介面 P 繼承而來的成員變數。

- 第 16 行則是實作介面 C 中的 getI() 方法, 它會把繼承自介面 P 的成員變數 i 傳回。

透過這樣的繼承關係, 就可以將複雜的介面依據其結構性, 設計成多層的介面, 以便讓個別的介面都能夠彰顯出其特性。

12-3-2 介面的多重繼承

介面也可以同時繼承多個父介面, 將多項特性併在一起:

程式 MultipleInheritance.java 繼承多個介面

```
01 interface P1 { // 父介面
02   int i = 20;
03 
04   void showI();
05 }
06 
07 interface P2 { // 父介面
08   int j = 30;
09 
10   void showJ();
11 }
12 
13 interface C extends P1,P2 { // 子介面
14   void show();
15 }
16 
17 public class MultipleInheritance implements C { // 實作介面C
18   public void showI() { // 實作由C繼承P1而來的方法
19     System.out.println("變數 i 的內容:" + i);
20   }
21 
22   public void showJ() { // 實作由C繼承P2而來的方法
23     System.out.println("變數 j 的內容:" + j);
24   }
```

```
25
26   public void show() { // 實作C所定義的方法
27     showI();
28     showJ();
29   }
30
31   public static void main(String[] argv) {
32     MultipleInheritance s = new MultipleInheritance();
33     s.show();
34   }
35 }
```

執行結果

```
變數 i 的內容：20
變數 j 的內容：30
```

在第 13 行中就宣告了 C 要繼承 P1 和 P2, 透過繼承的關係, 現在介面 C 就等於定義有 showI()、showJ()、show() 三個方法以及 i、j 兩個成員變數了。因此在 MultipleInheritance 類別中就必須實作所有的方法。

繼承多個同名的方法

在同時繼承多個介面時, 有可能會發生不同的父介面卻擁有相同名稱的方法, 例如：

程式 NameConflict.java 繼承多個同名的方法

```
01 interface P1 { // 父介面
02   int i = 20;
03
04   void show();
05 }
06
07 interface P2 { // 父介面
08   int j = 30;
09
10   void show();
11 }
12
13 interface C extends P1,P2 { // 子介面
14   void show(String s); // 多重定義的版本
15 }
```

```
16
17 public class NameConflict implements C { // 實作介面C
18   public void show() { // 實作由P1與P2繼承來的方法
19     show(""); //呼叫下面的 show(String s) 方法
20   }
21
22   public void show(String s) { // 實作C中多重定義的方法
23     System.out.println(s + "i:" + i + ",j:" + j);
24   }
25
26   public static void main(String[] argv) {
27     NameConflict s = new NameConflict();
28     s.show();
29   }
30 }
```

執行結果

```
i:20,j:30
```

在這個程式中, P1 與 P2 介面都定義有同樣的 show() 方法, 這就代表了只要是要實作 P1 或是 P2 介面的類別, 都必須實作 show() 方法。因此, 當 C 繼承 P1 以及 P2 後, 也繼承了這個意義, 而對實作 C 的類別來說, 則只需實作一份 show() 方法, 就可滿同時足實作 P1 與 P2 介面的需求。甚至於在介面 C 中, 還可以多重定義 (Overloading) 同名的方法, 而在實作介面 C 時, 就必須同時實作出多種版本的同名方法。

繼承多個同名的成員變數

如同剛剛所看到, 繼承多個同名的方法並不會有問題, 但是繼承多個同名的成員變數就有點問題了。例如:

程式 WhoseMember.java 繼承多個同名的成員

```
01 interface P1 { // 父介面
02   int i = 20;
03
04   void show();
05 }
06
07 interface P2 { // 父介面
08   int i = 30;
```

```
09
10   void show();
11 }
12
13 interface C extends P1,P2 { // 子介面
14   void show(String s); // 多重定義的版本
15 }
16
17 public class WhoseMember implements C { // 實作介面
18   public void show() { // 實作由P1與P2C繼承來的方法
19     show("");
20   }
21
22   public void show(String s) { // 實作C中多重定義的方法
23     System.out.println(s + "i :" + i); // 誰的i？
24   }
25
26   public static void main(String[] argv) {
27     WhoseMember s = new WhoseMember();
28     s.show();
29   }
30 }
```

由於介面 P1 與介面 P2 都確確實實有一個同名的成員變數 i, 所以第 23 行究竟要顯示的是介面 P1 還是介面 P2 的 i 呢？答案是無法決定, 因此在編譯程式時, 會發生如下的錯誤：

執行結果

```
WhoseMember.java:23: reference to i is ambiguous, both variable i
in P1 and variable i in P2 match
    System.out.println(s + "i :" + i); // 誰的i？
                                   ^
1 error
```

此時必須在程式中明確的冠上**介面名稱**, 才能讓編譯器知道您所指的到底是哪一個 i ：

程式 SameMemberName.java 明確指定介面

```
22    public void show(String s) { // 實作C中多重定義的方法
23      System.out.println(s + "P1.i=" + P1.i + ", P2.i=" + P2.i);
24    }
```

執行結果

```
P1.i=20, P2.i=30
```

實作多重介面

單一類別也可以同時實作多個介面, 這時會引發的問題就如同單一介面繼承多個介面時一樣, 請參考前面的討論即可。

介面與抽象類別的關係

就實務面來看，**介面**其實就是一種特殊的**抽象類別**，因此假設 C 類別實作了 I 介面，那麼我們也可將 I 介面當成是 C 的父類別來使用，例如：

```
I b = new I(); // 錯誤, 介面不能拿來建立物件！(就和抽象類別一樣)
I c = new C(); // 正確, 建立子物件來讓父類別(介面)的變數參照

C a = new C();
I c = a;          // 正確, 將子物件設定給父類別(介面)的變數參照

Boolean t = a instanceof I;// true,子物件也算是父類別(介面)的一種
```

而這二者的差異，則在於介面的設計比抽象類別嚴格許多：

- 介面的方法均為 public abstract, 因此只能定義沒有實作內容的公開抽象方法。
- 介面的變數均為 public static final, 因此只能宣告公開常數，而且必須在宣告時即指定初值。
- 介面只能繼承其他介面，而不能繼承類別。

12-4 內部類別 (Inner Class)

12-4-1 甚麼是內部類別？

根據 Java 語言規格，『定義在另一個類別內部的類別』稱為**巢狀類別** (Nested Class)，其中未被宣告為 static 的巢狀類別就稱為**內部類別** (Inner Class)，宣告為 static 的則稱為**靜態巢狀類別** (Static Nested Class，詳見 12-4-4 節)。

相對於內部類別而言，包含住它的類別則稱為外部 (Outter) 類別，或稱外層類別。

```
Class A {            ┐
  ...                │
                     │
  Class B {  ┐       ├ 外部類別
    ...      ├ 內部類別
  }          ┘       │
}                    ┘
```

如果 B 類別只需配合 A 類別來使用，那麼就可將 B 定義為 A 的內部類別。其最大的好處，就是內部類別可以直接存取外部類別的所有成員，包括 private 成員在內。底下來看範例：

程式 InnerClass.java 示範在內部類別中存取外部類別的成員，以及如何使用內部類別

```
01 class Outter {     // 外部類別
02   private int i = 1, j = 2; // 實體變數
03   static int k = 3;           // 靜態變數
04
05   class Inner {      // 內部類別
06     int j = 4, k = 5;  // 遮蓋了外部變數 j、k
07     void print() {
08       System.out.print(i);                // 存取外部變數 i
09       System.out.print(Outter.this.j); // 存取被遮蓋的外部實體變數 j
10       System.out.print(Outter.k);        // 存取被遮蓋的外部靜態變數 k
11       System.out.print(j);                // 存取內部變數 j
12     }
13   }
```

```
14
15   void callInner() { // 外部類別的方法
16     Inner in = new Inner();   // 在外部類別的方法中, 必須先建立內部物件
17     in.print();               // 然後才能用它來呼叫內部類別的方法
18   }
19 }
20
21 public class InnerClass {
22   public static void main(String[] argv) {
23     Outter or = new Outter();             // 建立外部物件
24     or.callInner();                       // 呼叫外部物件的方法
25     Outter.Inner ir = or.new Inner(); // 用外部物件建立內部物件
26     ir.print();
27   }
28 }
```

執行結果

```
1234
1234
```

由於在內部及外部類別都宣告了 j、k 變數, 因此在內部類別中要存取外部的 j、k 時, 必須加上外部類別的名稱才行, 不過只有靜態變數才能直接以類別名稱 (Outter.k) 來存取, 實體變數則必須以 Outter.**this**.j 的寫法來存取 (參見第 9、10 行, **this** 代表目前的 Outter 物件)。

TIP this 是參照到目前物件，所以『外部類別名稱 .this』可用來參照到『外部類別的目前物件』，也就是目前的外部物件。

請注意, 內部及外部類別仍為 2 個不同的類別, 因此在外部類別的方法中, 必須先建立內部物件, 然後才能存取內部物件中的變數及方法, 例如以上的 16 行。

然而, 若是在其他類別的方法中 (或在外部類別的**靜態**方法中) 要使用內部物件, 此時由於並不存在外部物件, 因此必須先建立外部物件, 然後再利用外部物件來建立內部物件才行, 例如以上的 23、25 行。如果只想建立內部物件 (而不需要外部物件), 或是只想呼叫內部物件的方法, 那麼也可改用以下 2 種簡潔的寫法：

```
Outter.Inner ir = new Outter().new Inner();  // 直接建立外部及內部物件,
                                                且外部物件用完即丟
new Outter().new Inner().print();   //直接建立外、內部物件並呼叫內部方法,
                                      且內外物件用完即丟
```

以上是先用 new Outter() 建立外部物件, 然後再串接 .new Inner() 來建立內部物件；若還要再呼叫內部物件的方法, 則再以 . 來串接。值得注意的是, 內部類別由於在其他類別中看不到, 因此必須加上外部類別的名稱來指明, 例如 Outter.Inner。

內部類別在編譯後所產生的 .class 檔

Java 程式在編譯之後，每個類別都會產生一個與類別同名的 .class 檔。內部類別也不例外，但會在檔名前加上外部類別的名稱以及 $ 符號，例如前面的範例會產生以下 3 個檔案：

Outter.class、**Outter$Inner.class**、InnerClass.class

此外，一個類別之中可以有多個內部類別，而內部類別之內也還可以再有內部類別，這些類別在編譯之後，每個類別都會產生一個 .class 檔案。如果是多層的內部類別，則編譯後的檔名就會由外而內一層層以 $ 串接起來，不過一般很少人會寫得這麼複雜。

內部類別為非靜態的巢狀類別, 其特點是可直接存取外部類別的私有成員, 而無任何限制。第 18 章設計 GUI 事件處理時, 我們就可以用內部類別的方式來設計事件的傾聽者, 只需將這個內部類別宣告為實作指定的介面, 再撰寫事件處理方法即可。

12-4-2 匿名類別 (Anonymous Class)

內部類別中還有一種特別的形式, 稱為**匿名類別**(Anynomous Class), 也就是說它只有類別的本體, 但沒有類別的名稱。或者我們也可說匿名類別是：在使用物件時, 才同時定義類別並產生物件的類別。

匿名類別主要是用來臨時定義一個某類別 (或介面) 的子類別, 並用以產生物件；由於該子類別用完即丟, 所以不需要指定名稱。建立匿名類別物件的語法如右：

```
new 父類別或介面名稱() {
    // 匿名類別的定義內容
}
```

以上的程式片段就會建立一個匿名類別物件, 而且可馬上使用, 例如將此物件當成一個呼叫方法時的參數, 或是直接用此物件來呼叫匿名類別本身的方法。我們直接看一個簡單的範例, 就能明白其用法：

程式 AnonyDemo.java

```
01 public class AnonyDemo {
02
03   public static void main(String[] args) {
04     final int a= 10;
05
06     (new Object() {    // 匿名類別
07       int b =10000;  // 匿名類別的成員
08       public void show() {   // 匿名類別的方法
09         System.out.println ("匿名類別：");
10         System.out.println ("this   ->b= " +b);
11         System.out.println ("main()->a= " +a);
12       }
13     }).show();    // 產生匿名類別物件後
14   }                  即呼叫其 show() 方法
15 }
```

執行結果

```
匿名類別：
this   ->b= 10000
main()->a= 10
```

程式第 6～13 行 (new...}) 的程式碼就是在建立一個匿名類別物件, 此匿名類別衍生自 Object, 其中並定義了一個整數成員 b 及公開的方法 show(), 接著在第 13 行就直接以 .show() 的方式呼叫此匿名類別的 show() 方法, 所以程式會輸出 show() 方法所顯示的訊息。

TIP 匿名類別在編譯後的檔名為『外部類別 $ 流水號 .class』, 例如在本例中為 AnonyDemo$1.class。

匿名類別經常使用在「需要實作某個介面來產生物件」的場合, 例如底下程式以匿名方式實作 Face 介面並產生物件：

程式 AnonyFace.java 用匿名類別來實作介面並產生物件

```
01 interface Face {    // 定義 Face 介面
02    void smile();
03 }
04
```

```
05 public class AnonyFace {
06   public static void main(String[] argv) {
07
08     // 實作 Face 介面的匿名類別, 並建立物件傳回給變數 c
09     Face c = new Face() {
10       public void smile() {   // 實作介面中的方法
11         System.out.print("^_^");
12       }
13     };
14     c.smile(); // 以 c 物件執行匿名類別中實作的
15   }                smile() 方法
16 }
```

執行結果

```
^_^
```

在第 9~13 行的 new Face(){...} 即是在建立匿名類別並就地產生物件, 然後將此物件指定給變數 c, 接著在 14 行即可用 c 來執行匿名類別中實作的 smile()。另外請注意, 雖然抽象類別及介面都不能用來建立物件 (例如 new Face(); 會編譯錯誤), 但卻可以用來宣告變數以參照其子物件 (例如上面的第 9 行)。

上面程式如果只需要執行一次 smile(), 那麼也可以將變數 c 省略掉, 改成直接建立物件並執行其方法：

程式 AnonyFace2.java 用匿名類別來實作介面、產生物件、並執行其方法

```
... ... 略 (同前一程式)
07
09     new Face() {
10       public void smile()
11         { System.out.print("^_^"); }
12     }.smile();
13   }
14 }
```

以上第 9~12 行就是直接用 new Face(){...} 所產生的物件來執行其 smile()。

使用匿名類別的時機, 通常是在想要臨時變更 (重新定義) 某類別或介面的方法並建立新物件, 但只要變更一次的情況；以本例來說, 就是改變 smile() 所輸出的字串。

12-4-3 Lambda 運算式

從 Java 8 開始, 若是匿名類別要實作的方法只有一個, 則可改用 Lambda 來更加簡化程式, 此時只需撰寫方法的**參數**及**程式主體**即可。Lambda 特別適用在並行處理及事件驅動的程式設計上, 以下是 Lambda 運算式的基本語法：

(方法的參數) -> **方法的主體**

在箭頭 (->) 的前、後分別是方法的參數及主體, 參數可以有 0 到多個, 若有多個則以逗號分開, 若只有一個則可省略小括號。另外, 參數也可加上型別, 底下是一些參數的範例：

```
()                  // 無參數
a                   // 1 個參數 (小括號可省略)
(a, b)              // 2 個參數
(int a, int b)  // 指定型別的參數
```

主體的部份可以是運算式或程式區塊, 如果是運算式 (例如 a*b), 則表示要將運算的計算結果傳回 (做為方法的傳回值)。如果是程式區塊, 則要以 { } 括起來, 區塊中也可用 return 來傳回一個值。例如：

```
() -> 58                        // 無參數, 傳回 58
a -> a * a                      // 1 個參數, 傳回 a * a 的結果
(a, b) -> { return a * b; }     // 2 個參數, 傳回 a * b 的結果
```

另外, 如果程式區塊中只有一個「呼叫無傳回值的方法」的敘述, 那麼也可省略 { }, 例如：

```
n -> System.out.println(n);    // println() 無傳回值, 因此可省略 { }
```

了解 Lambda 的語法之後, 我們就將前面 AnonyFace.java 範例中的匿名類別, 改為 Lambda 的寫法：

程式 LambdaFace.java 用 Lambda 來實作介面並產生物件

```
01 interface Face {    // 定義 Face 介面
02    void smile();
03 }
04
05 public class LambdaFace {
06   public static void main(String[] argv) {
07
08     Face c = () -> System.out.print("^_^"); // 用 Lambda 建立匿名
                                                  類別並產生物件
09     c.smile();  // 輸出：^_^
10   }
11 }
```

以上第 8 行即是 Lambda 的寫法, 和原程式 new Face() { public void smile() {...}} 的匿名類別寫法相比, Lambda 是否簡單易懂多了呢？不過請注意, Lambda 只適合用來實作「只有一個方法的匿名類別」, 如果有多個方法要實作, 那麼還是得使用匿名類別的寫法。

12-4-4 靜態巢狀類別 (Static Nested Class)

靜態巢狀類別 (Static Nested Class) 就是加上 static 的巢狀類別, 其特色就和一般的 static 成員一樣, 可以直接透過『外部類別名稱.內部類別名稱』來存取內部類別中的靜能成員, 或是直接建立內部物件, 而不用先建立外部物件。例如：

程式 StaticNested.java 靜態巢狀類別的應用

```
01 class Outter {
02   static class Inner { // 靜態巢狀類別
03     int i = 1;
04     static int j = 2;      // 靜態變數
05     static void add(int x) { j += x; } // 靜態方法
06     void print() { System.out.print(i + "," + j); }
07   }
08 }
09 public class StaticNested {
10   public static void main(String[] argv) {
```

```
11      Outter.Inner a = new Outter.Inner(); // 直接建立內部物件
12      a.i = 3;                    // 以內部物件存取該物件中的一般變數
13      Outter.Inner.j = 4;         // 以類別名稱存取靜態變數
14      Outter.Inner.add(5);        // 以類別名稱呼叫靜態方法
15      a.print();                  // 以內部物件執行一般方法, 以輸出 i,j 的值
16    }
17 }
```

輸出結果

```
3,9
```

在以上的靜態巢狀類別中, 分別宣告了一般及靜態的成員, 然後在 main() 中即可利用類別名稱『Outter.Inner』來直接建立內部物件, 或以此名稱來存取內部類別的靜態成員。而這些操作都完全不需要透過外部物件, 這就是 static 的特性。

TIP 請注意, 只有在靜態巢狀類別中才能宣告靜態成員 (變數或方法), 在其他非靜態的內部類別中則不可以宣告靜態成員。

12-5 綜合演練

在本節中, 我們先看一個透過介面讓工具類別 (例如專門用來排序的類別) 能通用於多種類別的範例;隨後, 會再示範如何將介面當成物件之間溝通的橋樑。

12-5-1 撰寫通用於多種類別的程式

假設您想要撰寫一個類別 Sort, 這個類別的目的就是提供多種 static 方法以不同的排序方式, 將傳入的陣列排序。這樣一來, 不需要產生 Sort 物件, 就可以依據需求, 呼叫類別中特定版本的 static 方法來幫陣列排序。

這個想法聽起來不錯, 可是有個根本的問題 -- 由於無法預知將來要排序的類別有哪些, 所以根本無法定義排序方法的參數型別, 而且也不知道該如何比較陣列中的個別元素。

要解決這樣的問題, 可以將比較大小這件事, 交給每個類別自己去實作, 就像是前面幾章提到, 為類別定義一個 equals() 方法來比較物件內容是否相等時一樣。

接著, 我們必須確認陣列中所儲存的元素的確有實作比較大小的方法。要解決這一點並不難, 只要把比較大小的方法定義到一個介面中, 並且將排序方法的參數定義為此介面的陣列即可。這樣一來, 就可以確定當需要比較陣列中的元素時, 一定可以呼叫其比較大小的方法了。

定義代表可比較特性的介面

我們首先定義代表可比較大小的介面：

程式 Sorting.java 定義負責比較的介面

```
01 interface ICanCompare {
02   int compare(ICanCompare i); // 進行比較
03 }
```

這個 ICanCompare 就是所有要排序類別必須實作的介面, 其中只有一個方法, 叫做 compare(), 實作時必須將自己與傳入的物件比較, 如果自己比較大, 就傳回正整數；如果相等, 就傳回 0 ；如果比較小, 就傳回負數。

定義提供排序功能的類別

接下來就是提供排序功能的 Sort 類別。為了簡化起見, 這裡只提供氣泡排序法的 bubbleSort() 方法。氣泡排序法在前面的章節已經介紹過, 此處不再解說, 只要注意在排序時是呼叫 ICanCompare 介面的 compare() 方法來比較大小。

程式 Sorting.java (續) 提供排序功能的 Sort 類別

```
...
05 class Sort { // 提供排序功能的類別
06   static void bubbleSort(ICanCompare[] objs) { // 氣泡排序法
07     for(int i = objs.length - 1;i > 0;i--) {
08       for(int j = 0;j < i;j++) {
09         if(objs[j].compare(objs[j + 1]) < 0) {
10           ICanCompare temp = objs[j];
11           objs[j] = objs[j + 1];
12           objs[j + 1] = temp;
13         }
```

```
14         }
15       }
16     }
17 }
```

定義實作 ICanCompare 介面的類別

接著我們以之前地價計算範例中的各種形狀為例, 測試 Sort 類別。首先在父類別中宣告要實作 ICanCompare 介面, 然後定義 compare() 方法。由於此處傳入 compare() 的一定會是個 Land 物件, 所以先將傳入的 i 強制轉型為 Land 參照, 然後呼叫其 area(), 以面積來比較大小。

程式 Sorting.java (續) 要被排序的 Land 類別及其子類別

```
19 abstract class Land implements ICanCompare { // 父類別
20   abstract double area(); // 計算面積的抽象方法
21   public int compare(ICanCompare i) { // 實作介面的compare方法
22     Land l = (Land) i;
23     return (int)(this.area() - l.area()); // 依據面積比較大小
24   }
25 }
26
27 class Circle extends Land { // 圓形的土地
28   int r; // 半徑 (單位：公尺)
29
30   Circle(int  r) { // 建構方法
31     this.r = r;
32   }
33
34   double area() { // 重新定義抽象方法
35     return 3.14 * r * r;
36   }
37
38   public String toString() {
39     return "半徑：" + r + ",面積：" + area() + "的圓";
40   }
41 }
42
43 class Square extends Land { // 正方形的土地
44   int side; // 邊長 (單位：公尺)
```

```
45
46   Square(int  side) { // 建構方法
47     this.side = side;
48   }
49
50   double area() { // 重新定義抽象方法
51     return side * side;
52   }
53
54   public String toString() {
55     return "邊長：" + side + ",面積：" + area() + "的正方形";
56   }
57 }
```

撰寫測試程式

程式 Sorting.java (續) 測試排序的主程式

```
59 public class Sorting {
60
61   public static void main(String[] argv) {
62     Land[] lands = {
63       new Circle(5),
64       new Square(3),
65       new Square(2),
66       new Circle(4)
67     };
68
69     for(Land l : lands) {
70       System.out.println(l);
71     }
72
73     Sort.bubbleSort(lands);
74     System.out.println("排序後...");
75
76     for(Land l : lands) {
77       System.out.println(l);
78     }
79   }
80 }
```

第 62 ~ 67 行建立包含兩個圓形以及兩個方形的 lands 陣列, 然後顯示陣列內容, 接著就呼叫 Sort 類別的 bubbleSort() 進行排序, 並將結果顯示出來:

執行結果

```
半徑：5,面積：78.5的圓
邊長：3,面積：9.0的正方形
邊長：2,面積：4.0的正方形
半徑：4,面積：50.24的圓
排序後...
半徑：5,面積：78.5的圓
半徑：4,面積：50.24的圓
邊長：3,面積：9.0的正方形
邊長：2,面積：4.0的正方形
```

剛才所設計的 Sort 類別不單可為 Land 陣列排序, 只要您的類別實作了 ICanCompare 介面, 就可以利用 Sort 類別來為您的類別陣列排序。事實上, Java 所提供的類別庫中, 就是使用這種技巧來實作許多通用於不同類別的方法。

12-5-2 擔任物件之間的溝通橋樑

介面還有一個很大的用處, 就是在某種事件發生時, 作為某個物件通知另外一個物件的橋樑。舉個例子來說, 如果要撰寫一個碼錶類別, 並且希望在碼錶倒數到 0 的時候, 可以通知使用碼錶類別的程式, 此時就可以運用介面的技巧。請看看以下的範例：

程式 Stopwatch.java 使用介面做為物件之間溝通的橋樑

```
01 interface TimesUp {
02   void notifyMe(); // 通知時間已到的方法
03 }
04
05 class Timer { // 碼錶類別
06   static void startTimer(int seconds,TimesUp obj) {
07     // 開始計時
08     for(int i = 0;i < seconds;i++);
09     obj.notifyMe(); // 通知碼錶使用者
10   }
11 }
```

```
12
13 class watchUser implements TimesUp {// 要使用碼錶的類別
14   public void notifyMe() {
15     System.out.println("時間到");
16   }
17 }
18
19 public class Stopwatch {
20
21   public static void main(String[] argv) {
22     watchUser w = new watchUser();
23     Timer.startTimer(1000,w);
24   }
25 }
```

- 第 1 ~ 3 行的介面就是碼錶與碼錶使用者間的溝通橋樑, 碼錶的使用者必須實作這個介面, 當碼錶的倒數計時完成時, 就會呼叫碼錶使用者所實作的 notifyMe() 方法。
- 第 5 ~ 11 行則是碼錶類別, 為簡化起見, 此處只是利用迴圈倒數計數而已。當計數完成後, 就呼叫碼錶使用者的 notifyMe() 方法, 通知碼錶的使用者。

透過這種方式, 物件就可以經由呼叫介面中所定義的方法, 通知實作該介面的另一個物件了。事實上, Java 用來設計使用者介面的 AWT/Swing 類別庫, 就是利用這種方式來通知程式已有使用者按下按鈕、或是選擇了列示窗的某個項目等等。我們會在第 18 章看到實際的範例。

從這一節中所演練的範例中, 可以看到介面所定義的方法, 通常是類別要提供給其他類別呼叫的方法, 而這也正是其之所以稱為介面的原因, 同時也是介面中的方法及成員變數都自動擁有 public 存取控制的原因。

學習評量

※ 選擇題可能單選或複選

1. (　　) 在介面中所定義的方法會自動擁有以下哪些存取控制？

    (a) private
    (b) abstract
    (c) protected
    (d) public

2. (　　) 自介面中所定義的成員變數會自動擁有以下哪些存取控制？

    (a) public
    (b) protected
    (c) static
    (d) final

3. (　　) 要實作介面時, 必須使用哪一個保留字？

    (a) extends
    (b) implements
    (c) implement
    (d) extend

4. (　　) 有關於介面, 以下敘述何者錯誤？

    (a) 當介面繼承多個父介面時, 父介面之間不能有同名的成員變數
    (b) 實作介面時不一定要實作全部的方法
    (c) 單一類別可以同時實作多個介面
    (d) 介面中不能定義同名的方法

5. (　　) 有關於抽象類別, 以下敘述何者錯誤？

    (a) 在類別宣告時加上 abstract 存取控制字符即可成為抽象類別
    (b) 具有抽象方法的類別一定是抽象類別
    (c) 繼承抽象類別的類別一定要實作所有的抽象方法
    (d) 抽象類別中不能有非抽象方法

6. 請說明以下程式的錯誤？

```
01 interface I1 {
02   int i = 10;
03 }
04
05 interface I2 {
06   int i = 20;
07 }
08
09
10 public class Ex_12_06 implements I1,I2 {
11   public static void main(String[] argv) {
12     System.out.println(i);
13   }
14 }
```

7. 請說明以下程式的錯誤？

```
01 interface I1 {
02   int i = 10;
03   int add(int op);
04 }
05
06 public class Ex_12_07 implements I1 {
07   public int add(int op) {
08     I1.i += op;
09     return I1.i;
10   }
11
12   public static void main(String[] argv) {
13   }
14 }
```

8. 請說明以下程式的錯誤？

```
01 interface I1 {
02   void show(String s);
03 }
04
```

```
05 public class Ex_12_08 implements I1 {
06   void show(String s) {
07     System.out.println("訊息為：" + s);
08   }
09
10   public static void main(String[] argv) {
11   }
12 }
```

9. (　　) 請問以下何者正確？

   (a) 抽象類別中不能有非抽象方法
   (b) final 類別中不能有抽象方法
   (c) 抽象類別中不能有 final 方法
   (d) 抽象類別中不能有 static 方法

10. 請說明以下程式的錯誤？

```
01 interface I1 {
02   void show(String s);
03 }
04
05 interface I2 {
06   String show(String s);
07 }
08
09 public class Ex_12_10 implements I1,I2 {
10   public void show(String s) {
11     System.out.println("訊息為：" + s);
12   }
13
14   public String show(String s) {
15     System.out.println("訊息為：" + s);
16     return s;
17   }
18
19   public static void main(String[] argv) {
20   }
21 }
```

程式練習

1. 請為 12-5-1 節的 Sort 類別, 增加一個以氣泡排序法但由小到大排序的方法。

2. 延續上題, 請為 Sort 類別新增一個以快速排序法排序的方法。

3. 延續上題, 使用第 11 章程式練習中第 6 題的學生以及老師等類別, 測試 Sort 類別。

4. 請仿照 Sorting.java 的作法, 撰寫一個 Search 的類別, 提供 static 的方法, 可以在陣列中找出指定的元素。

5. 延續上題, 請新增一個二分搜尋的方法, 可以在已排序的陣列中找出特定的元素。

6. 延續上題, 再新增兩個方法, 各自可以傳回陣列中最小與最大的元素。

記事欄 MEMO

13

CHAPTER

套件(Packages)

學習目標

- 瞭解套件 (Packages)
- 適當的組織程式
- 撰寫通用於多個程式的公用類別
- 使用套件避免名稱的重複
- 熟悉相關編譯參數

當我們撰寫的程式越來越複雜時，會發現將所有的類別寫在同一個檔案中並不是個好作法，因為這會讓整個程式看起來很複雜，想要找某個類別時也必須耗費一番功夫。

此外，有些類別，例如前幾章範例中出現的二分搜尋法或排序的類別，在設計時，就是希望可以提供給不同的程式使用，如果全部寫在同一個程式檔中，就無法凸顯該類別可供不同程式採用的特性。

更進一步來看，如果類別要分享給他人使用，那麼很可能發生我們的類別與他人的類別名稱衝突的情況，而導致有一方必須修改可表達類別意義的名稱。

本章就要針對上述的問題，說明 Java 提供的解決方案--**套件**，並討論適當組織程式以及分享特定類別的方法。

13-1 程式的切割

當程式越來越大的時候，最簡單的整理方式就是讓每一個類別單獨儲存在一個原始檔中，並以所含的類別名稱為檔名 (副檔名當然仍是 .java)，然後將程式所需的檔案全部放在同一個目錄中。

舉例來說，前幾章提到的幾何圖形類別，即可將 Shape、Circle、Cylinder、 Rectangle 類別都分別存於 Shape.java、Circle.java、Cylinder.java、Rectangle.java 檔案中。而需要用到這些類別的主程式則自成一個檔案，並與前述的檔案都放在一起 (您可以在下載範例的 Example\Ch13\13-1 資料夾中看到這些檔案)。

程式 UsingOtherClasses.java 只含主程式的類別

```
01 public class UsingOtherClasses {
02   public static void main(String[] argv) {
03     // 使用的類別都存放在同一資料夾的其它檔案中
04     Rectangle re = new Rectangle(1,3,5,7);
```

```
05      Circle     ci = new Circle(3,6,9);
06      Cylinder   cr = new Cylinder(2,4,6,8);
07
08      System.out.println(re.toString());
09      System.out.println(ci.toString());
10      System.out.println(cr.toString());
11    }
12  }
```

執行結果

```
圖形原點：(1.0, 3.0)
圖形原點：(3.0, 6.0)
圖形原點：(2.0, 4.0)
```

接著, 當我們編譯 UsingOtherClasses.java 時, Java 編譯器就會自動尋找含 Circle、Cylinder、Rectangle 類別的程式檔, 並也一併編譯這些檔案；同樣在執行時, "java" 執行程式也會自行找到相關的類別檔, 讓程式可正常執行。

TIP 其實 Java 編譯器也會自動到環境變數 CLASSPATH 所設的路徑尋找類別檔，或是到執行 javac 時所指定的路徑尋找，此部份會在本章稍後說明。

使用單獨的檔案來儲存個別類別有以下好處：

- **管理類別更容易**：只要找到與類別同名的檔案, 就可以找到類別的原始程式, 而不需要去記憶哪個類別是在哪個檔案中。
- **編譯程式更簡單**：只要編譯包含有 main( ) 方法的原始檔, 編譯器就會根據使用到的類別名稱, 在同一個資料夾下找出同名的原始檔, 並進行必要的編譯。以本例來說, 雖然總共有 5 個原始檔, 但在編譯 UsingOtherClasses.java 時, Java 編譯器就會自動發現程式中需要使用到其他 4 個類別, 並自動編譯這 4 個類別的原始檔。

也就是說, 雖然程式切割為多個檔案, 但是在編譯及執行上並沒有增加任何的複雜度 (因為即使不切割程式, 在編譯後仍會一個類別就產生一個同名的類別檔), 反而讓程式更易於管理。

TIP 請特別注意，這些檔案必須放置在同一個資料夾下，而且檔名要和類別名稱一樣，否則 Java 編譯器不知道要到哪裡找尋所需類別的原始檔，而導致編譯錯誤。

TIP 如果原始檔名和類別名稱不同，那麼就必須先編譯所有需要的原始檔，以產生和類別同名的類別檔 (.class)，這樣在編譯或執行主類別時，就不會找不到所需的其他類別了。

13-2 分享寫好的類別

有些情況下, 我們撰寫的類別也可給其他人使用, 尤其是在開發團隊中, 可讓開發人員不需重複撰寫類似功能的類別。要做到這一點, 最簡單的方式, 就是將該類別的 .java 或 .class 檔案複製給別人使用, 不過此時對方的程式中, 就不能有任何類別或介面和我們提供的類別同名。遇到同名的狀況時, 要不就是修改他自己的類別名稱, 要不就是修改你所提供的類別名稱, 不僅徒然浪費時間, 也同時增加了修改過程中發生錯誤的機會。

為了解決上述問題, Java 提供**套件** (Packages) 這種可將類別包裝起來的機制。將類別包裝成套件時, 就相當於替類別貼上一個標籤 (套件名稱), 而使用到套件中的類別時, 即需指明套件名稱, 因此可與程式中自己撰寫的同名類別區隔開來, 而不會混淆, 也沒有必須重新命名的問題。

13-2-1 建立套件

要將類別包裝在套件中, 必須**在程式最開頭**使用 **package** 敘述, 標示出類別所屬的套件名稱。以 Shape 類別為例, 如果要將之包裝在 "flag" 這個套件中, 可寫成：

程式 Shape.java 將類別包裝在套件中

```
01 package flag; // 將類別包裝在 flag 套件中
02
03 public class Shape {     // 代表圖形原點的類別
04   protected double x,y; // 座標
05
06   public Shape(double x,double y) {
07     this.x = x;
08     this.y = y;
09   }
10
11   public String toString() {
12     return "圖形原點：(" + x + ", " + y + ")";
13   }
14 }
```

除了第 1 行的 package 敘述外, 還要注意第 3 行將類別存取控制宣告為 public, 這是因為如果不宣告為 public, 則該類別就無法由 package 以外的程式使用。因此如果要將類別提供給別人使用, 就必須將該類別宣告為 public。

TIP 如果 package 中有只供套件本身使用的類別 , 則可不宣告為 public。

其它幾個類別原始檔的修改方式也類似, 都是加上 package 敘述, 並將類別宣告為 public (修改的結果可參考下載範例 Example\Ch13\13-2\flag 資料夾中的檔案)。在各檔案都做好相同的修改, 這些類別就算是都屬於我們指定的 flag 套件了, 未來即使類別名稱和其他套件的類別名稱重複, 也完全沒有關係。

13-2-2 編譯包裝在套件中的類別

使用 package 敘述指明類別所屬的套件之後, 在編譯類別時必須做額外的處理, 可以選擇以下兩種方式來整理及編譯這些類別：

- **自行建立套件資料夾**：在 Java 中, 同一套件的類別必須存放在與**套件名稱相同的資料夾中**。例如先將類別原始檔都放在與套件同名的 flag 資料夾, 接著只要用 javac 編譯主程式檔, 就會一一將編譯好的 .class 檔案都存於其中。此外, 在編譯主程式檔時 (例如 UsingPackage.java), javac 編譯器也會自動在相關套件資料夾中 (例如 flag) 尋找所需的 .class 類別檔 (例如 Circle.class、Cylinder.class等), 若找不到 .class 但存有 .java 檔, 或是 .java 有新修改過, 則也會一併編譯這些檔案。同樣的, 在執行主程式時, 也會自動在套件的路徑中尋找相關類別檔, 讓程式可以正常執行。

- **由編譯器建立套件資料夾**：我們也可將建立套件資料夾的動作交給 javac 編譯器處理, 只需在編譯時用參數 -d 指定編譯結果的儲存路徑, 編譯器就會根據 package 敘述指定的套件名稱, 在指定的路徑下建立與套件同名的子資料夾, 並將編譯結果存到該資料夾中。舉例來說, 如果要將 flag 套件放在 C:\Ch13\13-2 資料夾下, 那麼就可以在編譯 Shape.java 時執行如下的命令：

```
javac -d C:\Ch13\13-2 Shape.java
```

若改用 *.java 則可一次編譯所有的檔案

javac 的 -d 參數原本是用來指定存放編譯結果的路徑, 在編譯不含 package 敘述的程式時, 編譯好的 .class 檔會直接存於 -d 參數所指的路徑中；但編譯像 Shape.java 等第一行有 package 敘述的程式時, 則會在指定的路徑下, 另建套件資料夾, 以上例而言, 就是在 C:\Ch13\13-2 之下建立 flag 子資料夾, 並將編譯好的 .class 檔案放到 flag 資料夾中。

TIP 使用 -d 選項時，所指定的資料夾必須已經存在，否則編譯時會發生錯誤。以剛剛的範例來說，就是 C:\Ch13\13-2 這個資料夾必須已經存在。

無論使用哪一種方式, 一旦編譯好類別檔案, 並且放置到正確的資料夾中, 就可以使用包在套件中的類別了。

13-2-3 使用套件中的類別

接著我們就可在其它程式中使用包在 flag 套件中的類別。要使用套件中的類別時, 必須以其**完整名稱 (Fully Qualified Name)** 來表示, 其格式為『**套件名稱. 類別名稱**』。以使用 flag 套件中的 Circle 類別為例, 就必須使用 flag.Circle 來表示, 請看以下的程式：

程式 UsingPackage.java 使用套件中的類別

```
01 public class UsingPackage {
02   public static void main(String[] argv) {
03     flag.Rectangle re = new flag.Rectangle(1,3,5,7);
04     flag.Circle    ci = new flag.Circle(3,6,9);
05     flag.Cylinder  cr = new flag.Cylinder(2,4,6,8);
06
07     System.out.println(re.toString());
08     System.out.println(ci.toString());
09     System.out.println(cr.toString());
10   }
11 }
```

TIP 此檔案存於範例程式資料夾 Ch13\13-2 之中。

在第 3～5 行中, 不論是物件宣告或是呼叫建構方法時, 都是使用『flag.類別名稱』的語法來使用 flag 套件中的類別。

而編譯及執行 UsingPackage.java 時, 由於使用到包在套件中的類別, 所以必須要有額外的處理, 我們區分為兩種狀況來說明。

套件與程式檔在同一資料夾下

如果套件和使用到套件的程式 (例如 UsingPackage.java) 都放在同一資料夾下, 那麼仍是以一般的方式編譯、執行即可。例如 UsingPackage.java 存於 Ch13\13-2 資料夾中, 而 flag 套件則是存於同一路徑下的 flag 子資料夾中, 那麼要編譯及執行 UsingPackage.java 就可以這樣做：

```
C:\Example\Ch13\13-2>dir
......
2022/02/17  下午 07:50    <DIR>          flag
2022/02/17  下午 08:03               359 UsingPackage.java
......

C:\Example\Ch13\13-2>javac UsingPackage.java

C:\Example\Ch13\13-2>java UsingPackage
圖形原點：(1.0, 3.0)
圖形原點：(3.0, 6.0)
圖形原點：(2.0, 4.0)
```

當 Java 編譯器及虛擬機器看到 flag.* 的類別名稱時, 就會自動到程式所在的資料夾尋找是否有 flag 子資料夾、資料夾下是否有所指定的類別檔案, 並確認此類別屬於 flag 套件。如果一切無誤, 就可以正常執行, 否則就會出現編譯錯誤。舉例來說, 如果 flag 資料夾中沒有 Rectangle.java 或 Rectangle.class 檔案, 編譯 UsingPackage.java 會出現如下錯誤：

```
C:\Example\Ch13\13-2>javac UsingPackage.java
UsingPackage.java:4: cannot find symbol
    flag.Rectangle re = new flag.Rectangle(1,3,5,7);
        ^
```

```
  symbol  : class Rectangle
  location: package flag
UsingPackage.java:4: cannot find symbol
    flag.Rectangle re = new flag.Rectangle(1,3,5,7);
                                   ^
  symbol  : class Rectangle
  location: package flag
2 errors
```

此外如果編譯好後, 不小心將 flag 資料夾中的檔案移動位置或刪除, 則執行程式時也會出現找不到類別的訊息。如果只是移動了位置, 可利用下一小節的方式讓 java 可找到套件的類別檔。

套件與程式在不同資料夾下

由於套件多半是提供給多個不同的程式共用, 所以當套件發展完畢時, 一般都會放置在某個特定的位置, 以方便不同的程式取用。也就是說, 套件所在的資料夾通常並非使用該套件的程式所在的資料夾, 此時在編譯及執行程式時, 就必須告訴 Java 編譯器以及 Java 虛擬機器套件所在的位置。

舉例來說, 如果 flag 套件資料夾是放在 C:\Allpackages 之下, 而 UsingPackage.java 仍是放在前述的範例路徑中, 那麼要編譯與執行時, 就必須用 -cp 選項指出 flag 套件所在的路徑：

```
C:\Example\Ch13\13-2>javac -cp C:\Allpackages UsingPackage.java

C:\Example\Ch13\13-2>java -cp .;C:\Allpackages UsingPackage
```

其中, **-cp 選項**意指 classpath, 也就是類別所在的路徑, Java 編譯器以及虛擬機器會到此選項所指定的資料夾中尋找所需的類別檔案。若需要列出多個路徑, 可用**分號**分隔之, 如此 Java 編譯器以及虛擬機器就會依照指定的順序, 依序到各個資料夾中找尋所需的類別, 如果程式使用到了位於不同資料夾的套件或是類別, 就必須如此指定。

本例由於執行時所需的 UsingPackage.class 檔是位在目前的資料夾, 因此要在 cp 選項所列的路徑中加上 ".", 否則會因為在 C:\Allpackages 下找不到 UsingPackage.class 檔而發生執行時期錯誤。

TIP Java 虛擬機器一旦指定了 -cp 選項，就不會自動在目前的資料夾中尋找類別檔了，因此別忘了在 -cp 之後加上 "."。(“.” 代表目前路徑，而 ".." 則代表目前路徑的上一層路徑)

-cp 選項也可以使用全名寫成 **-classpath**, 兩者效用相同。如果常常會使用到某個資料夾下的套件或是類別, 也可以設定**環境變數 classpath**, 就不需要在編譯或是執行時額外指定 -cp 或是 -classpath 選項。例如：

```
C:\Example\Ch13\13-2>set classpath=.;c:\Allpackages

C:\Example\Ch13\13-2>javac UsingPackage.java

C:\Example\Ch13\13-2>java UsingPackage
圖形原點：(1.0, 3.0)
圖形原點：(3.0, 6.0)
圖形原點：(2.0, 4.0)
```

TIP Java 會優先搜尋內建類別所在的路徑，然後再搜尋 classpath 所指定的路徑。當 classpath 中有多個路徑時，則會由最前面的路徑開始往後尋找，一旦找到所需檔案即停止搜尋，而不管後面的路徑中是否還有同名的檔案。

13-3 子套件以及存取控制關係

當程式越來越大時, 單一套件中可能會包含多個類別。舉例來說, 上一章用來幫助陣列排序的 Sort 類別也很適合放到套件中供其他人使用。要做到這一點, 只要將 Sort 類別以及伴隨的 ICanCompare 介面分別加上 package 敘述再存檔編譯即可：

程式 ICanCompare.java 將介面加入套件中

```
01 package flag;
02
03 public interface ICanCompare {
04   int compare(ICanCompare i); // 進行比較
05 }
```

TIP 再次提醒, 需將編譯好的 .class 檔自行放到 flag 子資料夾;或在編譯時加上 -d 選項。

底下則是 Sort 類別:

程式 Sort.java 將 Sort 類別加入 flag 套件中

```
01 package flag;
02
03 public class Sort { // 提供排序功能的類別
04   public static void bubbleSort(ICanCompare[] objs) {
05     // 氣泡排序法
06     for(int i = objs.length - 1;i > 0;i--) {
07       for(int j = 0;j < i;j++) {
08         if(objs[j].compare(objs[j + 1]) < 0) {
09           ICanCompare temp = objs[j];
10           objs[j] = objs[j + 1];
11           objs[j + 1] = temp;
12         }
13       }
14     }
15   }
16 }
```

這樣一來, 所有的程式都可以利用 Sort 類別來幫陣列排序了。例如底下這個程式和上一章的 Sorting.java 基本上是一樣的, 差別只在於 Sort 與 ICanCompare 現在是包裝在 flag 套件中, 因此在程式中必須以 flag.Sort 以及 flag.ICanCompare 來識別。

程式 Sorting.java 使用套件中的 Sort 類別進行排序

```
01 abstract class Land implements flag.ICanCompare { // 父類別
02   abstract double area(); // 計算面積
03   public int compare(flag.ICanCompare i) { // 實作 compare() 方法
04     Land l = (Land) i;
05     return (int)(this.area() - l.area());  // 依據面積比較大小
06   }
07 }
08
09 class Circle extends Land { // 圓形的土地
10   int r; // 半徑 (單位:公尺)
11
12   Circle(int  r) { // 建構方法
13     this.r = r;
14   }
15
16   double area() { // 多重定義的版本
17     return 2 * 3.14 * r * r;
18   }
19
20   public String toString() {
21     return "半徑:" + r + ",面積:" + area() + "的圓";
22   }
23 }
24
25 class Square extends Land { // 正方形的土地
26   int side; // 邊長 (單位:公尺)
27
28   Square(int  side) { // 建構方法
29     this.side = side;
30   }
31
32   double area() { // 多重定義的版本
33     return side * side;
34   }
35
36   public String toString() {
37     return "邊長:" + side + ",面積:" + area() + "的正方形";
38   }
39 }
```

```
40
41 public class Sorting {
42
43   public static void main(String[] argv) {
44     Land[] Lands = {
45             new Circle(5),
46             new Square(3),
47             new Square(2),
48             new Circle(4)
49     };
50
51     for(Land l : Lands) {
52             System.out.println(l);
53     }
54
55     flag.Sort.bubbleSort(Lands);
56     System.out.println("排序後...");
57
58     for(Land l : Lands) {
59             System.out.println(l);
60     }
61   }
62 }
```

13-3-1 在套件中建立子套件

如果加上前一節的 Shape 等 4 個形狀類別, 則 flag 套件就有 5 個類別、1 個介面了。而當套件中的類別、介面愈來愈多時, 為了將套件分類管理, 我們可進一步在現有套件中**建立子套件**, 把相關的類別集合起來, 歸於某一個子套件, 而這個子套件則和其他的類別或是子套件同屬於一個上層套件中。

舉例來說, 如果要將 Shape 類別歸屬於 math 套件中, 以表示其屬於數學幾何圖形, 但又希望它仍舊屬於 flag 套件, 以表示其為旗標公司所提供, 那麼就可以在 flag 套件中建立名稱為 math 的子套件, 並將 Shape 放入 math 子套件中；而 ICanCompare 介面以及 Sort 類別則仍保留在 flag 套件中。

要做到這一點, 需將程式中 package 敘述的套件名稱, 改成『套件.子套件』的形式, 例如：

程式 Shape.java 將類別包裝在套件中

```
01 package flag.math;          // 將類別包裝在 flag.math 子套件中
02
03 public class Shape {        // 代表圖形原點的類別
04   protected double x,y;   // 座標
05
06   public Shape(double x,double y) {
07     this.x = x;
08     this.y = y;
09   }
10
11   public String toString() {
12     return "圖形原點：(" + x + ", " + y + ")";
13   }
14 }
```

TIP 此範例程式放置於 Ch13\13-3 子資料夾中。

這個版本和 13-2-1 節的版本完全一樣, 只有一開頭 package 敘述的套件名稱不同, flag.math 就表示其屬於 flag 套件下的子套件 math。子套件類別的 .class 檔也一樣要放在與子套件同名的資料夾下, 換句話說, 我們必須將 Shape.class 檔放在 flag\math 資料夾中。由於牽涉了多層資料夾, 因此在編譯時建議使用前面介紹過的 **-d 選項**, 讓 Java 編譯器幫我們依據套件的結構建立對應的資料夾。

假設要將 flag 套件的資料夾放在目前路徑下, 那麼編譯的指令就是：

```
javac -d . Shape.java
         ▲— 小數點代表目前的路徑
```

將 Shape 等相關類別放入子套件後, 參考這些類別時所用的『完整名稱』就必須包含子套件名稱, 例如 flag.math.Circle, 請參考以下範例：

程式 UsingSubPackage.java 測試子套件

```
01 public class UsingSubPackage {
02   public static void main(String[] argv) {
03     flag.math.Rectangle re = new flag.math.Rectangle(1,3,5,7);
04     flag.math.Circle    ci = new flag.math.Circle(3,6,9);
05     flag.math.Cylinder  cy = new flag.math.Cylinder(2,4,6,8);
06
07     System.out.println(re.toString());
08     System.out.println(ci.toString());
09     System.out.println(cy.toString());
10   }
11 }
```

如果有必要再對子套件中的類別和介面加以分類, 仍可在子套件中再建立下層的子套件, 只要在 package 敘述中使用 "." 連接完整子套件的名稱即可。相對的, 我們也必須自行手動、或是使用編譯器的 -d 選項建立對應的子套件資料夾, 並且將編譯好的 .class 檔案放到正確的資料夾中。在執行的時候, 不需用 -cp (或 -classpath) 選項、或 classpath 環境變數明確指出子套件的路徑, 只需指定最上層套件所在的位置即可。

13-3-2 使用 import 敘述

如果子套件結構較多層時, 每次要使用一長串完整名稱來識別類別或介面, 不管是編寫或閱讀都會感到不便。如果我們已確定自己程式中的類別名稱都不會與套件中的類別名稱相衝突, 那麼就可以利用 **import 敘述**, 改善程式總是出現一長串名稱的情形。

import 敘述的功用, 是將指定的套件類別名稱『匯入』目前程式的名稱空間中, 此後要使用該類別時, 即可單純以其類別名稱來識別, 而不需冠上套件名稱, 以簡化程式的撰寫。使用 import 敘述的方式可分為兩種：匯入單一類別名稱、或匯入套件中所有的類別名稱。

匯入套件中的單一類別名稱

import 敘述最簡單的用法, 就是直接匯入套件中的單一類別, 例如：

程式 OnlyImportClass.java 匯入單一類別的名稱

```
01 import flag.math.Rectangle;
02
03 public class OnlyImportClass {
04   public static void main(String[] argv) {
05     Rectangle r = new Rectangle(1,3,5,7);
06     flag.math.Circle c = new flag.math.Circle(3,6,9);
07
08     System.out.println(r.toString());
09     System.out.println(c.toString());
10   }
11 }
```

程式第 1 行就是用 import 敘述匯入 flag.math 套件中 Rectangle 類別的名稱, 所以之後直接用 Rectangle 這個名稱即可使用該類別, 而使用同一套件中的其它類別時, 則仍是要撰寫完整名稱。

匯入套件中所有的類別名稱

如果程式同時要用到套件中的多個類別, 並不需撰寫多行 import 敘述一一匯入類別名稱, 而可用萬用字元 *, 表示要匯入指定套件中所有的類別名稱。例如, 上一個程式可改成：

程式 ImportPackage.java 匯入套件中的所有類別名稱

```
01 import flag.math.*;
02
03 public class ImportPackage {
04   public static void main(String[] argv) {
05     Rectangle r = new Rectangle(1,3,5,7);
06     Cylinder c = new Cylinder(2,4,6,8);
07
08     System.out.println(r.toString());
09     System.out.println(c.toString());
10   }
11 }
```

由於第 1 行用 import flag.math.* 敘述匯入 flag.math 套件中所有的類別, 因此在程式中使用該套件的類別時, 就不再需要使用完整名稱了。

但要特別注意, 萬用字元只代表該套件中的所有類別, 而**不包含其下的子套件**。舉例來說, 如果將 ImportPackage.java 的第一行改成:

```
import flag.*;
```

表示只匯入 flag 中的類別或介面, 但未匯入 flag.math 子套件中的類別或介面, 因此編譯到第 5、6 行時就會發生錯誤, 因為編譯器不知道第 5、6 行的 Rectangle、Circle 所指為何。

TIP 請注意, 當 package 和 import 都有時, package 必須寫在最前面, 然後是 import, 再來才是 class 的定義。請務必記住這個順序。

13-3-3 套件與存取控制的關係

在前面幾章中討論過存取控制字符與繼承的關係, 其中 protected 存取控制字符和套件息息相關, 我們在這裡做進一步的討論。先回顧一下第 11 章所提過的存取控制字符:

高 ↑ 嚴格程度 ↓ 低

字符	說明
private	只有在成員所屬的類別中才能存取此成員
預設控制 (不加任何存取控制字符)	只有在同一套件的類別中才能存取此成員
protected	只有在子類別中或是同一套件的類別中才能存取此成員
public	任何類別都可以存取此成員

TIP 最外層的類別只能設為 public 或都不設 (預設存取控制), 而不可設為 protected 或 private, 這是因為類別的存取限制只有 2 種:無限制、或限同套件可存取 (可存取才可用它來建立物件或衍生子類別)。另外也不可設為 static, 否則會編譯錯誤。但內部類別則不受以上這些限制, 因為它是屬於類別內的成員, 因此存取控制方式就和其他類別成員類似。。

由於存取控制字符可以加諸在成員、方法或是類別上, 因此必須特別小心。舉例來說, 如果類別的某個成員變數是 public, 但類別本身具較嚴格的存取控制, 而使外部根本無法使用它, 則外部也將無法存取其 public 的成員變數, 請參考以下範例：

程式 DefaultClass.java 存取控制抵觸

```
01 package flag;
02 
03 class DefaultClass { // 預設只有同一套件中的類別才能使用
04   public static int i = 10;
05 }
```

DefaultClass 並未加上任何存取控制字符, 因此只有同一套件的類別才能使用, 即使成員變數 i 是 public, 套件外的程式也無法存取之：

程式 TestDefault.java 無法存取 public 成員

```
01 public class TestDefault {
02   public static void main(String[] argv) {
03     System.out.println(flag.DefaultClass.i);
04   }
05 }
```

執行結果

```
TestDefault.java:3: flag.DefaultClass is not public in flag;
cannot be accessed from outside package
    System.out.println(flag.DefaultClass.i);
                      ^
1 error
```

以上就是編譯時出現的錯誤, 訊息告訴我們 DefaultClass 並非 public, 因此無法在套件外使用。

TIP 在上一章中提到過, 介面預設就是 public, 所以不會有如上的問題。

為了讓程式的用途明確清楚，建議應為所有的類別、及類別中的成員標示合適的存取控制字符，基本的使用規範如下：

- 如果**類別**是要給所有的類別使用，請標示為 public，否則就不要標示 (採用預設存取控制)，那麼就只有同套件的類別可以存取。
- 如果類別的成員只給子類別或同一套件的其他類別使用，請將之標示為 protected。
- 如果類別的成員只給同一套件的其他類別使用，就不要標示存取控制字符，採用預設存取控制。
- 如果成員類別的只給同類別中的其他成員使用，就請標示為 private。

13-3-4 預設套件 (Default Package)

還記得在 13-1 節中，我們將幾何圖形的類別都個別存放在單獨的檔案中，回頭看一下各檔案的內容，您可能會覺得奇怪：這些類別都沒有包裝在同一個套件中，而且它們也都沒有加上存取控制字符。依據上一小節的說明，這些類別應該都只能給同一套件中的類別存取，為什麼在主程式的 UsingOther Classes 類別中可以直接使用這些類別，而不會出現錯誤呢？

這是因為對所有未標示套件的類別，Java 都會將之視為**預設套件 (Default Package)** 中的一員，這個預設套件相當於一個沒有名字的套件。所以在 UsingOtherClasses.java 程式中所用到同一資料夾中的其它類別，都屬於同一個預設套件，所以可正常使用這些類別。其實在前面幾章中將這些類別都放在同一個檔案中時，也一樣是因為歸屬到同一個預設套件，而可以相互使用。

預設套件只是方便我們做為練習或測試程式之用，未來在撰寫正式程式時，還是應該使用 package 來標示套件名稱，以方便管理或分享給別人使用。

13-4 綜合演練

有了多層結構的套件後，可以將類別整理成良好的架構，讓使用者清楚的知道類別之間的關連，並且透過套件的名稱瞭解這些類別的用途。在這一節中，我們就要將之前所撰寫過的程式再整編入 flag 套件中，並且探討 Java 所提供的套件，以及套件的命名問題。

13-4-1 加入新的類別到 flag 套件中

接著我們就延續 13-3-1 節的範例，將 ICanCompare 介面以及 Sort 類別包裝在 flag 的子套件 utility 中，以明確表示其為工具類別，同時也是由旗標公司所提供的意涵。要做到這一點，只要更改 package 敘述即可。

程式 ICanCompare.java 包在子套件中的介面

```
01 package flag.utility;
02
03 public interface ICanCompare {
04   int compare(ICanCompare i); // 進行比較
05 }
```

Sort 類別的更改也是一樣：

程式 Sort.java 包在子套件中的類別

```
01 package flag.utility;
02
03 public class Sort { // 提供排序功能的類別
04   public static void bubbleSort(ICanCompare[] objs) {
05     // 氣泡排序法
06     for(int i = objs.length - 1;i > 0;i--) {
07       for(int j = 0;j < i;j++) {
08         if(objs[j].compare(objs[j + 1]) < 0) {
09           ICanCompare temp = objs[j];
10           objs[j] = objs[j + 1];
11           objs[j + 1] = temp;
12         }
13       }
14     }
15   }
16 }
```

這樣一來, 在 flag 套件下就包含有 math 及 utility 2 個子套件, 而每個類別的歸屬就更為清楚, 由套件名稱也都可以看出這些類別的屬性或是用途了。

13-4-2 Java 標準類別庫

事實上, Java 預設就提供了許多的套件, 可以幫助您處理多種工作。例如 java.io 套件中就提供了許多輸出輸入相關的類別, 前幾章曾經使用到的 BufferedReader 與 InputStreamReader 就屬於此套件, 所以有些範例程式會在開頭 import java.io.*。

另外, java.lang 則提供了許多與 Java 語言本身有關的類別, 像是對應於基礎型別的 Integer 等類別, 就屬於此一套件。不過 Java 預設就會匯入 java.lang.*, 所以我們不需在程式中自行匯入。從本書一開始的範例就使用到的 System 就是 java.lang 套件中的類別, 它有 out 這個 static 的成員, 指向一個 java.io.PrintStream 物件, 因此我們才能呼叫 System.out.println( ) 方法將資料顯示在螢幕上。

有關 Java 本身提供的這些套件, 統稱為 Java 標準類別庫, 會在第 17 章做進一步的介紹。

13-4-3 套件的命名

雖然套件可以防範類別名稱重複的問題, 但套件本身的名稱也可能會重複, 為了徹底解決這個問題, 一般來說, 套件的命名都會依循以下的規則, 以避免套件名稱發生衝突：

1. 每家公司 (或是組織) 以其在網際網路上的網域名稱相反的順序為最上層套件的名稱, 例如旗標公司的網域名稱是 flag.com.tw, 因此, 只要是旗標所撰寫的類別, 都應該要放置在 tw.com.flag 這個套件中。

2. 如果需要的話，可以再依據部門或是工作單位名稱，在最上層套件中建立適當的子套件，以放置該部門所撰寫的所有類別，避免同一公司、不同單位的人使用相同的類別名稱。

3. 在最上層套件中，再依據類別的用途建立適當的子套件。舉例來說，前面我們所建立的 flag.math 或是 flag.utility 子套件，其實應該要建立為 tw.com.flag.math 以及 tw.com.flag.utility 套件才對。

透過這樣的方式，就可以確立不同單位所提供的套件，其中的類別一定不會有重複的完整名稱，如此一來，即便不同單位的人寫了同樣名稱的類別，但是冠上完整套件名稱時，這兩個類別就不同名了。

學習評量

※ 選擇題可能單選或複選

1. (　　) 以下敘述何者正確？
   - (a) 一個程式檔內只能有一個 package 敘述
   - (b) package 敘述可以出現在任何地方
   - (c) 介面不能包在套件中
   - (d) 套件中只能包含類別

2. (　　) 沒有使用 package 敘述的類別會被包在__________套件中。

3. (　　) 以下敘述何者正確？
   - (a) 介面必須和其他類別共同儲存在程式檔中，而不能單獨儲存成一個程式檔。
   - (b) 套件下的子套件不能再包含有子套件。
   - (c) 標示為 protected 的類別可以由套件中的其他類別繼承
   - (d) 以上敘述皆不正確

4. 如果 Test.java 檔案中的內容如下：

```
package flag.test;

pubic class Test {
.....
}
```

那麼以 javac -d C:\temp Test.java 編譯後, Test.class 會被放置在 ____________ 資料夾下。

5. 延續上題, 對於使用到 Test 類別的程式來說, 可以使用哪些方式編譯及執行程式？

6. 請找出以下程式的錯誤？

程式 Ex_13_6_Test.java

```
01 package flag;
02
03 public class Ex_13_6_Test {
04   int i = 10;
05 }
```

程式 Ex_13_6_Main.java

```
01 import flag.*;
02
03 public class Ex_13_6_Main {
04   public static void main(String[] argv) {
05     Ex_13_6_Test o = new Ex_13_6_Test();
06     System.out.println(o.i);
07   }
08 }
```

7. 請找出以下程式的錯誤？

程式 Ex_13_7_Test.java

```
01 package flag.excercise;
02 
03 public class Ex_13_7_Test {
04   public int i = 10;
05 }
```

程式 Ex_13_7_Main.java

```
01 import flag.*;
02 
03 public class Ex_13_7_Main {
04   public static void main(String[] argv) {
05     Ex_13_7_Test o = new Ex_13_7_Test();
06     System.out.println(o.i);
07   }
08 }
```

8. (　　) 以下何者錯誤？

   (a) 編譯時 -cp 選項與 -classpath 選項作用相同
   (b) 套件中可以有 private 類別
   (c) 使用 import 敘述後仍然可以用完整名稱使用套件中的類別
   (d) public 成員可以用在任何地方

9. (　　) 以下何者正確？

   (a) 每個程式都會自動匯入 java.lang 以及其所包含的所有子套件
   (b) System 是 java.lang 套件中的類別
   (c) 以* 匯入套件時會連帶匯入子套件
   (d) 以上皆正確

10.(　　) 以下何者正確？

(a) protected 的成員和沒有標示存取控制字符的成員一樣只能給套件中的其他類別使用

(b) 沒有使用 pcakage 敘述的所有類別都屬於同一個套件

(c) 沒有使用 import 敘述時, 必須以完整名稱才能使用套件中的類別

(d) 以上皆正確

程式練習

1. 請將 9-2-3 節範例程式 HidePrivateMember.java 中的 Point 類別獨立出來並包入 flag.math 套件, 並修改原程式, 以使用套件中的類別。

2. 請將第 9 章最後的程式練習第 2 題的 Searcher 類別包入 flag.utility 套件, 並撰寫程式測試。

3. 請將 9-4-1 節的 Utility 類別也包入 flag.math 套件, 並撰寫程式測試。

4. 請將 10-5 節驗證身份證字號的功能單獨寫成一個類別 CheckID, 包入 flag.utility 中, 並撰寫程式測試。

5. 請為 13-4 節中包入 flag.utility 套件中的 Sort 類別新增 quickSort() 方法。

14

CHAPTER

例外處理

學習目標

- 認識 Java 的例外處理機制
- 在程式中處理例外
- 顯示錯誤訊息
- 了解內建例外類別的用法

在整個程式的生命週期中, 難免會發生一些問題或錯誤。這類錯誤大概可分為以下幾類：

- **編譯時期錯誤**：這是在程式開發過程中所發生的, 例如初學者最常遇到的**語法錯誤**, 像是忘了在敘述後面加分號、變數名稱打錯等等, 這類錯誤在編譯程式時就無法編譯成功, 因此稱之為**編譯時期錯誤** (compile-time error)。

- **邏輯錯誤**：這種錯誤是指程式雖能編譯成功、也能正常執行, 但執行的結果卻不是我們所預期的。換言之, 這是程式的運算邏輯有問題, 例如您要寫程式計算球體體積, 但卻不小心將計算公式中的半徑 3 次方打成 2 次方, 程式雖然正常執行, 但計算結果並不正確, 這就是一種**邏輯錯誤**。

- **執行時期錯誤**：此錯誤也是在程式編譯成功後, 於執行階段發生的錯誤, 但『執行時期錯誤』 (run-time error) 是指在執行時發生意外狀況, 而導致程式無法正常執行的錯誤。舉例來說, 如果程式中有除法運算, 但用來當除數的整數變數其值為 0 (可能是使用者輸入錯誤), 就會使程式發生『除以 0』的錯誤。

本章要介紹的**例外處理**, 就是要處理『執行時期錯誤』, 讓我們的程式即使遇到突發的意外狀況時, 也能加以處理然後繼續執行。

14-1 甚麼是例外？

在程式執行時期所發生的錯誤就稱為**例外 (Exception)**。發生例外時, Java 程式將會不正常中止, 輕則讓使用者覺得程式有問題、重則導致使用者的資料毀損/喪失。為了讓我們能設計出安全可靠 (robust) 的程式, 不會因例外發生而導致程式中止, Java 語言特別內建了例外處理的功能。

14-1-1 有狀況：引發例外

在第 2 章曾介紹過, Java 程式是在 Java 虛擬機器 (JVM) 中執行的。在預設的情況下, 當程式執行時發生例外, JVM 就會攔截此例外狀況, 並拋出 (throw) 此例外事件。

例外案例之一：使用者輸入錯誤

使用者輸入非程式預期的資料而導致例外, 是典型的例外案例。在前幾章有許多由鍵盤取得使用者輸入的範例程式, 而只要我們故意輸入非程式所需的資料, 就會發生例外。例如底下畫三角形的範例：

程式 IsoscelesTriangle.java 畫等腰直角三角型

```
01 import java.io.*;
02
03 public class IsoscelesTriangle {
04
05   public static void main(String args[]) throws IOException {
06
07     System.out.println("要畫多高的星號三角形 (行數)");
08     System.out.print("→");
09
10     BufferedReader br =
11       new BufferedReader(new InputStreamReader(System.in));
12     String str = br.readLine();
13     int line = Integer.parseInt(str);
14
15     for (int i=1;i<=line;i++) {    // 外迴圈, 控制換行
16       for (int j=1;j<=line-i;j++) // 內迴圈 1, 控制輸出空白
17         System.out.print(" ");
18       for (int k=1;k<2*i;k++)      // 內迴圈 2, 控制輸出星號
19         System.out.print("*");
20       System.out.print("\n");      // 每輸出一行就換行
21     }
22   }
23 }
```

執行結果

```
要畫多高的星號三角形 (行數)
→ ABC ◄— 故意輸入不是數字的內容
Exception in thread "main" java.lang.NumberFormatException: For
input string: "ABC"
        at java.lang.NumberFormatException.forInputString
(NumberFormatException.java:48)
        at java.lang.Integer.parseInt(Integer.java:580)
        at java.lang.Integer.parseInt(Integer.java:615)
        at IsoscelesTriangle.main(IsoscelesTriangle.java:13)
```

由於第 13 行呼叫的 Integer.parseInt() 方法只能解讀以數字構成的字串, 而我們故意輸入文字或是有小數點的數字, 就會導致程式無法解讀, 而引發例外 (另一種說法是：拋出例外)。此時 Java 會顯示一連串例外的相關訊息, 並中止程式執行 (另一說法是執行緒被終止, 關於執行緒請見下一章), 因此第 14 行以下的程式都不會執行到。

TIP 關於 Integer 類別及 parseInt() 的詳細介紹，請參見第 17 章。

在例外訊息中, 可看到例外所屬的『例外類別』：

```
                                            ┌ 例外類別的名稱
Exception in thread "main" java.lang.NumberFormatException: For in-
put string: "ABC"
        at java.lang.NumberFormatException.forInputString(NumberFor-
matException.java:48)
        at java.lang.Integer.parseInt(Integer.java:580)
        at java.lang.Integer.parseInt(Integer.java:615)
        at IsoscelesTriangle.main(IsoscelesTriangle.java:13)
                                   └──── 發生例外的程式名稱及行號
```

關於例外類別, 會在後面進一步說明。

例外案例之二：程式設計不當

另一種可能引發例外的情況是程式設計不當, 例如在第 8 章介紹陣列時提過, 當程式中使用的元素索引碼超出陣列範圍, 就會產生例外：

程式 OutOfBound2.java 指定超出陣列範圍的索引碼

```
01 public class OutOfBound2 {
02   public static void main(String[] argv) {
03     int[] a = {10,20,30,40};
04 
05     for(int i = 0;i <= a.length;i++) {
06       System.out.println("a[" + i + "] : " + a[i]);
07 
08     System.out.println("已輸出所有的陣列元素內容");
09   }
10 }
```

執行結果

```
a[0] : 10
a[1] : 20
a[2] : 30
a[3] : 40
Exception in thread "main" java.lang.ArrayIndexOutOfBoundsExcepti
on:
Index 4 out of bounds for length 4
        at OutOfBound2.main(OutOfBound2.java:6)
```

從執行結果可以看到, 當程式執行到 i 的值等於 4 的時候, 由於 4 已超出陣列元素的索引範圍, 所以執行到第 6 行程式時, 存取 a[i] (相當於 a[4]) 的動作就會引發例外。

同樣的, 這個範例也是在 Java 輸出一長串的訊息後, 程式就停止執行了, 因此第 8 行的敘述也不會被執行。這個範例所引發的例外, 所屬的類別和前一個例子也不同：

```
                                        ┌── 例外類別的名稱
Exception in thread "main" java.lang.ArrayIndexOutOfBoundsException:
Index 4 out of bounds for length 4
        at OutOfBound2.main(OutOfBound2.java:6)
                                   └── 發生例外的程式是第 6 行
```

看過例外的發生狀況後, 以下就來認識 Java 是如何處理例外。

14-1-2 Java 程式處理例外狀況的方式

例外處理流程

當程式執行時發生了例外, Java 會拋出 (throw) 例外, 也就是將例外的相關資訊包裝在一個例外物件之中, 然後丟給目前執行的方法來處理, 此時會有兩種狀況：

- 如果方法中**沒有**處理這個例外的程式碼, 則轉向呼叫者 (呼叫該方法的上一層方法) 尋找有無處理此例外的程式碼。若一直找到最上層的 main() 都**沒有**處理這個例外的程式碼時, 該程式將會停止執行。
- 若程式中有處理這個例外的程式碼, 則程式流程會跳到該處繼續執行 (詳細流程請參見下一節說明)。

以前面陣列索引碼超出範圍的例子而言, 該例外是在 main() 方法中拋出的, 所以 Java 會看 main() 中是否有處理該例外的處理程式。由於範例程式中沒有任何例外處理程式, 而 main() 又是最上層的方法 (程式是由它開始執行的), 所以這個例外只好由 Java 自己來處理, 而它的處理方式很簡單, 就是**印出一段有關該例外的訊息**, 並**終止程式的執行**, 由前面的執行結果即可印證。

如果希望例外發生時, 程式不會莫名其妙的停止執行, 就必須加入適當的**例外處理程式** (Exception Handler)。以陣列索引碼超出範圍為例, 我們必需在 main() 方法中處理 ArrayIndexOutOfBoundsException 例外 (此類別名稱會出現在錯誤訊息中), 這在 Java 中稱之為『捕捉』(catch) 例外。下一節就會介紹如何在 Java 程式中會撰寫捕捉例外的處理程式。

例外類別

在 Java 中, 所有拋出的例外都是以 Throwable 類別及其衍生類別所建立的物件來表示, 像 NumberFormatException、ArrayIndexOutOfBoundsException 都是其衍生類別。

Throwable 類別有 **Error** 和 **Exception** 兩個子類別, 分別代表兩大類型的例外, 而這兩個類別之下又各有許多子類別和衍生類別, 分別代表不同類型的例外。

- **Error 類別**:此類別及其衍生類別代表的是嚴重的錯誤, 例如系統資源不足, 導致程式無法執行、或是 JVM 本身發生錯誤。由於此類錯誤通常是我們無法處理的, 所以一般不會在程式中捕捉此類的例外物件。

- **Exception 類別:**此類別及其衍生類別就是代表一般的例外, 也是一般撰寫錯誤處理程式所會捕捉的類別。Exception 類別之下則有多個子類別, 但在本章中我們將重點放在 **RuntimeException** 這個子類別。

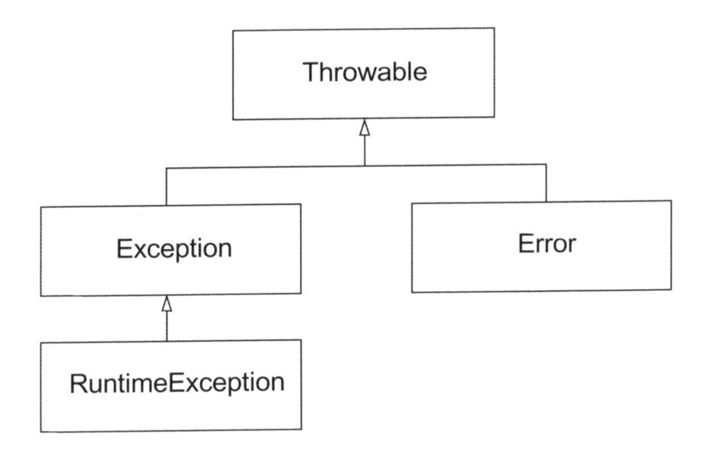

顧名思義, **RuntimeException** 類別代表的就是 『執行時的例外』。此類別下有多個子類別和衍生類別分別代表不同類型的執行時期例外。例如前面提過的, 在程式中指定超過範圍的索引碼時, 就會引發 **ArrayIndexOutOfBoundsException** 類別的例外。此類別是 **RuntimeException** 的孫類別, 其父類別是 **IndexOutOfBoundsException**。

另一種常見的例外, 則是 **RuntimeException** 的另一個子類別 **ArithmeticException**, 當程式中做數學運算時發生錯誤時 (例如前面提過的除以 0), 就會引發這個例外。

接下來我們就來看要如何用 Java 程式捕捉例外。

14-2 try/catch/finally 敘述

在 Java 程式中撰寫例外處理程式, 可使用 try、catch、finally 三個敘述。但最簡單的捕捉例外程式, 只需用到 try 和 catch 敘述即可。

14-2-1 捕捉例外狀況

當我們要執行一段有可能引發例外的程式時, 可將它放在 try 區塊中, 同時用 catch 敘述來捕捉可能被拋出的例外物件, 並撰寫相關的處理程式。其結構如下：

```
try {
        // 此處放的是一般要執行的程式,
        // 如果沒有任何例外發生,
        // 則此區塊的程式全部執行完畢後,
        // 程式流程會跳到 catch 區塊之後的程式繼續執行
} catch (例外類別 e) {
        // 當 try 區塊的程式在執行時,
        // 發生屬於『例外類別』或其子類別的例外時,
        // 就會立即跳到此 catch 區塊繼續執行,
        // 在這段程式中可透過 e 物件取得相關的例外資訊

        // 此區塊的程式全部執行完畢後,
        // 程式流程會跳到區塊之後的程式繼續執行
}
```

try 是嘗試的意思, 所以上列的結構就像是『嘗試執行一段可能引發例外的敘述』, 如果發生例外, 就由捕捉 (catch) 該例外的區塊來處理。

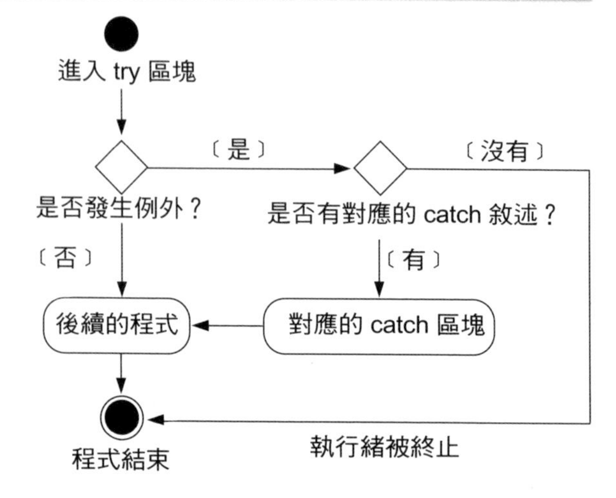

舉個最簡單的例子, 若要捕捉之前所提的 ArrayIndexOutOfBoundsException 例外, 可用如下的 try/catch 來處理：

程式 CatchOutOfBound.java 捕捉超出陣列範圍的例外

```
01 public class CatchOutOfBound {
02
03   public static void main(String[] argv) {
04
05     int[] a = {10,20,30,40};
06
07     try {
08       // 將可能引發錯誤的程式放在 try 的大括弧中
09       for(int i = 0;i <= a.length;i++)
10         System.out.println("a[" + i + "]：" + a[i]);
11     } catch (ArrayIndexOutOfBoundsException e) {
12       // 發生 ArrayIndexOutOfBoundsException 例外時,
13       // 才會執行此大括弧中的程式碼
14
15       System.out.println("發生例外：" + e);
16       System.out.println("也就是超出陣列範圍了!");
17     }
18
19     System.out.println("這行程式還是會被執行！");
20   }
21 }
```

執行結果

```
a[0]：10
a[1]：20
a[2]：30
a[3]：40
發生例外：java.lang.ArrayIndexOutOfBoundsException: Index 4 out of
bounds for length 4
也就是超出陣列範圍了!
這行程式還是會被執行！
```

- 第 7～17 行就是整個 try/catch 區塊。第 7～11 行的 try 區塊, 就是單純用迴圈輸出所有的陣列元素。當迴圈變數 i 的值為 4 時, 執行第 10 行程式就會引發例外。

- 第 11～17 行就是捕捉超出陣列範圍例外的 catch 區塊。第 15 行程式直接輸出例外物件 e 的內容。

- 不管有沒有發生 ArrayIndexOutOfBoundsException 例外, 都會執行到第 19 行的程式。

如果是在撰寫商用程式, 隨便顯示一行例外訊息, 對使用者來說並不友善, 因為使用者可能根本看不懂。此時最好能顯示可幫助使用者瞭解問題所在的訊息, 例如需要使用者輸入資料的應用程式, 最好能顯示使用者應輸入的資料種類及格式。以下就是在 catch 區塊中顯示易懂訊息的範例。

程式 CatchAndShowInfo.java 在 catch 敘述中顯示相關訊息

```
01 import java.io.*;
02
03 public class CatchAndShowInfo {
04
05   public static void main(String[] argv) throws IOException{
06
07     int[] secret = {65535,3001,1999,1496,119};
08     System.out.print("本程式有 5 個神秘數字, 您要看第幾個？");
09
10     BufferedReader br =
11        new BufferedReader(new InputStreamReader(System.in));
12     String str = br.readLine();
13
14     int target = Integer.parseInt(str); // 轉換為 int
15
16     try {
17
18        System.out.println("第 " + target + " 個神秘數字是 "
19                           + secret[target-1]);
20     } catch (ArrayIndexOutOfBoundsException e) {
21
22        System.out.println("您指定的數字超出範圍。");
23        System.out.println("您要看的是第 " + target + " 個神秘數字,");
24        System.out.println("  但我們只有 5 個神秘數字。");
25     }
26
```

```
27      System.out.println("歡迎再次使用！");
28    }
29 }
```

執行結果

```
本程式有 5 個神秘數字, 您要看第幾個？7
您指定的數字超出範圍。
您要看的是第 7 個神秘數字,
  但我們只有 5 個神秘數字。
歡迎再次使用！
```

這個範例程式內建一個整數陣列, 並請使用者自行選擇要看陣列中的哪一個數字。如果使用者指定的數字超出範圍, 就會引發 ArrayIndexOutOfBoundsException 的例外, 在 catch 區塊中, 會顯示這個程式只有 5 個數字, 並告知使用者指定的數字超出範圍。

14-2-2 捕捉多個例外

如果程式中雖有 try/catch 敘述捕捉特定的例外, 但在執行時發生了我們未捕捉的例外, 會發生什麼樣的狀況呢？很簡單, 就和我們沒寫任何 try/catch 敘述一樣, Java 會找不到處理這個例外的程式, 因此程式會直接結束執行。我們直接用剛剛的 CatchAndShowInfo.java 來示範：

```
本程式有 5 個神秘數字, 您要看第幾個? A ◄── 故意輸入非數字
Exception in thread "main" java.lang.NumberFormatException: For in-
put string: "A"
        at java.lang.NumberFormatException.forInputString(NumberFor-
matException.java:48)
        at java.lang.Integer.parseInt(Integer.java:580)
        at java.lang.Integer.parseInt(Integer.java:615)
        at CatchAndShowInfo.main(CatchAndShowInfo.java:16)
```

如以上執行結果所示, 雖然程式中有捕捉 ArrayIndexOutOfBoundsException, 但只要使用者輸入整數以外的內容, 就會使 Integer.parseInt() 方法因無法解譯而拋出 NumberFormatException 例外, 由於程式未捕捉此例外, 導致程式意外結束。

要用 try/catch 敘述來解決這個問題, 我們可讓程式再多捕捉一個因為算數、轉型或是轉換作業發生錯誤所引發的 ArithmeticException 例外。捕捉多個例外有 2 種不同寫法, 第 1 個是在 catch() 的括號中, 以 | 算符組合 2 個或更多的例外類別：

```
try {
    // 此處放一般要執行的程式
    // ...
} catch (例外類別甲 | 例外類別乙 ) {
    // 發生屬於『例外類別甲』或『例外類別乙』,
    // 或兩者子類別的例外時,
    // 就會立即跳到此 catch 區塊繼續執行
}
```

例如要讓前一個範例可處理 ArrayIndexOutOfBoundsException 和 NumberFormatException 兩種例外, 可採如下的方式撰寫 catch() 區塊：

程式 Catch2Except.java 捕捉兩種例外

```
01 import java.io.*;
02
03 public class Catch2Except {
04
05   public static void main(String[] argv) throws IOException{
06
07     int[] secret = {65535,3001,1999,1496,119};
08     System.out.print("本程式有 5 個神秘數字, 您要看第幾個？ ");
09
10     BufferedReader br =
11       new BufferedReader(new InputStreamReader(System.in));
12     String str = br.readLine();
13
14     int target = 0;
15
16     try {
17       target = Integer.parseInt(str); // 轉換為 int
18       System.out.println("第 " + target + " 個神秘數字是 "
19                          + secret[target-1]);
```

```
20      } catch (ArrayIndexOutOfBoundsException |
21               NumberFormatException e) {
22        System.out.println("對不起, 輸入錯誤。");
23        System.out.println("請確認您輸入 1-5 之間的數字。");
24      }
25      System.out.println("歡迎再次使用！");
26    }
27  }
```

執行結果 1

```
本程式有 5 個神秘數字, 您要看第幾個？  8 ←— 輸出超出範圍的數字
對不起, 輸入錯誤。
請確認您輸入 1-5 之間的數字。
歡迎再次使用！
```

執行結果 2

```
本程式有 5 個神秘數字, 您要看第幾個？  A ←— 輸入文字
對不起, 輸入錯誤。
請確認您輸入 1-5 之間的數字。
歡迎再次使用！
```

- 第 17 行將呼叫 Integer.parseInt() 方法的敘述移到 try 區塊中, 以便程式能捕捉此方法可能拋出的例外。
- 第 20、21 行在 catch() 中用 | 算符組合 ArrayIndexOutOfBoundsException 和 NumberFormatException, 表示要捕捉這 2 種例外。

TIP 在 catch 中用 | 算符捕捉多種例外, 是 Java 7 之後才支援的語法。若使用舊版 Java, 則請改用下面介紹的第 2 種寫法。

第 2 種捕捉多個例外的寫法, 則是讓程式有兩個或以上的 catch 段落。例如要捕捉 2 種不同例外, 就在 try 區塊之後列出 2 個 catch 段落即可：

```
try {
  // 此處放一般要執行的程式
  // ...
```

接下頁▶

```
} catch (例外類別甲 e) {
    // 發生屬於『例外類別甲』或其子類別的例外時,
    // 就會立即跳到此 catch 區塊繼續執行
} catch (例外類別乙 e) {
    // 發生屬於『例外類別乙』或其子類別的例外時,
    // 就會立即跳到此 catch 區塊繼續執行
}
    // 如果有需要, 還可繼續加上其它的 catch 敘述
```

請參考以下的範例程式：

程式 MultiCatch.java 捕捉兩種例外

```
… ... 略 (同前一程式)
15
16     try {
17       target = Integer.parseInt(str); // 轉換為 int
18       System.out.println("第 " + target + " 個神秘數字是 "
19                           + secret[target-1]);
20     } catch (ArrayIndexOutOfBoundsException e) {
21       System.out.println("您指定的數字超出範圍。");
22       System.out.println("您要看的是第 " + target + " 個神秘數字,");
23       System.out.println("  但我們只有 5 個神秘數字。");
24     } catch (NumberFormatException e) {
25       System.out.println("對不起, 您輸入的資料錯誤。");
26     }
27     System.out.println("歡迎再次使用！");
28   }
29 }
```

執行結果

```
本程式有 5 個神秘數字, 您要看第幾個？ A
對不起, 您輸入的資料錯誤。
歡迎再次使用！
```

第 20、24 行捕捉 2 種不同例外, 並分別顯示不同的錯誤訊息。

雖然用 | 算符或多個 catch 區塊都可捕捉不同類型的例外, 但若想處理的例外種類較多, 那麼不是讓 catch 的括號內容變一大串、就是要加好幾個 catch 區塊, 而且也難保不會有所遺漏。在此情況下, 可考慮捕捉 『上層』 的例外類別。在介紹此方法前, 我們再來對 Java 的例外處理機制做更進一步的認識。

14-2-3 自成體系的例外類別

Throwable 類別

如前所述, Java 所有的例外都是由 Throwable 類別及其衍生類別所建立的物件。Throwable 類別本身已定義了數個方法, 最常用的是傳回例外相關資訊的方法：

```
String getMessage()        // 傳回描述此例外物件的『簡短』訊息
String toString()          // 傳回描述此例外物件的訊息
```

上述 2 個方法的用法, 可參考以下的範例程式：

程式 ShowExceptionMessage.java 在 catch 敘述中顯示相關訊息

```
…  ... 略
16     try {
17
18       System.out.println("第 " + target + " 個神秘數字是 "
19                          + secret[target-1]);
20     }
21     catch (ArrayIndexOutOfBoundsException e) {
22       System.out.println("發生例外！");
23       System.out.println("例外訊息是：" + e.toString());
24       System.out.println("使用的陣列索引值是：" + e.getMessage());
25     }
26   }
27 }
```

執行結果

```
本程式有 5 個神秘數字, 您要看第幾個神秘數字？ 9
發生例外！
例外訊息是：java.lang.ArrayIndexOutOfBoundsException:
Index 8 out of bounds for length 5

使用的陣列索引值是：Index 8 out of bounds for length 5
```

Throwable 只有 Error 和 Exception 兩個子類別, 其中 Error 類別代表系統的嚴重錯誤, 通常無法由程式處理, 因此也不需撰寫捕捉此類錯誤的程式。而 Exception 類別下則有許多衍生類別, 分別代表一般寫程式時可能遇到的各種例外, 底下我們再做進一步的介紹。

Exception 類別

Exception 類別的子類別種類相當多, 而各子類別下又有或多或少的子類別。除了 RuntimeException 外, Exception 的其他子類別都是在呼叫 Java 標準類別庫中特定的方法, 或是在我們程式要自己拋出類別時才會用到 (參見 14-3 節), 初學者大都只會用到 **RuntimeException** 這個子類別下的某幾個類別。除了我們已用過的 ArrayIndexOutOfBoundsException 和 ArithmeticException 外, 我們再介紹幾個 RuntimeException 下的子類別和孫類別：

- **NullPointerException**：當程式需使用一個指向物件的參照, 但該參照卻是 null 時就會引發此例外。例如程式需要參考一個物件, 但我們提供的物件參照卻是 null, Java 就會拋出 NullPointerException 例外的物件。

- **NegativeArraySizeException**：陣列大小為負數時, 就會引發此例外。

- **NumberFormatException**：當程式要將某個字串轉換成數值格式, 但該字串的內容並不符該數值格式的要求, 就會引發此例外。在前面的範例已看過, 呼叫 Integer.parseInt() 方法要將字串轉成整數時, 若參數字串並非整數的形式, 就會引發格式不合的例外。

- **StringIndexOutOfBoundsException**：和 ArrayIndexOutOfBoundsException 一樣同屬 IndexOutOfBoundsException 的子類別, 當程式存取字串中的字元, 但指定的索引超出字串範圍時, 就會引發此例外。

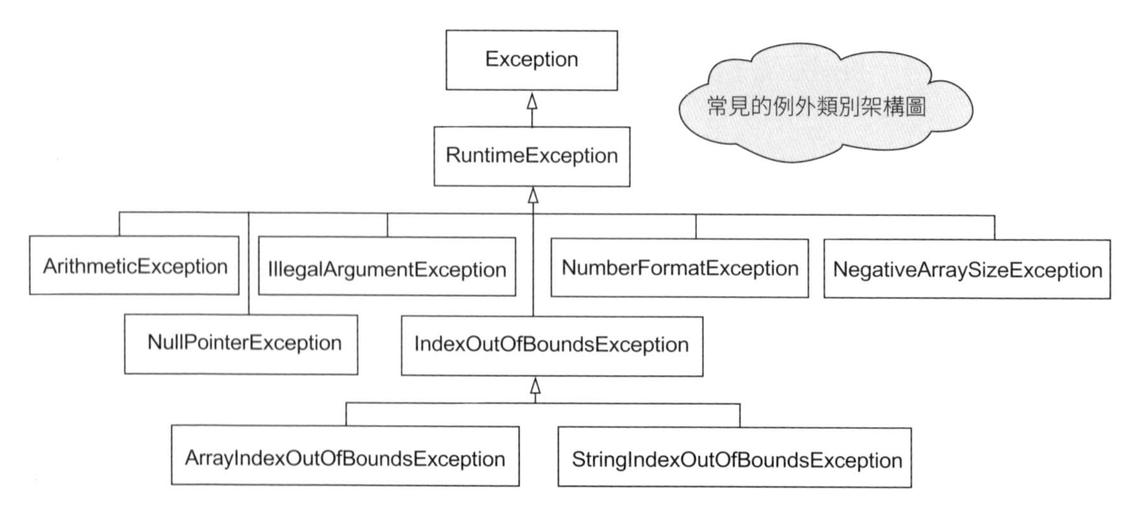

捕捉上層的例外

大致瞭解主要的例外類別繼承關係後，我們就可以捕捉較上層的例外類別物件，讓一個 catch 區塊可處理各種例外，例如下面這個簡單的程式：

程式 CatchUpperException.java 用一個 catch 處理兩種例外

```
01 import java.io.*;
02
03 public class CatchUpperException {
04
05   public static void main(String[] argv) throws IOException {
06
07     System.out.println("本程式有三個神祕數字,");
08     System.out.print("您要看第幾個→");
09
10     BufferedReader br =
11       new BufferedReader(new InputStreamReader(System.in));
12
13     String str = br.readLine();
14     int choice1 = Integer.parseInt(str); // 轉換為 int
15
16     System.out.println("本程式有六個神秘英文字母,");
17     System.out.print("您要看第幾個→");
18
19     str = br.readLine();
20     int choice2 = Integer.parseInt(str); // 轉換為 int
21
22     int[] a = {123,456,789};      // 含神秘數字的陣列
23     String s = "MONDAY";          // 含神秘英文字母的字串
24
25     try {
26       System.out.println("a[" +  choice1 + "]：" + a[choice1-1]);
27       System.out.println(s.charAt(choice2));
28     }
29     catch (IndexOutOfBoundsException e) {
30       System.out.println("發生例外：" + e );
31       System.out.println("索引超出範圍了！");
32     }
33   }
34 }
```

執行結果 1

```
本程式有三個神祕數字,
您要看第幾個 → 4
本程式有六個神秘英文字母,
您要看第幾個 → 5
發生例外：java.lang.ArrayIndexOutOfBoundsException: 3
索引超出範圍了!
```

執行結果 2

```
本程式有三個神祕數字,
您要看第幾個 → 2
本程式有六個神秘英文字母,
您要看第幾個 → 9
a[2]：456
發生例外：java.lang.StringIndexOutOfBoundsException: String index
out of range: 9
索引超出範圍了!
```

第 29 行的 catch 敘述捕捉的是 IndexOutOfBoundsException 例外物件, 所以不管發生 ArrayIndexOutOfBoundsException 或是 StringIndexOutOf-BoundsException 例外, 都會被捕捉, 並執行 30、31 行敘述輸出相關訊息。如果把 29 行的程式改成捕捉更上層的 RuntimeException 例外物件, 或是 Exception 例外物件, 也具有相同的效果。

針對衍生例外類別做特別處理的寫法

在捕捉上層例外時，如果您想針對某個子類別的例外進行處理，可利用前面介紹過的捕捉多個例外類別的技巧：先捕捉該子類別，再捕捉上層類別。例如有一段程式碼可能產生多種 RuntimeException 衍生類別的例外，但我們想特別對 ArrayIndexOutOfBoundsException 做額外處理，可將程式寫成：

```
try {
  ...
} catch (ArrayIndexOutOfBoundsException e) {
  // 針對 ArrayIndexOutOfBoundsException 例外的處理程式
  ...
} catch (RuntimeException e) {
```

接下頁▶

```
    // 針對 RuntimeException 其它例外的處理程式
    ...
}
```

寫在較前面的 catch 會優先檢查，而且一旦找到符合的即交給該 catch 處理，並忽略後面所有的 catch。請注意，上列 2 段 catch 的順序不可倒過來，因為父類別在前面的話一定會優先符合，所以後面的子類別 catch 將永遠執行不到，此時將會造成編譯錯誤 (exception java.lang.ArrayIndexOutOfBoundsException has already been caught)。

14-2-4 善後處理機制

當程式發生例外時，若因沒有捕捉到而導致程式突然結束，則可能會有不良的影響，例如程式可能還沒將重要資料存檔，導致使用者的重要資料喪失。

為了讓程式能在發生例外後，無論是否 catch 到，都能做一些善後處理工作，Java 提供了一個 finally 敘述。只需將善後程式碼放在 finally 區塊，並將此區塊放在 try/catch 之後，即可形成一完整的 try/catch/finally 例外處理段落。

```
try {
    …
}
catch (例外類別甲 e) {
    …
}
catch (例外類別乙 e) {
    …
}
finally {
    // 無論是否發生例外，或者是否 catch 到例外，
    // 最後都會執行此區塊的程式
}
```

由於**不管何種情況都會執行到 finally 區塊**, 所以很適合用 finally 來做必要的善後處理, 例如嘗試儲存使用者尚未存檔的資料等。若先前未發生例外或是發生程式有捕捉的例外, 則在執行完 finally 區塊後, 程式仍會依正常流程繼續執行；但若之前發生的是程式未捕捉的例外, 在執行完 finally 區塊後, Java 仍會顯示例外訊息並停止執行程式。

TIP 即使在 try 或 catch 中執行到 return 敘述，仍然會先執行 finally 中的程式後才 return。

TIP 在 try 區塊之後可以只有 catch 或只有 finally, 或二者都有，但不能都沒有！否則會編譯錯誤。另外，每個區塊之間必須緊密相連，中間不可插入任何程式碼。

讓我們來看以下這個例子：

程式 TestFinally.java 在 catch 敘述中顯示相關訊息

```
01 public class TestFinally {
02
03   public static void main(String[] argv) {
04
05     int[] a = {10,20,30,40};
06
07     try {
08       // 故意加以下兩行敘述, 以產生 ArithmeticException 例外
09       int i=0;
10       i = 100/i;
11
12       for(int j = 0;j <= a.length;j++)
13         System.out.println("a[" + j + "]：" + a[j]);
14     }
15     catch (IndexOutOfBoundsException e) {
16       System.out.println("發生例外：" + e );
17       System.out.println("也就是超出陣列範圍了!");
18     }
19     finally {
20       System.out.println("不論如何這行程式都會被執行！");
21     }
```

```
22      // 下面這行敘述是在例外處理區塊之外
23      System.out.println("這行不一定會被執行！");
24    }
25  }
```

執行結果

```
不論如何這行程式都會被執行！
Exception in thread "main" java.lang.ArithmeticException: / by
zero
        at TestFinally.main(TestFinally.java:11)
```

在第 9、10 行故意加了兩行除以零的運算, 以引發 ArithmeticException 例外, 而程式中並未捕捉此例外物件。但當 Java 拋出此例外時, 程式仍會執行第 20 行 finally 區塊中的敘述後, 才停止執行。也因為例外的發生, 所以第 23 行的程式不會被執行。

讀者可試一下在第 10 行程式前面加上 "//" 使其變成註解, 重新編譯、執行程式, 此時您就會發現程式引發 IndexOutOfBoundsException 例外後, 第 20、23 行的敘述都會被執行。

TIP try 敘述還有一種稱為 "try-with-resources" 的語法，可簡化以往需在 finally 區塊中進行資源善後處理的工作，此部份會在 16-3 節使用檔案資源時一併介紹。

14-3 拋出例外

14-3-1 將例外傳遞給呼叫者

在開發 Java 程式時, 若預期程式可能會遇到自己無法處理的例外時, 我們可以選擇拋出例外, 讓上層的程式 (例如呼叫我們程式的程式) 去處理。

要拋出例外需使用 throw 敘述以及在方法的宣告中加上 throws 子句, throws 子句我們也已用過很多次, 每當我們要從鍵盤讀取使用者輸入時, main() 方法後面就會加上 "throws IOException" 子句, 以下就來說明其原因。

認識 Checked/Unchecked 例外

除了根據例外類別的繼承關係將例外類別分為 **Error** 和 **Exception** 兩大類外, 還有一種分類方式, 是根據編譯器在編譯程式時, 是否會檢查程式中有沒有妥善處理該種例外：此時可將例外分成 Unchecked (不檢查) 和 Checked (會檢查) 兩種。

- **Unchecked 例外**：所有屬於 Errors 或 RuntimeException 的衍生類別的例外都歸於此類, 前者是我們無法處理的例外, 而後者則是可利用適當的程式邏輯避免的例外 (例如做除法運算前先檢查除數是否為 0、存取陣列前先檢查索引碼是否超出範圍), 所以 Java 並不要求我們一定要處理此類例外, 因此稱之為編譯器『不檢查的』 (Unchecked) 例外。

- **Checked 例外**：除了 RuntimeException 以外, 所有 **Exception** 的衍生類別都屬於此類。Java 語言規定, 所有的方法都必須處理這類例外, 因此稱之為編譯器『會檢查的』 (Checked) 例外, 如果不處理的話, 在編譯程式時就會出現錯誤, 無法編譯成功。

以前幾章在 main() 方法中取得鍵盤輸入的程式為例, 查看文件中 BufferedReader 類別的 readLine() 方法之原型宣告, 會發現它可能會拋出 IOException 例外。而 IOException 正屬於 Checked 例外之一, 因此使用到這個方法時, 就必須在程式中『處理』這個例外, 處理方式有二：

- **自行用 try/catch 敘述來處理**：以使用 readLine() 方法為例, 我們必須用 try 段落包住呼叫 readLine() 的敘述, 然後用 catch 敘述來處理 IOException 例外。但初學 Java 時, 暫時不必做此種複雜的處理, 因此可採第 2 種方式。

- **將 Checked 例外拋給上層的呼叫者處理**：當我們在 main() 方法後面加上 "throws IOException" 的宣告, 就表示 main() 方法可能會引發 IOException 例外, 而且它會將此例外拋給上層的呼叫者 (在此為 JVM) 來處理。這也是一般程式會採用的方式。另一方面, 在撰寫自訂的方法時, 若此方法會拋出例外, 我們也必須在方法的宣告中用 "throws" 子句, 註明所有可能拋出的例外類別。

TIP 我們經常使用的 parseInt() 方法, 就是會拋出屬於『Unchecked』例外的 NumberFormatException 例外, 所以在 main() 方法可不用宣告拋出此類例外。

如果我們不將 main() 方法宣告為 "throws IOException", 就必須用 try/catch 的方式來處理 BufferedReader 類別的 readLine() 方法, 或其它會拋出 Checked 例外的方法。例如我們可將先前的範例改寫如下：

程式 MainNoThrows.java 不在 main() 方法宣告拋出例外

```
01 import java.io.*;
02
03 public class MainNoThrows {
04
05   public static void main(String[] argv) {
06                                     // 不加上 throws IOException 了
07     int[] secret = {65535,3001,1999,1496,119};
08     System.out.println("本程式有 5 個神秘數字, 您要看第幾個？");
09     System.out.print("→");
10
11     int target;
12     // 用 try 來進行讀取資料的動作
13     try {
14       BufferedReader br =
15         new BufferedReader(new InputStreamReader(System.in));
16
17       String str = br.readLine();
18       target = Integer.parseInt(str); // 轉換為 int
19     }
20     // 捕捉 IOException 例外, 但其實沒做什麼處理
21     catch (IOException e) {
22       System.out.println("發生 IO 例外");
23       target = 5;
24     }
25
26     if (target > secret.length)
27       target = secret.length;
28
```

```
29      System.out.println("第 " + target + " 個神秘數字是 "
30                             + secret[target-1]);
31    }
32  }
```

執行結果

```
本程式有 5 個神秘數字, 您要看第幾個?
→ 14
第 5 個神秘數字是 119
```

原本使用 readLine() 這類方法時, 若不在 main() 方法宣告 throws IOException, 編譯程式時就會出現錯誤。但我們現在改用 try 來執行 readLine(), 並自行捕捉 IOException 類別的例外, 因此不宣告 throws IOException 也能正常編譯成功。

14-3-2 自行拋出例外

當我們遇到無法自己處理的例外, 或是想以例外的方式來通知不正常的狀況時, 就可以用 throw 敘述主動拋出例外。

舉例來說, 在 Java 中, 整數運算的除以 0 會引發 ArithmeticException 例外, 但除以浮點數 0.0 時卻不會引發例外, 只會使執行結果變成 NaN (參見第 17 章)。如果您希望這個計算也會產生 ArithmeticException 例外, 則可自行將程式設計成發現除數為 0.0 時, 即拋出 ArithmeticException 例外物件。

程式 IdealGas.java 計算理想氣體在一定壓力下的體積

```
01 import java.io.*;
02
03 public class IdealGas {
04
05   public static void main(String[] argv) throws IOException{
06
07     int[] temp = {0,15,20,25};
08     System.out.println("計算攝氏 0,15,20,25 度下, 理想氣體體積");
09     System.out.print("請輸入大氣壓力 (atm)→");
10
```

```
11      BufferedReader br =
12        new BufferedReader(new InputStreamReader(System.in));
13      String str = br.readLine();
14
15      // 轉換為 double
16      double pressure = Double.parseDouble(str);
17
18      if (pressure==0)
19        throw new ArithmeticException("您輸入的值將使除數為零！");
20
21      System.out.println("在 " + pressure + "大氣壓下：");
22
23      for (int i=0;i<temp.length;i++) {
24        System.out.print("攝氏 " + temp[i] + " 度時, ");
25        System.out.print("一莫耳理想氣體體積為 ");
26        System.out.print(0.082*(273.14+temp[i])/pressure + " 公升\n");
27      }                  // 理想氣體方程式 V=nRT/P
28    }
29  }
```

執行結果 1

```
計算攝氏 0,15,20,25 度下, 理想氣體體積
請輸入大氣壓力 (atm) → 1
在 1.0大氣壓下：
攝氏 0 度時, 一莫耳理想氣體體積為 22.397479999999998 公升
攝氏 15 度時, 一莫耳理想氣體體積為 23.62748 公升
攝氏 20 度時, 一莫耳理想氣體體積為 24.03748 公升
攝氏 25 度時, 一莫耳理想氣體體積為 24.44748 公升
```

執行結果 2

```
計算攝氏 0,15,20,25 度下, 理想氣體體積
請輸入大氣壓力 (atm)→0
Exception in thread "main" java.lang.ArithmeticException:
您輸入的值將使除數為零！
        at IdealGas.main(IdealGas.java:19)
```

在第 18 行用 if 敘述判斷使用者輸入的值是否為 0, 因為 0 將使 26 行的運算式無法算出正常結果, 所以在 19 行拋出 ArithmeticException 物件, 並自訂該例外物件的訊息。

TIP 如果在方法中丟出一個 Checked 例外 (即除了 RuntimeException 之外的任何 Exception 的子物件), 那麼就必須在方法中『用 catch 來捕捉』或『用 throws 來宣告丟出』, 否則會編譯錯誤。但如果是在 catch 區塊中丟出, 由於不能再 catch 了, 所以一定得用 throws 宣告。

14-4 自訂例外類別

除了自行用 throw 敘述拋出例外物件, 我們也能自訂新的例外類別, 然後在程式中拋出此類自訂類別的例外物件。

但要特別注意, 自訂的例外類別一定要是 Throwable 的衍生類別 (您可用其下的任一個子類別或孫類別來建立自訂的例外類別), 否則無法用 throw 敘述拋出該類別的物件。

以下就將前一個範例略做修改, 加入自訂的例外類別 ValueException, 並在使用者輸入 0 和負值時分別拋出不同訊息的 ValueException 物件。

程式 IdealGas2.java 自訂例外類別

```
...
15      double pressure = Double.parseDouble(str);
16      try {
17        if (pressure==0)
18          throw new ValueException("您輸入的值將使除數為零！");
19        else if (pressure<0)
20          throw new ValueException("無法計算負值！");
...
29      }
30      catch (ValueException e) {
31        System.out.println("發生例外：" + e);
32      }
33    }
34  }
35
```

```
36 // 自訂例外類別
37 class ValueException extends RuntimeException {
38   public ValueException (String s) {
39     super(s);
40   }
41 }
```

執行結果 1

```
計算攝氏 0,15,20,25 度下, 理想氣體體積
請輸入大氣壓力 (atm)→0
發生例外：ValueException: 您輸入的值將使除數為零！
```

執行結果 2

```
計算攝氏 0,15,20,25 度下, 理想氣體體積
請輸入大氣壓力 (atm)→-3
發生例外：ValueException: 無法計算負值！
```

- 第 17～20 行將檢測氣壓值的程式放在 try 區塊中, 若使用者輸入 0 或負值, 都會拋出自訂的 ValueException 例外, 此例外類別的定義放在程式最後面。
- 第 30～32 行 catch 自訂例外類別物件, 並顯示例外物件的訊息。
- 第 37～41 行是用 RuntimeException 衍生出自訂的 ValueException 例外類別, 其中只定義一個建構方法 (直接呼叫父類別的建構方法)。

14-5 綜合演練

14-5-1 會拋出例外的計算階乘程式

在 6-6-3 節我們曾介紹一個計算階乘的範例, 我們這次做個小小的修改, 讓它改用拋出例外的方式, 來處理數值超出範圍、以及使用者不想再計算這兩種狀況。

程式 NewFactorial.java 計算階乘值

```
01 import java.io.*;
02
03 public class NewFactorial {
04
05   public static void main(String args[]) throws IOException {
06
07     long fact;  // 用來儲存階乘值的長整數
08
09     BufferedReader br =
10       new BufferedReader(new InputStreamReader(System.in));
11
12     try {
13       while (true) {
14         System.out.println("請輸入一整數來計算階乘 (0 代表結束)");
15         System.out.print("→");
16         String str = br.readLine();
17         int num = Integer.parseInt(str);
18
19         if (num > 20)
20           throw new ArithmeticException("指定數值超出範圍");
21         else if (num == 0)
22           throw new RuntimeException("程式結束！");
23
24         System.out.print(num + "! 等於 ");
25
26         for (fact=1;num>0;num--)      // 計算階乘值的迴圈
27           fact = fact * num;          // 每輪皆將 fact 乘上 num
28
29         System.out.println(fact + "\n");
30       }
31     } catch (RuntimeException e) {
32       System.out.println(e);
33     }
34
35     System.out.println("謝謝您使用階乘計算程式。");
36   }
37 }
```

執行結果

```
請輸入一整數來計算階乘 (0 代表結束)
 → 30
java.lang.ArithmeticException: 指定數值超出範圍
謝謝您使用階乘計算程式。
```

- 第 12～33 行為計算階乘的 try/catch 區塊，計算階乘的迴圈在 26、27 行。
- 第 19 行用 if 敘述判斷使用者輸入的值是否大於 20，若是則拋出 ArithmeticException 例外物件。
- 第 21 行則判斷使用者輸入的值是否為 0，若是則拋出 RuntimeException 例外物件。

TIP 在此要特別說明，此範例只是為了示範拋出例外的用法。實際開發程式時，並不建議隨意拋出例外，應該在遇到真的是程式無法處理的狀況才拋出例外。

14-5-2 字串大小寫轉換應用

Java 的 String 類別雖然有 toUpperCase()、toLowerCase() 可將字串中的字母全部轉成大寫或全轉成小寫，但如果我們想做的是將字串中小寫的字轉大寫、大寫的字轉小寫，就要自行設計相關的程式。

以下就是一個將字串大小寫互換的範例程式，這個程式只能轉換純英文字串，換言之字串中只要含英文字母及空白以外的字元，程式就不會進行轉換。範例程式的作法是在此情況下拋出 RuntimeException 例外物件，並用 catch 區塊捕捉該例外、顯示相關訊息。

程式 StringChange.java 將字串大小寫互換的程式

```
01 import java.util.*;
02
03 public class StringChange {
04
05   public static void main(String[] argv) {
```

```
06
07     System.out.println("本程式會將字串中的英文字母大小寫互換");
08     System.out.print("請輸入要轉換的字串(輸入 bye 結束)→");
09
10     Scanner sc = new Scanner(System.in);
11     while (sc.hasNextLine()) {
12       String str = sc.nextLine();
13       if(str.equalsIgnoreCase("bye"))
14         break;          // 輸入 "bye" 即結束迴圈
15
16       char[] temp = str.toCharArray();  // 將字串轉成字元陣列
17
18       try {
19         for (int i=0;i<temp.length;i++)
20           if (Character.isLetter(temp[i]) |
21               Character.isWhitespace(temp[i]))
22             if (Character.isLowerCase(temp[i]) )
23               temp[i] = Character.toUpperCase(temp[i]);
24             else
25               temp[i] = Character.toLowerCase(temp[i]);
26           else       // 遇到非英文字母, 即拋出例外
27             throw new RuntimeException();
28         System.out.println(temp);
29       }
30       catch (RuntimeException e) {
31         System.out.println("字串中只能含英文字母");
32       }
33       finally {
34         System.out.print("\n請輸入要轉換的字串");
35         System.out.print("(輸入 bye 結束)→");
36       }
37     }
38   }
39 }
```

執行結果

```
本程式會將字串中的英文字母大小寫互換
請輸入要轉換的字串(輸入 "bye" 結束)→MonDay
mONdAY
```

```
請輸入要轉換的字串(輸入 "bye" 結束)→Go2School
字串中只能含英文字母

請輸入要轉換的字串(輸入 "bye" 結束)→bye
```

- 第 11～37 行的 while 迴圈會重複請使用者輸入新字串並進行字串中大小寫變換的動作。
- 第 13 行檢查使用者輸入的字串是否為 "bye" (不論大小寫), 若是則停止迴圈。
- 第 18～36 用 try/catch/finally 敘述進行字串轉換的動作。
- 第 19～27 行的 for 迴圈逐一進行字串中每個字元的轉換工作。
- 第 20、21 行先檢查字元是否為英文字母或空白, 是才進行轉換, 不是就在第 27 行拋出 RuntimeException 例外物件。
- 第 33～36 行的 finally 區塊會在不論是否發生例外的情況下, 請使用者輸入另一個新字串。

14-5-3 簡單的帳戶模擬程式

這個範例是用一個自訂類別來模擬存款帳戶, 此類別會記錄帳戶目前存款金額, 並可對帳戶進行存、提款操作。當存款金額為負值、提款超過帳戶餘額等狀況, 都會拋出自訂的 AccountError 例外物件。

至於自訂的 AccountError 例外類別, 除了單純繼承 Exception 類別外, 只有利用建構方法將文字訊息存於類別中。

程式 TestAccount.java 模擬存款帳戶操作

```
01 import java.io.*;
02
03 class AccountError extends Exception { // 自訂的例外類別
04   public AccountError(String message) { super(message); }
05 }
```

```
06
07 class Account  {          // 簡單的帳戶類別
08   private long  balance; // 記錄帳戶餘額
09
10   public Account(long money)  { balance = money; }
11
12     // 存款的方法
13   public void deposite(long money) throws AccountError {
14     if (money <0)
15       throw new AccountError("存款金額不可為負值");  // 拋出例外
16     else
17       balance += money;
18   }
19
20   // 提款的方法
21   public void withdraw(long money) throws AccountError {
22     if (money > balance)
23       throw new AccountError("存款不足");  // 拋出例外
24     else
25       balance -= money;
26   }
27
28   public long checkBalance() { return balance; }  // 傳回餘額
29 }
30
31 public class TestAccount {
32
33   public static void main(String[] argv) throws IOException {
34
35     System.out.println("簡單帳戶模擬計算");
36     System.out.println("開戶要先存100元");
37     Account myAccount = new Account(100);
38
39     BufferedReader br =
40       new BufferedReader(new InputStreamReader(System.in));
41     String str;
42
43     try {
44       while (true) { // 存、提款的迴圈
45         System.out.print("\n您現在要(1)存款(2)提款→");
46         str = br.readLine();
```

```
47          int choice = Integer.parseInt(str);
48          System.out.print("請輸入金額→");
49          str = br.readLine();
50          int money = Integer.parseInt(str);
51
52          if(choice == 1) {        // 存款處理
53            myAccount.deposite(money);
54            System.out.print("存了" + money + " 元後, 帳戶還剩 ");
55            System.out.println(myAccount.checkBalance() + " 元");
56          }
57          else if(choice == 2) {   // 提款處理
58            myAccount.withdraw(money);
59            System.out.print("領了" + money + " 元後, 帳戶還剩 ");
60            System.out.println(myAccount.checkBalance() + " 元");
61          }
62        }  // 迴圈結束
63      }
64      catch (AccountError e) {
65        System.out.println(e);
66      }
67    }
68  }
```

執行結果

```
簡單帳戶模擬計算
開戶要先存100元

您現在要(1)存款(2)提款→1
請輸入金額→50
存了50 元後, 帳戶還剩 150 元

您現在要(1)存款(2)提款→2
請輸入金額→80
領了80 元後, 帳戶還剩 70 元

您現在要(1)存款(2)提款→2
請輸入金額→100
AccountError: 存款不足
```

- 第 3～5 行用 Exception 衍生出自訂的 AccountError 例外類別。第 4 行的建構方法, 則以參數 message 字串呼叫父類別建構方法。
- 第 7～29 行定義一個 Account 類別以模擬存款帳戶, 此類別只有一個資料成員 Balance 以記錄存款帳戶餘額。
- 第 13～18 行的 deposite() 方法模擬存款動作, 程式先檢查存款金額是否為負值, 是就拋出自訂的 AccountError 例外;否則就將帳戶餘額加上本次存款金額。

TIP 請注意, 此程式未檢查金額是否超出 long 的範圍。

- 第 21～26 行的 withdraw() 方法模擬提款動作, 程式先檢查存款金額是否足夠, 若不夠就拋出自訂的 AccountError 例外；否則就將帳戶餘額減去本次提款金額。
- 第 44～62 行使用 while 迴圈請使用者持續輸入要進行的存、提款操作。
- 第 64 行的 catch 只捕捉 AccountError 的例外, 並直接輸出該訊息。程式未處理本章前面提過的使用者輸入錯誤所引發的例外, 此部份留給讀者自行練習。

學習評量

※ 選擇題可能單選或複選

1. (　　) 下列何者不是例外處理敘述？

   (a) catch
   (b) switch
   (c) try
   (d) throws

2. (　　) 下列敘述何者正確？

   (a) 程式可以用 try/catch 敘述處理『編譯時期錯誤』。
   (b) 發生『邏輯錯誤』時, 程式將無法編譯成功。
   (c) 『除以 0』的錯誤是『執行時期錯誤』。
   (d) 沒有處理 Checked 例外是一種『邏輯錯誤』。

3. (　　) 以下何者為合法的例外處理架構？

   (a) try {...} finally {...}
   (b) catch () {...} throw {...}
   (c) try {...} catch () {...}
   (d) while () { try {...} }

4. (　　) 當程式要做 a/b 的計算，但整數 b 的值為 0，此時將會引發例外。以下描述何者符合此一例外？
   (a) 這是個 Uncheck Exception。
   (b) 這是個屬於 NumberFormatException 類別的例外。
   (c) 這是個 Check Exception。
   (d) 這個例外不會使執行緒終止。

5. (　　) 在 main() 方法中呼叫一個會拋出 Checked 例外物件的方法時，以下處置方式何者適當？
   (a) 在 main() 方法的宣告中，加上 "throws CheckedException"。
   (b) 用 try 區塊來呼叫該方法，並用 catch 捕捉該方法可能拋出的例外物件。
   (c) 呼叫該方法時，將其傳回值 throw 給上層。
   (d) 不必做任何處理，直接呼叫即可。

6. (　　) 下列敘述何者錯誤？
   (a) 程式執行時，若發生例外，程式將結束執行。
   (b) 在 try 區塊中未發生例外時，仍會使程式跳到對應的 finally 區塊。
   (c) 如果程式沒有處理例外，則例外發生時，該執行緒將會被終止。
   (d) 如果程式沒有處理可能引發的 Unchecked 例外，則程式將無法編譯成功。

7. (　　) 請參考以下的例外類別架構。

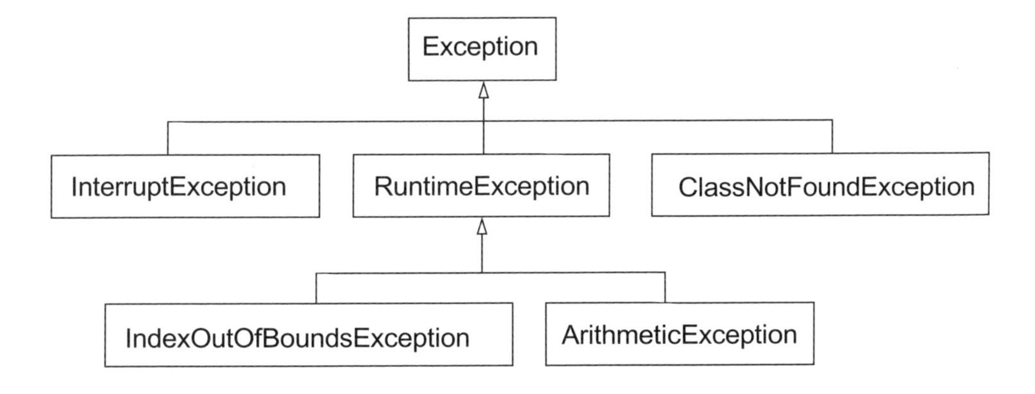

某程式的 try/catch 段落中捕捉了 RuntimeException 例外物件,則下列何者描述有誤?

(a) 發生 IndexOutOfBound 例外時會跳到此 catch 區塊。
(b) 發生 InterruptException 例外時會跳到此 catch 區塊。
(c) 發生 ClassNotFoundException 例外時不會跳到此 catch 區塊。
(d) 這段 catch 段落的程式不一定會被執行。

8. 下列程式片段有何問題?

```
int[] a = {10,20,30,40};
...
try {
  for(int i=0; i<= a.length; i++)
    System.out.println("a[" + i + "]:" + a[i]);
}
catch (OutOfBoundsException e) {
  System.out.println("發生例外:" + e);
  System.out.println("也就是超出陣列範圍了!");
}
```

9. 請指出下列程式片段的問題。

```
try {
  ...
} catch (Exception e) {
  ...
} catch (ArithmeticException a) {
  ...
}
```

10. 請參考以下的例外類別架構。

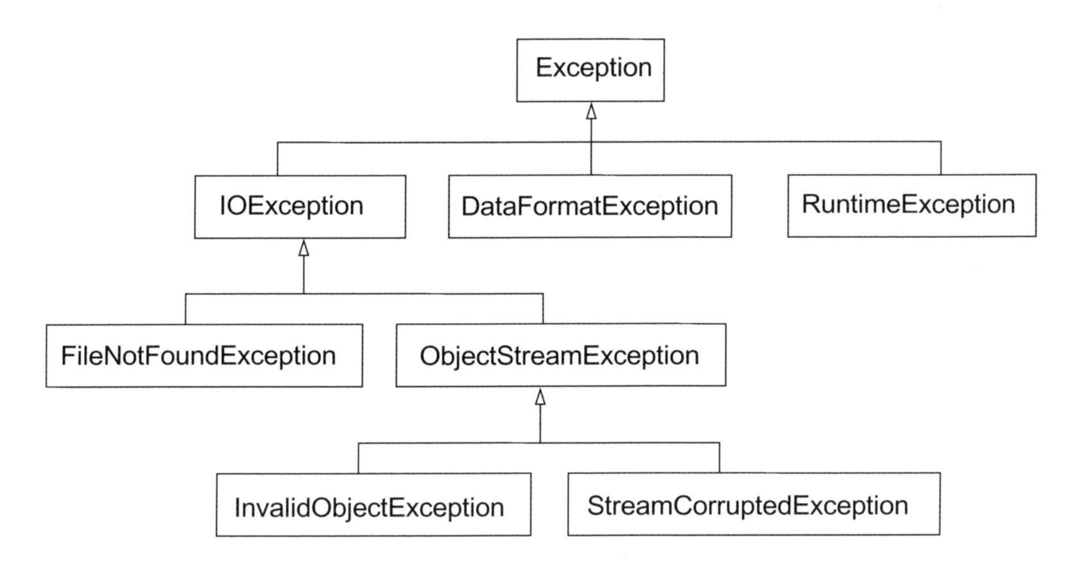

某程式有如下的 try/catch 段落：

```
try {
  ...
} catch (DataFormatException e) {
    System.out.println("Wrong data format!");
} catch (FileNotFoundException e) {
    System.out.println("No such file");
} catch (RuntimeException e) {
    System.out.println("What happen?");
} catch (ObjectStreamdException e) {
    System.out.println("Bad stream");
}
```

則下列描述何者正確？__________

(a) 發生 InvalidObjectException 例外時，不會執行上列任一段 catch 段落。

(b) 發生 RuntimeException 例外時，不會執行上列任一段 catch 段落。

(c) 發生 StreamCorruptedException 例外時，會輸出 "Bad stream" 訊息。

(d) 發生 DataFormatException 例外時，會輸出 "Wrong data format!" 訊息。

程式練習

1. 請練習設計一個簡單的計算除法運算的程式, 除數和被除數由使用者輸入, 程式會用 try/catch 段落執行除法運算, 並處理除以 0 的例外。

2. 承上題, 請將程式改成除數為零時, 只拋出例外, 不做其它處理。

3. 試寫一個簡單的例外示範程式, 可根據使用者選擇, 讓程式產生對應的 RuntimeException 物件。例如使用者選 1 時, 就會看到『Exception in thread "main" java.lang.ArrayIndexOutOfBoundsException...』這樣的訊息。

4. 古時候有個 『百僧問題』, 此問題是假設總共有一百位和尚、一百個饅頭。大和尚每人吃三個饅頭、小和尚三人分一個饅頭, 試問大小和尚各有多少人。請設計一個程式讓使用者可自由輸入和尚總人數、饅頭總數兩個變數, 而程式也會以例外方式拋出數字不合理的情況。

5. 請試修改 14-3-2 節的 IdealGas.java 程式, 將其 main() 方法改成無 "throws IOException", 但在 main() 方法內部則需以 try/catch 處理必要的輸入錯誤。

6. 試寫一程式, 讓使用者輸入兩次密碼 (四位整數), 並驗證使用者兩次輸入的密碼是否符合, 連續三次不符合便以例外的方式顯示錯誤。

7. 試寫一檢查的樂透對獎程式, 程式中存有當期中獎號碼, 使用者可輸入任一組六個整數 (1 ~ 49), 程式即檢查是否中獎。但當輸入 1～49 以外的數字時, 則以例外的方式結束程式, 並顯示相關訊息。

8. 試改寫 14-5-3 節的例外類別, 讓程式也會處理使用者輸入錯誤的例外 (例如輸入金額時, 誤輸入文字的情況)。

9. 呈上題, 擴充程式, 加入轉帳功能, 轉帳金額超過一定的值 (例如 3 萬元) 也會引發例外。

10. 呈上題, 修改程式中的例外類別, 讓例外的訊息也包含帳戶餘額。

15

CHAPTER

多執行緒 (Multithreading)

學習目標

- 認識執行緒
- 建立執行緒
- 執行緒間的同步與協調

在實際撰寫程式的時候，常常會遇到同一時間希望能夠進行多件事情的狀況。例如在前幾章曾經撰寫過一個碼錶程式，但這個碼錶程式其實一點用處都沒有，由於同一時間只能做一件事，因此碼錶程式除了倒數計時以外，甚麼事也不能做。

我們所需要的是倒數的同時，另一邊又可以進行其它工作的碼錶。這在現實生活中也很常見，像是最簡單的泡麵來說，將麵加入沸水後，可以設定倒數計時的鬧鈴，定好三分鐘後響。這樣一來，就可以看看電視，等到鬧鈴響了，就可以享用熱騰騰的麵了。這泡麵、倒數計時、看電視就是三件**同時進行**的工作。

Java 就提供這種同時進行多項工作的能力，稱為**多執行緒 (Multithreading)**。

15-1 甚麼是執行緒？

要知道甚麼是執行緒，可以想像一下製造汽車的工廠，為了達到最高的效率，都會以生產線的方式，將汽車相互獨立的元件分開並且同時製造。例如可以有一條生產線製造車身、一條生產線製造引擎，這樣一來當它們同時完成時，馬上就可以進行組裝。否則，如果車身要等引擎製造完成才能動工，那麼整台車的製造時間就會拖長了。

如果將程式對比為製造汽車的工廠，那麼執行緒就是工廠中的每一條生產線，因此多個執行緒可以同時進行各自手上的工作，如右圖所示：

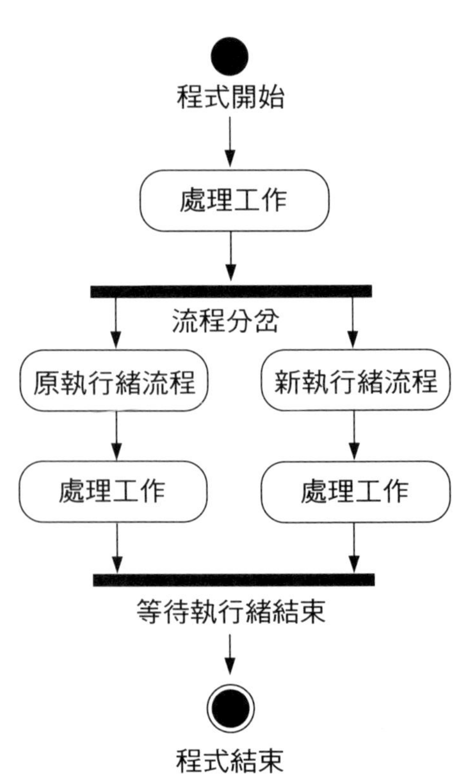

15-1-1　使用 Thread 類別建立執行緒

接下來我們就實際建立一個多執行緒的程式, 讓您可以觀察程式的執行結果, 以確實瞭解執行緒的含意。

在 Java 中, 每一個執行緒都是以一個 **Thread 物件**來表示, 要建立新的執行緒, 最簡單的方法就是從 Thread 類別 (屬於 java.lang 套件) 衍生新的類別, 並且重新定義 Thread() 類別中的 **run() 方法**, 以進行這個執行緒所要負責的工作。例如:

程式 TestThread.java 最簡單的多執行緒程式

```
01 import java.util.Date;
02
03 class TimerThread extends Thread { // 新的執行緒
04   public void run() { // 新執行緒要執行的內容
05     while(true) { // 不斷顯示日期時間的迴圈
06       for(int i = 0;i < 50_000_000;i++); // 等待一段時間
07       Date now = new Date(); // 取得目前時間
08       System.out.println("新執行緒：" + now); // 顯示時間
09     }
10   }
11 }
12
13 public class TestThread {
14
15   public static void main(String[] argv) {
16     TimerThread newThread = new TimerThread();
17     newThread.start(); // 啟動執行緒
18     while(true) { // 不斷顯示日期時間的迴圈
19       for(int i = 0;i< 50_000_000;i++); // 等待一段時間
20       Date now = new Date(); // 取得目前時間
21       System.out.println("舊執行緒：" + now); // 顯示時間
22     }
23   }
24 }
```

執行結果

```
新執行緒：Thu Feb 17 18:55:46 CST 2022
新執行緒：Thu Feb 17 18:55:46 CST 2022
舊執行緒：Thu Feb 17 18:55:46 CST 2022
新執行緒：Thu Feb 17 18:55:46 CST 2022
新執行緒：Thu Feb 17 18:55:46 CST 2022
新執行緒：Thu Feb 17 18:55:46 CST 2022
舊執行緒：Thu Feb 17 18:55:46 CST 2022
......
```

在第 3 行中, 定義了一個 Thread 的子類別 TimerThread, 並且重新定義了 run() 方法, 這個方法會不斷的取得目前的時間, 然後顯示在螢幕上。這裡有兩件事需要注意：

1. 取得時間是透過 java.util 套件中的 Date 類別, 其建構方法會取得目前的時間。Date 類別重新定義了 toString() 方法, 因此可以將其記錄的日期時間以特定格式轉成字串。相關的說明請參考 JDK 文件。

2. 第 6、19 行的 for 迴圈是故意用來減緩程式顯示訊息的速度, 避免不斷迅速地執行第 8、21 行在螢幕上顯示訊息, 而無法閱讀結果。

在 main() 中, 則建立了一個 TimerThread 物件, 然後呼叫其 **start() 方法**。start() 是繼承自 Thread 的方法, 執行後會建立一個新執行緒, 然後在新執行緒中呼叫 run() 方法。從此開始, run() 方法的執行就和原本程式的流程分開, 同時執行。也就是說, 新的執行緒就從第 5 行開始執行, 而同時原本的程式流程則會從 start() 中返回, 由第 18 行接續執行。

TIP Java 程式一開始執行時，就會建立一個執行緒，這個執行緒就負責執行 main()。

main() 中接下來的內容就和 TimerThread 類別的 run() 相似, 只是顯示的訊息開頭不同而已。由於 main() 與 run() 中各是兩個無窮迴圈, 所以兩個執行緒就不斷的顯示目前的日期時間。如果要結束程式, 必須按下 Ctrl + C 鍵強迫終結。

您可以從執行結果中看出來, 新執行緒與原本的流程是**交錯執行**的, 剛開始新執行緒先顯示訊息, 然後舊流程插入, 如此反覆執行。如果再重新執行程式, 結果並不會完全相同, 但仍然是新執行緒與原始流程交錯執行。

TIP 如果具有多處理器, 那麼 Java 的多執行緒就可以利用多個處理器真正達到同時執行的效果。對於僅有單一處理器的電腦, 多執行緒則是以分時的方式輪流執行一小段時間, 以模擬成多個執行緒同時進行的效果。

15-1-2 使用 Runnable 介面建立執行緒

由於 Java 並不提供多重繼承, 如果類別需要繼承其他類別, 就沒有辦法再繼承 Thread 類別來建立執行緒。對於這種狀況, Java 提供有 **Runnable 介面**, 讓任何類別都可以用來建立執行緒。請看以下的範例：

程式 TestRunnable.java 以 Runnable 介面建立執行緒

```
01 import java.util.Date;
02 
03 class TimerThread implements Runnable { // 以Runnable介面建立執行緒
04   public void run() { // 新執行緒要執行的內容
05     while(true) { // 不斷顯示日期時間的迴圈執行
06       for(int i = 0;i < 50_000_000;i++); // 等待一段時間
07       Date now = new Date(); // 取得目前時間
08       System.out.println("新執行緒:" + now); // 顯示時間
09     }
10   }
11 }
12 
13 public class TestRunnable {
14 
15   public static void main(String[] argv) {
16     // 新的執行緒
17     Thread newThread = new Thread(new TimerThread());
18     newThread.start(); // 啟動新執行緒
19     while(true) { // 不斷顯示日期時間的迴圈
20       for(int i = 0;i< 50_000_000;i++); // 等待一段時間
21       Date now = new Date(); // 取得目前時間
```

```
22        System.out.println("舊執行緒：" + now); // 顯示時間
23      }
24    }
25 }
```

要透過 Runnable 介面建立執行緒, 第一步就是定義一個實作 Runnable 介面的類別, 並重新定義 run() 方法。接著再如第 17 行, 用單一參數的建構方法來產生 Thread 物件, 並且將有實作 Runnable 介面的物件傳給建構方法。產生 Thread 物件之後, 只要呼叫其 start() 方法就可以啟動新的執行緒。

每個 Thread 物件只能呼叫 start() 一次, 也就是只允許產生一個新執行緒。另外, run() 方法也可以直接呼叫, 例如 newThread.run(), 但此時只是一般的呼叫, 所以仍會在原來的執行緒中執行, 而不會新增執行緒來執行。

15-1-3 執行緒的各種狀態

執行緒除了能不斷的執行以外, 還可以依據需求切換到不同的狀態。舉例來說, 在前面的範例中, 使用了一個沒做事的迴圈來延遲顯示訊息的時間, 這項工作可以改成讓執行緒進入**睡眠狀態**一段時間, 然後在時間到後繼續執行：

程式 Sleep.java 讓執行緒進入睡眠狀態

```
01 import java.util.Date;
02
03 class TimerThread extends Thread { // 新的執行緒
04   public void run() { // 新執行緒要執行的內容
05     try {
06       while(true) { // 不斷執行
07         sleep(1000); // 睡眠一秒鐘
08         Date now = new Date(); // 取得目前時間
09         System.out.println("新執行緒:" + now); // 顯示時間
10       }
11     }
12     catch(InterruptedException e) {}
13   }
14 }
15
```

```
16 public class Sleep {
17
18   public static void main(String[] argv) {
19     TimerThread newThread = new TimerThread(); // 建立執行緒
20     newThread.start(); // 啟動新執行緒
21     try {
22       while(true) { // 不斷執行
23         Thread.sleep(1000); // 睡眠1秒鐘
24         Date now = new Date(); // 取得目前時間
25         System.out.println("舊執行緒：" + now); // 顯示時間
26       }
27     }
28     catch(InterruptedException e) {}
29   }
30 }
```

其中第 7 行就是呼叫 Thread 類別所定義的 **static 方法 sleep()**, 讓新的執行緒進入睡眠狀態。sleep() 的參數表示睡眠的時間, 以毫秒 (即 1 / 1000 秒) 為單位, 因此傳入 1000 就等於是 1 秒。由於呼叫 sleep() 可能會引發 java.lang.InterruptedException 例外, 所以必須使用 try...catch 敘述捕捉例外。

同理, 原始的流程也一樣可以透過睡眠狀態來暫停一段時間, 因此第 23 行一樣呼叫 sleep() 睡眠 1 秒鐘。當執行緒進入睡眠狀態時, 其他的執行緒仍然會繼續執行, 不會受到影響。

除了睡眠狀態以外, 執行緒還可能會進入以下幾種狀況：

- **預備狀態 (Ready)** ：這個狀態表示執行緒將排隊等待執行, 當建立執行緒物件並執行 start() 方法後, 就會進入這個狀態。相同的道理, 當執行緒結束睡眠狀態後, 也會進入此狀態等待執行。

- **執行狀態 (Running)** ：這個狀態表示此執行緒正在執行中, 您可以呼叫 Thread 類別所定義的 **static 方法 currentThread()** ，取得目前正在執行中的 Thread 物件。

- **凍結狀態 (Blocked)** ：當執行緒執行需等待的處理, 像是從磁碟讀取資料時, 就會進入凍結狀態。等到處理完畢, 就會結束凍結狀態, 進入預備狀態。另外, 在下一節中也會介紹執行緒的同步, 因為 sychronized 區塊或 sychronized 方法而等待其他執行緒時, 也會進入凍結狀態, 詳細內容請看 15-2 節。

- **等待狀態 (Waiting)**：當執行緒呼叫 Object 類別所定義的 wait() 方法自願等待時, 就會進入等待狀態, 一直到其他執行緒呼叫 notify() 或是 notifyAll() 方法解除其等待狀態, 才會再進入預備狀態。有關 wait() 與 notify() 、notifyAll() 方法等, 請看 15-3 節。

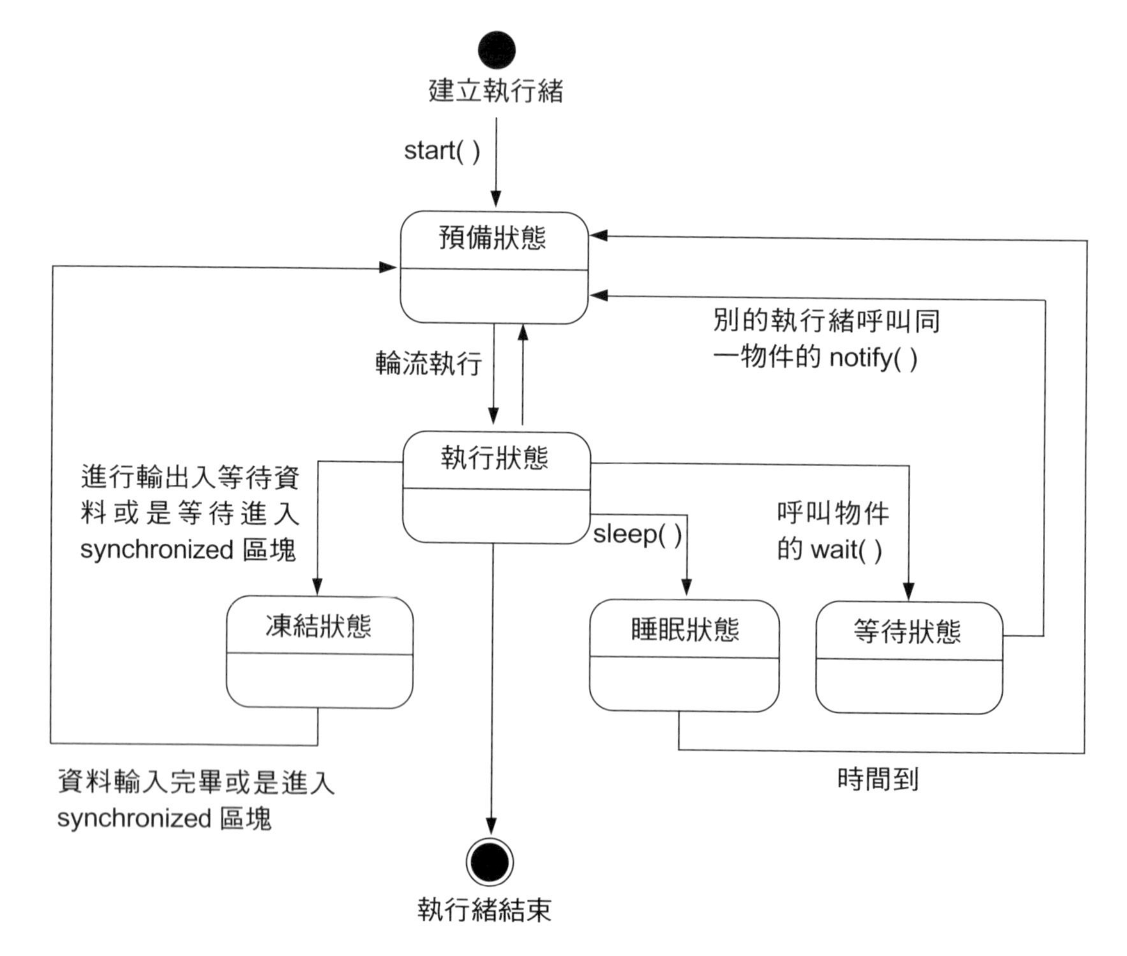

15-2 執行緒的同步 (Synchronization)

由於多個執行緒是輪流執行的, 因此如果多個執行緒使用到同一個資源, 比如說都會先取出某個變數值, 進行特定的運算之後再存回該變數, 那麼就可能會造成執行緒 A 先取出變數值, 計算後還未修改變數值時輪到執行緒 B 執行, 執行緒 B 取得未修改的值, 計算後修改變數值, 等到再輪回執行緒 A 時, 又將之前計算的值存回變數, 剛剛執行緒 B 的計算結果便不見了, 使得計算結果不正確。

TIP 每個執行緒多久會輪到，以及每次輪多久都是不固定的，而且也不一定會按照順序輪。

15-2-1 多執行緒存取共用資源的問題

請看看以下的範例, 它會因上述的問題而輸出錯誤的結果。假設總統大選時某候選人派人進駐各投票所蒐集得票數, 每隔一段時間就傳回該段時間新增的得票數, 並加到總得票數中。如果使用執行緒來蒐集各投票所的得票, 可寫成如下的程式：

程式 Vote.java 蒐集得票數

```
01 class PollingStation extends Thread { // 開票所類別
02   static int reportTimes = 5; // 回報次數
03   int total = 0; // 此開票所總票數
04   Vote v; // Vote物件
05   String name; // 開票所名稱
06 
07   public PollingStation(Vote v,String name) { // 建構方法
08     this.v = v; // 記錄Vote物件
09     this.name = name; // 記錄開票所名稱
10   }
11 
```

```
12   public void run() { // 執行緒要進行的工作：開票、然後回報並加總得票數
13     for(int i = 0;i < reportTimes;i++) {
14       //以亂數產生新增得票數
15       int count = (int)(Math.random() * 500);
16       v.reportCount(name,count); // 回報新增得票數並加總
17       total += count; // 此開票所加總
18     }
19   }
20 }
21
22 public class Vote { // 程式的主類別
23   private int total = 0; // 總開票數
24   private int numOfStations = 2; // 開票所數
25   private PollingStation[] stations;
26
27   public void reportCount(String name,int count) { // 顯示及加總得票數
28     int temp = total;
29
30     System.out.println(name + "開票所得" + count + "票");
31     temp = temp + count;
32     System.out.println("目前總票數：" + temp);
33     total = temp;
34   }
35
36   public void startReport() { // 開始計票
37     // 建立陣列
38     stations = new PollingStation[numOfStations];
39
40     // 一一建立投票所物件並儲存到陣列
41     for(int i = 1;i <= numOfStations;i++) {
42       stations[i - 1] = new PollingStation(this,i + "號");
43     }
44
45     // 一一啟動投票所物件的執行緒，開始計票
46     for(int i = 0;i < numOfStations;i++) {
47       stations[i].start();
48     }
49
```

```
50      // 一一等待投票所開票結束
51      for(int i = 0;i < numOfStations;i++) {
52        try {
53          stations[i].join();
54        } catch(InterruptedException e) {}
55      }
56
57      System.out.println("最後投票結果：");
58
59      // 一一顯示各投票所票數
60      for(int i = 0;i < numOfStations;i++) {
61        System.out.println(stations[i].name + ":" +
62          stations[i].total);
63      }
64
65      // 顯示最後總票數
66      System.out.println("總票數：" + total);
67    }
68
69    public static void main(String[] argv) {
70      Vote v = new Vote();
71      v.startReport();
72    }
73  }
```

1. PollingStation 類別就代表了個別的投票所, 其中 name 成員紀錄此投票所的名稱, reportTimes 指的是投票所應該回報新增得票數的次數；而 total 則記錄此投票所目前的總票數, v 成員則記錄了統計總票數的 Vote 物件。

2. run() 方法是執行緒的主體, 使用了一個迴圈回報新增得票數。我們使用了 java.lang.Math 類別所提供的 static 方法 random() 來產生一個介於 0 到 1 之間的 double 數值, 將之乘上 500 後可以得到一個介於 0 ~ 500 的新增得票數。接著, 就呼叫 Vote 類別的 reportCount() 方法回報新增的得票數。最後, 再將新增得票數加入此投票所的總投票數。

TIP 有關 Math 類別，可以參考第 17 章。

3. 在 Vote 類別中, total 成員記錄總得票數, 而 numOfStations 則是投票所的數量, stations 則是記錄所有 PollingStation 物件的陣列。

4. reportCount() 方法是提供給 PollingStation 物件回報新增投票數用, 它會先顯示此投票所名稱以及新增的得票數, 然後再顯示及儲存總得票數。

5. 在 startReport() 方法中, 一開始是一一產生代表投票所的物件, 然後再一一啟動其執行緒進行開票。接著, 就等待各個投票所開票完畢, 等待的方法是呼叫 Thread 類別的 **join() 方法**, 這個方法會等到對應此 Thread 物件的執行緒執行完畢後才返回。因此 51~55 行的迴圈結束時, 就表示各開票所的執行緒都已經執行完畢。join() 方法也和 sleep() 方法一樣可能會引發 **InterruptedExeption 例外**, 所以必須套用 try...catch 敘述。最後, 將各開票所的總票數及總得票數顯示出來。

6. main() 方法的內容很簡單, 只是產生 1 個 Vote 物件, 然後呼叫其 startReport() 方法而已。

執行結果

```
1號開票所得423票
目前總票數：423
1號開票所得337票
目前總票數：760
1號開票所得278票
目前總票數：1038
1號開票所得406票
2號開票所得101票
目前總票數：1139
2號開票所得150票
目前總票數：1289
2號開票所得112票
目前總票數：1401
2號開票所得182票
目前總票數：1444
1號開票所得85票
目前總票數：1529
目前總票數：1583
2號開票所得489票
目前總票數：2072
最後投票結果：
1號:1529
2號:1034
總票數：2072
```

因票數是以亂數產生，故每次執行時的結果不盡相同

從執行結果的最後面就可以看到, 明明兩個開票所總得票數分別是 1529 以及 1034, 為什麼總得票數卻是 2072？問題就出在 reportCount() 方法中。

由於多個執行緒是輪流執行，因此當某個執行緒要將計算好的總票數存回 total 變數前，可能會中斷執行。此時換其他的執行緒執行，也得到新增的得票數，並計算新的總票數存入 total 中。而當再輪回原本的執行緒時，便將之前計算的總票數存入 total 變數中，導致剛剛由別的執行緒所計算的總票數被蓋掉，而計算出錯誤的結果。以下列出整個執行的過程，就可以看到問題出在哪裡了：

1. 1 號開票所開出 423、337、278 張票，所以總票數 1038。
2. 1 號開票所再開出 406 張票，計算出總票數 1444 後，還未存入 total 變數中，便換成 2 號開票所執行。
3. 2 號開票所便以目前 total 的值 1038 為總票數，繼續開出 101、150、112 張票，所以總數變成 1401。
4. 接著 2 號開票所開出 182 張票，計算出總票數 1583 後，未存回 total 變數便換成 1 號開票所開票。
5. 此時 1 號開票所將第 2 步中計算出的 1444 存回 total，蓋掉了第 3 步中的結果。然後再開出 85 張票，所以總數變成 1529。
6. 又再換成 2 號開票所，把第 4 步中計算的結果 1583 存回 total，蓋掉了第 5 步中的結果。最後，再開出 489 張票，結果就變成總票數 2072 了。

由於在第 6 步中蓋掉了 total 的內容，等於是漏算了第 2 步中的 406 張票與第 5 步中的 85 張票了，因此總票數 2072 與真正的總票數 1529 +1034 = 2563 差了 491 張票。

15-2-2 使用 synchronized 區塊

要解決上述的問題，必須要有一種方式，可以確保計算及儲存總票數的過程不會被中斷，這樣才能確保將總票數存回 total 變數前不會被其他執行緒修改。

使用 synchronized 標示方法

在 Java 中, 就提供有 **synchronized 字符**, 可用以標示同一時間僅能有一個執行緒執行的方法。只要將原來的 reportCount() 方法加上 synchronized 字符, 程式就不會出錯了：

程式 Vote1.java 使用同步機制的 reportCount 方法

```
27   public synchronized void reportCount(String name, int count) {
28     int temp = total;
29
30     System.out.println(name + "開票所得" + count + "票");
31     temp = temp + count;
32     System.out.println("目前總票數：" + temp);
33     total = temp;
34   }
```

加上 synchronized 字符後, 只要有執行緒正在執行此方法, 其他的執行緒要想執行同一個方法時, 就會被強制暫停, 等到目前的執行緒執行完此方法後才能繼續執行。如此一來, 就可以避免在存回總票數之前被中斷的情況, 保證 total 的值一定會正確了。以下就是正確的執行結果：

執行結果

```
1號開票所得498票
目前總票數：498
1號開票所得342票
目前總票數：840
1號開票所得81票
目前總票數：921
1號開票所得277票
目前總票數：1198
1號開票所得425票
目前總票數：1623
2號開票所得338票
目前總票數：1961
2號開票所得416票
目前總票數：2377
2號開票所得132票
目前總票數：2509
2號開票所得176票
目前總票數：2685
2號開票所得36票
目前總票數：2721
最後投票結果：
1號:1623
2號:1098
總票數：2721
```

因票數是以亂數產生, 故每次執行時的結果不盡相同

使用 synchronized 標示程式區塊

有的時候, 只有方法中的一段程式需要保證同一時間僅有單一執行緒可以執行, 這時也可以只標示需要保證完整執行的**程式區塊**, 而不必標示整個方法。以我們的範例來說, 真正需要保證完整執行的是取得 total 變數值到加總完存回 total 變數的這一段, 因此程式可以改寫為這樣：

程式 Vote2.java 只標示區塊的 synchronized 敘述

```
27  public void reportCount(String name, int count) {
28
29    synchronized(this) {
30      int temp = total;
31
32      System.out.println(name + "開票所得" + count + "票");
33      temp = temp + count;
34      System.out.println("目前總票數：" + temp);
35      total = temp;
36    }
37  }
```

這次未將 reportCount( ) 標示為 synchronized ，而是使用 synchronized 來標示第 30 ~ 35 行的內容。要注意的是, 此種標示方法必須在 synchronized 之後指出執行緒間所共用的資源, 這必須是一個物件才行。以本例來說, 由於是多個執行緒都去修改 total 變數而造成問題, 但 total 變數並非是物件, 因此我們就以包含 total 變數的 Vote 物件作為共享的資源, 來使用 synchrinzed 敘述。

這樣一來, Java 就會知道以下這個區塊內的程式會因為多個執行緒同時使用到指定的資源而造成問題, 因而幫我們控制同一時間僅能有一個執行緒執行以下區塊。如果有其他執行緒也想進入此區塊, 就會被強制暫停, 等目前執行此區塊的執行緒離開此區塊, 才能繼續執行。

TIP 請務必確實瞭解 synchronized 方法與 synchronized 區塊的差異, 並熟悉在多執行緒間共享資源的正確方法。

15-3 執行緒間的協調

使用多執行緒時, 經常會遇到的一種狀況, 就是執行緒 A 在等執行緒 B 完成某項工作, 而當執行緒 B 完成後, 執行緒 B 又要等執行緒 A 消化執行緒 B 剛剛完成的工作, 如此反覆進行。這時候, 就需要一種機制, 可以讓執行緒之間互相協調, 彼此可以知道對方的進展。

15-3-1 執行緒間相互合作的問題

如果將上一節的選票統計改由各開票所的人員打電話回報得票數, 而總部僅有一名助理接聽電話, 並負責將新增得票數記錄下來, 然後通知選舉總部的負責人去加總票數。那麼程式就可以增加一個代表助理的 Assistant 類別來居中處理計票工作：(請注意底下程式為錯誤示範, 稍後會說明如何修正)

程式 Vote3.java 沒有協調的多執行緒

```
01 class PollingStation extends Thread { // 開票所
02   static int reportTimes = 5; // 回報次數
03   int total = 0; // 此開票所總票數
04   Assistant a; // 記票助理物件
05   String name; // 開票所名稱
06
07   public PollingStation(Assistant a,String name) { // 建構方法
08     this.a = a; // 記錄Assistant物件
09     this.name = name; // 記錄開票所名稱
10   }
11
12   public void run() { // 執行緒要進行工作
13     for(int i = 0;i < reportTimes;i++) { // 回報5次得票
14       //以亂數產生新增得票數
15       int count = (int)(Math.random() * 500);
16       a.reportCount(name,count); // 回報新增得票數並加總
17       total += count; // 此開票所加總
18     }
19   }
20 }
```

```
21
22 class Assistant {
23   private int count; // 新增的得票數
24   private String name; // 開出新增得票數的開票所
25
26   public synchronized void reportCount(String name,int count) {
27     System.out.println(name + "開票所新增" + count + "票");
28     this.count = count;
29     this.name = name;
30   }
31
32   public synchronized int getCount() {
33     return count;
34   }
35 }
36
37 public class Vote3 {
38   static int total = 0; // 總開票數
39   static int numOfStations = 2; // 開票所數
40   static PollingStation[] stations;
41
42   public static void main(String[] argv) {
43     // 建立助理物件
44     Assistant a = new Assistant();
45
46     // 建立陣列
47     stations = new PollingStation[numOfStations];
48
49     // 一一建立投票所物件
50     for(int i = 1;i <= numOfStations;i++) {
51       stations[i - 1] = new PollingStation(a,i + "號");
52     }
53
54     // 一一啟動執行緒
55     for(int i = 0;i < numOfStations;i++) {
56       stations[i].start();
57     }
58
```

```
59    for(int i = 0;
60     i < numOfStations * PollingStation.reportTimes;i++) {
61     total += a.getCount(); // 讀取票數
62     System.out.println("目前總票數：" + total);
63    }
64
65    System.out.println("最後投票結果：");
66
67    // 一一顯示各投票所票數
68    for(int i = 0;i < numOfStations;i++) {
69      System.out.println(stations[i].name + ":" +
70        stations[i].total);
71    }
72
73    // 顯示最後總票數
74    System.out.println("總票數：" + total);
75  }
76 }
```

其中 22 ~ 35 行就是用來表示選舉總部助理的 Assistant 類別。這個類別只有 2 個方法, 分別是用來讓 PollingStation 物件呼叫, 以回報新增得票數的 reportCount() ，以及提供給主流程取得新增票數的 getCount()。由於這 2 個方法都必須存取共用的資源 count, 所以都以 synchronized 來控制存取 count 變數的同步。reportCount() 中是顯示並且記錄回報的票數, 而 getCount() 就很單純的傳回 count。

PollingStation 類別的內容和之前的範例幾乎一樣, 不同的只是原來記錄 Vote 物件的變數改成記錄 Assistant 物件, 並且一併改成呼叫 Assistant 類別的 reportCount() 回報新增票數。

在 main() 中, 先產生代表助理的 Assistant 物件, 然後一一產生各個開票所的 PollingStation 物件, 並啟動執行緒。然後使用 for 迴圈依據開票所的數量以及個別開票所回報新增票數的次數呼叫 Assistant 的 getCount(), 取得新增票數以進行加總。最後, 顯示各開票所的總票數以及加總的總票數。

執行結果

```
目前總票數：0
目前總票數：0
1號開票所新增258票
2號開票所新增188票
1號開票所新增210票
2號開票所新增145票
1號開票所新增81票
2號開票所新增94票
1號開票所新增187票
2號開票所新增482票
1號開票所新增143票
2號開票所新增136票
目前總票數：136
目前總票數：272
目前總票數：408
目前總票數：544
目前總票數：680
目前總票數：816
目前總票數：952
目前總票數：1088
最後投票結果：
1號:879
2號:1045
總票數：1088
```

先看最後的結果, 明明兩個開票所分別有 879 及 1045 票, 怎麼總票數會是 1088 票呢？仔細看執行結果就會發現, 主流程在開票所還沒有回報票數時, 就已經先呼叫 getCount() 兩次了。更糟的是, 助理並沒有控制好, 總部負責人根本就還沒有將記錄下來的新增票數加總, 就又把傳回的新增票數記錄到 count 變數中, 蓋掉了之前的數值, 以致於最後的 1088 票其實是 2 號開票所最後一次傳回的 136 票乘上 8 次的結果。

這個程式的問題就出在各個執行緒間並沒有協調好, 助理應該告訴總部負責人現在沒有資料, 請等候；相同的道理, 助理也應該要知道負責人還沒加總好資料, 先不要把新資料記下來而蓋掉舊資料。

15-3-2 協調執行緒

為了解決上述的問題, 必須修改 Assistant 類別, 讓它扮演好助理的角色。**Object 類別**為此提供一對方法：**wait()** 與 **notify()** , wait() 可以讓目前的執行緒進入等待狀態, 直到有別的執行緒呼叫同一個物件的 notify() 方法叫醒, 才會繼續執行。因此, 我們就可以用 Assistant 物件呼叫這一對方法, 來協調回報新增票數與加總票數的工作：

程式 Vote4.java 讓助理協調計票事務的 Assistant 類別

```
22 class Assistant {
23   // 是否有得票數未加總
24   private boolean unprocessedData = false;
25   private int count; // 新增的得票數
26   private String name; // 開出新增得票數的開票所
27
28   public synchronized void reportCount(String name,int count) {
29     while(unprocessedData) { // 有未加總的票
30       try {
31         wait(); // 請等待
32       }  catch (InterruptedException e) {}
33     }
34
35     System.out.println(name + "開票所新增" + count + "票");
36     this.count = count;
37     this.name = name;
38     unprocessedData = true;
39     notify();
40   }
41
42   public synchronized int getCount() {
43     while(!unprocessedData) { // 沒有未加總的票
44       try {
45         wait(); // 請等待
46       } catch(InterruptedException e) {}
47     }
48
49     int value = count;
50     unprocessedData = false;
51     notify();
52     return value;
53   }
54 }
```

- 第 24 行新增了 unprocessedData 成員, 用來表示是否有新增的票數還未加總。

- 第 29 行的 while 迴圈會在還有新增票數未加總時, 呼叫 Assistant 物件的 wait() 方法, 讓代表開票所的執行緒進入等待狀態。一旦被喚醒繼續執行, 就會將新增票數記錄下來, 將 unprocessedData 設為 true, 告訴助理可以加總票數了。然後呼叫 notify() , 讓等待加總票數的主流程可以繼續執行。

- 第 43 的 while 迴圈會在沒有新增票數需要加總時, 讓負責加總的主流程等待, 等待的方式一樣是呼叫 Assistant 物件的 wait() 方法。一旦被喚醒繼續執行時, 就會將 unprocessedData 設為 false, 並呼叫 Assistant 物件的 notify() 方法, 以便喚醒等待回報新增票數的執行緒, 讓開票所能夠繼續回報新增票數。

如此一來, 執行結果就完全正確了：

執行結果

```
1號開票所新增432票
1號開票所新增311票
目前總票數：432
1號開票所新增5票
目前總票數：743
1號開票所新增215票
目前總票數：748
2號開票所新增202票
目前總票數：963
2號開票所新增15票
目前總票數：1165
2號開票所新增323票
目前總票數：1180
1號開票所新增335票
目前總票數：1503
2號開票所新增30票
目前總票數：1838
2號開票所新增68票
目前總票數：1868
目前總票數：1936
最後投票結果：
1號:1298
2號:638
總票數：1936
```

要注意的是, 對於物件 a 來說, 只有在物件 a 的 synchronized 方法或是以 a 為共享資源的 synchronized(a) 區塊中才能呼叫 a 的 wait() 方法。一旦執行緒進入等待狀態時, 就會暫時**釋放其 synchronized 狀態**, 就好像這個執行緒已經離開 synchronized 方法或是區塊一樣, 讓其他的執行緒可以呼叫同一方法或是進入同一區塊。等到其他執行緒呼叫 notify() 喚醒等待的執行緒時, 被喚醒的執行緒必須等到可以重新進入 synchronized 狀態時才能繼續執行。

TIP 如果有多個執行緒在 wait 同一份資源，那麼執行 notify() 只會隨機喚醒其中的一個執行緒。另外還有一個 notifyAll() 方法，則可一次喚醒所有等待該資源的執行緒。

TIP 請注意，wait()、notify()、notifyAll() 都是 Object 類別的方法 (而非 Thread 或 Runnable 的)，而且都只能在 synchronized 的方法或區塊中執行，否則會 Runtime Error。

15-3-3 避免錯誤的 synchronized 寫法

上一節曾經提過使用 synchronized 來同步多個執行緒，不過要特別注意，使用 synchronized 標示方法時，其實就等於是以物件自己為共享資源標示 synchronized 區塊，也就是說，以下的方法：

```
public synchronized void foo() {
   ....
}
```

其實就等於

```
public void foo() {
   synchronized(this) {
   ......
   }
}
```

所以無論是設定 synchronized 方法或區塊，其實都會以物件為單位進行鎖定：當有執行緒進入某物件的 synchronized 區塊時，Java 即會將該物件標示為鎖定 (也就是進入 synchronized 狀態)，直到離開區塊時才會解除鎖定。當物件標示為鎖定時，其他執行緒就無法再進入該物件的任何 synchronized 區塊了，必須等待解除鎖定後才能進入。

TIP 請注意，每個物件都有自己的鎖定狀態 (synchronized 狀態)，而不會相互影響。

TIP 如果是 synchronized 靜態 (static) 方法，則鎖定的將是類別而非物件（因為靜態方法和物件沒有直接關聯）。因此若是要在靜態方法中設定 synchronized 區塊，則可以改用類別來指定，例如『synchronized(**Vote.class**) { ... }』，其中的 Vote.class 就代表 Vote 類別。

因此，如果同一類別中有多個 synchronized 方法時，若是有執行緒已進入此類別物件的某個 synchronized 方法，就會造成其他執行緒無法再呼叫同一物件的任一個 synchronized 方法。請看以下範例：

程式 DeadLock.java 互相等待的執行緒

```
01 class ThreadA extends Thread {
02   public void run() {
03     Lock.obj.a();
04   }
05 }
06
07 class ThreadB extends Thread {
08   public void run() {
09     Lock.obj.b();
10   }
11 }
12
13 class Lock {
14   public static Lock obj = new Lock(); // 靜態物件, 可用類別名稱存取
15   private boolean bExecuted = false;
16
17   public synchronized void a() {
18     System.out.println("方法a開始執行");
19     while(!bExecuted) {} // 等方法b被呼叫
20     System.out.println("方法a執行完畢");
21   }
22
23   public synchronized void b() {
24     System.out.println("方法b開始執行");
25     bExecuted = true; // 表示方法b已經呼叫了
26     System.out.println("方法b執行完畢");
27   }
28 }
```

```
29
30 public class DeadLock {
31   public static void main(String[] argv) {
32     ThreadA ta = new ThreadA();
33     ThreadB tb = new ThreadB();
34     try {
35       ta.start(); // ta執行緒先執行
36       tb.start(); // tb執行緒再接著執行
37       ta.join();  // 等ta執行緒結束
38       tb.join();  // 等tb執行緒結束
39     } catch(InterruptedException e) {}
40     System.out.println("程式結束");
41   }
42 }
```

在這個程式中, Lock 類別有 2 個 synchronized 方法, 分別叫做 a() 與 b()。其中 a() 一執行後就會進入一個 while 迴圈等待 b() 被執行；而 b() 則會設定 bExecuted 的值, 讓 a() 的 while 迴圈可以結束。

ThreadA 與 ThreadB 這兩個 Thread 子類別的 run() 則是分別呼叫 Lock.obj 物件的 a() 與 b()。而在 main() 中, 會先產生 ThreadA 與 ThreadB 的物件 ta 與 tb, 然後分別啟動其執行緒。理論上程式執行後, ta 執行緒會呼叫 Lock.obj.a() 而等待, 然後 tb 執行緒會呼叫 Lock.obj.b() 解除 a() 的迴圈, 最後程式結束。不過實際的執行結果卻是這樣：

執行結果

```
方法a開始執行
```

ta 執行緒一進入迴圈後就跑不出來了, 這表示 tb 執行緒根本就沒有進入 b()。會造成這樣的結果, 就是因為呼叫的 a() 與 b() 是屬於同一個物件 (Lock.obj) 的 synchronized 方法, 當 ta 進入 a() 後, 就導致 tb 無法呼叫 b() 了。最後, 變成 ta 要等 tb 執行 b() 來解除它的迴圈, 可是 tb 也在等 ta 離開 a(), 彼此互相等待, 所以程式就停在 a() 中無法繼續了。像這樣多個執行緒間相互等待的狀況, 就稱為**死結 (Dead Lock)**。

如果將 b() 的 synchronized 字符拿掉, 程式就可以順利進行了：

程式 NoDeadLock.java 不會造成死結的程式

```
13 class Lock {
14   public static Lock obj = new Lock();
15   private boolean bExecuted = false;
16
17   public synchronized void a() {
18     System.out.println("方法a開始執行");
19     while(!bExecuted) {} // 等方法b被呼叫
20     System.out.println("方法a執行完畢");
21   }
22
23   public void b() {
24     System.out.println("方法b開始執行");
25     bExecuted = true; // 表示方法b已經呼叫了
26     System.out.println("方法b執行完畢");
27   }
28 }
```

執行結果

```
方法a開始執行
方法b開始執行
方法b執行完畢
方法a執行完畢
程式結束
```

TIP 撰寫多執行緒程式很容易因為粗心而寫出造成死結的程式，請務必多加注意。

如果這兩個方法都必須是 synchronized, 那麼就必須改用 wait() 來進行等待, 因為在上一小節提過, 當執行緒呼叫某物件的 wait() 而進入等待狀態時, 會先**釋放對於該物件的 synchronized 狀態**, 讓其它的執行緒可以進入以同一物件為共享資源的 synchronized 區塊：

程式 UsingWait.java 使用 wait 避免死結

```
13 class Lock {
14   public static Lock obj = new Lock();
15
16   public synchronized void a() {
17     System.out.println("方法a開始執行");
18     try{
19       wait(); // 改用wait等待b()的notify
20     } catch(InterruptedException e) {}
```

```
21        System.out.println("方法a執行完畢");
22    }
23
24    public synchronized void b() {
25      System.out.println("方法b開始執行");
26      notify();
27      System.out.println("方法b執行完畢");
28    }
29  }
```

要特別留意**加上呼叫 notify()** 的動作來**解除等待狀態**, 這是撰寫多執行緒程式時很容易疏忽的地方。

TIP 如果類別中已避免掉所有多執行緒下的資源共用問題，我們就稱之為【多緒安全】(Thread-Safe) 的類別，並可安心地將之使用於多執行緒的程式中。

15-4 綜合演練

有了多執行緒之後, 就可以製作出許多有用的工具類別。像是在第 12 章曾經撰寫過的計時器, 如果讓它在單獨的執行緒運作的話, 主流程就可以持續進行後續的工作, 並在計時結束時收到通知。在這一節中, 就要改良計時器, 讓它可以通用在不同的程式中。

用來通知計時結束的介面

在第 12 章曾經提過, 介面有一個用法就是提供給物件之間作為相互溝通的橋樑, 我們首先要實作的就是這樣的介面, 它可以讓計時器在計時結束時呼叫啟動該計時器的物件：

程式 TimeUp.java 計時器與啟動計時器的物件的溝通橋樑

```
01 interface TimeUp {
02   void notifyTimeUp();
03 }
```

要啟動計時器必須準備一個實作 TimeUp 介面的物件, 並在啟動計時器時傳遞給計時器。當計時器計時結束時, 就會呼叫此 TimeUp 物件的 notifyTimeUp() 方法來通知計時已經結束。

實作計時器類別

有了 TimeUp 介面後, 就可以實作計時器的 Timer 類別了。程式如下：

程式 Timer.java 實作計時功能的類別

```
01 public class Timer extends Thread {
02   private int interval; // 計時區間
03   private TimeUp listener; // 時間到時反向呼叫的介面
04
05   public static void setTimer(int interval, TimeUp listener) {
                                         // 外界啟動計時計的專用方法
06     Timer t = new Timer(interval,listener); // 建立計時物件
07     t.start(); // 啟動計時用的執行緒
08   }
09
10   private Timer(int interval,TimeUp listener) { // 私用的建構方法
11     this.interval = interval;
12     this.listener = listener;
13   }
14
15   public void run() { // 啟動執行緒時所要執行的內容
16     try {
17       sleep(interval); // 進入睡眠時間等待時間到
18     } catch(InterruptedException e) {}
19     listener.notifyTimeUp(); // 通知時間已到
20   }
21 }
```

在 Timer 類別中, interval 是用來記錄計時的長度, 單位和 Thread.sleep() 方法一樣是 1 / 1000 秒。而 listener 就是記錄當計時結束時要呼叫的 notifyTimeUp() 方法所屬的物件。

static 方法 setTimer() 就是實際啟動計時器的方法, 它需要 2 個參數, 分別是計時的長度以及用來通知計時結束的 TimeUp 物件。此方法會建立一個 Timer 物件, 然後呼叫 start() 方法啟動執行緒開始計時。

要注意的是, 由於 Timer 類別的用法是呼叫其 static 方法 setTimer(), 因此其建構方法設為 private 存取控制。也就是說, 除了呼叫 setTimer() 以外, 並不允許外部程式自行建立 Timer 物件。這也是 private 建構方法的一種用法。

在 run() 方法中, 只是很單純的呼叫 Thread.sleep() 方法等待指定的時間, 並且在等待完畢後呼叫 listener 物件的 notifyTimeUp() 方法, 通知計時結束。

到這裡, 就將計時類別實作好了, 接下來就可以實際運用。

測試 Timer 類別

這裡我們寫了一個簡單的測試程式, 它會啟動一個 5 秒鐘的計時器, 並顯示簡單的訊息。

程式 TestTimer.java 測試 Timer 類別

```
01 import java.util.Date;
02
03 public class TestTimer implements TimeUp { // 宣告要實作 TimpUp 介面
04   static boolean isTimeUp = false;
05
06   public static void main(String[] argv) {
07     Timer.setTimer(5000,new TestTimer());
08
09     Date now = new Date();
10     System.out.println("目前時刻：" + now);
11     while(!isTimeUp) {
12       try {
13         Thread.sleep(1000);
14       } catch(InterruptedException e) {}
15       System.out.print(".");
16     }
17     now = new Date();
```

```
18        System.out.println("目前時刻：" + now);
19      }
20
21      public void notifyTimeUp() { // 實做 TimeUp 介面中的方法
22        System.out.println("時間到！");
23        isTimeUp = true;
24      }
25  }
```

執行結果

```
目前時刻：Fri Apr 29 12:04:33 CST 2016
....時間到！
.目前時刻：Fri Apr 29 12:04:38 CST 2016
```

- 在 TestTimer 類別中, isTimeUp 是用來標示計時是否已經結束的變數, 在 main 中的主流程就依據這個變數的值來判斷是否要結束迴圈。
- main() 中首先呼叫了 Timer.setTimer() 啟動計時器, 並傳入 5000 表示要計時 5 秒, 另外傳入一個新產生的 TestTimer 物件, 以作為計時結束時通知之用。
- 程式接著先顯示目前時間, 然後進入一個 while 迴圈, 利用 Thread.sleep() 等 1 秒, 顯示簡單的 "."表示正在等待計時結束中。迴圈會一直進行到 isTimeUp 被設定為 true 為止, 最後再顯示目前的時間, 然後結束程式。
- 由於 TestTimer 本身就實作了 TimeUp 介面, 因此必須實作 notifyTimeUp() 方法。在這個方法中, 只是很簡單的顯示時間到的訊息, 並設定 isTimeUp 為 true, 讓 main() 中的迴圈可以結束。

您也可以將 Timer 類別以及 TimeUp 介面放入套件中, 以方便不同的程式共用這個工具類別。

學習評量

※ 選擇題可能單選或複選

1. 要建立新的執行緒，必須從 ________ 衍生新類別或是實作 ________ 介面。

2. 為了協調多個執行緒存取同一個資源，必須使用 __________ 方法或是區塊。

3. (   ) 以下敘述何者正確？

   (a) sleep() 是 Thread 類別的 static 方法
   (b) wait() 是 Thread 類別的方法
   (c) notify() 是 Thread 類別的方法
   (d) 以上皆正確

4. (   ) 以下敘述何者正確？

   (a) 要呼叫 notify() 方法, 必須是在 synchronized 區塊中
   (b) 要呼叫 wait() 方法, 必須是在 synchronized 區塊中
   (c) 要呼叫 sleep() 方法, 必須是在 synchronized 區塊中
   (d) 以上皆正確

5. (   ) 以下敘述何者正確？

   (a) 要等待執行緒結束, 可以呼叫 Thread.wait() 方法
   (b) 要等待執行緒結束, 可以呼叫 Thread.sleep() 方法
   (c) 要等待執行緒結束, 可以呼叫 Thread.join() 方法
   (d) 以上皆正確

6. (   ) 以下哪一個不是執行緒可能的狀態？

   (a) 執行 (Running)
   (b) 等待 (Waiting)
   (c) 睡眠 (Sleeping)
   (d) 略過 (Bypassing)

7. 請指出以下程式的錯誤, 並更正之：

```
01 import java.util.Date;
02
03 public class Ex_15_7 extends Thread {
04   Date d = new Date();
05
06   public void run() {
07     try {
08       d.wait();
09     } catch(InterruptedException e) {}
10   }
11 }
```

8. 請指出以下程式的錯誤, 並更正之：

```
01 public class Ex_15_8 extends Thread {
02   public static void main(String[] argv) {
03     Ex_15_8 ex = new Ex_15_8();
04     ex.start();
05     ex.join();
06   }
07
08   public void run() {
09     try {
10       sleep(5000);
11     }
12     catch(InterruptedException e) {};
13   }
14 }
```

9.請指出以下程式的錯誤, 並更正之：

```
01 public class Ex_15_9 {
02   public static void main(String[] argv) {
03     sleep(5000);
04   }
05 }
```

10. 請指出以下程式的錯誤, 並更正之：

```
01 import java.util.Date;
02
03 public class Ex_15_10 extends Thread {
04   Date d = new Date();
05
06   public void run() {
07     try {
08       d.notify();
09     } catch(InterruptedException e) {}
10   }
11 }
```

程式練習

1. 請利用 15-4 節的計時器程式, 撰寫一個等待泡麵的程式, 讓使用者輸入要泡麵的分鐘數, 並且在時間到時提醒使用者可以吃麵。

2. 請撰寫一個有兩個執行緒的程式, 分別模擬兩個玩猜拳遊戲的人, 每次出拳後顯示輸贏以及目前雙方的輸贏總次數。

3. 請撰寫一個賽車程式, 以 F1Car 類別模擬單一部賽車, 在執行緒中以迴圈每一輪使用亂數取得前進的距離, 並在到達終點後顯示訊息, 結束執行緒。所有賽車都到達終點後, 要能夠看到賽車到達的順序。

4. 請撰寫一個打字練習遊戲, 由單獨的執行緒負責每一秒鐘透過亂數產生一個英文字母, 而 main() 方法所在的執行緒負責接受玩家的輸入, 輸入正確字母得一分, 並在輸入 "*" 時結束程式。

5. 請撰寫一個有兩個執行緒的程式，分別模擬壽司店師傅與食客，食客必須等壽司師傅做好壽司才能進食，壽司師傅必須等食客進食，把盤子淨空後才能將做好的壽司放入盤中。

16

CHAPTER

資料輸入與輸出

學習目標

- 了解 Java 的串流處理方式
- 認識串流例外類別的用法
- 學習在程式中處理標準輸出與輸入
- 學習用程式讀寫、管理檔案

在本章之前, 我們已多次用 import java.io.* 敘述匯入 Java 的 I/O (資料輸入與輸出) 套件, 並使用其中的 BufferedReader 類別的 readLine() 方法從鍵盤讀取使用者輸入的資料, 以及用 System.out.println() 方法在螢幕上顯示訊息。

但 java.io 套件的功能可不僅止於此, 舉凡從電腦的螢幕、鍵盤等各種裝置輸出或輸入資料, 或是讀寫電腦中的文字檔、二元檔 (binary file), 甚至是讀寫 .zip 格式的壓縮檔, 都可透過 java.io 套件中的類別來完成。本章就要來介紹 Java 的資料輸入與輸出架構, 以及如何使用 java.io 套件的各項 I/O 類別。

TIP 另外我們也曾用過 java.util.Scanner 類別來取得輸入，不過由其所屬的套件 java.util 可看出，Scanner 算是工具性的類別，它提供了較簡便的方式，由輸入串流或單一個字串來取得特定的資料內容。

16-1 甚麼是串流？

為了簡化程式處理 I/O 的動作, 不管讀取或寫入資料的來源/目的為何 (檔案、網路、或記憶體等等), 都是以**串流** (stream) 的方式進行讀取與寫入。而串流就是形容資料像河流一樣, 將資料依序從資料來源中流出, 或是流入目的地中。

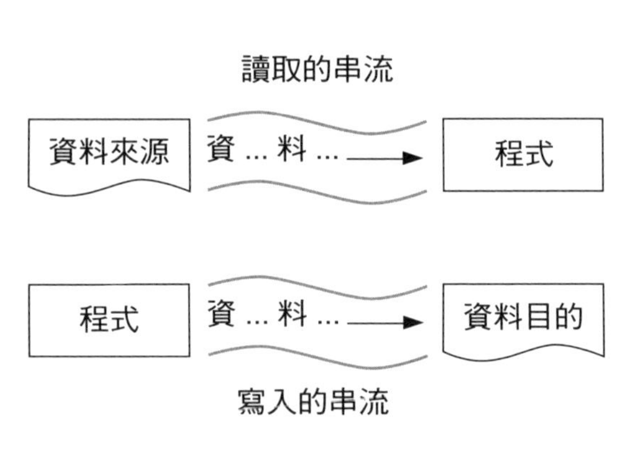

在 java.io 套件中, 所有的類別都是以串流來操作資料, 不管讀取或寫入, 都離不開以下三個基本動作：

1. 開啟串流 (建構串流物件)
2. 從串流讀取資料、或將資料寫入串流
3. 關閉串流

從程式的觀點, 可供程式讀取的資料來源稱為**輸入串流** (input stream)；而可用來寫入資料的則稱為**輸出串流** (output stream)。不管我們是從磁碟 (檔案)、網路 (URL) 或其它來源或目的建立串流物件, 讀寫的方式都相似, Java 已將其間的不同隱藏起來, 讓我們可以用一致的方式來操作串流, 大幅簡化程式流程。

16-2 Java 串流類別架構

在 java.io 套件中, 主要有 4 組串流類別, 這 4 組類別可分為兩大類：

- **以 byte 為處理單位**的輸出入串流, 又可稱之為**位元串流** (Byte Streams)
- **以 char 為處理單位**的輸出入串流, 又可稱之為**字元串流** (Character Streams)

16-2-1 位元串流

位元串流是以 8 位元的 byte 為單位進行資料讀寫, 它有兩個最上層的抽象類別：InputStream (輸入) 及 OutputStream (輸出)。其他的位元串流都是由這兩個類別衍生出來的, 例如已用過很多次的 System.out 就是 java.io.PrintStream 類別的物件, 此類別是 FilterOutputStream 的子類別, 而 FilterOutputStream 則是 OutputStream 的子類別。關於位元串流的主要類別, 請參見以下的類別圖：

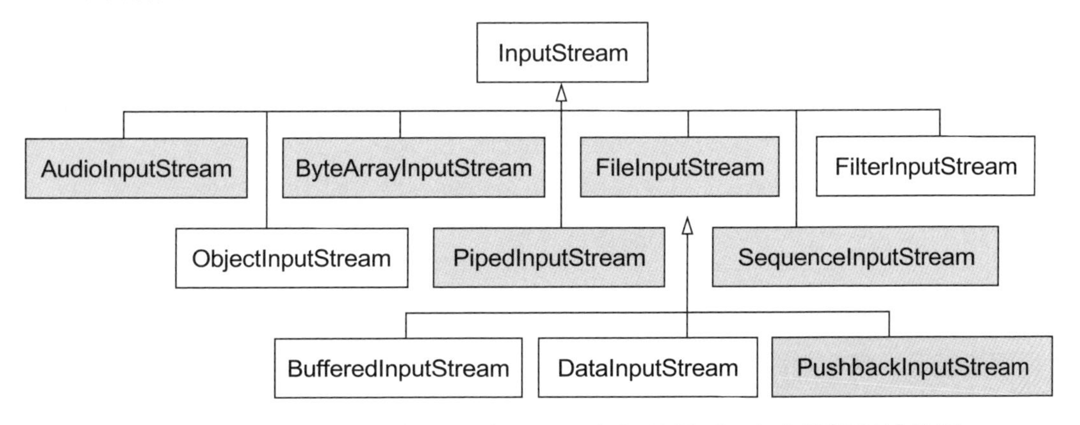

InputStream 及其衍生類別 (本圖只列出部份類別 , 白底的類別較常用)

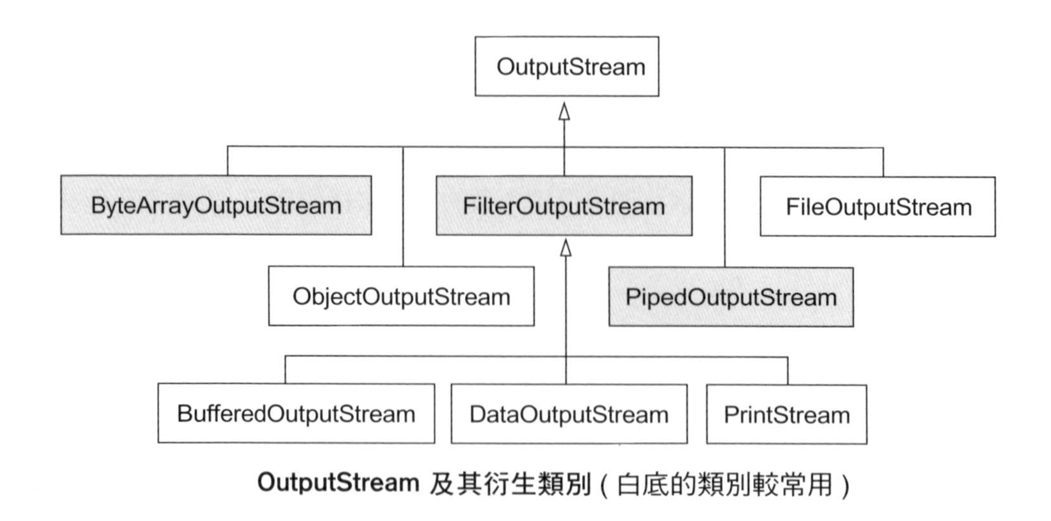

OutputStream 及其衍生類別 (白底的類別較常用)

每種類別都適合於某類的讀取或寫入動作, 例如 ByteArrayInputStream 適用於讀取位元陣列；FileOutputStream 則適用於寫入檔案。另外比較特別的是 ObjectIntputStream 和 ObjectOutputStream, 它們是為了讀寫我們自訂類別的物件而設計, 其用法會在 16-4 節介紹。

這些串流類別的讀/寫方法都有個共通的特性, 就是它們的原型宣告都註明 **throws IOException**, 所以使用時要記得用 try/catch 來執行, 或是在您的方法宣告也加上 throws IOException 的註記, 將例外拋給上層。

16-2-2 字元串流

字元串流是以 16 位元的 char 為單位進行資料讀寫, 字元串流同樣有兩個最上層的抽象類別 Reader、Writer, 分別對應於位元串流的 InputStream、OutputStream。這類串流類別主要是因應國際化的趨勢, 為方便處理 16 位元的 Unicode 字元而設的, 而且字元串流也會自動分辨資料中的 8 位元 ASCII 字元和 Unicode 字元, 不會將兩種資料弄混。

字元串流類別的架構和位元串流有些類似, 而且用法也相似, 所以學會一種用法就等於學會兩種。不過 Reader、Writer 的衍生類別數量較少：

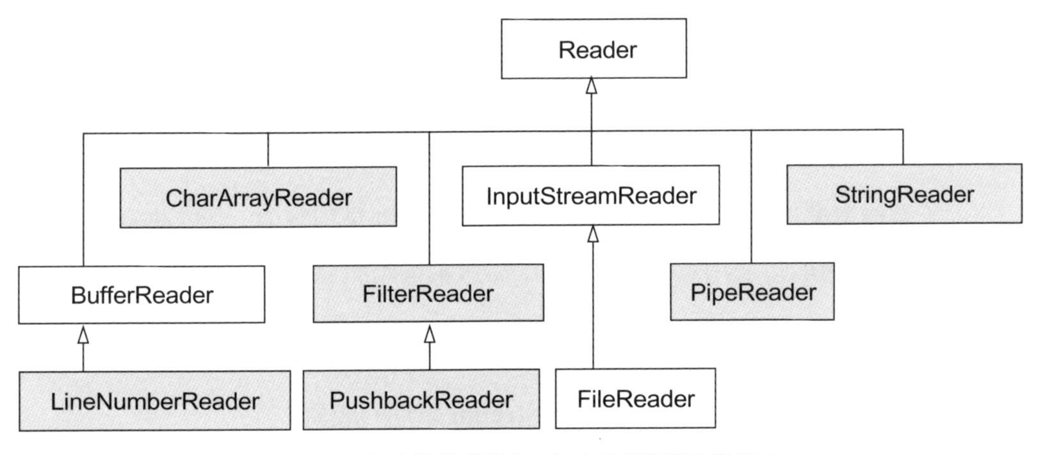

Reader 及其衍生類別 (白底的類別較常用)

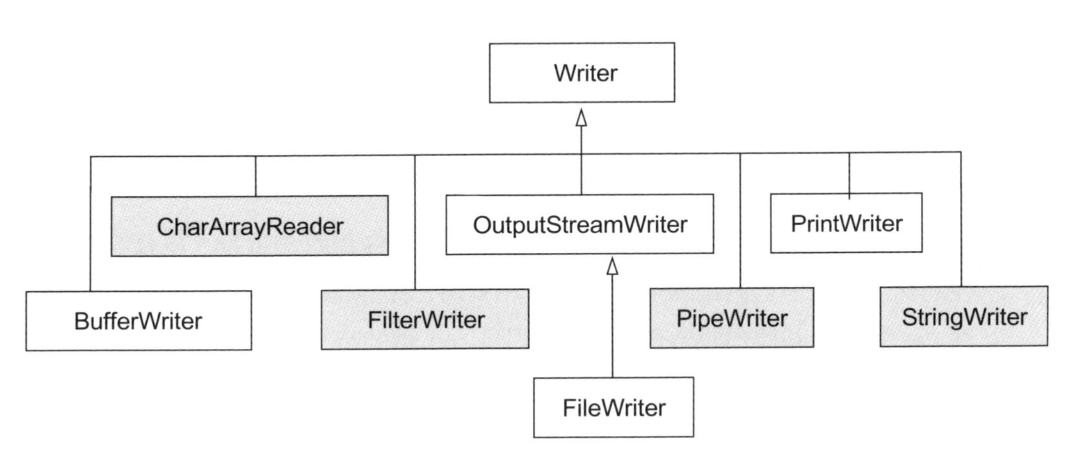

Writer 及其衍生類別 (白底的類別較常用)

TIP 所有位元串流類別的名稱均以 Stream 結尾，而字元串流則以 Reader 或 Writer 結尾。

TIP 在 java.io 套件中，除了上述四種串流類別外，還有一個 Console (主控台) 類別，可以很方便地用它來進行鍵盤輸入與螢幕輸出。另外還有多個與 I/O 相關的類別，其中的 File 類別可用來管理檔案與資料夾。Console 及 File 類別本章稍後也會介紹。

16-3 輸出、輸入資料

16-3-1　標準輸出、輸入

所謂標準輸出一般就是指螢幕, 而標準輸入則是指鍵盤, 在前幾章的程式中, 就是從鍵盤取得使用者輸入的資料, 從螢幕輸出訊息及執行結果。

標準輸出

在 System 類別中, 有兩個 **PrintStream** 類別的成員：

- **out 成員**：代表**標準輸出**裝置, 一般而言, 都是指電腦螢幕。不過我們可以利用轉向的方式, 讓輸出的內容輸出到檔案、印表機、或遠端的終端機等等。例如在**命令提示字元**視窗中, 我們可以用 "dir > test" 的方式, 使 dir 原本會顯示在螢幕上的資訊『轉向』存到 "test" 這個檔案中。(在 Unix/Linux 系統下也可用相同的轉向技巧, 例如 "ls > test")。

- **err 成員**：代表標準『示誤訊息』輸出裝置, 同樣預設為螢幕。以往當應用程式執行過程中遇到錯誤並需通知使用者時, 就是將訊息輸出到此裝置。雖然 err 與 out 同樣預設為螢幕, 但我們將 out 轉向時, err 並不會跟著轉向。舉例來說, 如果執行 "dir ABC > test" 這個命令, 但資料夾中並無 ABC 這個檔案, 此時 dir 指令仍會將 "找不到檔案" 的示誤訊息顯示在螢幕上, 而不會存到 test 檔案中。

PrintStream 類別多重定義了適用於各種資料型別的 print()、println() 方法 (後者會多輸出一個換行字元以進行換行), 所以用這兩個方法輸出任何資料, Java 都會自動以適當的格式輸出。

此外, **PrintStream** 類別還有一對多重定義的 write() 方法, 其參數是資料的『位元值』。例如我們要輸出 "A" 字元, 必須指定其 ASCII 碼 65, 例如 "write(65);"。另一個 write() 方法則是可輸出位元陣列的元素, 且可指定要從第幾個元素開始輸出、共輸出幾個元素：

```
public void write(int b)
                      └── 要輸出的位元值

public void write(byte[] buf, int off, int len)
                        |          |       └── 共輸出 len 個元素
                        |          從第 off 個元素開始輸出
                  要輸出的位元陣列
```

TIP PrintStream 另外還有可輸出「格式化資料」的 printf() 及 format() 方法，詳情參見 16-3-4 節。

PrintStream 類別有個和其它串流類別不同的特點，就是它的方法都不會拋出 IOException 例外。以下程式示範了這幾個方法的用法：

程式 SystemOutTest.java 示範 Print Stream 各種方法的用法

```
01 public class SystemOutTest {
02
03   public static void main(String[] argv) {
04
05     int[] a = {10,20,40,80,160};
06
07     // 依序輸出所有元素的整數值、ASCII 碼對應的字元
08     for(int i = 0;i < a.length;i++) {
09       System.out.print("a[" + i + "]:" + a[i] + " ");
10       System.out.write(a[i]);
11       System.out.println();     // 換行
12     }
13
14     byte[] b = {7,32,7,32,7};
15     System.err.println("\n接著輸出一串嗶聲");
16     System.err.write(b, 0, b.length);
17   }       // 從第 0 個元素開始輸出, 共輸出 b.length 個元素
18 }
```

● 第 8～12 行的迴圈會分別用 print() 和 write() 方法輸出 a[] 陣列中的元素。print() 方法會將各元素當整數值輸出, 所以可正常看到輸出值；write() 方法則是將元素值當成一個 2 進元數值輸出, 對螢幕而言, 就是將元素值當成 ASCII 碼, 然後輸出對應的 ASCII 字元。

執行結果

```
a[0] : 10


a[1] : 20
a[2] : 40 (
a[3] : 80 P
a[4] : 160 ?

接著輸出一串嗶聲
```

以 a[0] 為例, ASCII 碼 10 是換行字元, 所以輸出這行後會自動換行； 至於 ASCII 碼 20 對應的字元則是一個特殊的控制字元, 所以 a[1] 這行後面看不到內容；至於最後一個 a[4]：160 對應的字碼超出 127 (該字元是 a 上面多一撇), 所以在中文環境被當成 Big-5 字碼第一碼, 但因為無第二碼, 因此只輸出一個問號。

TIP 若在命令提示字元視窗下執行 "chcp 437" 指令切換到英文環境 , 就能看到 a 上面多一撇的字元。

● 第 14 行改用 err 物件以 write() 方法輸出 b 陣列的全部內容。由於 ASCII 碼 7 是個特殊的 BEL 字元, 它會讓電腦發出嗶聲, 但不會輸出任何『字』, 而 ASCII 碼 32 對應的是『空白』字元, 所以這行敘述只會讓電腦發出嗶聲, 但螢幕上看不到任何輸出。

若要測試 System.out、System.err 的差異, 可改用轉向的方式來執行：

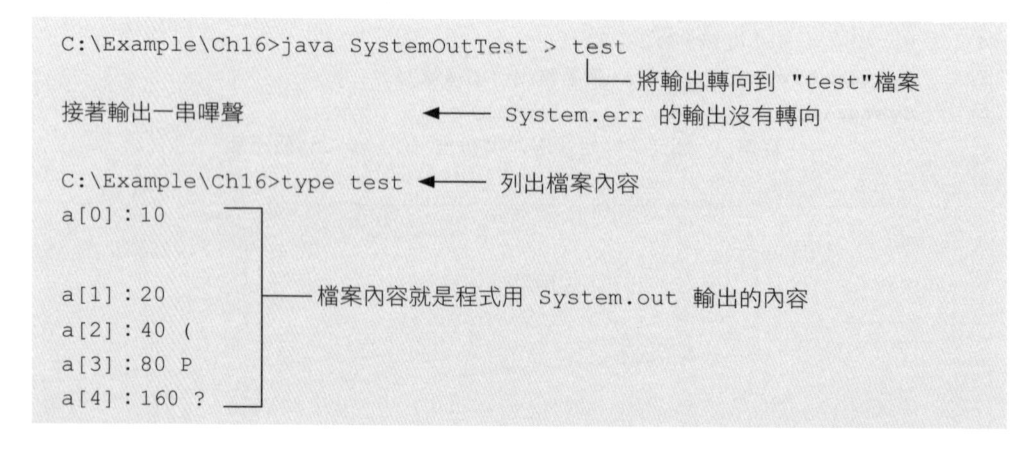

標準輸入

標準輸入一般指的是鍵盤, 但同樣可以利用轉向的方式從其它裝置來取得。不過細心的讀者或許發現, 前幾章的範例程式會另外建立一個 BufferedReader 類別的物件, 然後用這個物件來讀取 System.in 的鍵盤輸入。為什麼要這樣做呢?原因很簡單:就是為了方便處理。

System.in 是 InputStream 類別的物件, 它是將標準輸入當成**位元**串流來處理, 所以若用它來讀取鍵盤輸入, 讀到的都是位元的形式, 處理上並不方便 (例如要讀取多個 Byte 組成的中文或 Unicode 字元, 就需進行額外的處理)。此外直接讀取鍵盤輸入串流時, 由於電腦鍵盤緩衝區的運作方式, 會造成一些不易處理的狀況。為讓讀者瞭解直接使用 System.in 的情況, 我們先介紹 InputStream 類別的 read() 方法:

```
int read()   // 讀取一個位元, 傳回值即為讀到的位元值
             // 若沒有讀到位元, 則傳回 -1 (EOF, 代表檔案結尾的意思)

int read(byte[] b)
             // 將讀到的字元存入 b 陣列中, 傳回值同下一個方法

int read(byte[] b, int off, int len)
            // 將讀到的字元存入 b 陣列中
            // 從第 off 個元素開始存放, 共讀取 len 個字元
            // 傳回值為讀到的字元數, 沒有讀到則傳回 -1
```

使用這些方法時, 都需處理 IOException 例外, 或是單純拋給上層處理。我們就來看一下透過 System.in 物件用這些方法直接讀取鍵盤輸入的情形:

程式 SystemInTest.java 計算 2 的 N 次方, 直接使用 System.in 位元串流

```
01 import java.io.*;
02
03 public class SystemInTest {
04
05   public static void main(String args[]) throws IOException {
06
```

```
07      System.out.print("計算 2 的 N 次方，請輸入次方值：");
08
09      char ch = (char) System.in.read();    // 用 read() 讀取並轉成字元
10      String str = Character.toString(ch); // 將讀到的字元轉成字串
11      double pow = Double.parseDouble(str);
12      System.out.println("2 的 " + pow + " 次方等於 " +
13                         Math.pow(2,pow));
14
15      System.out.print("\n再算一次 2 的 N 次方，請輸入次方值：");
16
17      byte[] b = new byte[10];
18      System.in.read(b);                // 改用 read(byte[]) 讀取
19      pow = Double.parseDouble(new String(b));
20                    // 將位元陣列轉成字串，再轉成 double
21      System.out.println("2 的 " + pow + " 次方等於 " +
22                         Math.pow(2,pow));
23    }
24  }
```

執行結果 1

```
計算 2 的 N 次方，請輸入次方值：2
2 的 2.0 次方等於 4.0

再算一次 2 的 N 次方，請輸入次方值：Exception in thread "main" java.
lang.NumberFormatException: empty String
        at sun.misc.FloatingDecimal.readJavaFormatString(Unknown
Source)
        at java.lang.Double.parseDouble(Unknown Source)
        at SystemInTest.main(SystemInTest.java:18)
```

執行結果 2

```
計算 2 的 N 次方，請輸入次方值：25 ←— 輸入 2 個數字
2 的 2.0 次方等於 4.0

再算一次 2 的 N 次方，請輸入次方值：2 的 5.0 次方等於 32.0
```

- 第 9、18 行分別用不同的 read() 方法讀取鍵盤輸入的位元資料。
- 第 10 行呼叫 Character.toString() 方法 (參見第 17 章) 將字元轉成字串。
- 第 13、22 行用 Math.pow() 方法 (參見第 17 章) 計算 2 的 N 次方。

為何會有如上的執行結果呢？最主要的原因是範例程式第 1 次呼叫 read() 方法只讀取 **1** 個位元, 但使用者可能輸入 2 位數字 (多個位元)、且 InputStream 的 read() 方法也會讀到 Enter 按鍵的資訊所造成的。

回頭看第一個執行結果：程式第 1 次要求輸入, 我們輸入 2 並按 Enter 時, read() 方法傳回的是 "2" 這個字元的 ASCII 碼, 也就是 50, 所以必須進行轉換, 才能得到整數以進行運算。程式第 2 次要求輸入時, 我們還未輸入, 程式就直接顯示例外訊息而結束, 這是因為前一次輸入 2 時按下的 Enter 鍵會產生歸位及換行字元 (ASCII 碼 13 及 10), 所以第 2 次讀取時, read() 方法便直接讀到這些字元, 造成輸入的字串變成空字串, 導致第 19 行程式進行轉換時發生例外。

至於第 2 個執行結果, 則是在第 1 次輸入時, 就故意輸入 2 個字元。結果第 2 次的 read() 方法就讀到前次未讀到的 '5', 所以就直接計算 2 的 5 次方。

雖然 Enter 鍵的問題並非不能解決, 但一來這樣做會讓程式多做額外的處理, 二來大多數的應用程式都是要求使用者輸入『字元』而非位元, 所以一般會**用字元串流來包裝 System.in**, 達到簡化處理的目的。

用字元串流來包裝 System.in

為了方便從鍵盤取得資料, 我們會以字元串流來包裝 System.in 這個位元串流, 『包裝』 (wrap) 意指用 System.in 來建立**字元串流**的物件, 所以對程式來說, 它使用的是『字元』串流, 而非原始的 System.in『位元』串流。

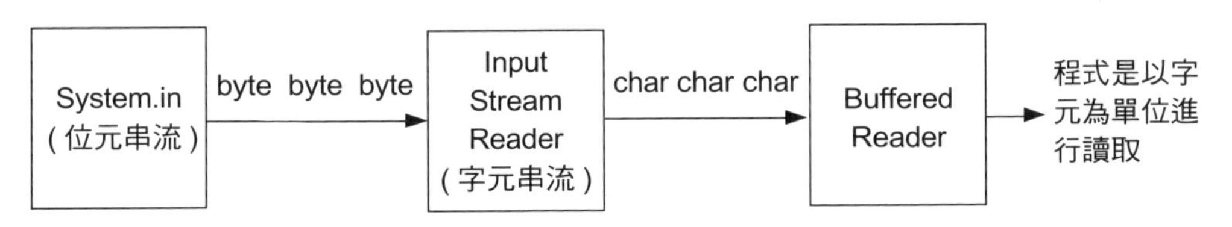

以前幾章取得鍵盤輸入的方式為例, 我們都使用如下的程式：

```
BufferedReader br =
  new BufferedReader(new InputStreamReader(System.in));

String str = br.readLine();
```

以上就是先將 System.in 物件包裝成 InputStreamReader 物件, 然後再包裝成 BufferedReader 物件, 最後才用此物件的 readLine() 方法來取得輸入。之所以要包兩層, 原因如下：

- InputStreamReader 的功用就是從位元串流取得輸入, 然後將這些位元解讀成字元。因此在建構 InputStreamReader 物件時, 必須以位元串流物件為參數來呼叫其建構方法。但 InputStreamReader在使用上仍有前述 Enter 鍵的問題, 操作並不方便。

- BufferedReader 是所謂的緩衝式輸入串流, 也就是先將輸入存到記憶體緩衝區中, 程式再到這個緩衝區讀取輸入。在讀取檔案時這種緩衝式輸入效率較佳, 而讀取鍵盤輸入時, 也可免去處理 Enter 鍵的問題。但 BufferedReader 只能以 Reader 物件來建構, 因此我們必須先用 System.in 建構 InputStreamReader 物件, 再用此物件來建構 BufferedReader 物件。

使用 BufferedReader 的 readLine() 方法讀取輸入時, 每次會讀取 『一行』 的內容, 且會自動忽略該行結尾的歸位及換行字元, 因此可順利解決 Enter 鍵的問題。請參考以下範例：

程式 WrapSystemIn.java 示範 BufferedReader 與 InputStreamReader 的差異

```
01 import java.io.*;
02
03 public class WrapSystemIn {
04
05   public static void main(String args[]) throws IOException {
06
07     // 用 InputStreamReader 讀取
08     System.out.print("請輸入一串字：");
09     InputStreamReader ir = new InputStreamReader(System.in);
10
11     char[] ch = new char[80];         // 用來存放讀到的字元
12     int i=0;
13                                        // 用迴圈持續讀取
14     while ( (ch[i] = (char) ir.read())!= 10) // 直到遇到換行字元
15       i++;
```

```
16
17     System.out.print("用 InputStreamReader 讀到的是：");
18     for (int j=0;j<i;j++)
19       System.out.print(ch[j]);      // 依序印出每個字元
20     System.out.println();
21
22     // 改用 BufferedReader 讀取
23     System.out.print("請再輸入一串字：");
24     BufferedReader br = new BufferedReader(ir);
25
26     String str = br.readLine();
27     System.out.println("用 BufferedReader 讀到的是：" + str );
28   }
29 }
```

執行結果

```
請輸入一串字：我愛Java
用 InputStreamReader 讀到的是：我愛Java
請再輸入一串字：喝Java咖啡
用 BufferedReader 讀到的是：喝Java咖啡
```

- 第 9 行用 InputStreamReader 包裝 System.in。
- 第 14 行以 while 迴圈的方式連續讀取多個字元，遇到換行字元 (字碼為 10)時即停止。
- 第 18、19 行以 for 迴圈輸出所有讀到的字元。
- 第 24 行使用 BufferedReader 包裝第 9 行建立的 InputStreamReader 物件。

此外 BufferedReader 也有兩個 read() 方法可用來讀取字元：

```
int read()  // 讀取一個字元，傳回值即為讀到的字元
            // 若沒有讀到字元，則傳回 -1 (EOF，代表檔案結尾的意思)

int read(char[] cbuf, int off, int len)
            // 將讀到的字元存入 cbuf 陣列中
            // 從第 off 個元素開始存放，共讀取 len 個字元
            // 傳回值為讀到的字元數，沒有讀到則傳回 -1
```

16-3-2　檔案輸出、輸入

要讀寫檔案, 可使用內建的 FileReader/FileWriter 字元串流來處理, 如其名稱所示, 它們是專為檔案所設計的。

這兩個字元串流的用法都很簡單, 只要以檔案名稱為參數呼叫其建構方法, 即可建立該檔案的串流物件。接著即可用串流的方法進行讀寫, 讀寫完畢後則需關閉串流以節省系統資源。

使用字元串流讀取文字檔

FileReader 是 InputStreamReader 的子類別, 所以可用前一節介紹的 read() 方法來讀取串流中的字元。以下程式用 FileReader 讀取文字檔中所有字元並輸出在螢幕上：

程式 ReadTxtFile.java 利用 FileReader 讀取檔案並顯示檔案內容

```
01 import java.io.*;
02
03 public class ReadTxtFile {
04
05   public static void main(String args[]) throws IOException {
06
07     System.out.println("要讀取的檔案名稱 (路徑)");
08     System.out.print("→");
09
10     BufferedReader br =
11       new BufferedReader(new InputStreamReader(System.in));
12
13     String str = br.readLine();           // 取得檔名字串
14     FileReader fr = new FileReader(str);  // 建立 FileReader 物件
15
16     System.out.println("\n以下是文字檔 " + str + " 的內容：");
17     int ch;
18     while ((ch=fr.read()) != -1)      // 在讀到 -1 之前, 持續讀取
19       System.out.print((char)ch);     // 直接將讀到的文字輸出
20
21     fr.close();
22   }
23 }
```

執行結果

```
要讀取的檔案名稱 (路徑)
→ ReadTxtFile.java  ◀──── 輸入時若未指定路徑, 則為程式所在路徑

以下是文字檔 ReadTxtFile.java 的內容:
import java.io.*;

public class ReadTxtFile {

  public static void main(String args[]) throws IOException {
...
```

- 第 13 行取得使用者輸入的檔名 (路徑) 字串, 第 14 行即以此字串建立 FileReader 物件 fr。
- 第 18、19 行以 while 迴圈的方式連續用 fr.read() 讀取檔案中的字元, 讀到檔案結尾時, read() 會傳回 -1, 即停止迴圈。
- 第 21 行呼叫 close() 關閉檔案串流。

使用字元串流寫入文字檔

至於寫入檔案用的 FileWriter 類別則是 OutputStreamWriter 的子類別。請注意, 如果在建立寫入串流時, 指定了已存在的檔案, 則程式會將檔案中原有的資料全部清除, 再寫入新的資料。

FileReader 類別並無定義自己的寫入方法, 其寫入功能只有繼承自 OutputStreamWriter 的三個 write() 方法:

```
public void write(int c)          // 寫入單一字元

public void write(char[] cbuf, int off, int len)
                  // 從第 off 個元素開始輸出 cbuf 字元陣列的內容
                  // 共輸出 len 個元素

public void write(String str, int off, int len)
                  // 從第 off 個字開始輸出 str 字串的內容
                  // 共輸出 len 個字元
```

以下程式會請使用者輸入新的檔案名稱, 並建立 FileReader 寫入串流, 接著請使用者輸入字串、整數、浮點數等三種資料, 並寫入檔案串流中, 最後讀取並輸出檔案內容以比對結果：

程式 WriteTxt.java 利用 FileWriter 串流寫入檔案

```
01 import java.io.*;
02
03 public class WriteTxt {
04
05   public static void main(String args[]) throws IOException {
06
07     System.out.println("要建立的新檔案名稱 (路徑)");
08     System.out.print("→");
09
10     BufferedReader br =
11       new BufferedReader(new InputStreamReader(System.in));
12
13     String filename = br.readLine();              // 取得檔名字串
14     FileWriter fw = new FileWriter(filename);  // 建立FileWriter物件
15
16     System.out.print("請輸入字串：");
17     String str = br.readLine();
18     fw.write(str,0,str.length());          // 寫入文字字串
19     fw.write('\n');                        // 寫入換行字元
20
21     System.out.print("請輸入整數：");
22     str = br.readLine();
23     fw.write(str,0,str.length());          // 寫入整數字串
24     fw.write('\n');                        // 寫入換行字元
25
26     System.out.print("請輸入浮點數:");
27     str = br.readLine();
28     fw.write(str,0,str.length());           // 寫入浮點數字串
29
30     fw.flush();            // 若有尚未寫入的內容, 立即全部寫入串流中
31     fw.close();            // 關閉 FileWriter 串流物件
32
```

```
33      FileReader fr = new FileReader(filename);  // 建立FileReader物件
34      int ch;
35      while ((ch=fr.read()) != -1)    // 在讀到 -1 之前, 持續讀取
36        System.out.print((char)ch);   // 直接將讀到的文字輸出
37      fr.close();
38    }
39  }
```

執行結果

```
要建立的新檔案名稱 (路徑)
→ Hello
請輸入字串：Mirror
請輸入整數：1000
請輸入浮點數：3.14
Mirror
1000
3.14
```

- 第 14 行用使用者輸入的檔名路徑建立串流物件。如果輸入現有的檔名, 將會使檔案原有的內容被寫入的內容覆蓋掉。

TIP 如果想以附加到原有內容最後面的方式寫入, 可在建構 FileWriter 時多加一個『是否附加』參數 (預設為 false), 例如 new FileWriter (filename, **true**)。

- 第 18、23、28 行分別將使用者輸入的資料以字串的格式用 write() 方法寫入。
- 第 19、24 行以 write() 寫入換行字元, 模擬輸入 Enter 按鍵的效果。也就是讓輸入的三個字串會分別存在 3 行。若不加這幾行程式, 寫入檔案的內容, 都會在同一行。
- 第 30 行用 flush() 將所有未寫入的內容立即寫入串流, 然後於 31 行用 close() 關閉檔案串流。
- 第 33～37 行另外建立 FileReader 物件讀取檔案內容, 並顯示在螢幕上, 以檢查剛才的輸入及寫入是否正常。

讀者可發現, 直接使用 FileReader/FileWriter 字元串流來處理檔案其實並不方便, 簡單如換行的動作也要我們自行用 write() 寫入換行字元。若要處理二元檔案 (binary file, 例如圖形檔), 顯然會遇到更多的不便。因此一般在處理檔案串流時, 也和使用 System.in 一樣, 將檔案串流用較好用的緩衝式串流包裝起來, 以下就來介紹如何透過緩衝式串流來讀寫檔案。

使用緩衝式串流包裝檔案串流

讀取檔案時, 我們同樣可用 BufferedReader 來包裝 FileReader 物件, 然後就能用 readLine() 來做整行的讀取。

至於寫入方面, 則可用對應的 BufferedWriter 來包裝 FileWriter 物件, BufferedWriter 除了有和 FileWriter 一樣的三個方法外, 還多了一個 newLine() 方法可進行換行動作。

效率較佳的緩衝式處理

使用緩衝式串流來處理檔案讀寫還有一個優點，就是讀寫的效率會比較佳。如果直接以檔案串流讀寫檔案，程式每一個讀寫敘述，都會使系統進行一次讀寫動作;而使用緩衝式讀寫串流，可將一大筆資料都預先讀到緩衝區 (記憶體空間)，或是等要寫入的資料累積滿整個緩衝區時再一次寫入，如此程式的效能會稍有提昇。

使用緩衝式寫入串流 BufferedWriter 時, 可用 flush() 將緩衝區中的資料立即寫入串流, 以免因意外狀況而造成有資料未寫入的情況。以下就是使用緩衝式串流讀寫檔案的範例：

程式 BufferedFile.java 建立簡單的通訊錄檔案

```
01 import java.io.*;
02
03 public class BufferedFile {
04
05   public static void main(String args[]) throws IOException {
06
07     System.out.println("要建立的通訊錄檔名");
08     System.out.print("→");
09
10     BufferedReader br =
11       new BufferedReader(new InputStreamReader(System.in));
12
13     String filename = br.readLine();               // 取得檔名字串
14     BufferedWriter bw  =                            // 建立緩衝式讀取物件
15       new BufferedWriter(new FileWriter(filename));
16     String str = new String();
```

```
17
18      do {
19        System.out.print("請輸入姓名：");
20
21        str = br.readLine();
22        bw.write(str,0,str.length());     // 寫入姓名
23        bw.write('\t');                   // 寫入定位 (tab) 字元
24
25        System.out.print("請輸入電話號碼：");
26
27        str = br.readLine();
28        bw.write(str,0,str.length());  // 寫入電話號碼
29        bw.newLine();                  // 換行, 在 Windows 平台上
30                                            // 相當於寫入換行及歸位字元
31        System.out.print("還要輸入另一筆資料嗎 (y/n)：");
32        str = br.readLine();
33      } while (str.equalsIgnoreCase("Y")); // 回答 Y/y 即再執行一次迴圈
34
35      bw.flush();           // 若有尚未寫入的內容, 立即全部寫入串流中
36      bw.close();           // 關閉 FileWriter 串流物件
37
38      System.out.println("\n已將資料寫入檔案 " + filename);
39      System.out.print("您想立即檢視檔案內容嗎 (y/n)：");
40      str = br.readLine();
41
42      if (str.equalsIgnoreCase("Y")) { // 回答 Y/y 即顯示檔案內容
43        BufferedReader bfr =            // 建立 BufferedReader 物件
44          new BufferedReader(new FileReader(filename));
45        while ((str = bfr.readLine()) != null) // 讀到空字串前持續讀取
46          System.out.println(str);             // 輸出讀到的一整行
47        bfr.close();
48      }
49    }
50  }
```

執行結果

```
要建立的通訊錄檔名
→note
請輸入姓名：張三
請輸入電話號碼：23963257
還要輸入另一筆資料嗎 (y/n)：y
請輸入姓名：王小明
請輸入電話號碼：23211271
還要輸入另一筆資料嗎 (y/n)：n
已將資料寫入檔案 note
您想立即檢視檔案內容嗎 (y/n)：y
張三23963257
王小明23211271
```

- 第 14、15 行用輸入的檔名建立新 FileWriter 串流物件, 再用此物件建立 BufferedWriter 緩衝式字元寫入串流。
- 第 22、28 行分別以 BufferedWriter 的 write() 方法寫入使用者輸入的姓名和電話字串。
- 第 33 行判斷使用者輸入的是否為大/小寫的 "Y", 是就再執行一次迴圈, 也就是再讓使用者輸入一筆資料。
- 第 35、36 行將緩衝區內容全部寫入, 並關閉串流。
- 第 43～47 行是建立 BufferedReader 串流物件以讀取檔案內容, 並顯示在螢幕上。
- 第 45、46 行利用 while 迴圈以 BufferedReader 的 readLine() 方法讀取檔案的每一行, 當讀到的字串為 null 時, 即表示已到檔案結尾。

這個例子改用 BufferedReader 的 readLine() 方法來讀取檔案內容, 所以就不必像前幾個範例一樣, 用 read() 來讀取字元了。

16-3-3 讀寫二元檔

文字檔可說是為了直接給人看而存在的, 給電腦程式用的檔案其實使用二元檔 (binary file) 就可以了。以 Java 的各種資料型別為例, 它們就是以 binary 格式儲存, 可由程式直接取用。如果連數字都存成字串型式 "123456", 那 Java 還要先把它轉成整數或其它數值型別才能進行運算, 非常不便。所以儲存供程式用的資料時, 若能使用像資料型別的格式, 顯然就比存成文字檔方便得多了, 而這種格式的檔案, 就稱為二元檔。

以 "123456" 為例, 若是使用整數格式存放時, 其 4 個位元組的值是 "00 01 E2 40"。如果我們看到這樣的檔案內容, 一定無法理解它們是什麼意思, 所以說二元檔是『給程式 (電腦) 看的檔案』。

使用二元檔時, 通常是以位元串流來處理。在位元串流中, 有 FileInput-Stream 和 FileOutputStream 兩個檔案輸入與輸出串流。但同樣的, 直接用這兩個串流來讀寫檔案非常不便, 因此通常會用 DataInputStream、DataOutput-Stream 這兩個位元串流來包裝檔案串流, 然後讀寫二元檔。這兩個類別的特別之處, 就在於它們分別實作了 java.io 套件中 DataInput、DataOutput 這兩個介面。

DataOutputStream

DataOutput 介面定義了一組寫入的方法, 而 DataOutputStream 實作了這個介面, 方便我們可直接寫入各種 Java 原生資料型別。只要呼叫這些方法, 就能將資料以二元的方式寫入串流中。以下所列就是 DataOutputStream 的資料寫入方法:

```
void write(int b)                            // 寫入 b 的低位元組
void write(byte[] b, int off, int len)// 寫入位元組陣列 b
void writeBoolean(boolean v)                 // 寫入 Boolean 型別的資料
void writeByte(int v)                        // 寫入位元組
void writeBytes(String s)                    // 寫入字串中各字元的低位元組
void writeChar(int v)                        // 寫入字元
void writeChars(String s)                    // 寫入字串
void writeDouble(double v)                   // 寫入倍精度浮點數
void writeFloat(float v)                     // 寫入單精度浮點數
void writeInt(int v)                         // 寫入整數
void writeLong(long v)                       // 寫入長整數
void writeShort(short v)                     // 寫入短整數
void size()                                  // 回至目前為止寫入的位元組數
```

以下就是個簡單的資料寫入程式:

程式 WriteBinary.java 計算 49 ~ 38 取 6 的組合總數並寫入檔案

```
01 import java.io.*;
02
03 public class WriteBinary {
04
05   public static void main(String args[]) throws IOException {
06
07     System.out.println("要建立的二元檔檔名");
08     System.out.print("→");
09
```

```
10      BufferedReader br =
11      new BufferedReader(new InputStreamReader(System.in));
12      String filename = br.readLine();          // 取得檔名字串
13
14      DataOutputStream dout =
15        new DataOutputStream (                  // 建構最上層的寫入串流
16          new BufferedOutputStream(             // 包住下層的緩衝式串流
17            new FileOutputStream(filename))); // 最下層的檔案輸出串流
18
19     for(int i=49;i>=38;i--) {          // 從 49 算到 38
20       double hopeless = i;              // 計算 i 取 6 共有幾種組合
21
22       for (int j=1 ; j<6; j++)          // 此部份在計算 i!/((i-6)! * 6!)
23         hopeless = hopeless * (i-j); // 此處已將運算式簡化,
24       hopeless = hopeless / 720;        // 並未真的算 i! 及 (i-6)!
25
26       dout.writeInt(i);                 // 寫入整數
27       dout.writeDouble(hopeless);       // 寫入浮點數
28      }
29
30      System.out.println("共寫入 " + dout.size() + "個位元組!");
31      dout.flush();       // 寫入串流
32      dout.close();       // 關閉串流
33    }
34 }
```

執行結果

```
要建立的二元檔檔名
→ hopeful
共寫入 144 個位元組!
```

- 第 14～17 行以層層包裝的方式, 建構程式寫入檔案時所用的 DataOutputStream 物件。

- 第 30 行呼叫 DataOutputStream 的 size() 方法傳回寫入的總位元數, 此數值應和用 "dir" 命令所看到的檔案大小數字相同。

- 第 31、32 行做最後的『清理』及關閉串流動作。

執行此程式, 輸入檔名後, 程式就會將計算結果寫入指定的檔案中, 並傳回寫入的位元組數。但因為是以二元檔的格式儲存, 所以無法用一般文字編輯器讀取其內容, 例如用先前寫的文字檔讀取程式來讀取, 只會看到如 "1Aj? 0Agg?" 這些亂碼。

DataInputStream

要解讀上述的二元檔案，當然是以對應的 DataInputStream 來處理最為方便。DataInputStream 實作了 DataInput 介面，同理此介面定義了各種資料型別的讀取方法，透過 DataInputStream 物件呼叫這些現成的方法，即可輕鬆從串流讀取各種資料型別。這些方法的名稱也都很一致，幾乎是前述的 writeXXX() 方法改成 readXXX() 即可，例如：

```
boolean   readBoolean()      // 讀取一個 Boolean 型別的資料
byte      readByte()         // 讀取一個位元
char      readChar()         // 讀取一個字元
double    readDouble()       // 讀取一個倍精度浮點數
float     readFloat()        // 讀取一個單精度浮點數
int       readInt()          // 讀取一個整數
long      readLong()         // 讀取一個長整數
short     readShort()        // 讀取一個短整數
String    readUTF()          // 讀取一個 Unicode 字串
int       skipBytes(int n)   // 跳過 n 個位元組
```

以下就是我們用 DataInputStream 讀取前一個程式所建立的二元檔的範例程式：(請確認已有編譯並執行前一個程式，以建立 hopeful 二元檔。)

程式 ReadBinary.java 讀取二元檔案

```
01 import java.io.*;
02
03 public class ReadBinary {
04
05   public static void main(String args[]) throws IOException {
06
07     System.out.println("請輸入存放機率資料的檔案名稱");
08     System.out.print("→");
09
10     BufferedReader br =
11       new BufferedReader(new InputStreamReader(System.in));
12     String filename = br.readLine();        // 取得檔名字串
13
```

```
14     DataInputStream din =
15       new DataInputStream (                   // 建構最上層的讀取串流
16         new BufferedInputStream(              // 包住下層的緩衝式讀取串流
17           new FileInputStream(filename))); // 最下層的檔案輸出串流
18
19     double hopeless;
20
21     try {
22       while (true) {
23         System.out.print(din.readInt() + " 取 6 共有 " +
24                          (hopeless = din.readDouble()) +
25                          " 種排列組合,");
26         System.out.println(" 猜中機率為 " + 1/hopeless);
27         din.skipBytes (12);       // 每讀一筆記錄就跳過一筆記錄
28       }                           // 整數佔 4 個, 浮點數佔 8 個位元組
29     }
30     catch (EOFException e) {      // 捕捉已到檔案結尾的例外
31         din.close();              // 已到檔案結尾, 故關閉串流
32     }
33   }
34 }
```

執行結果

```
請輸入存放機率資料的檔案名稱
→ hopeful
49 取 6 共有 1.3983816E7 種排列組合, 猜中機率為 7.151123842018516E-8
47 取 6 共有 1.0737573E7 種排列組合, 猜中機率為 9.313091515186905E-8
45 取 6 共有 8145060.0 種排列組合, 猜中機率為 1.2277380399898834E-7
43 取 6 共有 6096454.0 種排列組合, 猜中機率為 1.6402977862213017E-7
41 取 6 共有 4496388.0 種排列組合, 猜中機率為 2.2240073587955488E-7
39 取 6 共有 3262623.0 種排列組合, 猜中機率為 3.065018544894706E-7
```

- 第 14～17 行以層層包裝的方式, 建構程式讀取檔案時所用的 DataIuput Stream 物件。
- 第 21～29 行以 try 的方式執行讀取檔案及顯示資料的動作。
- 第 22～28 行以 while() 迴圈持續讀取檔案, 其中第 23～24 行分別以 DataInputStream 的 readInt()、readDouble() 方法來讀取檔案中的整數及浮點數資料。

- 第 27 行呼叫 DataInputStream 的 skipBytes() 跳過 12 個位元組, 使程式每讀一筆整數及浮點數資料, 就跳過另一筆。因此只會顯示檔案中『第單數筆』的資料。
- 第 30 行的 catch 敘述捕捉 EOFException 檔案結束例外物件, 並在第 31 行關閉串流。EOFException 是 IOException 的衍生類別, 用來表示已讀到檔案結尾 (End Of File, EOF) 或串流結尾的例外狀況。

無正負號的整數

Java 的整數型別都可存放正負數值, 但像 C/C++ 程式語言則可宣告『無正負號』(unsigned) 的整數。以 16 位元的 short 為例, "unsigned short", 可存放 0 ～ 65535 的數值, 但 Java 的 short 因為也要能表示負數, 所以只能表示 -32768 ～ 32767 的數值。為了讓 Java 程式也能正確讀寫由 C/C++ 程式讀寫的這類資料, DataInputStream 和 DataOutputStream 各有一對特別的讀寫方法, 可讀寫無正負號的整數資料：

```
int writeUnsignedByte()      // 寫入一個無正負號的位元
int writeUnsignedShort()     // 寫入一個無正負號的短整數
int readUnsignedByte()       // 讀取一個無正負號的位元
int readUnsignedShort()      // 讀取一個無正負號的短整數
```

16-3-4 以格式化字串控制輸出

由上一個範例, 可發現其輸出不太整齊, 造成閱讀上的不便。此時可利用 PrintStream 提供的兩個方法來做『格式化輸出』, 精確控制文數字輸出的格式：(字元串流的 PrintWriter 類別也有同樣的方法。)

```
printf(String 格式化字串, Object...要放在格式化字串中輸出的參數列表)
format(String 格式化字串, Object...要放在格式化字串中輸出的參數列表)
```

這兩個方法的效果相同 (擇一使用即可), 都會輸出格式化字串的內容, 如果格式化字串只是普通字串, 則其效果和使用 print() 輸出相同；但格式化字串中若有 Format Specifier (格式控制式), 則會從後面的參數中, 一一將參數對應到格式化字串中出現的 Format Specifier, 並將該參數依指定的格式插入 Format Specifier 所在的位置。例如：

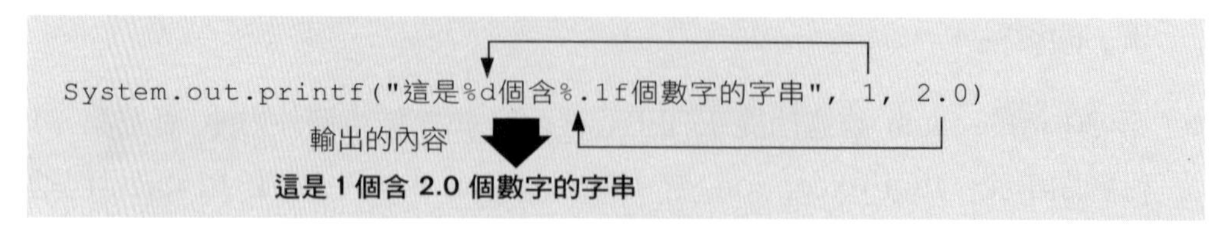

在格式化字串 "這是%d個含%.1f個數字的字串" 中, "%d"、"%.1f" 就是 **Format Specifier**, printf() 會格式化字串後面所列的參數, 依序一一對應到格式化字串中 Format Specifier 的位置, 並依指定的格式顯示出來。例如 "%d" 就是一般十進位數字顯示, "這是%d個" 代入後面所列的第一個參數 1 之後, 就變成 "這是1個"。

Format Specifier 是以 % 開頭, 其後的格式為：

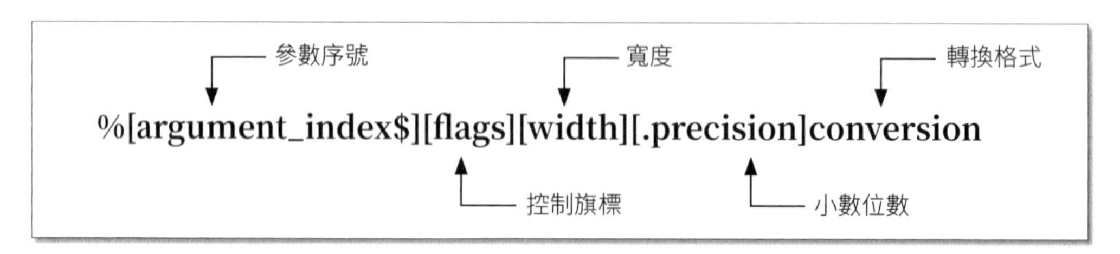

其中只有**轉換格式**是一定要有的, 其它各部份都視需要選用, 常見的轉換格式有：

轉換格式	輸出格式
b	以布林值表示 , 例如顯示為 true、false
d	以一般格式表示整數
e	使用科學數字 (指數) 表示法表示浮點數
f	以小數格式表示浮點數
o	以八進位表示整數
x	以十六進位表示整數
s	以字串表示

參數序號是以 1$、2$... 的方式指出此處要代入的是格式字串後參數列的第幾個參數, 例如 printf("%**3$**d,%**2$**d",1,2,3) 會輸出 "3,2" (先輸出第 3 個參數, 再輸出第 2 個)。而**控制旗標**的用法如下表：

旗標	效果	範例
0	空白處要補 0	format("%03d", 1) → 001 (3 代表**寬度**)
,	顯示千位符號	format("%,d", 12345) → 12,345
-	向左對齊	format("[%-3d][%3d]",1,2) → [1][2]
+	在正數前顯示正號	format("[%+d]", 1) → [+1]
空格	在正數前顯示空白	format("[% d]", 1) → [1]
(	負數以括號表示	format("%(d,%d", -1,-2) → (1),-2

TIP 當資料比指定的**寬度** (width) 還要寬時，仍會以資料的寬度來輸出。

例如前一個範例程式, 若將其中的輸出部份改用格式化輸出的方式, 整個輸出結果看起來就會比較整齊了：

程式 UsingFormat.java 使用格式化字串控制輸出

```
22   while (true) {
23     System.out.printf(" %d 取 6 共有%9.0f種排列組合,",
24         din.readInt(), (hopeless = din.readDouble()));
25     System.out.format(" 猜中機率為%15.12f\n", 1/hopeless);
26     din.skipBytes (12);
27   }
```

執行結果

```
請輸入存放機率資料的檔案名稱
 → hopeful
49 取 6 共有 13983816種排列組合, 猜中機率為 0.000000071511
47 取 6 共有 10737573種排列組合, 猜中機率為 0.000000093131
45 取 6 共有  8145060種排列組合, 猜中機率為 0.000000122774
 ...
```

- 第 23、25 行分別使用 printf()、format() 方法, 在此用哪一個方法都沒有差別, 輸出結果都相同。

- 第 23 行格式字串中的 "%9.0f" 表示要輸出 9 個位數、沒有小數位數的浮點數, 所以排列組合的數字時會自動空 9 個字元的度來輸出此數字, 若數字不足 9 個位數, 預設會向右對齊、左邊多出的部份則留空。
- 第 25 行格式字串中的 "%15.12f" 表示要輸出 15 個位數、小數顯示至 12 位數的浮點數, 請注意, 小數點本身也會占去一位, 所以整數部份僅剩 2 位 (=15-12-1)。
- 另外要特別注意, printf()、format() 都不會自動換行, 所以在第 25 行的格式字串中, 最後面加上 '\n' 產生換行效果。

TIP 請確認有編譯並執行 16-21 頁的 WriteBinary.java 檔案，確實建立 hopeful 二元檔，以避免執行 ReadBinary.java 和 UsingFormat.java 程式時因找不到檔案位置而發生錯誤。

String 類別也有功能相似的 format() 方法, 可用以產生格式化的字串, 讀者可參考 String 類別的文件說明。

16-3-5 使用 try-with-resource 語法自動關閉資源

在前面的幾個範例程式中, 都會在程式最後呼叫 close() 方法關閉所使用的串流。為了簡化這類基本的收尾工作, try 敘述還有一種 try-with-resource 語法, 提供**自動關閉資源**的功能, 其用法如下：

```
try (建構資源物件) {
  ...        // 結束 try 區塊時, Java 會自動呼叫資源的 close() 方法
} catch (... ) {
  ...
} finally {
  ...
}
```

例如前一個範例可將建立 DataInputStream 的敘述移到 try() 的括號之中：

程式 TryWithRes.java 在 try 敘述後列出所使用的資源物件

```
16  try(DataInputStream din =
17        new DataInputStream (
18          new BufferedInputStream(
19             new FileInputStream(filename))) ){
20      while (true) {
21        System.out.printf("%d 取 6 共有%9.0f種排列組合,",
22          din.readInt(), (hopeless = din.readDouble()));
23        System.out.format(" 猜中機率為%15.12f\n", 1/hopeless);
24          din.skipBytes (12);
25     }
26  }
```

第 16～19 行就是 try-with-resource 的用法, 此處就是將原本整個建構 DataInputStream 的敘述移到 try() 的括號之中。若要使用的資源有好幾個, 可用分號 ";" 分隔一併列出。

與 try-with-resource 相關的 AutoCloseable 介面

try-with-resource 語法要能順利發揮其自動關閉資源的功效，所使用的資源必須實作 AutoCloseable 介面，在 Java 類別庫的各種串流、網路等相關類別，都已實作此介面，所以可直接使用。

如果定義新類別而想用在 try-with-resource, 就要實作 AutoCloseable 介面，此介面只有 1 個 public void close() 方法，我們需在此方法中完成資源收尾的工作。

在此我們就用一個簡單的範例，透過 AutoCloseable 介面讓讀者瞭解 try-with-resource 語法中，系統何時會呼叫資源物件的 close() 方法：

程式 MyRes.java 實作 AutoCloseable 介面測試 close() 被呼叫的時機

```
01 public class MyRes implements AutoCloseable {
02   String name; // 儲存名稱
03
04   MyRes(String str) {name = str;} // 建構方法
05
06   public void close() { // 實作 AutoCloseable 介面的方法
07     System.out.println("正在關閉資源-"+name);
08   }
```

接下頁▶

```
09
10   public static void main(String args[]) {
11
12     try(MyRes one=new MyRes("1");   // 建立 2 個資源物件
13         MyRes two=new MyRes("2") ){
14       System.out.println("...try...");
15     }
16     finally{
17       System.out.println("...finally...");
18     }
19
20   }
21 }
```

範例中實作的 close() 方法只是輸出一段文字訊息 (第 6 ~ 8 行), 由執行結果可發現, Java 會在 try 區塊結束後、finally 區塊之前呼叫資源物件的 close() 方法。

執行結果

```
...try...
正在關閉資源-2
正在關閉資源-1
...finally...
```

16-3-6 好用的主控台 (Console) 類別

主控台 (Console) 就是指**命令列模式** (例如 Windows 的**命令提示字元**視窗)下的鍵盤及螢幕, 而 java.io.Console 類別則可方便我們在命令列模式下進行鍵盤輸入及螢幕輸出。如果覺得使用 System.in 來輸入資料有點麻煩, 那麼不妨改用 Console 來輸入, 其最大好處就是不用特別處理 (catch 或 throws) IOException 例外。下表列出幾種常用的方法：

方法	說明
String readLine()	輸入一行文字
String readLine(String fmt, Object... o)	輸**出**格式化的字串 , 然後輸入一行文字
char[ ] readPassword()	輸入一行密碼
char[ ] readPassword(String fmt, Object... o)	輸**出**格式化的字串 , 然後輸入一行密碼
Console format(String fmt, Object... args)	輸**出**格式化的字串
Console printf(String format, Object... args)	和 format() 完全相同

其中比較特別的, 是 readLine() 和 readPassword() 都可先輸出一段格式化的文字, 然後再讓使用者輸入資料。而 readPassword() 在輸入時, 使用者將看不到所打的字元, 按 Enter 後則會傳回一個字元陣列 (而非字串), 其好處是在處理完密碼之後可立即將之清空, 以防駭客自記憶體中截取密碼。

另外, 由於主控台物件只有一個, 所以不能用 new 來建立, 而必須呼叫 System.console() 來取得。不過, 如果程式不是在命令列模式下執行, 那麼 System.console() 會傳回 null, 所以若不確定執行環境時應先檢查傳回值是否為 null。底下來看範例：

程式 ConsoleRW.java 輸入文字及密碼 , 然後輸出訊息 , 最後清除密碼

```
01 import java.io.Console;
02
03 public class ConsoleRW {
04   public static void main(String[] args) {
05     Console c = System.console();
06
07     String acc = c.readLine("請輸入帳號：");
08     char[] pwd = c.readPassword("請輸入密碼：");
09     c.printf("→您的帳密為 %s, %c%c...\n", acc, pwd[0], pwd[1]);
10
11     for(int i=0; i < pwd.length; i++) // 清除密碼陣列
12       pwd[i] = 0;
13
14     // 進行其他操作
15   }
16 }
```

執行結果

```
請輸入帳號：Celine
請輸入密碼：              ←— 輸入時, 不會顯示輸入的字元
→您的帳密為 Celine, az...
```

16-3-7 檔案與資料夾的管理

在 java.io 套件中也包含了代表檔案或資料夾的 File 類別, 除了可搭配前述的檔案輸入/輸出類別來使用之外, 也可針對檔案或資料夾進行新增、刪除、改名等操作。下表為 File 常用的方法:

方法	說明
boolean createNewFile()	建立新檔,若檔案已存在則會失敗並傳回 false
boolean mkdir()	建立子資料夾,若資料夾已存在則會失敗
boolean mkdirs()	建立資料夾,若上層資料夾不存在也會一起建立
boolean exists()	檢查檔案或資料夾是否存在
boolean isFile()	檢查物件是否為檔案
boolean isDirectory()	檢查物件是否為資料夾
boolean renameTo(File d)	將物件名稱更改為 d 物件的名稱
boolean delete()	刪除檔案或資料夾
String[] list()	傳回資料夾中的檔案與子資料夾名稱列表
String toString()	傳回 File 物件的路徑
File getParentFile()	傳回上層資料夾的 File 物件,傳回 null 表失敗
File getAbsoluteFile()	傳回內含絕對路徑的物件

[註] 以上新增、刪除等操作,若成功會傳回 true, 失敗則傳回 false。

File 物件在建構時必須指定檔名 (可包含路徑), 底下範例會先建立 a.txt 並寫入一些資料, 然後建立 my 資料夾, 並將 a.txt 更名為 my\b.txt (此時會移動檔案及更名), 接著印出之前寫入的資料, 最後將 b.txt 刪除:

程式 FileRW.java 示範 File 類別的應用

```
01 import java.io.*;
02
03 public class FileRW {
04    public static void main(String[] args) throws IOException {
05       Console c = System.console();
06
```

讀寫檔案及部份 File 的方法會拋出此例外 (→ throws IOException)

```
07        File f = new File("a.txt");  // 建構一個名為 a.txt 的 File 物件
08        if(f.exists())               // 如果檔案已存在則顯示訊息
09           c.printf("複寫 a.txt\n");
10
11        // 以 File 物件來建立輸出物件
12        PrintWriter pw = new PrintWriter(new FileWriter(f));
13        pw.printf("Hello!\nBye.\n");     // 寫檔
14        pw.flush(); pw.close();         // 存檔及關檔
15
16        File d = new File("my");         // 建構名為 my 的物件
17        d.mkdir();                       // 建新資料夾
18        File f2 = new File(d, "b.txt"); // 建構名為 my\b.txt 的物件
19        f.renameTo(f2);                  // 更改檔名為 my\b.txt
20
21        // 以 File 物件來建立輸入物件
22        BufferedReader br = new BufferedReader(new FileReader(f2));
23        String s;
24        c.printf("%s 的內容:\n", f2.toString());
25        while((s = br.readLine()) != null)  // 每次讀取一行
26           c.printf("%s\n", s);
27        br.close();                     // 關檔
28        f2.delete();                    // 刪檔
29     }
30 }
```

執行結果

```
my\b.txt 的內容:
Hello!
Bye.
```

1. 第 7、16 行都是以一個名稱 (檔名或資料夾) 來建構 File 物件, 此時預設為執行檔所在的路徑 (但在名稱中也可包含路徑)。第 18 行則是以一個資料夾物件及名稱來建構 File 物件, 此時就會以指定的資料夾為路徑。

2. 第 12 及 22 行, 則是分別用 File 物件來建構 PirntWriter 及 BufferedReader, 以進行寫檔或讀檔的動作。

3. 第 19 行 rename 的時候, 需要先建構一個新名稱的 File 物件。在更名之後, 則要改用新的 File 物件來進行後續操作, 因為原物件中的名稱已不存在 (被更名) 了。

了解基本用法之後, 底下我們再來設計一個『小型檔案管理系統』, 具備建立檔案或資料夾、到上或下一層資料夾、更名、刪除、列示目錄等功能：

程式 Filer.java 示範 File 類別的檔案管理技巧

```
01 import java.io.*;
02 
03 public class Filer {
04    // 以下方法可依執行結果, 顯示成功或失敗的訊息
05    static boolean go(String act, boolean isSucceed) {
06       System.out.println(act + (isSucceed? " 成功" : " 失敗"));
07       return isSucceed;
08    }                                    部份 File 的方法會拋出此例外
09 
10    public static void main(String[] args) throws IOException {
11       Console c = System.console();
12       String s, name;
13       File f, dir = new File("").getAbsoluteFile(); //取得目前所在
14                                                    //的絕對路徑
15       c.printf("請輸入 [操作]+[檔名], 例如 na.txt 表示建立 a.txt。\n");
16       c.printf("<n>建檔<m>建夾<r>改名<d>刪除<c>進夾<u>上層夾" +
17                "<l>目錄<x>結束：\n");
18       while (true) {
19          s = c.readLine("> ");
20          if(s.length() == 0) s = "x";  // 輸入空白, 等同要結束程式
21          name = s.substring(1).trim();
22          f = new File(dir, name);  // 以路徑及名稱建構 File 物件
23          switch(s.toLowerCase().charAt(0)) {
24             case 'n':
25                go("建檔 " + name, f.createNewFile());
26                break;
27             case 'm':
28                go("建資料夾 " + name, f.mkdir());
29                break;
30             case 'r':
31                s = c.readLine("請輸入新名稱：");
32                go("改名 " + name, f.renameTo(new File(dir,s)));
33                break;
34             case 'd':
35                go("刪除 " + name, f.delete());
36                break;
```

```
37              case 'c':
38                 if( go("進資料夾 " + f, f.isDirectory()) )
39                    dir = f;
40                 break;
41              case 'u':
42                 f = f.getParentFile(); // 取得上層資料夾, null 表失敗
43                 if( go("上層資料夾 " + f, f != null) )
44                    dir = f;
45                 break;
46              case 'l':
47                 c.printf("%s 的目錄列表\n", dir);
48                 for(String t : dir.list())
49                    c.printf("%s\n", t);
50                 break;
51              case 'x':
52                 c.printf("結束\n");
53                 return;
54              default:
55                 c.printf("請輸入 [操作]+[檔名]。\n");
56 }}}}
```

執行結果 (以下粗體表示輸入的資料，↵ 表示按 Enter 鍵)

```
請輸入 [操作]+[檔名], 例如 na.txt 表示建立 a.txt。
<n>建檔<m>建夾<r>改名<d>刪除<c>進夾<u>上層夾<l>目錄<x>結束：
> mtdir   ↵ 建資料夾 tdir 成功
> ctdir   ↵ 進資料夾 C:\JavaTest\0Test\tdir 成功
> na.txt  ↵ 建檔 a.txt 成功
> mdir    ↵ 建資料夾 dir 成功
> cdir    ↵ 進資料夾 C:\JavaTest\0Test\tdir\dir 成功
> u       ↵ 上層資料夾 C:\JavaTest\0Test\tdir 成功
> ra.txt  ↵
請輸入新名稱：b.java  ↵ 改名 a.txt 成功
> l
C:\JavaTest\0Test\tdir 的目錄列表
b.java
dir
> ddir    ↵ 刪除 dir 成功
> x       ↵ 結束
```

1. 第 5 行定義的 go() 方法可依照傳入的訊息及布林值, 來顯示操作成功或失敗。最後還會將布林值再傳回, 以供必要時再次做為判斷之用, 例如第 38 行就會用其傳回值來決定是否變更目前路徑。

2. 第 22 行會以目前的路徑 dir, 以及操作命令中的檔名 name (或資料夾名) 來建構 File 物件, 然後進入下一行的 switch 進行檔案操作。

3. 第 23~55 行的 switch 區塊, 就是依命令進行各種操作, 其中每項操作敘述都會包在 go() 方法中, 以便顯示成功或失敗的訊息。

4. 在程式中要將 File 物件轉為字串時 (例如第 38 行的 f), 系統會自動呼叫其 toString() 方法來轉為路徑字串。

16-4 物件的讀寫

為了方便將物件的資料寫入檔案, Java 提供了 ObjectOutputStream、ObjectInputStream 這兩個專用於物件讀寫的串流。使用其 readObject()、writeObject() 方法可一次就讀取、寫入整個物件的資料 (包含物件中參照到的其他物件在內)。而這種儲存物件, 以便之後可以還原物件的做法, 就稱為**序列化** (Serialization)。

注意, 靜態變數不屬於物件所有, 因此不會被序列化。

實作 Serializable 介面

我們的類別必須先實作 java.io 套件中 Serializable 介面, 才能用 ObjectXXX 串流物件來讀寫其物件。不過這個介面未定義任何的方法和成員, 所以只要在類別定義加上 implements Serializable 這幾個字就可以了, 不需再自訂任何方法。

此外還需注意一點, ObjectOutputStream 在寫入物件時, 也會將類別的資訊記錄下來, 所以若要用另一個程式以 ObjectInputStream 將物件讀回來, **兩個程**

式中所定義的物件類別必須完全相同，不能只是有相同的資料成員，必須連方法及其它宣告也都一樣，否則程式在進行讀取時，會引發 ClassNotFoundException (找不到類別) 的例外。

寫入物件

以下定義一個 Account 帳戶類別，並加上 implements Serializable 的宣告：

程式 Account.java 可用串流物件讀寫的帳戶類別

```
01 import java.io.*;
02 
03 class AccountError extends Exception { // 自訂的例外類別
04   public AccountError(String message) { super(message); }
05 }
06 
07 class Account implements Serializable {
08   private long  balance; // 記錄帳戶餘額
09 
10   public Account(long money)  { balance = money; }
11 
12   // 存款的方法
13   public void deposite(long money) throws AccountError {
14     if (money <0)
15       throw new AccountError("存款金額不可為負值");  // 拋出例外
16     else
17       balance += money;
18   }
19 
20   // 提款的方法
21   public void withdraw(long money) throws AccountError {
22     if (money > balance)
23       throw new AccountError("存款不足");  // 拋出例外
24     else
25       balance -= money;
26   }
27 
28   public long checkBalance() { return balance; }  // 傳回餘額
29 }
```

類別實作 Serializable 介面後, 即可用 ObjectOutputStream 串流物件將之寫入檔案中。以下程式會請使用者輸入開戶時要存的金額, 並以此金額建立 Account 物件, 然後建立 ObjectOutputStream 物件, 並將 Account 物件寫入檔案中。

程式 WriteAccountObject.java 用串流物件將帳戶物件寫入檔案

```
01 import java.io.*;
02
03 public class WriteAccountObject {
04
05   public static void main(String[] argv) throws IOException {
06
07     System.out.print("簡單帳戶模擬計算, ");
08     System.out.println("開戶要存多少錢？");
09
10     BufferedReader br =
11       new BufferedReader(new InputStreamReader(System.in));
12
13     Account myAccount =                    // 以輸入金額為建構方法參數
14          new Account(Integer.parseInt(br.readLine()));
15
16     ObjectOutputStream oos =               // 建立物件輸出串流物件
17       new ObjectOutputStream(new FileOutputStream("AccountFile"));
18
19     oos.writeObject(myAccount);            // 寫入物件
20     oos.flush();
21     oos.close();
22
23     System.out.println("已將帳戶資訊存至檔案 AccountFile！");
24   }
25 }
```

- 第 16、17 行將 FileOutputStream 包裝成 ObjectOutputStream 物件。開啟檔案串流時, 檔名設為 AccountFile。

執行結果

```
簡單帳戶模擬計算,開戶要存多少錢？
1000
已將帳戶資訊存至檔案 AccountFile！
```

- 第 19 行以 ObjectOutputStream 的 writeObject() 將物件寫入串流中。
- 第 20、21 行將串流中所有資料立即寫入並關閉串流。

若以一般文書編輯器開啟程式寫入的檔案 "AccountFile", 將會看到一團亂碼, 因為 ObjectOutputStream 是以二元檔的方式將物件寫入檔案中, 要讀回檔案中的物件資訊, 可用 ObjectInputStream 串流。

TIP ObjectOutputStream 除了提供 writeObject() 方法可寫入物件外，也有提供類似於 DataOutputStream 的 writeXXX() 方法，可將非物件的各種基本資料型別寫入串流。

從檔案讀取物件資料

要讀取檔案 (或其它串流) 中的物件資料, 可使用 ObjectInputStream 的 readObject() 方法。由於 readObject() 會拋出 IOException、ClassNotFoundException 這兩個 Checked 例外, 所以在呼叫 readObject() 的方法中, 必須拋出或處理這兩個例外。比寫入物件時多了一個 ClassNotFoundException 例外, 請參考以下的範例程式：

程式 ReadAccountObject.java 讀取檔案中的帳戶物件

```
01 import java.io.*;
02
03 public class ReadAccountObject {
04
05   public static void main(String[] argv)
06                 throws IOException, ClassNotFoundException {
07     System.out.println("由檔案讀取帳戶資訊");
08
09     ObjectInputStream ois =                    // 建立物件輸入串流
10       new ObjectInputStream(new FileInputStream("AccountFile"));
11     Account myAccount = (Account) ois.readObject();  // 讀入物件
12     ois.close();                               // 關閉串流
13
14     BufferedReader br =
15       new BufferedReader(new InputStreamReader(System.in));
16
```

```
17      try {
18        while (true) { // 存、提款的迴圈
19          System.out.print("\n您現在要(1)存款(2)提款→");
20          int choice = Integer.parseInt(br.readLine());
21          System.out.print("請輸入金額→");
22          int money = Integer.parseInt(br.readLine());
23
24          if(choice == 1) {        // 存款處理
25            myAccount.deposite(money);
26            System.out.print("存了" + money + " 元後, 帳戶還剩 ");
27            System.out.println(myAccount.checkBalance() + " 元");
28          }
29          else if(choice == 2) {  // 提款處理
30            myAccount.withdraw(money);
31            System.out.print("領了" + money + " 元後, 帳戶還剩 ");
32            System.out.println(myAccount.checkBalance() + " 元");
33          }
34        }  // 迴圈結束
35      }
36      catch (AccountError e) {
37        System.out.println(e);
38      }
39    }
40  }
```

執行結果

```
由檔案讀取帳戶資訊

您現在要(1)存款(2)提款→1
請輸入金額→50
存了50 元後, 帳戶還剩 1050 元

您現在要(1)存款(2)提款→2
請輸入金額→1200
AccountError: 存款不足
```

- 第 5、6 行將 main() 宣告多拋出一個 ClassNotFoundException 例外。
- 第 9、10 行將 FileInputStream 包裝成 ObjectInputStream 物件。
- 第 11 行以 ObjectInputStream 的 readObject() 從串流讀回物件。由於此程式只讀一筆物件就自行關閉串流, 所以未用 try/catch 來執行 readObject(), 若要參考前幾個範例程式的作法, 讓程式一直讀到檔案結尾、或要處理找不到檔案等例外, 就必須用 try 來執行 readObject(), 並用 catch 補捉 EOFException 例外物件。
- 第 12 行關閉串流。
- 第 17～38 行則是模擬操作存款帳戶的情形, 此部份可參見 14-5-3 節的範例。

16-5 綜合演練

16-5-1 將學生成績資料存檔

將物件資料存檔是很實際的應用, 本範例將建立一個學生成績資料類別, 並提供輸入介面, 最後再將輸入的學生成績物件存檔。為方便起見, 我們先設計一個存放學生資料的 Student 類別, 並存於 Student.java 檔案中。

程式 Student.java 學生成績資料類別

```
01 import java.io.*;
02
03 public class Student implements Serializable {
04
05   public Student (String s, short e, short m, short j) {
06     name = s;         // 姓名
07     EScore = e;       // 英文成績
08     MScore = m;       // 數學成績
09     JScore = j;       // Java 成績
10   }
11
12   public Student () { }
13
14  // 傳回姓名和各項成績資料的方法
15   public String getN () { return name; }
16   public short getE ()  { return EScore; }
17   public short getM ()  { return MScore; }
18   public short getJ ()  { return JScore; }
19
20  // 計算並傳回三科平均分別的方法
21   public double getAvg () {
22     return (EScore + MScore + JScore) / 3.0;
23   }
24
25   private String name;          // 姓名
26   private short EScore;         // 英文成績
27   private short MScore;         // 數學成績
28   private short JScore;         // Java 成績
29 }
```

- 第 3 行用 implements Serializable 宣告此類別可寫入檔案中。
- 第 5～10 行是可設定所有成員變數值的建構方法。
- 第 15～18 行定義了 4 個可傳回物件中各成員值的方法。
- 第 21 行定義了計算及傳回個人平均分數的方法, 在下個範例中會用到。
- 第 25～28 行分別宣告姓名及英文/數學/Java 三科成績的成員變數。

接下來我們就來設計一個程式, 可讓使用者輸入學生資料, 並將學生資料存檔。

程式 WriteObject.java 將學生成績資料存檔

```
01 import java.io.*;
02
03 public class WriteObject {
04
05   public static void main(String args[]) throws IOException {
06
07     System.out.println("請輸入要建立的學生成績檔檔名");
08     System.out.print("→");
09
10     BufferedReader br =
11       new BufferedReader(new InputStreamReader(System.in));
12     String filename = br.readLine();          // 取得檔名字串
13
14     ObjectOutputStream os =                   // 建立物件輸出串流物件
15       new ObjectOutputStream(new FileOutputStream(filename));
16
17     String str = new String();
18     int counter=0;
19
20     do {
21       counter++;
22
23       System.out.print("請輸入學生姓名：");
24       String name = br.readLine();
25
```

```
26          System.out.print("請輸入英文分數：");
27          str = br.readLine();
28          short e = Short.parseShort(str);
29
30          System.out.print("請輸入數學分數：");
31          str = br.readLine();
32          short m = Short.parseShort(str);
33
34          System.out.print("請輸入 Java 分數：");
35          str = br.readLine();
36          short j = Short.parseShort(str);
37
38          Student ss = new Student(name, e, m, j);
39
40          os.writeObject(ss);     // 寫入物件資料
41
42          System.out.print("還要輸入另一筆資料嗎 (y/n)：");
43          str = br.readLine();
44        } while (str.equalsIgnoreCase("Y")); // 回答 Y 即再執行一次迴圈
45
46        os.flush();            // 若有尚未寫入的內容，立即全部寫入串流中
47        os.close();            // 關閉串流物件
48
49        System.out.println("\n已寫入 " + counter +
50                           " 筆學生資料至檔案 " + filename);
51      }
52  }
```

執行結果

```
請輸入要建立的學生成績檔檔名
→score
請輸入學生姓名：趙雲
請輸入英文分數：75
請輸入數學分數：88
請輸入 Java 分數：84
還要輸入另一筆資料嗎 (y/n)：y
請輸入學生姓名：關雲長
請輸入英文分數：82
請輸入數學分數：86
請輸入 Java 分數：80
還要輸入另一筆資料嗎 (y/n)：← 直接按 Enter 鍵
已寫入 2 筆學生資料至檔案 score
```

● 第 14、15 行將 FileOutputStream 包裝成 ObjectOutputStream 物件。

- 第 18 行宣告的 counter 變數是用來記錄使用者共輸入了幾筆學生資料。
- 第 20～44 行以 do/while 迴圈持續取得使用者輸入的學生資料以建立學生物件, 並於第 40 行以 ObjectOutputStream 的 writeObject() 方法將物件寫入串流中。
- 第 46、47 行呼叫將串流中所有資料立即寫入並關閉串流。
- 第 49、50 行顯示程式共寫入幾筆學生資料至檔案中。

程式會一直請使用者輸入學生資料, 直到使用者回答不再輸入為止。本程式建立的學生資料檔也是二元檔, 我們可用物件讀取串流來讀取這個檔案的內容。

16-5-2 讀取學生成績檔並計算平均

前一個程式將學生成績資料存檔, 這個範例則是要讀取檔案中的學生成績並顯示出來, 同時還會計算各科的平均分數。此程式會在 try 區塊中以 while 迴圈持續用 ObjectInputStream 的 readObject() 讀取物件, 當程式讀到檔案結尾時, readObject() 會拋出 EOFException 例外, 此時程式即會顯示總平均分數並關閉串流。

程式 ReadObject.java 從檔案讀取學生資料並計算平均

```
01 import java.io.*;
02
03 public class ReadObject {
04
05   public static void main(String args[])
06                     throws IOException, ClassNotFoundException {
07
08     System.out.println("要讀取的學生成績檔檔名");
09     System.out.print("→");
10
11     BufferedReader br =
12       new BufferedReader(new InputStreamReader(System.in));
13     String filename = br.readLine();          // 取得檔名字串
```

```
14
15      int counter=0;                        // 用來記錄讀到的資料筆數
16      double Esum = 0;                      // 英文分數加總
17      double Msum = 0;                      // 數學分數加總
18      double Jsum = 0;                      // Java 分數加總
19      Student ss = new Student();
20
21      System.out.println("姓名\t英文\t數學\tJava\t平均");
22      System.out.println("--------------------------------------");
23
24      try (ObjectInputStream ois =  // 在try的小括號中建立物件輸入串流物件
25           new ObjectInputStream(new FileInputStream(filename))){
26        while (true) {
27          ss = (Student) ois.readObject();
28          counter++;
29
30          Esum += ss.getE();
31          Msum += ss.getM();
32          Jsum += ss.getJ();
33
34          System.out.println(ss.getN() + '\t' + ss.getE() + '\t' +
35                             ss.getM() + '\t' + ss.getJ() + '\t' +
36                             ss.getAvg());
37        }
38      }
39      catch (EOFException e) {
40        System.out.println("\n已從檔案 " + filename + " 讀取 " +
41                           counter + " 筆學生資料");
42        System.out.println("\n全員英文平均：" + (Esum/counter));
43        System.out.println("全員數學平均：" + (Msum/counter));
44        System.out.println("全員Java平均：" + (Jsum/counter));
45      }
46    }
47  }
```

執行結果

```
要讀取的學生成績檔檔名
→ score
姓名    英文    數學    Java    平均
--------------------------------------
```

```
趙雲    75    88    84    82.33333333333333
關雲長  82    86    80    82.66666666666667

已從檔案 score 讀取 2 筆學生資料

全員英文平均：78.5
全員數學平均：87.0
全員Java平均：82.0
```

- 第 15 行宣告的 counter 變數是用來記錄共讀取了幾筆學生資料。
- 第 16～18 行宣告三個變數, 以計算各科所有學生分數的總和, 以便算出各科的平均分數。
- 第 24～38 行於 try 的小括號中將 FileInputStream 物件包裝成 ObjectInputStream 物件, 以進行讀取物件資料的動作, 並可**在 try 區塊結束時自動關閉串流**。第 27 行以 ObjectInputStream 的 readObject() 方法從串流讀取物件, 成功讀出物件後, 即在 28 行將 counter 變數加 1。
- 第 30～36 行使用 Student 類別的 getXXX() 方法來取得各科的分數及平均分數。
- 第 39～45 行是 catch 檔案結束例外物件的區塊, 當 readObject() 方法讀到檔案結尾時, 即在螢幕上輸出讀到的總筆數、各科的總平均。

由於前一個 WriteObject.java 程式設計成可讓使用者自由輸入不定數量的學生資料, 所以這個 ReadObject.java 程式是用迴圈的方式持續讀 Student 物件, 直到檔案結束, 因此需以 try/catch 來處理 EOFException 例外物件。

學習評量

※ 選擇題可能單選或複選

1. java.io 套件中的串流類別可依讀寫時的資料單位分為______串流和______串流兩種。

2. (　　) 下列何者不是位元串流類別？
   (a) PrintStream
   (b) ObjectInputStream
   (c) DataOutputStream
   (d) InputStreamReader

3. (　　) 下列關於 BufferedWriter 類別的描述何者錯誤？
   (a) 此類別是字元串流。
   (b) 此類別屬於緩衝式寫入串流。
   (c) 此類別只能用於寫入檔案。
   (d) 此類別提供 newLine() 方法可在寫入時換行。

4. (　　) 當程式要將 int 型別以 4 位元組的大小寫入檔案時, 可使用哪一個串流及方法？
   (a) 用 DataOutputStream 的 writeInt() 方法。
   (b) 用 FileOutputStream 的 write() 方法。
   (c) 用 Serializable 類別的 writeInt() 方法。
   (d) 以上皆可。

5. (　　) 使用物件輸出入串流時, 以下敘述何者正確？
   (a) 被讀寫的類別需為 Serializable 類別的衍生類別。
   (b) 讀取之前寫入的物件時, 只要類別名稱相同即可正確讀到。
   (c) 讀取物件時, 需處理 ClassNotFoundException。
   (d) 以上皆是。

6. (　　) 下列敘述何者錯誤？

(a) System.in 不是串流物件, 所以使用時要先建立 BufferedReader 串流物件, 才能從鍵盤取得輸入。

(b) System.out 是 PrintStream 類別的物件, 可用來將資料輸出到螢幕上。

(c) System.err 可利用來輸出錯誤訊息。

(d) 利用作業系統轉向的功能, 可使程式輸出到 System.out 的訊息, 轉輸出到檔案中儲存。

7. (　　) 下列關於 InputStream 的描述何者正確？

(a) InputStream 是個介面。

(b) InputStream 是抽像類別。

(c) InputStream 是一般的串流類別。

(d) InputStream 是串流類別, 且提供 readLong() 方法可讀取長整數。

8. 如果想在讀到檔案結尾時, 進行處理, 則程式應捕捉 ______________ 例外物件。

9. (　　) 以下關於緩衝式串流的描述何者正確？

(a) 我們可用緩衝式串流包住其它的串流物件, 以方便處理。

(b) 緩衝式串流都是字元串流, 所以不能用來讀取二元檔。

(c) 用緩衝式串流寫入檔案時, 執行 flush() 可以避免還有資料未寫入檔案的狀況。

(d) 緩衝式串流只能用於檔案, 不能用於鍵盤, 因為電腦已經有鍵盤緩衝區。

10.下列程式有何問題？

```
import java.io.*;

public class Ex_16_10  {

  public static void main(String args[]) {

    System.out.print("請輸入一個字：");
    int i = System.in.read();
    System.out.println("您輸入的是：" + (char)i);
  }
}
```

程式練習

1. 請試寫一個程式, 可將九九乘法表的內容寫入到檔案中。

2. 承上題, 寫個程式可將上述檔案的內容讀出, 並顯示在螢幕上。

3. 請試寫一個程式, 可供使用者輸入中文單字, 然後顯示該字的 Big-5 碼。(提示：可使用 Integer.toHexString() 方法將整數轉成 16 進位字串, 詳見下一章)

4. 請試寫一個程式, 可讀取使用者指定的檔案, 然後計算檔案中 A、B、C、D 等 26 個英文字母各有多少, 及總數有多少。

5. 承上題, 將檔案中的英文全部換成大寫後寫入另一個檔案中。

6. 請試寫一個複製程式, 能將指定檔案的內容原封不動複製成另一個檔案。

7. 請試寫一個字串尋找程式, 可供使用者指定要尋找的字串 (例如 "the"), 及要尋找的檔案, 程式回報該字串出現的總次數。

8. 承上題, 將程式改成可供使用者指定要取代的字串 (例如將 "the" 換成 "this"), 程式就會將檔案中的 "the" 換成 "this"。

9. 試寫一程式會以物件的方式將個人通訊資料 (姓名、電話、E-mail) 寫入檔案中。並另寫一程式可讀取此檔案, 並顯示通訊資料。

10. 請試寫一個統一發票對獎程式, 可讓使用者輸入當期中獎號碼, 即可由預存的發票清單檔中讀取發票號碼, 並判斷有無中獎及中何獎。

17

CHAPTER

Java 標準類別庫

學習目標

- 認識 Java 的標準類別庫
- 熟悉基本資料類別
- 使用內建的數學運算方法
- 使用 Collections 相關類別與介面

前幾章介紹了 Java 提供的各種 『功能』，像是執行緒、例外處理、串流類別等, 這些『功能』都是內建在 **Java 標準類別庫** (Standard Class Library) 中, 或稱為 **Java API** (Application Programming Interfaces, 應用程式介面)。只要使用這些現成的類別及方法, 就可進行複雜的工作, 例如用 BufferedReader 以緩衝方式讀取檔案或鍵盤輸入。

本章將介紹更多實用的 Java API, 方便您撰寫各式各樣的 Java 程式。

17-1 甚麼是 Java 標準類別庫？

Java 語言要發揮功能, 必須有個可供 Java 程式執行的 Java Platform (Java 平台) 環境。Java Platform 包含兩大部份：

- JVM
- Java API

JVM 提供一個讓 Java bytecode 程式執行的環境, 而 Java API 則是一套內含相當多類別、介面定義的集合, 同一 Java 版本所提供的 Java API 種類、數量都相同, 所以稱為 **Java 標準類別庫 (Standard Class Library)**。

我們可以從 Java 標準類別庫找到各式各樣的類別來使用, 讓程式發揮不一樣的功能。這些類別已適當分成多種不同的套件, 以 Java SE (Standard Edition) 為例, 其 Java API 提供了如右圖的多種套件：

https://www.oracle.com/java/technologies/platform-glance.html
或搜尋 "Jave SE Platform at a Glance"

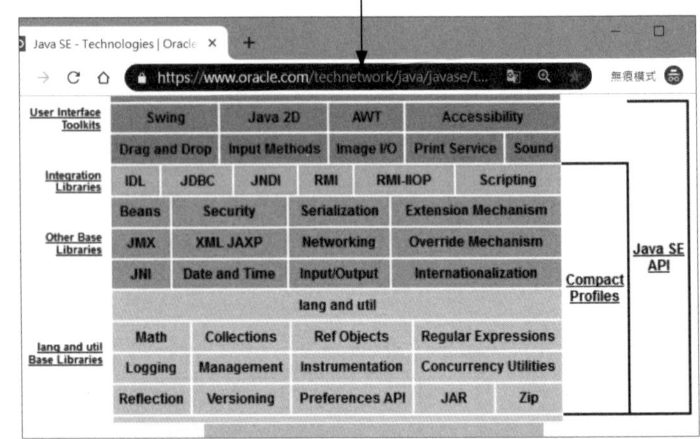

每個套件名稱也都暗示了其功能及用途, 像是前一章介紹的 java.io 套件就是有關 Input/Output 的類別集合；而圖中的 Security 指的是包括 java.security 套件在內, 與安全性有關的類別集合。

在眾多的套件中, 有關圖形使用者介面及繪圖的幾個套件, 例如上圖上方的 Swing、Java 2D、AWT 等, 會在下一章介紹。

由於 Java API 的內容相當多, 不是一本入門書籍就可以介紹得完, 因此本書只能做重點式的介紹。前一章我們介紹過 java.io 套件中的輸出入類別和介面, 本章則要介紹以下兩個套件中一些實用的類別：

- java.lang：顧名思義, 此套件是包含與 Java 語言有關的核心類別, 例如前幾章介紹的字串、執行緒、及例外類別等。而本章要介紹的則是處理數字的 Math 類別, 以及可用來包裝基本資料型別的『基本資料類別』。
- java.util：這個套件有如 Java 的萬用工具箱, 提供了開發各種程式都可能會用到的輔助性類別, 其中有一組相當重要的 Collections (集合) 類別, 這群類別包含了可儲存、處理多種資料結構的類別, 對撰寫應用程式很有幫助, 因此本章也將介紹如何使用這些 Collections 類別。

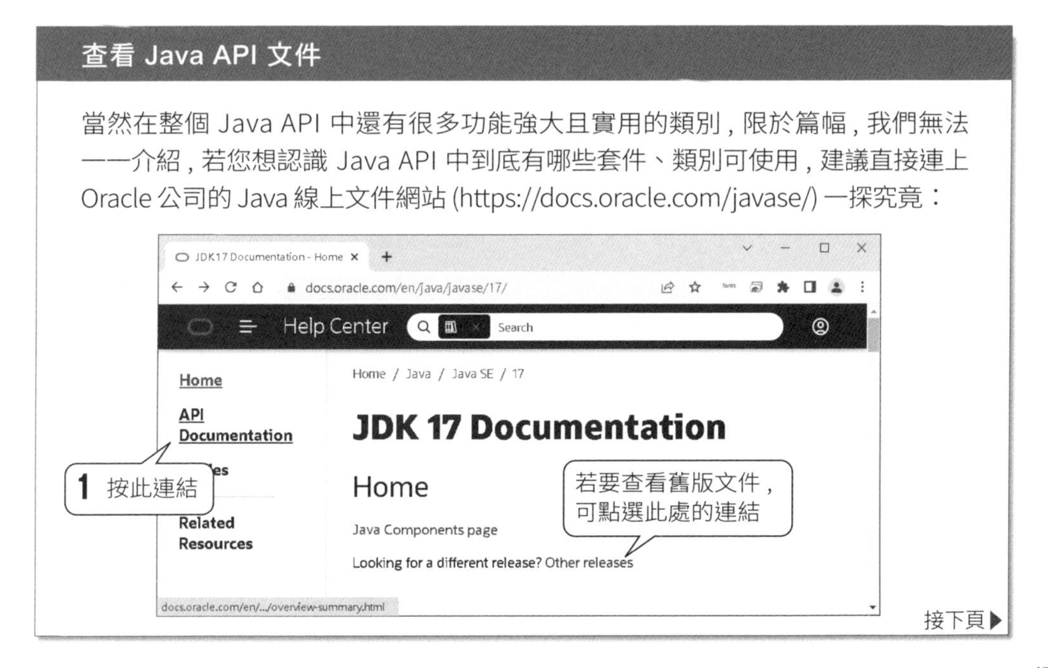

查看 Java API 文件

當然在整個 Java API 中還有很多功能強大且實用的類別，限於篇幅，我們無法一一介紹，若您想認識 Java API 中到底有哪些套件、類別可使用，建議直接連上 Oracle 公司的 Java 線上文件網站 (https://docs.oracle.com/javase/) 一探究竟：

接下頁▶

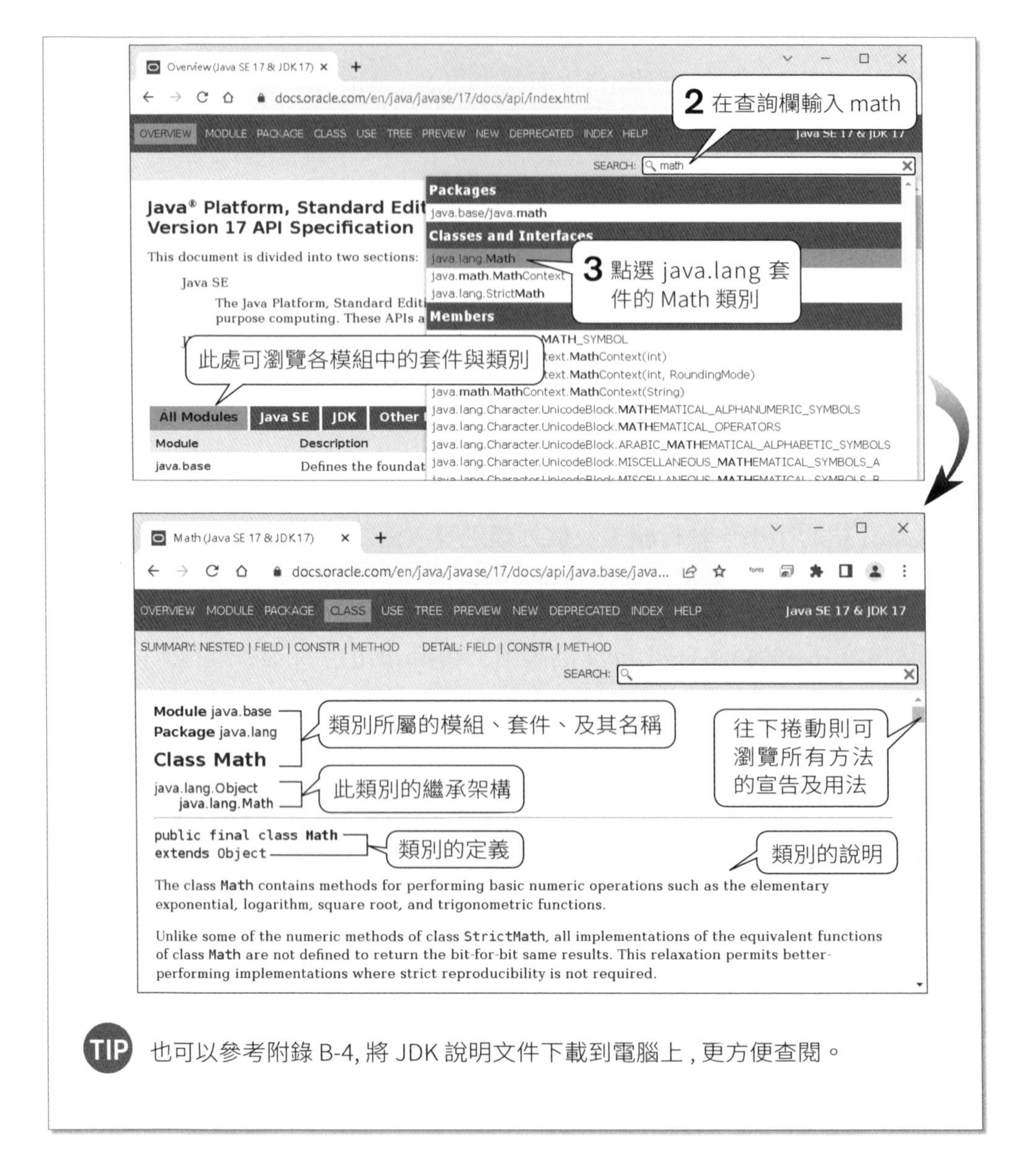

TIP 也可以參考附錄 B-4, 將 JDK 說明文件下載到電腦上 , 更方便查閱。

17-2 基本資料類別

第 11 章提過, java.lang 有一組特別的類別, 是用來以物件包裝 Java 基本資料型別, 所以稱之為**基本資料類別**或**包裝類別** (type-wrapper class, wrapper class, object wrapper)。為什麼要用物件包裝基本型別呢?因為在某些狀況下,要處理的雖然是整數、浮點數等資料型別, 但要使用的工具卻只接受物件, 此時就要先將基本資料型別包裝成物件再進行處理, 在 17-4 節要介紹的 Java Collection 就是這類『工具』的代表性範例。

此外包裝類別也提供許多實用的 static 方法, 方便我們轉換資料格式, 例如從鍵盤取得輸入的字串, 就可呼叫這些方法將字串轉換成所需的格式 (像是 Integer.parseInt() 方法)。本節要進一步認識這些包裝類別, 每個基本資料型別都有其對應的包裝類別, 如下：

基本資料型別	基本資料類別	基本資料型別	基本資料類別
boolean	Boolean	float	Float
byte	Byte	int	Integer
char	Character	long	Long
double	Double	short	Short

除了 Boolean、Character 外, 其它幾個數值類別都是 Number 抽象類別的子類別, 它們都有提供一組相似的方法 (例如常用的 parseInt()、parseDouble() 等)。

基本資料類別有個重要的特性：**包裝後的物件, 其值是無法改變的**。另外, 基本資料類別都是 final 類別, 所以也不能從其衍生出子類別。這樣的設計其實是可以理解的, 畢竟使用基本資料型別的變數已非常方便, 不需多費一道工夫將它們包裝成物件來做運算。

以下就來看如何建立包裝類別的物件，以及反向取出物件中的資料。

17-2-1 建立基本資料類別物件

建構方法與 valueOf() 方法

建立基本資料類別的物件, 相當於將基本型別的資料裝到物件中。建立的方法很簡單, 就是直接以變數、字面常數呼叫類別的建構方法, 例如底下建立 Boolean 物件：

```
boolean bool1 = true;                    // 可用同型別的變數建立物件
Boolean bool2 = new Boolean(bool1);

Boolean mybool = new Boolean("True");     // 也可以從字串建立物件
Boolean whatbool = new Boolean("happy");  // 只要字串不等於 "true"
                                          // (不分大小寫), 就是 false
```

關於各類別的建構方法簡單整理如下：

- Character 類別的建構方法只接受字元型別的參數。
- Boolean、Byte、Double、Integer、Long、Short 類別的建構方法, 只接受其對應型別的變數、字面常數或字串為參數。例如上述的例子中, 就用布林變數和字串建立 Boolean 類別的物件。
- Float 除了能用 float 型別和字串為建構方法的參數, 也能直接用 double 型別的變數當參數呼叫建構方法, 不需自行將參數做強制型別轉換。

不過由於包裝物件的值無法改變, 因此可以重複使用在不同的地方 (而不用每次都建立一個新物件), 也因此 Java 建議盡量不要用建構函式來建立新的包裝物件, 而應改用更有效率的 valueOf() 方法, 它是每個基本資料類別都有的 static 方法, 其用法和建構函式類似, 但不用加 new。例如：

```
boolean bool1 = true;
Boolean bool2 = Boolean.valueOf(bool1);        // 傳回 true 物件

Boolean mybool = Boolean.valueOf("True");      // 傳回 true 物件
Boolean whatbool = Boolean.valueOf("happy");   // 傳回 false 物件
                                                 (詳見前面程式)
```

以上程式由 valueOf() 傳回給 bool2 和 mybool 的會是同一個 true 物件, 因為 valueOf() 會重複使用相同的物件, 以提高執行及儲存效率。

另外請注意, 無論是建構方法或是 valueOf() 方法, 其參數都必須是該型別或類別的資料才行, 例如 5 會被視為整數, 因此執行 Short.valueOf(5) 會發生錯誤, 而必須改成 Short.valueOf(**(short)5**)。

取得物件的值

當我們將基本資料型別包裝成物件後, 可透過類別所提供的多種方法, 將其值取出使用。這些類別至少都提供一種 xxxValue() 方法可傳回物件的值, 其中 xxx 為基本資料型別的名稱, 例如 Boolean 物件可使用 booleanValue() 、Character 物件可使用 charValue()。

至於各 Number 類別的子類別就較具彈性, 它們的物件可呼叫下列任一個傳回數值型別的方法 (因為這些方法都是繼承自 Number 抽象類別):

```
byte   byteValue()       // 以 byte 型別傳回數值
double doubleValue()     // 以 double 型別傳回數值
float  floatValue()      // 以 float 型別傳回數值
int    intValue()        // 以 int 型別傳回數值
long   longValue()       // 以 long 型別傳回數值
short  shortValue()      // 以 short 型別傳回數值
```

使用上列方法時要注意, 對範圍較大的物件 (例如 Double), 取其較小範圍的基本資料型別 (例如 byte), 就可能發生無法表示的情形, 請參考以下範例:

程式 WrapperTest.java 建立基本資料類別物件

```
01 public class WrapperTest {
02
03   public static void main(String args[]) {
04
05     System.out.println("數值型基本資料類別示範");
06
07     Integer myint = new Integer(123456789);  // 建立 Integer 物件
08     Double mydbl = new Double(5.376543e200); // 建立 Double 物件
09
10     System.out.println("\n以下是取 Integer 物件數值的結果:");
11     showall(myint);
12
13     System.out.println("\n以下是取 Double 物件數值的結果:");
14     showall(mydbl);
15   }
16
```

```
17   public static void showall(Number o) {   // 此方法專用來顯示
18                                            // 呼叫各取值方法的結果
19     System.out.println("呼叫 byteValue()   :" + o.byteValue()   );
20     System.out.println("呼叫 doubleValue():" + o.doubleValue());
21     System.out.println("呼叫 floatValue()  :" + o.floatValue() );
22     System.out.println("呼叫 intValue()    :" + o.intValue()    );
23     System.out.println("呼叫 longValue()   :" + o.longValue()   );
24     System.out.println("呼叫 shortValue()  :" + o.shortValue() );
25   }
26 }
```

執行結果

```
以下是取 Integer 物件數值的結果:
呼叫 byteValue()   :21
呼叫 doubleValue():1.23456789E8
呼叫 floatValue()  :1.23456792E8
呼叫 intValue()    :123456789
呼叫 longValue()   :123456789
呼叫 shortValue()  :-13035

以下是取 Double 物件數值的結果:
呼叫 byteValue()   :-1
呼叫 doubleValue():5.376543E200
呼叫 floatValue()  :Infinity
呼叫 intValue()    :2147483647
呼叫 longValue()   :9223372036854775807
呼叫 shortValue()  :-1
```

- 第 7、8 行分別建立 Integer、Double 類別物件。
- 第 11、14 行分別以基本資料類別的物件為參數, 呼叫自訂的 showall() 方法進行示範。
- 第 17~25 行的 showall() 方法, 只是單純呼叫各種 xxxValue() 方法並輸出結果。此方法的參數為 Number 類別的物件, 所以可用 Integer、Double 類別的物件為參數呼叫之。

如執行結果所示，當物件的數值超出傳回值所能表示的範圍時，會出現不可預期的結果。例如上例中的 123456789 轉成 byte 和 short 時分別變成 21、-13035，而轉成 float 型別時，也產生一點誤差變成 1.23456792E8 (相當於 123456792)。至於倒數第 4 個輸出的 Infinity，則是 Java 特別定義的常數，代表無限大的意思 (因為 5.376543e200 遠超過 float 可表示的範圍)，以下就來認識基本資料類別中所定義的常數值。

基本資料類別的常數

除了 Boolean 類別外，其它幾個基本資料類別都有定義至少 3 個 static 變數，用以表示一些常數值。其中基本的就是表示各型別的最大值和最小值 (數值範圍)，以及 SIZE (所佔的 byte 數)，如下表所示：

類別 \ 變數名	MAX_VALUE	MIN_VALUE	SIZE
Byte	127	-128	8
Character	65535	0	16
Short	32767	-32768	16
Integer	2147483647	-2147483648	32
Long	9223372036854775807L	-9223372036854775808L	64
Float	3.4028234663852886E38f	1.401298464324817E-45f	32
Double	1.7976931348623157E308	4.9E-324	64
註：除了 SIZE 均為 int 型別外，其它 static 變數的型別都是該類別所對應的基本資料型別，例如 Long.MAX_VALUE 的型別就是 long。			

除此之外，浮點數的 Float、Double 類別，分別還有 3 個代表極限值及非數值 (NaN, Not-a-Number) 等特殊值的 static 變數：

類別 \ 變數名	NaN	NEGATIVE_INFINITY (負無限大)	POSITIVE_INFINITY (正無限大)
Float	0f/0f	-1f/0f	1f/0f
Double	0d/0d	-1d/0d	1d/0d

17-2-2 基本資料類別與字串

認識基本資料類別物件的建立及取值方式後, 我們再多介紹一些與字串相關的方法。這些方法大概可分為幾類：

- **從字串建立類別物件**：前面介紹的建構方法及 valueOf() 方法都可將字串轉成數值型的物件, 但建構方法的字串只能用十進位表示, 而 valueOf() 方法還可接受以不同數字系統表示的字串, 稍後會做進一步說明。
- **從類別物件產生字串**：各資料類別物件都可呼叫特定方法將其值轉成字串表示。
- **將基本資料型別轉成字串**：這類是各類別提供的 static 方法, 可用來將各基本資料型別轉成字串表示。
- **將字串轉成基本資料型別**：同樣是 static 方法, 而且我們已用過多次, 每次由鍵盤取得輸入時的用的 Integer.parseInt()、Double.parseDouble() 就屬此類。

從字串建立類別物件

除了 Character 類別外, 各基本資料類別的 valueOf() 方法, 都可傳入適當格式的字串來呼叫, 即可傳回該類別的物件。例如：

```
public static Boolean valueOf(String s);       // 傳回 Boolean 物件
public static Double valueOf(String s);        // 傳回 Double 物件
public static Float valueOf(String s);         // 傳回 Float 物件
```

整數型類別除了有類似上列的 valueOf() 方法, 還有個多重定義的版本可指定此字串所採的數字系統：

```
public static Integer valueOf(String s, int radix);
                                    // s 為代表數字的字串
                                    // radix 為代表進位方式的數值
```

以上僅列出 Integer 類別的 valueOf() 方法, 其它 Byte、Short、Long 也都有這個方法可用。請參考下列程式：

程式 StringValue.java 將字串轉換成基本資料類別物件

```
01 public class StringValue {
02
03   public static void main(String args[]) {
04
05     System.out.println("示範 valueOf() 的效果");
06
07     String str16 = "A035FC4";    // 16 進位表示
08     String str08 = "1357246";    // 8 進位表示
09     String str07 = "-162534";    // 7 進位表示
10     String str02 = "1101101";    // 2 進位表示
11
12     System.out.println(str16 + " : " + Long.valueOf(str16,16));
13     System.out.println(str08 + " : " + Integer.valueOf(str08,8));
14     System.out.println(str07 + " : " + Short.valueOf(str07,7));
15     System.out.println(str02 + " : " + Byte.valueOf(str02,2));
16   }
17 }
```

執行結果

```
示範 valueOf() 的效果
A035FC4 : 167993284
1357246 : 384678
-162534 : -32169
1101101 : 109
```

- 第 7～10 行宣告 4 個以不同數字系統表示的字串。
- 第 12～15 行分別呼叫各整數型類別的 valueOf() 將字串轉換成數字物件, 並輸出結果。

使用 valueOf() 時要特別注意：如果字串內容不符合數字格式、或是數字超出物件可表示的範圍 (例如在上列程式中將 str16 轉成 Byte 物件), 都會引發 NumberFormatException 例外。

將類別物件、資料型別轉成字串

在第 11 章已提過所有基本資料類別都有實作各自的 toString() 方法, 可將物件轉換成字串表示, 所以我們能在 print()、println() 中直接將之輸出, 或者轉成字串來處理。

除了將物件轉成字串外, 各數值型的類別也都提供靜態的 toString(xxx), 可將基本型別的 xxx 資料轉換成字串, 例如 Boolean.toString(true) 會傳回 "true"。。

但各類別的 toString() 都只能將數值轉成 10 進位制的字串表示, 若想轉成 2 進位、8 進位、16 進位、甚至於其它數字系統等方式來表示, 則可使用只有 Integer、Long 類別才提供的下列方法：

```
static String toBinaryString(int i)       // 轉成以 2 進位表示的字串
static String toHexString(int i)          // 轉成以 16 進位表示的字串
static String toOctalString(int i)        // 轉成以 8 進位表示的字串
static String toString(int i, int radix)  // 轉成以 i 進位表示的字串
```

此處所列為 Integer 類別的方法, Long 類別的同名方法其參數型別為 long。以下是範例：

程式 RadixString.java 將數值轉成各種進位表示的字串

```
01 public class RadixString {
02
03   public static void main(String args[]) {
04
05     System.out.println("示範 toXXXString() 方法");
06
07     int i = 496;
08     long l = 4388073616521L;
09
10     System.out.println (l+"轉16進位："+Long.toHexString(l));
11     System.out.println (l+"轉8進位："+Long.toOctalString(l));
12     System.out.println (i+"轉4進位："+Integer.toString(i,4));
13     System.out.println (i+"轉2進位："+Integer.toBinaryString(i));
14   }
15 }
```

執行結果

```
示範 toXXXString() 方法
4388073616521 轉16進位：3fdad91b489
4388073616521 轉 8進位：77665544332211
496 轉 4進位：13300
496 轉 2進位：111110000
```

- 第 7、8 行分別宣告 int、long 型別的變數, 以供程式轉成字串。
- 第 10～13 行分別呼叫各 toXxxString() 將數值轉換成字串, 並輸出結果。

將字串轉成基本資料型別

基本資料類別也提供多個方法, 可將字串轉成基本資料型別。其中有一類方法, 就是用來將字串轉成基本資料型別的 Integer.parseInt()、Double.parseDouble() 等。這些我們都已用過多次, 就不再多介紹。

比較特別的是, 整數型的類別所提供的 parseXxx(), 也有另一種形式, 可加上待轉換字串是用哪一種數字系統的參數, 如此就能將不同進位表示的字串轉成基本資料型別：

```
byte  parseByte (String s, int radix);
short parseShort (String s, int radix);
int   parseInt (String s, int radix);
long  parseLong (String s, int radix);
```

我們直接來看實例：

程式 ConvertString.java 將數值轉成各種進位表示的字串

```
01 import java.io.*;
02
03 public class ConvertString {
04
05   public static void main(String args[]) throws IOException {
06
07     System.out.println("本程式會將各種進制的數字轉成十進位顯示");
08
09     BufferedReader br =
10       new BufferedReader(new InputStreamReader(System.in));
11
12     while (true) {
13       System.out.println("\n您要輸入的數字是什麼進位 (例如" +
14                          " 8 進位就輸入 8, 輸入 0 則結束程式) ");
```

```
15         System.out.print("->");
16         String str = br.readLine();
17 
18         try {      // 將所有將字串轉成數字的敘述都放在 try 區塊
19           int radix = Integer.parseInt(str);  // 取得進位數字
20 
21           if (radix==0) break;     // 輸入 0 就跳出迴圈
22 
23           System.out.print("請輸入 " + radix + " 進位的數字：");
24           str = br.readLine();
25 
26           long num = Long.parseLong(str,radix);  // 將字串轉成長整數
27           System.out.println(radix + " 進位的 " + str +
28                              " 轉成十進位表示：" + num);
29         }
30         catch (NumberFormatException e) {  // 轉換時的字串格式不正確
31                                            // 或轉出來的數字超出 long
32                                            // 範圍就會引發此例外
33           System.out.println("輸入格式錯誤或數值太大！");
34         }
35       }
36     }
37 }
```

執行結果

```
本程式會將各種進制的數字轉成十進位顯示

您要輸入的數字是什麼進位 (8 進位就輸入 8, 輸入 0 結束程式)
->9
請輸入 9 進位的數字：13579      ◄── 9 進位數字不會出現 9 (因為要進位成 10)
輸入格式錯誤或數值太大！

您要輸入的數字是什麼進位 (8 進位就輸入 8, 輸入 0 結束程式)
->5
請輸入 5 進位的數字：3124
5 進位的 3124 轉成十進位表示：414

您要輸入的數字是什麼進位 (8 進位就輸入 8, 輸入 0 結束程式)
->0
```

- 第 12~35 行在迴圈中不斷請使用者輸入數字, 並進行轉換。
- 第 18~29 行的 try 是預防第 19、27 行轉換數字時發生格式錯誤的例外。
- 第 21 行用 if 判斷使用者是否輸入 0, 是就跳出迴圈, 結束程式。
- 第 30~34 行的 catch 區塊會捕捉 NumberFormatException 例外, 並輸出一段訊息。catch 區塊結束後, 仍會重新執行迴圈。

Character 類別也有一個類似的方法, 可將字元轉成數字：

```
static int digit(char ch, int radix)
```

例如 Character.digit('A', 16) 會傳回 10 (在 16 進位中, A 代表 10 進位的 10)。但 digit() 方法並不會在第一個參數超出範圍時拋出例外, 而是會傳回 -1, 例如 Character.digit('A', 8) 就會傳回 -1。

另外還有個類似的方法：

```
public static int getNumericValue(char ch)  // 傳回字元代表的數字
```

這個方法是將英文字母接續在數字 0~9 後面排列 (不分大小寫), 例如：

```
Character.getNumericValue('A') // 會傳回 10
Character.getNumericValue('k') // 會傳回 20
```

除了英文字母外, Unicode 中定義的羅馬數字也會傳回代表的數值, 例如：

```
Character.getNumericValue('\u2168')    // '\u2168' 是羅馬數字 Ⅸ
                                       // 因此會傳回 9
```

17-2-3 基本資料類別的其它方法

除了上述各種轉換方法外, 基本資料類別也提供一些簡單實用的『工具』方法, 可讓我們對物件的值做其它處理。

字元的判斷與轉換方法

前述介紹的多種方法, Character 類別大多並未提供, 不外是因為單一字元與數字/字串間的轉換並不實用。但 Character 類別其實有提供很多 static 方法, 可做字元的判斷和轉換。首先介紹一些判斷字元的方法, 也就是判斷字元是不是屬於某一種類, 例如：

```
isDigit(char ch)         // 是否為數字
isJavaIdentifierPart(char ch)    // 是否可當 Java 識別字
isJavaIdentifierStart(char ch)   // 是否可當識別字的首字
isLetter(char ch)          // 是否為文字字元
isLetterOrDigit(char ch) // 是否為數字或文字字元
isLowerCase(char ch)       // 是否為小寫字母
isUpperCase(char ch)       // 是否為大寫字母
isWhitespace(char ch)      // 是否為空白字元
```

這些方法的傳回值都是 boolean 型別：是該類字元就傳回 "true"、不是就傳回 "false"。關於空白字元要說明一下, 舉凡空白、'\t'、'\n'、'\r'、'f' (換頁)、全型空白等都算是空白字元。

以下是範例：

程式 CountChars.java 計算字串中的各種字元數

```
01 import java.io.*;
02
03 public class CountChars {
04
05   public static void main(String args[]) throws IOException {
06
07     System.out.print("請輸入一個句子");
08
09     BufferedReader br =
10             new BufferedReader(new InputStreamReader(System.in));
11     System.out.print("→");
12     String str = br.readLine();
13     int lt=0,di=0,sp=0;        // 宣告用來計算各類字元數量的變數
14
```

```
15      for(int i=0;i<str.length();i++) {
16        char ch = str.charAt(i);
17        if (Character.isLetter(ch))          // 判斷是否為文字
18          lt++;
19        else if (Character.isDigit(ch))      // 判斷是否為數字
20          di++;
21        else if (Character.isWhitespace(ch)) // 判斷是否為空白
22          sp++;
23      }
24      System.out.println("這個句子中, 共有 " + lt + " 個文字、 " +
25                         di + " 個數字、 " + sp + " 個空白字元");
26    }
27  }
```

執行結果

```
                                    此處是按兩次 Tab 鍵
請輸入一個句子→你幾歲?              I am 15 years old.
這個句子中, 共有 14 個文字、 2 個數字、 6 個空白字元
```

由執行結果可發現：

- 不論中英文, 每個字 (母) 都視為一個字元。
- 即使按了多下 Tab 鍵產生很寬的空白, 每個 Tab 鍵仍只計為 1 個空白字元, 所以程式會計算為 "6 個空白字元"。
- 程式並未計算標點符號, 所以輸入的標點符號都會被忽略。

至於轉換字元的方法則有下面 2 個：

```
toLowerCase(char ch)      // 將字元轉成小寫
toUpperCase(char ch)      // 將字元轉成大寫
```

這 2 個方法都會傳回轉換後的字元, 如果參數 ch 不是有大小寫分別的字元, 就傳回原來的字元。因此像下列敘述也不保證會傳回 true：

```
Character.isUpperCase(Character.toUpperCase(ch))
        // 傳回的可能不是文字字元, 所以判斷結果可能是 false
```

比較相等或大小的方法

要做基本資料類別物件間的比較, 若只是看兩者是否相等, 可使用第 11 章介紹的繼承自 java.lang.Object 的 equals()；若要比較誰大誰小的話, 可使用除了 Boolean 類別以外都有提供的 compareTo()：

```
public int compareTo(相同類別 obj);     // 若 2 物件相同即傳回 0
                                        // 若比 obj 物件大即傳回正值
                                        // 若比 obj 物件小即傳回負值
```

各類別的 compareTo() 都只能比較同類別 (或型別) 的物件, 若參數是不同類別 (或型別), 則會引發 ClassCastException 例外。例如 Integer.valueOf(5).compareTo(8) 會傳回 -1 (因 5 比 8 小), 而 Integer.valueOf(5).compareTo(8.1) 則會發生錯誤, 因為 8.1 無法自動轉換為 Integer。

TIP 注意, == 是用來比較是否為同一個物件, 而 equals() 是用來比較物件的內容 (內含值) 是否相等。此外, 當包裝物件與基本型別資料進行 == 比較時, 包裝物件會先轉換成基本型別的資料, 因此會針對其內含值做比較, 而非比較是否為同一物件。

17-3 Math 類別

在 java.lang 套件中的 Math 類別, 提供了一組方便我們進行各種數學運算的方法。另外還定義了兩個 static 常數：

```
public static final double E       // 自然對數值, 其值為 2.718281828459045d
public static final double PI      // 圓周率, 其值為 3.141592653589793d
```

因此在程式中可直接用這兩個常數進行相關計算, 以下就來分類介紹 Math 類別中的各種方法, 在部份範例中就會用到上列兩個 Math 常數。

17-3-1　求最大值與最小值

我們要介紹的第一組方法是比較兩數字, 並傳回其中的最大值 (max() 方法) 或最小值 (min() 方法)。雖然像這樣的運算, 也能用簡單的 if/else 或比較運算字 (?:) 來做；但在寫程式時, 使用 Math 提供的方法, 仍不失為一種簡單明瞭 (易讀) 的方案。這兩個方法各有下列 4 種, 以用於不同的參數類型：

```
static    double max(double a, double b)    // 傳回 a、b 中較大者
static    float  max(float a, float b)
static    int    max(int a, int b)
static    long   max(long a, long b)

static    double min(double a, double b)    // 傳回 a、b 中較小者
static    float  min(float a, float b)
static    int    min(int a, int b)
static    long   min(long a, long b)
```

程式 MinMax.java 求最大、最小值

```
01 public class MinMax {
02
03   public static void main(String args[]) {
04
05     System.out.println("Math.min()、Math.max() 示範");
06     int i=100;    double a = 0.082;
07     int j=37;     double b = 331.39;
08     int k=399;    double c = 3.14;
09
10     System.out.println("整數組最大的數字是：" +
11                        Math.max(Math.max(i,j), k));
12     System.out.println("浮點數組最小的數字是：" +
13                        Math.min(Math.min(a,b), c));
14   }
15 }
```

執行結果

```
Math.min()、Math.max() 示範
整數組最大的數字是：399
浮點數組最小的數字是：0.082
```

第 11、13 行分別呼叫 Math 類別的 max()、min() 方法以取得最大及最小的數值。

17-3-2 求絕對值與近似值

Math 類別提供有關求絕對值與近似值的 static 方法如下：

```
static double abs(double a)  // 傳回數值 a 的絕對值
static float  abs(float a)
static int    abs(int a)
static long   abs(long a)

static double ceil(double a) // 傳回大於變數 a, 且最接近 a 的整數
static double floor(double a) // 傳回小於變數 a, 且最接近 a 的整數
static double rint(double a) // 傳回最接近變數 a 的整數
                             // 這三個方法傳回的整數仍是 double 型別

static long round(double a)  // 將 a 做 4 捨 5 入後的值, 以 long 型別傳回
static int  round(float a)   // 將 a 做 4 捨 5 入後的值, 以 int 型別傳回
```

其中 ceil 是天花板的意思, 所以 ceil() 傳回的是大於或等於參數值的最小整數；而 floor 則是地板, 所以 floor() 會傳回小於或等於參數值的最大整數。至於 rint()、round() 的計算方式雖然不太相同, 但多數情況下其計算結果都相同, 只是傳回值的型別不同。相關用法, 請參見以下範例：

程式 FloorCeil.java 示範 Math 類別求近似值方法的效果

```
01 import java.io.*;
02
03 public class FloorCeil {
04
05   public static void main(String args[]) throws IOException {
06
07     System.out.print("示範 Math 類別近似值方法的程式, ");
08     System.out.print("請輸入一個數值：");
09
10     BufferedReader br =
11       new BufferedReader(new InputStreamReader(System.in));
12     String str = br.readLine();
13     double test = Double.parseDouble(str);  // 取得數值
14
```

```
15        // 依序呼叫各近似值方法並輸出結果
16        System.out.println("floor(" + test + ") = " + Math.floor(test));
17        System.out.println(" ceil(" + test + ") = " + Math.ceil(test));
18        System.out.println(" rint(" + test + ") = " + Math.rint(test));
19
20        System.out.println("long round(" + test + ") = " +
21                           Math.round(test));
22        System.out.println(" int round(" + (float)test + ") = " +
23                           Math.round((float)test));
24    }
25 }
```

執行結果 1

```
示範 Math 類別近似值方法的程式, 請輸入一個數值：4.51
floor(4.51) = 4.0
 ceil(4.51) = 5.0
 rint(4.51) = 5.0
long round(4.51) = 5
 int round(4.51) = 5
```

執行結果 2

```
示範 Math 類別近似值方法的程式, 請輸入一個數值：-1.49999
floor(-1.49999) = -2.0
 ceil(-1.49999) = -1.0
 rint(-1.49999) = -1.0
long round(-1.49999) = -1
 int round(-1.49999) = -1
```

在此要補充說明上述方法的一些特別狀況：

- 呼叫 Math.ceil() 時的參數值若小於 0、大於 -1, 則傳回值會是 -0.0。
- 呼叫 Math.round() 時的參數值若小於 Integer.MIN_VALUE, 則傳回值為 Integer.MIN_VALUE；若大於 Integer.MAX_VALUE, 傳回值會是 Integer.MAX_VALUE。

● 同理, 呼叫 Math.round() 時的參數若小於 Long.MIN_VALUE 或大於 Long.MAX_VALUE, 則分別傳回為 Long.MIN_VALUE 或 Long.MAX_VALUE。

17-3-3 基本數學計算

底下是 Math 類別中常用的幾個數學計算方法：

```
static double exp(double a)               // 傳回自然對數 e 的 a 次方值
static double log(double a)               // 傳回以 e 為底, a 的對數值
static double log10(double a)             // 傳回以 10 為基底, a 的對數值
static double pow(double a, double b)     // 傳回 a 的 b 次方值
static double sqrt(double a)              // 傳回 a 的開根號值
static double cbrt(double a)              // 傳回 a 的立方根
```

pow()、sqrt()、cbrt() 的用法都很簡單, 應不必再加說明。至於 exp()、log() 雖然一般人不太會用到, 但在數學、物理、金融、財務等各種領域, 都會看到使用自然對數的計算式。

以下是使用 pow() 來計算定期存款本利和的範例：

程式 FutureValue.java 利用 pow() 計算定存的本利和

```
01 import java.io.*;
02
03 public class FutureValue {
04
05   public static void main(String args[]) throws IOException {
06
07     System.out.println("計算長期儲蓄的本利和");
08
09     BufferedReader br =
10       new BufferedReader(new InputStreamReader(System.in));
11
12     System.out.print("請輸入定存利息 (%) : ");
13     String str = br.readLine();
14     float rate = Float.parseFloat(str);  // 取得利息
15
```

```
16      System.out.print("要存幾年？：");
17      str = br.readLine();
18      int year = Integer.parseInt(str);  // 取得年數
19
20      final int pv = 1_000_000;  // 本金定為一百萬
21      System.out.println("\n"+ pv + " 元以利率 " + rate  +
22                         " % 存 " +year + " 年");
23      System.out.printf("以複利計算, 到期時的本利和為 %.1f元",
24                         pv * Math.pow(1+rate/100, year));
25    }
26  }
```

執行結果

```
計算長期儲蓄的本利和
請輸入定存利息 (%)：2
要存幾年？：20

1000000 元以利率 2.0 % 存
20 年以複利計算, 到期時的本
利和為 1485946.8 元
```

- 第 7～18 行分別取得利率及存款年數。
- 第 24 行用 Math.pow() 來計算複利的本利和, 然後用前一章介紹的格式化輸出方式, 以 printf() 及 "%.1f" (只顯示小數後 1 位) 的方式輸出。

17-3-4 三角函數

Math 類別提供了下列幾個三角函數、反三角函數的方法：

```
static double sin(double a)      // 傳回正弦函數值
static double cos(double a)      // 傳回餘弦函數值
static double tan(double a)      // 傳回正切函數值

static double asin(double a)     // 傳回反正弦函數值
static double acos(double a)     // 傳回反餘弦函數值
static double atan(double a)     // 傳回反正切函數值
```

這幾個方法的用法說明如下：

- 只要以角度值為參數呼叫三角函數方法, 就會傳回對應的三角函數值。傳入的參數需以『弳度』為單位, 也就是以 π (=180 度) 為角度的單位。

- 只要以三角函數值為參數呼叫反三角函數方法，就會傳回對應的反三角函數值，也就是該三角函數值所對應的角度。傳回的角度同樣是以『弳度』為單位。

TIP sin、cos 函數的值域為 -1 ～ 1，所以呼叫反三角函數 asin()、acos() 時的參數值也必須在此範圍內，否則會傳回 NaN 的結果。

為方便進行角度和弳度的轉換，Math 類別也提供兩個轉換用的方法：

```
static double toDegrees(double angrad)   // 將弳度 angrad 轉換為角度
static double toRadians(double angdeg)   // 將角度 angdeg 轉換為弳度
```

所以若您習慣使用角度，可在呼叫三角函數前，先用 toRadians() 將角度轉換成弳度；也可在呼叫反三角函數後，用 toDegrees() 將結果轉成角度。

由於在電腦中只能以浮點數來表示 π 的『近似值』 (像是前面提到的 Math.PI 為 3.141592653589793d)，再加上很多情況下，浮點數也只能表示我們指定數值的『近似值』，所以做這類三角函數計算時有可能會出現誤差。

以下範例就分別用常數 Math.PI 及 Math.toRadius() 取得所需的弳度值，並用以呼叫 Math.sin() 計算正弦函數值。最後並將結果以不同有效位數顯示，讓大家比較其間差異：

程式 Trigonometric.java 測試 Java 三角函數計算

```
01 public class Trigonometric {
02
03   public static void main(String args[]) {
04
05     System.out.println("角度\tsin()(取5位)\tsin()(取17位)");
06
07     for(int i=1;i<=3;i++)       // 計算 30、60、90 度的 SIN 函數值
08       System.out.printf("%3d\t%+.5f\t%2$+.17f\n",
09                          30*i, Math.sin(i*Math.PI/6));
10
```

```
11     for(int i=4;i<=6;i++)     // 計算 120、150、180 度的 SIN 函數值
12       System.out.printf("%3d\t%+.5f\t%2$+.17f\n",
13                          30*i, Math.sin(Math.toRadians(30*i)));
14   }
15 }
```

執行結果

```
角度     sin()(取5位)     sin()(取17位)
 30      +0.50000         +0.49999999999999994
 60      +0.86603         +0.86602540378443860
 90      +1.00000         +1.00000000000000000
120      +0.86603         +0.86602540378443870
150      +0.50000         +0.49999999999999994
180      +0.00000         +0.00000000000000012
```

- 第 7～9 行以迴圈的方式, 用 Math.PI 計算並輸出 30、60、90 度的正弦函數值。
- 第 11～13 行則改用 Math.toRadians() 取得弳度後, 再計算 120 至 180 度的正弦函數值。在絕大部份的情況下, 使用兩種方法所得的結果都是相同的。
- 第 8、12 行都使用相同的格式化字串, 其中 "%+.5f" 表示以含正負號、取小數點後 5 位的方式顯示；"%2$+.17f" 中的 2$ 表示要使用格式化字串後所列的『第二個』參數值, 此次顯示至小數點後 17 位。

先檢查一下計算結果的正確性, sin 函數在以下幾個角度都是特別的值：

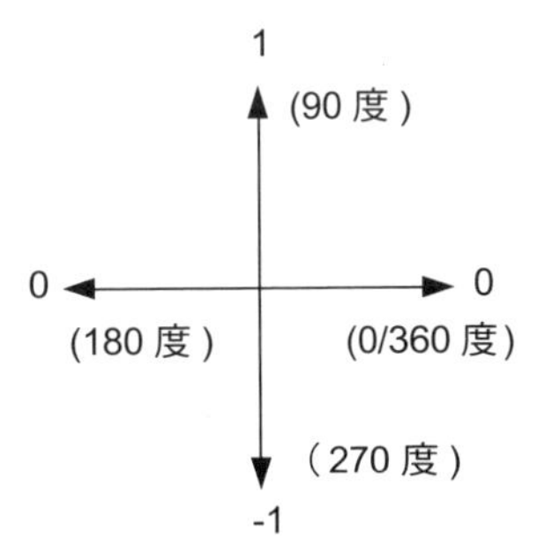

- 90 度 ($\pi/2$) 的奇數倍時為 ±1：範例程式不管取到小數點後幾位, 計算結果都正確。

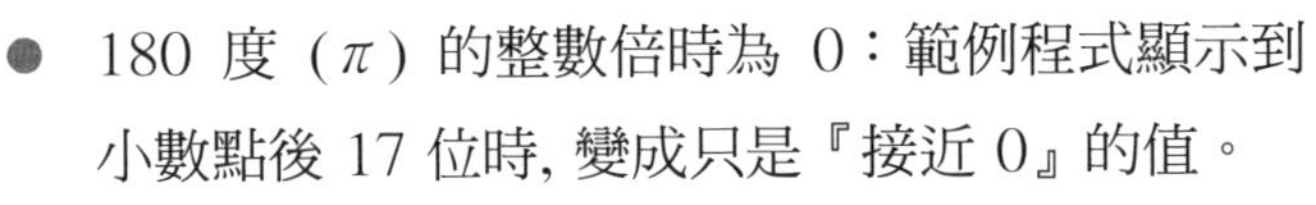

- 180 度 (π) 的整數倍時為 0：範例程式顯示到小數點後 17 位時, 變成只是『接近 0』的值。
- 30、150 度都是 +0.5：同樣是顯示到小數點後 17 位時即出現誤差。

17-3-5 產生亂數方法

所謂亂數就是一個隨機產生的數字, 就像請大家隨便想一個數字寫下來, 每次想的都可能不同、各數字彼此間也沒什麼關聯性, 就叫亂數。

在撰寫某些應用程式時就很需要用到亂數, 例如射擊遊戲中的射擊目標每次出現的位置、行動方向都要不同, 這時就需利用亂數產生器來產生一個隨機數字, 以決定射擊目標的出現位置、行動方向等性質。

Math 類別的 random() 可隨機傳回大於等於 0、小於 1 之間的倍精度浮點數, 讓程式取得需要的亂數。

TIP 其實電腦並不像人真的可以隨便亂想一個數字出來，所以 random() 是用特定的演算法產生 『不規則』 的數字，並非真的亂數，因此也稱之為 『虛擬』 亂數 (pseudo random number)。

以下的程式, 就是用亂數方法來產生隨機樂透號碼。

程式 RandomLotto.java 樂透電腦選號

```
01 import java.io.*
02
03 public class RandomLotto {
04  public static void main(String args[]) {
05
06    System.out.println("樂透電腦選號——自動產生5組號碼");
07    System.out.println("未滿十八歲不得購買及兌換彩券！");
08
09    int[] lotto= new int[49];          // 建立樂透號碼陣列
10    for(int i=1;i<=5;i++) {            // 產生 5 組號碼的迴圈
11      System.out.printf("%d) ",i);     // 顯示開頭編號
12      for (int j=0;j<49;j++)           // 將陣列元素值設為 1～49
13        lotto[j]=j+1;
14
15      int count=0;              // 用來記錄已產生幾個號碼
16      do {
17        int guess = (int)(Math.random()*49);
18
19        if(lotto[guess]==0) // 若號碼所指的元素值為 0, 表示此數字已
20          continue;         // 出現過, 就重新執行迴圈, 產生另一亂數
```

```
21          else {
22            System.out.print(lotto[guess]+"\t");
23            lotto[guess]=0;    // 將號碼所指的元素值設為 0, 以免重複用到
24            count++;
25          }
26        } while (count<6);     // 輸出 6 個號碼才停止
27
28        System.out.print('\n');    // 每產生一組號碼就換行
29      }
30    }
31 }
```

執行結果

```
樂透電腦選號——自動產生5組號碼
未滿十八歲不得購買及兌換彩券！
1) 19   13      7       42      46      6
2) 27   26      20      36      9       14
3) 33   39      22      15      3       45
4) 12   28      16      30      27      31
5) 9    43      2       38      27      1
```

- 第 9 行宣告一個整數陣列, 在第 11、12 行再用迴圈填入數值 1～49。
- 第 10～29 行的迴圈就是在產生 5 組號碼。
- 第 16～26 行的 do/while 迴圈進行產生 6 個隨機數字的動作。因為程式可能產生重複的號碼, 但這是不允許的, 所以不確定迴圈會執行幾次, 故以 do/while 迴圈來執行。
- 第 17 行呼叫 Math.random() 再乘 49 以產生 0 至 48 間的亂數。
- 第 19～25 行的 if/else 是用來判斷產生的數字是否重複。每產生一新亂數時, 就取出對應的 lotto[] 陣列元素值, 並將該元素值設為 0, 下次若又產生同一數字時, 就會發現該元素值為 0, 因此就會執行第 20 行的 continue 敘述, 重新執行迴圈產生另一個亂數。
- 第 24 行每產生一個數字, 就將 count 加 1, 當 26 行的 while 檢查 count 不小於 6, 表示已產生 6 個數字了, 就不再執行迴圈。

17-4 Java Collections

在撰寫程式時, 常需要處理一群同性質資料的集合, 因此 Java API 特別在 java.util 套件中提供了一組介面和類別, 讓我們可建立這類資料集合的物件, 這類物件就稱為 **Collection (集合物件)**。為了使這些集合類別有一致性, Java 特別將 Collection 相關介面設計成一完整的 Collections Framework 架構。

17-4-1 Collections Framework 簡介

當程式需要處理集合式的資料時, 例如要處理學生資料庫, 就可利用 Collections Framework 中的集合類別來建立代表學生資料的集合物件, 接著即可利用集合類別提供的現成方法, 來處理集合物件中的每一筆資料。

Collections Framework 的核心, 就是各集合的相關**介面**, 這些介面分成以下 2 個體系：

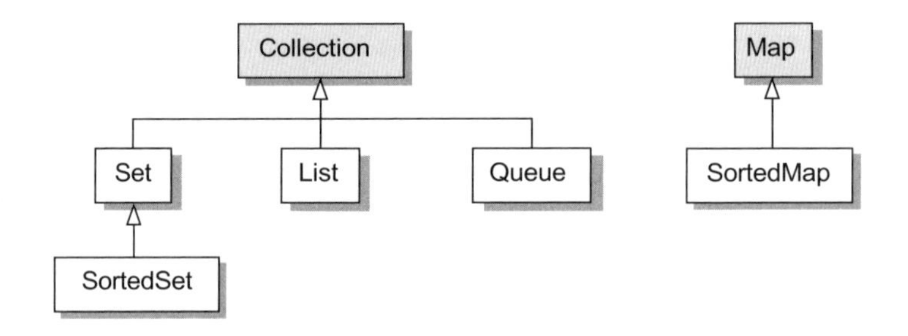

- **Collection 介面**：最上層的 Collection 介面具有相當的彈性, 它可代表任何物件集合, 這些物件可以是有次序性或無次序性、有重複或沒有重複均可。此介面定義了基本的集合操作方法, 像是新增/移除集合中的元素、將另一個集合新增進來或移除、將集合物件轉成陣列等等。

- **Set 及 SortedSet 介面**：Set 代表的是**沒有重複元素**的集合, 和 Collection 介面一樣, Set 介面也提供基本的元素新增/移除等方法。SortedSet 介面則表示集合中的元素會自動排序, 因此 SortedSet 介面也多定義了幾個與次序相關的方法, 例如可傳回最前面或最後面元素的方法。

- **List 介面**：List 代表有**次序性**, 但元素**可能有重複**的集合。List 的元素有類似於陣列元素的索引碼, 因此可透過 List 介面的方法, 快速存取到指定索引的元素、或某索引範圍內的元素。
- **Queue 介面**：和 List 有點類似, 也是有**次序性**及**可重複**的集合, 而其特色則是著重於佇列式的存取, 也就是加入元素時會加到最後面, 而取出元素時則由最前面取出。這就是所謂的**先進先出** (First In First Out) 存取方式, 也就是最先加入的元素會最先被取出。
- **Map 及 SortedMap 介面**：Map 是個有『**鍵-值**』 (**key-value**) 對應關係的元素集合, 例如每個學號對應到一名學生, 就是一種 Map 對應, 其中 key 的值不能有重複。至於 SortedMap 介面, 則是代表會自動排序的 Map 集合。

17-4-2 Collection 介面與相關類別

如前所述, **Collection 介面**提供了基本的集合操作方法, Set 與 List 類的**集合類別**都有實作這些方法, 以便進行相關操作。在實際使用各集合類別之前, 我們先來認識一下 Collection 介面提供的基本方法, 稍後介紹各集合類別後, 即可直接使用這些方法。

Collection 介面提供的操作方法可分為三類：基本管理、大量元素的管理、及陣列的轉換。

基本管理方法

基本管理的方法有以下幾個：

```
boolean   add(Object o)           // 將物件 o 加入集合中, 會傳回是否成功
boolean   contains(Object o)      // 檢查集合中是否有包含 o 物件
boolean   isEmpty()               // 檢查集合中是否沒有元素
Iterator  iterator()              // 傳回代表此集合的 Iterator 物件
boolean   remove(Object o)        // 將指定的 o 物件自集合中移除
int       size()                  // 傳回集合中的元素個數
```

除了 iterator() 方法外, 其它幾個方法應該都很直覺, 不必多加說明, 至於 Iterator 介面與 iterator() 方法會在 17-4-6 節說明。

大量元素管理方法

為方便一次進行大量元素的增刪動作, Collection 介面提供以下幾個實用的方法：

```
boolean   addAll(Collection c)        // 將集合 c 的全部元素加到此集合中
void      clear()                     // 將集合中所有元素移除
boolean   containsAll(Collection c)   // 檢查集合是否含集合 c 中所有元素
boolean   removeAll(Collection c)     // 將所有與集合 c 相同的元素都移除
boolean   retainAll(Collection c)     // 將所有與集合 c 相同的元素保留,
                                      // 其它元素則全部移除
```

陣列轉換方法

如果遇到需用陣列的方式來操作集合的情況, 就可用下列方法將集合內容存到一個全新的陣列中, 然後用該陣列進行處理。

```
Object[]  toArray()              // 傳回一包含集合中所有元素的陣列
Object[]  toArray(Object[] a)    // 同上, 但可指定存放的陣列
                                 // 若 a 陣列大小不夠存放所有元素
                                 // 程式會另行建立足夠大的同型陣列
```

請注意：產生的新陣列除了其元素值與集合元素相同外, 兩者並無其它關係, 例如修改陣列元素的值, **並不會影響到集合元素**。

Collections 類別

在 java.util 套件中, 還有個名為 Collections 的類別。它提供一些 static 方法, 方便我們對集合物件進行搜尋、排序之類的處理, 雖然此類別的名稱是 Collections, 不過其意思泛指所有的集合物件, 而不限於只有實作 Collection 介面的類別, 所以它所提供的部份方法也能用於 Map 類的集合物件。

稍後會示範一些 Collections 類別的 static 方法的用法。

17-4-3 Set 介面與相關類別

Set 介面代表的是元素內容都不重複的集合, 因此在 Set 類型的集合物件中, 每個元素都是不同的。Set 介面並未提供新的方法, 所以其方法都是繼承自 Collection 介面。由於『元素內容都不重複』, 所以無法用 add()、addAll() 等方法將重複的元素加入 Set 類型的集合物件中。

實作 Set 介面的類別為抽象類別 AbstractSet, 它有三個衍生類別：HashSet、LinkedHashSet、TreeSet。此外前面提過有個繼承 Set 介面的 SortedSet 介面, TreeSet 即實作這個 SortedSet 介面。這些類別與 Set 介面的關係如下圖：

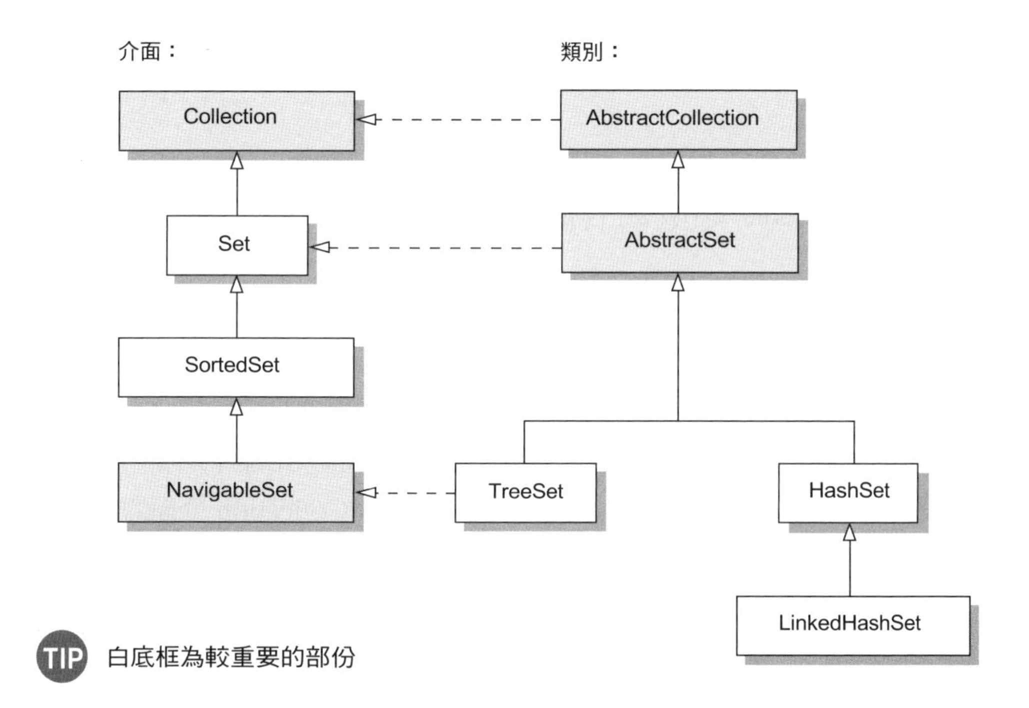

TIP 白底框為較重要的部份

各集合類別的建構方法都和陣列一樣可指定初始的大小, 例如以下就是建立可存放 10 個 String 元素的 HashSet 類別物件：

```
HashSet<String> MySet = new HashSet<String>(10);
```

TIP 在建構時若未指定大小 (小括號中留白), 則會建立空的集合。另外, 會自動排序的集合 (例如 TreeSet) 在建構時不可指定大小, 只允許建立空的集合。

上列敘述中的角括號, 為 Java 的**泛型 (Generics)** 語法。因為在建立集合物件時, 需標明此集合將存放何種類型的物件, 此時就要用 **<類別名稱>** 語法來表示。從 Java 7 開始, 為簡化程式撰寫, 可在建構方法中只簡寫成一對 <>:

```
HashSet<String> MySet = new HashSet<>(10);
```

另外, 也可改用 Java 10 開始才有的 var (區域變數型別推斷, 見 3-4 節最後的說明框) 來宣告:

```
var MySet = new HashSet<String>(10);    // Java 會從等號右邊來推斷變數的
                                        型別
```

此時就不能省略 <> 中的 String 了, 否則 Java 編譯器會無法推斷變數的泛型型別。

集合物件和陣列元素不同, 集合物件大小是可以改變的, 所以當程式加入或刪除元素時, 集合的大小就會自動調整, 不像陣列一開始就要設定大小且不能變動。

HashSet

HashSet 適用於任何希望元素**不重複**, 但**不在意其次序性**的集合。要建立 HashSet 物件可先建立空的 HashSet 物件, 再用 add() 方法將物件加入, 或是用另一個集合物件為參數呼叫建構方法。除了繼承自 Collection 介面的各方法外, HashSet 並未定義其它新的方法。

以下範例用 HashSet 設計文字接龍遊戲, 程式會建立一個 HashSet 物件, 而使用者每輸入一個新詞, 就會加到 HashSet 中。由於 HashSet 中不能有重複的元素, 所以使用者輸入重複的詞時, 就無法被加到 HashSet 中, 遊戲即結束。程式如下:

程式 WordsGameHS 文字接龍遊戲

```
01 import java.util.*;
02
03 public class WordsGameHS {
04
05   public static void main(String args[]) {
06
07     System.out.println("文字接龍遊戲, 不可用重複的詞");
08     System.out.print("請輸入第一個詞：");
09     Scanner sc = new Scanner(System.in);
10     String str = sc.next();
11     // 建立集合物件
12     HashSet<String> words = new HashSet<>();
13
14     while (true) {
15       if (!words.add(str)) {
16         System.out.println("失敗！這個詞已用過");
17         break;
18       }
19       System.out.print("請輸入下一個詞：");
20       str = sc.next();
21     }
22
23     System.out.println("\n輸入過的詞：" + words);
24   }
25 }
```

執行結果

```
文字接龍遊戲, 不可用重複的詞
請輸入第一個詞：happy
請輸入下一個詞：yes
請輸入下一個詞：search
請輸入下一個詞：happy
失敗！這個詞已用過

輸入過的詞：[search, yes, happy]
```

- 第 12 行建立一個空的 HashSet <String> 物件 words。
- 第 14~21 行以 while 迴圈的方式, 讓使用者輸入字串加入集合, 以及請使用者輸入下個字串的動作。為簡明起見, 本範例未如真的文字接龍一樣, 檢查新輸入的字首與先前的字尾是否一致。

- 第 15～18 行以 if 執行 add() 將字串加入集合, 若 add() 傳回 false, 表示集合中已有相同內容的物件 (Set 類型集合不允許重複的元素)。此時就會用 break 敘述跳出迴圈。

- 第 23 行直接將 words 的內容輸出, 集合類別的 toString() 會自動在前後加上一對中括號。

從程式最後輸出的結果可發現, HashSet 物件中元素的順序和加入的順序並不相同, 這即是 HashSet 『無次序性』的特性。如果希望元素的次序能保持一致, 則可改用 LinkedHashSet。

LinkedHashSet

LinkedHashSet 是 HashSet 的子類別, 兩者的特性也類似, 只不過 LinkedHashSet 會讓集合物件中**各元素維持加入時的順序**。我們將上述的程式改用 LinkedHashSet 類別來測試：

程式 WordsGameLHS 改用 LinkedHashSet 類別的文字接龍遊戲

```
11      // 建立集合物件
12      LinkedHashSet<String> words = new LinkedHashSet<>();
```

執行結果

```
文字接龍遊戲, 不可用重複的詞
請輸入第一個詞：happy
請輸入下一個詞：yes
請輸入下一個詞：search
請輸入下一個詞：happy
失敗！這個詞已用過
輸入過的詞：[happy,yes,search]
```

由結果可知, 改用 LinkedHashSet 後, 元素存放的順序就和加入時一樣。

TreeSet

TreeSet 和前 2 個類別最大的差異, 在於 TreeSet 實作了具有排序功能的 SortedSet 介面, 一旦物件加入集合就**會自動排序**。也因為這個特點, 此類別多了幾個和次序有關的方法可用：

```
Object     first()   // 傳回集合中的第一個元素
Object     last()    // 傳回集合中的最後一個元素

SortedSet headSet(Object toElement)
               // 傳回到 toElement 元素之前的子集合 (不含 toElement)
SortedSet subSet(Object fromElement, Object toElement)
               // 傳回從 fromElement 到 toElement 的子集合
               // 含 fromElement 元素、但不含 toElement 元素
SortedSet tailSet(Object fromElement)
               // 傳回到 fromElement 之後的子集合 (含 fromElement)
```

要特別注意的是 xxxSet() 方法傳回的子集合, 仍『屬於』原始的集合物件, 所以若改變子集合的內容, 原集合的內容也會改變, 請參考以下程式：

程式 IntTree.java　整數物件的 TreeSet 集合

```
01 import java.util.*;
02
03 public class IntTree {
04
05   public static void main(String args[]) {
06
07     // 用 Integer 物件建立 TreeSet 集合物件
08     TreeSet<Integer> IntTS = new TreeSet<>();
09     for (int i=1;i<=10;i++)
10       IntTS.add(i*10);
11     System.out.println("集合 IntTS 的大小為 " + IntTS.size());
12
13     // 取得一個子集合並移除其內容
14     TreeSet subInt =  (TreeSet) IntTS.headSet(50);
15     System.out.println("子集合 subInt 的大小為 " + subInt.size());
16     subInt.clear();     // 清空 subInt 集合的所有元素
17
18     System.out.println("移除子集合後, 集合 IntTS 的大小為 "
19                        + IntTS.size());
20   }
21 }
```

執行結果

```
集合 IntTS 的大小為 10
子集合 subInt 的大小為 4
移除子集合後, 集合 IntTS 的大小為 6
```

- 第 8～10 行建立一個新的 TreeSet 物件, 隨後以迴圈將 10 到 100 間 10 的倍數之整數物件加到其中。
- 第 14 行取得小於 50 的元素所形成的子集合。並於第 16 行用 clear() 方法將之清除。
- 第 11、18 行分別輸出移除子集合前後的母集合大小, 以供比較。

如執行結果所示, 當我們移除子集合後, 母集合的元素也跟著變少了, 這就表示 xxxSet() 方法傳回的子集合, 仍是原始集合的一部份。

17-4-4 List 介面與相關類別

List 適用於**有次序性**、但**元素可能重複**的集合。List 集合和陣列類似, 也可透過索引 (index) 來存取元素。因此 List 介面定義了一些與索引有關的方法, 例如除了繼承自 Collection 介面的 add()、remove() 外, 也增加了可指定索引值來新增或移除元素的方法：

```
void    add(int index, Object element)   // 將 element 加到 index 位置
boolean addAll(int index, Collection c) // 從 index 位置將 c 集合的內容
                                         // 加入
Object  get(int index)                   // 取得第 index 個元素
int     indexOf(Object o)                // 傳回第一個 o 物件的索引碼
int     lastIndexOf(Object o)            // 傳回最後一個 o 物件的索引碼
Object  remove(int index)                // 移除並傳回第 index 個元素
Object  set(int index, Object element)   // 將第 index 個元素換成
                                         // element, 並傳回原物件
List    subList(int fromIndex, int toIndex) // 取得從 fromIndex(含)到
                                            // toIndex(不含)的子集合
```

上列的 add() 和 set() 方法看起來都是將第 index 元素設為物件 element, 但其實兩者的意義差別很大：set() 是將原位置上的物件『取代』掉；但 add() 則是加入新物件, 而原物件則是往後移。如下圖：

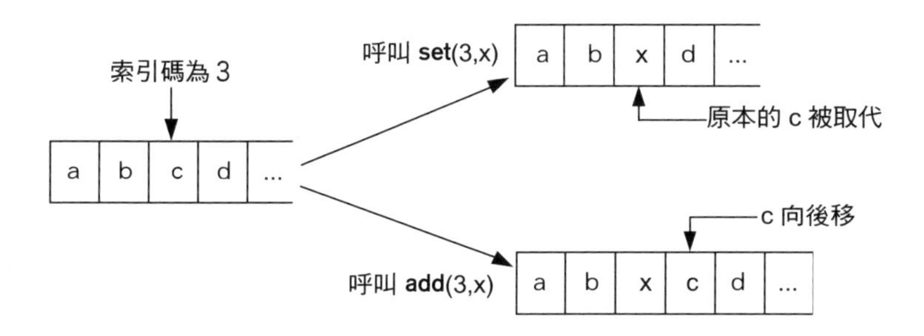

在 java.util 套件中實作 List 界面的類別, 最常用的大概是 ArrayList 了。

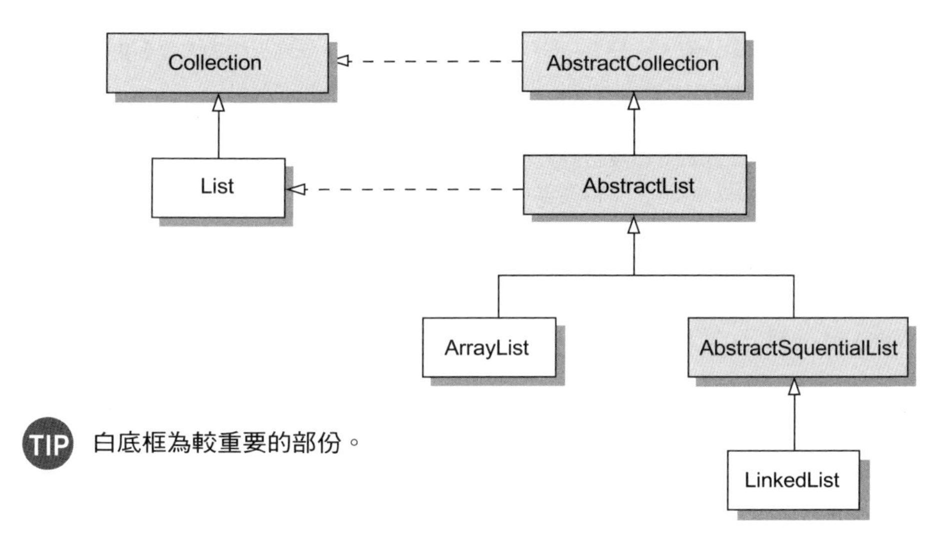

TIP 白底框為較重要的部份。

ArrayList

我們可將 ArrayList 看成是個伸縮自如的陣列, 第 7 章介紹的陣列在宣告之後, 元素的數量就固定了, 若要在陣列中插入或刪除一個元素, 都必須自已做相關處理, 相當不便, 但使用 ArrayList 就簡單多了。

另外, 不斷變動大小或配置過多未用的空間, 對程式的效能都有負面影響, 因此 ArrayList 提供了 2 個與使用空間有關的方法:

```
void ensureCapacity(int minCapacity)   // 讓集合至少可存 minCapacity
                                       // 個元素, 未來若不夠放, 仍會自動
                                       // 加大集合的空間
void trimToSize() // 將集合未用的空間都釋放掉, 使其剛好夠存現有的元素
```

以下簡單示範 ArrayList 的用法。

程式 AnimalSigns.java 在 ArrayList 中插入元素

```
01 import java.util.*;
02
03 public class AnimalSigns {
04
05   public static void main(String args[]) {
06
07     char[] animal={'鼠','虎','免','龍','蛇','猴','雞','狗','豬'};
08     ArrayList<Character> Twelve = new ArrayList<>();
09     for (int i=0;i<animal.length;i++)    // 將字元陣列的內容加到集合
10       Twelve.add(animal[i]);
11
12     System.out.println("集合的大小為 " + Twelve.size());
13     System.out.println("集合內容為：" + Twelve); // 列出所有元素
14
15     Twelve.add(1,'牛');  // 插入 3 個元素
16     Twelve.add(6,'馬');
17     Twelve.add(7,'羊');
18
19     System.out.println("\n集合的大小為 " + Twelve.size());
20     System.out.print("集合內容為：");         // 列出所有元素
21     for (int i=0;i<Twelve.size();i++)         // 依序列出所有元素
22       System.out.print(Twelve.get(i) + " ");
23   }
24 }
```

執行結果

```
集合的大小為 9
集合內容為：[鼠, 虎, 免, 龍, 蛇, 猴, 雞, 狗, 豬]

集合的大小為 12
集合內容為：鼠 牛 虎 免 龍 蛇 馬 羊 猴 雞 狗 豬
```

- 第 8 行建立 ArrayList 物件, 隨後以迴圈將字元陣列的內容加到其中。
- 第 12、13 分別是先輸出集合目前大小, 再輸出所有的元素。

- 第 15～17 行用 add() 方法在指定位置加入新元素, 舊元素則向後移。
- 第 21、22 行是故意換用迴圈呼叫 Collection 類別的 get() 方法取得所有的元素, 讓讀者認識其用法。

以 .add() 指定索引來加入元素時, 元素會加到指定的位置, 而原位置及其後的元素都會依序向後移一位。若不指定索引, 則元素會加到集合的『最後面』, 所以前面元素的排列順序不會改變。

當您想使用陣列來處理資料, 但在程式執行過程中可能需移除或增加陣列元素, 就可先用 ArrayList 來建立集合, 待一切底定、元素數量都不會更動後, 再呼叫繼承自 Collection 介面的 toArray() 將其轉成陣列。

LinkedList

LinkedList 是另一類型的 List 類別, 其特點是它提供了一組專門**處理集合中第一個、最後一個元素**的方法：

```
void      addFirst(Object o)   // 加入新元素, 且將它排在最前面
void      addLast(Object o)    // 加入新元素, 且將它排在最後面
Object    getFirst()           // 取得排在最前面的元素
Object    getLast()            // 取得排在最後面的元素
Object    removeFirst()        // 移除排在最前面的元素
Object    removeLast()         // 移除排在最後面的元素
```

由於上述的特性, LinkedList 很適合用來實作兩種基本的『資料結構』(Data Structure)：即堆疊及佇列。所謂**堆疊** (stack)是指一種**後進先出** (LIFO, Last In First Out) 的資料結構, 也就是說, 加入此結構 (集合) 的物件要被取出時, 必須等其它比它後加入的物件**全部**被拿出來後, 才能將它拿出來。例如一端封閉的網球收納筒, 就是一種堆疊結構：

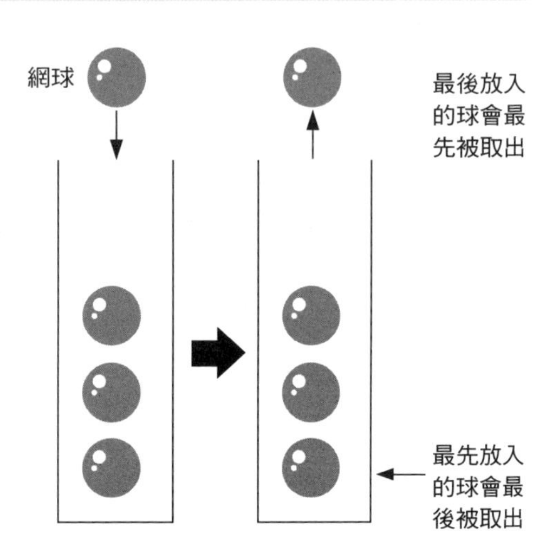
網球
最後放入
的球會最
先被取出
最先放入
的球會最
後被取出

至於**佇列** (queue) 則是一種**先進先出** (FIFO) 的資料結構, 像日常生活中常見的排隊購物, 此隊伍就是個先進先出的佇列：

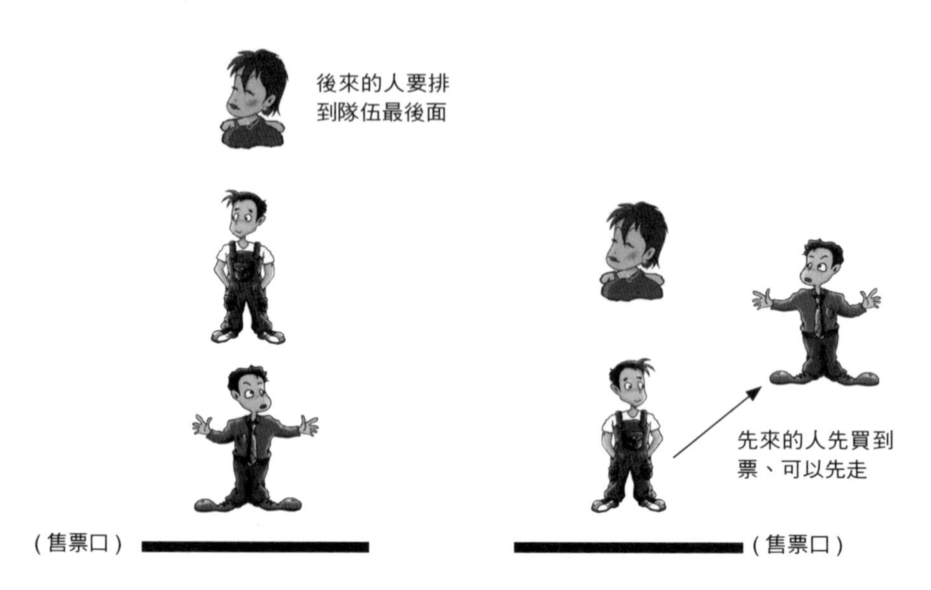

後來的人要排
到隊伍最後面
先來的人先買到
票、可以先走
(售票口)
(售票口)

在 17-4-1 節提過 Java 集合中還有一個 Queue 介面, 定義了操作佇列的相關方法, LinkedList 類別亦實作了此介面, 詳見官方文件。

初學程式語言者可先記住, java.util 套件已事先設計好 LinkedList 等類別, 當您日後遇到需使用堆疊或佇列時, 就可直接用 LinkedList 來設計程式, 而不必自行從頭設計資料結構。

以下就是一個簡單的 LinkedList 應用範例：

程式 MatchParenthesis.java 分析運算式中左右括號數量是否相符

```
01 import java.util.*;
02 import java.io.*;
03 
04 public class MatchParenthesis {
05   public static void main(String args[]) throws IOException {
06     System.out.print("請輸入一段算式或程式\n->");
07     BufferedReader br =
08       new BufferedReader(new InputStreamReader(System.in));
09     String str = br.readLine();
```

```
10
11      LinkedList<Character> match = new LinkedList<>();
12      try {
13        for (int i=0;i<str.length();i++) { // 用迴圈讀每個字元
14          if (str.charAt(i)=='(')             // 若是左括號
15            match.addFirst('(');              // 加入集合物件中
16          else if (str.charAt(i)==')')        // 若是右括號
17            match.removeFirst();              // 移除集合中第 1 個左括號
18        }
19
20        if(match.isEmpty())
21          System.out.print("左右括號數量相符");
22        else
23          System.out.print("左右括號數量不符, 右括號太少");
24
25      } catch (NoSuchElementException e) {
26          System.out.print("左右括號數量不符, 左括號太少");
27      }
28    }
29  }
```

執行結果 1

```
請輸入一段算式或程式
->1-(2*(3+4))
左右括號數量相符
```

執行結果 2

```
請輸入一段算式或程式
->(5+6)*7/8)+1-(2*(3+4))
左右括號數量不符,左括號太少
```

- 第 11 行建立 LinkedList 物件。
- 第 13～18 行的 for 迴圈逐一檢查輸入字串中所含的左右括號。
- 第 14～15 行讀到左括號時就用 addFirst() 加入一個新元素。
- 第 16～17 行讀到右括號時就用 removeFirst() 移除一個元素。
- 第 25～27 行, 若發生 NoSuchElementException 例外, 表示集合中已無元素, 但仍有右括號, 表示右括號是多出來的, 或先前漏打了一個左括號。

17-4-5 Map 介面與相關類別

Map 介面是用來存放『**鍵值對**』(key-value pair) 對應關係的元素集合, 在加入元素時, 必須指定此元素的 key 及 value 兩項內容, 而且 **key 的內容不可重複**。例如有個學生的集合, 就可用學號為『鍵』、學生姓名為『值』。如果在加入元素過程中, 加入了重複的『鍵』, 則新的值會取代舊的值。

由於上述的特性, 因此 Map 介面只有 isEmpty()、size() 這兩個方法和 Collection 的同名方法相似, 而元素的新增/移除需改用下列方法：

```
void      clear()                          // 移除所有內容
Object    put(Object key, Object value)    // 加入 key、value 鍵值對
void      putAll(Map t)                    // 將 t 的內容加到此集合中
Object    remove(Object key)               // 移除 key 及其對應的值
```

至於整個 Map 集合的操作則有以下的方法：

```
boolean containsKey(Object key)      // 檢查集合中是否含 key 這個鍵
boolean containsValue(Object value) // 檢查集合中是否含 value 這個值

Set    entrySet()         // 將所有鍵值對以 Set 的形式傳回
                          // 傳回的集合中, 每個元素的格式是"鍵=值"
Object get(Object key)    // 傳回 key 所對應的值
Set    keySet()           // 將所有鍵以 Set 的形式傳回
Collection values()       // 將所有值以 Collection 的形式傳回
```

實作 Map 介面的類別很多, 本節僅示範較基本的 HashMap 類別, 其它類別請參見官方文件中 Map 介面的介紹。

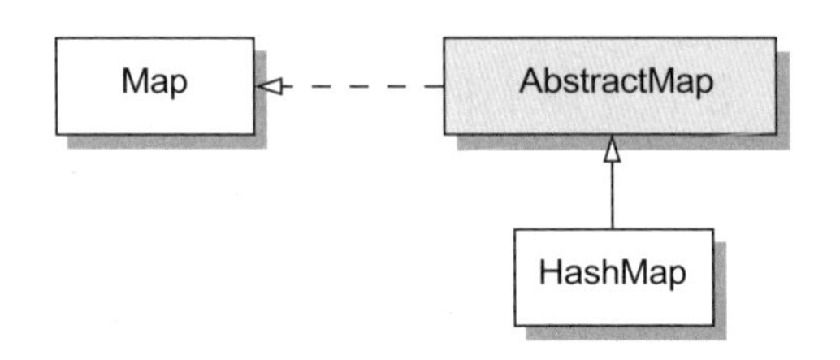

AbstractMap 和 AbstractCollection 一樣定義了 toString() 方法, 所以也可呼叫 System.out.println() 方法直接輸出 Map 集合物件的內容。

HashMap 就像 Set 中的 HashSet, 是用來存放**無先後次序的鍵值對集合**(若要存放會自動排序的鍵值對, 可使用 TreeMap), 以下是簡單的範例：

程式 FiveCities.java 用 HashMap 存放郵遞區號對應關係

```
01 import java.util.*;
02
03 public class FiveCities {
04
05   public static void main(String args[]) {
06
07     String[] cities= {"台北","100",
08                       "台南","700",
09                       "台西","636",
10                       "台東","950"};
11     // 建立可放六對元素的物件
12     HashMap<String,String> thecities = new HashMap<>(6);
13
14     for (int i=0;i<cities.length;i+=2)
15       thecities.put(cities[i],cities[i+1]);
16
17     System.out.println("HashMap 的內容為：" + thecities);
18
19     System.out.println("將台中加入 HashMap！");
20     thecities.put("台中","400");
21     System.out.println("HashMap 的內容變成：" + thecities);
22
23     System.out.println("再加一個台中！");
24     thecities.put("台中","401");      // 加入重複的鍵
25     System.out.println("HashMap 的內容變成：" + thecities);
26   }
27 }
```

執行結果

```
HashMap 的內容為：{台東=950, 台南=700, 台西=636, 台北=100}
將台中加入 HashMap！
HashMap 的內容變成：{台東=950, 台南=700, 台中=400, 台西=636, 台北=100}
再加一個台中！
HashMap 的內容變成：{台東=950, 台南=700, 台中=401, 台西=636, 台北=100}
```

- 第 12 行建立一個新的 HashMap 物件。注意因為角括號中要**分別指定鍵、值**的類別, 所以寫成 HasMap<String, String>。
- 第 14、15 行的 for 迴圈逐一將 cities 陣列的內容以鍵值對的方式加入 HashMap 物件中。
- 第 20、21 行加入新的鍵值對並輸出內容。
- 第 24 行用重複的鍵加入鍵值對, 結果會**取代**掉原有的鍵值對。

17-4-6 Iterator 迭代器

Iterator (迭代器) 是 java.util 套件中的另一個介面, 它並不是用來建立集合, 而是用來**逐一瀏覽集合中所有元素**的工具。所有 Collection 類別都有個 iterator() 方法, 以集合物件呼叫此方法可以傳回 Iterator 物件, 然後即可用此物件呼叫 Iterator 介面的方法來逐一取得、移除集合中的元素。Map 型的類別則無 iterator() 方法, 但我們可用上一小節所列的 entrySet() 等方法取得代表Map 物件的集合物件, 再用它建立 Iterator 物件。

Iterator 介面提供了 3 個瀏覽集合物件的方法：

```
boolean hasNext()   // 檢查是否還有下一個元素
Object  next()      // 傳回下一個元素物件
void    remove()    // 從集合中移除上一次 next() 方法傳回的物件
```

以下修改前面的 IntTree.java 範例, 示範 Iterator 介面的用法：

程式 IterateInt.java 顯示 1 ~ 100 中所有 9 的倍數

```
01 import java.util.*;
02
03 public class IterateInt
04
05   public static void main(String args[]) {
06
```

```
07    // 用 Integer 物件建立 TreeSet 集合物件
08    TreeSet<Integer> IntTS = new TreeSet<>();
09    for (int i=1;i<=100;i++)  // 將 1 到 100 的數字加到集合中
10       IntTS.add(i);
11    System.out.println("初始集合大小為：" + IntTS.size());
12
13    // 建立 Iterator 物件
14    Iterator i=IntTS.iterator();
15
16    while (i.hasNext())  // 只要還有下個元素，就繼續迴圈
17       if (((Integer)i.next()).intValue()%9 != 0)
18         i.remove();     // 不能被 9 整除的元素，就會被移除
19
20     System.out.println("最後集合的內容為：" + IntTS);
21   }
22 }
```

執行結果

```
初始集合大小為：100
最後集合的內容為：[9, 18, 27, 36, 45, 54, 63, 72, 81, 90, 99]
```

- 第 8～10 行建立一個 TreeSet 物件並將 1 到 100 的整數存入其中。
- 第 14 行建立 Iterator 物件 i。
- 第 16～18 行用 while() 迴圈逐一讀取所有元素, 並檢查該元素值是否可被 9 整除, 不行就將元素移除。
- 第 20 行最後輸出的集合內容, 就只剩下 9 的倍數。

for-each 迴圈

在介紹陣列時, 曾簡單介紹過 for-each 迴圈的用法, 其實 for-each 迴圈也非常適合用於集合物件上, 它比 Iterator 更方便使用。

for-each 迴圈仍然是屬於 for 迴圈, 但其語法是要指定一個您要『逐一讀取所有元素』的集合物件 (或是陣列), 以及一個代表單一元素的變數。語法如右：

```
for (變數名稱：集合物件){
   // 迴圈中的敘述
}
```

我們直接修改前一個程式, 來示範 for-each 迴圈的用法：

程式 ForEachInt.java 顯示 1 ～ 100 中所有 9 的倍數

```
...
09      for (int i=1;i<=100;i++) // 將 1 到 100 的數字加到集合中
10        IntTS.add(i);
11
12      System.out.print("1～100 中 9 的倍數有：");
13
14      for (Integer i:IntTS)     // 對 IntTS 中的每個元素 i 做迴圈處理
15        if (i%9 == 0)           // 元素 i 若能被 9 整除
16          System.out.print(i + " ");
17    }
18  }
```

執行結果

```
1～100 中 9 的倍數有：9 18 27 36 45 54 63 72 81 90 99
```

- 第 14 即為 for-each 迴圈, 括號中前半宣告一個 Integer 物件 i, 後半則是集合物件 IntTS。所以 for-each 迴圈的作用就是：『從頭開始, 依序取出 IntTS 中的每個元素』, 而每一輪迴圈中可用物件 i 來代表該輪迴圈所取出的元素。

17-5 綜合演練

17-5-1 求任意次方根

Math 類別只提供了 sqrt()、cbrt() 讓我們求平方根及立方根, 那要求其它次方根怎麼辦？很簡單, 開 N 次方就相當於計算 1/N 次方, 所以利用 Math.pow() 方法就可以了, 不過負數的開 N 次方可能產生基本數值型別無法表示的虛數, 所以此法只能計算正數的開 N 次方。

程式 NRoot.java 求任意數的 N 次方根

```
01 import java.io.*;
02
03 public class NRoot {
04
05   public static void main(String args[]) throws IOException {
06
07     System.out.println("要求幾次方根");
08     System.out.print("限輸入整數→");
09
10     BufferedReader br =
11       new BufferedReader(new InputStreamReader(System.in));
12     String str = br.readLine();
13     try {
14      int n = Integer.parseInt(str);
15      System.out.println("要求什麼數的 " + str +" 次方根");
16      System.out.print("(需大於零)→");
17
18      str = br.readLine();
19      double y = Math.abs(         // 用絕對值方法取正值
20                          Double.parseDouble(str));
21      System.out.printf("%f的%d次方根為%f",y,n,Math.pow(y, 1.0/n));
22     }
23     catch (NumberFormatException e) {
24      System.out.println("輸入格式錯誤");
25     }
26   }
27 }
```

執行結果

```
要求幾次方根
限輸入整數→5
要求什麼數的 5 次方根
(需大於零)→32
32.000000 的 5 次方根為 2.000000
```

第 19 行用 Math.abs() 確保要被開 N 次方的數值為正值, 第 21 行就用 Math.pow() 算出 N 次方根。

17-5-2 利用集合物件產生樂透號碼

前面曾用過 Math.random() 產生亂數的方式來產生隨機的樂透號碼, 在此我們則練習另一種方式, 也就是用 List 類型的集合物件來產生樂透號碼。

Collections 類別有一個特別的方法 shuffle(), 可以將 List 物件中的元素順序打亂重排, shuffle 的意思就是『洗牌』, 所以 shuffle() 就是把 List 物件做洗牌的動作, 每次洗牌後再重新取前 6 個元素, 就會取到不同的內容。

程式 ListLotto.java 利用集合物件產生樂透號碼

```
01 import java.util.*;
02
03 public class ListLotto {
04
05   public static void main(String args[]) {
06
07     System.out.println("樂透電腦選號——Java/ArrayList 版");
08     System.out.println("以下是五組隨機號碼：");
09
10     ArrayList<Integer> num = new ArrayList<>();
11     for (int i=1;i<50;i++)      // 初始化集合元素值
12       num.add(i);
13
14     for(int i=1;i<=5;i++) {
15       Collections.shuffle(num);         // 將集合『洗牌』
16       System.out.println(num.subList(0,6));
17     }                // 取集合中前 6 個元素的子集合(由索引 0 到 5, 不含 6)
18     System.out.println("未滿十八歲不得購買及兌換彩券！");
19   }
20 }
```

執行結果

```
樂透電腦選號——Java/ArrayList 版
以下是五組隨機號碼：
[41, 5, 19, 7, 12, 42]
[30, 42, 31, 16, 34, 20]
[37, 22, 16, 3, 44, 33]
[15, 35, 34, 14, 45, 24]
[43, 37, 6, 33, 29, 13]
未滿十八歲不得購買及兌換彩券！
```

- 第 11～12 行建立一個新的 ArrayList 物件, 並以迴圈將 1 到 49 的數值加到其中。
- 第 14～17 行的 for 迴圈將產生 5 組隨機樂透號碼。

- 第 15 行用 Collections.shuffle() 方法打亂集合內容。
- 第 16 行用 List 介面的 subList() 方法取洗牌後的第 0~5 個元素所形成的子集合, 並將它輸出到螢幕, 即為隨機的樂透號碼。當然您要取第 3~8 個元素、第 19~24 個元素也可以。

17-5-3 陽春型英漢字典

在日常先活中我們常會用『字典』, 例如英漢字典；而一些有對應關係的項目, 也可視為一種字典, 例如小明和小華約定的暗號, 就可編成一份暗號與實際意義對照的字典。要用 Java 實作這類字典, 最方便的做法就是使用 Map 物件。而要讓搜尋效率最佳, 則要使用會自動排序的 TreeMap 類別。

以下的陽春型英漢字典程式, 是從文字檔中讀取英文單字與中文解釋對照, 並建立 TreeMap 物件供使用者進行查詢：

程式 EasyDict.java 陽春型英漢字典

```
01 import java.io.*;
02 import java.util.*;
03
04 public class EasyDict {
05   TreeMap<String,String> dict;  // 儲存字典內容
06
07   // 建構方法
08   public ReadDict() throws IOException {
09     dict = new TreeMap<>();                    // 建立 TreeMap 物件
10     String enword,chword;                      // 字典檔為 "dict.txt"
11     Reader r = new BufferedReader(new FileReader("dict.txt"));
12     StreamTokenizer fr = new StreamTokenizer(r);
13                          // 用 StreamTokenizer 讀取串流中的『字符』
14                                          // 讀到檔案結尾前
15     while (fr.nextToken()!=StreamTokenizer.TT_EOF) { // 持續讀取
16       enword = fr.sval;     // 取得英文單字
17       if (fr.nextToken()!=StreamTokenizer.TT_EOF) {
18         chword = fr.sval;  // 取得中文解釋
19         dict.put(enword,chword);
20       }
```

```
21        else
22          break;               // 若沒有讀到對應的中文解釋也跳出迴圈
23      }
24    }
25
26    public void ask(String str)  {
27      if (dict.get(str)!=null)  // 用 get() 方法找出集合中對應的值
28        System.out.println(str + " ==> " + dict.get(str) + "\n");
29      else
30        System.out.println("對不起, 找不到這個字\n");
31    }
32
33    public static void main(String args[]) throws IOException {
34
35      EasyDict mydict = new EasyDict();  // 呼叫建構方法
36
37      BufferedReader br =
38        new BufferedReader(new InputStreamReader(System.in));
39      String str = new String();
40
41      while(true) {          // 用迴圈讓使用者可重複查詢
42         System.out.println("要查什麼英文單字");
43         System.out.print("(直接按 Enter 可結束程式)->");
44         str = br.readLine();
45         if (str.equals(""))    // 若沒有內容就跳出迴圈
46             break;
47         mydict.ask(str);        // 呼叫 ask() 方法來找中文解釋
48      }
49    }
50 }
```

執行結果

```
要查什麼英文單字
(直接按 Enter 可結束程式)->comb
comb ==> 梳子

要查什麼英文單字
(直接按 Enter 可結束程式)->bomb
對不起, 找不到這個字

要查什麼英文單字
(直接按 Enter 可結束程式)->  ◀— 直接按 Enter 鍵結束程式
```

- 第 8～24 行為 EasyDict 的建構方法。此建構方法的主要工作是讀取 "dict.txt" 文字檔中的英文單字與中文解釋, 然後將它們存到 TreeMap 物件中。
- 第 12 行使用的 StreamTokenizer 類別提供以字符為單位讀取輸入串流的功能, 第 13 行呼叫的 nextToken() 方法會讀取串流中的下一個字符 (常數 TT_EOF 表示檔案結尾), 若有讀到, 則可由其成員變數 sval 取得該字符的字串 (若要讀取數值, 則使用 nval, 詳見官方說明文件)。
- 第 26～31 行的 ask() 方法會以參數字串為鍵, 搜尋 TreeMap 物件中有無對應的中文解釋, 有就顯示英文單字與中文解釋；沒有就顯示找不到的訊息。
- 第 33～49 行為 main() 方法, 一開始就先呼叫 EasyDict() 建構方法, 進行讀取文字檔及建立 TreeMap 物件的動作。
- 第 41～48 行以迴圈的方式讓使用者可重複查詢。第 47 行呼叫 ask() 方法進行查詢的動作。

學習評量

※ 選擇題可能單選或複選

1. Math 類別屬於________套件。

2. (　　) 下列何者不是 java.util 套件中的類別。

   (a) Integer
   (b) TreeMap
   (c) Collections
   (d) HashSet

3. (　　) 下列關於 Math 類別的描述何者錯誤？

(a) 有提供計算三角函數的方法。
(b) random() 方法會傳回 0～10 之間的隨機數值。
(c) ceil(d) 會傳回不小於 d 的最小整數。
(d) 用來比較大小的 max()、min() 方法可用來比較整數或浮點數。

4. (　　) 以下何者會傳回代表 100 的 16 進位數字字串？

(a) Integer.parseInt(100,16)
(b) Long.toHexString(100)
(c) Integer.toString(100,16)
(d) Short.valueOf("0x64");

5. (　　) 下列何者類型的集合不能存放相同的元素？

(a) Set
(b) Collection
(c) List
(d) Stack

6. (　　) 以下關於 Map 的敘述何者錯誤？

(a) 每個元素都是一組鍵值對 (key-value pair)。
(b) 鍵可以重複出現。
(c) 值可以重複出現。
(d) HashMap 類別實作 Map 介面。

7. (　　) 下列關於 Collection 介面的描述何者正確？

(a) Set、List、Map 都是其子介面。
(b) 其 addAll() 方法可將另一個集合的內容加到目前集合。
(c) 其 shuffle() 方法可將 List 類型的集合『洗牌』。
(d) Collections 類別就是實作此介面的類別。

8. 假設 a = Math.PI, 則： Math.ceil(a) =_____；

Math.floor(a) =_____；

Math.rint(a) =_____；

9. (   ) 以下關於基本資料類別的敘述何者錯誤。

   (a) 除了 Boolean、Character 外, 其它基本資料類別都是 Number 這個抽象類別的子類別。
   (b) 我們常用的 parseInt()、parseDouble() 方法, 都是基本資料類別提供的 static 方法。
   (c) 用 Float(d) 建構方法建立 Float 物件時, d 可以是 double 型別。
   (d) 以基本資料類別包裝好的物件, 可用 set() 方法變更其值。

10. 請問下列程式有何問題？

```
ArrayList<String> mylist = new ArrayList<>()
...
...
Iterator it = mylist.iterator();
while (it.hasNext())
  it.remove();
System.out.println("已移除所有元素：");
```

程式練習

1. 請試寫一個程式, 使用者只要輸入三角型的 2 邊長及夾角, 就能算出第 3 邊的邊長。(提示：餘弦定理：$a^2=b^2+c^2-2bc*\cos A$)

2. 請用 Math 類別的 min()、max()、random() 方法設計一個簡單的猜數字遊戲, 玩者猜未知數比 7 大或比 7 小, 正確即可進下一關。

3. 請用集合類別設計一個 1～12 月英文單字的查詢功能, 使用者輸入 1～12 的數字, 程式即輸出該月的英文單字。

4. 請試寫一個程式, 可計算指定檔案中有多少個數字字元。

5. 請設計一個擲骰子程式, 會連續擲骰子 100 次, 程式並需統計 1～6 各數字出現的機率。

6. 請設計一個陽春的二進位數字計算機, 使用者輸入兩個二進位數字及要做的四則運算 (+、-、*、/), 程式會將計算結果以 2、8、10、16 進位表示出來。

7. 承上題, 加入計算 X 的 Y 次方的功能, 以輸入的第一個數字為 X, 第二個數字為 Y。

8. 請試寫一個簡單的樸克牌發牌程式, 每次執行時, 就會輸出將 52 張牌發給 4 個人的結果。

9. 請試寫一程式將學號與學生姓名對應存於集合中, 使用者可用學號快速找出是哪一位學生。

10. 承上題, 將學生姓名的部份改成一個自訂的學生類別物件, 學生類別至少要存放學生姓名和身高、體重。

18

CHAPTER

圖形使用者介面

學習目標

- 認識 Swing GUI 元件的用法
- 各種事件處理方法設計技巧
- 使用 AWT 版面配置管理員
- 認識 Graphics2D 類別及 Java 2D 繪圖

前一章提過, 在 Java 眾多的套件中, 包含了處理圖形使用者介面的 AWT 與 Swing, 以及繪製平面圖形的 Java 2D API, 本章就要來介紹這些實用又有趣的工具。

18-1 甚麼是圖形使用者介面？

圖形使用者介面 (Graphics User Interface, 簡稱 GUI) 意指以圖像的方式與使用者互動, 也就是提供圖形化的操作介面, 讓使用者能據以操作程式。最明顯的例子就是 Windows 作業系統, 其應用程式一般都是以視窗 (Window) 的方式呈現, 視窗中可能會有功能表、按鈕、圖示...等各式各樣的元件, 供使用者易於操作使用。

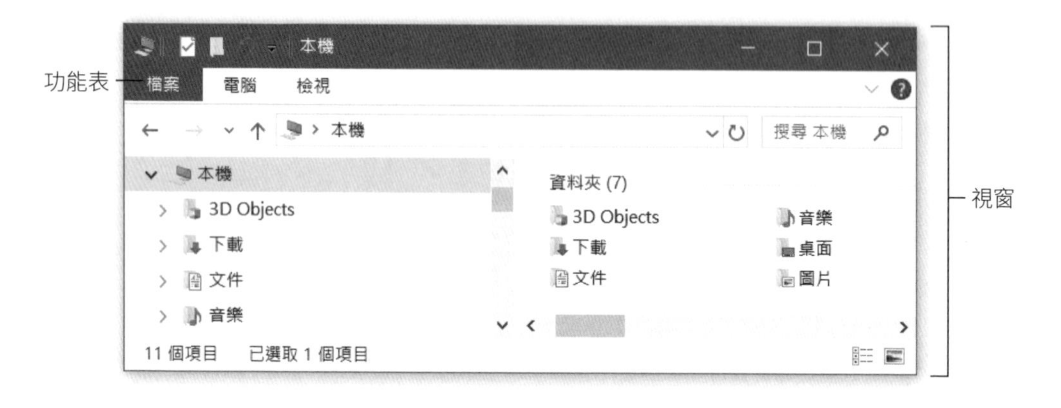

本書之前所寫的範例程式, 都只是『文字模式』(Text-based) 的應用程式, 程式顯示的訊息、使用者的輸入都只是文字而已。

如果要讓 Java 程式也能在微軟 Windows 作業系統或 Linux/Unix 的 X Window 環境下以圖形的方式呈現, 就可以使用 Java 的 AWT 或 Swing 套件, 以它們提供的各種 GUI 元件來『畫出』程式的使用者介面。

本章要介紹的 GUI 元件以 Swing 套件為主, 但也需要用到 AWT 套件中的一些功能, 以下就先來認識這兩個套件。

18-2 Java 的 GUI 基本架構

如前述, Java 應用程式要呈現圖形化的介面, 可使用 AWT 或 Swing 套件, 為什麼會有這兩種不同的方式呢？

18-2-1 Java AWT 與 Java Swing

早在 Java 剛推出之時, 只提供 AWT (Abstract Window Toolkit) 這套 GUI 元件 (或稱 GUI 類別庫), 但後來又推出了 Swing 這一組強化 AWT 的 GUI 元件類別庫, 以下簡單介紹兩者的功能與差異。

功能簡易的 AWT

AWT 這個『抽象化』的視窗工具組 (Abstract Window Toolkit) 提供了一套最基本的 GUI 元件, 例如視窗、按鈕等等, 只要用所需的 GUI 元件類別建立物件, 就能在螢幕上畫出一個元件。AWT 在繪製元件時, 其實都是由對應的**對等類別** (peer class) 呼叫作業系統的功能來畫出現成的『原生』 (native) 元件。

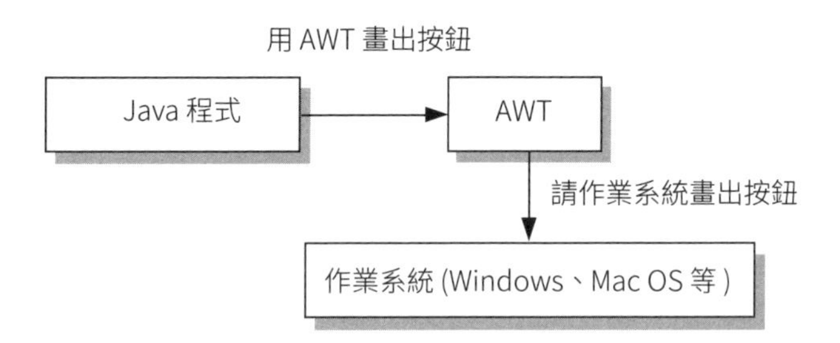

例如 Java 程式用 AWT 元件在 Windows 環境下顯示一個按鈕, 此時 AWT 會呼叫 Windows 作業系統本身的 GUI 功能來顯示一個按鈕；如果把同一個程式拿到 X Window 環境下執行, 就是由 X Window 來畫出這個按鈕。

由於不同作業系統的圖形使用者介面, 其表現方式各異, 所以依賴對等類別來繪製元件的 AWT, 在使用上就需面對一個問題：程式顯示的 GUI 介面, 在不同的作業系統上可能長得不一樣。

除了提供『看得到』的 GUI 元件外, AWT 也提供了設計視窗應用程式所需的一些功能與架構, 例如**事件驅動** (Event-driven) 的程式設計模式, 在本章稍後就會介紹。

進化的 Swing

Swing 和 AWT 最大的不同, 就是它並不依賴作業系統的對等類別來繪製 GUI 元件, 而是由 Java 自行繪製。由於不依賴作業系統, 所以使用 Swing 繪製出來的 GUI 介面, 就能保有一致的外觀和行為 (另外還可以套用不同的樣式來顯示出不同的外觀)。

不過 Swing 並未取代掉 AWT, 因為 Swing 元件雖然是由 Java 自己繪製, 但 Swing 仍是架構於 AWT 之上, 例如在 GUI 環境下所需的事件驅動機制, 就仍是沿用 AWT 所提供的架構。

雖然 AWT 和 Swing 各有優缺點, 但基於 Swing 提供更全面的 GUI 設計功能, 因此本章介紹的 GUI 設計將以 Swing 為主。不過讀者也不需擔心不會 AWT, 因為設計 GUI 時所需的事件驅動程式設計架構、元件配置管理員都仍是源自於 AWT, 所以我們也會介紹這一部份的 AWT 功能。

18-2-2 認識 javax.swing 套件

底下是用 Swing 來設計 GUI 的概略步驟：

- **匯入 Swing 套件**：Swing 套件和前面用過的套件在名稱上有點不同, 其套件名稱是**javax**.swing, 請注意多了一個 x。
- **使用 Swing 類別建立物件**：匯入 Swing 套件後, 就可利用它的各種 GUI 元件類別, 建立 GUI 物件了。

Component 類別

javax.swing 套件中最常用到的一群類別, 就是各種 GUI 元件 (Component) 類別了, 舉凡按鈕、功能表、工具列、文字方塊、下拉式選單等, 都有其對應的類別可使用, 以下就是 javax.swing 套件中一些常用的元件類別：

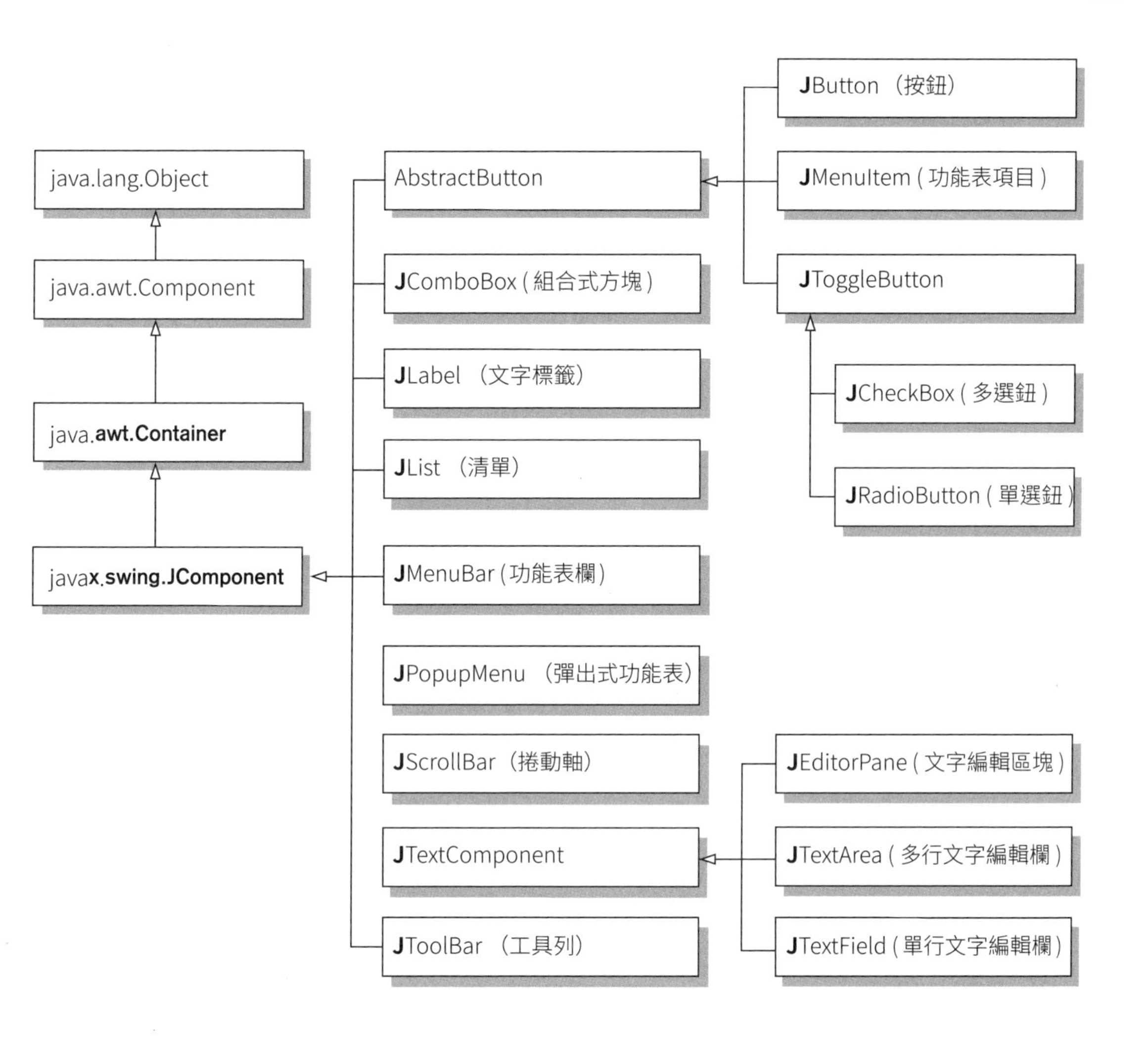

由上圖可發現 Swing 是建立在 AWT 之上的事實, 因為 JComponen 這個上層的 Swing 元件類別, 是繼承自 AWT 的 Container 類別。另外我們也可發現 Swing 類別的一項共通點, 就是類別名稱大半以大寫的 J 開頭, 後面則接上元件或其它名稱。

例如我們想顯示一段文字訊息, 就可建立 JLabel 物件；要顯示個簡單的**確定**鈕, 就可建立一個 JButton 物件。

容器類別

要顯示按鈕、文字標籤等各種 GUI 元件, 必須先有視窗或其它類型的**容器物件** (Container) 來包含這個元件, 所以程式必須先建立一個容器物件, 才能將元件『加』到容器物件之中, 並顯示出來。

容器 (Container) 也算是一種元件, 一如其名, 它是用來『容納』其它元件用的。延續剛剛的例子：如果想顯示一段文字訊息, 並有一個**確定**鈕讓使用者按, 就必須建立一個容器物件來容納文字訊息和按鈕, Swing 的容器物件有 JFrame、JDialog、JInterFrame、JPanel、JWindow 等五種。

- **JFrame**：典型的視窗, 要建立一般的視窗都是使用 JFrame。
- **JDialog**：交談窗類型的視窗。
- **JWindow**：不含視窗標題等基本視窗要件的陽春型視窗。
- **JInternalFrame、JPanel**：這兩者並不能用來建立獨立的視窗, 它們必須是包含在前三種容器之中使用。例如 JInterFrame 是用來建立視窗內的子視窗；而 JPanel 可建立視窗中的面板。

這幾個容器類別的繼承關係如下圖：

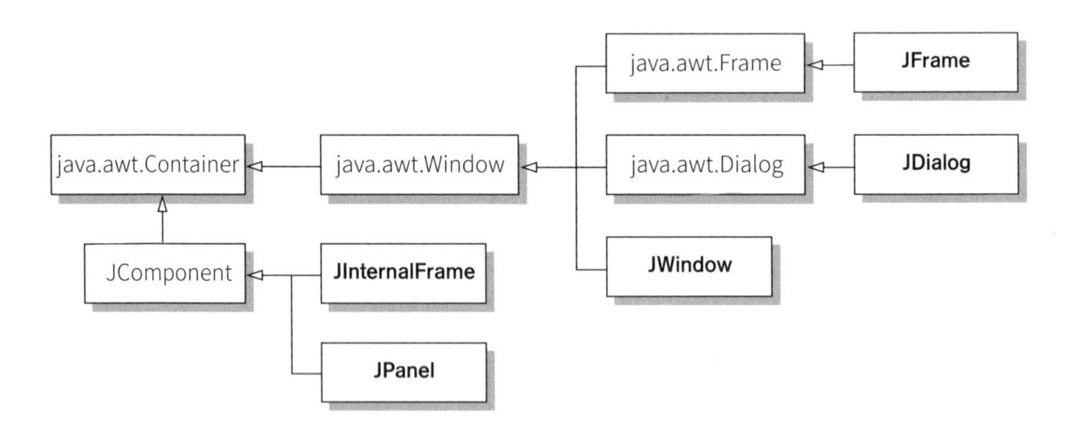

JFrame、JDialog、JWindow 都是 java.awt.Window 的衍生類別, 後者定義了一組視窗容器共用的操作方法, 以下就是幾個基本的方法：

```
boolean isActive()           // 檢查視窗是否在使用中
boolean isAlwaysOnTop()      // 檢查視窗是否永遠在最上層
boolean isShowing()          // 檢查視窗是否有被顯示

void setAlwaysOnTop(boolean alwaysOnTop)
    // 設定視窗是否永遠在最上層
void setBounds(int x, int y, int width, int height)
    // 設定視窗位置 (x,y) 和寬高 (width, height)
void setSize(int width, int height)    // 設定視窗大小 (寬與高)
void setVisible(boolean b)             // 設定是否顯示視窗

void toBack()       // 將視窗移到背景
void toFront()      // 將視窗移到前景 (畫面最前面)
```

陽春的視窗程式

認識視窗的類別後, 我們就來寫個陽春的視窗程式, 此範例只是單純顯示視窗, 並無任何功能：

程式 OnlyFrame.java 顯示視窗

```
01 import javax.swing.*;
02
03 public class OnlyFrame {
04   public static void main(String[] args) {
05
06     // 建立 JFrame 容器物件
07     JFrame myframe = new JFrame("陽春視窗");
08
09     // 設定當使用者關閉視窗時, 即結束程式
10     myframe.setDefaultCloseOperation(JFrame.EXIT_ON_CLOSE);
11
12     myframe.setSize(320,240);   // 設定視窗的寬與高
13
14     myframe.setVisible(true);   // 將視窗設為要顯示
15   }
16 }
```

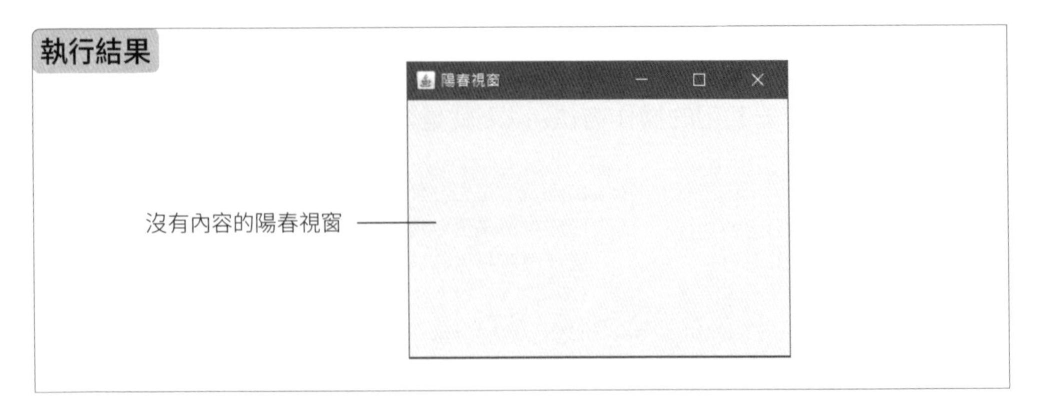

- 第 1 行, 因為要使用 Swing 物件, 所以在程式開頭先匯入 javax.swing 套件。
- 第 7 行建立一個 JFrame 元件, 並在呼叫建構方法時傳入一個字串做為視窗標題, 如上圖所示。
- 第 10 行呼叫 setDefaultCloseOperation() 方法, 以設定當使用者關閉視窗時要做什麼動作。EXIT_ON_CLOSE 常數的意思, 就是在關閉視窗時即結束程式, 這也是一般視窗應用程式的行為。
- 第 12、14 行呼叫前面介紹過的 setSize()、setVisible() 方法設定視窗的初始大小, 並顯示視窗。

在視窗中加入元件

建立視窗後, 並不能直接將元件加到 JFrame、JDialog、JWindow 之中, 而是要加到這幾個視窗類別都有的 **Content Pane** 子容器中。

我們可以把 JFrame 想成是視窗的『外框』, 這個外框只有基本的視窗邊框、標題欄、以及右上角的縮放視窗和關閉按鈕, Content Pane 則代表視窗中實際可用的區域, 也就是我們可加入元件的地方：

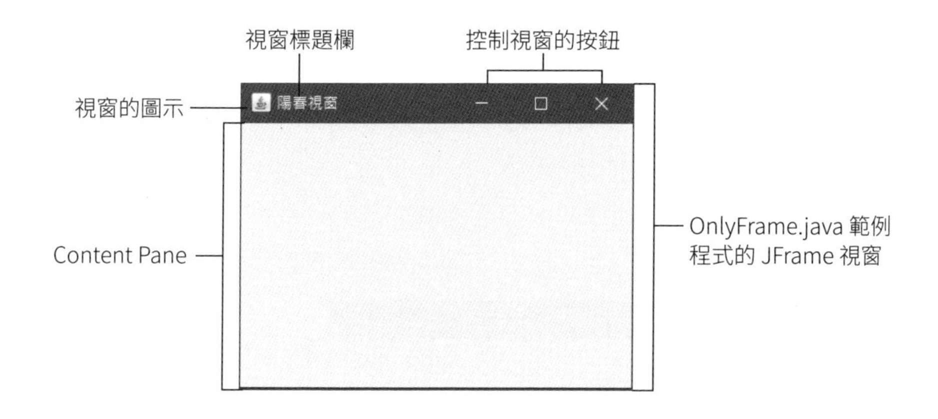

要取得 JFrame 的 Content Pane, 可呼叫以下方法：

```
public Container getContentPane() // 取得 Content Pane 物件
```

接著再用此物件呼叫以下繼承自 java.awt.Container 的方法：

```
Component add(Component comp)   // 將 comp 元件加到容器中
```

接著就來寫一個在視窗中加入 JButton 按鈕物件的範例程式。此程式會先建立 JFrame、JButton 物件, 然後用 JFrame 物件取得 Content Pane 以加入 JButton 元件, 之後就和前一個範例一樣, 用 setVisible() 方法將視窗顯示出來：

程式 SimpleFrame.java 在視窗中加入按鍵

```
01 import javax.swing.*;
02
03 public class SimpleFrame {
04   public static void main(String[] args) {
05
06     JFrame myframe = new JFrame("加個按鈕");
07
08     // 建立按鈕物件
09     JButton mybutton = new JButton("確定");
10
11     // 取得 Content Pane 並加入按鈕
12     myframe.getContentPane().add(mybutton);
```

```
13
14      myframe.setDefaultCloseOperation(JFrame.EXIT_ON_CLOSE);
15      myframe.setSize(320,240);
16      myframe.setVisible(true);
17    }
18  }
```

執行結果

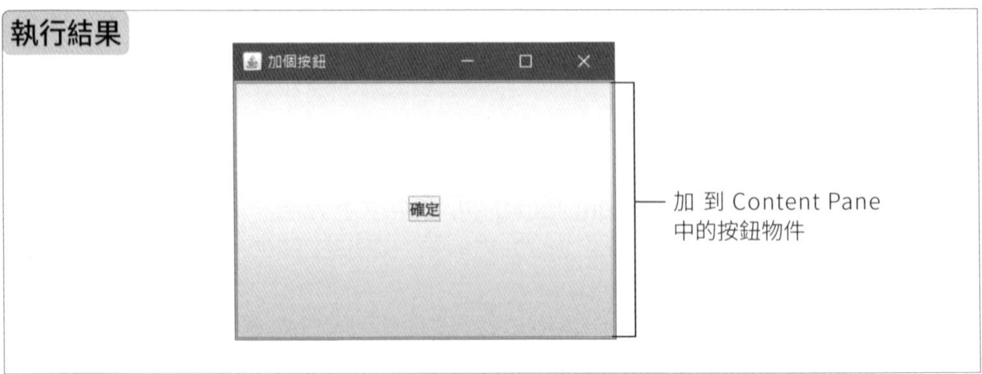

從執行結果可發現兩件事：這個按鈕沒有任何功能, 按下去都沒反應；其次是這個按鈕會佔用 Content Pane 的全部空間, 當我們調整視窗大小時, 這個按鈕也會隨視窗一起變大或變小, 和我們一般認知的『固定大小』按鈕不同。

要解決這兩個問題, 必須先認識 AWT/Swing 的事件處理模型與版面配置架構, 以下先來介紹整個 AWT/Swing 的事件處理模型。

Swing 的圖形介面樣式

Swing 還有一項有別於 AWT 的特性, 即是其圖形介面可設定樣式 (Look and Feel), 讓程式產生不同的效果。限於篇幅, 本書不深入介紹 Swing 的 Look and Feel, 若想嘗試不同的樣式, 可在程式中 (例如 main() 方法最前面) 加入如下的設定敘述：

```
try {
  // UIManager 為 javax.swing 套件中的類別
  UIManager.setLookAndFeel(
    "com.sun.java.swing.plaf.windows.WindowsLookAndFeel");
} catch (Exception e) {
}
```

接下頁▶

setLookAndFeel() 方法的參數可以是樣式的名稱、或是代表樣式的 LookAndFeel 物件 (請參考 Java 文件), 例如上例中的 "com.sun.java.swing.plaf.windows.WindowsLookAndFeel" 即代表 Windows 作業系統的樣式 , 最後一字改成 "WindowsClassicLookAndFeel" 則為傳統 Windows 樣式。由於此方法可能拋出多種例外 , 所以呼叫的敘述需放在 try/catch 區塊中。

18-3 GUI 的事件處理

GUI 的程式設計方式都是採取『事件驅動』 (Event-Driven) 的模型, 以下我們就來認識 Swing 沿用自 AWT 的委派式 (delegation) 事件處理模型。

18-3-1 委派式事件處理架構

在 AWT 的委派式件處理模型中, 每當使用者在 GUI 中做一項動作時, 例如按下按鈕、選擇某個選項、移動一下滑鼠, 都會產生對應的**事件** (event)。

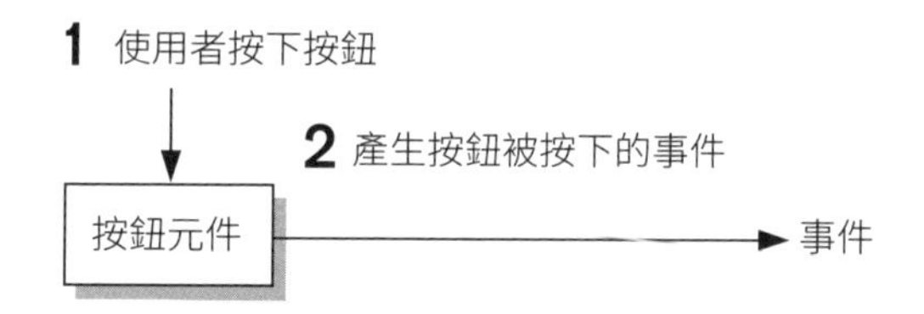

如果要讓程式在使用者按下按鈕時執行一項動作, 就必須在某個實作**傾聽者** (Listener) **介面**的類別中, 撰寫一個**事件處理方法**來處理對應的事件 (例如按鈕被按下的事件), 然後用此類別建立物件並通知會產生該事件的元件:『我的物件要當事件的傾聽者』, 如此在發生事件時, 元件才會呼叫對應的事件處理方法。

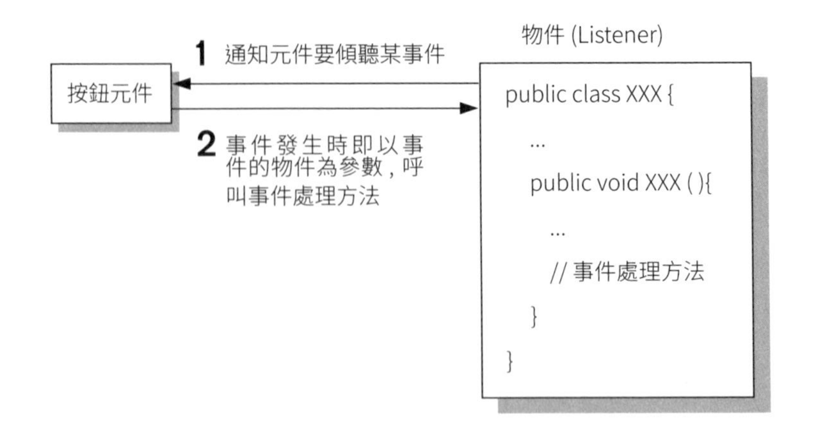

要實作出上述的功能, 必須完成以下幾件工作：

1. **實作 XxxListener 介面**：首先, 包含事件處理方法的類別必須宣告為實作 XxxListener 介面。不同類型的事件需實作不同的介面, 下表所列即為幾種常見的 Listener 介面：

動作種類 (事件種類)	對應的 Listener 介面
按下按鈕	ActionListener
視窗開啟或關閉	WindowListener
按滑鼠按鈕	MouseListener
滑鼠移動	MouseMotionListener

2. **撰寫事件處理方法**：事件處理方法就是上述 Listener 介面中所宣告的方法, 每種介面所宣告的方法名稱、數量都不一。例如 ActionListener 只有一個 actionPerformed() 方法。MouseMotionListener 介面則有 mouseDragged()、mouseMoved() 兩個方法。

   在方法中可執行要回應事件的動作, 例如若希望使用者按按鈕時改變視窗的背景顏色, 就要在 actionPerformed() 方法中加入改變視窗背景顏色的程式碼。

3. **告知元件我們要當傾聽者**：我們必須在程式中呼叫按鈕元件的 addActionListener() 通知該元件：『我的物件是傾聽者』, 也就是說物件中有對應的事件處理方法。如此一來, 發生按鈕被按下的事件時, 按鈕元件才會呼叫我們寫好的 actionPerformed(), 執行其中的動作。

   呼叫 addActionListener() 時, 需以實作 ActionListener 介面的物件為參數, 也就是告知按鈕元件：『我這個物件是個傾聽者。』

TIP 其它類型的事件 , 則需要呼叫對應的 addXxxListener() 方法。

請注意, 我們並不會在自己的程式中呼叫 actionPerformed() 事件處理方法, 這個方法是提供給元件呼叫的。所以事件處理架構, 算是一種『被動』的處理方式。如果在程式執行生命期中, 使用者都沒有按下按鈕, 則對應的 actionPerformed() 也不會被執行到。

18-3-2 實作 Listener 介面

認識 AWT 的事件處理模型後, 就來看如何寫一個處理按鈕事件的傾聽者。由於此部份的功能是源自於 AWT, 所以程式必須匯入 awt.event.* 套件。

要實作 Listener 介面, 您可以在主程式外另建一個類別, 然後將它宣告為實作 Listener 介面、並實作事件處理方法。不過這樣做並不方便, 因為我們通常會在事件處理方法中使用到視窗容器或其它元件, 此時要取得這些物件將會使程式變得複雜, 所以本章仍是用主程式本身來實作 Listener 介面。

以處理按鈕事件為例, 根據前面所述, 必須完成 3 個動作：

1. **宣告實作 Listener 介面**：這部份應該很熟悉了, 以按鈕事件為例：

```
public class Xxx implements ActionListener {
```

2. **撰寫事件處理方法**：由於 ActionListener 只宣告一種 actionPerformed() 方法, 所以只要實作這個方法, 即可處理按鈕事件：

```
public void actionPerformed(ActionEvent e) {
  // 將要執行的程式碼放在此處
}
```

3. **告知元件我們要當傾聽者**：我們必須以按鈕物件呼叫 addActionListener() 方法：

```
按鈕物件.addActionListener(有實作處理方法的類別物件);
```

以下就是將前一個程式加上按鈕事件處理的版本：

程式 SimpleListener.java 計算按鈕次數

```
01 import javax.swing.*;
02 import java.awt.event.*;  // 要處理事件必須匯入此套件
03 
04 public class SimpleListener extends JFrame    // 繼承 JFrame 類別
05              implements ActionListener {        並實作傾聽者介面
06   int act = 0;      // 用來記錄按鈕被次數的變數
07 
08   public static void main(String[] args) {
09     SimpleListener test = new SimpleListener(); // 建立傾聽者物件
10   }
11 
12   // 用建構方法來建立元件、將元件加入視窗、顯示視窗
13   public SimpleListener() {
14     setTitle("Listener 示範");     // 設定視窗標題
15     JButton mybutton = new JButton("換個標題");
16 
17     // 通知按鈕物件：本物件要當傾聽者
18     mybutton.addActionListener(this);
19 
20     getContentPane().add(mybutton);
21     setDefaultCloseOperation(JFrame.EXIT_ON_CLOSE);
22     setSize(420,140);
23     setVisible(true);
24   }
25 
26   public void actionPerformed(ActionEvent e) {
27     act++;     // 將按鈕次數加 1
```

```
28
29      // 將視窗標題欄改為顯示按鈕次數
30      setTitle("發生 " + act + " 次按鈕事件");
31    }
32  }
```

執行結果

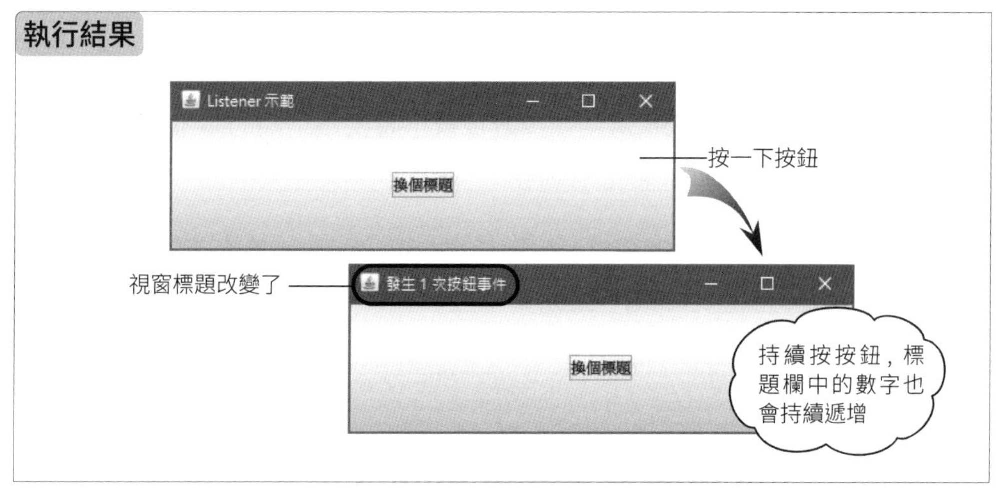

- 第 4 行宣告繼承 JFrame 類別, 如此可繼承 JFrame 的所有功能, 因此在類別的建構方法中就可以直接呼叫 JFrame 的方法, 例如 setSize()、setTitle() 等, 而不用另外再建立 JFrame 物件了。

- 第 6 行宣告的變數 act 是用來記錄按鈕被按下的次數。

- 第 8～10 行在 main() 中以本身所屬的類別建立物件, 以同時做為視窗物件 (因繼承了 JFrame 類別) 及傾聽者物件 (因實作了 ActionListener 介面)。

- 第 13～24 行的建構方法進行主要的 GUI 建立動作, 除了我們已熟悉的建立元件、將元件加入視窗、顯示視窗外, 最重要的就是第 18 行以 this 物件為參數, 呼叫 mybutton.addActionListener() 方法, 表示將本物件設為 mybutton 按鈕的事件傾聽者。

- 第 26～31 行即為事件處理方法 actionPerformed() 的內容, 方法中先將 act 變數加 1, 然後呼叫 setTitle() 將視窗標題變更為顯示按鈕的次數。所以每按一次按鈕, 這個方法就會被呼叫一次, 視窗標題的數字也會遞增。

由上述程式可發現一件有趣的事：在我們的程式中根本**沒有呼叫 actionPerformed()** 的敘述, 但從執行結果可確認, 每次按按鈕時, 此方法就會被呼叫一次。由於事件處理方法是被元件 (或系統) 呼叫, 不像平常是由我們呼叫 (Call) 元件 (或系統) 提供的方法, 所以事件處理方法也稱為 **Call-Back** 方法。

如何處理多個按鈕的事件？

假如視窗中有兩個按鈕,這兩個按鈕被按下時要做不同的事,但類別中只能有一個 actionPerformed(), 該怎麼辦呢？

有個方法是在 actionPerformed() 中, 用 if、switch 等方式先檢查產生此事件的元件是誰, 再決定要做什麼動作：

```
public void actionPerformed(ActionEvent e) {
  if (e.getSource() == XXX) // getSource() 方法可取得產生事件的物件
    // XXX 按鈕的處理動作
  } else {
    // 其它按鈕的處理動作
  }
  ...
}
```

但此法只適用於少量按鈕的狀況 (後面 18-4-3 節的範例 ChangeColor.java 即是採此種作法), 如果按鈕很多時, 事件處理方法的內容將會變得很大, 造成撰寫及閱讀上的不方便。此時就可改用第 12 章所提到的功能：**內部類別**與**匿名類別**。

例如前述的按鈕範例, 我們可用內部類別來改寫, 程式如下：

程式 InnerDemo.java 用匿名類別實作傾聽者

```
01 import javax.swing.*;
02 import java.awt.event.*;
03
04 public class InnerDemo extends JFrame {
05
06   int act = 0;      // 用來記錄按鈕被次數的變數
```

```
07
08   public static void main(String[] args) {
09     InnerDemo test = new InnerDemo();
10   }
11
12   // 用建構方法建立元件、將元件加入視窗、顯示視窗
13   public InnerDemo() {
14     setTitle("Listener 示範");
15     JButton mybutton = new JButton("換個標題");
16     mybutton.addActionListener(new InnerListener());
17                                  // 以內部類別物件為傾聽者
18
19     getContentPane().add(mybutton);
20     setDefaultCloseOperation(JFrame.EXIT_ON_CLOSE);
21     setSize(420,140);
22     setVisible(true);
23   }
24
25   // 實作 ActionListener 介面的內部類別
26   class InnerListener implements ActionListener {
27     public void actionPerformed(ActionEvent e) {
28       act++;        // 存取外部類別的 act 成員
29       setTitle("發生 " + act + " 次按鈕事件");
30     }
31   }
32 }
```

這個範例的執行情形和前面的 SimpleListener.java 完全相同, 但此處改用第 26~31 行的內部類別 InnerListener 來設計傾聽者, 程式中則是在第 16 行建立傾聽者類別物件, 並將它設定為按鈕事件的傾聽者。

18-3-3 以匿名類別設計事件處理類別與方法

如前所述, 當視窗有多個按鈕, 且各按鈕要有不同的事件處理方法, 但又不適合用一個類別來實作所有按鈕的傾聽者, 此時就可利用內部類別或匿名類別來實作不同按鈕元件的傾聽者, 這樣就做到讓每個按鈕都有自己的傾聽者。

不過使用內部類別時有一點比較麻煩，就是要為每一個傾聽者類別取名字(如前面程式的 InnerListener)。若改用匿名類別則無此困擾，以下就將前面程式改用匿名類別來實作：

程式 AnonymousListener.java 用匿名類別實作傾聽者

```
01 import javax.swing.*;
02 import java.awt.event.*;
03 
04 public class AnonymousListener extends JFrame {
05 
06   int act = 0;       // 用來記錄按鈕被次數的變數
07 
08   public static void main(String[] args) {
09     AnonymousListener test = new AnonymousListener();
10   }
11 
12   // 用建構方法建立元件、將元件加入視窗、顯示視窗
13   public AnonymousListener() {
14     setTitle("Listener 示範");
15     JButton mybutton = new JButton("換個標題");
16 
17     // addActionListener() 的參數為匿名類別物件
18     mybutton.addActionListener(
19       // 以下就地建立匿名類別物件做為按鈕的傾聽者
20       new ActionListener() {
21         public void actionPerformed(ActionEvent e) {
22           act++;     // 將按鈕次數加 1
23           setTitle("發生 " + act + " 次按鈕事件");
24         }
25       }
26     );
27   getContentPane().add(mybutton);
28 
29   setDefaultCloseOperation(JFrame.EXIT_ON_CLOSE);
30   setSize(420,140);
31   setVisible(true);
32   }
33 }
```

第 18～26 行呼叫按鈕元件的 addActionListener() 方法, 呼叫此方法所給的參數就是第 20～25 行所建立的匿名類別物件。當按鈕物件被按下產生事件時, 即會執行到第 21～24 行的處理方法, 也就是在視窗標題欄顯示按鈕的次數。

用 Lambda 運算式讓設定傾聽者的語法更加簡潔

在第 12-4-3 節曾介紹過 **Lambda 運算式**, 它可將匿名類別再簡化, 只需寫出匿名類別中要重新定義方法的參數及程式主體即可:

方法的參數 -> { 方法的主體 }

因此前面程式第 18~26 行設定傾聽者物件的匿名類別, 也可改用 lambda 來更加簡化:

程式 LambdaListener.java 用 Lambda 運算式實作傾聽者

```
19  mybutton.addActionListener(
20    e -> { act++ ;
21           setTitle("發生 " + act + " 次按鈕事件");
22  });
```

以上的 e 即為 actionPerformed() 方法的參數, 而 -> 後的大括號中則為方法的程式主體。

18-3-4　繼承 Adapter 類別處理事件

在實作介面時, 需實作介面中的所有方法。在實作各種事件處理介面時也不能例外, 例如有關鍵盤按鍵事件的 KeyListener 介面就有 keyPressed()、keyReleased()、keyTyped() 三個方法; 而滑鼠事件的 MouseListener 介面則更多: mousePressed()、mouseReleased()、mouseEntered()、mouseExited()、mouseClicked()。有時我們只想處理其中 1、2 種方法, 卻也必須實作所有的方法, 雖然只需讓沒有用到的方法的本體保持空白即可, 例如:

```
xxx.addMouseListener(this);
...
// 沒有用到的方法也都要列出
public void mousePressed(MouseEvent e) { }
public void mouseReleased(MouseEvent e) { }
public void mouseEntered(MouseEvent e) { }
public void mouseExited(MouseEvent e) { }

public void mouseClicked(MouseEvent e) {
    ...// 有用到的方法才撰寫處理的程式碼
}
```

但仍要在程式中列出一些未用到的方法, 總是有點不方便。為此 Java 提供了另一套機制, 也就是使用 Adapter 類別。

Adapter 類別是一組已實作好各種事件處理方法的類別, 當我們只想要處理某類事件中的 1、2 種事件時, 就可繼承對應的 Adapter 類別, 然後只需重新定義您要用的事件處理方法即可, 而不必在程式中列出一堆未用到的方法。java.awt.event 中定義了 7 個 Adapter 類別, javax.swing 則增加了 2 個, 如下表所示：

AWT 中的 Adapter 類別

類別名稱	適用於
ComponentAdapter	元件 (隱藏、顯示、變更大小等) 事件
ContainerAdapter	容器 (隱藏、顯示、變更大小等) 事件
FocusAdapter	輸入焦點 (Input Focus) 事件
KeyAdapter	按鍵事件
MouseAdapter	滑鼠按鈕事件
MouseMotionAdapter	滑鼠移動事件
WindowAdapter	視窗事件

Swing 中的 Adapter 類別

類別名稱	適用於
InternalFrameListener	InternalFrame 容器的事件
MouseInputAdapter	所有滑鼠事件 (包括按鈕及移動事件)

要用 Adapter 類別處理事件, 只需繼承對應的 Adapter 類別, 然後重新定義所需的事件處理方法即可。舉例來說, 若只想處理按鍵事件中的 keyTyped() 方法, 可繼承 KeyAdapter 類別後, 改寫 keyTyped() 方法即可, 當然也要呼叫 addKeyListener() 將類別物件設為傾聽者, 例如：

程式 MyKeyAdapter.java 以 Adapter 類別物件設計事件處理方法

```
01 import java.awt.event.*;
02 import javax.swing.*;
03
04 public class MyKeyAdapter extends KeyAdapter {
05
06   JFrame myframe = new JFrame("Adapetr 類別示範");
07
08   // 用來顯示訊息的標籤
09   JLabel whatkey = new JLabel("請輸入任一字元！");
10
11   public static void main(String[] args) {
12     MyKeyAdapter test = new MyKeyAdapter();
13     test.init();
14   }
15
16   // 建立元件、將元件加入視窗、顯示視窗的方法
17   public void init() {
18     myframe.addKeyListener(this);  // 設定按鍵事件的傾聽者
19
20     myframe.getContentPane().add(whatkey);
21     myframe.setDefaultCloseOperation(JFrame.EXIT_ON_CLOSE);
22     myframe.setSize(240,120);
23     myframe.setVisible(true);
24   }
25
26   // 繼承自 KeyAdapter 的方法
27   public void keyTyped(KeyEvent e) {
28     whatkey.setText("您剛剛輸入的是—>" + e.getKeyChar() );
29   } // keyPressed()、keyReleased() 方法都不用管
30 }
```

執行結果

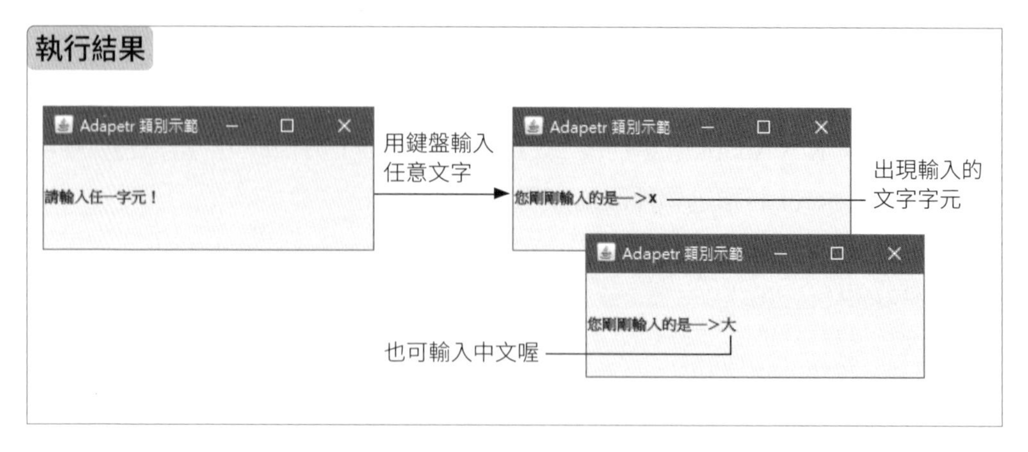

- 第 4 行宣告我們的類別繼承自 KeyAdapter 抽象類別。
- 第 18 行呼叫 addKeyListener() 方法將 this 物件設為傾聽者。
- 第 27～29 行自訂 keyTyped() 方法來處理由按鍵輸入字元的事件。
- 第 28 行先用事件物件 e 呼叫 getKeyChar() 方法取得使用者輸入的字元,再用 GUI 元件的 setText() 方法將指定的字串及輸入的字元設為標籤所顯示的文字。

其它 Adapter 類別的用法也都相似, 此處就不一一介紹。讀者可參考各 Adapter 類別的說明文件, 瞭解各種事件的效用, 即可利用 Adapter 類別撰寫出不同事件的處理方法。

keyPressed 與 keyTyped 的差異

keyPressed 是按鍵被按下時產生的事件；至於 keyTyped 則是有某個字元被輸入時所產生的事件。例如當我們只按下 Shift 鍵時，雖然產生 keyPressed 事件，但因單純的 Shift 鍵不代表任何字元，所以不會產生 keyTyped 事件；若再按下 A 鍵才會產生大寫（或小寫）的字元 'A'。同理如果我們使用中文輸入法，在輸入一個字的過程中，會因按多個按鍵而產生多個 keyPressed 事件，但最後完成一個字的輸入，只會有一個 keyTyped 事件。

18-4 版面配置管理員

如果您想在前面的程式中多加幾個按鈕, 例如再加個按鈕讓程式顯示的按鈕次數遞減, 您會發現程式仍只顯示一個按鈕。這是因為 JFrame 有預設的版面配置 (layout) 方式, 如果未指定按鈕的位置, 則按鈕都會放到同一個地方, 使得視窗上只看得到一個按鈕；除了指定按鈕位置外, 您也可改變預設的配置方式。不管使用哪一種方法, 我們都需用到 AWT 的**版面配置管理員** (layout manager), 以下就來認識 Java 的 GUI 元件配置方式。

18-4-1 GUI 元件配置的基本觀念

在 Java 的 GUI 設計中, 是透過 AWT 的版面配置管理員來控制元件在容器中的排列方式和位置。AWT 中定義的配置管理員多達十餘種, 每種都有其特殊的排列方式和規則, 以供不同需求的視窗選用。

使用版面配置管理員的好處, 就是不需擔心元件在視窗中的位置, 只要選擇合適的**版面配置管理員**, 不論使用者如何調整視窗大小, 版面配置管理員都會依其內建的排列規則, 將元件陳列在視窗之中。AWT 中定義的配置管理員有很多種, 但較常用到的有 3 種 (每個配置管理員都有一個對應的同名類別)：

- BorderLayout
- FlowLayout
- GridLayout

如果要做較複雜的元件排列和配置, 其實使用各種 Java 整合開發環境 (IDE, 例如本書附錄所介紹的 Eclipse) 提供的工具來繪製會比較方便, 在此就不多做介紹。

Swing 中的每個容器類別都有其預設的版面配置管理員, 以下我們就先從 JFrame 預設使用的 BorderLayout 談起。

18-4-2 BorderLayout 配置管理員

JFrame 預設採用的 BorderLayout 配置管理員, 是比較固定的的一種配置方式。BorderLayout 將可用的空間劃分為 5 個部份, 如右所示：

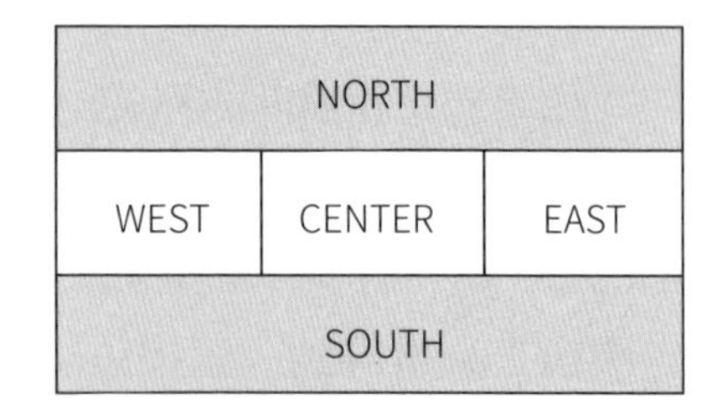

圖中的 NORTH、WEST... 等就是在加入元件時, 需指定的位置參數 (稱為 Constraint), 表示要將元件加到哪一個位置上：

```
add(new Button("North"), BorderLayout.NORTH);   // 在上面放置 "North" 按鈕
add(new Button("South"), BorderLayout.SOUTH);   // 在下面放置 "South" 按鈕
add(new Button("West"), BorderLayout.WEST);     // 在左邊放置 "West" 按鈕
add(new Button("East"), BorderLayout.EAST);     // 在右邊放置 "East" 按鈕
add(new Button("Center"), BorderLayout.CENTER); // 在中間放置 "Center" 按鈕
```

TIP 位置參數也可用 "NORTH"、"SOUTH"、"EAST" 等字串來代替。

BorderLayout 除了位置固定外, 還有幾個特點：加入某位置的元件將會填滿整個位置；放大視窗時, 將以放大中間的部份為主, 上、下位置則是依視窗放大的情況動態調整。

以下就是一個應用 BorderLayout 的簡例, 這個程式會用到 JLabel、JText Field 這 2 個新的 GUI 元件。

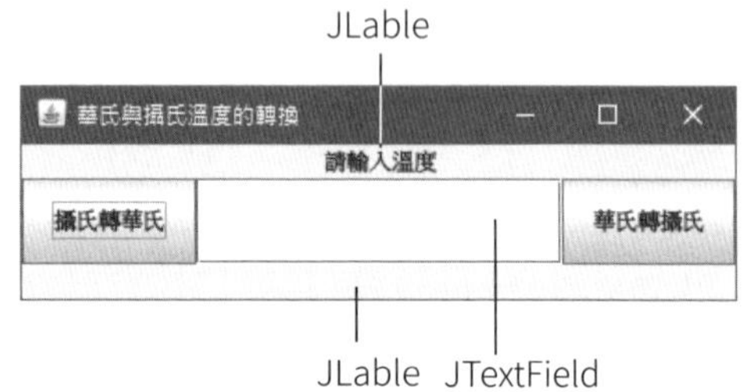

程式 TempConverter.java 華氏、攝氏溫度換算

```
01 import javax.swing.*;
02 import java.awt.event.*;
03 import java.awt.*;
04
05 public class TempConverter implements ActionListener {
06
```

```
07    JFrame myframe = new JFrame("華氏與攝氏溫度的轉換");
08
09    JLabel result = new JLabel(" ",SwingConstants.CENTER);//轉換結
                                                          果顯示區
10    JTextField degree = new JTextField();  // 輸入區
11    JButton f2c = new JButton("華氏轉攝氏");
12    JButton c2f = new JButton("攝氏轉華氏");
13
14    public static void main(String[] args) {
15      TempConverter test = new TempConverter();
16    }
17
18    public TempConverter () { //建構方法
19      // 先取得 ContentPane 物件
20      Container contentPane = myframe.getContentPane();
21
22      // 將 5 個元件加到 BorderLayout 的五個位置
23      contentPane.add(new JLabel("請輸入溫度",SwingConstants.CENTER),
24                      BorderLayout.NORTH);
25      contentPane.add(f2c,BorderLayout.EAST);
26      contentPane.add(c2f,BorderLayout.WEST);
27      contentPane.add(degree,BorderLayout.CENTER);
28      contentPane.add(result,BorderLayout.SOUTH);
29
30      // 設定 this 物件為傾聽者
31      f2c.addActionListener(this);
32      c2f.addActionListener(this);
33
34      myframe.setDefaultCloseOperation(JFrame.EXIT_ON_CLOSE);
35      myframe.setSize(400,120);
36      myframe.setVisible(true);
37    }
38
39    public void actionPerformed(ActionEvent e) {
40      try {
41        // 取得輸入區的字串, 並轉成浮點數
42        double value = Double.parseDouble(degree.getText());
43
44        String msg="";     // 顯示轉換結果的字串
45        if(e.getSource() == f2c) // 依按鈕決定轉換方式
46          msg= "華氏 " + value + " 度等於攝氏 " +
47                        ((value-32)*5/9) +" 度";
```

```
48        else
49          msg= "攝氏 " + value + " 度等於華氏 " +
50                       (value/5*9 + 32) +" 度";
51        // 並將結果寫到視窗最下方
52        result.setText(msg);
53      } catch (NumberFormatException ne) {
54        degree.setText("");    // 發生例外時清除輸入區內容
55      }
56    }
57  }
```

執行結果

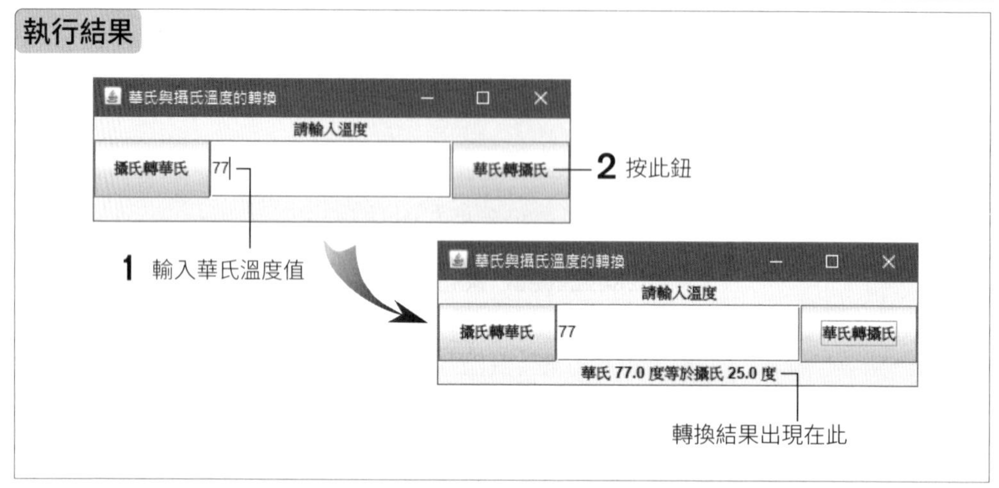

- 第 7～12 行建立 JFrame、及視窗中的按鈕和文字輸入欄位等物件。

- 第 9 及 23 行 JLabel 建構方法的第 2 個參數, 是設定文字對齊方式, 此處使用 SwingConstants 類別中定義的常數 CENTER, 表示文字要置中。若省略此參數, 則文字預設會向左對齊。

- 第 23～28 行呼叫 add() 將 5 個元件加到 BorderLayout 的五個位置。第 23 行加入的 JLabel 物件因為只是用來顯示提示文字, 在程式中不會再用到, 因此是在 add() 內直接用 new 敘述立即建立。

- 第 31、32 行將 2 個按鈕的傾聽者都設為 this, 第 39～56 行實作按鈕事件處理方法。

- 第 42 行用 JTextField 的 getText() 取得使用者輸入的字串, 並將之轉成浮點數。程式並用 try/catch 的方式補捉可能發生的格式不符合的例外。
- 第 45～50 行判斷被按下的按鈕, 來決定要進行『攝氏轉華氏』或『華氏轉攝氏』的處理。
- 第 52、54 呼叫 JLable 的 setText() 來設定所要顯示的文字訊息。

BorderLayout 的特點就是配置的方式/位置都預先設好了, 無法做變動。但如果要放的元件不到 5 個, 則仍是有些彈性, 因為未用到的區域就不會顯示出來, 所以就能產生不同的配置效果, 例如：

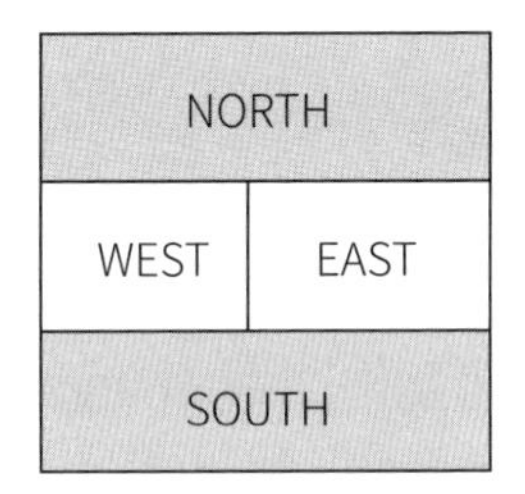

沒有用到 CENTER 時

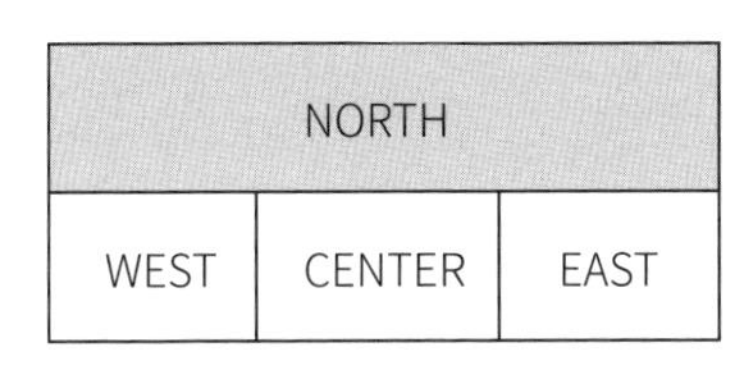

沒有用到 SOUTH 時的配置

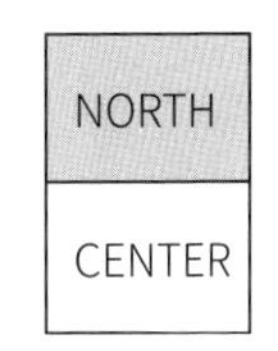

只用到 NORTH 和 CENTER 時

例如將 TempConverter.java 的第 23、24 行的程式去掉時, 會產生如右的視窗畫面：

沒有用到 NORTH 時的配置效果

BorderLayout 的主要缺點就是只有五個區域, 最多只能放五個元件。若要放置更多的元件, 就需放入額外的容器物件；若想讓元件以不同的方式排列, 則需改用其它的配置管理員。基於這兩個理由, 一般都會換用其它的配置管理員, 以下就來介紹常用的 FlowLayout 配置管理員。

18-4-3 FlowLayout 配置管理員

FlowLayout 配置管理員排列元件的方式很簡單, 就是將加入的物件依序由容器左上角向右排列, 到視窗右邊界時會自動換行繼續排列, 所以各元件間的相對位置可能會隨視窗大小不同而變動。

Swing 中預設採用 FlowLayout 配置管理員的容器類別是 JPanel, 一般在設計 GUI 程式時, 並不會將元件直接加到 JFrame, 而是將 JPanel 加到 JFrame 中, 然後再將所需的元件加入 JPanel 容器, 如此會比較有彈性。但如果您要設計的 GUI 並不複雜, 而想直接在 JFrame 使用 FlowLayout 配置管理員, 則可用 Content Pane 物件的 setLayout() 來設定：

```
JFrame myframe...
...
myframe.getContentPane().setLayout(new FlowLayout());
```

以下就是使用 JPanel 的簡單範例, 此範例將 5 個按鈕元件加到 JPanel 容器中, 因此元件的排列方式是由 FlowLayout 配置管理員處理。讀者可從此認識 FlowLayout 配置的特性：

程式 ChangeColor.java 按鈕即可改變視窗的背景顏色

```
01 import java.awt.*;
02 import java.awt.event.*;
03 import javax.swing.*;
04
05 public class ChangeColor extends JPanel //繼承 JPanel 類別
06                           implements ActionListener {
07   JButton red = new JButton("紅");
08   JButton orange = new JButton("橙色");
09   JButton yellow = new JButton("黃");
10   JButton green = new JButton("變綠色");
11   JButton blue = new JButton("藍");
12
```

```
13   public static void main(String[] args) {
14     // 建立 ChangeColor (JPanel 的子類別) 物件
15     ChangeColor p = new ChangeColor();
16
17     JFrame f = new JFrame("變換視窗背景");
18     // 將 JPanel 物件加到 JFrame 中
19     f.getContentPane().add(p);
20     f.setDefaultCloseOperation(JFrame.EXIT_ON_CLOSE);
21     f.setSize(360,80);
22     f.setVisible(true);
23   }
24
25   public ChangeColor() { //建構方法
26     // 將 5 個按鈕元件加到面板中
27     add(red);
28     add(orange);
29     add(yellow);
30     add(green);
31     add(blue);
32
33     // 將五個按鈕的傾聽者都設為此物件
34     red.addActionListener(this);
35     orange.addActionListener(this);
36     yellow.addActionListener(this);
37     green.addActionListener(this);
38     blue.addActionListener(this);
39   }
40
41   // 五個按鈕的事件處理方法
42   public void actionPerformed(ActionEvent e) {
43     JButton s = (JButton) e.getSource();    // 取得產生事件的按鈕
44
45     // 將面板背景顏色換成按鈕對應的顏色
46     if ( s == red) setBackground(Color.red);
47     else if ( s == orange) setBackground (Color.orange);
48     else if ( s == yellow) setBackground (Color.yellow);
49     else if ( s == green)  setBackground (Color.green);
50     else setBackground (Color.blue);
51   }
52 }
```

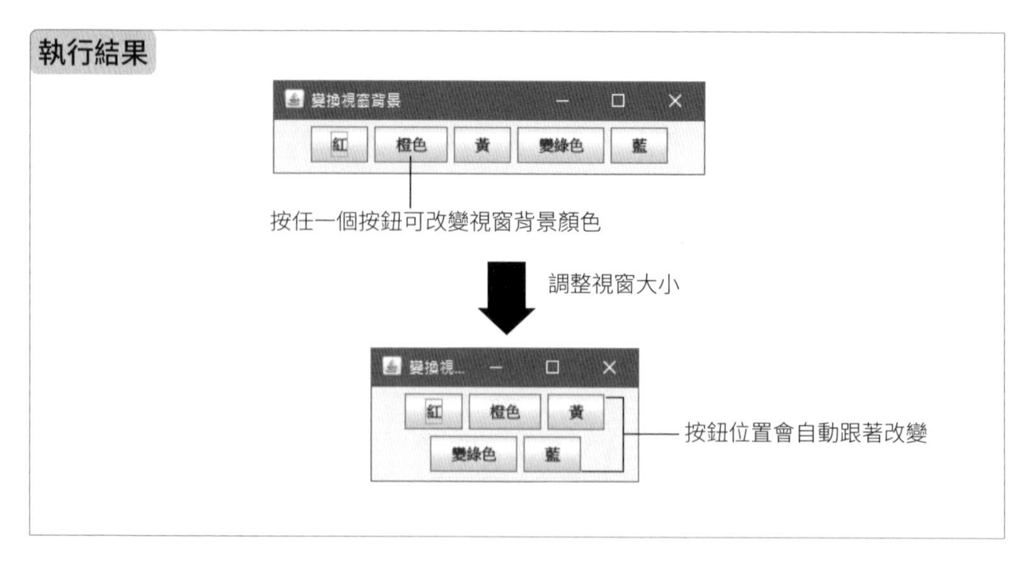

- 第 5 行宣告繼承 JPanel 類別, 則此類別將繼承 JPanel 的所有功能, 並且此類別的物件可被當成 JPanel 物件來使用。
- 第 7～11 行建立 5 個可改變視窗背景顏色的按鈕。
- 第 17 行建立 JFrame 物件, 並在第 19 行將 ChangeColor (JPanel 的子類別) 物件當成 JPanel 物件加到 JFrame 中。
- 第 25～39 行為 ChangeColor 的建構方法, 第 27～31 行用 JPanel 的 add() 將 5 個按鈕元件都加到其中；第 34～38 行將 5 個按鈕的傾聽者都設為 this 物件。
- 第 42～51 行為 5 個按鈕共用的事件處理方法, 發生按鈕事件時, 程式先在第 43 行以事件物件呼叫 getSource() 取得產生事件的按鈕物件, 接著用 if/else 敘述比對按鈕物件, 然後用 JPanel 物件呼叫 setBackground() 設定 JPanel 的背景顏色。

調整視窗大小時, 就能察覺 FlowLayout 的動態配置效果：當視窗夠寬時, 按鈕都會放在同一列；當視窗變窄時, 按鈕就會被擠到下一行顯示。

18-4-4 GridLayout 配置管理員

GridLayout 配置管理員是將容器內部切割成整齊的格子 (就像試算表的格子一樣), 放置元件時, 就是依序放到每個規畫好的格子裡面。在建立 GridLayout 配置管理員物件時, 需在建構方法中指定格子的行數與列數。

```
GridLayout(int rows, int cols)   // 縱向分成 rows 格
                                 // 橫向分成 cols 格
GridLayout(int rows, int cols, int hgap, int vgap)
                                 // 縱向格子間距為 hgap 像素 (pixel)
                                 // 橫向格子間距為 vgap 像素
```

2 cols
3 rows

以下將前一個程式改成在 JFrame 中放入使用 GridLayout 配置管理員的 JPanel 容器：

程式 GridChangeColor.java 使用 GridLayout 配置容器中的元件

```
13   public static void main(String[] args) {
14     // 建立 ChangeColor (JPanel 的子類別) 物件
15     GridChangeColor p = new GridChangeColor();
16     p.setLayout(new GridLayout(3,2));  // 使用 3x2 的配置
17 
18     JFrame f = new JFrame("變換視窗背景GridLayout版");
19     // 將 JPanel 物件加到 JFrame 中
20     f.getContentPane().add(p);
21     f.setDefaultCloseOperation(JFrame.EXIT_ON_CLOSE);
22     f.setSize(360,80);
23     f.setVisible(true);
24   }
```

執行結果

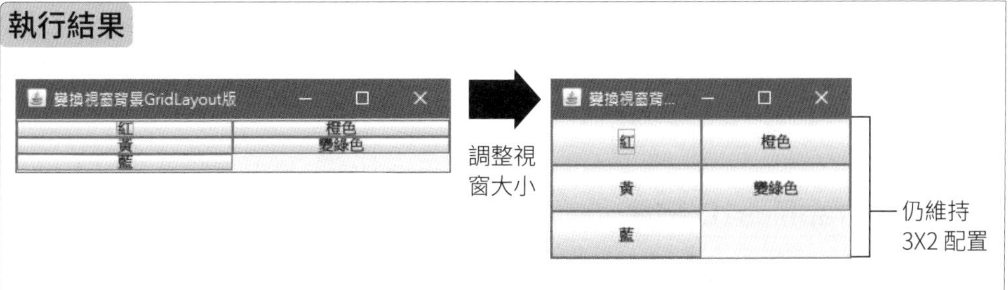

除了在第 16 行呼叫 setLayout() 方法, 將 JPanel 改用 3×2 的格狀的配置外, 程式其它部分都與前一範例相同。由執行結果可看到, 不管如何調整視窗大小, 視窗內的按鈕仍會維持所設定的配置方式, 因此按鈕大小也會自動調整。

18-5 2D 繪圖

學會 AWT/Swing 的應用後, 本節要介紹 2D 繪圖 API, 利用這組 API 即可在螢幕上作畫、或是以不同的字型來顯示文字, 以下先說明 Java 2D 繪圖的基本觀念。

18-5-1 Java 2D 繪圖的基本觀念

Java 2D API 的類別分散於 java.awt、java.awt.geom、java.awt.font 等多組套件之中, 而其中最基本的就是 java.awt 套件中的 Graphics2D 類別。

Graphics2D：繪圖用的畫布

Graphics2D 類別就像作畫時用的畫布及繪圖工具, 我們可透過它所提供的方法來設定各種繪圖屬性, 例如定義畫布的顏色 (背景顏色)、畫筆的樣式、字型種類、圖形內部的塗滿顏色等等, 當然也有繪製圖形、顯示影像的方法可使用。要在螢幕上顯示圖形, 一定要先取得一個 Graphics2D (或 Graphics) 物件, 不過這個物件並非由我們自行產生, 而是由系統提供。

回想一下 Windows 或其它 GUI 環境, 每個程式可控制、畫圖的範圍, 受限於它的視窗範圍。對應到 Java, 就是必須向作業系統取得一個 Graphics2D 物件, 此物件將代表程式可繪圖的範圍, 所以程式不會隨便畫在螢幕上任一角落、甚至畫到其它程式的視窗中。

如何取得 Graphics2D 物件

GUI 環境的特性之一, 就是視窗隨時會被其它的視窗蓋住、或是被使用者縮小不見, 而當視窗再度顯示時, 程式就需重新繪製先前被蓋住/看不見的地方,以回復其原來的畫面。以 Swing 為例, 當元件或容器需要被繪製時, 系統會呼叫該元件的 Callback 方法 paintComponent() (AWT 元件則是 paint()), 讓該方法重新把元件畫出來。前兩節使用 Swing 元件時, 我們都未改寫各元件的 paintComponent(), 所以各元件都是以其原有的行為繪出。若想讓按鈕長得和預設的不同, 就可改寫按鈕的 paintComponent(), 以自訂的方式畫出按鈕。

paintComponent() 的參數為 Graphics 物件, 只要在 paintComponent() 中, 將此物件轉型成 Graphics2D (前者的衍生類別) 物件, 即可進行 2D繪圖：

```
public void paintComponent(Graphics g) {
  Graphics2D g2d = (Graphics2D)g;      // 先做型別轉換

  // 呼叫 Graphics2D 的方法進行設定
  g2d.setStroke(penThicknessOrPattern);

  xxxShape s = new xxxShape(...);      // 建立幾何圖形

  g2d.draw(s);     // 繪製圖形
  ...
}
```

Java 2D 座標系統

Java 2D 的繪圖座標系統分為使用者空間 (User space) 及裝置空間 (Device space, 或稱硬體空間), 後者代表的是整個螢幕 (或印表機等輸出裝置) 的畫面。如前所述, 通常我們不會對整個螢幕畫面做繪圖的動作, 而是只在自己程式的容器、元件上做畫, 所以只會用到『使用者空間』。

使用者空間是以元件的左上角為原點, 然後橫向為 X 軸、縱向為 Y 軸：

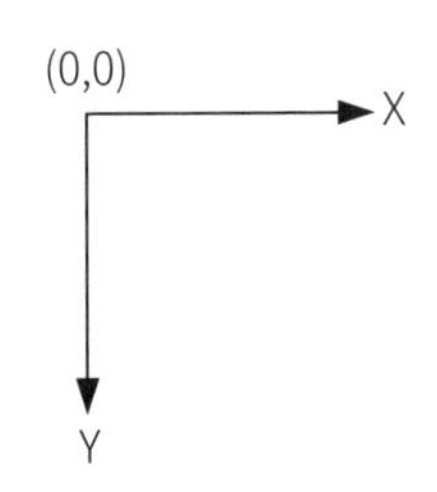

以畫直線為例, 必需指定直線兩個端點的座標參數來呼叫畫線方法, 下一節就來介紹如何用 Graphics2D 圖形類別來繪製圖形。

18-5-2 基本圖形的繪製

使用 Java 2D 繪圖的基本步驟如下：

1. 取得 Graphics2D 物件。
2. 設定畫筆樣式、顏色、粗細, 也可設定圖形的內部填色方式等。若省略此步驟, 則是以預設的畫筆樣式、不填色的方式繪圖。
3. 建立圖形物件, 繪製圖形。

以上所列只是基本的步驟, 視圖形的複雜度, 有時還需設定額外的 Graphics2D 屬性。以下我們就先從最簡單的線條和基本圖形開始介紹。

基本 2D 繪圖

Java 2D 提供許多繪製基本線條、幾何圖形的類別及方法, 這些類別均實作 Shape 這個定義了一些圖形相關方法的介面。以下列出部分圖形類別 (均屬 java.awt.geom 套件)：

- 線段：Line2D.Double、Line2D.Float
- 橢圓形：Ellipse2D.Double、Ellipse2D.Float
- 矩形：Rectangle2D.Double、Rectangle2D.Float
- 圓角矩形：RoundRectangle2D.Double、RoundRectangle2D.Float

TIP 完整的圖形類別清單, 請參見 JDK 文件。

要建立這些圖形物件, 需視圖形種類提供不同數量的參數。例如最簡單的直線線段, 需以 2 個端點的座標點為參數；而矩形則需指定左上角的座標, 然後指定寬與高 (若寬等於高, 就是正方形)；建立橢圓形時, 則需指定『外切矩形』的左上角座標及寬與高 (若寬等於高, 就是圓形)。

要繪製這類圖形, 最簡單的方式就是在建立物件後, 即用 Graphics2D 的 draw() 方法畫出, 此時 Java 會以預設的畫筆來畫出圖形, 如以下的範例：

程式 SimpleShape.java　繪製簡單的幾何圖案

```
01 import java.awt.*;
02 import java.awt.geom.*;
03 import javax.swing.*;
04
05 public class SimpleShape extends JPanel {// 繼承 JPanel 類別
06
07   public void paintComponent(Graphics g) {
08     // 請上層容器重畫, 以清除原有內容
09     super.paintComponent(g);
10
11     // 用 getSize() 取得面板 (JPanel 元件) 的寬與高, 再算出每個圖形的寬高
12     double Width  = getSize().width - 10; // 減 10 是要在每個圖形的上、下
13     double Height = getSize().height / 4 - 10;// 與右、右各保留 5 點空間
14
15     Graphics2D g2 = (Graphics2D) g;
16
17     g2.draw(new           // 畫線
18        Line2D.Double(5,5,5+Width,5+Height));
19
20     g2.draw(new           // 畫矩形
21        Rectangle2D.Double(5,10+Height,Width,Height));
22
23     g2.draw(new           // 畫圓角矩形
24        RoundRectangle2D.Double(5,15+2*Height,Width,Height,20,30));
25
26     g2.draw(new           // 畫橢圓
27        Ellipse2D.Double(5,20+3*Height,Width,Height));
28   }
29
30   public static void main(String[] args) {
31     JFrame f = new JFrame("幾何圖案");
32     f.getContentPane().add(new SimpleShape());
33     f.setDefaultCloseOperation(JFrame.EXIT_ON_CLOSE);
34     f.setSize(640,480);
35     f.setVisible(true);
36   }
37 }
```

執行結果

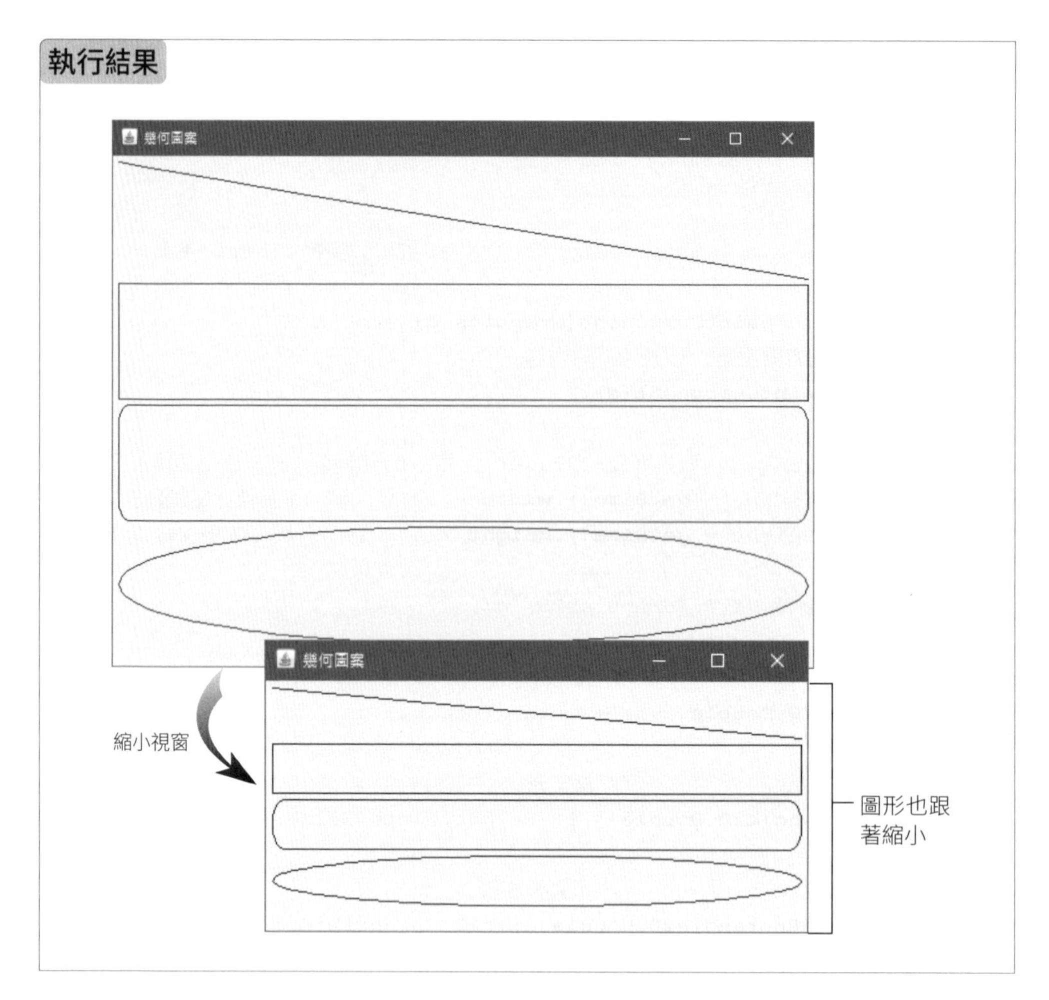

- 第 2 行匯入 java.awt.geom.*, 因 Java 2D 圖形類別均屬於此套件。
- 第 7～28 為重新改寫的 paintComponent() 方法。
- 第 9 行呼叫上層物件的 paintComponent() 方法, 讓上層物件重繪。若不做此動作, 則調整視窗大小時, 不一定會重繪整個視窗, 如此可能使視窗內留有先前所畫的圖形。
- 第 12、13 行呼叫 getSize() 方法取得面板的大小。
- 第 17～27 行即繪製 4 種基本圖形的程式碼。

TIP 如果想畫出不同樣式、粗細的圖案線條，可用 BasicStroke 類別建立畫筆物件，再呼叫 Graphics2D 的 setStroke() 方法將之設為目前畫筆，詳細用法請參見 JDK 文件。

設定圖案顏色

若要設定顏色, 應先建立顏色物件, 再指定 Graphics2D 使用此顏色物件, 接下來繪製的圖案就會使用此顏色了。要建立顏色物件最簡單的方式是直接取用 Color 類別所定義的 static 庫存顏色, 這在前面的 ChangeColor.java 範例中已使用過了, 例如：

Color.black Color.BLACK	黑色	Color.green Color.GREEN	綠色
Color.blue Color.BLUE	藍色	Color.red Color.RED	紅色
Color.cyan Color.CYAN	青色	Color.white Color.WHITE	白色
Color.gray Color.GRAY	灰色	Color.yellow Color.YELLOW	黃色

Color 類別中定義的顏色只有 13 種, 若想使用其它的顏色就必須以紅 (r)、綠 (g)、藍 (b) 三原色來呼叫 Color 類別的建構方法, 建立自訂的顏色物件：

```
Color(float r, float g, float b) // 浮點數數值範圍為 0.0～1.0
Color(int r, int g, int b)       // 整數數值範圍為 0～255
```

這種顏色組合法和電視、電腦螢幕產生彩色的原理一樣, 將紅綠藍三原色的電子槍調整為不同的強度, 組合出不同的顏色, 例如：

```
Color(0,0,0)         // Color.black
Color(0,0,255)       // Color.blue
Color(255,255,0)     // Color.yellow
Color(255,255,255) // Color.white
```

建立 Color 物件後, 再以其為參數, 呼叫 Graphics2D 的 setPaint(), 接下來畫的圖案或線條就是使用此 Color 物件。如果想在封閉圖案中填滿顏色, 例如畫一個內部都是紅色的矩形, 則需改用 Graphics2D 的 fill() 取代 draw() 來繪製圖形, 例如：

```
g2.setPaint(Color.red);
g2.fill(new Rectangle2D.Double(5,5,10,20));  // 畫紅色的矩形
```

但若要填入顏色漸層，則需使用 GradientPaint 類別。其原理是指定 2 個點座標，並指定 2 個點的顏色，此時 Graphics2D 就會自動將 2 點之間以漸層的方式塗滿，建好 GradientPaint 物件後，同樣呼叫 Graphics2D 的 setPaint()，接著以 fill() 畫的圖案，其內部就會填上指定的漸層顏色。

以上幾個著色的應用，請參見以下的範例：

程式 ColorShape.java 繪製不同色彩的圖形

```
01 import java.awt.*;
02 import java.awt.geom.*;
03 import javax.swing.*;
04
05 public class ColorShape extends JPanel {
06   public void paintComponent(Graphics g) {
07     super.paintComponent(g);
08     Graphics2D g2 = (Graphics2D) g;
09
10     // 根據 MyPanel 的寬與高來調整圖案大小
11     float Width  = getSize().width - 10;
12     float Height = getSize().height/3 - 10;
13
14     // 畫兩條紅色線
15     g2.setPaint(Color.red);
16     g2.draw(new Line2D.Float(5,5,5+Width,5+Height));
17     g2.draw(new Line2D.Float(5,5+Height,5+Width,5));
18
19     // 畫自訂顏色的矩形
20     g2.setPaint(new Color(97,210,214));
21     g2.fill(new Rectangle2D.Float(5,10+Height,Width,Height));
22
23     // 畫漸層橢圓
24     g2.setPaint(new GradientPaint (5,5,Color.white,
25                                    5+Width,5,Color.black));
26     g2.fill(new Ellipse2D.Float(5,20+2*Height,Width,Height));
27   }
```

```
28
29   public static void main(String[] args) {
30     JFrame f = new JFrame("色彩應用");
31     ColorShape p = new ColorShape();
32     p.setBackground(Color.white); // 將背景設為白色
33     f.getContentPane().add(p);
34     f.setDefaultCloseOperation(JFrame.EXIT_ON_CLOSE);
35     f.setSize(640,480);
36     f.setVisible(true);
37   }
38 }
```

執行結果

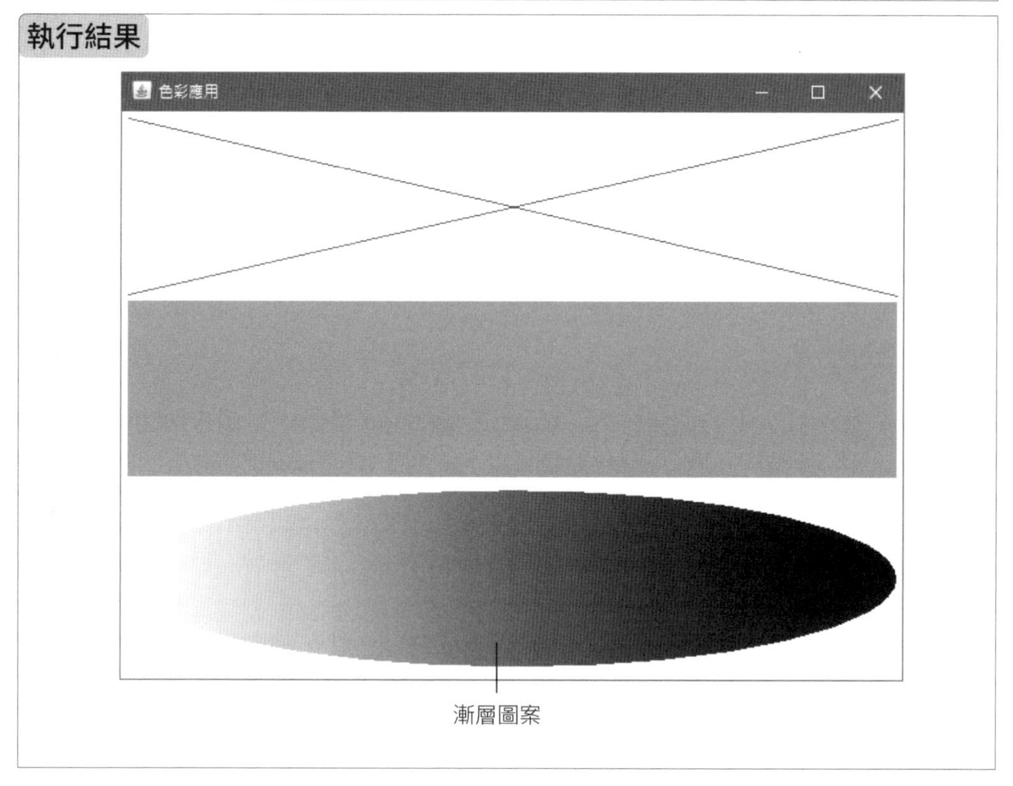

- 第 15、20、24 行分別呼叫 Graphics2D 的 setPaint() 方法設定目前繪圖所用的顏色或漸層樣式。
- 第 20 行以自訂紅綠藍三色強度的方式建立 Color 物件。
- 第 32 行呼叫繼承自 JComponent 的 setBackground() 方法將背景設為白色。

18-5-3 顯示影像

要用 Graphics2D 顯示影像檔, 基本上需進行以下動作：

1. 取得影像。
2. 設定將影像顯示到畫面上時的縮放方式、比例。
3. 顯示影像。

取得影像

只是單純取得影像時, 並不需用到輸入串流, 可直接使用 AWT 的 Toolkit 工具類別物件, 其 getImage() 可取得指定的影像檔內容, 用法如下：

```
// 呼叫 static 方法取得預設物件
Toolkit tk = Toolkit.getDefaultToolkit();

// 取得檔名字串所指的影像檔, 可為 GIF、JPEG、PNG 檔
Image img = tk.getImage("影像檔名稱");
```

設定縮放比例

Java 2D API 中有個特殊的 AffineTransform 類別, 可用來設定座標系統轉換的方式, 因此可將圖形和影像做放大/縮小、變型/扭曲等變化。由於呼叫 Graphics2D 顯示影像的方法時, 一定要指定 AffineTransform 物件為參數, 所以我們簡單看一下如何建立此物件。

只要直接呼叫 AffineTransform 的建構方法, 就可建立一個 1:1 (也就是不做轉換) 的 AffineTransform 物件：

```
AffineTransform at = new AffineTransform();
```

若要設定縮放, 最簡單的方式就是以 X、Y 軸的縮放比例為參數, 呼叫 AffineTransform 的 scale() 方法：

```
at.scale(0.5,0.5); // 縮小一半
```

顯示影像

Graphics2D 的 drawImage() 方法有多種形式, 若想縮放圖形可使用：

```
boolean drawImage(Image img,
                  AffineTransform xform,
                  ImageObserver obs)
```

前 2 個參數分別是先前載入的影像物件及 AffineTransform 轉換物件, 至於第 3 個參數則要說明一下 Java 的影像處理方式。

當我們呼叫 Toolkit 的 getImage() 取得影像時, 程式並不會立即載入影像檔, 而是在程式第 1 次呼叫 drawImage() 方法時, 才『開始』載入影像, 此時 drawImage() 並不會等 Java 讀完整個影像檔內容, 而會先返回呼叫者。因此必須有一項機制, 讓 Java 載入整個影像後, 通知繪製影像的元件。這個機制就是透過上列第 3 個參數達成, ImageObserver 介面就是用於此種非同步載入影像時取得通知的介面, AWT 的 Component 類別即有實作此介面, 因此 AWT、Swing 所有容器、元件都可用於這第 3 個參數, 例如在 JPanel 中顯示影像, 即可用 JPanel 物件為第 3 個參數呼叫 drawImage() 方法。

以下就是一個簡單的顯示影像檔程式, 執行此程式時需在程式名稱後面加上要顯示的影像檔名稱, 接著程式就會自動載入該影像, 並顯示於視窗中。此外程式也會依目前視窗大小, 自動調整縮放的比例。

程式 ShowImage.java 顯示影像檔

```
05 public class ShowImage extends JPanel {
06   Image img = null; // 代表影像的物件
07
08     public ShowImage(String filename) {
09     img = getToolkit().getImage(filename);   // 載入指定的影像檔
10   }
11
12   public void paintComponent(Graphics g) {
13     super.paintComponent(g);
14     Graphics2D g2 = (Graphics2D) g;
```

```
15
16      Dimension d = getSize();     // 取得面板的大小
17
18      // 建立座標轉換物件
19      AffineTransform at = new AffineTransform();
20
21      // 依 Panel 的區域大小來調整顯示比例
22      double sc = Math.min(d.width/(double)img.getWidth(null),
23                           d.height/(double)img.getHeight(null));
24      at.scale(sc,sc);
25
26      g2.drawImage(img, at, this);  // 顯示影像
27    }
28
29    public static void main(String[] args) {
30      try {
31        ShowImage dimg = new ShowImage(args[0]);
32
33        JFrame f = new JFrame(args[0]);
34        f.getContentPane().add(dimg);
35        f.setDefaultCloseOperation(JFrame.EXIT_ON_CLOSE);
36        f.setSize(640,480);
37        f.setVisible(true);
38      }
39      catch (Exception e) {
40        System.out.println("用法: java ShowImage <影像檔名稱>");
41        System.exit(0);
42      }
43    }
44  }
```

執行結果

cloud.jpg

執行時需用命令列參數指定要載入的圖檔，例如 "java ShowImage Cloud.jpg", 並確定 Cloud.jpg 圖檔與程式檔位於同一個資料夾。

cloud.jpg

影像會自動縮放

調整視窗大小

- 第 9 行用 Toolkit 類別的 getImage() 取得影像。此處是呼叫 JPanel 的 getToolkit() 來取得 Toolkit 物件 (因目前類別繼承 JPanel 類別, 所以也繼承到此方法)。
- 第 16 行取得 JPanel 的大小, 以便計算縮放影像的比例。
- 第 19 行建立 AffineTransform 物件。
- 第 22、23 行則是以 img 物件呼叫 getWidth()、getHeight() 取得影像的寬與高, 並用它們來除 JPanel 的寬與高, 取其中較小者為縮放比例。並在第 24 行更改 AffineTransform 物件的縮放比。
- 第 29～43 行的 main() 中用 try/catch 檢查使用者是否有在執行程式時加上影像檔名稱為參數, 若拋出例外, 即顯示程式用法的訊息。

若想讓影像填滿整個視窗, 可做 X、Y 軸非等比例式的縮放, 只需將上述程式中第 22～24 行計算縮放比的敘述去掉, 並將程式改為讓 X、Y 軸各自依計算出的比例縮放即可：

```
at.scale(d.width/(double)img.getWidth(null),
         d.height/(double)img.getHeight(null));
```

18-6 綜合演練

18-6-1 簡易型三角函數計算器

我們將前一章所學的數學運算與本章的 Swing 元件結合, 設計一個簡單的三角函數計算器。

程式 TrigonoCalc.java 簡易型三角函數計算機

```
01 import java.awt.*;
02 import java.awt.event.*;
03 import javax.swing.*;
04
```

```
05 public class TrigonoCalc extends KeyAdapter
06                            implements ActionListener {
07   JFrame f = new JFrame("計算三角函數");
08   JRadioButton deg = new JRadioButton("角度");
09   JRadioButton rad = new JRadioButton("弳度");
10   JTextField degree = new JTextField();
11   JTextField sintxt = new JTextField();
12   JTextField costxt = new JTextField();
13   JTextField tantxt = new JTextField();
14   JLabel sinlab =new JLabel(" SIN() ");
15   JLabel coslab =new JLabel(" COS() ");
16   JLabel tanlab =new JLabel(" TAN() ");
17   JButton go = new JButton("計算");
18   double convert = 180 / Math.PI;  // 一弳度等於 (180/π) 度
19
20   public static void main(String[] args) {
21     TrigonoCalc tri = new TrigonoCalc();
22     tri.init();
23   }
24
25   public void init() {
26     Container contentPane = f.getContentPane();
27     JPanel p = new JPanel();
28     // 將兩個元件及 JPanel 加入 JFrame
29     contentPane.add(degree,"North");
30     contentPane.add(p,"Center");
31     contentPane.add(go,"South");
32
33     // 將 JPanel 設定為使用 GridLayout (4 列、2 行)
34     p.setLayout(new GridLayout(4,2));
35     // 將各元件加到 JPanel 中
36     p.add(deg);        p.add(rad);
37     p.add(sinlab);     p.add(sintxt);
38     p.add(coslab);     p.add(costxt);
39     p.add(tanlab);     p.add(tantxt);
40
41     // 設定選擇角度單位的快捷鍵
42     deg.setMnemonic(KeyEvent.VK_D);
43     rad.setMnemonic(KeyEvent.VK_R);
44
```

```
45      // 將兩個單選鈕設為一組
46      ButtonGroup group = new ButtonGroup();
47      group.add(deg);
48      group.add(rad);
49      deg.setSelected(true);     // 將 deg 設為預設選取的項目
50
51      go.addActionListener(this);
52      degree.addKeyListener(this);
53
54      // 單選鈕的選取事件之處理方法
55      deg.addItemListener(
56        new ItemListener() {
57          public void itemStateChanged(ItemEvent e) {
58            if (e.getStateChange() == ItemEvent.SELECTED)
59              convert = 180 / Math.PI;
60            else
61              convert = 1;
62          }
63        }
64      );
65
66      f.setDefaultCloseOperation(JFrame.EXIT_ON_CLOSE);
67      f.setSize(250,200);
68      f.setVisible(true);
69    }
70
71    public void actionPerformed(ActionEvent e) {
72      calc();
73    }
74
75    // 在輸入區按 ENTER 鍵也進行計算
76    public void keyPressed(KeyEvent e) {
77      if (e.getKeyCode() == KeyEvent.VK_ENTER) calc();
78    }
79
80    public void calc() {
81      try {
82        // 取得輸入區的字串, 轉成浮點數後除以角度換算單位
83        double theta = Double.parseDouble(degree.getText())/convert;
84        // 計算三角函數值, 並將結果寫到各文字欄位中
85        sintxt.setText(String.format("%.3f", Math.sin(theta)));
```

```
86          costxt.setText(String.format("%.3f", Math.cos(theta)));
87          tantxt.setText(String.format("%.3f", Math.tan(theta)));
88        } catch (NumberFormatException e) {
89          degree.setText("");    // 發生例外時清除輸入區內容
90        }
91      }
92  }
```

執行結果

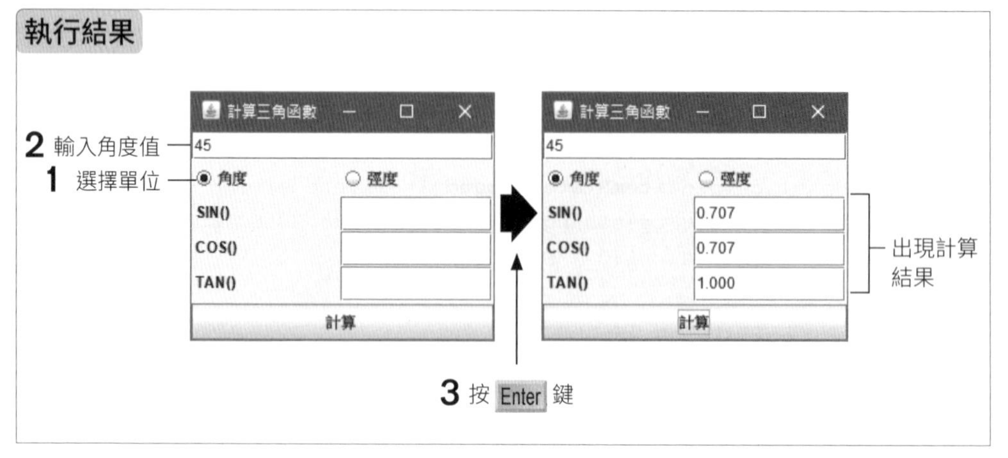

- 第 5、6 行將 TrigonoCalc 類別宣告為 KeyAdapter 的子類別並實作 ActionListener 介面。

- 第 7~17 行建立 Swing 容器及元件成員。第 18 行的 convert 變數是用來將角度換算成徑度的常數。

- 第 34 行將 JPanel 設為使用 GridLayout 配置管理員, 並指定為 4 列 2 行。接著在第 36~39 行用 JPanel 物件呼叫 add() 方法將 8 個元件依序加入其中。

- 第 42~43 行的 setMnemonic() 方法是用來設定單選鈕的快捷鍵, 讓使用者按 Alt 及指定按鍵, 即可選擇該單選鈕。KeyEvent.VK_D、KeyEvent.VK_R 都是 KeyEvent 類別的 static 成員, 分別代表按鍵 D、R。

- 第 46~48 行用 ButtonGroup 類別將 deg、rad 這兩個單選鈕設為一組。第 49 行則是用 setSelected() 方法將 deg 設為預先選取的項目。

- 第 51、52 行將按鈕事件及輸入區的按鍵事件傾聽者都設為 this 物件。

- 第 57～62 行為 deg 單選鈕的選取事件處理方法：當使用者選取 deg 項目時, 就將 convert 變數設為 (180/π)；若 deg 變成未被選取時 (表示使用者選擇了 rad), 就將 convert 設為 1。

- 第 71～73 行為按鍵事件處理方法, 使用者按下按鈕時, 即呼叫 calc() 方法進行計算。第 76～78 行的文字輸入區的按鍵事件處理方法, 也是在按下 Enter 鍵時, 呼叫 calc() 方法。

- 第 80～91 行的 calc() 方法會計算三角函數值, 並將結果顯示到視窗中。在 85～87 行使用 String 類別的 format() 方法, 以格式化字串的方式, 控制輸出的數字只顯示到小數點後 3 位。

18-6-2 簡易文字編輯器

本章實際介紹到的 Swing 元件雖然不是很多, 但各元件的基本用法都相同, 只是彼此的屬性及功能不同, 所以要舉一反三將其它元件應用在程式中也不難。

以下我們就應用幾個 Swing 元件 (JMenuBar、JTextArea、JScrollpane), 結合第 16 章學過的字元串流, 建立一個可開啟及儲存檔案的陽春編輯器, 您會發現, 利用 Java 所提供的類別, 即可輕鬆完成功能強大的應用程式。

程式 MyEditor.java 文字編輯器

```
01 import java.awt.*;
02 import java.awt.event.*;
03 import javax.swing.*;
04 import java.io.*;
05
06 public class MyEditor extends JFrame {
07   JTextArea txt ;                    // 文字編輯區物件
08   JFileChooser file = new JFileChooser(".");  // 檔案選擇交談窗物件
09
```

```
10    public static void main(String[] args) {
11      MyEditor f = new MyEditor();
12      f.setDefaultCloseOperation(JFrame.EXIT_ON_CLOSE);
13      f.setSize(240,240);
14      f.setVisible(true);
15    }
16
17    public MyEditor() {   // 建構方法
18      txt = new JTextArea(80,80);
19      JScrollPane p = new JScrollPane(txt);
20
21      Container contentPane = getContentPane();
22      contentPane.add(buildMenu(),"North");
23      contentPane.add(p,"Center");
24    }
25
26    // 建立功能表內容的方法
27    public JMenuBar buildMenu() {
28      JMenuBar mbar = new JMenuBar();           // 建立功能表欄
29      JMenu menu = new JMenu("檔案 (F)");
30      menu.setMnemonic(KeyEvent.VK_F);
31      mbar.add(menu);
32
33      // 設定檔案功能表的項目
34      // 『開啟檔案』
35      JMenuItem item = new JMenuItem("開啟 (O)", KeyEvent.VK_O);
36      item.addActionListener( new ActionListener() {
37        public void actionPerformed(ActionEvent e) {
38          readfile();
39        }
40      });
41      menu.add(item);      // 將項目加到功能表中
42
43      // 『儲存檔案』
44      item = new JMenuItem("儲存 (S)", KeyEvent.VK_S);
45      item.addActionListener( new ActionListener() {
46        public void actionPerformed(ActionEvent e) {
47          writefile();
48        }
49      });
50      menu.add(item);      // 將項目加到功能表中
```

```
51
52      // 『結束程式』
53      item = new JMenuItem("結束 (X)", KeyEvent.VK_X);
54      item.addActionListener( new ActionListener() {
55        public void actionPerformed(ActionEvent e) {
56          System.exit(0);
57        }
58      });
59      menu.add(item);      // 將項目加到功能表中
60
61      return mbar;
62    }
63
64    public void readfile() {
65      int state = file.showOpenDialog(this);  // 顯示開啟檔案交談窗
66      if (state == JFileChooser.APPROVE_OPTION) {
67        File f = file.getSelectedFile();
68        try {
69          // 讀取檔案
70          txt.read(new FileReader(f), "");
71        } catch (IOException e) {
72          System.out.println(e);
73        }
74        setTitle(f.getName());     // 將視窗標題設為檔案名稱
75      }
76    }
77
78    public void writefile() {
79      int state = file.showSaveDialog(this);  // 顯示儲存檔案交談窗
80      if (state == JFileChooser.APPROVE_OPTION) {
81        File f = file.getSelectedFile();
82        try {
83          // 寫入檔案
84          txt.write(new FileWriter(f));
85        } catch (IOException ie) {
86          System.out.println(ie);
87        }
88      }
89    }
90  }
```

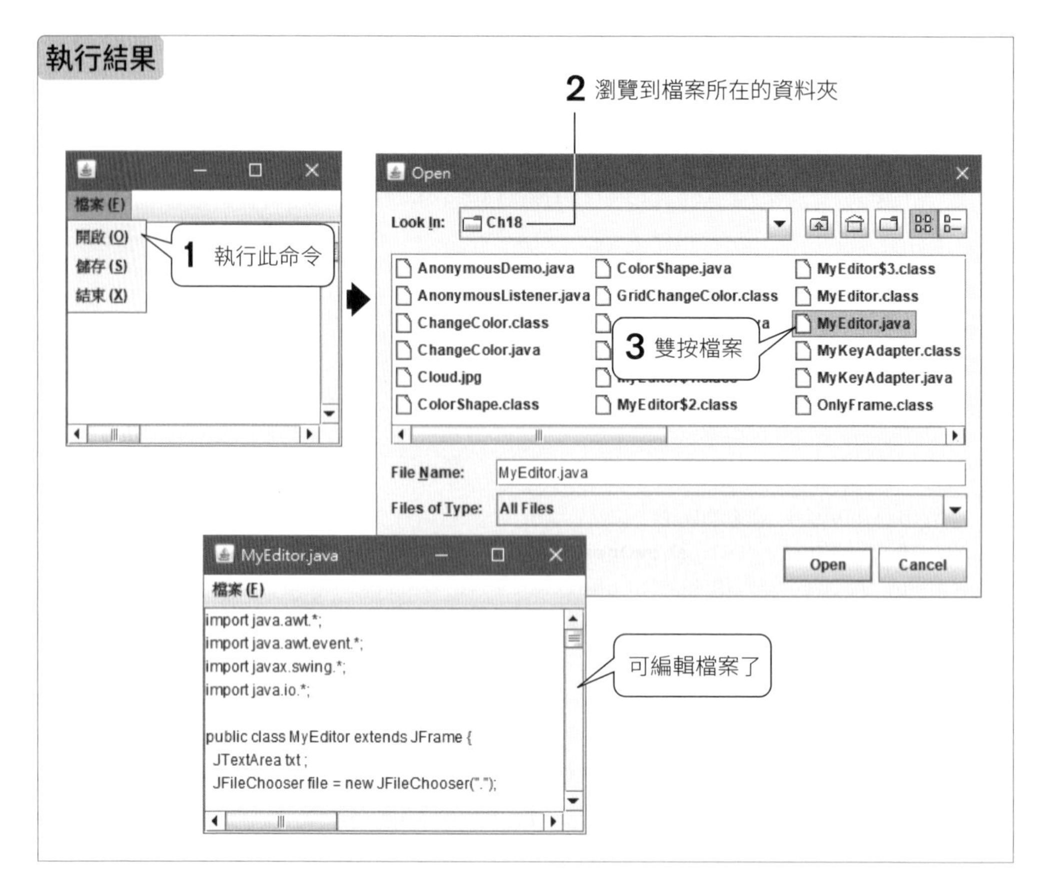

- 第 6~8 行將程式的 MyEditor 類別宣告為 JFrame 的子類別, 並包含 JTextArea (編輯區)、JFileChooser (檔案選擇交談窗) 等 2 個成員。
- 第 17~24 行為 MyEditor 建構方法, 程式將文字編輯區加到 JScrollPane, 再將 JScrollPane 物件加入視窗, 如此文字編輯區就會自動具有捲軸的功能。此外在第 22 行加入的, 則是自訂的 buildmenu() 傳回的 JMenuBar 物件 (功能表欄)。
- 第 27~62 行的 buildmenu(), 其用途是建立此程式的功能表欄。雖然此方法稍長, 但其內容很簡單, 主要是進行以下動作：
    - 先建立此方法要傳回的 JMenuBar 物件。
    - 將『檔案』功能表加到 JMenuBar 物件。

- 將三個功能表項目 (JMenuItem 物件) 加到『檔案』功能表。由於 JMenuItem 是 AbstractButton 的子類別, 所以使用者選擇功能表項目時, 也是產生按鈕事件, 所以程式中同時以匿名類別的方式, 加入三個按鈕事件處理方法。

- 第 64～76 行的 readfile(), 會在使用者選擇開啟檔案時, 用 JFileChooser 物件呼叫 showOpenDialog() 顯示『開啟檔案』交談窗, 參數 this 表示交談窗的父視窗是 MyEditor。第 66 行檢查使用者是否有選擇檔案, 有就建立 FileReader 串流物件, 並呼叫 JTextArea 的 read() 來讀取檔案。

- 第 78～89 行的 writefile() 內容和 readfile() 類似, 只是讀取的動作換成寫入的動作。

雖然程式裡有用到本章未曾介紹的元件, 但只要學會基本元件的用法, 再使用這些新元件都很容易上手。例如本範例中設定功能表項目時, 利用了 KeyEvent.XXX 常數來設定快捷鍵, 也使用了匿名類別來設定功能表項目被選取時的處理方法。

想設計功能更強、變化更多的 GUI、2D 繪圖應用程式, 只要以本章為基礎, 再查詢 Java SDK API 元件, 即可活用這些功能強大的 Swing、Java 2D 類別。

學習評量

※ 選擇題可能單選或複選

1. Java 中有關 GUI 元件的類別, 都是放在 ________ 及 ________ 套件中。

2. (　　) 下列何者不屬於 Swing 類別?

   (a) JFrame　　(b) BoxLayout
   (c) JPanel　　(d) JButton

3. (　　) 下列關於匿名類別的描述何者錯誤？

(a) 匿名類別的定義是放在另一個類別中。
(b) 定義匿名類別後, 可在程式任何位置建立匿名類別物件。
(c) 匿名類別可以存取外部類別的私有成員。
(d) 匿名類別也是 Inner Class 的一種。

4. (　　) 要設計 OX 井字遊戲的介面, 使用 AWT 中哪一種配置最適當？

(a) FlowLayout　　(b) BorderLayout
(c) GameLayout　　(d) GridLayout

5. (　　) 下列何種配置, 會因視窗大小改變, 使元件相對位置改變？

(a) FlowLayout　　(b) BorderLayout
(c) GridLayout　　(d) CardLayout

6. (　　) 以下關於事件的敘述何者錯誤？

(a) 每個元件都要使用自己的事件處理方法。
(b) 可用內部類別或匿名類別來設計傾聽者。
(c) 要處理按鈕事件, 需實作 ActionListener 介面。
(d) XXXAdapter 類別實作對應的 XXXListener 介面。

7. (　　) 下列關於 Adapter 類別的描述何者正確？

(a) Adapter 類別是匿名類別。
(b) Adapter 類別都屬於 Swing 套件。
(c) 繼承 Adapeter 類別時, 需改寫該類別的所有事件處理方法。
(d) 有些事件沒有對應的 Adapeter 類別。

8. 以下程式片段所畫的是 _______ 色線條及 _______ 色的矩形。

```
public void paintComponent(Graphics g) {
  super.paintComponent(g);
  Graphics2D g2 = (Graphics2D) g;

  g2.draw(new Line2D.Float(0,0,100,100));
```

```
    g2.setPaint(new Color(255,0,0));
    g2.fill(new Rectangle2D.Float(50,50,50,50));
    ...
  }
```

9. (　　) 以下關於 Graphics2D 的敘述何者錯誤。

   (a) Graphics2D 是 Graphics 的衍生類別。
   (b) Graphics2D 屬於 javax.swing 套件。
   (c) Graphics2D 提供多種幾何圖形的繪製方法。
   (d) 顯示 GUI 時, 不必用到 Graphics2D。

10. 請問下列程式有何問題？

```
import java.awt.event.*;
import javax.swing.*;

public class EX18_10 extends JFrame {
  public static void main(String[] args) {
    EX18_10 f = new EX18_10();
    f.setDefaultCloseOperation(JFrame.EXIT_ON_CLOSE);
    f.setSize(240,240);
    f.setVisible(true);
  }

  public EX18_10() {
    JButton hello = new JButton("Hello");
    getContentPane().add(hello);
    hello.addActionListener(this);
  }

  public void actionPerformed(ActionEvent e) {
   setTitle("Hello World");
  }
}
```

程式練習

1. 請用 Swing 設計一個重量單位轉換程式, 使用者可輸入公斤數或磅數, 程式會轉換為另一種單位的值。

2. 請用 Swing 設計一個猜數字遊戲, 玩者猜未知數比 7 大或比 7 小, 正確即可進下一關。

3. 請替第 17 章的 EasyDict.java 範例程式設計一個簡單的 GUI 介面, 使用者輸入要查詢的英文單字, 程式即顯示中文解釋。

4. 請試改寫 18-6-1 節的 TrigonoCalc.java, 讓選擇角度/徑度的動作, 改成從功能表中選擇。(提示:要設計有選取狀態的功能表項目, 可使用 JMenu-Item 的子類別 JCheckBoxMenuItem, 用法請參考 Java SDK 文件)

5. 請用 Swing 設計一個簡單的計算機程式, 可做基本的四則運算。

6. Swing 中有一個和 FileChooser 類似的 ColorChooser 類別, 可讓使用者選擇任意的顏色。請參考 Java SDK 文件的 ColorChooser 類別及方法說明, 設計一程式可讓使用者選擇任意的顏色。

7. 承上題, 讓程式以使用者選擇的顏色來畫出矩形。

8. 承上題, 讓使用者也可指定畫圖形時的畫筆寬度 (粗細)。

9. 請修改 18-5-3 節的 ShowImage.java, 將它改為依原尺寸顯示影像, 但影像尺寸超過視窗大小時, 可用捲動軸捲動影像內容。

10. 承上題, 將程式加上具有放大、縮小影像的功能, 使用者只要按 + 、 - 鍵即可讓影像放大或縮小一倍顯示。

Eclipse 簡介、下載與安裝

學習目標

- 下載 Eclipse
- 安裝 Eclipse
- 安裝 Eclipse 的中文化檔案

A-1 Eclipse 簡介

Eclipse 是一套開放原始碼的整合開發環境 (IDE, Integrated Development Environment), 開發人員可直接在 Eclipse 中編輯/編譯程式。另外, 加裝視覺化開發的外掛之後, 還可以用滑鼠拖放的方式來建立 GUI 介面。

Eclipse 最初的設計是用於 Java 程式開發, 不過因為其提供了強大的外掛機制, 所以只要加裝相關外掛, 亦可使用於開發 C/C++、PHP、Python...等程式語言。

目前 Eclipse 可在 Windows、Linux、Mac OS X 等多種作業系統上執行, 不過前提是系統內必須安裝 JRE (Java Runtime Environment) 或 JDK (建議使用 8 以上版本)。**如果您的系統內尚未安裝 JRE 或 JDK, 請參考附錄 B 的說明**, 安裝 JDK 之後再安裝 Eclipse。

後面將以 Windows 為例, 說明如何下載及安裝 Eclipse。

A-2 下載 Eclipse

請開啟瀏覽器, 連線 http://eclipse.org/downloads/packages, 如下下載 Eclipse 安裝檔：

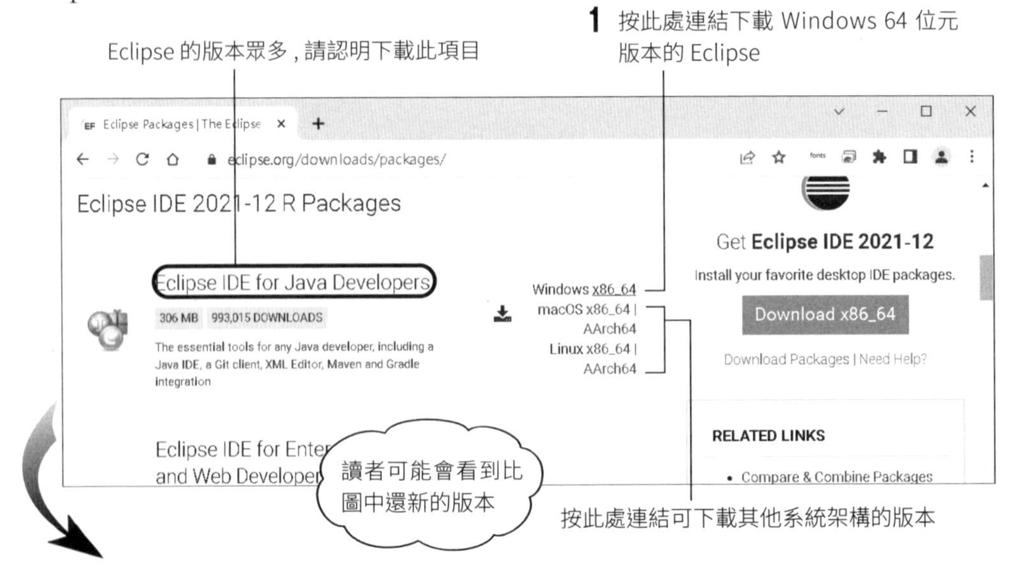

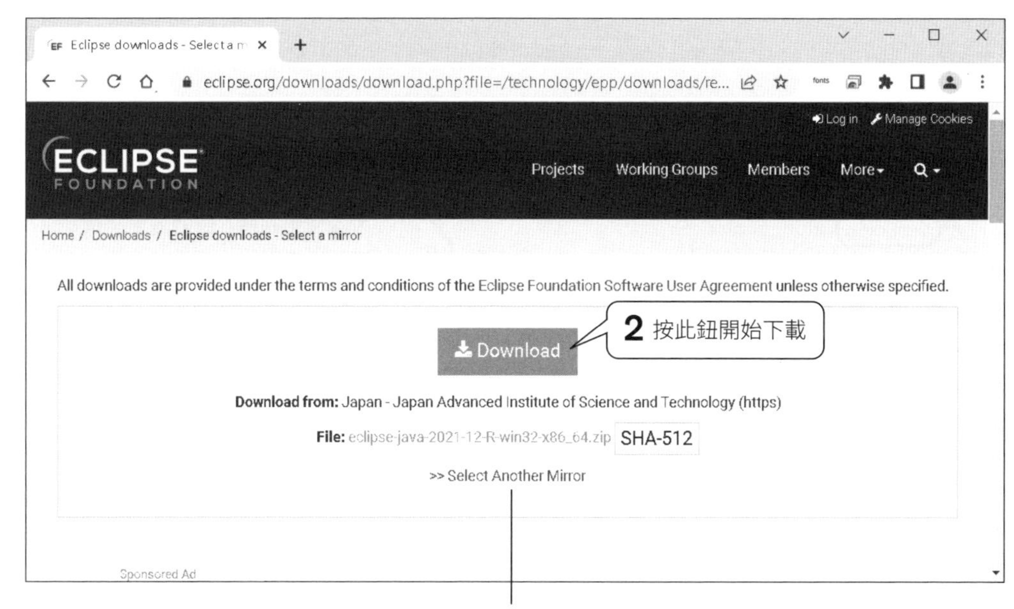

安裝檔下載完畢後，請連線到 http://eclipse.org/babel/，下載 Eclipse 的中文語言包：

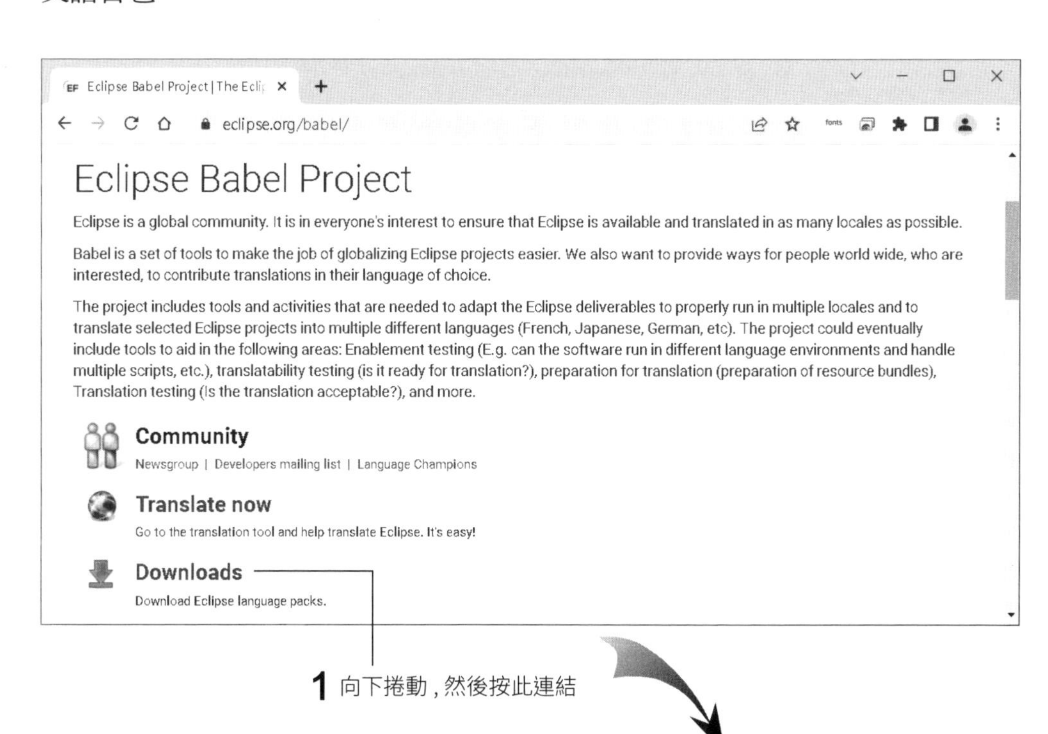

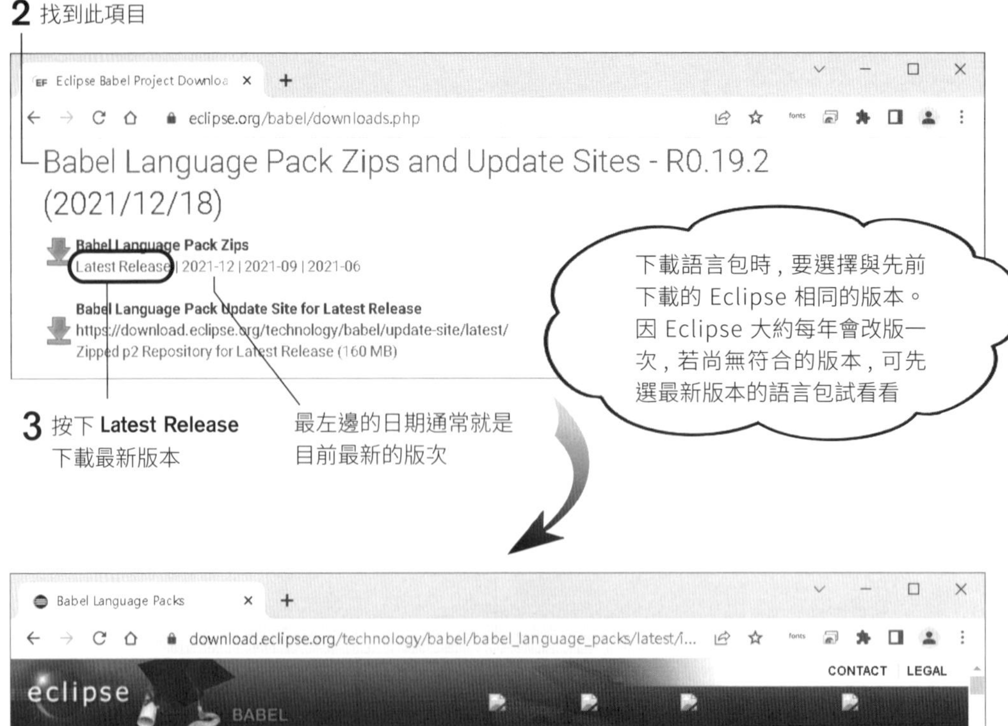
2 找到此項目
Eclipse Babel Project Downloa
eclipse.org/babel/downloads.php
Babel Language Pack Zips and Update Sites - R0.19.2 (2021/12/18)
Babel Language Pack Zips
Latest Release | 2021-12 | 2021-09 | 2021-06
Babel Language Pack Update Site for Latest Release
https://download.eclipse.org/technology/babel/update-site/latest/
Zipped p2 Repository for Latest Release (160 MB)
下載語言包時，要選擇與先前下載的 Eclipse 相同的版本。因 Eclipse 大約每年會改版一次，若尚無符合的版本，可先選最新版本的語言包試看看
3 按下 Latest Release 下載最新版本
最左邊的日期通常就是目前最新的版次

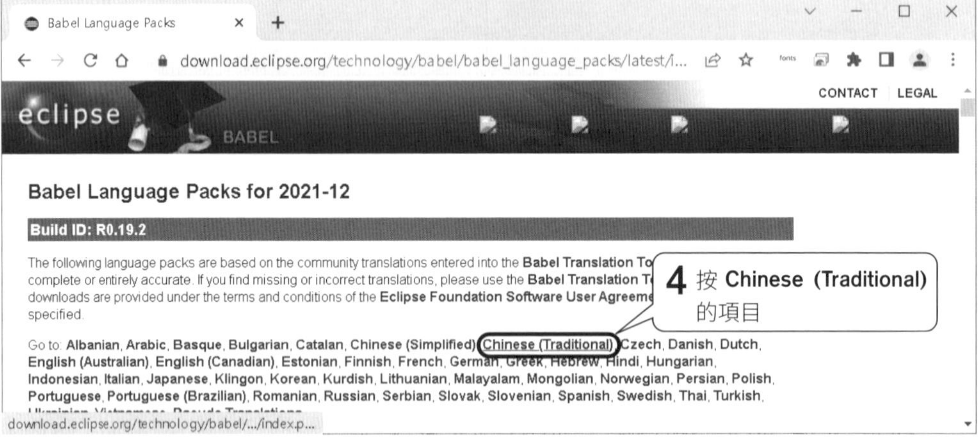
Babel Language Packs
download.eclipse.org/technology/babel/babel_language_packs/latest/i...
CONTACT
LEGAL
eclipse
BABEL
Babel Language Packs for 2021-12
Build ID: R0.19.2
The following language packs are based on the community translations entered into the Babel Translation To
complete or entirely accurate. If you find missing or incorrect translations, please use the Babel Translation T
downloads are provided under the terms and conditions of the Eclipse Foundation Software User Agreeme
specified.
4 按 Chinese (Traditional) 的項目
Go to: Albanian, Arabic, Basque, Bulgarian, Catalan, Chinese (Simplified), Chinese (Traditional), Czech, Danish, Dutch, English (Australian), English (Canadian), Estonian, Finnish, French, German, Greek, Hebrew, Hindi, Hungarian, Indonesian, Italian, Japanese, Klingon, Korean, Kurdish, Lithuanian, Malayalam, Mongolian, Norwegian, Persian, Polish, Portuguese, Portuguese (Brazilian), Romanian, Russian, Serbian, Slovak, Slovenian, Spanish, Swedish, Thai, Turkish,
download.eclipse.org/technology/babel/.../index.p...

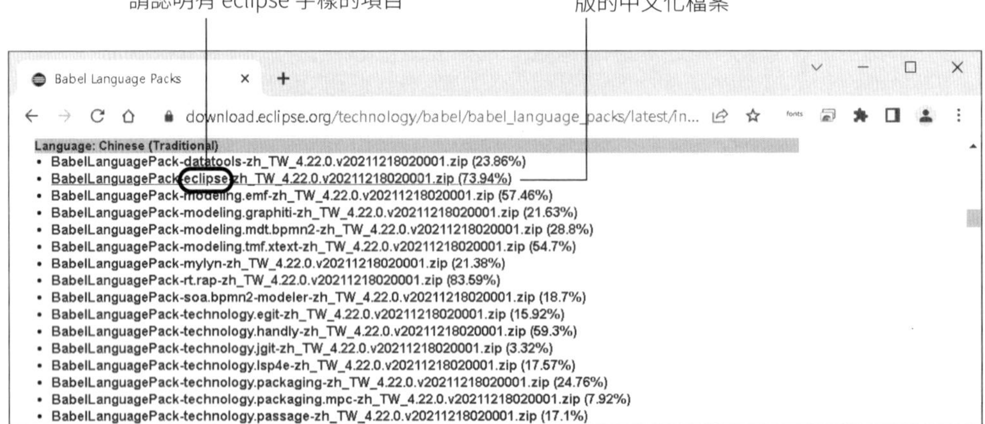
請認明有 eclipse 字樣的項目
5 按此連結下載 Windows 版的中文化檔案
Babel Language Packs
download.eclipse.org/technology/babel/babel_language_packs/latest/in...
Language: Chinese (Traditional)
BabelLanguagePack-datatools-zh_TW_4.22.0.v20211218020001.zip (23.86%)
BabelLanguagePack-eclipse-zh_TW_4.22.0.v20211218020001.zip (73.94%)
BabelLanguagePack-modeling.emf-zh_TW_4.22.0.v20211218020001.zip (57.46%)
BabelLanguagePack-modeling.graphiti-zh_TW_4.22.0.v20211218020001.zip (21.63%)
BabelLanguagePack-modeling.mdt.bpmn2-zh_TW_4.22.0.v20211218020001.zip (28.8%)
BabelLanguagePack-modeling.tmf.xtext-zh_TW_4.22.0.v20211218020001.zip (54.7%)
BabelLanguagePack-mylyn-zh_TW_4.22.0.v20211218020001.zip (21.38%)
BabelLanguagePack-rt.rap-zh_TW_4.22.0.v20211218020001.zip (83.59%)
BabelLanguagePack-soa.bpmn2-modeler-zh_TW_4.22.0.v20211218020001.zip (18.7%)
BabelLanguagePack-technology.egit-zh_TW_4.22.0.v20211218020001.zip (15.92%)
BabelLanguagePack-technology.handly-zh_TW_4.22.0.v20211218020001.zip (59.3%)
BabelLanguagePack-technology.jgit-zh_TW_4.22.0.v20211218020001.zip (3.32%)
BabelLanguagePack-technology.lsp4e-zh_TW_4.22.0.v20211218020001.zip (17.57%)
BabelLanguagePack-technology.packaging-zh_TW_4.22.0.v20211218020001.zip (24.76%)
BabelLanguagePack-technology.packaging.mpc-zh_TW_4.22.0.v20211218020001.zip (7.92%)
BabelLanguagePack-technology.passage-zh_TW_4.22.0.v20211218020001.zip (17.1%)

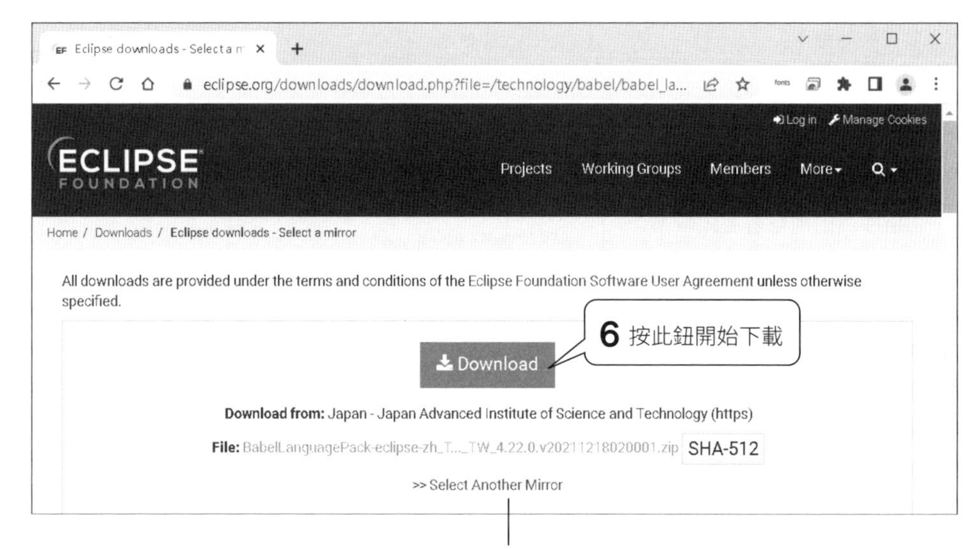

A-3 安裝 Eclipse

Eclipse 的安裝非常簡單, 只要將所下載的壓縮檔解壓縮到想要安裝的資料夾位置後, 即可直接使用：

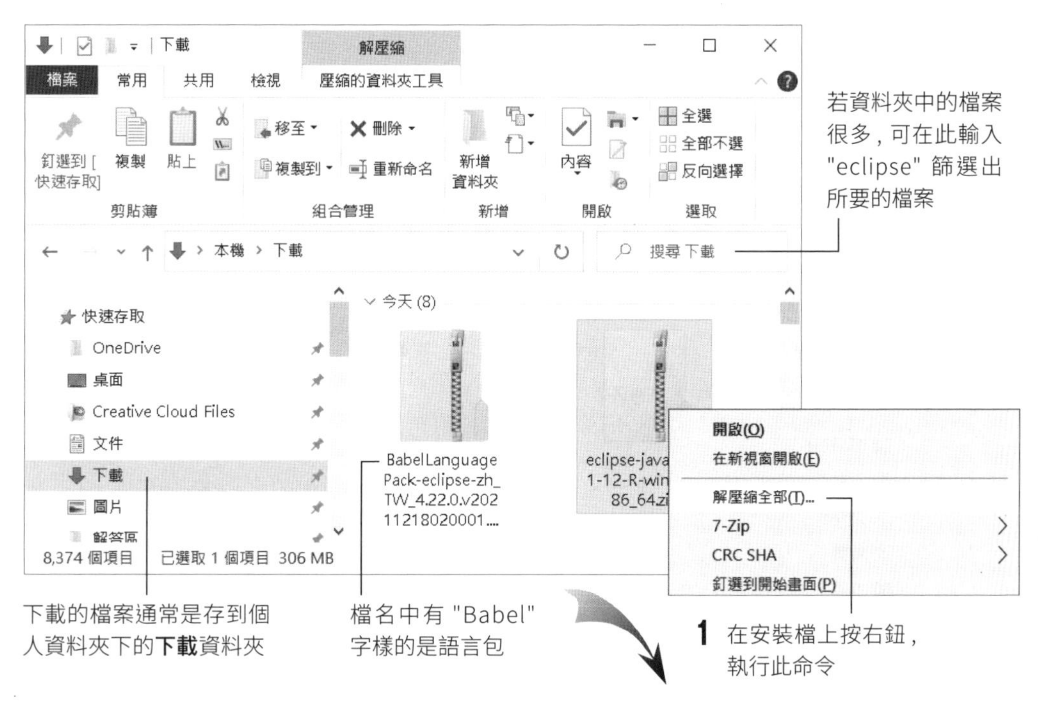

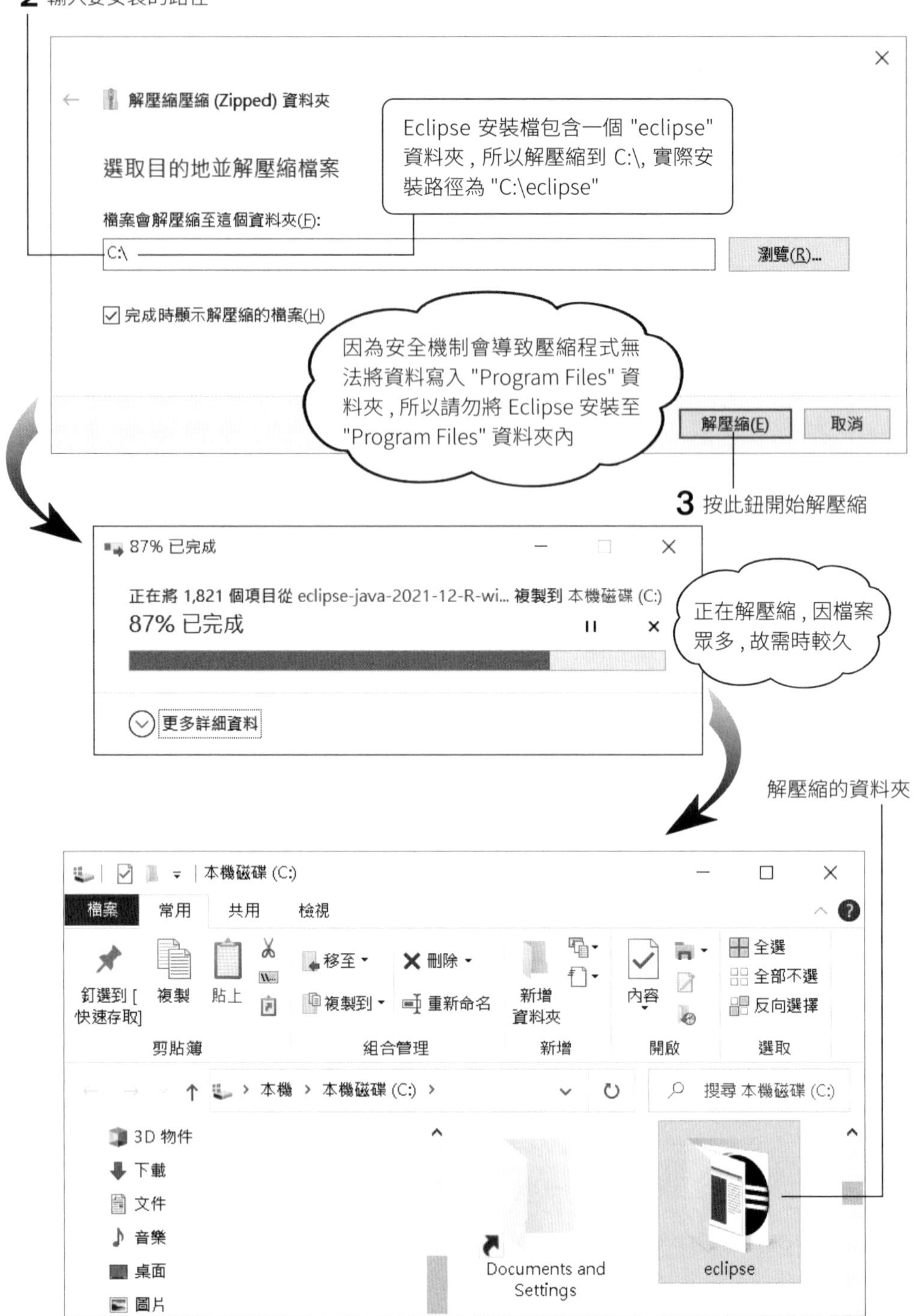
2 輸入要安裝的路徑
解壓縮壓縮 (Zipped) 資料夾
選取目的地並解壓縮檔案
檔案會解壓縮至這個資料夾(F):
C:\
瀏覽(R)...
完成時顯示解壓縮的檔案(H)
Eclipse 安裝檔包含一個 "eclipse" 資料夾，所以解壓縮到 C:\, 實際安裝路徑為 "C:\eclipse"
因為安全機制會導致壓縮程式無法將資料寫入 "Program Files" 資料夾，所以請勿將 Eclipse 安裝至 "Program Files" 資料夾內
解壓縮(E)
取消
3 按此鈕開始解壓縮
87% 已完成
正在將 1,821 個項目從 eclipse-java-2021-12-R-wi... 複製到 本機磁碟 (C:)
87% 已完成
更多詳細資料
正在解壓縮，因檔案眾多，故需時較久
解壓縮的資料夾
本機磁碟 (C:)
檔案
常用
共用
檢視
釘選到 [快速存取]
複製
貼上
移至
刪除
複製到
重新命名
新增資料夾
內容
全選
全部不選
反向選擇
剪貼簿
組合管理
新增
開啟
選取
本機
本機磁碟 (C:)
搜尋 本機磁碟 (C:)
3D 物件
下載
文件
音樂
桌面
圖片
Documents and Settings
eclipse

Eclipse 的安裝檔解壓縮完畢後, 請依照相同步驟, 將中文語言包解壓縮至同一資料夾：

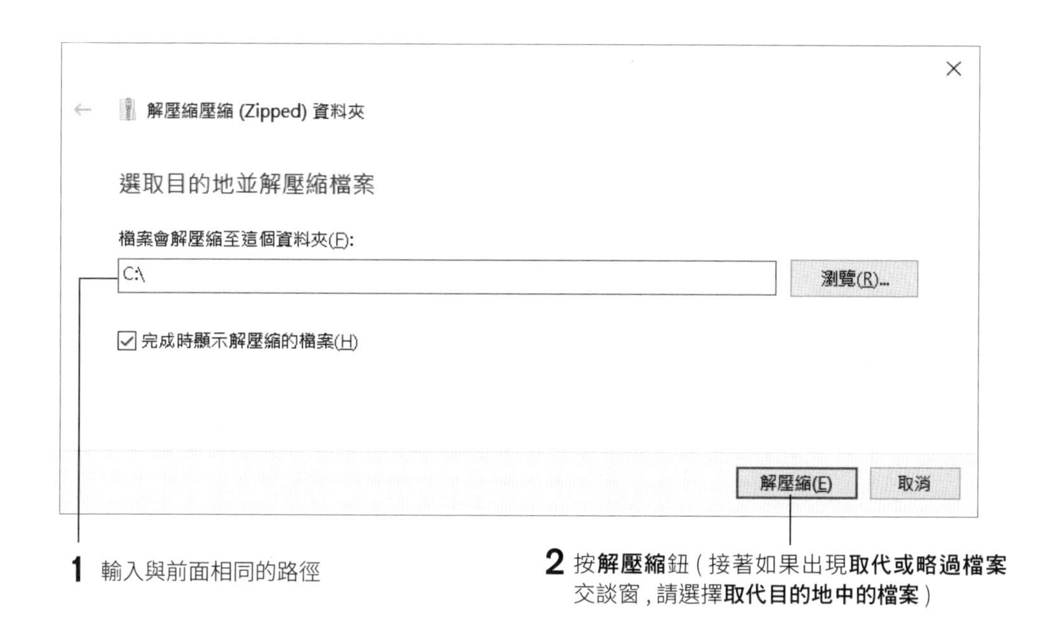

經過簡單的解壓縮步驟後, 就算是安裝完成, 可開始使用中文化的 Eclipse 了, 相關的使用說明請參見 2-2 節。

記事欄 MEMO

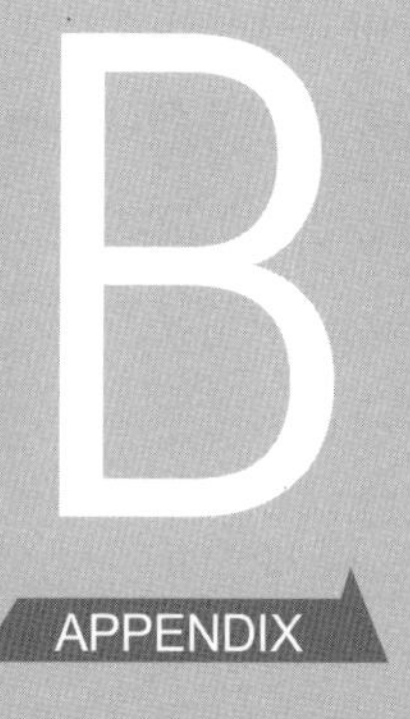

建立學習 Java 的環境

學習目標

- 下載及安裝 Java SE JDK 工具
- 下載及安裝 Java SE JDK 文件
- 設定開發環境

雖然市面上、網路上可找到不少具有整合開發環境 (IDE) 的 Java 語言開發工具, 像是附錄 A 的 Eclipse, 不過初學者最好能親自用 Java 開發套件 (JDK, Java Developement Kit) 來編譯及執行 Java 程式, 以對 Java 的運作有基本的認識。因此本附錄將說明如何下載、安裝 JDK, 以及如何在 Windows 環境中建立 JDK 的執行環境。

B-1 下載 JDK

想取得最新 JDK 版本, 可直接至 Oracle 公司的官方網站下載, 請開啟瀏覽器, 連上 http://www.oracle.com/java/technologies/downloads/：

下載完畢, 即可依下一節介紹的方法進行安裝與設定。

B-2 安裝 JDK

要安裝 JDK 很簡單, 直接執行下載回來的安裝程式即可 (隨下載的版本不同, 檔名中的數字也會和圖中顯示的不同)：

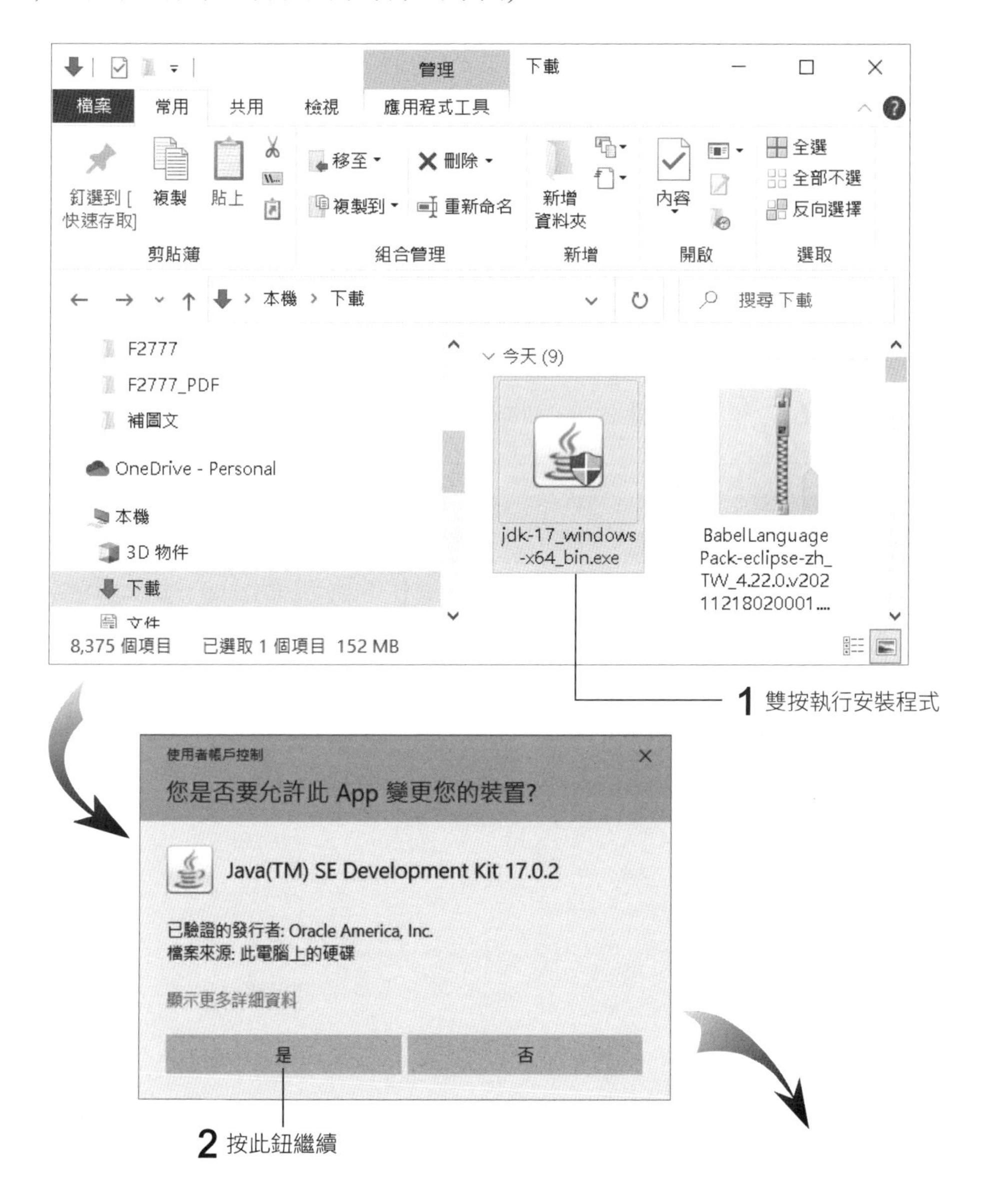

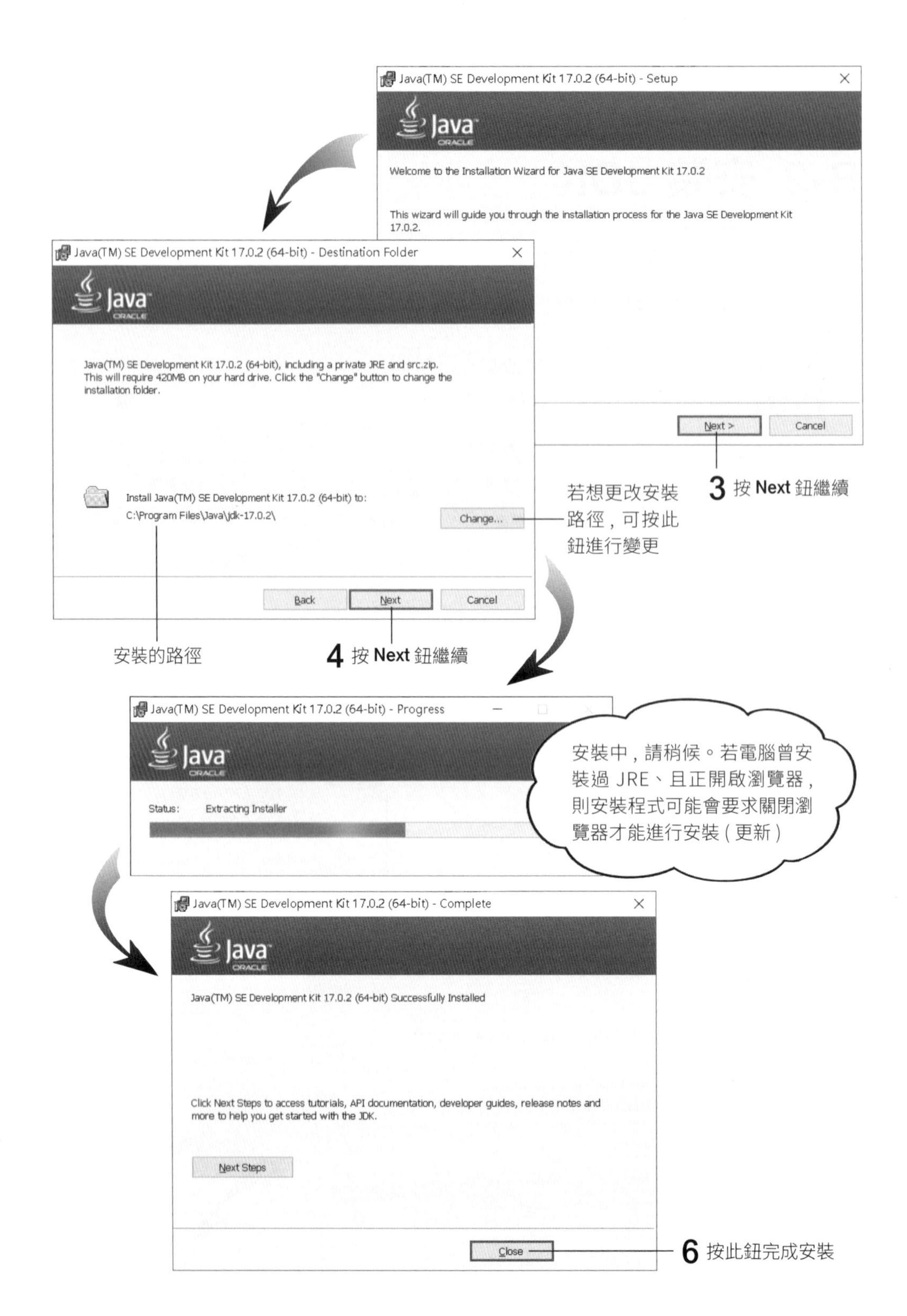
Java(TM) SE Development Kit 17.0.2 (64-bit) - Setup
Welcome to the Installation Wizard for Java SE Development Kit 17.0.2
This wizard will guide you through the installation process for the Java SE Development Kit 17.0.2.
Next >
Cancel
3 按 Next 鈕繼續
Java(TM) SE Development Kit 17.0.2 (64-bit) - Destination Folder
Java(TM) SE Development Kit 17.0.2 (64-bit), including a private JRE and src.zip. This will require 420MB on your hard drive. Click the "Change" button to change the installation folder.
Install Java(TM) SE Development Kit 17.0.2 (64-bit) to:
C:\Program Files\Java\jdk-17.0.2\
Change...
若想更改安裝路徑，可按此鈕進行變更
Back
Next
Cancel
安裝的路徑
4 按 Next 鈕繼續
Java(TM) SE Development Kit 17.0.2 (64-bit) - Progress
Status: Extracting Installer
安裝中，請稍候。若電腦曾安裝過 JRE、且正開啟瀏覽器，則安裝程式可能會要求關閉瀏覽器才能進行安裝 (更新)
Java(TM) SE Development Kit 17.0.2 (64-bit) - Complete
Java(TM) SE Development Kit 17.0.2 (64-bit) Successfully Installed
Click Next Steps to access tutorials, API documentation, developer guides, release notes and more to help you get started with the JDK.
Next Steps
Close
6 按此鈕完成安裝

至此即安裝完成, 接著可依下一節的介紹來設定環境, 以方便使用 JDK 中的工具程式。

B-3 設定開發環境

JDK 安裝過程會幫我們設定好環境變數，方便我們可以直接編譯、執行 Java 程式。接著我們可以開啟**命令提示字元**來測試一下：

如果出現『'javac' 不是內部或外部命令、可執行的程式或批次檔。』表示您的 Path 環境變數設定有誤, 因此作業系統找不到 javac 執行檔所在的位置。

通常來說不會遇到這種狀況, 如果上述測試真的不行, 建議您重新安裝 JDK, 並留意 JDK 的安裝過程是否出錯導致沒有正常安裝成功。如果安裝的是舊版 JDK 有可能沒有設定環境變數, 請在 Windows 的開始圖示上按滑鼠右鍵, 再如下操作：

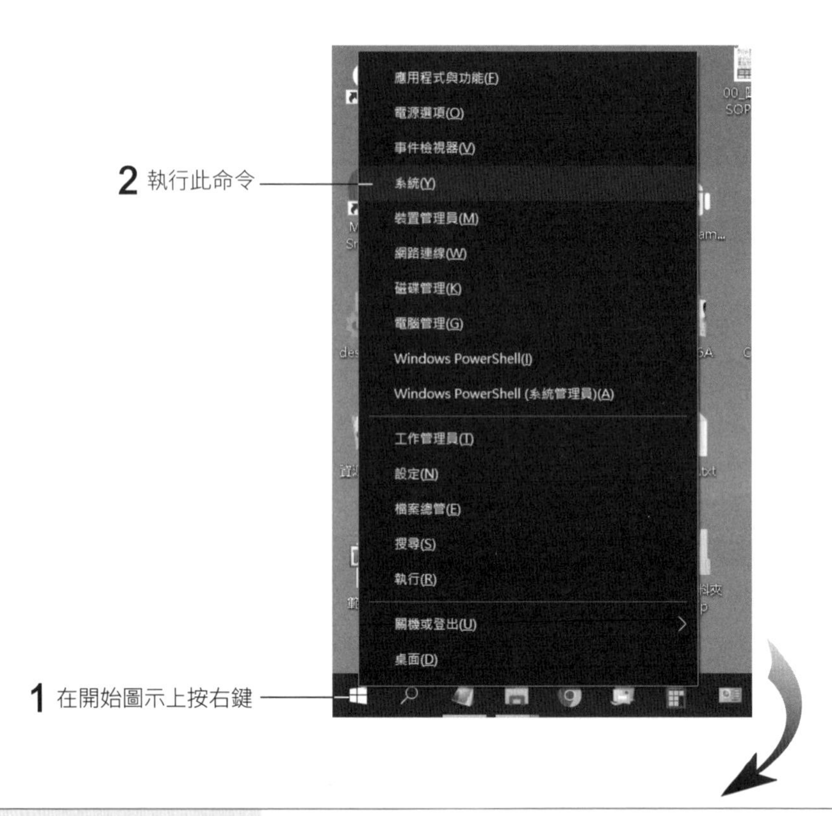
應用程式與功能(F)
電源選項(O)
事件檢視器(V)
系統(Y)
裝置管理員(M)
網路連線(W)
磁碟管理(K)
電腦管理(G)
Windows PowerShell(I)
Windows PowerShell (系統管理員)(A)
工作管理員(T)
設定(N)
檔案總管(E)
搜尋(S)
執行(R)
關機或登出(U)
桌面(D)
2 執行此命令
1 在開始圖示上按右鍵

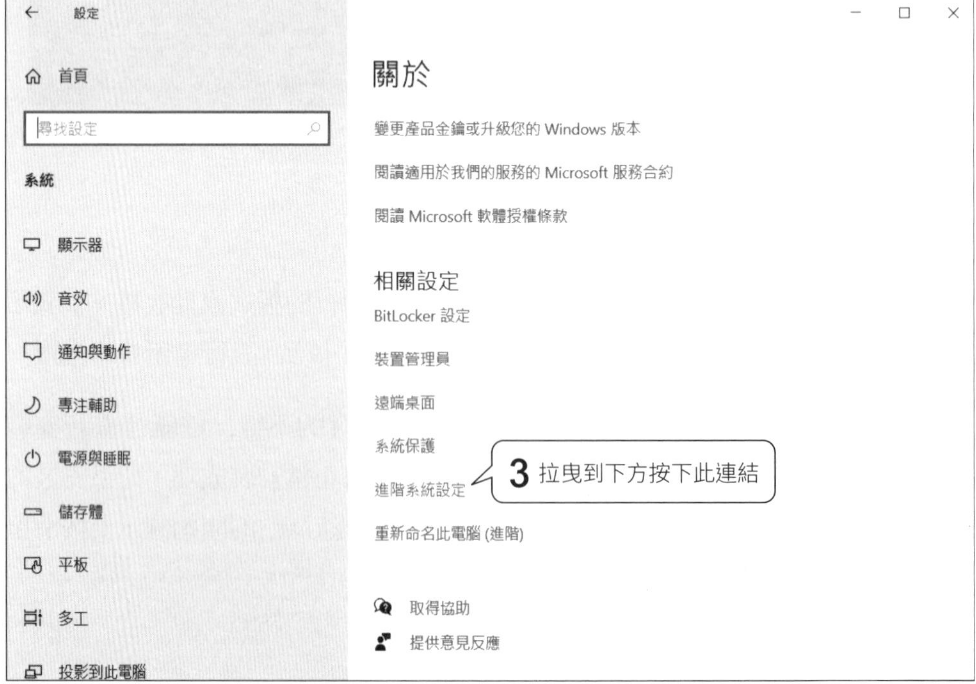
設定
首頁
尋找設定
系統
顯示器
音效
通知與動作
專注輔助
電源與睡眠
儲存體
平板
多工
投影到此電腦
關於
變更產品金鑰或升級您的 Windows 版本
閱讀適用於我們的服務的 Microsoft 服務合約
閱讀 Microsoft 軟體授權條款
相關設定
BitLocker 設定
裝置管理員
遠端桌面
系統保護
進階系統設定
重新命名此電腦 (進階)
取得協助
提供意見反應
3 拉曳到下方按下此連結

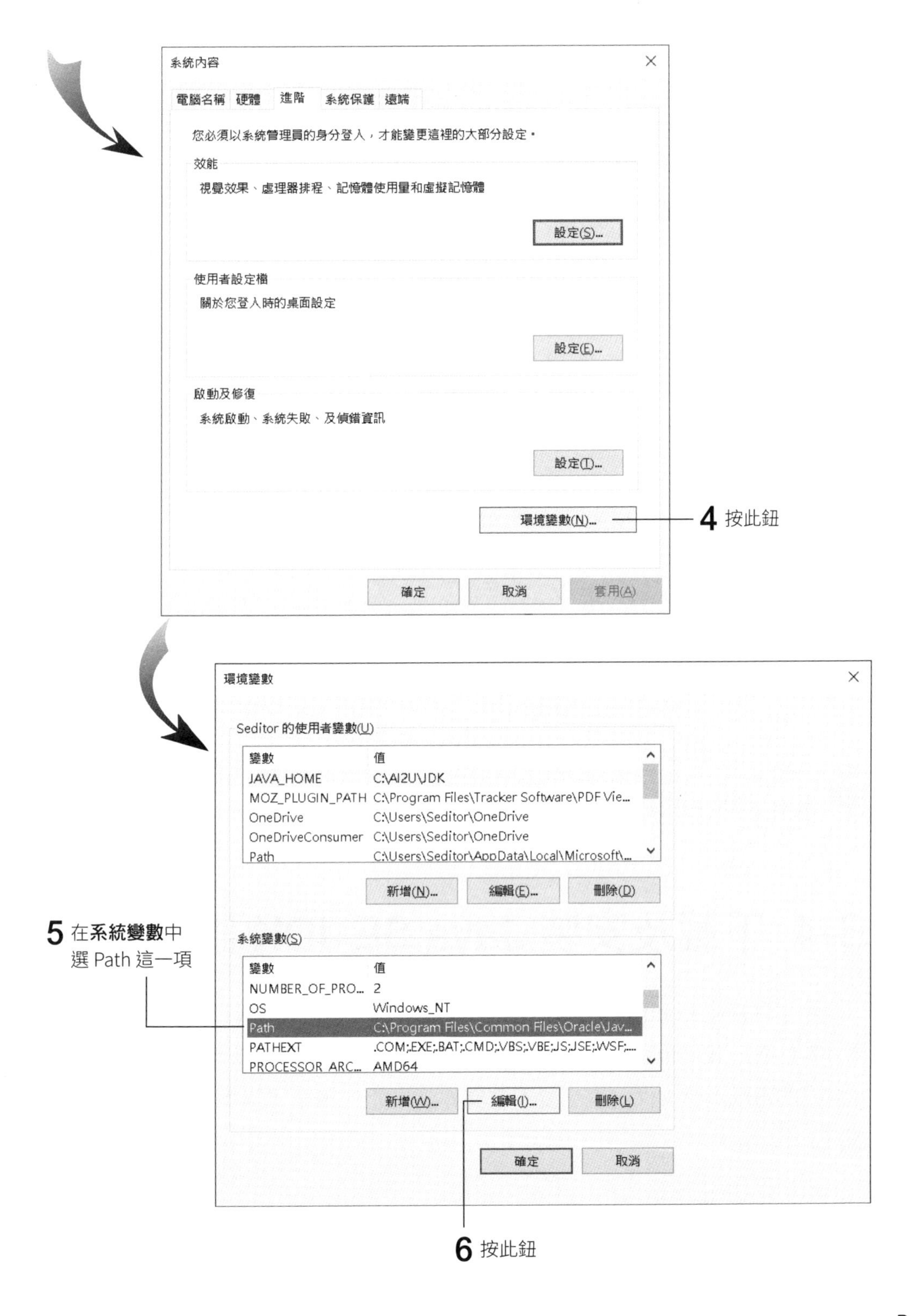
系統內容
電腦名稱 硬體 進階 系統保護 遠端
您必須以系統管理員的身分登入，才能變更這裡的大部分設定。
效能
視覺效果、處理器排程、記憶體使用量和虛擬記憶體
設定(S)...
使用者設定檔
關於您登入時的桌面設定
設定(E)...
啟動及修復
系統啟動、系統失敗、及偵錯資訊
設定(T)...
環境變數(N)...
4 按此鈕
確定
取消
套用(A)
環境變數
Seditor 的使用者變數(U)
變數
值
JAVA_HOME
C:\AI2U\JDK
MOZ_PLUGIN_PATH
C:\Program Files\Tracker Software\PDF Vie...
OneDrive
C:\Users\Seditor\OneDrive
OneDriveConsumer
C:\Users\Seditor\OneDrive
Path
C:\Users\Seditor\AppData\Local\Microsoft\...
新增(N)...
編輯(E)...
刪除(D)
5 在系統變數中
選 Path 這一項
系統變數(S)
變數
值
NUMBER_OF_PRO...
2
OS
Windows_NT
Path
C:\Program Files\Common Files\Oracle\Jav...
PATHEXT
.COM;.EXE;.BAT;.CMD;.VBS;.VBE;.JS;.JSE;.WSF;...
PROCESSOR_ARC...
AMD64
新增(W)...
編輯(I)...
刪除(L)
確定
取消
6 按此鈕

TIP 上述 javapath 的路徑, 其實是安裝過程中自行將 JDK 的 java.exe、javac.exe 等程式另外複製一份到路徑中, 手動指定路徑時, 指向 JDK 安裝路徑即可。

B-4 下載及安裝 Java SE JDK 說明文件

除了直接連上 https://docs.oracle.com/javase/ 網站檢視 JDK 文件外 (參見 17-1 節), 我們也可下載整份文件內容, 如此一來, 就算沒有網路連線, 也能在自己的電腦瀏覽文件內容。要下載文件請先連到 B-2 頁步驟 2 的下載 JDK 網頁:

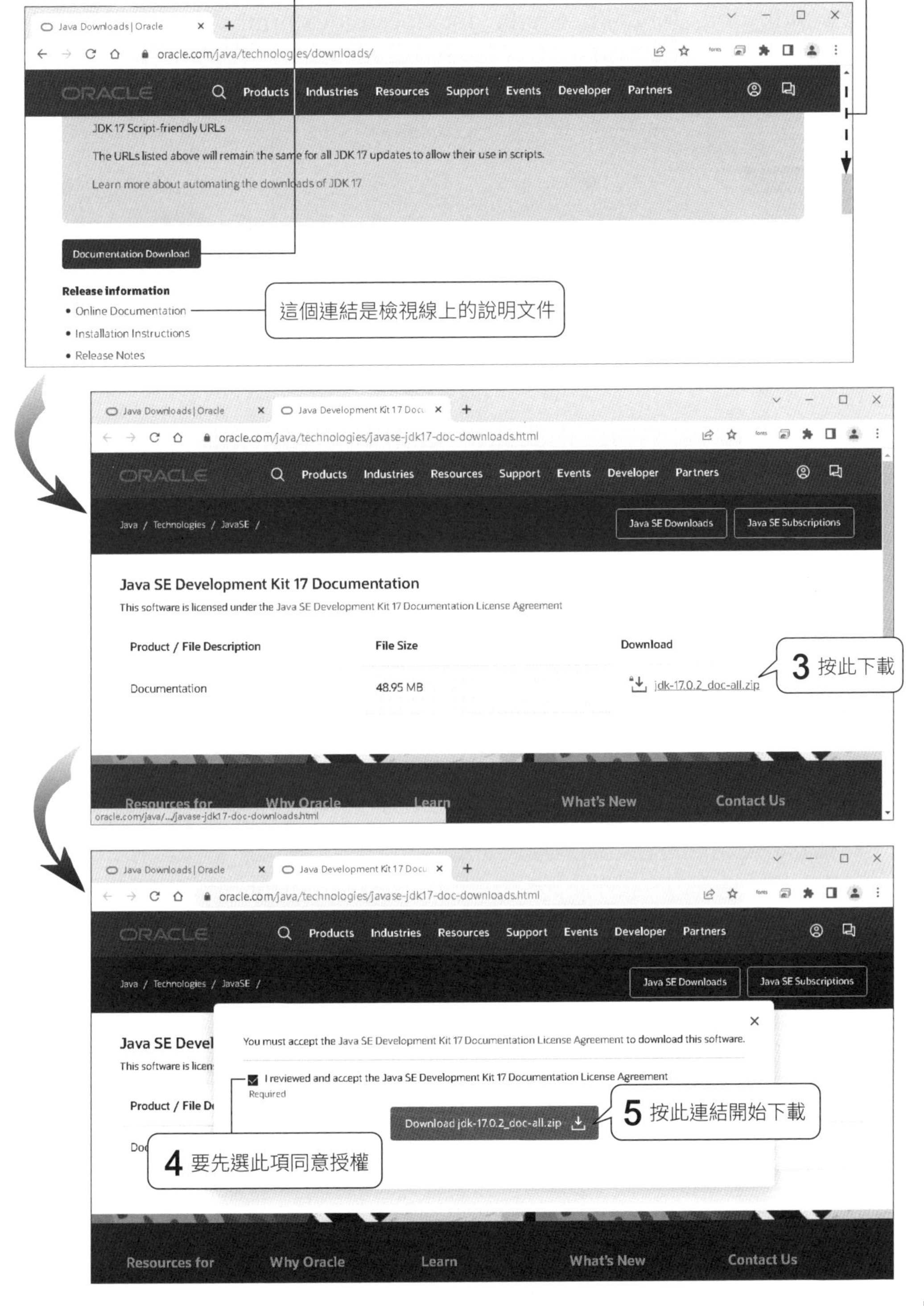

2 按 Download 鈕
1 將網頁向下捲動
Java Downloads | Oracle
oracle.com/java/technologies/downloads/
ORACLE
Products
Industries
Resources
Support
Events
Developer
Partners
JDK 17 Script-friendly URLs
The URLs listed above will remain the same for all JDK 17 updates to allow their use in scripts.
Learn more about automating the downloads of JDK 17
Documentation Download
Release information
Online Documentation
Installation Instructions
Release Notes
這個連結是檢視線上的說明文件
Java Development Kit 17 Docu
oracle.com/java/technologies/javase-jdk17-doc-downloads.html
Java / Technologies / JavaSE /
Java SE Downloads
Java SE Subscriptions
Java SE Development Kit 17 Documentation
This software is licensed under the Java SE Development Kit 17 Documentation License Agreement
Product / File Description
File Size
Download
Documentation
48.95 MB
jdk-17.0.2_doc-all.zip
3 按此下載
Resources for
Why Oracle
Learn
What's New
Contact Us
oracle.com/java/.../javase-jdk17-doc-downloads.html
You must accept the Java SE Development Kit 17 Documentation License Agreement to download this software.
I reviewed and accept the Java SE Development Kit 17 Documentation License Agreement
Required
Download jdk-17.0.2_doc-all.zip
5 按此連結開始下載
4 要先選此項同意授權

下載回來的是說明文件的壓縮檔，將它解壓縮到自訂的路徑即可，例如解壓到 C:\jdk_doc，那麼開啟 C:\jdk_doc\docs\index.html 即可瀏覽說明文件了：

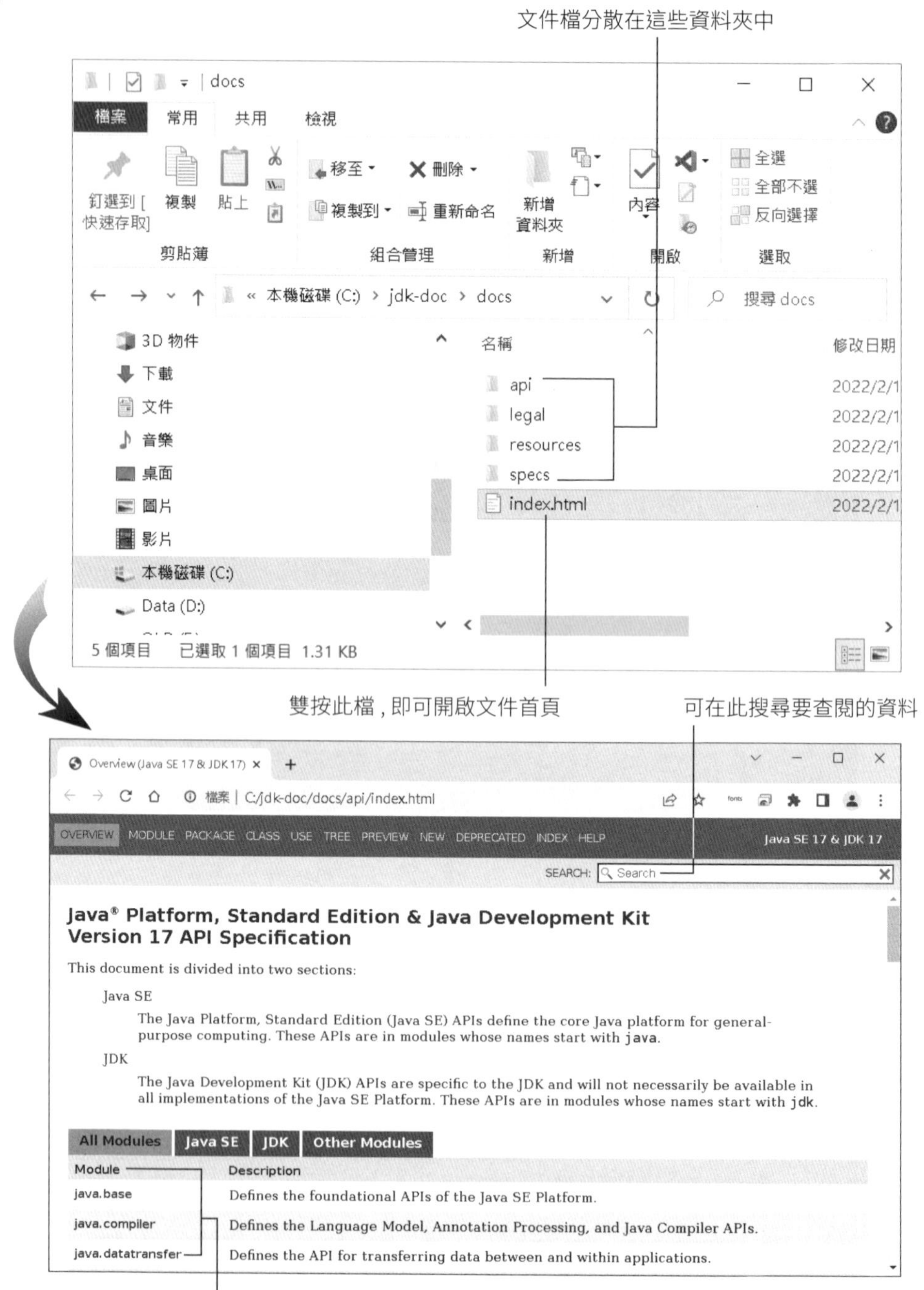

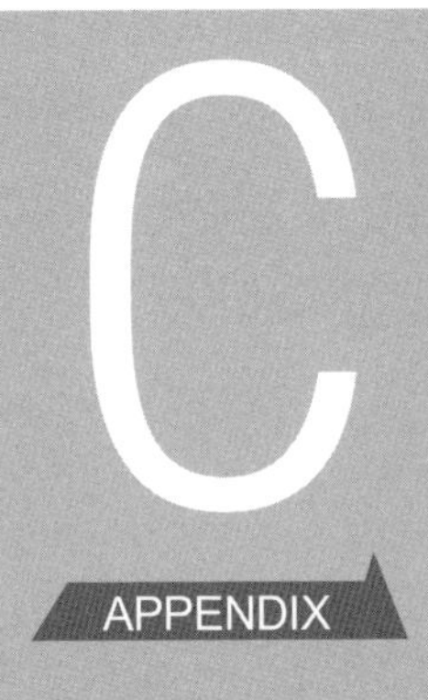

使用 JDK 編譯及執行程式

學習目標

- 使用 JDK 編譯程式
- 認識 javac 的重要參數
- 使用 JDK 執行 Java 程式

安裝好 JDK 後, 我們就可以用它來編譯及執行 Java 程式了。JDK 中所含的工具程式多達 30 個以上, 但對一般初學 Java 程式設計的讀者來說, 最基本的就是用來編譯及執行 Java 程式的工具：**javac** 與 **java** (其執行檔的名稱為 javac.exe 與 java.exe), 因此本附錄只介紹這 2 個工具, 若想瞭解 JDK 所有工具程式的用途, 請參考 Java 線上說明文件中有關 JDK 的部份。

C-1 編譯 Java 程式

關於如何編譯 Java 程式, 在第 2 章已簡單提過, 在第 13 章也介紹過 cp 等參數的用法。雖然多數 Java 初學者可能只要會這 2 種基本用法就夠了, 但本節還是介紹幾個對讀者有幫助的 javac 參數：

參數名稱與格式	用途
-classpath <path> -cp <path>	指定自訂類別檔的所在路徑 (參見第 13 章)
-d <directory>	指定編譯所產生的類別檔存放路徑 (預設存於目前的工作資料夾)
-deprecation	若程式中有用到不建議使用的過時 (deprecated) API, 則顯示相關的詳細資訊
-encoding <encoding>	標示原始檔所用的編碼。<encoding> 需代換為編碼縮寫名稱, 例如 utf-8 (或 utf8, 大小寫均可), 若未指定則預設使用作業系統的編碼：big5 (或 ms950, 繁體中文)。同一種編碼通常有好幾種寫法, 完整的編碼列表可上 google 以「java Supported Encodings」查詢。
-g -g:none -g:{keyword list}	設定類別檔中所含的除錯資訊, 但由於 JDK 所附的除錯工具 jdb 並不好用, 建議使用 Eclipse 之類的 IDE 來進行除錯。含除錯資訊時, 類別檔會變大一些, 若確定程式無誤, 可用 -g:none 參數讓類別檔不含任何除錯資訊。
-help 或 -?	顯示 javac 的參數及簡要說明 (和不加任何參數執行 javac 時所看到的說明相同)
-nowarn	不顯示警告
-sourcepath <path>	指定來源檔案路徑
-verbose	顯示編譯時期編譯器所載入的類別檔等詳細資訊
註：<path>、<directory> 需代換為實際的路徑, 例如 "C:\"、"D:\Java" 等。	

執行 javac 時可同時使用多個參數, 各參數間需以空白隔開, 例如：

```
javac -g:none -nowarn -d C:\JavaClass MyApp.java
```

認識 javac 的訊息

在撰寫程式的過程中, 難免會因疏忽造成程式內容錯誤, 使得程式無法順利編譯成功。此時可透過 javac 所顯示的訊息, 瞭解可能的問題所在, 進而修正程式。

javac 在編譯程式時, 若發現錯誤, 會列出錯誤的原始檔名、有問題的行號、關於該問題的描述, 此外也會列出該行程式碼供我們參考, 例如：

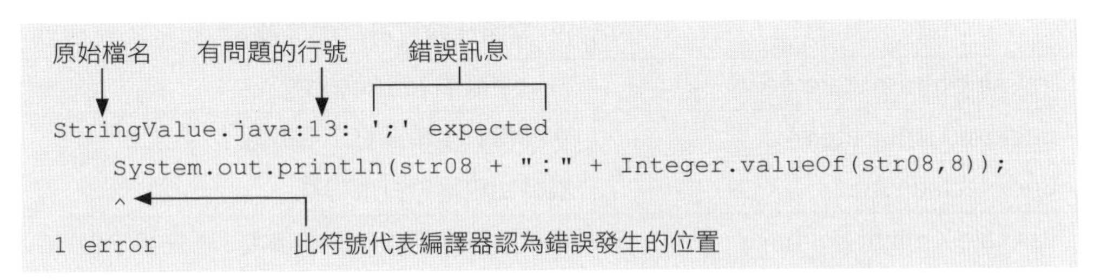
原始檔名
有問題的行號
錯誤訊息
StringValue.java:13: ';' expected
System.out.println(str08 + ":" + Integer.valueOf(str08,8));
^
1 error
此符號代表編譯器認為錯誤發生的位置

上面這個訊息就是說 StringValue.java 程式中的第 13 行是有問題的, 問題的描述則是『';' expected』, 也就是說 javac 認為此處應有個分號 ";"。通常這代表**前一行**程式結尾未加上分號, 或是其它原因。換言之, 判讀 javac 的訊息時, 要注意有問題的敘述不必然是訊息所指的那一行, 有時候是前面一行或好幾行前的程式有問題；其次, 問題狀況不見得是訊息所指的原因造成的, 例如有時候少打一個 ")", 也可能出現『';' expected』訊息。讀者遇過幾次錯誤後, 應該就能明白。

下表是初學者可能會遇到的一些編譯錯誤訊息, 以及其可能的原因：

訊息內容	可能原因
';' expected	漏打分號
')' expected	漏打括號

訊息內容	可能原因
cannot find symbol	類別、變數或方法的名稱拼錯、或大小寫打錯
cannot return a value from method whose result type is void	在 void 方法中用了 return 敘述。例如在 main() 方法中加了 return 敘述, 此時應將此敘述刪除
'class' or 'interface' expected	程式中多打了一個右大括號 "}"
class XXX is public, should be declared in a file named XXX.java	(1) 類別名稱和檔案名稱不同； (2) 檔案中有另一個 XXX 類別也被設為 public, 應將之修改為其它存取控制字符
illegal character	類別、變數或方法的名稱使用不合法的字元
incompatible types	(1) 等號兩邊的變數型別不符； (2) 誤將比較算符打成等號
missing return statement	方法中遺漏 return 敘述
unclosed string literal	字面常數字串漏打了 " 符號
unexpected type	誤將比較算符打成等號
variable X might not have been initialized	變數 X 尚未初始化即被取用, 應先初始化 (例如設為 0)

C-2 使用 java.exe 執行 Java 程式

用 javac 編譯成功後, 會產生類別檔, 接著即可用 java 工具來執行這個類別檔。

TIP 由 Java 11 開始, java 工具 (java.exe) 也可以直接用來「編譯與執行」單一原始檔的程式, 相關說明可參見第 2-1-4 小節的說明框。

關於如何執行 Java 程式, 在第 2 章已簡單提過, 此處仍是補充介紹幾個 java 參數供讀者參考：

參數名稱與格式	用途
-classpath <path> -cp <path>	指定程式中所用到的類別檔的存放路徑
-Dproperty=value	指定 Java 系統屬性的值 (參見稍後說明)
-help 或 -?	顯示 java 的參數及簡要說明 (和不加任何參數執行 java 時所看到的說明相同)
-verbose	顯示編譯時期編譯器所載入的類別檔等詳細資訊
-version -showversion	顯示 "java" 的版本資訊 , 使用 -showversion 參數時 , 會在顯示版本資訊後繼續執行程式

其中要特別說明的是 -D 參數。Java 系統本身維護了一組與系統相關的資訊, 稱為系統屬性 (System Propertie), 簡單的屬性記錄了作業系統的版本、目前使用者的帳戶名稱等；也有可能影響程式運作的屬性, 例如系統的換行符號、暫存檔的預設路徑等。

而我們可用 -D 參數來設定系統屬性, 以改變程式執行的行為。舉例來說, 第 18 章曾提過 Swing 支援圖形介面外觀 (Look and Feel), 我們可用 -D 參數來設定 Look and Feel 所使用的主題 (Theme)：

```
javac MyEditor.java  ◄——  先編譯程式

java -Dswing.metalTheme=steel MyEditor

   將 swing.metalTheme 設為 steel, 也就是
   讓 GUI 程式使用名稱為 "steel" 的主題
```

記事欄 MEMO

UML 簡介 (Unified Modeling Language)

學習目標

- 瞭解 UML 的角色與功用
- 認識 UML 各種圖表

對於軟體的開發來說, 如何能夠精確地對不同的對象描述正確的軟體樣貌, 是非常重要的。例如, 對於需求此軟體的客戶, 軟體開發者必須要能夠確認所設計的軟體的確符合客戶所需, 如果等到軟體設計完成才發現與客戶的要求有出入, 要再修改或是重新設計都不符經濟效益。

另外, 即便是對於同屬於開發團隊的程式設計師來說, 也必須要有一種方式可以讓負責的程式設計師明確的知道程式的撰寫方式, 比方說資料是擺在哪個資料庫中, 以何種方式儲存等等。如果缺乏這種明確溝通的方式, 同一團隊的不同程式設計師各自為政, 結果可能是每一位程式設計師都寫好了程式, 但是卻無法組合成完整的系統。

UML 就是一種透過不同觀點描述軟體系統的語言, 它採用各式各樣的圖表作為呈現的方式。如果把軟體開發比喻為蓋房子, 那麼建築物的模型以及建築物藍圖等等就等同於 UML 的角色, 這些都是在實際建構之前描述完成品的工具。透過建築物的模型, 客戶或是建商可以在開工之前瞭解建築物的外觀; 而透過建築藍圖, 建築工人就可以知道如何建構這棟房子, 如果缺乏這些工具, 要想蓋出正確、安全的房子, 那可就難上加難了。

對於 UML 來說, 它會以下列各種圖表描述所要建構的軟體系統, 每一種圖表代表一種觀點, 分別描述了軟體的某些意涵:

- 使用案例圖 (Use Case Diagram)
- 類別圖 (Class Diagram)
- 物件圖 (Object Diagram)
- 順序圖 (Sequence Diagram)
- 合作圖 (Collaboration Diagram)
- 狀態圖 (State Diagram)
- 活動圖 (Activity Diagram)
- 元件圖 (Component Diagram)
- 部署圖 (Deployment Diagram)

以下我們就針對其中比較常用也比較重要的圖表簡單介紹其意義與畫法, 期望能讓您對於 UML 有基本的認識, 如果需要進一步瞭解 UML, 可以閱讀其他的專書。

D-1 使用案例圖

使用案例圖顧名思義，描述的是所建構的軟體系統各種可能的使用情境，一般而言，這就是系統使用者所會看到的各項功能。舉例來說，以下就是 14-5-3 節帳戶模擬範例程式 TestAccount.java 的使用案例圖：

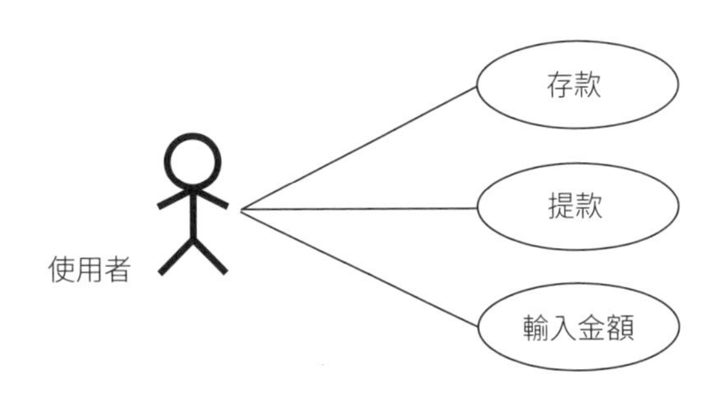

這個圖就表示了會使用範例程式的是使用者，在 UML 中稱其為**動作者 (Actor)**。使用者使用這個系統時，可進行的動作 (也就是『**使用案例**』) 包括：選擇存款或提款，以及輸入存提款金額等三種。因此，當我們實際撰寫程式時，就必須提供對應於這三種使用案例的功能。

一般而言，使用案例圖很適合運用在與系統需求者的溝通上，以確認所有需求都會出現在未來建構出的軟體中，並且符合使用者的實際情境。

D-2 類別圖

在第 8 章曾經提過，使用物件導向的方式來建構軟體時，最重要的就是要找出需要哪些角色，也就是**類別**。UML 中的類別圖就是要用來描述這些角色，將每一個類別的特性與行為列出，並且表達出類別之間的關係。舉例來說，以下就是書中 12-4 頁 AbstractLand.java 的類別圖：

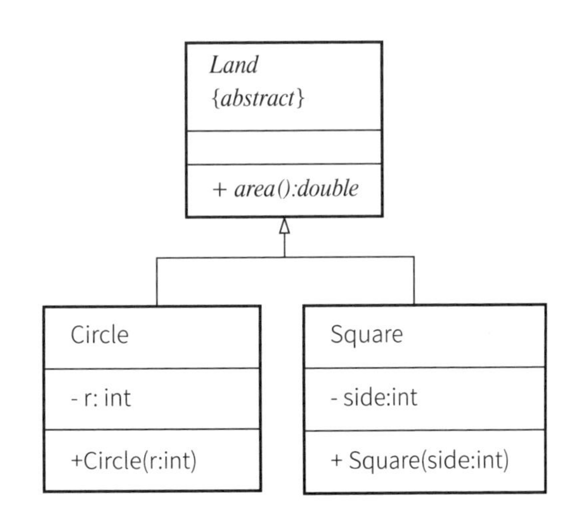

在類別圖中，每一個矩形就是一個類別。矩形中由上而下分別列出類別名稱、成員變數、成員方法。以上圖為例，Circle 類別有成員變數 r，其資料型別為 int；此外它也有一個建構方法，需使用 1 個 int 型別的參數。各成員前可加上下列符號表示其存取控制：

- **-**：Private
- **+**：Public
- **#**：Protected

透過這個方式，就可以清楚的看出每個類別的屬性以及行為。

此外 Land 類別名稱下標註的 {abstract}，表示它是個抽象類別，有時也會用斜體字來書寫抽象類別及抽象方法的名稱，如圖中的 area() 方法。而 Circle、Square 類別都以一條實線及空心箭頭指向 Land 類別，表示它們都是 Land 的子類別。

除了標示類別的內容以及繼承關係外，當類別彼此具有包含的關係時，也可用類別圖表現出來。舉例來說，假設代表矩形的類別 Rectangle，它有兩個代表左上與右下座標的成員變數 p1、p2，而它們則是座標點 Point 類別的物件，此時 Rectangle 類別與 Point 類別之間的關係可畫成：

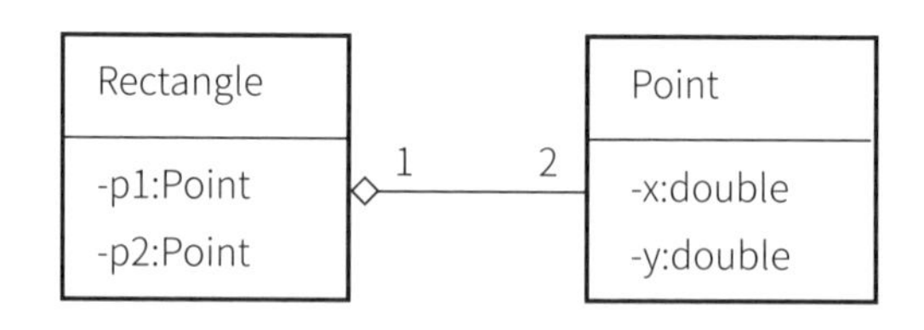

這種關係稱為組合 (Composition)，而線條邊的數字則代表『1』個 Rectangle 物件含有『2』個 Point 物件。

D-3 物件圖

物件圖表示的是某個時間點特定的一組物件之間的關連，相同的資訊雖然也可以透過類別圖來展現，但是當物件之間的關係比較複雜時，就可以使用物件圖來展現。以下就是 AbstractLand.java 中當主程式建立了所有的物件之後的物件圖：

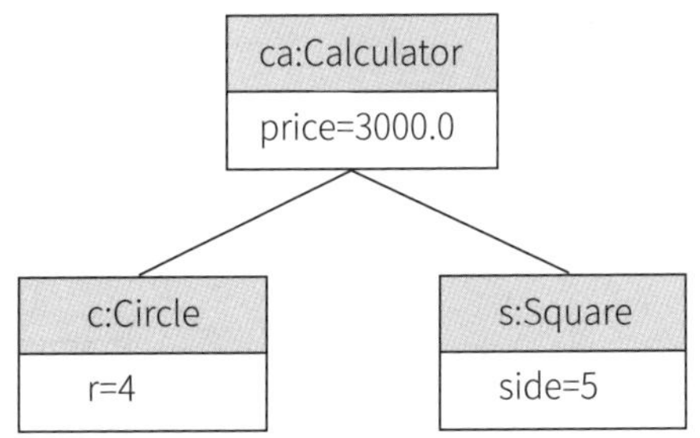

圖中就表示了 ca 這個 Calculator 物件會和 Circle 物件 c、Square 物件 s 有關連。

D-4 狀態圖

狀態圖是用來表現物件在不同情境下的狀態，例如假設有個射擊遊戲程式，程式中砲彈物件的狀態就可用下圖來表示：

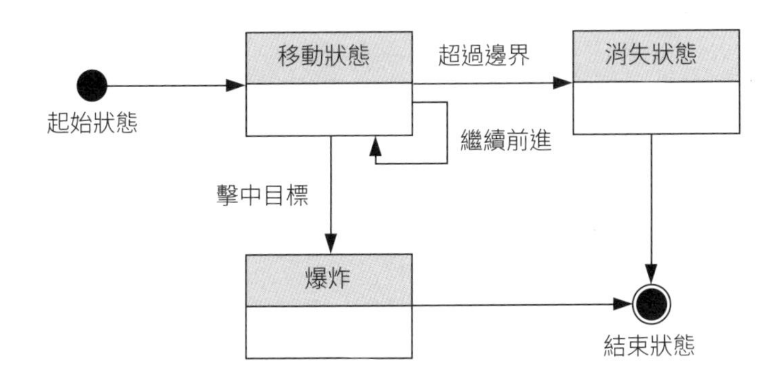

一般來說，如果物件的狀態非常複雜，就很適合使用狀態圖來展現。

D-5 活動圖

活動圖所展現的就是程式的運作邏輯，也就是流程，這對於釐清特定的使用情境進行的細節很有幫助。例如以下就是射擊遊戲中射擊情境的活動圖：

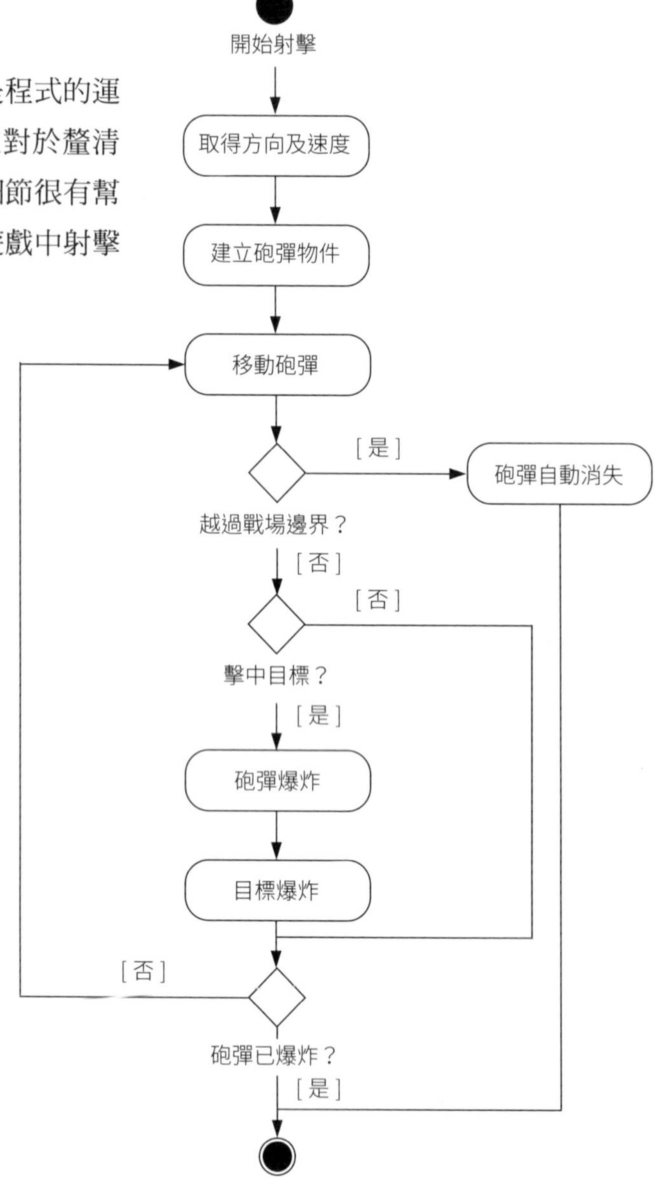

在這個圖中，可以很清楚的看到，射擊的情境是由玩家輸入代表砲彈速度及方向的向量開始。接著移動砲彈，並檢查是否越過戰場邊界，然後檢查是否擊中武器庫。最後，如果砲彈已經越過戰場消失或是擊中目標而爆炸，就結束射擊情境，否則就重複移動砲彈與檢查的動作。